Handbuch der Hydraulik

Jetzt diesen Titel zusätzlich als E-Book downloaden und 70 % sparen!

Als Käufer dieses Buchtitels haben Sie Anspruch auf ein besonderes Kombi-Angebot: Sie können den Titel zusätzlich zum Ihnen vorliegenden gedruckten Exemplar für nur 30 % des Normalpreises als E-Book beziehen.

Der BESONDERE VORTEIL: Im E-Book recherchieren Sie in Sekundenschnelle die gewünschten Themen und Textpassagen. Denn die E-Book-Variante ist mit einer komfortablen Volltextsuche ausgestattet!

Deshalb: Zögern Sie nicht. Laden Sie sich am besten gleich Ihre persönliche E-Book-Ausgabe dieses Titels herunter.

In 3 einfachen Schritten zum E-Book:

❶ Rufen Sie die Website **www.beuth.de/e-book** auf.

❷ Geben Sie hier Ihren persönlichen, nur einmal verwendbaren E-Book-Code ein:

3074817D6154371

❸ Klicken Sie das „Download-Feld" an und gehen dann weiter zum Warenkorb. Führen Sie den normalen Bestellprozess aus.

Hinweis: Der E-Book-Code wurde individuell für Sie als Erwerber dieses Buches erzeugt und darf nicht an Dritte weitergegeben werden. Mit Zurückziehung dieses Buches wird auch der damit verbundene E-Book-Code für den Download ungültig.

Handbuch der Hydraulik

Detlef Aigner
Gerhard Bollrich

Handbuch der Hydraulik

für Wasserbau und Wasserwirtschaft

2., überarbeitete Auflage 2021

Herausgeber:
DIN Deutsches Institut für Normung e. V.

Beuth Verlag GmbH · Berlin · Wien · Zürich

Herausgeber: DIN Deutsches Institut für Normung e. V.

© 2021 Beuth Verlag GmbH
Berlin · Wien · Zürich
Am DIN-Platz
Burggrafenstraße 6
10787 Berlin

Telefon: +49 30 2601-0
Telefax: +49 30 2601-1260
Internet: www.beuth.de
E-Mail: kundenservice@beuth.de

Titelbild: Panorama der Talsperre Klingenberg,
© Landestalsperrenverwaltung Sachsen / Michael Humbsch
Satz: B & B Fachübersetzergesellschaft mbH, Berlin
Druck: Drukarnia Skleniarz, Kraków
Gedruckt auf säurefreiem, alterungsbeständigem Papier nach DIN EN ISO 9706

ISBN 978-3-410-30748-8
ISBN (E-Book) 978-3-410-30749-5

Autorenporträts

Prof. Dr.-Ing. habil. **Detlef Aigner** war bis 2017 Hochschullehrer an der Technischen Universität Dresden, Fakultät Bauingenieurwesen. Er studierte Wasserbau und Wasserwirtschaft an der TU Dresden, arbeitete als Planungsingenieur und kehrte 1979 wieder an die Universität zurück, wo er promovierte und habilitierte. Er war bis zu seinem Ruhestand Laborleiter des Hubert-Engels-Labors. In den letzten Jahren standen die physikalische und numerische Modellierung im Wasserbau und in der Wasserwirtschaft im Mittelpunkt seiner fachlichen Arbeit.

Detlef Aigner ist Mitherausgeber und Mitautor des Bandes „Technische Hydromechanik 2“ sowie Autor und Mitautor zahlreicher Fachpublikationen.

Dr.-Ing. habil. **Gerhard Bollrich** vertrat bis 1992 das Lehrgebiet Technische Hydromechanik an der Technischen Universität Dresden. Danach leitete er bedeutende wasserbauliche und wasserwirtschaftliche Projekte im In- und Ausland. Nach 2002 wirkte er an mehreren Hochwasserschutzprojekten mit.

Gerhard Bollrich ist Begründer der Reihe „Technische Hydromechanik“ und Verfasser zahlreicher Fachpublikationen.

Vorwort

Das „Handbuch der Hydraulik" mit dem Zusatz „für Wasserbau und Wasserwirtschaft" ist als erweitertes Nachschlagewerk konzipiert und auf die Lösung von praktischen hydromechanischen Aufgabenstellungen des Wasserbaues und der Wasserwirtschaft ausgerichtet. Insbesondere die Hochwasserereignisse der letzten Jahre, aber auch die Wetterextreme wie Trockenheit oder Starkniederschläge als Folge des Klimawandels machen oft eine Neubemessung wasserwirtschaftlicher Anlagen erforderlich. Dieses Buch wird die Ingenieure des Wasserbaus und der Wasserwirtschaft dabei unterstützen.

Im Buch wird auf ausführliche Ableitungen und tiefgreifende Erläuterungen verzichtet. Hier wird auf die Grundlagenbücher und Lehrbücher der Technischen Hydromechanik, der Strömungslehre oder des Wasserbaus verwiesen, die in den letzten Jahren zahlreich auf dem Markt erschienen sind. In diesem Buch wird das Problem benannt, kurz beschrieben und seine Lösung mit dazu erforderlichen Gleichungen und Beiwerten aufgezeigt. Diese sind so aufbereitet, dass sie verständlich und sofort nutzbar sind. Die Lösung eines Problems ist einerseits mit Hilfe von Diagrammen oder Tabellen möglich, kann aber auch andererseits aus Gleichungen und Beiwerten selbst gefunden werden.

Neben den hydraulischen Lösungen enthält das Buch die für ein Handbuch typischen zusätzlichen Informationen wie z. B. mathematische, insbesondere geometrische oder physikalische Tafelwerte und Formeln.

Der Begriff „Hydraulik", aus dem griechischen Wort „hydro" (Wasser) abgeleitet, ist wissenschaftlich betrachtet, die Lehre der ruhenden und strömenden Flüssigkeiten. In der technischen Anwendung (technische Hydraulik) wird der Begriff oft nur auf die hydraulischen bzw. pneumatischen Maschinen beschränkt. In diesem Buch wird dieser Begriff als umfassende Definition dieses Fachgebietes verstanden.

Die Hydraulik des Wasserbaues und der Wasserwirtschaft ist als technische Anwendung eher unter dem Begriff „Technische Hydromechanik" bekannt. Die entsprechende Fachbuchreihe „Technische Hydromechanik" besteht aus Band 1 als Grundlagenfachbuch für die Ausbildung und das Studium, Band 2 und 4 enthalten spezielle hydraulische Probleme und Band 3, ebenfalls auf die Lehre ausgerichtet, enthält eine Sammlung von Übungsaufgaben und deren Lösungen. Das vorliegende Handbuch der Hydraulik versteht sich als Ergänzung zu diesen Bänden, konzentriert sich dabei auf den Anwender, der die Grundlagen dieses Fachgebietes beherrscht, aber die eine oder andere Formel und den einen oder anderen Beiwert vergessen hat, sucht oder auffrischen möchte. Selbstverständlich sind neuere Untersuchungen, Veröffentlichungen und Erkenntnisse in diesem Buch eingearbeitet, aber man findet auch Vergessenes, schon Bekanntes oder oft Genanntes.

Dresden, Mai 2021

Detlef Aigner
Gerhard Bollrich

Inhaltsverzeichnis

1 Allgemeines

1.1 Geschichtliche Entwicklung

Die alten Philosophen zählten das Wasser neben dem Feuer, der Luft und der Erde zu den Urstoffen unseres Lebens. Es verkörperte die Kraft, die Reinheit, den Geist und die Schöpferkraft. Heraklit (etwa 500 v. Chr.) betonte die Dynamik des Wassers durch seine überlieferte Aussage, dass man nicht zweimal in denselben Fluss steigen kann. Als eines der natürlichen Elemente unserer Erde ist das Wasser für Mensch, Tier und Pflanze lebensnotwendig und es bestimmt, angetrieben durch die Sonne, den Lebenszyklus der Erde. Es wird gefördert, gespeichert und transportiert. Die ersten Erkenntnisse des Menschen über das Wasser beruhten auf Beobachtungen und das Sammeln praktischer Erfahrungen. Bauwerke am und im Wasser hielten den Belastungen nicht stand und wurden mit diesen neuen Erkenntnissen wieder aufgebaut. Nachweislich wurden bereits vor über 6.000 Jahren in den alten Kulturzentren Dämme errichtet. Überliefert sind die wissenschaftlichen Erkenntnisse von *Archimedes* (287–212 v. Chr.) z. B. zum Auftrieb. Die archimedische Schraube wird ihm zugeschrieben. Das Phänomen Wasser hielt *Leonardo da Vinci* (1452–1519) in vielen seiner Skizzen und Zeichnungen fest und er beschäftigte sich nicht nur als Maler, sondern auch als Wissenschaftler mit dem Wasser. Seine künstlerischen und zeichnerischen Analysen gingen später in die empirische Phase über, in der durch den Naturversuch Erkenntnisse über das Verhalten des Wassers gesammelt wurden. Im 17. bis 19. Jahrhundert entwickelte sich die Mathematik als Grundlagenwissenschaft und Mathematiker wie *Isaak Newton* (1643–1727), *Daniel Bernoulli* (1700–1782) oder *Louis Navier* (1785–1836) und *George Gabriel Stokes* (1819–1903) entwickelten wichtige Grundlagengleichungen der Hydromechanik, die noch heute ihre Namen tragen. Mit der industriellen Revolution im 19. Jahrhundert und der Entwicklung der Messtechnik entstanden erste empirische Gleichungen zur Bewegung des Wassers. *Henry Darcy* (1803–1858), *Julius Weisbach* (1806–1871), *William Froude* (1810–1879) und *Robert Manning* (1816–1897) waren Vorreiter bei der Aufstellung empirischer Fließformeln für Sickerströmungen und Freispiegelströmungen. *Osborne Reynolds* (1842–1942), *Ludwig Prandtl* (1875–1953) oder *Johann Nikuradse* (1884–1979) lieferten wichtige Erkenntnisse zur Turbulenz, zur Grenzschicht und zur Wandrauheit u. a. als Grundlage zur Berechnung von Druckrohrströmungen. Es entstanden erste Labore zur Analyse von Strömungen. Das erste flussbauliche Laboratorium wurde 1898 von *Hubert Engels* (1854–1945) an der damaligen Königlich Sächsischen Hochschule in Dresden gegründet. Hier wurden erste Untersuchungen zur Auskolkung und Sedimentation in einer Modellrinne durchgeführt. Heute existieren an allen größeren Universitäten Laboreinrichtungen zur Untersuchung von Strömungen. Viele der historischen Erkenntnisse und Gleichungen wurden durch neuere Messverfahren und Auswertetechniken verbessert und weiterentwickelt. Einen umfassenden Überblick über die Geschichte der Hydraulik und ihre herausragenden Persönlichkeiten haben *Hunter Rouse* und *Simon Ince* (1980) sowie *Willi Hager* (2003) gegeben. Die von den Mathematikern aufgestellten Theorien wurden durch den Vergleich mit empirisch gewonnenen Daten verifiziert und anwendbar gestaltet. Dieser Prozess der Verifizierung analytischer Lösungen wurde weiter fortgesetzt und auch von der numerischen Modellierung übernommen.

Insbesondere die zeitlich gemittelten Strömungsgleichungen, die Reynolds-Gleichungen, sind auf Ergebnisse empirischer Messungen angewiesen. Auch die rasante Entwicklung der Computertechnik und die damit ermöglichten fein aufgelösten Berechnungen von Strömungen haben es bisher nicht geschafft, die empirischen Verfahren zu verdrängen, im Gegenteil, sie nutzen diese zur Überprüfung und Verifizierung. Das mit diesem kurzen geschichtlichen Abriss eingeleitete Buch soll diesem Anliegen gerecht werden und stellt analytische Lösungen und empirische Daten in komprimierter Form, quasi als Handbuch, vor. Es kann als Nachschlagewerk, als Wissensspeicher oder als Sammlung von Formeln und Beiwerten verstanden werden.

1.2 Formelzeichen und Einheiten in der Hydraulik

1.2.1 Basisgrößen der SI-Einheiten

Das Internationale Einheitensystem, SI-Einheiten (**S**ystème **I**nternational d'unités), basiert auf dem internationalen Größensystem (ISQ). Dieses metrische Einheitensystem wurde 1960 eingeführt und ist heute das weltweit am weitesten verbreitete Einheitensystem für physikalische Größen. Das SI ist ein metrisches, dezimales und kohärentes Einheitensystem mit in Tabelle 1.1 aufgeführten Basisgrößen.

Tabelle 1.1 Basisgrößen der SI-Einheiten

Name der Basisgröße	Symbol	Dimension	Einheit	Definition
Länge	l	L	m	Das **Meter** ist die Länge der Strecke, die das Licht im Vakuum in der Zeit von $1/c_0$ [Sekunden] zurücklegt. Lichtgeschwindigkeit c_0 = 299.792.458 m/s.
Masse	m	M	kg	Das **Kilogramm** ist die Masse des internationalen Kilogrammprototyps (Urkilogramm).
Zeit	t	T	s	Die **Sekunde** ist das 9.192.632.770fache der Periodendauer des atomaren Überganges des Caesium-Isotops ^{133}Cs.
Stromstärke	I	I	A	Das **Ampere** ist die Stärke eines konstanten elektrischen Stromes, der im Vakuum zwischen zwei definierten Leitern im Abstand von 1 m fließt. Pro Sekunde entspricht das $6{,}24150948 \cdot 10^{18}$ Ladungsträgern.

Fortsetzung Tabelle 1.1

Name der Basisgröße	Symbol	Dimension	Einheit	Definition
Temperatur	T	Θ	K	Das **Kelvin** ist 1/273,16 der thermodynamischen Temperatur des Tripelpunkts von destilliertem Reinst-Wasser (Standard Mean Ocean Water).
Stoffmenge	n	N	mol	Das **Mol** entspricht der Stoffmenge der Atome in 12 Gramm des Kohlenstoff-Isotops ^{12}C in ungebundenem Zustand.
Lichtstärke	I_V	J	cd	Die **Candela** entspricht der Lichtstärke von monochromatischem Licht der Frequenz $540 \cdot 10^{12}$ Hz und der Strahlungsstärke von 1/683 Watt pro Steradiant.

1.2.2 Symbolverzeichnis

Die folgenden Formelzeichen werden im gesamten Buch einheitlich verwendet, wobei die ehemalige DIN 1080-7:1979-03 und DIN 4044:1980-07 die Grundlage bilden. Hier nicht aufgeführte Formelzeichen sind im Text erläutert.

Zeichen	Benennung, Bedeutung, Bemerkung	Einheit
A	Fläche, Fließquerschnitt	m^2
a	Beschleunigung	m/s^2
B	Breite, Wasserspiegelbreite	m
b	Breite	m
Bou	Boussinesq-Zahl	1
C	Chezy-Beiwert	$m^{1/2}/s$
C	Überfallbeiwert	$m^{1/2}/s$
c	absolute Wellenschnelligkeit bei Schwall und Sunk	m/s
c	Druckwellengeschwindigkeit im Wasser	m/s
c	Konzentration	1
c_R	Druckwellengeschwindigkeit im Rohr	m/s
c_W	Wellenausbreitungsgeschwindigkeit	m/s
c_W	Widerstandsbeiwert bei Umströmung	1
DN	Nennweite, Nenndurchmesser, (diameter normale)	m
D	Diffusionsbeiwert	m^2/s
d	Durchmesser	m
d_{hy}	hydraulischer Durchmesser, $d_{hy} = 4 \cdot A/l_U$	m
E	Elastizitätsmodul	$Pa = N/m^2$

Zeichen	Benennung, Bedeutung, Bemerkung	Einheit
e	Beiwert	1
e	Eulersche Zahl, Exponentialfunktion, e = 2,71828...	1
F	Kraft	$N = kg \cdot m/s^2$
f	Frequenz	Hz = l/s
f	Beiwert	1
Fr	Froude-Zahl	1
F_G	Gewichtskraft	N
G	Gezeitenkonstante	m^2/s^2
g	Schwerebeschleunigung	m/s^2
H	Gesamthöhe, Förderhöhe, Energiehöhe	m
h	Höhe, Wasserstand, Überfallhöhe	m
I	Flächenträgheitsmoment	m^4
I	Gefälle	1, %
k	absolute Rauheit, äquivalente Sandrauheit	mm
k_{St}	Strickler-Rauheitsbeiwert	$m^{1/3}/s$
k_f	Durchlässigkeitsbeiwert, Darcy-Beiwert	m/s
k_V	Durchflusskennwert	m^3/h
L, l	Länge	m
$l_ä$	äquivalenter Durchmesser	m
l_U	benetzter Umfang	m
M_L	Maßstabszahl, Modellmaßstab	1
M	Moment	$N \cdot m = kg \cdot m^2/s^2$
m	Masse	kg
n	Böschungsneigung	1
P	Leistung	$W = kg \cdot m^2/s^3$
PN	Druckstufe	10^5 Pa
p	Druck	$Pa = N/m^2 = kg/(m \cdot s^2)$
Q	Durchfluss, Abfluss, Ausfluss, Volumenstrom	m^3/s
q	spezifischer Abfluss, $q = Q/b$	m^2/s
R, r	Radius	m
Re	Reynolds-Zahl	1
r_{hy}	hydraulischer Radius $r_{hy} = A/l_U$	m
s	Weg, Strecke, Schichtdicke, Wanddicke	m
Sr	Strouhal-Zahl	1
T	Temperatur	°C, K
T	Zeit, Zeitintervall	s
t	Zeit	s
U	Umfang	m
u	Komponente der Geschwindigkeit	m/s
V	Volumen	m^3
v	Geschwindigkeit	m/s
$v*$	Schubspannungsgeschwindigkeit	m/s
W	Arbeit, Energie	$J = Nm = Ws = kg \cdot m^2/s^2$
w	Wehrhöhe	m

Zeichen	Benennung, Bedeutung, Bemerkung	Einheit
w	Komponente der Geschwindigkeit	m/s
x, y, z	kartesische Koordinaten	m
z	geodätische Höhe, vertikale Koordinate	m
α	Winkel	°
α	Geschwindigkeitshöhenausgleichswert	1
α	Verbauungsverhältnis	1
α'	Impulsausgleichsbeiwert	1
β	Belüftungsgrad	1
β	Winkel	°
$\widehat{\beta}$	Bogenmaß, Radiant	rad
β	Druckhöhenausgleichsbeiwert	1
β'	Druckkraftausgleichsbeiwert	1
Γ	Gravitationskonstante	$m^3/(kg \cdot s^2)$
γ	Raumausdehnungskoeffizient	$°C^{-1}$
δ	Grenzschichtdicke	m
ζ	Beiwert für lokale Verluste	1
η	dynamische Viskosität	$kg/(s \cdot m)$
η	Wirkungsgrad	1
θ	Winkel	°
λ	Widerstandsbeiwert	1
μ	Überfallbeiwert, Ausflussbeiwert	1
ν_T	kinematische Viskosität	m^2/s
Π	dimensionslose Pi-Zahl	1
π	Kreiszahl, $\pi = 3{,}14159$	1
ρ	Dichte	kg/m^3
σ	Oberflächenspannung	kg/s^2
σ	Normalspannung	$Pa = kg/(m \cdot s^2)$
τ	Schubspannung	$Pa = kg/(m \cdot s^2)$
φ	Verlustbeiwert	1
ψ	Kontraktionsbeiwert	1
ω	Kreisfrequenz	Hz = 1/s
χ	Beiwert für Rohrleitungskennlinien	s^2/m^5
χ	dimensionsloser Wandabstand von $\upsilon_m / \upsilon_{max}$	1

Indizes

Die speziellen Indizes sind in den Abschnitten oder durch den Bezug zu einer Skizze erläutert.

Index	Bedeutung
A	Ausfluss, Fläche, Auftrieb
a	außen
amb, atm	Atmosphäre
abs	absolut
ä	äquivalent
C	Coriolis
crit	kritischer Wert
dyn	dynamisch
E	Energie
f	Filter
G	Gewicht
gr	Grenzwert
ges	gesamt
hy	hydraulisch
i	innen
kin	kinematisch
krit	kritisch
L	Längenbezug
LF	luftfrei
LG	luftgesättigt
M	Motor, Mond
Max, max	Maximum
Min, min	Minimum
m	mittel
n	normal, senkrecht
O	Oberfläche
Ö	örtlich
P	Pumpe
p	Druck
R, r	Reibung
S	Sohle, Sonne
St	Strickler
s	Strecke, Stromlinie
T	Temperatur, Turbulenz
t	turbulent
V	Verlust
w	Widerstand, Wand
wirtsch	wirtschaftlich
W	Wasser
x, y, z	kartesische Koordinaten
zul	zulässig
0	Anfangswert
1, 2	Schnittbezug
Γ	Gravitation

Vorzeichen

Zeichen	Bedeutung
Δ, d	Differenz
d	totales Differential
∂	partielles Differential
∇	Nabla-Operator
grad	Gradient
div	Divergenz
$\sum$	Summe

Exponenten

Zeichen	Bedeutung
$\bar{\ }$	Mittelwert
'	turbulente Schwankung
*	speziell
$\wedge$	maximal
$\sim$	wechselnd
$\vee$	minimal
$\rightarrow$	Vektor
$\frown$	Bogenmaß

Abkürzungen

Abkürzung	Bedeutung
EL	Energielinie
DL	Drucklinie
BH	Bezugshorizont
UW	Unterwasser
HQ	Hochwasserabfluss
MQ	Mittelwasserabfluss
NQ	Niedrigwasserabfluss
M	Mittelpunkt
EH	Energiehorizont
WL	Wasserspiegellinie
OW	Oberwasser
KV	Kontrollvolumen
TS	Talsperre
S	Schwerpunkt
NN	Nullniveau
D	Drehpunkt

1.3 Dezimale Vielfache von Einheiten

Tabelle 1.2 Das dezimale Vielfache von Einheiten

Faktor	Vorsatz		
Exponent	Name	Zeichen	Bedeutung
10^{-18}	Atto	a	Trillionstel
10^{-15}	Femto	f	Billiardstel
10^{-12}	Piko	p	Billionstel
10^{-9}	Nano	n	Milliardstel
10^{-6}	Mikro	µ	Millionstel
10^{-3}	Milli	m	Tausendstel
10^{-2}	Zenti	c	Hundertstel
10^{-1}	Dezi	d	Zehntel

Faktor	Vorsatz		
Exponent	Name	Zeichen	Bedeutung
10^{1}	Deka	da	Zehn
10^{2}	Hekto	h	Hundert
10^{3}	Kilo	k	Tausend
10^{6}	Mega	M	Million
10^{9}	Giga	G	Milliarde
10^{12}	Tera	T	Billion
10^{15}	Peta	P	Billiarde
10^{18}	Exa	E	Trillion

Beispiel: 1 Mikrometer = 1 µm = 0,000 001 m = 1 Millionstel Meter
= 0,001 mm = 1 Tausendstel Millimeter

1 Nanometer = 1 nm = 0,000 000 001 m = 1 Milliardstel Meter
= 0,000 001 mm = 1 Millionstel Millimeter

1.4 Griechisches und kyrillisches (russisches) Alphabet, römische Ziffern und Zahlen

Tabelle 1.3 Griechisches und kyrillisches (russisches) Alphabet (DIN 1460:2019-12, Duden 2006)

Griechische Schrift		
Druckschrift	Kursivschrift	Name
Α α	*Α α*	Alpha
Β β	*Β β*	Beta
Γ γ	*Γ γ*	Gamma
Δ δ	*Δ δ*	Delta
Ε ε	*Ε ε*	Epsilon
Ζ ζ	*Ζ ζ*	Zeta
Η η	*Η η*	Eta
Θ θ, ϑ	*Θ θ, ϑ*	Theta

Kyrillische Schrift			
Druckschrift	Kursive Schrift	wiss. Transliteration	Lautwert russisch
А а	*А а*	a	a
Б б	*Б б*	b	b
В в	*В в*	v	v
Г г	*Г г*	g	g
Д д	*Д д*	d	d
Е е	*Е е*	e	je
Ж ж	*Ж ж*	ž	sh
З з	*З з*	z	s

Fortsetzung Tabelle 1.3

Griechische Schrift				
Druck-schrift		**Kursiv-schrift**		**Name**
Ι	ι	*Ι*	*ι*	Jota
Κ	κ	*Κ*	*κ*	Kappa
Λ	λ	*Λ*	*λ*	Lambda
Μ	μ	*Μ*	*μ*	My
Ν	ν	*Ν*	*ν*	Ny
Ξ	ξ	*Ξ*	*ξ*	Xi
Ο	ο	*Ο*	*ο*	Omikron
Π	π	*Π*	*π*	Pi
Ρ	ρ	*Ρ*	*ρ*	Rho
Σ	σ,ς	*Σ*	*σ,ς*	Sigma
Τ	τ	*Τ*	*τ*	Tau
Υ	υ	*Υ*	*υ*	Ypsilon
Φ	φ	*Φ*	*φ*	Phi
Χ	χ	*Χ*	*χ*	Chi
Ψ	ψ	*Ψ*	*ψ*	Psi
Ω	ω	*Ω*	*ω*	Omega

Kyrillische Schrift					
Druck-schrift		**Kursive Schrift**		**wiss. Trans-literation**	**Lautwert russisch**
И	и	*И*	*и*	i	i
Й	й	*Й*	*й*	j	i
К	к	*К*	*к*	k	k
Л	л	*Л*	*л*	l	l
М	м	*М*	*м*	m	m
Н	н	*Н*	*н*	n	n
О	о	*О*	*о*	o	o
П	п	*П*	*п*	p	p
Р	р	*Р*	*р*	r	r
С	с	*С*	*с*	s	s (ss)
Т	т	*Т*	*т*	t	t
У	у	*У*	*у*	u	u
Ф	ф	*Ф*	*ф*	f	f
Х	х	*Х*	*х*	ch	ch
Ц	ц	*Ц*	*ц*	c	z
Ч	ч	*Ч*	*ч*	č	tsch
Ш	ш	*Ш*	*ш*	š	sch
Щ	щ	*Щ*	*щ*	šč	schtsch
Ъ	ъ	*Ъ*	*ъ*	″	
Ы	ы	*Ы*	*ы*	y	y
Ь	ь	*Ь*	*ь*	′	
Э	э	*Э*	*э*	ė	e
Ю	ю	*Ю*	*ю*	ju	ju
Я	я	*Я*	*я*	ja	ja

Anmerkung: In diesem Buch wird bei Zitaten, z. B. aus dem Russischen, die wissenschaftliche Transliteration verwendet.

Tabelle 1.4 Römische Zahlenzeichen

Die sieben römischen Grundzeichen:							
Indisch-arabische Ziffern:	1	5	10	50	100	500	1 000
Römische Zahlzeichen:	I	V	X	L	C	D	M

Die römischen Zahlen werden von links nach rechts gelesen und addiert, sofern sie in ihrer Wertigkeit abnehmen. Steht jedoch eine kleinere Zahl vor einer größeren, so wird sie von der größeren abgezogen.

Beispiele: II = 2, III = 3, IV = 5 – 1 = 4, VI = 5 + 1 = 6, VII = 7, VIII = 8, IX = 9, XI = 11, XIX = 19, XX = 20, XXX = 30, XL = 40, LX = 60, XC = 90, XCIX = 99, CI = 101, CCCLIX = 359, MCMXCVI = 1996, MMXIII = 2013

1.5 Umrechnung von britischen und US-Einheiten in metrische Einheiten

Tabelle 1.5 Umrechnung von britischen und US-Einheiten in Längenangaben (http://www.hug-technik.com/inhalt/ta/british.htm)

1 inch (in.)	= 25,4 mm
1 mille = 1/1000 in.	= $2{,}54 \cdot 10^{-2}$ mm
1 microinch	= $2{,}54 \cdot 10^{-5}$ mm
1 foot (ft.) = 12 in.	= 304,8 mm
1 yard = 3 ft.	= 914,4 mm
1 rod (rd.) = 5,5 yd.	= 5,0292 m
1 mile (statute)	= 1,60934 km
1 mile (nautical)	= 1,853 km

1 cm	= 0,3937 in.
1 mm	= 39,37 mille
1 mikrometer	= 39,37 microinch
1 cm	= 0,0328 ft.
1 m	= 3,28 ft.
1 m	= 1,0936 yd.
1 km	= 0,6214 mile (st.)
1 km	= 0,54 mile (naut.)

Anmerkung: Im Folgenden werden vorrangig die in der Hydraulik wichtigen Einheiten behandelt. (In Klammern: brit. oder US-Einheiten)

Längen

inch 1 in = 2,54 cm = 25,4 mm

foot 1 ft = 12 in = 30,48 cm = 0,3048 m

yard 1 yd = 3 ft = 0,9144 m

mile 1 mi = 5280 ft = 1760 yd = 1,6093 km

nautic mile 1 knot = 1,852 km

Flächen

square inch 1 sq in = 1 in^2 = 6,45 cm^2

square foot 1 sq ft = 1 ft^2 = 144 in^2 = 929 cm^2 = 0,0929 m^2

square yard 1 sq yd = 0,8361 m^2

acre 1 ac = 4840 sq yd = 4047 m^2 = 0,4047 ha

square mile 1 sq mi = 640 acres = 2,59 km^2

Raummaße, Flüssigkeiten

cubic inch	1 cu in = 1 in^3 = 16,387 cm^3
cubic foot	1 cu ft = 1 ft^3 = 28,3 l = 0,0283 m^3
cubic yard	1 cu yd = 1 yd^3 = 765 l = 0,765 m^3
register ton	1 reg tn = 2,832 m^3
fluid once	1 fl oz = 28,41 cm^3 (brit.) = 29,57 cm^3 (US)
gallon	1 gal (brit.) = 4,546 l; 1 gal (US) = 3,785 l
US barrel petroleum	1 bbl = 42 gal = 158,987 l

Geschwindigkeit

feet per second	1 fps = 0,3048 m/s
mile per hour	1 mph = 1,609 km/h = 0,447 m/s
nautic mile per hour	1 knot = 1,852 km/h = 0,514 m/s

Abfluss, Durchfluss

cubic foot per second	1 ft^3/sec = (oft auch: 1 cu ft sec = 1 cfs) = 28,3 l/s = 101,9 m^3/h
cubic foot per minute	1 ft^3/min = 0,472 l/s = 0,0283 m^3/min = 1,70 m^3/h
cubic foot per hour	1ft^3/h = 28,3 l/h = 0,0283 m^3/h
US gallon per min	1 gpm = 0,00223 ft^3/sec = 0,06309 l/s = 0,227 m^3/h
US gallon per day	1 gpd = 0,1577 l/h = 3,785 l/d

Spezifischer Abfluss $q = Q/b$

cubic foot per foot of width	1 ft^3/sec per ft of width = 1 ft^2/s = 0,0929 m^3/(s·m)

Masse

grain (engl.)	1 gr = 1/7000 lb = 64,8 mg = 0,0648 g
ounce (brit.)	1 oz = 1/16 lb = 28,35 g = 0,02835 kg
pound (brit.)	1 lb = 453,6 g = 0,4536 kg
short hundredweight (US)	1 cwt sh = 100 lb = 45,359 kg
long hundredweight (US)	1 cwt l = 4 qrt (quarters) = 112 lb = 50,802 kg = 1 hundredweight (brit.)
short ton (US)	1 s tn = 20 cwt sh = 2000 lb
long ton (US)	1 l tn = 20 cwt l = 2240 lb = 1,016 t = 1 tn (brit.)

Dichte

pound per cubic foot	1 lb/ft^3 = 16,0185 kg/m^3; 1 kg/m^3 = 0,0624 lb/ft^3
pound per US-gallon	1 lb/gal = 119,8 kg/m^3
part per million	1 ppm = 1 mg/l = 1 g/m^3

Kraft

pound-force (brit.)	1 lbf = 4,448 N = 4,448 kg m/s^2 = 0,4536 kp = 32,174 pdl
pound-weight (US)	1 lb wt = 1 lbf
poundal (brit.)	1 pdl = 0,138255 N = 1 lb ft/s^2
short ton-weight (US)	1 sh tn wt = 8896,44 N
long ton-weight (US)	1 l tn wt = 9964 N
ton-force (brit.)	1 tonf = 9964 N = 2240 lb wt = 1 l tn wt

Druck

pound per square foot	1 psf = 47,88 N/m^2 = 47,88 Pa ≙ 4,88 mmWS = 0,00488 mWS
pound per square foot	1 psf = 47,88 N/m^2 = 47,88 Pa ≙ 4,88 mmWS = 0,00488 mWS
foot of water	1 ft H_2O = 0,029891 bar

Arbeit, Energie, Leistung

horse-power	1 hp = 1,014 PS = 0,746 kW
	(1 kW = 1,34 hp; 1 PS = 0,736 kW; 1 kW = 1,36 PS)
foot pound-force	1 ft lbf = 1,3558 N·m = 1,3558 J
foot pound-force per second	1 lbf/s = 1,3558 W
	1 Watt (W) = 1 Joule/s (J/s) = 1 Newton·Meter/Sekunde (N·m/s)

Sonstiges

Grad Fahrenheit:	°F = 32 + 9/5·°C
Grad Celsius:	°C = 5/9·(°F – 32)
Dynamische Viskosität η:	1 Lb/(ft·sec) = 1,4482 Pa·s
Kinematische Viskosität ν:	1 ft^2/sec = 0,0929 m^2/s = 92,9 St; 1 Stokes (St) = 0,001 m^2/s
Oberflächenspannung σ:	1 Lb/ft = 14,945 N/m
Erdbeschleunigung g:	32,174 ft/sec^2 = 9,80665 m/s^2

Beiwert k_{St} der GMS-Formel: 1 $ft^{1/3}$/sec = 0,673 $m^{1/3}$/s; 1 $m^{1/3}$/s = 1,49 $ft^{1/3}$/ sec
(Näheres siehe Seite 245)

Überfallbeiwert $C = \frac{2}{3} \cdot \mu \cdot \sqrt{2 \cdot g}$: 1 $ft^{1/2}$/sec = 0,552 $m^{1/2}$/s; 1 $m^{1/2}$/s = 1,81 $ft^{1/2}$/sec

1.6 Historische und nicht mehr gebräuchliche Einheiten

In vielen alten Quellen findet der Leser heute nicht mehr gebräuchliche Formelzeichen und Einheiten. Deren Bezug zu den heutigen SI-Einheiten soll hier in einer Auswahl gezeigt werden.

Tabelle 1.6 Historische und nicht mehr gebräuchliche Einheiten

Zeichen	Benennung, Bedeutung, Umrechnung	SI-Einheit
a	Ar oder Are, 100 a entsprechen 1 ha	100 m^2
at	technische Atmosphäre entspricht 10 m WS	98.066,5 kg/(m·s^2)
atm	physikalische Atmosphäre entspricht 760 Torr bzw. 760 mm Hg (Quecksilbersäule)	101325 kg/(m·s^2)
atü	Atmosphären-Überdruck, technische Bezeichnung für den Überdruck zum Umgebungsdruck	
bar	Bar, Druckeinheit * oft noch gebräuchlich	10^5 Pa = 10^5 kg/(m·s^2)
torr	Torr, ein Millimeter Quecksilbersäule, 1 mmHg	133,322 Pa
cal	Kalorie	4,1868 kg/(m^2·s^2)
PS	Pferdestärken, Leistung	735,49875 kg·m^2/s^3
kp	Kilopond, Kraft	9,80665 kg·m/s^2
t	Tonne, Gewicht * oft noch gebräuchlich	1000 kg
γ	Wichte, Gewichtskraft pro Volumen, $\gamma = \rho \cdot g$	9806,65 kg/(m^2·s^2)

1.7 Umrechnungen wichtiger Einheiten

Die folgenden Tabellen geben Hilfestellung bei der Umrechnung von Einheiten wichtiger physikalischer Größen aus historischen, anderssprachigen oder aktuellen Quellen.

Tabelle 1.7 Größen und deren Einheiten

Größe	SI-Einheit	SI-Basisgrößen	alte Einheit
Kraft	N	$= kg \cdot m/s^2$	kp
Moment	N·m	$= kg \cdot m^2/s^2$	kp·m
Druck/Spannung	Pa	$= kg/(m \cdot s^2)$	kp/m^2
	N/m^2	$= kg/(m \cdot s^2)$	at, Torr
	bar	$= 10^5\ kg/(m \cdot s^2)$	mWS
Arbeit/Energie	J	$= kg \cdot m^2/s^2$	kp·m cal
Leistung	W	$= kg \cdot m^2/s^3$	kp·m/s PS

Tabelle 1.8 Umrechnung von Kräfte-Einheiten

Einheit	kp	J/m	N
1 kp	1	9,81	9,81
1 J/m	0,102	1	1
1 N	0,102	1	1

Tabelle 1.9 Umrechnung von Druck-Einheiten

Einheit		Pa	N/mm^2	bar	kp/m^2	at	Torr
Pa	N/m^2	1	10^{-6}	10^{-5}	0,102	$1{,}02\ 10^{-5}$	$7{,}5\ 10^{-3}$
N/mm^2	10 bar	10^6	1	10	$1{,}02\ 10^5$	10,2	$7{,}5\ 10^3$
bar	0,1 MPa	10^5	0,1	1	$1{,}02\ 10^4$	1,02	750
kp/m^2	mm WS	9,81	$9{,}81 \cdot 10^{-6}$	$9{,}81 \cdot 10^{-5}$	1	10^{-4}	0,0736
at	kp/cm^2	98100	0,0981	0,981	10^4	1	736
Torr	mm Hg	133,3	$1{,}33 \cdot 10^{-4}$	$1{,}33 \cdot 10^{-3}$	13,6	$1{,}36 \cdot 10^{-3}$	1

Tabelle 1.10 Umrechnung von Energie-Einheiten

Einheit	kJ	kcal	kWh	kg SKE	kg RÖE	m^3 EG
Kilojoule	1	0,239	0,000278	0,000034	0,000024	0,000032
Kilokalorien	4,1868	1	0,001163	0,000143	0,001	0,00013
Kilowattstunde	3600	859,8	1	0,123	0,086	0,112
Steinkohleeinheit	29307	7000	8,14	1	0,7	0,91
Rohöleinheit	41868	10000	11,64	1,424	1	1,34
Erdgaseinheit	31736	7585	8,82	1,08	0,76	1

Tabelle 1.11 Umrechnung von Leistungs-Einheiten

Einheit	kpm/s	PS	kcal/s	kcal/h	kW	W
kpm/s	1	0,0133	0,00234	8,43	0,00981	9,81
PS	75	1	0,176	632	0,736	736
kcal/s	427	5,69	1	3600	4,19	4190
kcal/h	0,119	0,00158	0,000278	1	0,00116	1,16
kW	102	1,36	0,239	860	1	1000
W = J/s = Nm/s	0,102	0,00136	0,000239	0,86	0,001	1

2 Mathematische Grundlagen in der Hydraulik, wichtige geometrische Werte

2.1 Wichtige Zahlenwerte

Tabelle 2.1 Wichtige Zahlenwerte

π-Zahl	e-Zahl und g-Konstante	Grad (°) ≙ Radiant (rad)
$\pi = 3{,}14159$	$e = 2{,}718$	$360° \triangleq 2\,\pi$
$\pi/4 = 0{,}7854$	g[1] $= 9{,}81$ m/s²	$180° \triangleq \pi$
$\sqrt{\pi} = 1{,}772$	$\sqrt{2g} = 4{,}429\ \mathrm{m^{1/2}/s}$	$90° \triangleq \pi/2$
$1/\pi = 0{,}3183$	$\frac{2}{3} \cdot \sqrt{2g} = 2{,}952\ \mathrm{m^{1/2}/s}$	$1° \triangleq \pi/180$

[1] Fallbeschleunigung im Mittel in Deutschland, siehe Kapitel 3.

2.2 Trigonometrie

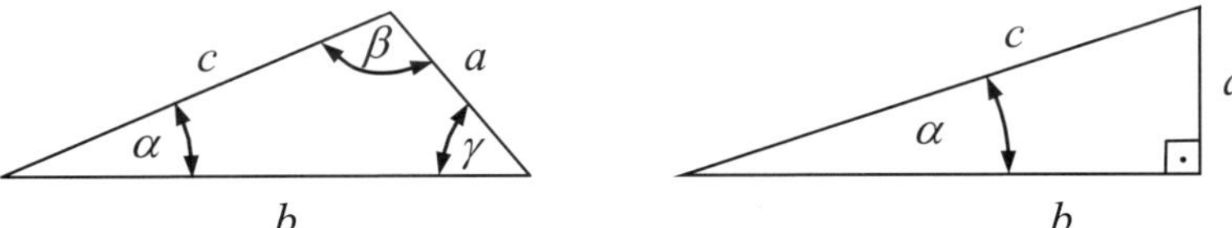

Bild 2.1 Dreieck, allgemein (links) und rechtwinklig (rechts)

2.2.1 Allgemeines Dreieck

Winkelsumme: $\alpha + \beta + \gamma = 180°$

Bogensumme: $\hat{\alpha} + \hat{\beta} + \hat{\gamma} = \pi$

Sinussatz: $\dfrac{a}{\sin\alpha} = \dfrac{b}{\sin\beta} = \dfrac{c}{\sin\gamma}$

Kosinussatz: $c^2 = a^2 + b^2 - 2 \cdot a \cdot b \cdot \cos\gamma$

Projektionssatz: $c = a \cdot \cos\beta + b \cdot \cos\alpha$

Flächeninhalt: $A = \dfrac{a \cdot b}{2} \cdot \sin\gamma$

2.2.2 Rechtwinkliges Dreieck

Winkelfunktionen: $\sin\alpha = \dfrac{a}{c}$ $\quad \cos\alpha = \dfrac{b}{c}$ $\quad \tan\alpha = \dfrac{a}{b}$ $\quad \cot\alpha = \dfrac{b}{a}$

$$\tan\alpha = \frac{\sin\alpha}{\cos\alpha} = \frac{1}{\cot\alpha} \qquad 1 + \tan^2\alpha = \frac{1}{\cos^2\alpha} \qquad 1 + \cot^2\alpha = \frac{1}{\sin^2\alpha}$$

Umkehrfunktion: $\alpha = \arcsin\left(\frac{a}{c}\right)$ Flächeninhalt: $A = \frac{a \cdot b}{2}$

Satz des Pythagoras: $c^2 = a^2 + b^2$ $\sin^2\alpha + \cos^2\alpha = 1$

2.2.3 Umrechnungen der Winkelfunktionen

$$\sin 2\alpha = 2 \cdot \sin\alpha \cdot \cos\alpha = \frac{2 \cdot \tan\alpha}{1 + \tan^2\alpha} \qquad \cos 2\alpha = \cos^2\alpha - \sin^2\alpha = 1 - 2 \cdot \sin^2\alpha = 2 \cdot \cos^2\alpha - 1$$

$$\tan 2\alpha = \frac{2 \cdot \tan\alpha}{1 - \tan^2\alpha} \qquad \sin 3\alpha = 3 \cdot \sin\alpha - 4 \cdot \sin^3\alpha \qquad \cos 3\alpha = 4 \cdot \cos^3\alpha - 3 \cdot \cos\alpha$$

$$\sin\alpha = \pm\sqrt{\frac{1 - \cos 2\alpha}{2}} \qquad \cos\alpha = \pm\sqrt{\frac{1 + \cos 2\alpha}{2}}$$

$$\tan\alpha = \pm\sqrt{\frac{1 - \cos 2\alpha}{1 + \cos 2\alpha}} = \frac{\sin 2\alpha}{1 + \cos 2\alpha}$$

$$\sin^3\alpha = \frac{3}{4} \cdot \sin\alpha - \frac{1}{4} \cdot \sin 3\alpha \qquad \cos^3\alpha = \frac{3}{4} \cdot \cos\alpha + \frac{1}{4} \cdot \cos 3\alpha$$

$$\sin\alpha + \sin\beta = 2 \cdot \sin\frac{\alpha + \beta}{2} \cdot \cos\frac{\alpha - \beta}{2} \qquad \sin\alpha - \sin\beta = 2 \cdot \cos\frac{\alpha + \beta}{2} \cdot \sin\frac{\alpha - \beta}{2}$$

$$\cos\alpha + \cos\beta = 2 \cdot \cos\frac{\alpha + \beta}{2} \cdot \cos\frac{\alpha - \beta}{2} \qquad \cos\alpha - \cos\beta = -2 \cdot \sin\frac{\alpha + \beta}{2} \cdot \sin\frac{\alpha - \beta}{2}$$

2.3 Wichtige Funktionen

2.3.1 Quadratische Gleichung

$$a \cdot x^2 + b \cdot x + c = 0 \qquad x^2 + p \cdot x + q = 0 \qquad \text{mit } p = \frac{b}{a} \text{ und } q = \frac{c}{a}$$

$$x_{1,2} = \frac{1}{2a} \cdot \left(-b \pm \sqrt{b^2 - 4 \cdot a \cdot c}\right) = \frac{1}{2} \cdot \left(-p \pm \sqrt{p^2 - 4 \cdot q}\right) \qquad (2.1)$$

2.3.2 Kubische Gleichung

Jede kubische Gleichung kann in ihre reduzierte Form umgewandelt werden:

$$x^3 + p \cdot x + q = 0$$

Die realen Lösungen dieser reduzierten kubischen Gleichung ergeben sich nur, wenn die Diskriminante ***D*** kleiner als 0 wird. Dieser Fall heißt Casus irreducibilus (nicht zurückführbar) und wurde von *Vieta* um 1600 entwickelt (*Gellert*, 1968).

Bedingung der Diskriminante ***D***: $\left(\frac{p}{3}\right)^3 + \left(\frac{q}{2}\right)^2 < 0$

Lösungen:

$$x_1 = 2 \cdot \sqrt{\frac{-p}{3}} \cdot \cos\left(\frac{\varphi}{3}\right) \quad \text{(positiv und größer als 1)}$$

$$x_2 = -2 \cdot \sqrt{\frac{-p}{3}} \cdot \cos\left(\frac{\varphi}{3} + \frac{2}{3} \cdot \pi\right) \quad \text{(negativ)}$$

$$x_3 = -2 \cdot \sqrt{\frac{-p}{3}} \cdot \cos\left(\frac{\varphi}{3} + \frac{4}{3} \cdot \pi\right) \quad \text{(positiv und kleiner als 1)}$$

$$\text{mit: } \varphi = \arccos\left(\frac{-q}{2} \cdot \left(\frac{3}{-p}\right)^{\frac{3}{2}}\right) \tag{2.2}$$

2.3.3 Newtonsches Näherungsverfahren

Eine iterative Annäherung an die Lösung einer Funktion $f(x) = 0$ liefert das Newtonsche Näherungsverfahren, das aus dem hinreichend genauen vorherigen Wert x_1 den neuen Wert x_2 ermittelt.

$$x_2 = x_1 - \frac{f(x_1)}{f'(x_1)} \tag{2.3}$$

Die Funktion $f(x_1)$ muss integrierbar sein.

2.3.4 Taylor-Reihe

Eine beliebige Funktion $f(x)$ sei in einer Umgebung von $x = x_0$ stetig differenzierbar, dann gilt:

$$f(x) = f(x_0) + \frac{f'(x_0)}{1!} \cdot (x - x_0) + \frac{f''(x_0)}{2!} \cdot (x - x_0)^2 + \ldots + \frac{f^{(n)}(x_0)}{n!} \cdot (x - x_0)^n + R \tag{2.4}$$

R = Residuum (Rest)

2.3.5 Exponentialfunktion

Der natürliche Logarithmus mit der Basiszahl e wird in verschiedenen Funktionen sehr häufig verwendet. Die Definition der Exponentialfunktion lautet:

$$e^{x} = \lim_{n\to\infty}\left(1+\frac{x}{n}\right)^{n} = 1+\frac{x}{1!}+\frac{x^{2}}{2!}+\frac{x^{3}}{3!}+\ldots \qquad (2.5)$$

Mit dem Exponenten $x = 1$ ergibt sich die Basiszahl e zu:

$$e = \lim_{n\to\infty}\left(1+\frac{1}{n}\right)^{n} = 2{,}718\ldots$$

2.4 Umrechnung von Gefälle und Böschungsneigung

In der Hydromechanik werden Gefälle, wie z. B. das Sohlgefälle oder das Energiehöhengefälle, als Höhenabnahme entlang des Fließweges, also als Sinus des Winkels β definiert. Dagegen werden Neigungen, wie z. B. die Böschungsneigung, mit Hilfe des Tangens des Winkels β berechnet.

Bei sehr kleinen Winkeln, wie z. B. beim Sohlgefälle eines Flusses, sind der Sinus und der Tangens des Winkels nahezu gleich, sodass es in der Literatur oft zu einem Verwischen dieser Definition kommt.

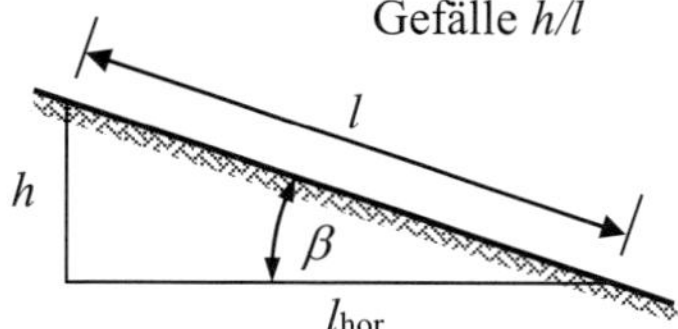

Bild 2.2 Böschungsneigung und Gefälle

Gefälle: $I_{\text{Gefälle}} = \frac{h}{l} = \sin\beta$ Neigung: $I_{\text{Neigung}} = \frac{h}{l_{\text{hor}}} = \frac{1}{n} = \tan\beta$

Bei sehr geringem Gefälle wird $\tan\beta \approx \sin\beta = h/l$.

Ein Gefälle von 100 % bzw. 1:1 entspricht einer Senkrechten, wogegen eine Neigung von 100 % einem Neigungswinkel von $\beta = 45°$ entspricht.

Tabelle 2.2 Umrechnungen von Gefälle (I_G) und Neigung (I_N) in Winkel (β)

I_G [%]	β [°]	I_G [%]	β [°]	I_G [%]	β [°]
1/10	0,06	11	6,32	35	20,49
1/2	0,29	12	6,89	40	23,58
1	0,57	13	7,47	45	26,74
2	1,15	14	8,05	50	30
3	1,72	15	8,63	55	33,37
4	2,29	16	9,21	60	36,87
5	2,87	17	9,79	65	40,54
6	3,44	18	10,37	70	44,43
7	4,01	19	10,95	75	48,59
8	4,59	20	11,54	80	53,13
9	5,16	25	14,48	90	64,16
10	5,74	30	17,46	100	90

n	β [°]	β [rad]	I_G [%]	I_N [%]
∞	0	0	0	0
5	11,31	0,197	19,6	20
4	14,04	0,245	24,3	25
3	18,43	0,322	31,6	33,3
2	26,57	0,464	44,7	50,0
1,75	29,74	0,519	49,6	57,1
1,5	33,69	0,588	55,5	66,7
1,29	38,66	0,675	62,5	80,0
1	45	0,785	70,7	100
0,5	63,43	1,107	89,4	200
0,33	71,74	1,252	95	303,1
0	90	1,571	100	∞

2.5 Flächenberechnung (Auswahl)

Dreieck

Fläche: $$A = \frac{1}{2} \cdot c \cdot h = \frac{1}{2} \cdot a \cdot b \cdot \sin\gamma$$
$$= \sqrt{s \cdot (s-a) \cdot (s-b) \cdot (s-c)}$$

$$h = \text{Lot auf } c \quad s = \frac{a+b+c}{2}$$

Schwerpunkt: $$x_S = \frac{c + a \cdot \cos\beta}{3}$$

$$y_S = \frac{h}{3}$$

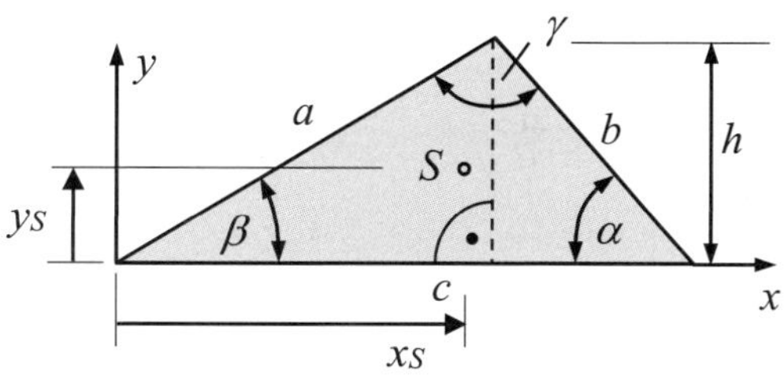

Trapez

Fläche: $A = \frac{a+b}{2} \cdot h$

S – Flächenschwerpunkt

Schwerpunkt: $y_S = \frac{h}{3} \cdot \frac{a+2b}{a+b}$

$x_S = \frac{a^2 - b^2 + c \cdot (a+2b)}{3 \cdot (a+b)}$

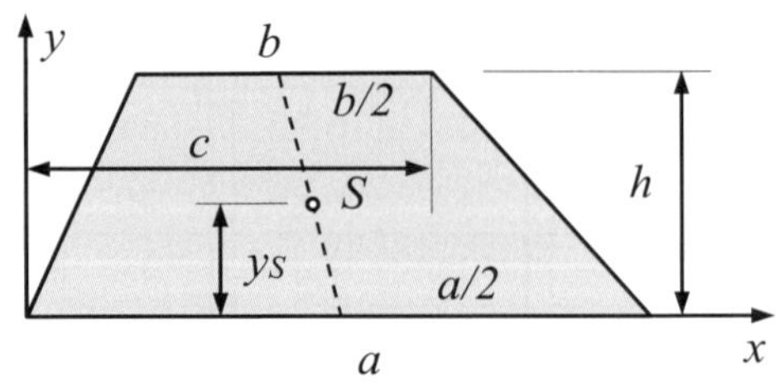

Polygone

Flächenberechnung durch Flächenzerlegung

Fläche a): $A_a = \frac{1}{2} \cdot (g_1 \cdot h_1 + g_1 \cdot h_2 + g_3 \cdot h_3)$

Fläche b): $A_b = \sum_{i=1}^{5} A_i$

Flächenschwerpunkt:

$x_S = \frac{\sum_i A_i \cdot x_{Si}}{A} \qquad y_S = \frac{\sum_i A_i \cdot y_{Si}}{A}$

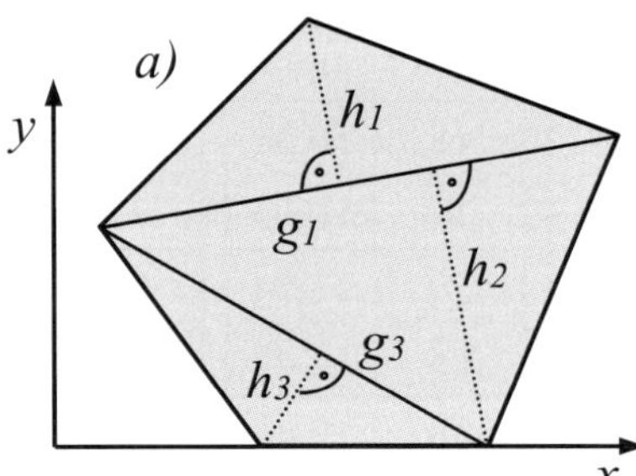

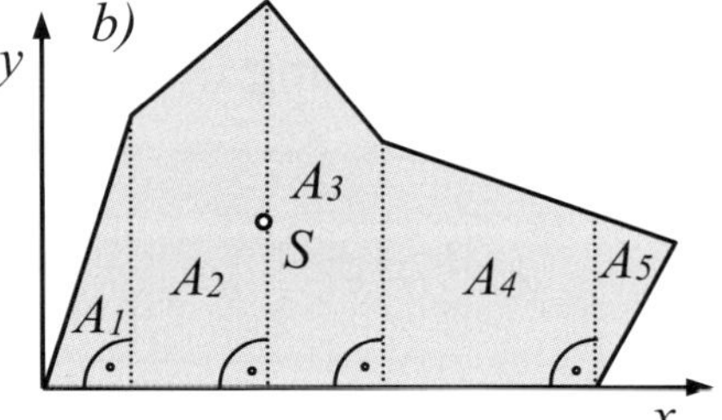

Rechteck

Fläche Rechteck: $A = a \cdot b$

Umfang: $l_U = 2a + 2b$

Schwerpunkt: $z_S = \frac{a}{2} \quad y_S = \frac{b}{2}$

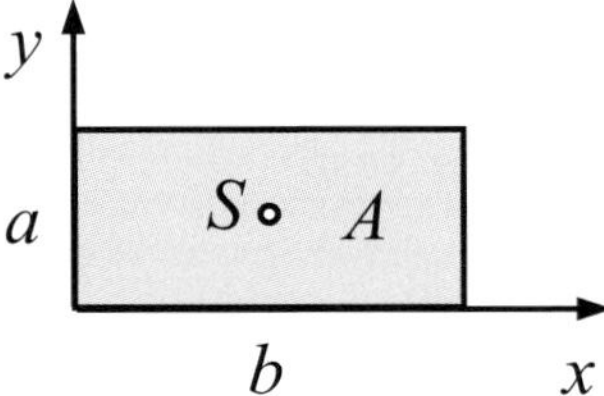

Parallelogramm

Fläche Parallelogramm: $A = h \cdot b$

Umfang: $l_U = 2a + 2b$

Schwerpunkt: $y_S = \frac{h}{2} \quad x_S = \frac{b + \sqrt{a^2 - h^2}}{2}$

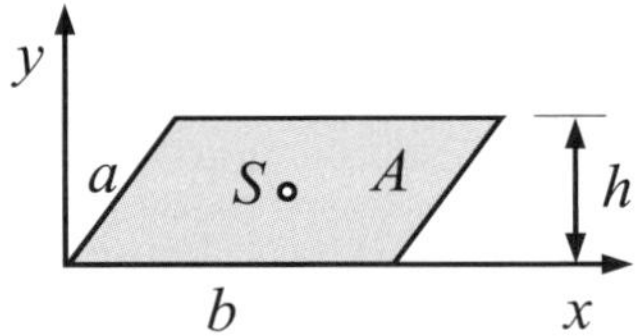

Kreis

Fläche: $A = \pi \cdot r^2 = \pi \cdot \frac{d^2}{4} = 0{,}7854 \cdot d^2$

Umfang: $l_U = 2 \cdot \pi \cdot r = \pi \cdot d$

Schwerpunkt = Kreismittelpunkt

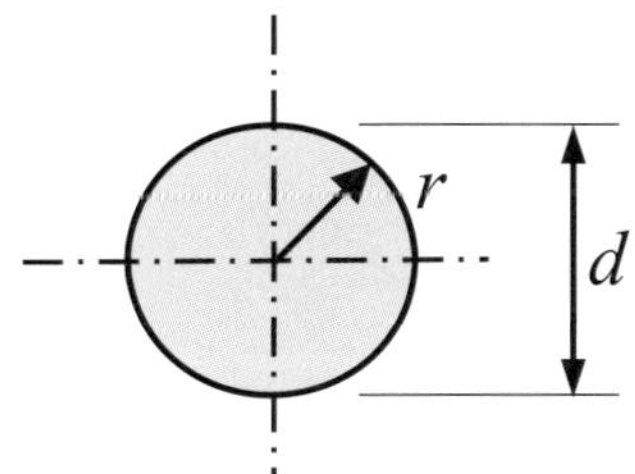

Kreisring

Fläche: $A = \pi \cdot (R^2 - r^2) = \pi \cdot (R + r) \cdot (R - r)$

Umfang: $l_U = 2 \cdot \pi \cdot (R + r)$

Schwerpunkt = Kreismittelpunkt

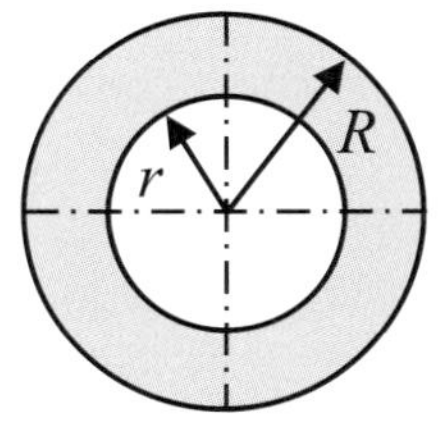

Kreisausschnitt

Fläche: $A = \frac{b \cdot r}{2}$

Sehne: $s = 2 \cdot r \cdot \sin(\alpha/2)$

Bogen: $b = \pi \cdot \frac{\alpha}{180°} \cdot r = \hat{\alpha} \cdot r$

Schwerpunkt: $y_S = \frac{2}{3} \cdot \frac{r \cdot s}{b}$

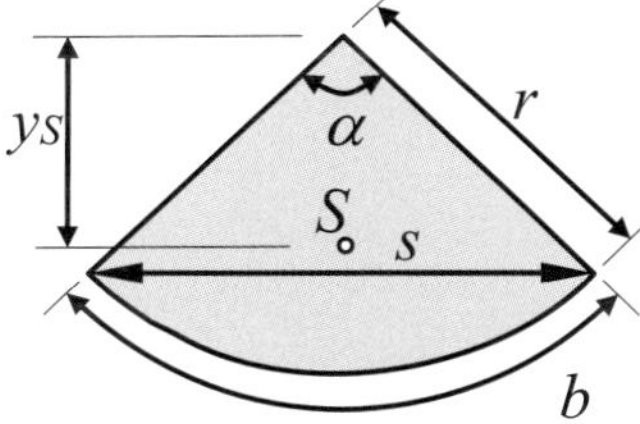

Kreisabschnitt

Fläche: $A = \frac{r^2}{2} \cdot (\hat{\alpha} - \sin\alpha)$

Bogenhöhe: $h = 2 \cdot r \cdot \sin^2\left(\frac{\alpha}{4}\right)$

Schwerpunktabstand: $y_S = \frac{s^3}{12 \cdot A} - r \cdot \cos\frac{\alpha}{2}$

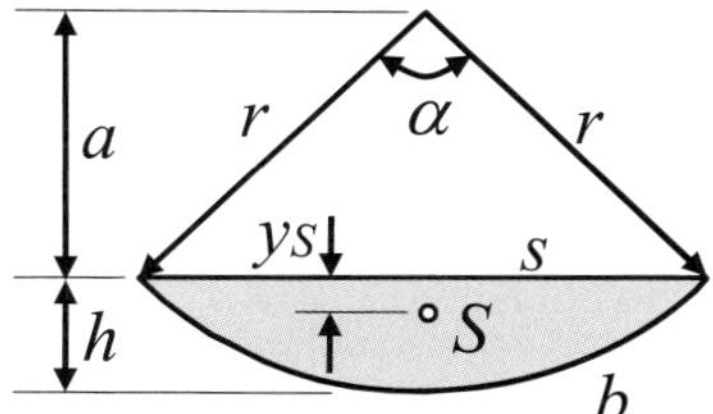

Ellipse

Fläche: $A = \pi \cdot a \cdot b$

Umfang: $l_U \approx \pi \cdot (a + b) \cdot (1 + \frac{3 \cdot \lambda^2}{10 + \sqrt{4 - 3 \cdot \lambda^2}})$

$\lambda = \frac{a - b}{a + b}$

Schwerpunkt = Mittelpunkt

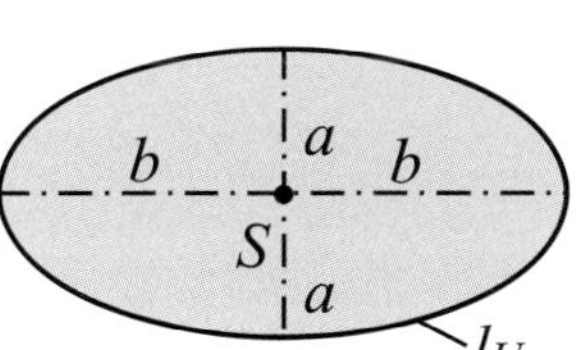

Parabel

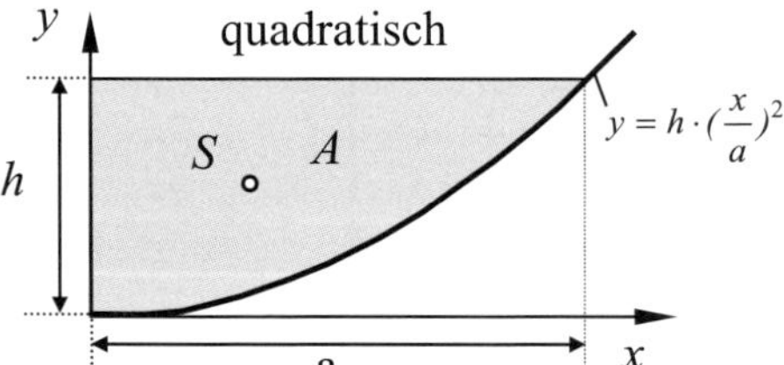

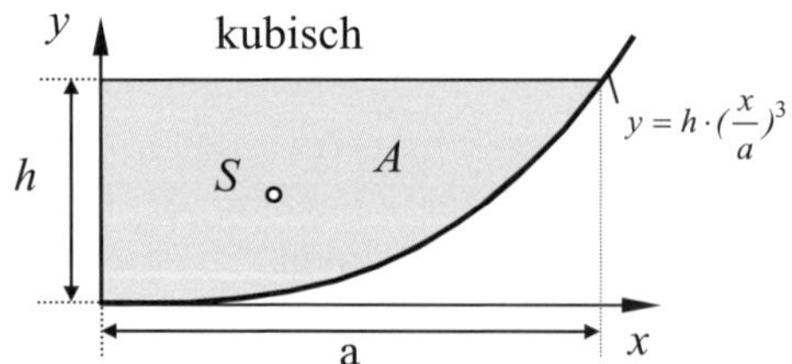

Fläche quadratisch: $A = \frac{2}{3} \cdot a \cdot h$

Fläche kubisch: $A = \frac{3}{4} \cdot a \cdot h$

Schwerpunkt:

$x_S = \frac{3}{8} \cdot a \qquad y_S = \frac{3}{5} \cdot h$

$x_S = \frac{2}{5} \cdot a \qquad y_S = \frac{4}{7} \cdot h$

Kreisüberlappung

Fläche: $A = 2 \cdot r^2 \cdot (\hat{\beta} + \frac{s}{2r} \cdot \cos\beta)$

$\beta = \arcsin\left(\frac{s}{2r}\right) \qquad \hat{\beta} = \beta \cdot \frac{\pi}{180°}$

s – Kreisverschiebung, S – Schwerpunkt

Schwerpunktlage: $y_S = r + \frac{s}{2} \cdot \left(1 - \frac{\pi \cdot r^2}{A}\right)$

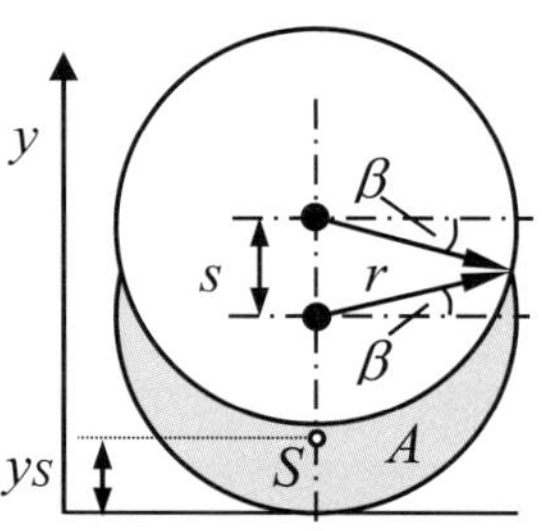

2.6 Volumenberechnung (Auswahl)

Prisma allgemein

Volumen: $V = A \cdot h$

Würfel mit Kantenlänge a: $V = a^3$

Kreiszylinder mit Radius r: $V = \pi \cdot r^2 \cdot h$

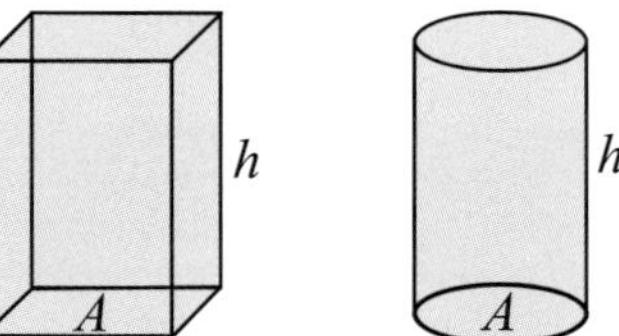

Pyramide und Kegel

Volumen: $V = \frac{A \cdot h}{3}$

Pyramide: $V = \frac{a^2 \cdot h}{3}$

Kegel: $V = \frac{\pi \cdot r^2 \cdot h}{3}$

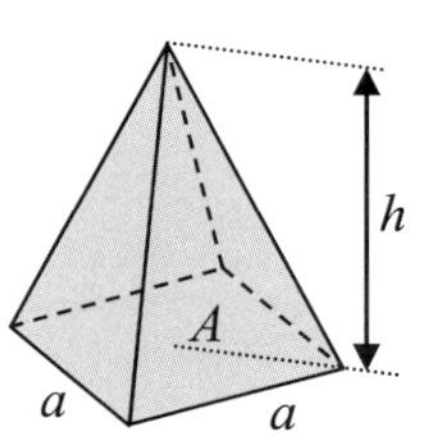

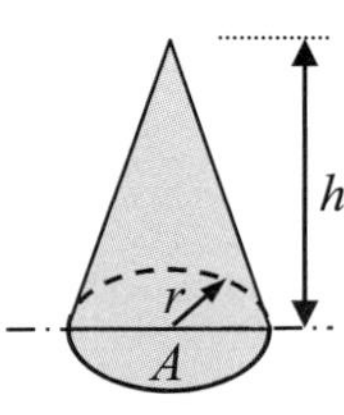

Pyramidenstumpf und Kegelstumpf

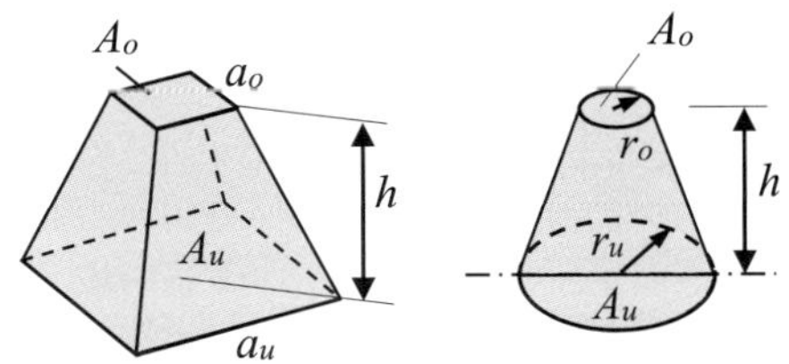

Volumen: $V = \frac{h}{3} \cdot \left(A_u + \sqrt{A_u \cdot A_o} + A_o \right)$

Pyramidenstumpf: $V = \frac{h}{3} \cdot \left(a_u^2 + a_u \cdot a_o + a_o^2 \right)$

Kegelstumpf: $V = \frac{\pi \cdot h}{3} \cdot \left(r_u^2 + r_u \cdot r_o + r_o^2 \right)$

Hohlzylinder

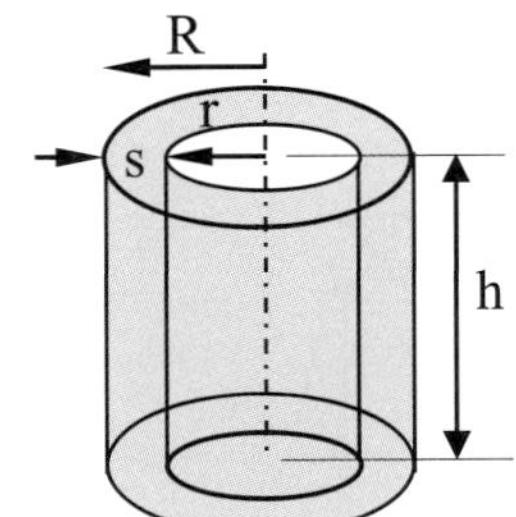

Volumen: $V = \pi \cdot h \cdot \left(R^2 - r^2 \right)$

$V = \pi \cdot h \cdot s \cdot (2 \cdot R - s)$

$V = \pi \cdot h \cdot s \cdot (2 \cdot r + s)$

Kugel

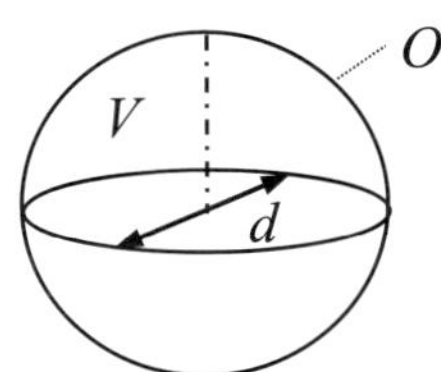

d – Durchmesser

Volumen: $V = \pi \cdot \frac{d^3}{6}$

Oberfläche: $O = 4 \cdot \pi \cdot r^2$

Kugelabschnitt

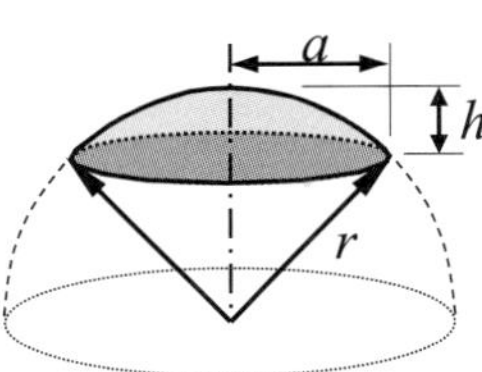

Volumen: $V = \pi \cdot h^2 \cdot \left(r - \frac{h}{3} \right) = \frac{\pi}{6} \cdot h \cdot \left(3 \cdot a^2 + h^2 \right)$

$a = \sqrt{h \cdot (2 \cdot r - h)}$

Kugelausschnitt

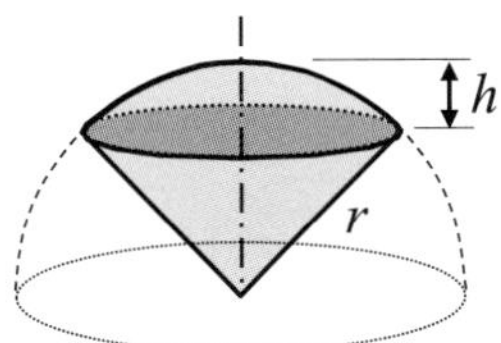

Volumen: $V = \frac{2}{3} \cdot \pi \cdot r^2 \cdot h$

2.7 Geometrie von Gerinne-Querschnitten mit offenem Wasserspiegel

Siehe auch Tabelle 7.10 und Tabelle 8.2.

A	– Fließfläche	b	– Sohlbreite
h	– Wasserstand	b_W	– Wasserspiegelbreite
l_U	– benetzter Umfang	r_{hy}	– hydraulischer Radius: $r_{hy} = A/l_U$

2.7.1 Offene Gerinne

Rechteck

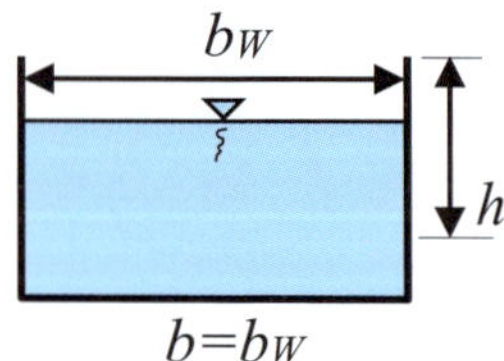

$$A = b \cdot h \qquad l_U = b + 2h \tag{2.6}$$

$$r_{hy} = \frac{b \cdot h}{b + 2h} \qquad b_W = b$$

Dreieck

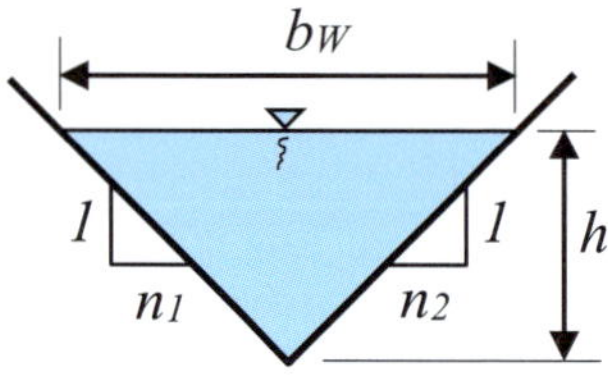

$$A = n \cdot h^2 \qquad n = \frac{n_1 + n_2}{2} \tag{2.7}$$

$$l_U = h \cdot \left(\sqrt{1+n_1^2} + \sqrt{1+n_2^2} \right)$$

$$r_{hy} = \frac{n \cdot h}{\sqrt{1+n_1^2} + \sqrt{1+n_2^2}} \qquad b_W = n_1 \cdot h + n_2 \cdot h = 2 \cdot n \cdot h$$

Trapez

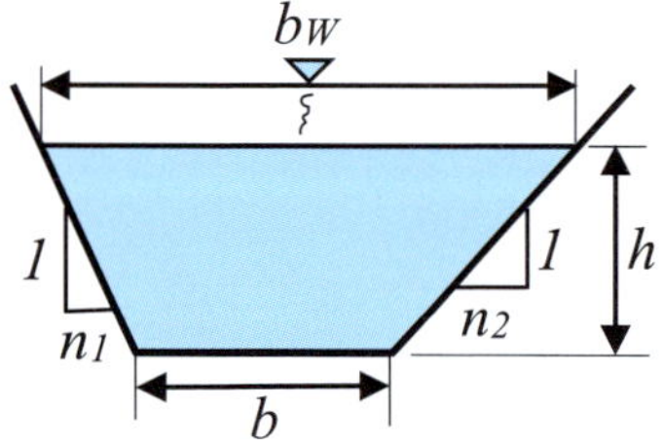

$$A = b \cdot h + n \cdot h^2 \qquad l_U = b + h \cdot (\sqrt{1+n_1^2} + \sqrt{1+n_2^2})$$

$$b_W = b + 2n \cdot h \qquad b' = \frac{b}{n} \tag{2.8}$$

$$n = \frac{n_1 + n_2}{2} \qquad r_{hy} = \frac{h \cdot (b + n \cdot h^2)}{b + h \cdot (\sqrt{1+n_1^2} + \sqrt{1+n_2^2})}$$

Parabel quadratisch

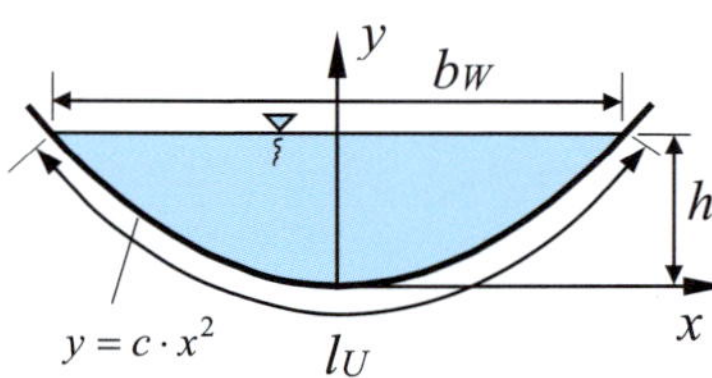

$$A = \frac{2}{3} \cdot b_W \cdot h \qquad h = c \cdot \left(\frac{b_W}{2} \right)^2 \qquad c = \frac{4h}{b_W^2}$$

$$l_U = \frac{b_W}{2} \cdot \sqrt{1 + 4 \cdot c \cdot h} + \frac{1}{2 \cdot c} \cdot \ln(c \cdot b_W + \sqrt{1 + 4 \cdot c \cdot h}) \tag{2.9}$$

$$r_{hy} = \frac{4/3 \cdot b_W \cdot h}{b_W \cdot \sqrt{1 + 4 \cdot c \cdot h} + \frac{1}{c} \cdot \ln(c \cdot b_W + \sqrt{1 + 4 \cdot c \cdot h})}$$

für $b_W >> h$: $\quad r_{hy} \approx 2/3 \cdot h$

Kreis (teilgefüllt)

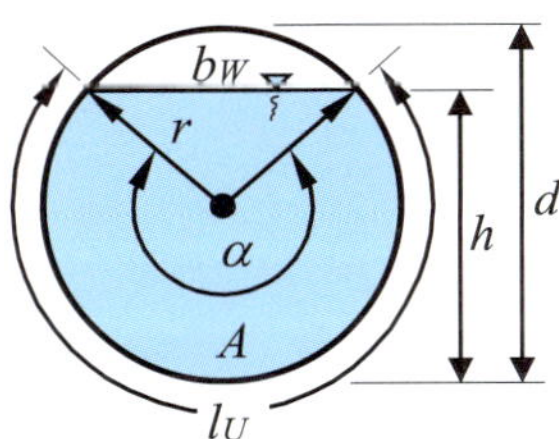

$$\alpha = 2 \cdot \arccos(1 - 2 \cdot h/d) \qquad l_U = d \cdot \pi \cdot \frac{\alpha}{360°} = d \cdot \hat{\alpha}$$

$$h = \frac{d}{2} \cdot \left(1 - \cos\left(\frac{\alpha}{2}\right)\right)$$

$$b_W = \frac{dA}{dh} = d \cdot \sin\left(\frac{\alpha}{2}\right) = 2 \cdot \sqrt{h \cdot (d - h)}$$

$$r_{hy} = \frac{d}{4} \cdot \left(1 - \frac{\sin\alpha}{\hat{\alpha}}\right) \tag{2.10}$$

$$A = \frac{d^2}{8} \cdot (\hat{\alpha} - \sin\alpha) = \frac{d^2}{4} \cdot \left[\arcsin\left(2 \cdot \frac{h}{d} - 1\right) + \left(4 \cdot \frac{h}{d} - 2\right) \cdot \sqrt{\frac{h}{d} \cdot \left(1 - \frac{h}{d}\right)} + \frac{\pi}{2}\right]$$

Die geometrischen Werte des teilgefüllten Kreises sind in Tabelle 7.5 auf Seite 261 berechnet.

2.7.2 Genormte Kanalquerschnitte bei Vollfüllung nach DIN 4263:2011-06

Kreis

$A = \pi \cdot r^2 \qquad l_U = 2\pi \cdot r \qquad r_{hy} = r/2$

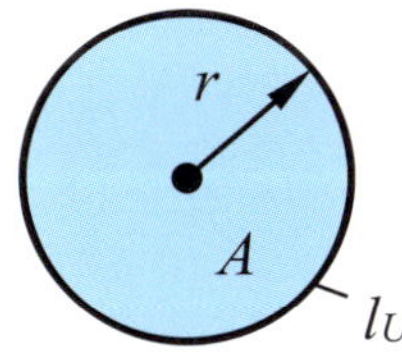

Tabelle 2.3 Geometrische Werte für den Kreisquerschnitt bei Vollfüllung

DN	r	A	l_U	r_{hy}	DN	r	A	l_U	r_{hy}	DN	r	A	l_U	r_{hy}
mm	m	m²	m	m	mm	m	m²	m	m	mm	m	m²	m	m
25	0,013	0,0005	0,079	0,006	250	0,125	0,0491	0,785	0,063	1600	0,80	2,011	5,027	0,400
30	0,015	0,0007	0,094	0,008	300	0,150	0,0707	0,942	0,075	1800	0,90	2,545	5,655	0,450
35	0,018	0,0010	0,110	0,009	350	0,175	0,0962	1,100	0,088	2000	1,00	3,142	6,283	0,500
40	0,020	0,0013	0,126	0,010	400	0,200	0,1257	1,257	0,100	2200	1,10	3,801	6,912	0,550
50	0,025	0,0020	0,157	0,013	500	0,250	0,1963	1,571	0,125	2400	1,20	4,524	7,540	0,600
65	0,033	0,0033	0,204	0,016	600	0,300	0,2827	1,885	0,150	2600	1,30	5,309	8,168	0,650
70	0,035	0,0038	0,220	0,018	700	0,350	0,3848	2,199	0,175	2800	1,40	6,158	8,796	0,700
80	0,040	0,0050	0,251	0,020	800	0,400	0,5027	2,513	0,200	3000	1,50	7,069	9,425	0,750
100	0,050	0,0079	0,314	0,025	900	0,450	0,6362	2,827	0,225	3200	1,60	8,043	10,053	0,800
125	0,063	0,0123	0,393	0,031	1000	0,500	0,7854	3,142	0,250	3400	1,70	9,079	10,681	0,850
150	0,075	0,0177	0,471	0,038	1200	0,600	1,1310	3,770	0,300	3800	1,90	11,341	11,938	0,950
200	0,100	0,0314	0,628	0,050	1400	0,700	1,5394	4,398	0,350	4000	2,00	12,566	12,566	1,000

Eiquerschnitt

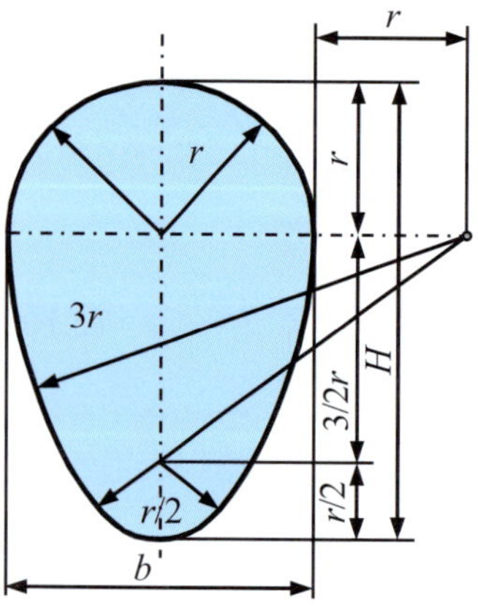

Fläche: $A = 4{,}594 \cdot r^2$ $\quad l_U = 7{,}93 \cdot r$

$r_{hy} = 0{,}579 \cdot r$ $\quad H = 3r$

$b/H = 2/3$ $\quad b = 2r$

Tabelle 2.4 Geometrische Werte für den Eiquerschnitt bei Vollfüllung

b/h	r	A	l_U	r_{hy}
–	m	m²	m	m
500/750	0,25	0,2870	1,982	0,145
600/900	0,30	0,4130	2,379	0,174
700/1050	0,35	0,5630	2,775	0,203
800/1200	0,40	0,7350	3,172	0,232
900/1350	0,45	0,9300	3,568	0,261
1000/1500	0,50	1,1490	3,965	0,290
1200/1800	0,60	1,6540	4,758	0,348
1400/2100	0,70	2,2510	5,551	0,406

Maulquerschnitt

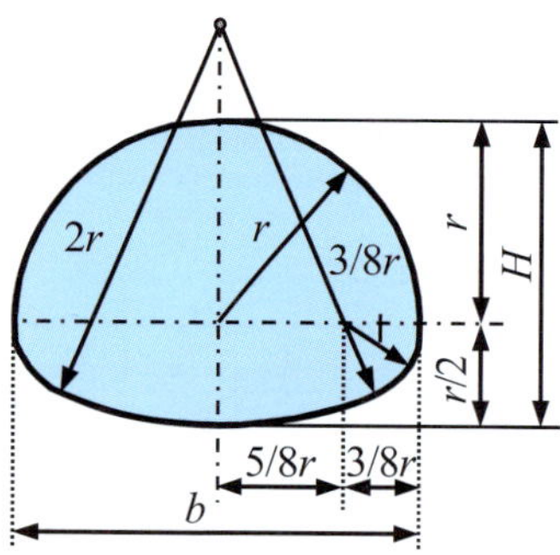

$A = 2{,}378 \cdot r^2$ $\quad b/H = 2/1{,}5$

$b = 2 \cdot r$ $\quad r_{hy} = 0{,}424 \cdot r$

$l_U = 5{,}603 \cdot r$ $\quad H = 1{,}5 \cdot r$

Tabelle 2.5 Geometrische Werte für den Maulquerschnitt bei Vollfüllung

b/h	r	A	l_U	r_{hy}
–	m	m²	m	m
1600/1200	0,80	1,5220	4,482	0,340
1800/1350	0,90	1,9260	5,042	0,382
2000/1500	1,00	2,3780	5,603	0,424
2400/1800	1,20	3,4240	6,723	0,509
2800/2100	1,40	4,6610	7,844	0,594
2300/2400	1,60	6,0870	8,964	0,679
3600/2700	1,80	7,7040	10,085	0,764
4000/3000	2,00	9,5110	11,206	0,849

Die geometrischen Werte des teilgefüllten Ei- bzw. Maulquerschnittes sind in den Tabellen 7.6 und 7.7 auf den Seiten 262 und 263 berechnet.

2.8 Schwerpunkt S, Flächenträgheitsmoment und Zentrifugalmoment

Für die hydrostatische Berechnung der Druckbelastung, aber auch der Schwimmstabilität oder andere Kraftberechnungen sind die Angaben der Schwerpunktsabstände x_S und y_S, der Flächenträgheitsmomente I_{11} und I_{22}, aber auch des Zentrifugalmomentes I_{12} erforderlich. In der folgenden Tabelle sind diese Angaben für ausgewählte Geometrien zusammengestellt.

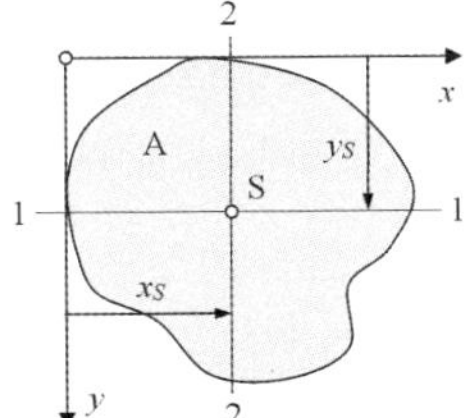

Bild 2.3 Definition der auf den Schwerpunkt S und das Koordinatensystem xy bezogenen geometrischen Daten

Tabelle 2.6 Schwerpunktabstände, Flächenträgheitsmomente und Zentrifugalmomente ausgewählter Flächen

Form	Schwerpunkt S		Flächenträgheitsmoment		Zentrifugal-moment
	x_S	y_S	I_{11}	I_{22}	I_{12}
h, S, b	$b/2$	$h/2$	$\frac{b \cdot h^3}{12}$	$\frac{h \cdot b^3}{12}$	0
r, S	r	r	$\frac{\pi \cdot r^4}{4}$	$\frac{\pi \cdot r^4}{4}$	0
S, r, M	r	$r - \frac{4 \cdot r}{3 \cdot \pi}$	$\left(\frac{\pi}{8} - \frac{8}{9 \cdot \pi}\right) \cdot r^4$	$\frac{\pi \cdot r^4}{8}$	0
d, h, S, b	$\frac{b+d}{3}$	$\frac{2 \cdot h}{3}$	$\frac{b \cdot h^3}{36}$	$\frac{h \cdot b^3}{46}$	$\frac{b \cdot h^2}{72} \cdot (b - 2 \cdot d)$
h, S, b	$\frac{b}{2}$	$\frac{h}{2}$	$\frac{\pi}{4} \cdot b \cdot h^3$	$\frac{\pi}{4} \cdot h \cdot b^3$	0
b, h, S, c	$\frac{b}{2}$	$\frac{h}{3} \cdot \frac{b + 2 \cdot c}{b + c}$	$\frac{h^3}{4} \cdot \frac{b^2 + 4 \cdot b \cdot c + c^2}{b + c}$	$\frac{h}{48} \cdot (b + c) \cdot (b^2 + c^2)$	0

2.9 Hydraulisch günstige Fließquerschnitte

Von allen Querschnitten mit gleicher Fläche und Rauheit ist bei konstantem Gefälle derjenige der hydraulisch günstige, durch den der größte Volumenstrom fließt. Das ist der Fall, wenn der Strömung der geringste Reibungswiderstand entgegenwirkt, also der Kontakt zwischen Wasser und Wand, und damit der benetzte Umfang l_U ein Minimum bzw. der hydraulische Radius r_{hy} ein Maximum wird. Für geschlossene Leitungen ist dies das **Kreisprofil**, für offene Gerinne das **Halbkreisprofil**. Rechteck- oder Trapezquerschnitte sind dann hydraulisch günstig, wenn sich ein Halbkreisbogen einbeschreiben lässt.

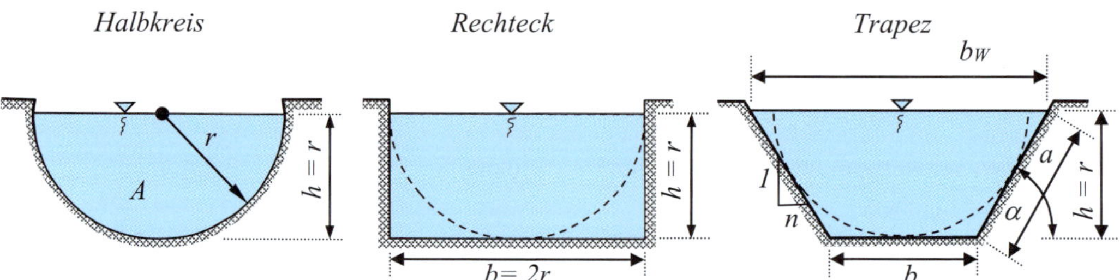

Bild 2.4 Hydraulisch günstige Fließquerschnitte

Für alle hydraulisch günstigen Fließquerschnitte gilt damit der hydraulische Radius des Halbkreises $r_{hy} = h/2 = r/2$. Für den hydraulisch günstigen Rechteckquerschnitt gilt $b = 2h$.

Die geometrischen Werte für den hydraulisch günstigen Trapezquerschnitt sind von der Böschungsneigung n abhängig und ergeben sich aus folgenden Gleichungen und Tabellenwerten:

Tabelle 2.7 Trapezbeiwerte T des hydraulisch günstigsten Trapezprofils bei gegebener Böschungsneigung 1:n

Böschungs-neigung 1 : n	**Böschungs-winkel** α rad (°)	$T_h = \frac{h}{\sqrt{A}}$	$T_b = \frac{b}{\sqrt{A}}$	$T_{bw} = \frac{b_w}{\sqrt{A}}$	$T_a = \frac{a}{\sqrt{A}}$	$T_{l_U} = \frac{l_U}{\sqrt{A}}$
1 : 0 (Rechteck)	1,571 (90,0)	0,707	1,414	1,414	0,707	2,828
1 : 0,5	1,107 (63,4)	0,759	0,938	1,697	0,849	2,635
1 : 0,5774	1,047 (60,0)	0,760	0,877	1,755	0,877	2,632
1 : 1	0,785 (45,0)	0,740	0,613	2,092	1,046	2,704
1 : 1,25	0,675 (38,7)	0,716	0,502	2,292	1,146	2,794
1 : 1,5	0,588 (33,7)	0,689	0,417	2,485	1,242	2,902
1 : 1,75	0,519 (29,7)	0,662	0,352	2,669	1,335	3,021
1 : 2	0,464 (26,6)	0,636	0,300	2,844	1,422	3,145
1 : 2,5	0,381 (21,8)	0,589	0,227	3,170	1,585	3,397
1 : 3	0,322 (18,4)	0,548	0,178	3,469	1,734	3,647
1 : 4	0,245 (14,0)	0,485	0,119	4,002	2,001	4,121
1: 5	0,197 (11,3)	0,439	0,087	4,473	2,236	4,560

$$h = \frac{1}{\sqrt{2 \cdot \sqrt{1+n^2} - n}} \cdot \sqrt{A} = T_h \cdot \sqrt{A} \qquad b = 2 \cdot \left(\sqrt{1+n^2} - n\right) \cdot T_h \cdot \sqrt{A} = T_b \cdot \sqrt{A}$$

$$b_w = \frac{2 \cdot \sqrt{1+n^2}}{\sqrt{2 \cdot \sqrt{1+n^2} - n}} \cdot \sqrt{A} = T_{b_w} \cdot \sqrt{A} \qquad a = \sqrt{1+n^2} \cdot T_h \cdot \sqrt{A} = T_a \cdot \sqrt{A}$$

$$l_U = 2 \cdot a + b = \frac{2}{T_h} \cdot \sqrt{A} = T_{l_U} \cdot \sqrt{A} \qquad r_{hy} = \frac{h}{2} \tag{2.11}$$

Die für die Berechnung des hydraulisch günstigen Fließquerschnittes erforderliche Fläche A ist z. B. aus der Strickler-Formel zu berechnen (siehe Kapitel 7 und in *Bollrich,* 2019).

Der optimale Trapezquerschnitt ergibt sich bei einer Böschungsneigung mit $\alpha = 60°$ ($n = 0,557$). Bei der Auswahl der Böschungsneigung muss einschränkend festgestellt werden, dass sich bei flachen Böschungen ($n \geq 1,5$) Trapezquerschnitte mit sehr geringer Sohlbreite b ergeben. Um die Standsicherheit bei unbefestigten Böden zu berücksichtigen, sollten die Böschungen des Trapezquerschnittes abhängig vom Material keine größere Neigung haben, als in Tafel 2.8 durch Richtwerte nach *Pörschmann* (1987) angegeben. Diese Richtwerte ersetzen nicht den erdstatischen Nachweis.

Tabelle 2.8 Richtwerte für die größtmögliche Neigung der unbefestigten Böschung beim Trapezquerschnitt (ohne Berücksichtigung eines seitlichen Grundwassereintrittes) nach *Pörschmann* (1987)

Böschungsausbildung	*n*
Lehm, Ton	3
Feiner Sandboden	2 bis 2,5
Grober Sandboden	2
Stark sandiger Kies	2
Guter, steiniger Boden	1,5
Grober Kies	1,5
Sandiger Boden, begrast	1,5
Bindiger Boden, begrast	1
Guter Fels	0,4 bis 1
Weicher Fels	0,5
Moorboden	0,5

Beispiel:

Ein Freispiegelgerinne soll bei einem Gefälle von $I = 0{,}1$ % einen Abfluss von $Q = 5\ \mathrm{m^3/s}$ abführen. Der Rauheitsbeiwert des Gerinnes nach Strickler beträgt $k_{St} = 50\ \mathrm{m^{1/3}/s}$.

Welche Abmessungen würden bei hydraulisch günstigem Fließquerschnitt ein Halbkreis-, Rechteck- und Trapezgerinne erhalten und welche Flächenverhältnisse zwischen den drei Querschnittsformen ergeben sich?

Es ist $Q = A \cdot r_{hy}^{2/3} \cdot k_{St} \cdot \sqrt{I}$ und damit: $A \cdot r_{hy}^{2/3} = \dfrac{Q}{k_{St} \cdot \sqrt{I}} = \dfrac{5}{50 \cdot \sqrt{0{,}001}} = 3{,}16\ \mathrm{m}^{8/3}$

Halbkreis: $r_{hy} = \dfrac{r}{2}$ $\quad A = \dfrac{\pi \cdot r^2}{2}$ $\quad A \cdot r_{hy}^{2/3} = \dfrac{\pi \cdot r^2}{2} \cdot \left(\dfrac{r}{2}\right)^{2/3} = \dfrac{\pi}{2^{5/3}} \cdot r^{8/3}$

$$r = \left(\frac{3{,}16 \cdot 2^{5/3}}{\pi}\right)^{3/8} = 1{,}546\ \mathrm{m} \qquad \mathbf{A_{Halbkreis} = 3{,}75\ m^2}$$

Hydraulisch günstiges Rechteck: $r_{hy} = \dfrac{h}{2}$ $\quad A = b \cdot h = 2 \cdot h^2$

$$A \cdot r_{hy}^{2/3} = 2 \cdot h^2 \cdot \left(\frac{h}{2}\right)^{2/3} = 1{,}26 \cdot h^{8/3} = 3{,}16\ \mathrm{m}^{8/3} \qquad h^{8/3} = \frac{3{,}16\ \mathrm{m}^{8/3}}{1{,}26} = 2{,}508\ \mathrm{m}^{8/3}$$

$h = 1{,}41$ m $\quad b = 2 \cdot h = 2{,}82$ m $\quad \mathbf{A_{Rechteck} = 2 \cdot h^2 = 3{,}98\ m^2 = 1{,}064 \cdot A_{Halbkreis}}$

Hydraulisch günstiges Trapez mit $\alpha = 60°$: $n = 0{,}5774$ $r_{\text{hy}} = \dfrac{h}{2}$

$$h = T_{\text{h}} \cdot \sqrt{A} = 0{,}76 \cdot \sqrt{A} \qquad r_{\text{hy}} = \frac{T_{\text{h}}}{2} \cdot \sqrt{A} = \frac{0{,}76}{2} \cdot \sqrt{A} = 0{,}38 \cdot \sqrt{A}$$

$$A \cdot r_{\text{hy}}^{2/3} = A \cdot \left(0{,}38 \cdot \sqrt{A}\right)^{2/3} = 3{,}16 \text{ m}^{8/3} \qquad A^{4/3} = \frac{3{,}16 \text{ m}^{8/3}}{0{,}38^{2/3}} = 6{,}02 \text{ m}^{8/3}$$

$\boldsymbol{A_{\text{Trapez}} = 3{,}84 \text{ m}^2 = 1{,}024 \cdot A_{\text{Halbkreis}}}$

$$b = T_{\text{b}} \cdot \sqrt{A} = 0{,}877 \cdot \sqrt{3{,}84 \text{ m}^2} = 1{,}72 \text{ m}$$

$$b_{\text{w}} = T_{\text{b}_{\text{w}}} \cdot \sqrt{A} = 1{,}755 \cdot \sqrt{3{,}84 \text{ m}^2} = 3{,}44 \text{ m}$$

$$h = T_{\text{h}} \cdot \sqrt{A} = 0{,}76 \cdot \sqrt{3{,}84 \text{ m}^2} = 1{,}49 \text{ m}$$

Hydraulisch günstiges Trapez mit Böschungsneigung 1:3: $r_{\text{hy}} = \dfrac{h}{2}$

$$h = T_{\text{h}} \cdot \sqrt{A} = 0{,}548 \cdot \sqrt{A} \qquad r_{hy} = \frac{T_h}{2} \cdot \sqrt{A} = \frac{0{,}548}{2} \cdot \sqrt{A} = 0{,}374 \cdot \sqrt{A}$$

$$A \cdot r_{hy}^{2/3} = A \cdot (0{,}274 \cdot \sqrt{A})^{2/3} = 3{,}16 \text{ m}^{8/3} \qquad A^{4/3} = \frac{3{,}16 \text{ m}^{8/3}}{0{,}274^{2/3}} = 7{,}49 \text{ m}^{8/3}$$

$\boldsymbol{A_{\text{Trapez}} = 4{,}53 \text{ m}^2 = 1{,}21 \cdot A_{\text{Halbkreis}}}$

$$b = T_{\text{b}} \cdot \sqrt{A} = 0{,}178 \cdot \sqrt{4{,}53 \text{ m}^2} = 0{,}38 \text{ m}$$

$$b_{\text{w}} = T_{\text{b}_{\text{w}}} \cdot \sqrt{A} = 3{,}469 \cdot \sqrt{4{,}53 \text{ m}^2} = 7{,}38 \text{ m}$$

$$h = T_{\text{h}} \cdot \sqrt{A} = 0{,}548 \cdot \sqrt{4{,}53 \text{ m}^2} = 1{,}17 \text{ m}$$

Ergebnis:

Für vorgegebenen Durchfluss Q von 5 m^3/s, Gefälle I von 0,1 % und Rauheit k_{St} von 50 $\text{m}^{1/3}$/s hat:

- der Halbkreis die kleinste erforderliche Fläche von 100 %,
- das hydraulisch günstige Rechteck 106,4 % der Halbkreisfläche,
- das hydraulisch günstige Trapez mit $\alpha = 60°$ 102,4 % der Halbkreisfläche,
- das hydraulisch günstige Trapez mit Böschungsneigung 1:3 bereits 121 % Flächenbedarf gegenüber einem Halbkreis.

3 Physikalische Größen und Einheiten

3.1 Schwerebeschleunigung

Die Schwerebeschleunigung g (auch oft als Erdbeschleunigung oder Fallbeschleunigung bezeichnet) ist die Beschleunigung, die ein Körper im freien reibungslosen Fall auf der Erdoberfläche erfährt. Sie ist die Folge der Massenanziehungskraft (Gravitationskraft) der Erde abzüglich des Anteils der Zentrifugalkraft (Fliehkraft) infolge Erdrotation.

Die allein aus der Gravitationskraft berechnete Gravitationsbeschleunigung g_0 ergibt sich aus der Gravitationskonstante Γ, der Masse m und dem Radius r der Erde. Wegen der nicht exakten Kugelform der Erde, unterschiedlichen Massenangaben und Radien existieren hier abweichende Angaben in der Literatur.

$$g_0 = \frac{\Gamma \cdot m}{r^2} = \frac{6{,}673 \cdot 10^{-11}\,\mathrm{m^3/(kg \cdot s^2)} \cdot 5{,}98 \cdot 10^{24}\,\mathrm{kg}}{(6{,}371 \cdot 10^6\,\mathrm{m})^2} = 9{,}831\ \mathrm{m/s^2} \qquad (3.1)$$

Die Zentrifugalbeschleunigung aus der Rotation der Erde wirkt schwerkraftmindernd. Der zum Mittelpunkt der Erde wirkende Anteil der Zentrifugalbeschleunigung an einem Punkt der Erde ist abhängig von ihrer Winkelgeschwindigkeit ω, der Entfernung zum Mittelpunkt r, der Höhe h_{M} über dem Meeresspiegel und der geografischen Breite φ. Die effektive Schwerebeschleunigung g ergibt sich somit zu:

$$g = g_0 - \omega^2 \cdot (r + h_{\mathrm{M}}) \cdot \cos^2 \varphi \qquad (3.2)$$

Da die Erde keine Kugel ist, sondern annähernd ein Ellipsoid, die Dichte der Erde unterschiedlich verteilt ist und weitere Einflüsse existieren, gibt es basierend auf Messungen unterschiedliche empirische Ansätze für die Berechnung der Schwerebeschleunigung.

In allen deutschen Eichämtern wird heute die Schwerebeschleunigung in Abhängigkeit von der geografischen Breite φ (in Grad) und der geodätischen Höhe h_{M} über dem Meeresspiegel nach der WELMEC-Formel (West-European Cooperation in Legal Metrology) berechnet:

$$g = 9{,}780318 \cdot \frac{\mathrm{m}}{\mathrm{s}^2} \cdot \left[1 + 5{,}3024 \cdot 10^{-3} \cdot \sin^2(\varphi) - 5{,}8 \cdot 10^{-6} \cdot \sin^2(2\varphi)\right] - 3{,}085 \cdot 10^{-6} \cdot \frac{1}{\mathrm{s}^2} \cdot h_{\mathrm{M}}$$

mit h_{M} in Meter über NN (3.3)

Für einige ausgewählte Orte erhält man nach der WELMEC-Formel die in Tabelle (3.1) angegebenen Werte.

Die Schwerebeschleunigung spielt in der Hydraulik eine entscheidende Rolle, da sie die Ursache für die Größe des Wasserdruckes und die Bewegung des Wassers bei Fließvorgängen ist. In Anbetracht der notwendigen Genauigkeit bei den meisten hydraulischen Berechnungen wird mit dem Mittelwert auf den Erdoberflächen von

$$g = 9{,}81\ \mathrm{m/s^2} \qquad (3.4)$$

und dem oft benötigten Wert, z. B. in der „Geschwindigkeitshöhe“ $v^2/2g$,

$$2g = 19{,}62 \text{ m/s}^2 \tag{3.5}$$

gerechnet. Der international vereinbarte Standardwert für die „Normalfallbeschleunigung“ beträgt:

$$g = 9{,}80665 \text{ m/s}^2 \tag{3.6}$$

Tabelle 3.1 Schwerebeschleunigung g für ausgewählte Orte

Ort	φ (°)	h_M (m ü. NN)	g (m/s²)
Äquator	0	0	9,78032
45°-Breitengrad	45	0	9,80619
Alpen, WKW Kaprun	47,2	≈ 2000	9,80201
München	48,13	519	9,80741
Dresden	51,05	112	9,81128
Hamburg	53,55	≈ 0	9,81382
Nordkap, Norwegen	70,17	≈ 0	9,82619
Nord- und Südpol	90	0	9,83218

3.2 Corioliskraft

Die Corioliskraft F_C bezeichnet eine Scheinkraft, die bei einer Relativbewegung in einem bewegten System, wie z. B. der rotierenden Erde, auf den sich bewegenden Körper, wie z. B. das fließende Wasser, ausgeübt wird. Diese Kraft wirkt senkrecht zum Geschwindigkeitsvektor und führt zu einer Ablenkung von der gradlinigen Bewegung auf der Nordhalbkugel nach rechts und auf der Südhalbkugel nach links.

$$\vec{F}_C = 2 \cdot m_K \cdot (\vec{v} \times \vec{\omega}) \tag{3.7}$$

Die daraus resultierende Beschleunigung a_C wird aus der auf die Masse des bewegten Körpers m_K bezogenen Corioliskraft F_C ermittelt.

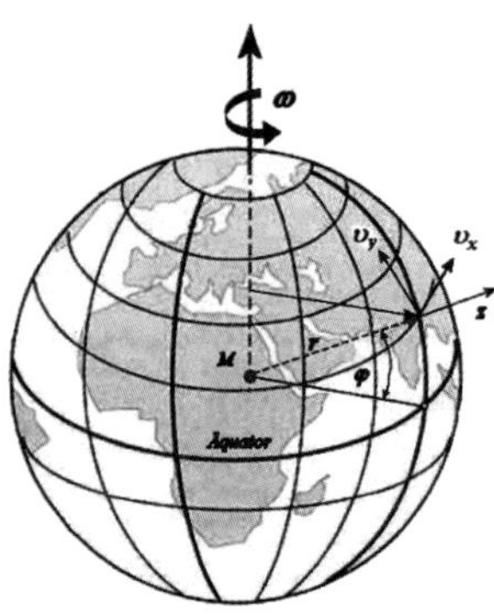

Bild 3.1 Lage des lokalen Koordinatensystems auf dem Geoid (M – Erdmittelpunkt)

Entsprechend der Lage der im Bild 3.1 dargestellten Geschwindigkeiten im lokalen Koordinatensystem erfolgt die Ablenkung der Geschwindigkeit υ_y (Süd-Nord) in positiver x-Richtung und υ_x (Ost-West) in negativer y-Richtung.

$$a_{cx} = 2 \cdot \omega \cdot \upsilon_y \cdot \sin\varphi \text{ und } a_{cy} = -2 \cdot \omega \cdot \upsilon_x \cdot \sin\varphi \tag{3.8}$$

Der Vektor der Beschleunigungskräfte $\vec{a}$ im lokalen Koordinatensystem für das sich auf der Erdoberfläche bewegende Teilchen setzt sich somit aus den Beschleunigungen der Corioliskraft in x- und y-Richtung und der Schwerebeschleunigung in z-Richtung zusammen.

$$\vec{a} \cong \begin{pmatrix} 2 \cdot \omega \cdot \upsilon_y \cdot \sin\varphi \\ -2 \cdot \omega \cdot \upsilon_x \cdot \sin\varphi \\ -g \end{pmatrix} \tag{3.9}$$

Beispiel:

Die Winkelgeschwindigkeit der Erde beträgt $\omega = 2 \cdot \pi / 86163\ \text{s}^{-1} = 7{,}292 \cdot 10^{-5}\ \text{s}^{-1}$. Das Wasser soll sich mit einer Geschwindigkeit von 1 m/s bewegen. Damit ergibt sich die Beschleunigung aus der Corioliskraft für die geografische Breite der Stadt Dresden ($\sin\varphi = 0{,}777$) zu: $a_c = 2 \cdot \omega \cdot \upsilon \cdot \sin\varphi = 2 \cdot 7{,}292 \cdot 10^{-5} \cdot \text{s}^{-1} \cdot 1\ \text{m/s} \cdot 0{,}7777 = 1{,}13 \cdot 10^{-4}\,\text{m/s}^2$

Die im Beispiel ermittelte Beschleunigung aus der Corioliskraft ist ein für die meisten Strömungen vernachlässigbarer Wert. Diese Beschleunigung wird berücksichtigt bei sehr langsamen Strömungen, bei denen die lokalen oder konvektiven Beschleunigungen etwa die gleiche Größenordnung wie diese Beschleunigung aus der Corioliskraft haben. Sie ist ein Initial für Strömungen, sich an der rechten Strömungsseite anzulegen oder sie bestimmt bei Zuläufen von Schachtüberfällen, in Pumpensaugräumen oder Beckeneinläufen die Drehrichtung der Wirbel. Ganz entscheidend beeinflusst sie die Drehrichtung von Hoch- und Tiefdruckwirbeln in der Atmosphäre.

3.3 Gezeiten

Mond und Erde bilden ein gemeinsames rotierendes System, dessen Schwerpunkt noch innerhalb der Erde liegt. Der Zusammenhalt dieses Systems wird von der Gravitationskraft bestimmt, die an allen Punkten der Erde nahezu gleich groß ist (siehe Punkt 3.1). Diese wird von der Fliehkraft überlagert, die durch die Rotation um den gemeinsamen Schwerpunkt erfolgt. Die Differenz beider Kräfte ist die gezeitenerzeugende Kraft. Sie verursacht eine geringe Änderung in der Schwerebeschleunigung der Erde. Gleiches trifft auf den Einfluss der Sonne zu. Die dadurch entstehenden Druckänderungen in den Meeren führen zusammen mit der Eigenbewegung der Erde zu den bekannten Erscheinungen von Ebbe und Flut. Bei Voll- und Neumond addieren sich die Wirkungen der Kräfte und es kommt zur **Springflut**, bei Halbmond wirkt die resultierende Kraft in Erdrichtung und es entsteht eine **Nippflut**.

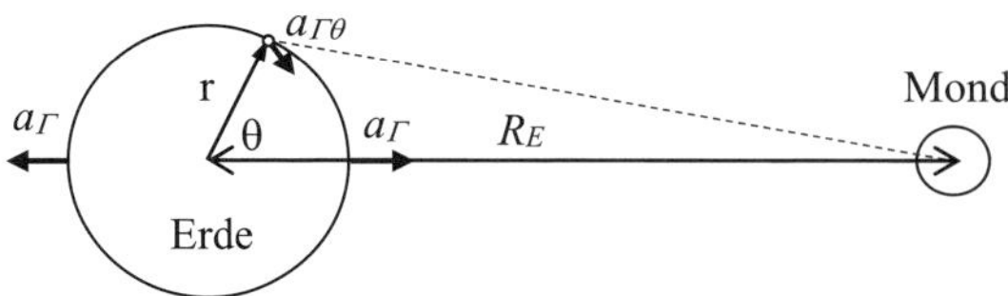

Bild 3.2 Systembild Erde – Mond

Die vom Mond ausgeübte maximale Störbeschleunigung auf der Erdachse Richtung Mond (Bild 3.2) ergibt sich zu:

$$a_\Gamma = \frac{2 \cdot \Gamma \cdot m_\mathrm{M} \cdot r}{R_\mathrm{EM}^3} = \frac{8 \cdot G_\mathrm{M}}{3 \cdot r} \tag{3.10}$$

Außerhalb der Achse zwischen Mond und Erde schließen die Gravitationskraft und Fliehkraft einen Winkel ein und erzeugen somit eine resultierende Störbeschleunigung $a_{\Gamma\theta}$, die leicht in Richtung Erde geneigt ist. Ihre auf der Erdoberfläche vertikalen (radial) und horizontalen (in Richtung des Mondes positiv) definierten Anteile ergeben sich zu:

$$a_{\Gamma\mathrm{Z}} = \frac{2 \cdot G_\mathrm{M}}{r} \cdot \left(\cos(2 \cdot \theta) + \frac{1}{3} \right) \tag{3.11}$$

$$a_{\Gamma\mathrm{H}} = \frac{2 \cdot G_\mathrm{M}}{r} \cdot \sin(2 \cdot \theta) \tag{3.12}$$

Darin ist G die Gezeitenkonstante, die sich aus der Gravitationskonstante Γ, der Masse des Planeten, hier des Mondes m_M, dem mittleren Radius r der Erde und der Entfernung zum Planeten, hier des Mondes R_EM zu:

$$G_\mathrm{M} = \frac{3 \cdot \Gamma \cdot m_\mathrm{M} \cdot r^2}{4 \cdot R_\mathrm{EM}^3} \tag{3.13}$$

ergibt. Für den Mond ist diese Konstante $G_\mathrm{M} = 2{,}621\ \mathrm{m^2/s^2}$ und für die Sonne $G_\mathrm{S} = 1{,}207\ \mathrm{m^2/s^2}$.

Setzt man in diese Formel die Masse m_S der Sonne und die Entfernung zur Sonne R_ES ein, dann erhält man die von der Sonne ausgeübte Störbeschleunigung.

Das Verhältnis der beiden Beschleunigungen aus Mond- und Sonneneinfluss entspricht dem Verhältnis der Gezeitenkonstanten und beträgt 2,18. Daraus lässt sich das theoretische Verhältnis zwischen Springflut zu Nippflut von 2,7 ermitteln.

Die Gezeiten erzeugen beispielsweise folgenden Tidehub (Amplitude zwischen Ebbe und Flut):

Nordsee, englische Küste, Astuar (Maximum):	6,8 m
Nordsee deutsche Küste:	2 bis 4,5 m
Ostsee deutsche Küste:	0,05 bis 0,15 m
Maximalwert Erde (Bay of Fundy in Kanada):	15 m

3.4 Eigenschaften des Wassers

3.4.1 Dichte

Die Dichte ρ eines homogenen Körpers ist definiert als Quotient aus Masse und Volumen. Sie wird auch als spezifische Masse eines Körpers bezeichnet.

$$\rho = \frac{m}{V} \tag{3.14}$$

Die Einheit der Dichte ist das Kilogramm je Kubikmeter: kg/m³. Weitere gebräuchliche Einheiten sind z. B. kg/dm³, t/m³, g/cm³.

Die Dichte des Wassers ist sowohl von der Temperatur als auch – in sehr geringem Maße – vom Druck abhängig. Außerdem spielen gelöste Stoffe eine Rolle. Das sind z. B. Salz (Meerwasser) oder gelöste Gase, die durch den Kontakt mit der Luft in das Wasser gelangen.

In der Hydraulik wird im Normalfall mit der Dichte ρ des Wassers von $\rho = 1000\ \text{kg/m}^3$ gerechnet. Das entspricht einer Dichte von: $\rho = 1\ \text{t/m}^3 = 1\ \text{kg/l} = 1\ \text{g/cm}^3 = 1\ \text{mg/mm}^3$.

Weit verbreitet, obwohl mit Einführung des SI unzulässig, ist der Begriff der „Wichte“ oder des „spezifischen Gewichtes“. Es wird gebildet als Produkt aus Dichte ρ und Schwerebeschleunigung g und wird benötigt bei der Umrechnung des Druckes in eine Druckhöhe oder der Geschwindigkeit in eine Geschwindigkeitshöhe.

$$\gamma = \rho \cdot g = 1000\ \text{kg/m}^3 \cdot 9{,}81\ \text{m/s}^2 = 9810\ \text{kg/m}^2\text{/s}^2 = 9{,}81\ \text{kN/m}^3 \tag{3.15}$$

Die Dichte ρ des Wassers ist von der Temperatur abhängig. Sie nimmt mit steigender Temperatur ab, wobei das Wasser zwischen 0 °C und 4 °C eine Anomalie aufweist. In diesem Bereich nimmt die Dichte zu und erreicht bei etwa 4 °C (genau: 3,984 °C) ihr Maximum.

Tabelle 3.2 Dichte ρ und weitere Stoffeigenschaften von luftfreiem Wasser, Eis und Dampf bei Umgebungsdruck von einem bar

	Temperatur T	Dichte ρ	Dampfdruck p_D	Relative Raumausdehnung β	Dynamische Viskosität η	Kinematische Viskosität ν
	°C	kg/m³	mbar	%	10^{-3} Pa·s	10^{-6} m²·s⁻¹
Eis	–90	929,15	0,0000093	7,62		
	–80	927,75	0,00053	7,78		
	–70	926,35	0,00259	7,95		
	–60	924,95	0,0108	8,11		
	–50	923,55	0,0394	8,27		
	–40	922,15	0,129	8,44		
	–30	920,75	0,381	8,60		
	–25	920,05	0,634	8,69		
	–20	919,35	1,03	8,77		
	–15	918,65	1,65	8,85		
	–10	917,95	2,60	8,94		
	–5	917,25	4,02	9,02		
	0	916,70	6,10	9,08		
Wasser	0	999,84	6,11	0,0132	1,792	1,792
	2	999,94	7,06	0,0033	1,670	1,67
	4	999,97	8,13	0	1,570	1,57
	6	999,94	9,35	0,0032	1,470	1,47
	8	999,85	10,72	0,0124	1,390	1,39
	10	999,70	12,27	0,0272	1,307	1,307
	12	999,50	14,01	0,0475	1,239	1,24
	14	999,24	15,97	0,0729	1,169	1,17
	16	998,94	18,17	0,103	1,119	1,12
	18	998,59	20,62	0,138	1,059	1,06
	20	998,20	23,37	0,177	1,000	1,002
	22	997,77	26,42	0,220		
	24	997,29	29,82	0,269		
	26	996,78	33,60	0,320		
	28	996,23	37,78	0,375		
	30	995,64	42,41	0,434	0,794	0,797
	35	994,03	56,22	0,598		
	40	992,21	73,75	0,783	0,648	0,653
	45	990,21	95,82	0,986		
	50	988,03	123,35	1,21	0,539	0,546
	55	985,69	157,41	1,45		
	60	983,19	199,20	1,71	0,458	0,466
	65	980,55	250,10	1,98		
	70	977,76	311,60	2,27	0,395	0,404
	75	974,84	385,50	2,58		
	80	971,79	473,60	2,90	0,345	0,355
	85	968,61	578,00	3,24		
	90	965,30	701,10	3,59	0,304	0,315
	95	961,88	845,30	3,96		
	100	958,35	1013,30	4,34	0,270	0,282
Dampf	100	0,59	1013,30			0,0124
	200	0,46	15500,00			0,0163
	300	0,379	85927,00			0,0202

Ab 4 °C kann die Dichte des Wassers mit der Näherungsformel nach *Heggen* (1983) berechnet werden.

$$\rho = 1000 - 0{,}01955 \cdot (T - 4\ °\text{C})^{1{,}68}\ [\text{kg/m}^3] \tag{3.16}$$

mit T in °C

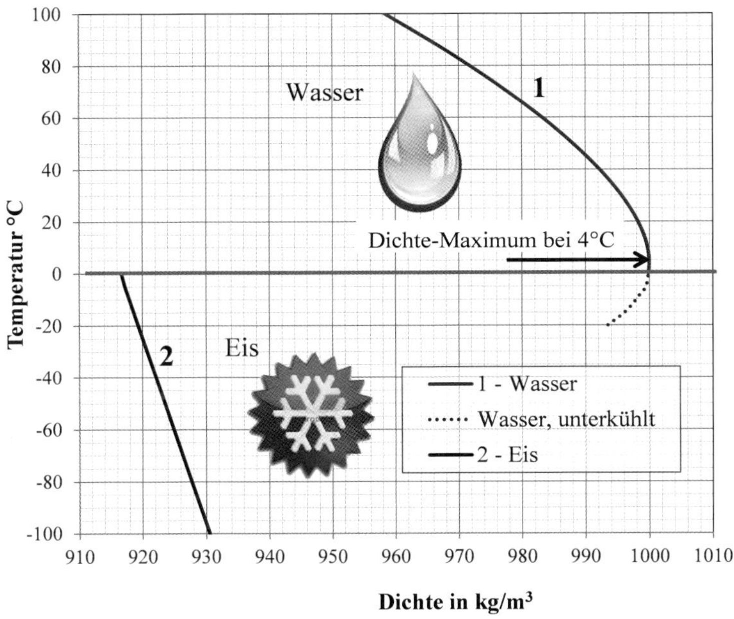

Bild 3.3 Die Anomalie des Wassers

Die Abhängigkeit der Dichte ρ_W des Wassers vom Druck p ist sehr gering. Bis zu einem Druck von 50 bar erhöht sich die Dichte des Wassers je 1 bar um etwa 0,046 kg/m³. Normale Luftdruckschwankungen haben praktisch keinen Einfluss auf die Dichte des Wassers. Geringen Einfluss auf die Dichte des Wassers haben jedoch Beimengungen oder gelöste Stoffe.

3.4.2 Dichteveränderungen durch Beimengungen

Gelöste Luft beeinflusst die Wasserdichte nur sehr gering. Da Wasser in der Regel ständig mit Luft in Kontakt ist, haben wir es in der praktischen Anwendung mit luftgesättigtem Wasser zu tun. Die Bestimmung der Dichte von luftgesättigtem Wasser (LG) aus der o.g. Dichte von luftfreiem Wasser (LF) kann mit folgender Formel von *Bignell* (1983) ermittelt werden:

$$\rho_{LG} = \rho_{LF} - 0{,}004612 + 0{,}000106 \cdot T\ [\text{kg/m}^3] \qquad \text{mit } T \text{ in [°C]} \tag{3.17}$$

Außer mechanisch beigemengter Luftblasen enthält Wasser unter Atmosphärendruck von (1,0 bar = p_0 = 1013 hPa) bei 100%-iger Sättigung folgende Mengen Luft und Sauerstoff:

Tabelle 3.3 In Wasser gelöste Gase (DIN EN ISO 5814:2013-02)

Wassertemperatur in °C	0	5	10	15	20	30
Luftanteil in ml/l	28,6	25,2	22,4	20,4	18,3	15,4
Sauerstoffanteil in ml/l	14,6	12,8	11,3	10,1	9,1	7,6

Die gelöste Gasmenge ist zum Druck direkt proportional. Bei hydraulischen Berechnungen kann die gelöste Menge an Luft in ruhendem oder langsam fließendem Wasser vernachlässigt werden. Bei schnell fließendem Wasser, wie z. B. in Schussrinnen, kann eine erhebliche Menge an Luft durch Turbulenz mechanisch beigemengt sein, was zu einer z. T. erheblichen Vergrößerung des Wasser-Luft-Volumens führt. Bei hydraulischen Berechnungen ist dieser Anteil zu berücksichtigen.

Die Mechanismen der **Lufteinmischung** sind vor allem von der Wassergeschwindigkeit und Turbulenz, aber auch von der zur Verfügung stehenden Luft z. B. bei Belüftern von Hebern abhängig und werden in den Abschnitten 6.10 Lufteinschluss in Rohrleitungen, 8.14 Heberüberfall, 8.15 ringförmige Überfälle sowie 8.17 Übergangsrinnen und Schussrinnen behandelt.

Raumanteil der Luft: $$c_\mathrm{L} = \frac{V_\mathrm{L}}{V_\mathrm{L} + V_\mathrm{W}} \tag{3.18}$$

Belüftungsgrad: $$\beta = \frac{Q_\mathrm{L}}{Q_\mathrm{W}} = \frac{c_\mathrm{L}}{1 - c_\mathrm{L}} \tag{3.19}$$

Gemischdichte: $$\rho_\mathrm{G} = c_\mathrm{L} \cdot \rho_\mathrm{L} + c_\mathrm{W} \cdot \rho_\mathrm{W} \tag{3.20}$$

Gelöstes Salz hat auf die Dichte einen größeren Einfluss als gelöste Luft, wobei der Salzgehalt die Dichte des Salzwassers bestimmt. Das Wasservorkommen der Erde besteht etwa zu 96,5 % aus Salzwasser.

Salzgehalt der Meere:	Nordsee:	$S = 32$ bis 35 g/kg	$\rho \approx 1027$ kg/m^3
	Ostsee:	$S = 6$ bis 12 g/kg	$\rho \approx 1007$ kg/m^3
	Mittelmeer:	$S = 36{,}3$ bis 39,1 g/kg	$\rho \approx 1029$ kg/m^3
	Totes Meer:	$S = 263$ bis 320 g/kg	$\rho \approx 1200$ kg/m^3

Die Dichte ρ von Salzwasser kann nach *Kranawettreiser* (1973), (1989) in Abhängigkeit von der Temperatur T (°C) und dem Salzgehalt (Salinität) S [g/kg] berechnet werden zu:

$$\rho(S,T) = 1000\ \mathrm{kg/m^3} \cdot \left[1 - 6{,}89 \cdot 10^{-5} T + 8{,}2 \cdot 10^{-4} S - 3{,}9 \cdot 10^{-6} S \cdot T - 9{,}18 \cdot 10^{-6} T^2\right] \tag{3.21}$$

3.4.3 Relative Raumänderung des Wassers

Wegen der geringen Kompressibilität des Wassers ändert sich sein Volumen mit dem Druck kaum, erfährt aber eine nicht vernachlässigbare Volumenänderung infolge Temperaturschwankungen. Zurückzuführen ist diese Volumenänderung auf die Dichteänderung der konstanten Masse. Bei großen Wassertiefen führen Temperatur- und damit Dichteänderungen zu Druckdifferenzen und damit zu Strömungen. Der relative Raumausdehnungskoeffizient β definiert die relative Volumenänderung.

$$V_{\mathrm{T}} = V_{4\,°\mathrm{C}} \cdot (1 + \beta_{\mathrm{T}}) \qquad \text{mit } \beta_{\mathrm{T}} = \frac{V_{\mathrm{T}} - V_{4\,°\mathrm{C}}}{V_{4\,°\mathrm{C}}} = \frac{\rho_{4\,°\mathrm{C}}}{\rho_{\mathrm{T}}} - 1 \qquad (3.22)$$

Beispiel:

Raumausdehnung des Wassers von 4 °C auf 20 °C:

$$\beta = \frac{\rho_{4\,°\mathrm{C}}}{\rho_{20\,°\mathrm{C}}} - 1 = \frac{999{,}97}{998{,}20} - 1 = 0{,}00177 \qquad V_{20\,°\mathrm{C}} = (1 + 0{,}00177) \cdot V_{4\,°\mathrm{C}}$$

Ergebnis: Das Volumen steigt beim Temperaturanstieg von 4 °C auf 20 °C um 0,177 %.

Beim Gefrieren von Wasser vergrößert sich das Volumen sprunghaft um ca. 9 %.

3.4.4 Dampfdruck des Wassers

Der Dampfdruck des Wassers gibt den von der Temperatur abhängigen absoluten Umgebungsdruck an, bei dessen Unterschreitung das reine Wasser in den gasförmigen Zustand übergeht (Verdampfen) (siehe auch Abschnitt 3.8.4 und Tabellen 3.2 und 3.13).

Beispiel:

Dampfdruck im Hochgebirge:

In 4500 m über Seehöhe herrscht ein mittlerer Druck von etwa 578 hPa.

Wasser verdampft dort bei rund 85 °C.

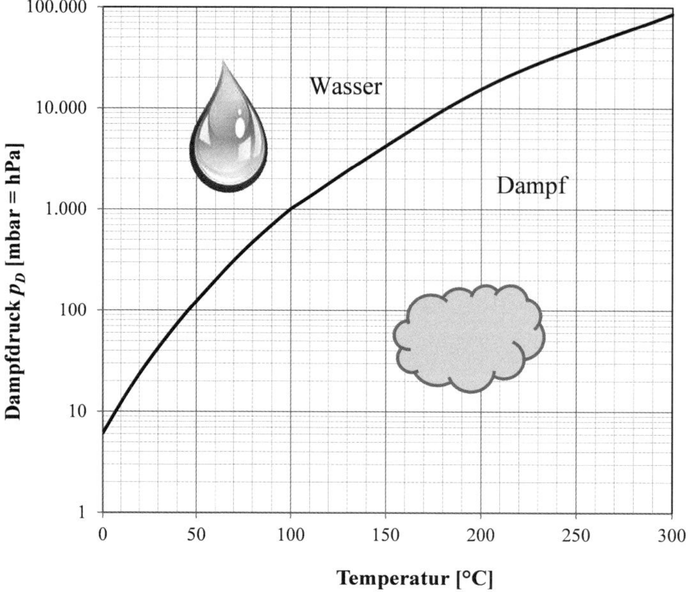

Bild 3.4 Dampfdruck in Abhängigkeit von der Wassertemperatur (siehe Tabelle 3.2)

Die Unterschreitung des Dampfdruckes kann in Anlagen, in denen örtlich Unterdruck auftritt, zum Abriss der Strömung führen (Fallrohre, Saugpumpen). In Verbindung mit großen Geschwindigkeiten kann es örtlich begrenzt zur Entstehung und zum Zusammenfall von Gasbläschen kommen. Dieser Vorgang wird als **Kavitation** bezeichnet (siehe Abschnitt 3.8.4).

3.4.5 Viskosität von Wasser

Die Viskosität (Zähigkeit) ist ein Maß für den inneren Flüssigkeitswiderstand und bestimmt als Proportionalitätsfaktor das Verhältnis zwischen Spannung und Geschwindigkeitsgradient. Sie ist definiert als Koeffizient der „inneren Reibung".

Dynamische Viskosität:

$$\eta = \frac{\tau}{d\upsilon/dn} \qquad \text{in Pa}\cdot\text{s} = \text{kg}/(\text{m}\cdot\text{s}) = \text{N/m}^2 \tag{3.23}$$

Kinematische Viskosität:

$$\nu = \eta/\rho \text{ in m}^2\text{/s} \tag{3.24}$$

Die kinematische Viskosität hat für den Fließprozess eine beachtliche Bedeutung. Sie ist stark abhängig von der Temperatur T (siehe Abschnitt 3.2).

Zwischenwerte in Tabelle 3.2 für die kinematische Viskosität sind nach *Poiseulle* (*Bollrich*, 2019) mit Gleichung (3.25) zu berechnen:

$$\nu = \frac{1{,}78 \cdot 10^{-6}}{1 + 0{,}0337\, T + 0{,}000221\, T^2} \quad \text{in m}^2\text{/s} \tag{3.25}$$

In der Regel wird mit $\nu = 1{,}31 \cdot 10^{-6}$ (T = 10 °C) in der Hydraulik gerechnet.

3.4.6 Volumenelastizität

Die Volumenelastizität definiert nach dem Hookeschen Gesetz die Volumenänderung des Wassers bei einer Druckänderung Δp. Die dazugehörige Stoffgröße ist der Elastizitätsmodul E_W des Wassers. Er beträgt im Mittel $E_W = 2100 \cdot 10^6\, \text{N/m}^2 = 2100$ MPa. Der Elastizitätsmodul entspricht in einer Flüssigkeit dem Kompressionsmodul.

$$V = V_0 - \Delta V = V_0 \cdot \left(1 - \frac{\Delta p}{E_W}\right) \tag{3.26}$$

mit V_0 = ursprüngliches Volumen, Δp = Druckänderung, V = Volumen nach Druckänderung

Tabelle 3.4 Elastizitätsmodul E_W des Wassers nach *Wagner/Kretzschmar* (2019)

Druck (bar)	**1**			**50**			**100**		
T [°C]	0	10	20	0	10	20	0	10	20
E_W [10^3 MPa]	1,97	2,09	2,18	2,00	2,12	2,21	2,02	2,15	2,24

3.4.7 Druckwellengeschwindigkeit

Die Schallgeschwindigkeit c_W im unendlich ausgedehnten Wasser beträgt:

$$c_W = \sqrt{E_W / \rho_W} = 1438 \text{ m/s} \tag{3.27}$$

bei T = 10 °C, $\rho_W = 999{,}7$ kg/m³ und $E_W = 2070$ MPa

In Abhängigkeit von der Temperatur T (°C) und dem Salzgehalt S in g/kg ist

$$c_W = 1400 + 4{,}59 \cdot T + 0{,}044 \cdot T^2 + 0{,}13 \cdot S \quad \text{in m/s} \tag{3.28}$$

In Wasserrohrleitungen ist die Druckwellengeschwindigkeit c_R infolge der Elastizität der Rohrwandungen geringer. So ist beispielsweise bei Stahlrohren $c_R \approx 1000$ m/s und bei GFK-Rohren $c_R \approx 450$ m/s.

Die Druckwellengeschwindigkeit in Rohrleitungen wird berechnet aus:

$$c_R = \frac{c_W}{\sqrt{\frac{d}{s} \cdot \frac{E_W}{E_R} \cdot k_e + 1}} \tag{3.29}$$

mit
- d – Durchmesser der Rohrleitung
- s – Wandstärke der Rohrleitung
- E_W – E-Modul des Wassers
- E_R – E-Modul des Rohrmaterials
- k_e – vom Einspannverhältnis der Rohrleitung abhängiger Zahlenwert

Tabelle 3.5 k_e-Werte infolge der Einspannverhältnisse der Rohrleitung

Einspannverhältnis	Symbol	k_e
Rohrleitung mit Dehnungsstücken		0,85
Rohrleitung einseitig verankert, ohne Dehnungsstücke, längs dehnbar		0,95
Leitung beidseitig eingespannt, behinderte Längsausdehnung		0,91

Für einige Rohrmaterialien und deren E-Modul (siehe Abschnitt 3.6) ist im Bild 3.5 die Druckwellengeschwindigkeit c_R in Abhängigkeit von Verhältnis d/s (Durchmesser/Wandstärke) sowie dem Einspannverhältnis eingetragen.

In dickwandigen Rohrleitungen mit der Rohrwanddicke b kann nicht angenommen werden, dass die Spannungen gleichmäßig über die Rohrwand verteilt sind. Ohne Beachtung der Einspannverhältnisse wird c_R für ein dickwandiges Rohr gemäß Bild 3.6 zu:

$$c_R = \frac{c_W}{\sqrt{1 + 2 \cdot \frac{E_W}{E_R} \cdot \left[1 + \frac{d^2/b^2}{2 \cdot (1 + d/b)}\right]}} \tag{3.30}$$

mit b – Rohrwanddicke

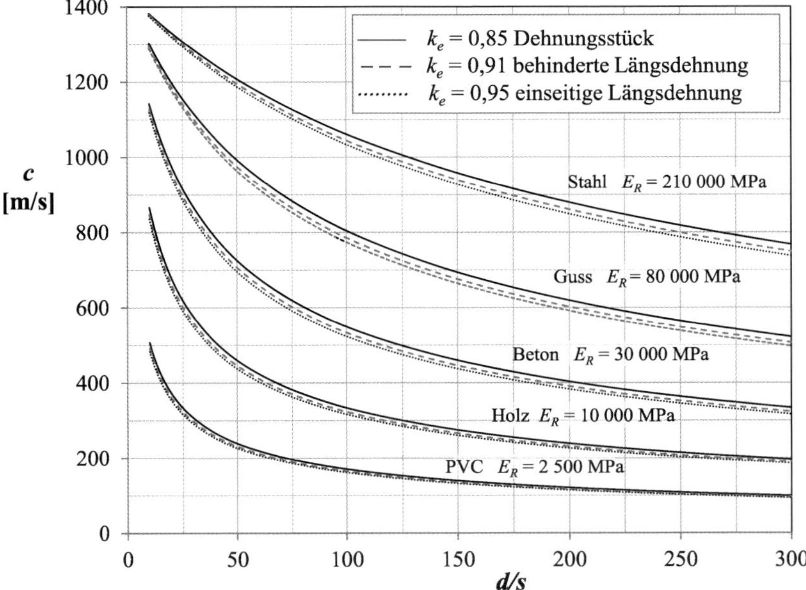

Bild 3.5 Druckwellengeschwindigkeit c_R in dünnwandigen Rohrleitungen

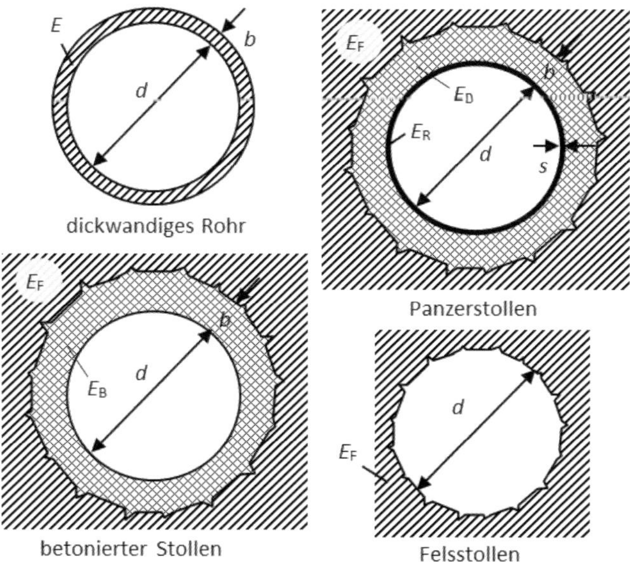

Bild 3.6 Dickwandige Rohre, Druckstollen

Für in Fels geschlagene Stollen gemäß Bild 3.6 gelten folgende Berechnungsgleichungen:

Für **stahlgepanzerte Druckstollen** gilt:

$$c_{\mathrm{P}} = \frac{c_{\mathrm{W}}}{\sqrt{1 + \dfrac{E_{\mathrm{W}}}{\dfrac{1}{2 \cdot \varepsilon} + \dfrac{E_{\mathrm{R}} \cdot s}{d + 2 \cdot s}}}} \tag{3.31}$$

$$\text{mit } \varepsilon = \frac{2}{E_{\mathrm{B}}} \cdot \frac{b \cdot (d + 2 \cdot s + b)}{(d + 2 \cdot s) \cdot (d + 2 \cdot s + 2 \cdot b)} + \frac{1}{E_{\mathrm{F}}} \cdot \left(1 + \frac{1}{\mu_{\mathrm{F}}}\right)$$

und μ_{F} – Querdehnungszahl des Felsgesteins

Für **Druckstollen mit Betonauskleidung** gilt:

$$c_{\mathrm{B}} = \frac{c_{\mathrm{W}}}{\sqrt{1 + 2 \cdot E_{\mathrm{W}} \cdot \varepsilon}} \tag{3.32}$$

$$\text{mit } \varepsilon = \frac{2}{E_{\mathrm{B}}} \cdot \frac{b \cdot (d + b)}{d \cdot (d + 2 \cdot b)} + \frac{1}{E_{\mathrm{F}}} \cdot \left(1 + \frac{1}{\mu_{\mathrm{F}}}\right)$$

Für **nicht ausgekleidete Felsstollen** gilt:

$$c_{\mathrm{F}} = \frac{c_{\mathrm{W}}}{\sqrt{1 + \dfrac{2 \cdot E_{\mathrm{W}}}{E_{\mathrm{F}}}}} \tag{3.33}$$

3.4.8 Oberflächenspannung und Kapillarität

Die Oberflächenspannung wird durch Kohäsionskräfte bewirkt, mit denen sich Flüssigkeitsmoleküle gegenseitig anziehen. An der freien Oberfläche entstehen Anziehungskräfte, sogenannte Kohäsionskräfte, die zum Inneren der Flüssigkeit gerichtet sind.

Die Oberflächenspannung σ wird in [N/m] angegeben. Sie hat für verschiedene Flüssigkeiten gegenüber Luft folgende Größe:

Tabelle 3.6 Oberflächenspannung gegenüber Luft

Flüssigkeit	Temperatur T	Oberflächenspannung σ
	°C	N/m
Wasser	0	0,0756
	10	0,073
	20	0,072
	80	0,063
Glyzerin	20	0,0634
Quecksilber	20	0,047
Benzol	20	0,029
Äthyläther	20	0,017

Bei hydromechanischen Vorgängen spielt die Oberflächenspannung in der Regel keine Rolle. Ausnahmen bilden Untersuchungen im hydraulischen Modellversuch bei sehr kleinen Wassertiefen und Messwehre im Bereich sehr geringer Überfallhöhen.

An der Grenzfläche fester Wände mit Flüssigkeiten werden die Moleküle der Flüssigkeit von den Molekülen der festen Wand angezogen. Diese Erscheinung heißt Adhäsion. Je nach Größe der Adhäsionskräfte der Flüssigkeit und der festen Berandung wird diese benetzt, z. B. durch Wasser, oder nicht benetzt, z. B. durch Quecksilber (siehe Bild 3.7).

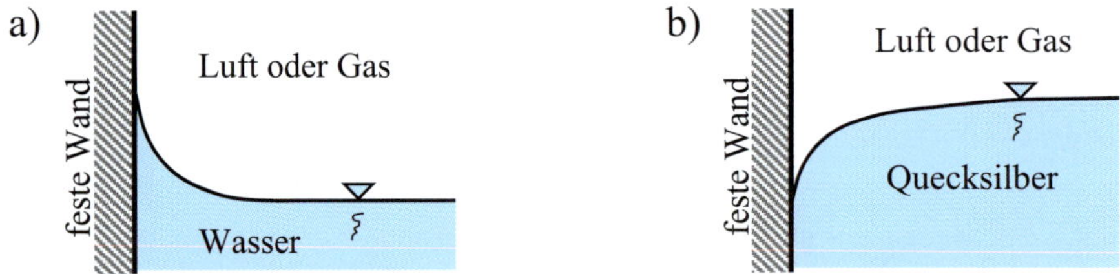

Bild 3.7 Flüssigkeiten in Wandnähe a) benetzend, konkave Oberfläche, b) nicht benetzend, konvexe Oberfläche

Infolge der Oberflächenkrümmung wirken in engen Röhren und Spalten Kapillarkräfte. Durch diese kommt es entweder zum Aufsteigen (benetzende Flüssigkeit wie Wasser) oder zum Absinken (z. B. Quecksilber) des Flüssigkeitsspiegels (Bild 3.8).

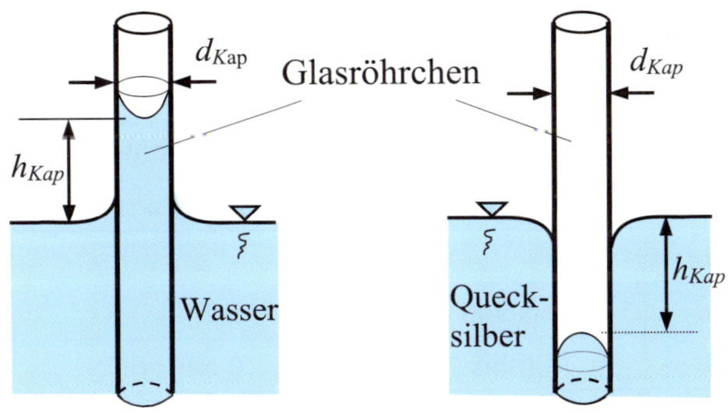

Bild 3.8 Kapillarität
a) Kapillaraszension bei benetzender Flüssigkeit (kapillare Steighöhe)
b) Kapillardepression bei nicht benetzender Flüssigkeit

Die Berechnung der kapillaren Steighöhe h_{Kap} bei kreisrunden Kapillaren mit dem Durchmesser d_{Kap} ergibt sich nach folgender Gleichung:

$$h_{\mathrm{Kap}} = \frac{4 \cdot \sigma}{\rho_{\mathrm{F}} \cdot g \cdot d_{\mathrm{Kap}}} \qquad (3.34)$$

mit σ – Oberflächenspannung in N/m
ρ_{F} – Dichte der Flüssigkeit in kg/m^3
d_{Kap} – Durchmesser der Kapillarröhre in m

Bei einem engen Spalt mit der Spaltweite a kann die kapillare Steighöhe ermittelt werden mit:

$$h_{\mathrm{Kap}} = \frac{2 \cdot \sigma}{\rho_{\mathrm{F}} \cdot g \cdot a} \qquad (3.35)$$

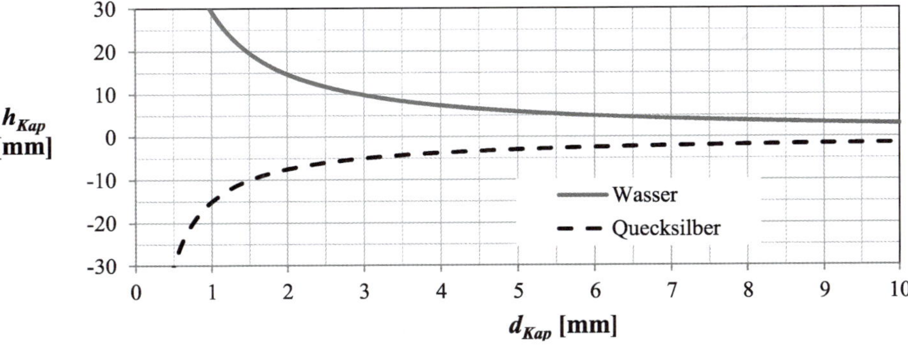

Bild 3.9 Kapillare Steighöhe und Kapillardepression von Wasser und Quecksilber

Die kapillare Steighöhe spielt in Natur und Technik eine große Rolle, denn sie ist die Ursache des Aufsteigens von Wasser entgegen der Erdschwere, z. B. im Boden und in Deichen. Näheres siehe Abschnitt 10.1.5.

3.5 Materialwerte weiterer Flüssigkeiten und Gase

Tabelle 3.7 Materialwerte von Flüssigkeiten und Gasen

Stoff	Temperatur T [°C]	Dichte ρ [kg/m³]	kinem. Viskosität ν [10^{-6} m²/s]
Flüssigkeiten			
Erdöl	15	700 bis 900 (1040)	1,2 bis 3,6
Benzin	15	700 bis 740	0,6 bis 0,7
Kerosin	15	800 bis 825	1,94 bis 2,17
Dieselkraftstoff	15	820 bis 860	4,5 bis 7
Glyzerin, rein	20	1260	1400
Glyzerin, 4 % Wasser	20	1250	610
Alkohol	15	794	1,52
Sperrflüssigkeiten			
Quecksilber	10	13570	
	20	13546	
Tetrachlor-Kohlenstoff	20	1594	
Gase bei Normalatmosphäre 1 bar			
Luft (im Mittel 800-mal leichter als Wasser)	0	1,293	13,4
	10	1,247	14,18
	20	1,204	15,1
Sauerstoff O_2	20	1,33	15,36
Stickstoff N_2	20	1,16	15,20
Wasserstoff H_2	20	0,084	105,0
Wasserdampf H_2O	100	0,590	12,5
Helium He	20	0,1785	11,74
Methan CH_4	20	0,717	16,5
Äthylen C_2H_4	20	1,261	8,66
Kohlensäure-Gas CO_2	20	1,83	14,7

3.6 Materialwerte von Rohrleitungen und Baustoffen

Tabelle 3.8 Materialwerte von Rohrleitungen und Baustoffen

Stoff, Rohrmaterial	Eigenschaften	Dichte ρ [kg/m³]	Elastizitätsmodul E [N/mm²] = [MPa]
Stahl		7.850	210.000
Grauguss GG		7.200	50.000 bis 100.000
Duktiles Gusseisen GGG		7.050	170.000
Kupfer		8.900	125.000
Aluminium		2.800	71.000
Blei		11.400	17.000
PVC-U-hart		1.400	1.380 bis 1.400
GFK (UP-GF)		1.700 bis 2.200	11.000
Plexiglas		1.200	1.500 bis 3.000
Steinzeugrohre		2.200	50.000
Beton	Leichtbeton	2.000	2.600 bis 37.000 im Mittel 30.000
	Normaler Beton	2.000 bis 2.600	
	davon bis B10	2.300	
	bis B15	2.400	
	ab B15	2.500	
	Betonrohre, mittel	2.400	
	Stahlbeton	2.500	
	Schwerbeton	2.600	
Glas		2.500	70.000
Holz bei 12 % Feuchte (lufttrocken)	Nadelholz: Kiefer	520	9.000 bis 9.600
	Fichte	470	9.200 bis 11.000
	Tanne	450	etwa 9.000
	Laubholz: Hainbuche	830	13.000 bis 19.600
	Rotbuche	720	
	Eiche	690	10.300 bis 10.800
	Lärche	530	etwa 9.000

Fortsetzung Tabelle 3.8

Stoff, Rohrmaterial	Eigenschaften	Dichte ρ [kg/m³]	Elastizitätsmodul E [N/mm²] = [MPa]
Gestein	Granit	2.600	≤ 10.000
	Syenit	2.800	
	Basalt	2.900 bis 3.000	
	Gneis	≥ 2.650	
	Sandstein	2.200	etwa 4.000
Sand und Kies locker gelagert	trocken	1.400 bis 1.700	40 bis 80
	erdfeucht	1.600 bis 1.800	
	wassergesättigt	> 1.800	
Sand und Kies mitteldichte Lagerung	trocken	1.800 bis 2.000	100 bis 200
	erdfeucht	1.900 bis 2.100	
	wassergesättigt	> 2.000	
Splitt und Schotter		1.800 bis 2.000	150 bis 300
Ton, erdfeucht		etwa 2.000	1 bis 10

3.7 Sink-, Fall- und Steiggeschwindigkeit

3.7.1 Allgemeiner Ansatz

Die stationäre Sink- bzw. Absetzgeschwindigkeit von Feststoffpartikeln in Wasser, aber auch die Fallgeschwindigkeit von Wasser-(Regen-)tropfen in Luft sowie die Aufstiegsgeschwindigkeit von Luftblasen in Wasser wird von der generellen Gleichgewichtsbedingung zwischen Gewicht-, Auftriebs- und Widerstandskraft abgeleitet:

$$F_G - F_A = F_W$$
$$\rho_K \cdot V_K \cdot g - \rho_F \cdot V_K \cdot g = c_W \cdot \frac{\rho_F}{2} \cdot \upsilon_K^2 \cdot A_K \tag{3.36}$$

Nach υ_K aufgelöst, erhält man daraus schließlich für die Sink-, Fall- bzw. Aufstiegsgeschwindigkeit

$$\upsilon_K = \sqrt{\left(\frac{\rho_K}{\rho_F} - 1\right) \cdot \frac{2 \cdot g}{c_W} \cdot \frac{V_K}{A_K}} \tag{3.37}$$

In beiden Gleichungen bedeuten für kugelförmige Partikel:

ρ_K –	Dichte des sich bewegenden Körpers (Kugel, Wassertropfen, Luftblase) in kg/m^3
$V_K = \pi \cdot \frac{d_K^3}{6}$ –	Volumen des sich bewegenden, kugelförmigen Körpers
$A_K = \pi \cdot \frac{d_K^2}{4}$ –	kreisförmige Anströmfläche des sich bewegenden Körpers
$\frac{V_K}{A_K} = \frac{2}{3} \cdot d_K$ –	Verhältnis von Volumen zur Anströmfläche = Dicke eines flachen Körpers
ρ_F –	Dichte des in Ruhe befindlichen Mediums, in welchem sich der Körper bewegt, (Wasser, Luft) in kg/m^3
g –	Schwerebeschleunigung in m/s^2
c_W –	Widerstandsbeiwert des sich bewegenden Körpers
d_K –	Kugeldurchmesser des bewegten Körpers, (muss bei Abweichung von der Kugelform gesondert ermittelt werden)

Gleichung (3.37) wird damit für kugelförmige Partikel zu Gleichung (3.38).

$$\upsilon_K = \sqrt{\left(\frac{\rho_K}{\rho_F} - 1\right) \cdot \frac{g}{c_W} \cdot \frac{4}{3} \cdot d_K} \tag{3.38}$$

Da die meisten bewegten und formbaren Partikel ab einer bestimmten Geschwindigkeit υ_K von der Kugelform abweichen, sind Versuchsergebnisse zu Rate zu ziehen.

Der Widerstandsbeiwert c_W ist abhängig von der Form des sich bewegenden Körpers und der *Re*-Zahl, gebildet mit der Geschwindigkeit des Körpers, der geometrischen Abmessung d_K des Körpers und mit der kinematischen Viskosität ν_F des Mediums, in welchem sich der Körper bewegt.

$$Re = \frac{\upsilon_K \cdot d_K}{\nu_F} \tag{3.39}$$

In Bild 3.10 und Tabelle 3.9 sind einige Widerstandsbeiwerte $c_W = f(\text{Form}, Re)$ eingetragen.

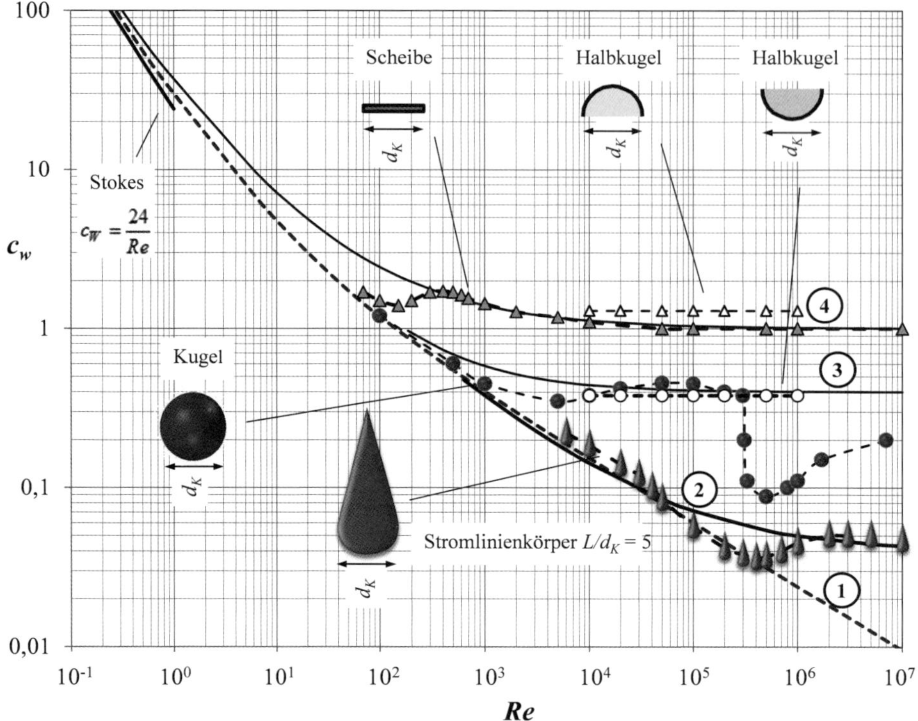

Bild 3.10 c_W-Werte in Abhängigkeit von der Form des umströmten, senkrecht fallenden Körpers und der *Re*-Zahl (d_K – Durchmesser der Anströmfläche)

Die Berechnung von υ_K erfolgt iterativ, so lange sich c_W mit *Re* verändert, da in *Re* die Geschwindigkeit υ_K enthalten ist.

Bei sehr kleinen Sink-, Fall- oder Steiggeschwindigkeiten υ_F entsteht als Folge dieser Bewegung eine laminare Ausgleichsströmung, die der Stokes'schen Reibung F_R entgegenwirken:

$$F_G - F_A = F_R = 3\pi \cdot d_K \cdot \eta_F \cdot \upsilon_F \qquad (3.40)$$

Dabei ist η_F die dynamische Viskosität des durchströmten, in Ruhe befindlichen Mediums (Gas, Flüssigkeit). Mit $\eta_F = \rho_F \cdot \nu_F$ (ν_F – kinematische Viskosität) und F_G und F_A gemäß Gleichung (3.36) führt die Lösung auf die Stokes'sche Gleichung (3.41).

$$\upsilon_F = \frac{g \cdot d_K^2}{18 \cdot \nu_F} \cdot \left(\frac{\rho_K}{\rho_F} - 1 \right) \qquad (3.41)$$

Gleichzeitig gilt $c_W = 24 / Re$ (siehe Bild 3.10).

Gleichung (3.41) ist gültig bis etwa $Re \leq 0{,}5$. In der Regel handelt es sich dabei um kugelförmige Partikel, die wesentlich kleiner als $d_K = 1$ mm sind.

Die untere Grenzkurve (1) aus Bild 3.10 ergibt sich zu:

$$c_W = \frac{24}{Re} + \frac{6}{Re^{0,4}} \tag{3.42}$$

Tabelle 3.9 Widerstandsbeiwerte für einzelne umströmte Körper (senkrecht fallend)

Form	Bezeichnung	c_W	Re
	Kugel	0,35 bis 0,5	$> 2 \cdot 10^3$
	Halbkugel offen	0,39	$> 10^4$
	Halbkugel geschlossen	0,42	$> 10^4$
	Halbkugel offen	1,33	$> 10^4$
	Halbkugel geschlossen	1,17	$> 10^4$
	Kreisscheibe	1,11	$> 10^4$
	Würfel je nach Anströmung	0,8 bis 1,05	$> 10^4$
	Stromlinienkörper	0,035 bis 0,2	$> 10^4$
α	Kegel	0,3 (10°), 0,55 (30°) 0,8 (60°), 1,15 (90°)	10^4 bis 10^5
	Zylinder	1,17 ($L >> d$)	10^4 bis 10^5
	Halbkreisrinne	2,3	10^4 bis 10^5
	Halbkreisrinne	1,2	10^4 bis 10^5
	Dreieckstab	1,55	10^4 bis 10^5
	Rechteckstab gerade	2	10^4 bis 10^5
	Rechteckstab Kante	1,5	10^4 bis 10^5
	Mensch (gilt für $c_W \cdot A = 0,38$ m^2)	0,78	10^4 bis 10^6

Eine Näherungsgleichung für stromlinienförmige Körper (2) im Bild 3.10 lautet:

$$c_W = \frac{24}{Re} + \frac{10}{Re^{0,5}} + 0,04 \tag{3.43}$$

Für Kugeln und runde Körper wird der mittlere Strömungswiderstandsbeiwert (3) im Bild 3.10:

$$c_W = \frac{24}{Re} + \frac{10}{Re^{0,6}} + 0,4 \tag{3.44}$$

Scheiben und flache Körper können angenähert werden mit (4) im Bild 3.10:

$$c_W = \frac{24}{Re} + \frac{12}{Re^{0,5}} + 1 \tag{3.45}$$

3.7.2 Sink- bzw. Absetzgeschwindigkeit von Feststoffen in Wasser

In Absetzanlagen sowie beim hydraulischen Feststofftransport in Rohrleitungen und Gerinnen spielt die Sink- bzw. Absetzgeschwindigkeit von Feststoffteilchen im Wasser eine wichtige Rolle.

Im Folgenden wird die Sinkgeschwindigkeit im ruhenden Wasser behandelt. Bei Bewegungsvorgängen, wie z. B. dem Sedimenttransport, sind Besonderheiten zu beachten, auf die an gegebener Stelle eingegangen wird.

Kugelförmige Partikel

Für die Sinkgeschwindigkeit von Kugeln wurde die Gleichung (3.38) ausgewertet, wobei für den c_W-Wert Folgendes ausgenommen wird (siehe Bild 3.10):

$$c_W = \frac{24}{Re} + \frac{10}{Re^{0,6}} + 0,3 \qquad \text{für } Re \leq 10^4$$

$$c_W = \frac{24}{Re} + \frac{10}{Re^{0,6}} + 0,3 + 0,14 \cdot \left(\frac{Re}{10^4} - 1\right) \qquad \text{für } 10^4 \leq Re \leq 2 \cdot 10^4$$

$$c_W = \frac{24}{Re} + \frac{10}{Re^{0,6}} + 0,44 \qquad \text{für } Re \geq 2 \cdot 10^4$$

Die damit berechneten stationären Sinkgeschwindigkeiten von Kugeln verschiedener Dichte ρ_K in Wasser von T_W = 15 °C können mit den Gleichungen (3.40) und (3.41) iterativ berechnet werden und sind im folgenden Bild 3.11 a) und b) dargestellt.

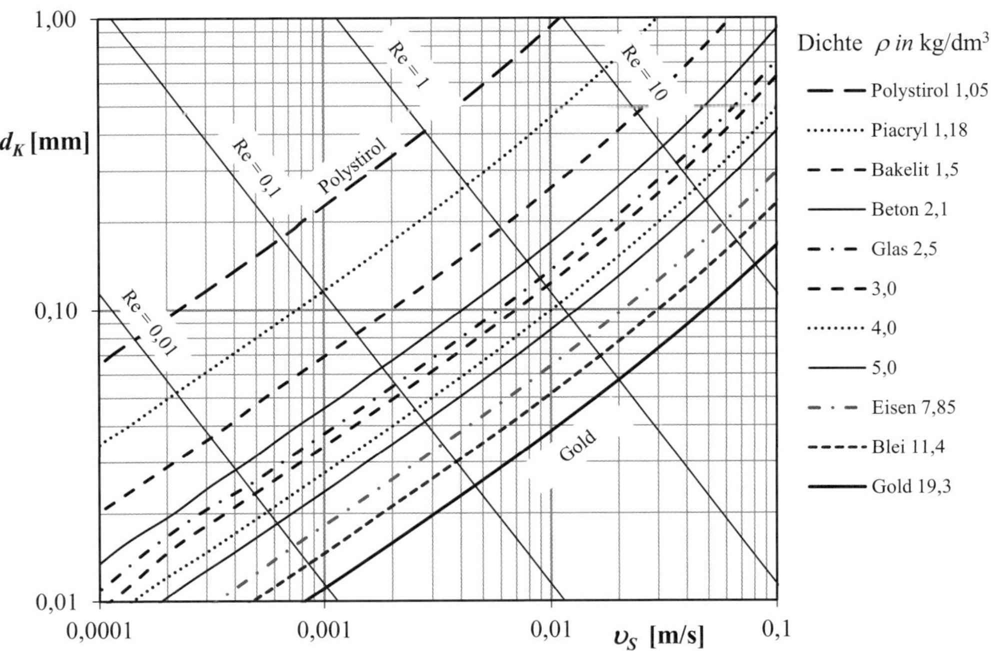

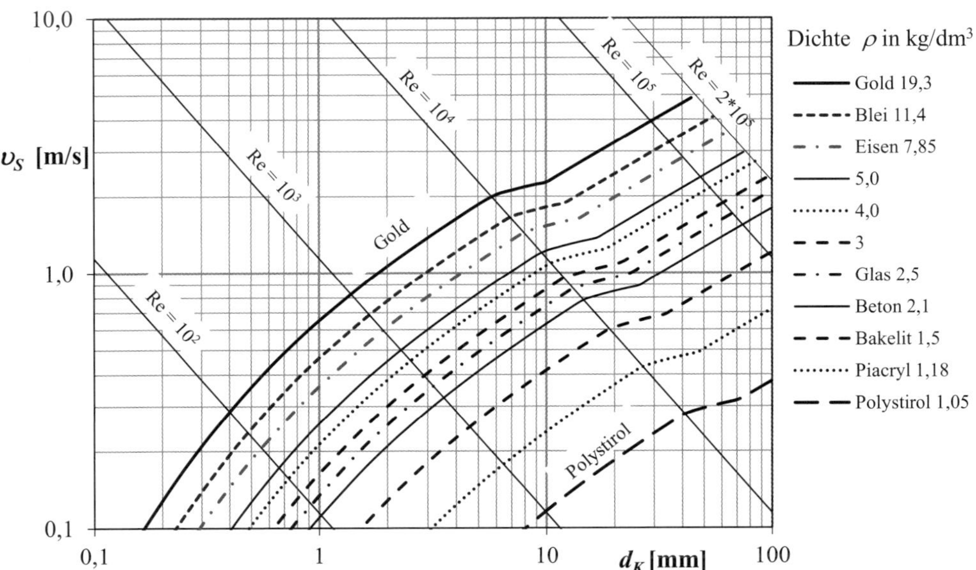

Bild 3.11 Stationäre Sinkgeschwindigkeit von Kugeln in Wasser (T_W = 15 °C)
a) nach Durchmesser d_K = 0,01 bis 1,0 mm, b) Durchmesser d_K = 0,1 bis 100 mm

Nicht kugelförmige Partikel

Weicht die Teilchenform von der „idealen Kugel" ab, z. B. bei Sand, Kies, Kohlegrus u. a., so verändert sich der Widerstandsbeiwert c_W. Um dann den „Durchmesser" d des Teilchens zu berechnen, ist die Kugelgleichung verwendbar:

$$d_K = \sqrt[3]{\frac{6 \cdot V_K}{\pi}} \tag{3.46}$$

mit V_K – Volumen des Teilchens

Ist die Abweichung von der Kugelform erheblich, kann über das Verhältnis von Volumen zu Anströmfläche in Gleichung (3.37) ein Beiwert eingefügt werden, der kleiner als 2/3 d_K ist und z. B. bei Scheiben der Dicke der Scheibe entspricht.

Hörnig und *Richter* (1989) ermittelten den mittleren Durchmesser eines Stoffgemisches aus dem Mittelwert der Teilchendurchmesser aus der Sieblinie einer Fraktion.

Der Widerstandsbeiwert c_W muss für jede Teilchenform empirisch ermittelt werden. Damit können die unterschiedlichen Angaben zur Sinkgeschwindigkeit υ_{Sink} in Abhängigkeit vom Korndurchmesser d in den Literaturquellen begründet werden. *Hörnig* und *Richter* (1989) korrigieren für Stoffgemische die ermittelte Sinkgeschwindigkeit des Einzelkornes mit einem Korrekturfaktor K_f (Bild 3.12).

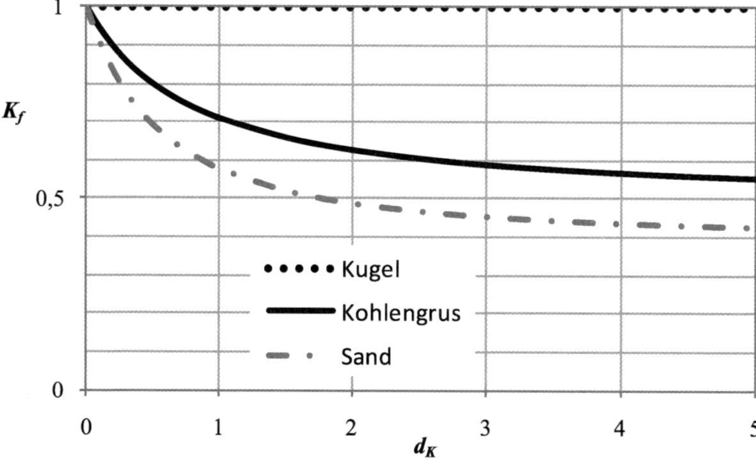

Bild 3.12 Formfaktor K_f für Steinkohlengrus und Sand

Damit wird

$$\upsilon_{Sink} = K_f \cdot \upsilon_{s,k} \tag{3.47}$$

mit $K_{\mathrm{f}} = 0{,}5 \cdot \left(1 + \frac{1}{\left(1 + d_{\mathrm{K}}\right)^{1{,}25}}\right)$ für Kohlengrus und

$K_{\mathrm{f}} = 0{,}4 \cdot \left(1 + \frac{1{,}5}{\left(1 + d_{\mathrm{K}}\right)^{1{,}75}}\right)$ für Sand

Burke, Kecke und *Richter* (1989) verwenden die Sphärizität (Oberflächenverhältnis von volumengleicher Kugel zum realen Körper) von Körnerkollektiven zur Bestimmung dieses Formfaktors.

Umfassende und gut übereinstimmende Ergebnisse für die Sinkgeschwindigkeit von Bodenteilchen, Sand und Geschiebe mit einer Dichte von 2650 kg/m³ erhält man aus den Grundgleichungen (3.38), (3.39) und den c_{W}-Werten (Bild 3.13). Diese stimmen bis $d_{\mathrm{K}} = 1$ mm für Kugeln und darüber hinaus für Scheiben sehr gut mit Angaben von *Mostkow* (1956), von *Glazik* (1989) auf der Basis von Versuchen der FAS Berlin und einem Vorschlag im US-Standard überein. Eine von *Wiedenroth* (1967) angegebene Formel (Gleichung (3.48)) kommt den Berechnungen eines scheibenförmigen Partikels bei 20 °C im turbulenten Bereich sehr nahe:

$$\upsilon_{\mathrm{Sink}} = \frac{1{,}115}{d_{\mathrm{K}}} \cdot \left(\sqrt{1 + 157 d_{\mathrm{K}}^{3}} - 1\right) \text{ in cm/s} \tag{3.48}$$

mit d_{K} in mm, gültig nach *Wiedenroth* (1967) von $0{,}3 < d_{\mathrm{K}} < 4$ mm

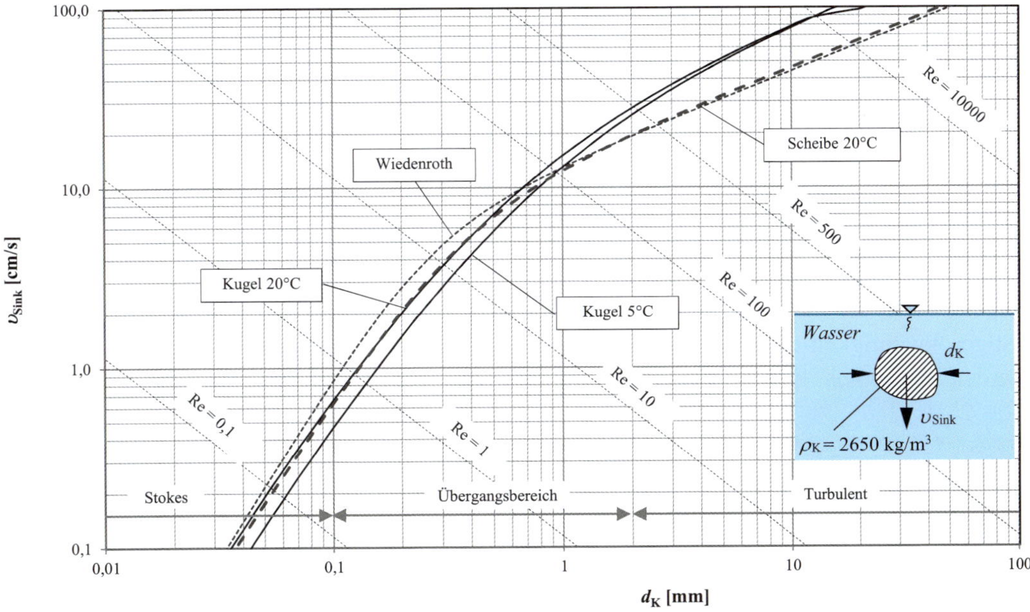

Bild 3.13 Sinkgeschwindigkeit υ_{Sink} von Sand- und Kiesteilchen in Wasser

3.7.3 Fallgeschwindigkeit von Wassertropfen in Luft

Die Fallgeschwindigkeit von Wassertropfen oder -ballen in Luft ist beispielsweise für die Luftmitführung in Hochwasserentlastungsanlagen von Bedeutung.

Kleine Wassertropfen bis etwa d_{Tr} = 0,1mm gehorchen dem Stokes'schen Gesetz, Gleichung (3.41). Für Luft von 10 °C mit $\nu_F = \nu_L = 14{,}18 \cdot 10^{-6} m^2/s$, Wasser von 10 °C mit $\rho_K = \rho_W = 999{,}7$ kg/m³, $\rho_F = \rho_L \approx 1{,}247$ kg/m³ erhält man aus Gleichung (3.41)

$$\upsilon_F = \upsilon_{Tr} = 30{,}8 \cdot 10^6\, d_{Tr}^2 \qquad \text{in m/s, } d_K \text{ in m, oder}$$

$$\upsilon_{Tr} = 30{,}8 \cdot d_{Tr}^2 \qquad \text{in m/s, } d_K \text{ in mm} \qquad (3.49)$$

Für größere Wassertropfen wird z. B. von *Prandtl* (1984) für den Bereich von d_{Tr} = 1 bis 4 mm mit Gleichung (3.38) und einem c_W-Wert von ca. 0,5 eine maximale Fallgeschwindigkeit mit Gleichung (3.50) ermittelt.

$$\upsilon_{Tr} \approx 4{,}6 \cdot \sqrt{d_{Tr}} \qquad \text{in m/s, } d_{Tr} \text{ in mm} \qquad (3.50)$$

Die in Bild 3.14 eingetragenen Messergebnisse aus unterschiedlichen Literaturquellen können mit Gleichung (3.51) bis 10 mm Tropfendurchmesser angenähert werden

$$\upsilon_{Tr} = \frac{30 \cdot d_{Tr}^2}{1 + 6 \cdot d_{Tr}^{1,7}} \qquad \text{in m/s, } d_{Tr} \text{ in mm} \qquad (3.51)$$

Größere Wassertropfen als d_{Tr} = 4 mm weichen beim Fallen immer mehr von der Kugelform ab, werden breitgedrückt (Scheibenform) und zerplatzen ab etwa $d_{Tr} \geq 6$ mm wieder in kleinere Tropfen.

In Bild 3.14 ist die Fallgeschwindigkeit in Abhängigkeit vom Tropfendurchmesser nach den oben angegebenen allgemeinen Formeln unter Einbeziehung des c_w-Beiwertes für Kugelform und Scheibenform eingetragen. Die größte Fallgeschwindigkeit dürfte nach Messungen bei etwa 9 m/s liegen. Der größte durch Fotoauswertung ermittelte Durchmesser eines Wassertropfens beträgt 9 mm.

Hagelkörner, die ihre Kugelform nahezu beibehalten, können eine wesentlich größere Fallgeschwindigkeit erreichen. Sie können mit den Gleichungen für die Kugelform ermittelt werden. So fallen Körner von 2 cm Durchmesser mit einer Geschwindigkeit von etwa υ_H = 20 m/s.

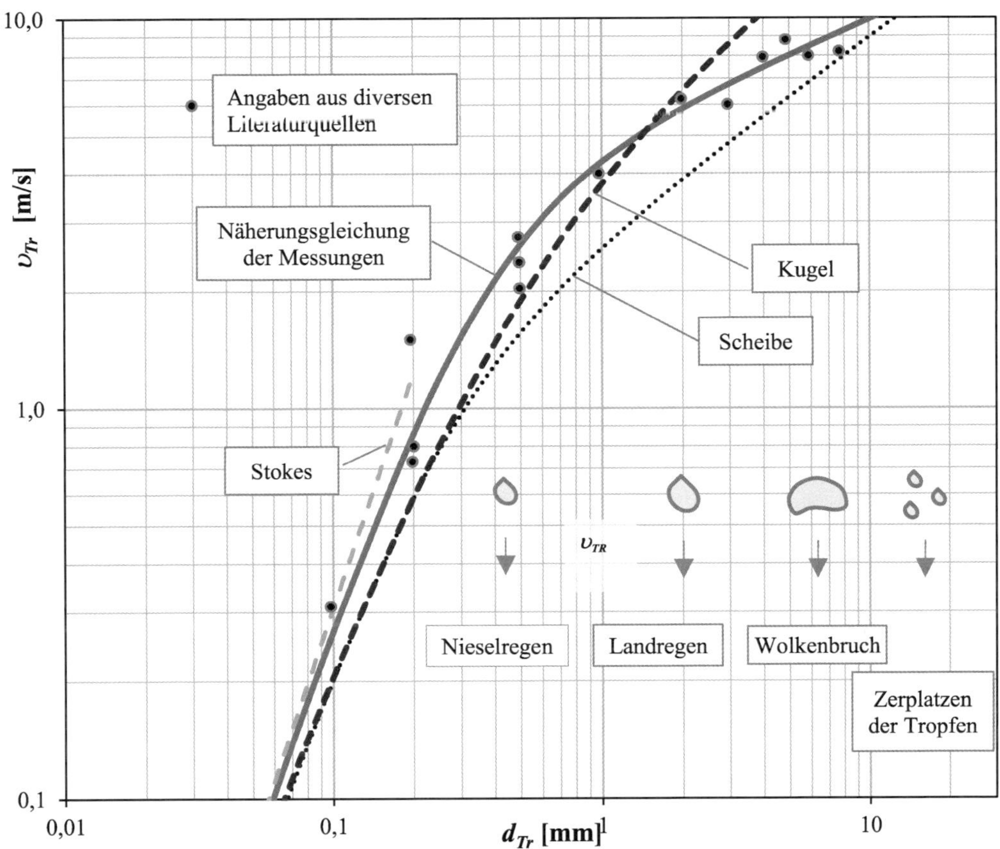

Bild 3.14 Fallgeschwindigkeit υ_{Tr} von Wassertropfen in Luft in Abhängigkeit vom Tropfendurchmesser d_{Tr}

3.7.4 Steiggeschwindigkeit von Luftblasen im Wasser

Die Steig- oder Aufstiegsgeschwindigkeit von Luftblasen im Wasser ist beispielsweise beim Fließen von luftdurchsetztem Wasser in Druckrohrleitungen von Bedeutung, wo es zu Luftansammlungen an Hochpunkten kommen kann oder eine Wasserbewegung durch das Einperlen von Luft erzeugt wird (Mammutpumpe). Ein wichtiges Gebiet ist auch die Belüftung in Wasserbehandlungsanlagen und die Tiefenwasserbelüftung in Standgewässern.

In der Literatur sind zahlreiche, oft stark voneinander abweichende Angaben zur Steiggeschwindigkeit von Luftblasen zu finden. Je größer die Luftblase, desto mehr weicht ihre Form von der Kugelform ab und kann eine Stromlinienform bis hin zur flachen Blasenform annehmen. Der allgemeine Ansatz zur Berechnung der Aufstiegsgeschwindigkeit mit Hilfe des c_{W}-Beiwertes lässt sich hier kaum verwenden. Als Beispiel ist mit Bild 3.15 ein in dieser Art häufig zu findendes Diagramm für $\upsilon_{\mathrm{Steig}}$ in Abhängigkeit vom effektiven Durchmesser d_{e} der Luftblase von *Stöhr* (1998) wiedergegeben.

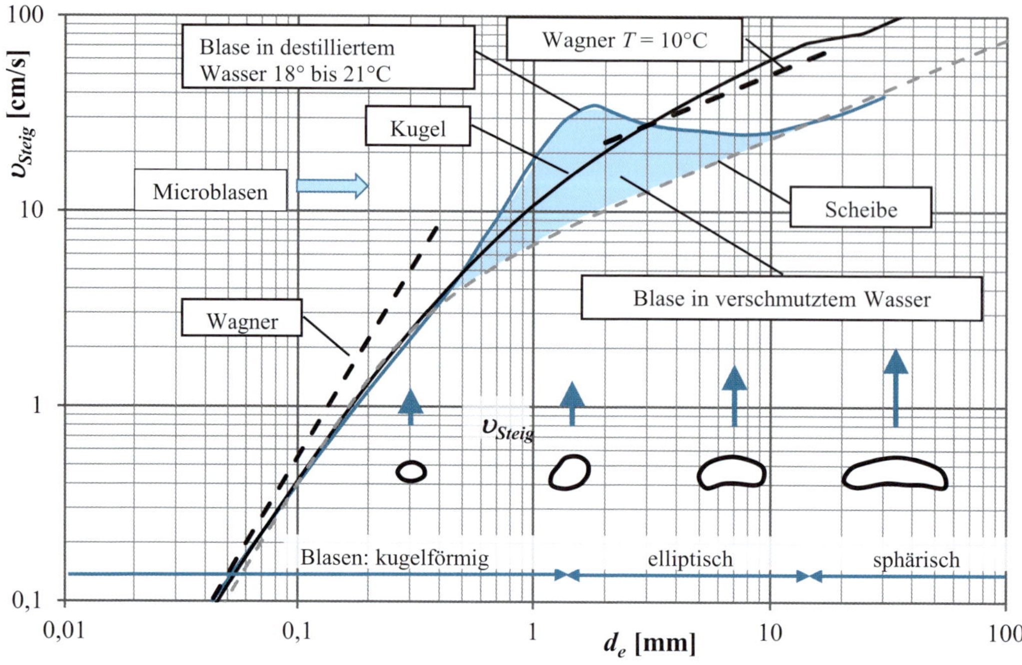

Bild 3.15 Stationäre Steiggeschwindigkeit υ_{Steig} von Luftblasen im Wasser mit Angaben nach *Stöhr* (1998) u. a.

Weicht der Luftblasendurchmesser von dem der Kugelform ab, kann, wie bereits in den vorhergehenden Abschnitten gezeigt, der effektive Durchmesser aus dem Blasenvolumen ermittelt werden.

$$d_{\text{e}} = \sqrt[3]{\frac{6 \cdot V_{\text{Blase}}}{\pi}} \tag{3.52}$$

Dieser im Bild 3.15 verwendete effektive Durchmesser kann für die Bestimmung der Reynolds-Zahl verwendet werden. Für das vertikale Kräftegleichgewicht nach Gleichung (3.37) sollte das Verhältnis von Blasenvolumen zur Anströmfläche anstelle $2/3 \cdot d_{\text{e}}$ genutzt werden.

Nach *Wagner* (1997) gilt für sehr kleine, runde Luftblasen um 0,1 mm Gleichung (3.53).

$$\upsilon_{\text{Steig}} = 0{,}55 \cdot d_{\text{e}}^2 \qquad \text{in m/s} \tag{3.53}$$

mit d_{e} in mm

und für große, runde Luftblasen (2 … 20 mm) gilt nach *Wagner* (1997) die Näherungsformel:

$$\upsilon_{\text{Steig}} = 0{,}16 \cdot \sqrt{d_{\text{e}}} \qquad \text{in m/s} \tag{3.54}$$

mit d_{e} in mm.

Die Messergebnisse unterscheiden hier zwischen ermittelten Werten in reinem Wasser als obere Grenze und mit oberflächenaktiven Substanzen kontaminiertes Wasser als untere Grenze. Diese untere Grenze entspricht dem theoretischen Wert aus Gleichung (3.37), berechnet mit dem c_W-Beiwert einer Scheibe.

3.8 Druck

3.8.1 Definition der Druck-Einheiten

Definition des Druckes:

$$\text{Druck} = p = \frac{\text{Kraft}}{\text{Fläche}} = \frac{F}{A} \tag{3.55}$$

Basiseinheit des Druckes ist das Pascal [Pa].

$$1\ \text{Pa} = 1\ \frac{\text{N}}{\text{m}^2} = 1\ \frac{\text{kg}}{\text{m} \cdot \text{s}^2} \tag{3.56}$$

In zunehmendem Maße wird in der Technik die Einheit Bar [bar] verwendet, die dem mittleren Atmosphärendruck bzw. Luftdruck entspricht (1 bar = 10^5 Pa).

Der mittlere Atmosphärendruck und damit 1 bar entspricht etwa dem Druck einer 10 m hohen Wassersäule (10 mWS). Mit dieser Einheit sind Umrechnungen in der Praxis einfacher realisier- und oft besser vorstellbar.

Druck: $p = \rho \cdot g \cdot h$ Druckhöhe: $h = \dfrac{p}{\rho \cdot g}$

Ein Druck von p = 1 bar entspricht bei einer Dichte von ρ = 1000 kg/m^3 und einer Schwerebeschleunigung von g = 9,81 m/s^2 einer Druckhöhe von h = 10,1937 mWS ≅ 10,2 mWS. In der Meteorologie wird bei Angaben des Atmosphärendruckes die Einheit Hektopascal (hPa) bzw. Millibar (mbar) verwendet.

In der folgenden Tabelle sind die gebräuchlichen Vielfachen des Druckes in Pa und bar bzw. der diesem Druck entsprechenden Druckhöhen in m (mWS) zusammengestellt.

Tabelle 3.10 Die Vielfachen des Druckes in zwei Einheiten und ihre Entsprechungen mit der Druckhöhe

Druck *p* in SI-Einheiten und deren Vielfache			**Entsprechende Wasserdruckhöhe (gerundet) in Meter** (m = mWS)
Pascal (Pa)	**Name**	**Bar** (bar)	
10^7 Pa = 10 MPa	Megapascal	100 bar	1020 m
10^6 Pa = 1 MPa	Megapascal	10 bar	102 m
10^5 Pa = 100 kPa	Kilopascal	1 bar	10,2 m
10^4 Pa = 10 kPa	Kilopascal	0,1 bar	1,02 m
10^3 Pa = 1 kPa	Kilopascal	0,01 bar	0,102 m
10^2 Pa = 100 Pa = 1 hPa	Hektopascal	1 mbar	0,0102 m
10^1 Pa = 10 Pa	Pascal	0,1 mbar	0,00102 m
10^0 Pa = 1 Pa	Pascal	0,01 mbar	0,000102 m

3.8.2 Atmosphärendruck

Der Atmosphärendruck (Luftdruck) p_{amb} beträgt in Meereshöhe ($h_{\mathrm{M}} = 0$ m) bei einer Lufttemperatur von 0 °C und der geografischen Breite von 45°:

$$p_{\mathrm{amb}} = 1013{,}25\ \mathrm{hPa} = 1{,}01325\ \mathrm{bar} \approx 1\ \mathrm{bar} \tag{3.57}$$

und entspricht damit einer Druckhöhe von

$$h_{\mathrm{D}} = \frac{p_{\mathrm{amb}}}{\rho \cdot g} = \frac{101325 \frac{\mathrm{kg}}{\mathrm{m} \cdot \mathrm{s}^2}}{1000 \frac{\mathrm{kg}}{\mathrm{m}^3} \cdot 9{,}81 \frac{\mathrm{m}}{\mathrm{s}^2}} = 10{,}3287\ \mathrm{m} \approx 10{,}33\ \mathrm{m} \tag{3.58}$$

Das Produkt $\rho \cdot g$ ist mit 9,81 kPa/m damit ein Maß für die Druckzunahme/-abnahme von 9,81 kPa pro Meter Wassersäule.

Der Atmosphärendruck nimmt mit der Höhe h_{M} auf der Erde ab und kann bis ca. $h_{\mathrm{M}} \approx 4000$ m mit folgender einfachen Formel im Vergleich zum Druck in Meereshöhe abgeschätzt werden:

$$p(h_{\mathrm{M}}) \approx p_{\mathrm{amb}} \cdot e^{-h_{\mathrm{M}}/8200\ \mathrm{m}} = 1013{,}25\ \mathrm{hPa} \cdot \mathrm{e}^{-h_{\mathrm{M}}/8200\ \mathrm{m}} \tag{3.59}$$

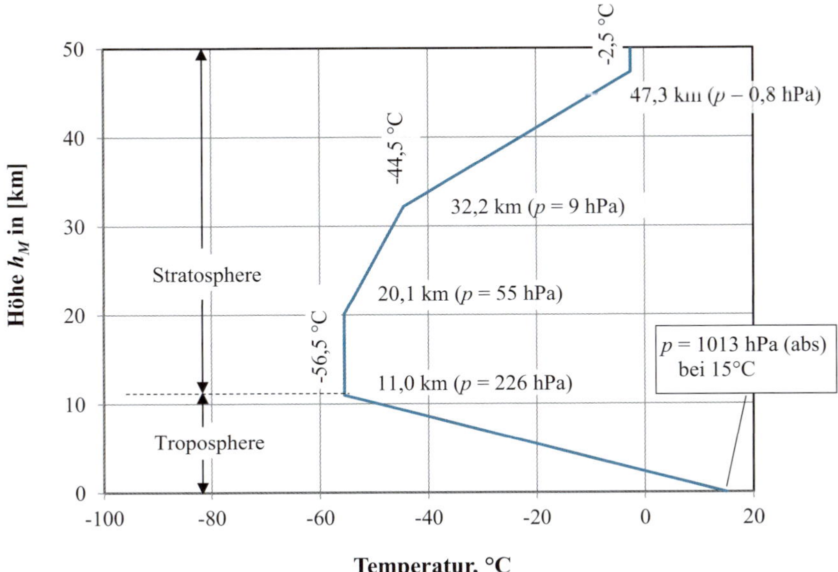

Bild 3.16 Temperaturentwicklung in der Standardatmosphäre

Die internationale Höhenformel, hergeleitet aus einem typischen linearen Temperaturgradienten der Atmosphäre von –0,65 K pro 100 m ab 288,15 K in Meereshöhe, ergibt mit dem Luftdruck in Meereshöhe $p_{amb} = p_0 = 1013{,}25$ hPa eine kontinuierliche Druckabnahme in der Troposphäre bis 11 km Höhe.

$$p(h_M) = p_0 \cdot \left(1 - \frac{\Delta t \cdot h_M}{\Delta h \cdot T_0}\right)^{5{,}255} = p_0 \cdot \left(1 - \frac{0{,}0065 \cdot h_M}{288{,}15}\right)^{5{,}255} \qquad h_M \text{ in [m]} \qquad (3.60)$$

In der Stratosphäre bleibt die Temperatur etwa konstant und von da ab nimmt die Temperatur wieder zu, wobei der Druck weiter abnimmt (siehe Bild 3.16).

Tabelle 3.11 Standardatmosphäre nach DIN ISO 2533:1979-12

Höhe h_M	**Temperatur** T	**Gravitation** g	**Druck** p	**Dichte** ρ	**Dyn. Visk.** η
km	°C	m/s^2	hPa	kg/m^3	10^{-5} Pa·s
–1	21,50	9,815	1139,27	1,347	1,821
0	15,00	9,812	1013,25	1,225	1,789
1	8,50	9,809	898,76	1,112	1,758
2	2,00	9,805	794,98	1,006	1,726
3	–4,49	9,802	701,13	0,9091	1,694
4	–10,98	9,799	616,45	0,8191	1,661
5	–17,47	9,796	540,26	0,7361	1,628
6	–23,96	9,793	471,87	0,6597	1,595
7	–30,45	9,790	410,67	0,5895	1,561
8	–36,94	9,787	356,06	0,5252	1,527
9	–43,42	9,784	307,49	0,4663	1,492
10	–49,90	9,781	264,42	0,4127	1,457
15	–56,50	9,765	121,10	0,1937	1,422
20	–56,50	9,750	55,29	0,0880	1,422
25	–51,50	9,735	25,49	0,0395	1,449
30	–46,50	9,719	11,97	0,0180	1,476
40	–22,10	9,688	2,871	0,00385	1,605
50	–2,50	9,657	0,7978	0,000977	1,704
60	–18,50	9,627	0,2196	0,000285	1,623
70	–56,50	9,596	0,05221	0,0000788	1,422
80	–92,50	9,565	0,01052	0,0000166	1,216

3.8.3 Absolutdruck und Bezugsdruck

Als Bezugsdruck wird derjenige Druck bezeichnet, auf den sich die jeweils angegebenen Druckwerte beziehen. Beim Absolutdruck ist das der absolute Nulldruck, das Vakuum. In der Hydraulik wird fast immer der Atmosphärendruck (Luftdruck) p_{amb} als Bezugsdruck gewählt. Das folgende Bild 3.17 veranschaulicht diese Zusammenhänge.

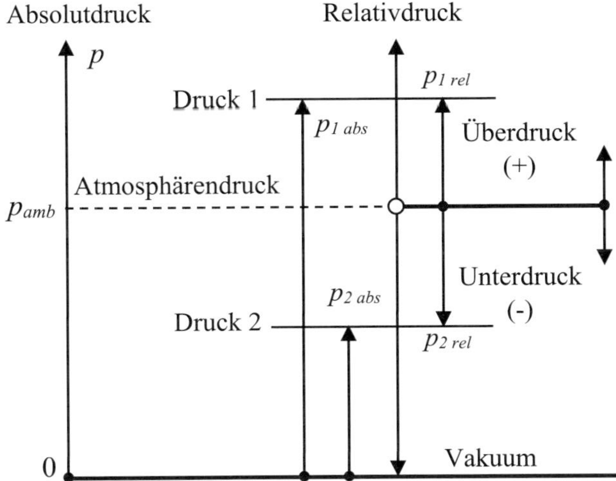

Bild 3.17 Absolutdruck und Relativdruck

In hydraulischen Berechnungen werden in der Regel Drücke und Druckhöhen auf den Atmosphärendruck (Luftdruck) bezogen. Ist der Druck dann größer als der Luftdruck, spricht man von Überdruck oder einen positiven (relativen) Druck p. Ist er kleiner als der Luftdruck, dann wird der negative (relative) Druck als Unterdruck bezeichnet.

Die Abnahme des Atmosphärendruckes als Bezugsdruck mit der Höhe h_{M} kann für hydraulische Berechnungen unter Atmosphärendruck, z. B. bei Heberleitungen, von Bedeutung sein. Wegen der Schwankungen des Luftdruckes empfiehlt *Lauffer* (1936) für Unterdruckberechnungen vom Atmosphärendruck einen Sicherheitswert von 50 hPa abzuziehen. Die Druckwerte der ICAO-Standardatmosphäre (DIN ISO 2533:1979-12) sind in Tabelle 3.11 zu finden.

Als Bezugsdruck wird in der Regel der Atmosphärendruck verwendet, Ausnahmen bilden hydraulische Vorgänge mit Unterduck, bei denen die Darstellung und Anschaulichkeit bei Bezug zum Vakuum verbessert wird, wie z. B. Fallrohre, Heberleitungen oder Saugbereiche von Pumpen.

3.8.4 Dampfdruck, Haltedruck und Kavitation

Wasser verdampft bekanntlich bei Atmosphärendruck $p_0 = 1013{,}25$ hPa in Meeresspiegelhöhe ($h_{\mathrm{M}} = 0$) bei einer Siedetemperatur von $T = 100$ °C. Fällt der Druck unter diesen Wert ab, dann sinkt die Siedetemperatur des Wassers. Erreicht die Siedetemperatur den Wert der Umgebungstemperatur, dann ist der Dampfdruck erreicht. Wird das Wasser einem Unterdruck ausgesetzt, besteht die Gefahr des Phasenüberganges in den gasförmigen Zustand und die Strömung reißt ab.

Der Dampfdruck p_{D} erreicht bei folgenden Wassertemperaturen eines reinen Wassers folgende Werte:

Tabelle 3.12 Dampfdruck und Dampfdruckhöhe (siehe auch Tabelle 3.2)

Wassertemperatur	°C	0	5	10	15	20	30	40	100
Dampfdruck	hPa	6,1	8,7	12,3	17,1	23,4	42,4	73,7	1013,25
Dampfdruckhöhe	m	0,062	0,088	0,125	0,174	0,239	0,432	0,751	10,33

Sinkt beispielsweise der Druck im Wasser mit einer Temperatur von 20 °C bei einem Umgebungsdruck von $p_0 = 1013{,}25$ hPa auf den absoluten Dampfdruck von $p_D = 23{,}4$ hPa, entspricht das einer negativen Druckhöhe von:

$$h = -\frac{p_0 - p_D}{\rho \cdot g} = -\frac{1013{,}25\ \text{hPa} - 23{,}4\ \text{hPa}}{98{,}1\ \text{hPa/m}} \approx -10\ \text{m} \tag{3.61}$$

Theoretisch kann die Druckhöhe im Unterdruckbereich bei einer Temperatur von 20 °C einen Wert bis etwa –10 m erreichen, ohne dass das Wasser verdampft. Da kleinste Störungen, Erschütterungen, Turbulenzen, Partikel, Gasblasen usw. diese Dampfdruckgrenze verändern können, wird sicherheitshalber in wasserwirtschaftlichen Anlagen eine negative Druckhöhe bis $h = h_{S,zul} = -7$ m ($p \approx -700$ hPa) zugelassen.

Bei Pumpenanlagen wird die sogenannte Haltedruckhöhe h_H bzw. NPSH (Net Positive Suction Head) als Grenzwert angegeben, um ein Abreißen der Strömung zu verhindern (Näheres hierzu im Abschnitt 6.12.1).

Die Haltedruckhöhe h_H einer Pumpe errechnet sich unter Berücksichtigung der saugseitigen Geschwindigkeitshöhe (Abstand zwischen Energielinie (EL) und Drucklinie (DL)) zu:

$$h_H = \frac{p_{amb}}{\rho \cdot g} - \frac{p_S}{\rho \cdot g} - \frac{p_D}{\rho \cdot g} + \frac{v_S^2}{2g} \tag{3.62}$$

Sinkt an einer Stelle der Strömung der Druck unter den Dampfdruck, dann kommt es zur lokalen Verdampfung des Wassers, und die Strömung kann abreißen.

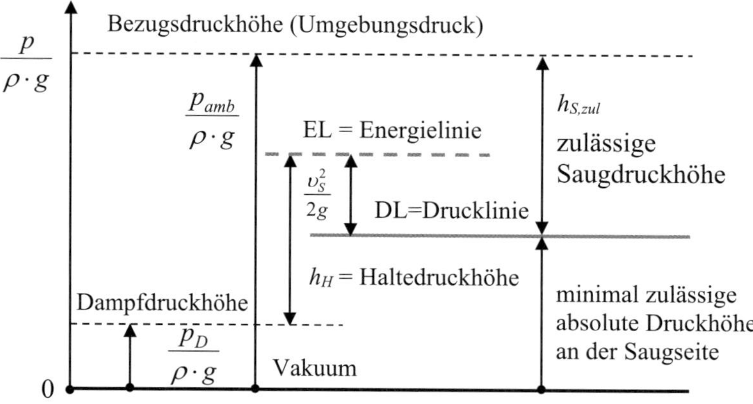

Bild 3.18 Haltedruckhöhe h_H einer Pumpe

In Armaturen, an Turbinenlaufrädern, an Grundablässen oder Schussrinnen von Talsperren kann es lokal durch die Bildung kleiner Wirbelkerne zur Absenkung des Druckes unter den Dampfdruck kommen, wodurch sich Dampfblasen bilden. In Bereichen höheren Druckes fallen diese meist schlagartig wieder zusammen. Diese Erscheinung wird als **Kavitation** bezeichnet und ist mit knatternden Geräuschen und Vibrationen verbunden. Die Kondensation der Gasblasen erfolgt so schnell, dass erhebliche, oft scharf begrenzte Wasserschläge entstehen, welche sich auf die umgebenden Wandungen materialzerstörend auswirken (Lochfraß). Oft entstehen durch Strömungsabriss kleine Wirbelkerne, in dessen Zentrum die Druckhöhe zusätzlich maximal um den Betrag der Geschwindigkeitshöhe absinken kann. Durch entsprechende Maßnahmen, wie die Anhebung des Druckes oder die Belüftung der Strömung, kann die Kavitation verhindert werden.

3.8.5 Druckmessung

Die direkte Druckmessung nutzt die Kraft des Druckes auf eine Fläche als mechanisches Wirkprinzip. Druckmessgeräte (Manometer) erfassen die durch die Kraft hervorgerufene Wegänderung

- mechanisch,
- kapazitiv,
- induktiv,
- piezoelektrisch,
- als Dehnung.

Die indirekte Druckmessung nutzt die durch den Druck hervorgerufenen physikalischen Effekte wie z. B. Wärmeleitfähigkeit, Kompression oder Stoffeigenschaften.

Näheres und weitere Ausführungen zur Messtechnik in der Hydraulik sind im Kapitel 1 des Bandes 4 der Reihe „Technische Hydromechanik“ zu finden (*Martin* und *Pohl*, 2014).

4 Hydrostatik

4.1 Definitionen

Hydrostatik ist die Lehre vom Gleichgewicht ruhender Flüssigkeiten unter der Einwirkung von äußeren Kräften, z. B. Schwerkraft, Zentrifugalkraft. Die Grundaufgabe der Hydrostatik besteht in der Berechnung der Kraftwirkungen des Wassers auf Bauwerke oder Bauteile im und am Wasser sowie der Gleichgewichtsbedingungen für ganz oder teilweise eingetauchte, d. h. schwimmende Körper.

Voraussetzungen für die hydrostatischen Berechnungen sind keine Fließbewegung des Wassers ($\upsilon = 0$) und damit keine Reibungskräfte, d. h. der Wasserdruck wirkt stets senkrecht auf die begrenzenden Wandflächen. Der Wasserdruck ist im Wasser nach allen Seiten gleich groß.

Hydrostatisches Grundgesetz:

Der Wasserdruck nimmt linear mit der Wassertiefe zu und ist gleich dem ($\rho \cdot g$)-fachen Wert der Wassertiefe z. Mit dem Atmosphärendruck p_{amb} ergibt sich der Druck als Absolutdruck zu:

$$p_{\text{ges}} = p_{\text{amb}} + \rho \cdot g \cdot z \tag{4.1}$$

Üblicherweise wird als Wasserdruck der Überdruck über dem Atmosphärendruck bezeichnet (siehe Bild 3.17) und damit wird der Druck als Relativdruck:

$$p = \rho \cdot g \cdot z \tag{4.2}$$

wobei $\rho \cdot g = 9{,}81$ kPa/m = 9,81 kN/m³ als Druckintensität bezeichnet wird, d. h. der Wasserdruck nimmt pro Meter Tiefe um 9,81 kPa bzw. 0,0981 bar zu. In 10,2 m Wassertiefe beträgt der Wasserdruck 1 bar.

Der Druck ist eine skalare Größe, d. h. er wirkt allseitig und ist nach allen Richtungen gleich groß. Der Wasserdruck wirkt immer senkrecht auf die belastete Fläche und ist der Quotient aus differentialer Kraft pro differentiale Fläche. Die Kraft auf diese Fläche ergibt sich damit aus der Integration des Druckes über die belastete Fläche.

$$F = \int_A dF = \int_A p \cdot dA = \rho \cdot g \cdot \int_A z \cdot dA \tag{4.3}$$

Aus der Schwerpunktdefinition der belasteten Fläche A ergibt sich aus Gleichung (4.3) die Berechnung der Druckkraft auf eine beliebige Fläche aus dem Produkt der belasteten Fläche mit dem mittleren Druck p_{m} im Schwerpunkt der Fläche.

$$F = p_{\text{m}} \cdot A = \rho \cdot g \cdot z_{\text{S}} \cdot A \tag{4.4}$$

Der Angriffspunkt (Druckmittelpunkt) dieser resultierenden Kraft F liegt dabei in der Regel unterhalb des Flächenschwerpunktes S und verläuft durch den Schwerpunkt S_{B} des Lastvolumens, das sich aus der Druckverteilung auf die belastete Fläche ergibt.

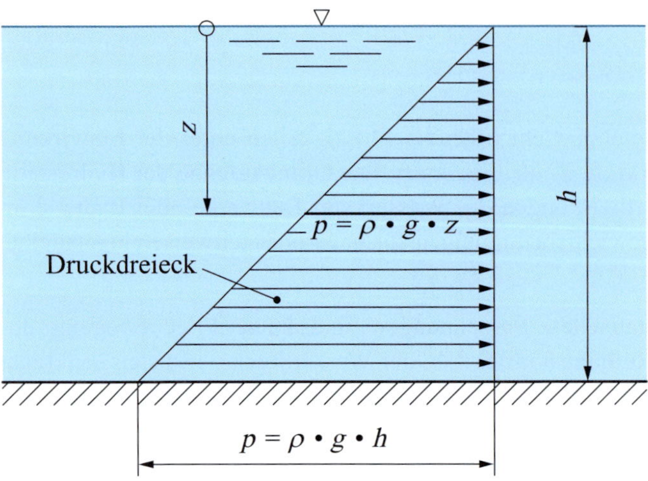

Bild 4.1 Wasserdruckverteilung, Druckdreieck

Die in Bild 4.1 gezeigte Wasserdruckverteilung wird als sogenanntes Wasserdruckdreieck bezeichnet.

Liegen mehrere sich nicht mischende Flüssigkeiten unterschiedlicher Dichte $\rho_n > \rho_{n-1} > \rho_1$ übereinander, so setzt sich der Schweredruck der jeweils darüberliegenden Schicht in der darunterliegenden fort. Der Gesamtdruck im Bild 4.2 ergibt sich zu:

$$p_{ges} = \rho_1 \cdot g \cdot h_1 + \rho_2 \cdot g \cdot h_2 + \rho_3 \cdot g \cdot h_3 \qquad (4.5)$$

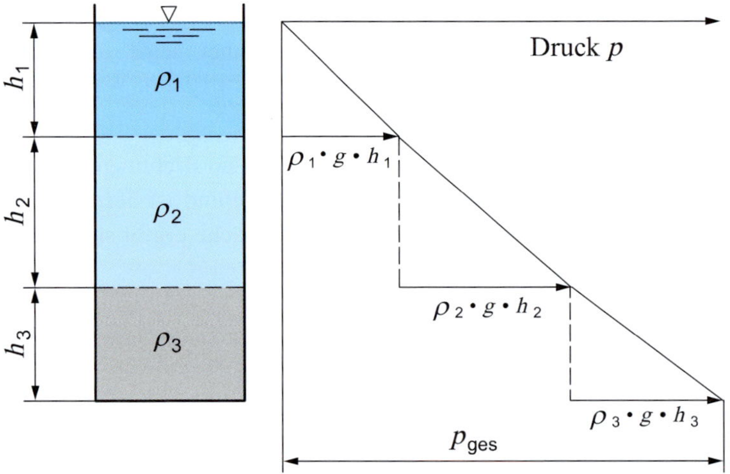

Bild 4.2 Druckverteilung in Flüssigkeiten verschiedener Dichte

Beispiele:

a) Der Wasserdruck in $z = 100$ m Wassertiefe beträgt:

$$p = 1000 \frac{\text{kg}}{\text{m}^3} \cdot 9{,}81 \frac{\text{m}}{\text{s}^2} \cdot 100 \text{ m} = 981.000 \frac{\text{kg}}{\text{m} \cdot \text{s}^2} = 981 \text{ kPa} = 9{,}81 \text{ bar}$$

b) Im Witjas-Tief I von 11.034 m, der tiefsten derzeit bekannten Stelle auf dem Meeresgrund innerhalb des Marianengrabens, beträgt der Wasserdruck bei einer Dichte des Salzwassers von etwa $\rho = 1026$ kg/m³:

$$p = 1.026 \frac{\text{kg}}{\text{m}^3} \cdot 9{,}81 \frac{\text{m}}{\text{s}^2} \cdot 11.034 \text{ m} = 111.058.000 \frac{\text{kg}}{\text{m} \cdot \text{s}^2} = 111.058 \text{ kPa} = 1.110{,}58 \text{ bar}$$

c) Bei der Füllung eines Bergbaustollens von etwa $h = 800$ m Tiefe, in dem sich salzhaltiges Wasser mit einer Dichte von $\rho_S = 1.050$ kg/m³ befindet, wird der eine Schacht mit Oberflächenwasser gefüllt, während in dem zweiten Schacht, der mit dem ersten unterirdisch verbunden ist, das Salzwasser aufsteigt. Die Wasserspiegeldifferenz Δh zwischen den Schächten beträgt wegen des gleichen Druckes im Stollen bei Vollfüllung:

$$\rho_W \cdot g \cdot h = \rho_S \cdot g \cdot (h - \Delta h) \qquad \Delta h = h \cdot \left(1 - \frac{\rho_W}{\rho_S}\right) = 800 \cdot \left(1 - \frac{1000}{1050}\right) = 38{,}1 \text{ m}$$

4.2 Hydrostatische Druckkraft auf ebene Flächen

4.2.1 Senkrechte Seitenflächen

Die resultierende Wasserdruckkraft ergibt sich aus der Integration der Druckverteilung über der Stauwand. Für senkrechte Flächen und freien Wasserspiegel ist der Belastungskörper ein Prisma, berechnet aus der Belastungsfläche (dem Wasserdruckdreieck) und der Belastungsbreite. Die resultierende Kraft, die im Schwerpunkt des Belastungskörpers angreift, ergibt sich aus der Multiplikation des Belastungsvolumens mit der Druckintensität $\rho \cdot g$.

Einseitige Belastung:

es bedeuten:

S = Schwerpunkt der Stauwand

D = Druckmittelpunkt = Angriffspunkt der Wasserdruckkraft F

S_B = Schwerpunkt der Belastungsfläche, Schwerpunkt des Belastungsvolumens

F = Wasserdruckkraft

b = Belastungsbreite

h = Wassertiefe

e = Abstand zwischen S und D

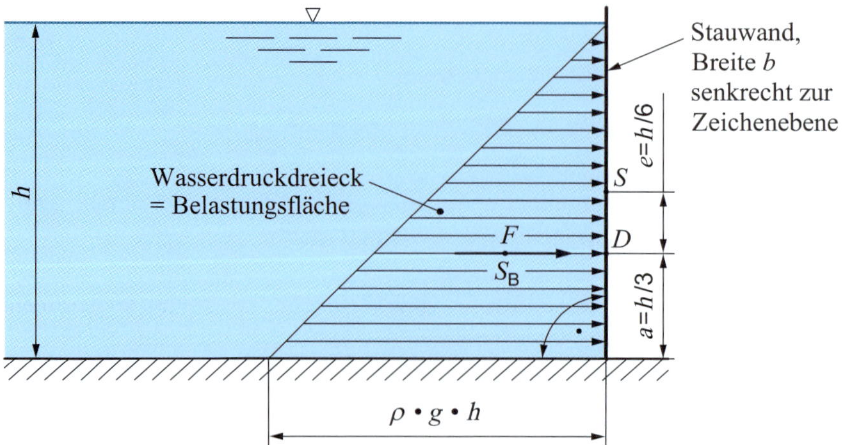

Bild 4.3 Wasserdruck (einseitig) auf senkrechte Stauwand

$$F = \rho \cdot g \cdot b \cdot \frac{h^2}{2} \qquad (4.6)$$

Beidseitige Belastung:

F_1 = Wasserdruckkraft Teil 1

F_2 = Wasserdruckkraft Teil 2

$F = F_1 - F_2$ = resultierende Wasserdruckkraft

S_B = Schwerpunkt der resultierenden Lastfläche

a = vertikaler Abstand des resultierenden Druckmittelpunktes von der Sohle

h_1 = Wassertiefe linke Seite

h_2 = Wassertiefe rechte Seite

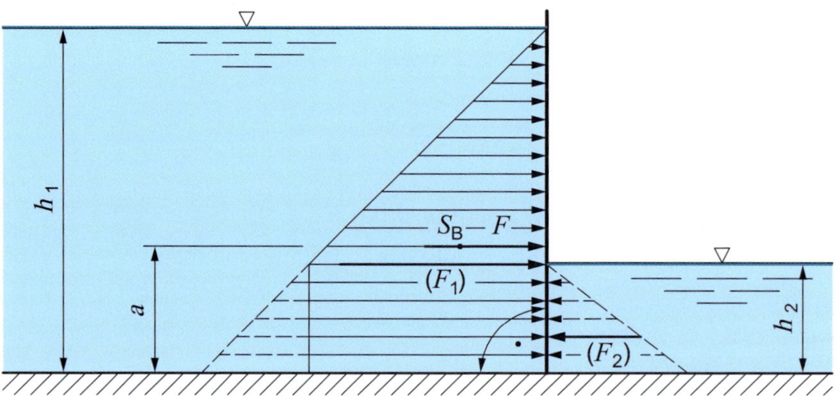

Bild 4.4 Senkrechte Stauwand, beidseitig durch Wasserdruck belastet

$$F = F_1 - F_2 = \rho \cdot g \cdot b \cdot \frac{h_1^2 - h_2^2}{2} \tag{4.7}$$

$$a = \frac{1}{3} \cdot \frac{h_1^3 - h_2^3}{h_1^2 - h_2^2} \tag{4.8}$$

4.2.2 Konstruktive Lastaufteilung

Falls die horizontale Belastung des Wasserdruckes durch einzelne horizontal angeordnete Stützelemente (z. B. Riegel oder Balken) aufgenommen werden soll, welche alle die gleiche Last erhalten, ist eine Aufteilung des Wasserdruckdreieckes in horizontale Felder (Dreieck und Trapeze) gleicher Größe erforderlich.

Die Stützelemente sind dann in den Schwerpunkten S_B der einzelnen Felder (Druckdreieck, Drucktrapeze) anzuordnen.

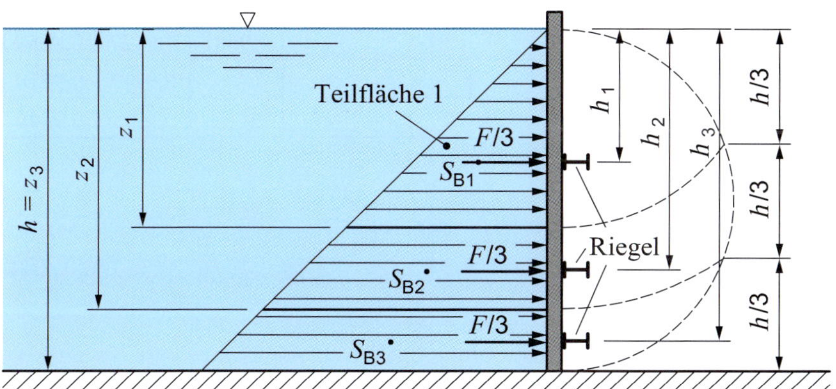

Bild 4.5 Stauwand mit $k = 3$ gleichbelasteten Riegeln

k = Anzahl der Riegel

i = laufende Nr. der Riegel zwischen 1 (oben) und k (unten)

F = Belastungskraft auf gesamte Stauwand

S_{Bi} = Schwerpunkte der gleichgroßen Belastungsteilflächen

z_i = Abstand der Trennlinien der Teilflächen vom Wasserspiegel

h_i = Abstand der Schwerpunkte der Teilflächen vom Wasserspiegel = Lage der einzelnen Stützelemente

$$z_i = h \cdot \sqrt{\frac{i}{k}} \tag{4.9}$$

$$h_i = \frac{2}{3} \cdot \frac{h}{\sqrt{k}} \cdot \left[i^{1,5} - (i-1)^{1,5} \right] \tag{4.10}$$

Zur einfachen Berechnung der Abstände h_i der Riegel sind in Tafel 4.1 die Verhältniswerte h_i/h für $k = 1$ bis 10 Riegel enthalten, mit denen die Riegellage einfach berechnet werden kann.

Tabelle 4.1 Verhältniswerte h_i/h zur Berechnung der Lage der gleichbelasteten Riegel einer vertikalen Stauwand (z. B. Schütztafel)

k	1	2	3	4	5	6	7	8	9	10
***i* = 1**	0,6667	0,4714	0,3849	0,3333	0,2981	0,2722	0,2520	0,2357	0,2222	0,2108
2		0,8619	0,7038	0,6095	0,5451	0,4976	0,4607	0,4310	0,4063	0,3855
3			0,9113	0,7892	0,7059	0,6444	0,5966	0,5581	0,5262	0,4992
4				0,9346	0,8359	0,7631	0,7065	0,6609	0,6231	0,5911
5		$\frac{h_i}{h} =$			0,9482	0,8656	0,8014	0,7496	0,7067	0,6705
6						0,9571	0,8861	0,8289	0,7815	0,7414
7							0,9634	0,9012	0,8496	0,8060
8								0,9681	0,9127	0,8659
9									0,9717	0,9218
10										0,9746

Beispiel:

Stauwand nach Bild 4.5 mit $k = 3$ Riegeln und $h = 4{,}5$ m

$i = 1$: $z_1 = 4{,}5 \cdot \sqrt{1/3} = 2{,}60 \text{ m}$, $h_1 = 0{,}3849 \cdot 4{,}5 \text{ m} = 1{,}732 \text{ m}$

$i = 2$: $z_2 = 4{,}5 \cdot \sqrt{2/3} = 3{,}67 \text{ m}$, $h_2 = 0{,}7038 \cdot 4{,}5 \text{ m} = 3{,}170 \text{ m}$

$i = 3$: $z_3 = 4{,}5 \cdot \sqrt{3/3} = 4{,}50 \text{ m}$, $h_3 = 0{,}9113 \cdot 4{,}5 \text{ m} = 4{,}101 \text{ m}$

Reicht die Lage der Schütztafel, welche in gleichbelastete Riegel unterteilt werden soll, nicht bis zum Wasserspiegel (Bild 4.5), kann ebenfalls mit Hilfe dieser Methode die Lage der Flächenschwerpunkte und damit die Position der Riegel ermittelt werden.

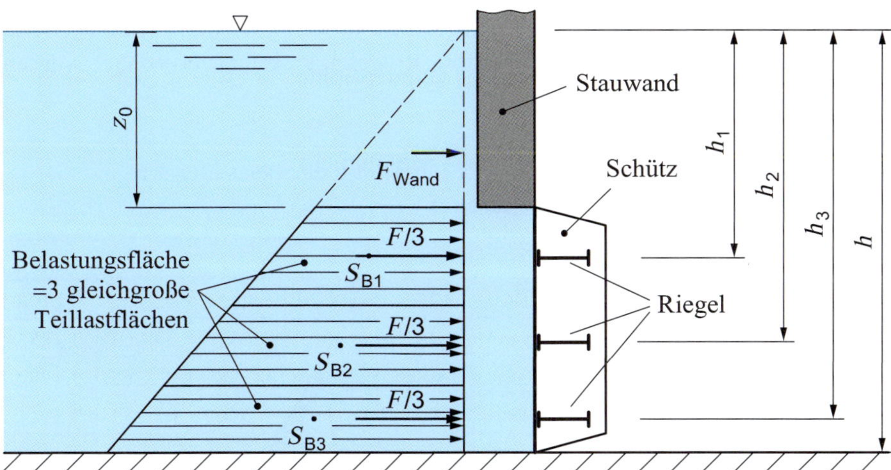

Bild 4.6 Schütztafel mit 3 gleichbelasteten Riegeln unterhalb einer festen Wand

Die Berechnung der Riegelabstände h_i erfolgt mit Gleichung (4.11):

$$h_i = \frac{2}{3} \cdot \frac{h}{\sqrt{k+n}} \cdot \left[(i+n)^{1,5} - (i+n-1)^{1,5} \right] \tag{4.11}$$

mit $n = \dfrac{k}{(h/z_0)^2 - 1}$

Darin sind k = Gesamtzahl der Riegel

$i = 1$ bis k = lfd. Nr. des jeweiligen Riegels

z_0 = Höhe der festen Wand bis zum Beginn des Schützes

h = Stauhöhe, Wassertiefe

Jeder der Riegel hat eine Wasserdruckkraft von F/k der Wasserdruckbelastungsfläche auf das Schütz aufzunehmen.

$$F_{\text{Riegel}} = \frac{1}{k} \cdot F_{\text{Ges}} = \rho \cdot g \cdot \frac{1}{2 \cdot k} \cdot \left(h^2 - z_0^2 \right) \cdot b \tag{4.12}$$

Die Kraft $F_{\text{Wand}} = \rho \cdot g \cdot \dfrac{z_0^2}{2}$ wird unabhängig vom Schütz von der Stauwand aufgenommen.

4.2.3 Geneigte Seitenflächen

Entsprechend den Definitionen im Abschnitt 4.1 ergibt sich die Belastungskraft auf eine geneigte Belastungsfläche aus dem Integral des senkrecht auf dieser Fläche stehenden Druckes. Dieser Lastkörper des Druckes ist das ($\rho \cdot g$)-fache des Volumens des Belastungskörpers V_B.

Einseitige Belastung:

$a = z_D$ = vertikaler Abstand des Druckmittelpunktes von der Sohle

D = Druckmittelpunkt

S_B = Schwerpunkt der Lastfläche, Schwerpunkt des Lastvolumens

b = Breite der Stauwand (senkrecht zur Zeichenebene)

α = Neigungswinkel der Belastungsfläche

h = Wasserdruckhöhe

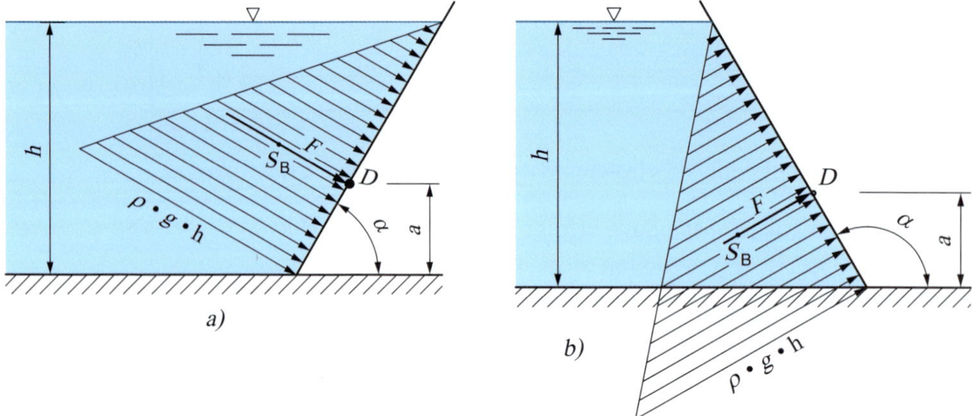

Bild 4.7 Geneigte Seitenfläche a) zur Luftseite geneigt, b) zur Wasserseite geneigt

$$F = \rho \cdot g \cdot V_B = \rho \cdot g \cdot b \cdot \frac{h^2}{2 \cdot \sin \alpha} \tag{4.13}$$

$$z_D = a = \frac{h}{3} \tag{4.14}$$

Beidseitige Belastung:

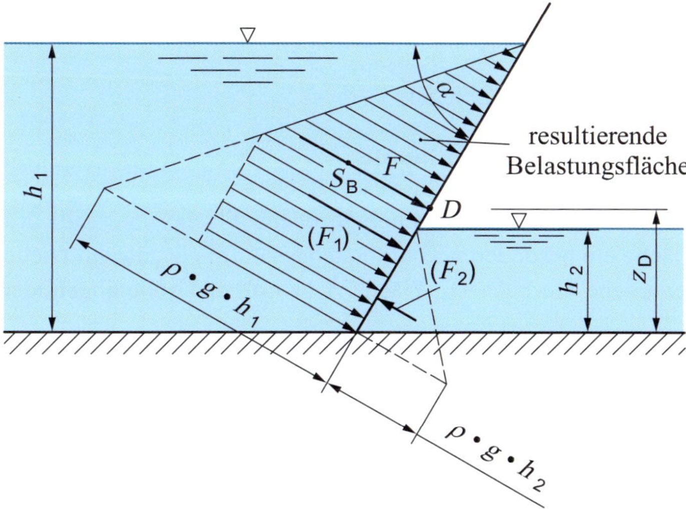

Bild 4.8 Geneigte Belastungsfläche mit beidseitiger Belastung

$$F = F_1 - F_2 = \rho \cdot g \cdot b \cdot \frac{h_1^2 - h_2^2}{2 \cdot \sin \alpha} \tag{4.15}$$

$$z_D = \frac{1}{3} \cdot \frac{h_1^3 - h_2^3}{h_1^2 - h_2^2} \tag{4.16}$$

4.2.4 Horizontale Bodenflächen, hydrostatisches Paradoxon

Auf eine horizontale Bodenfläche A (z = konstant gemäß Bild 4.1) wirkt in der Tiefe h der konstante Druck $p = \rho \cdot g \cdot h$ und damit eine Wasserdruckkraft von

$$F = p \cdot A = \rho \cdot g \cdot h \cdot A \tag{4.17}$$

Die vertikale Druckkraft greift im Schwerpunkt der Fläche A an. Sie ist bei gleicher Bodenfläche A und gleichem Wasserstand h stets gleich groß und unabhängig von der Form der Wandungen und damit vom Volumen des im Gefäß über der Bodenfläche befindlichen Wassers. Diese überraschende Erscheinung wird als hydrostatisches Paradoxon bezeichnet.

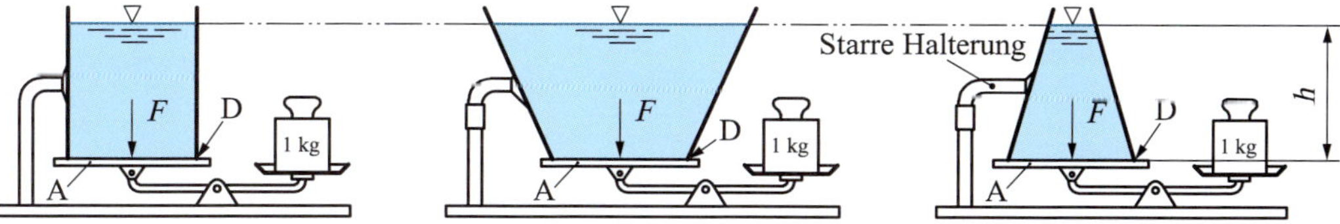

Bild 4.9 Hydrostatisches Paradoxon

F = Kraft auf die Bodenplatte der Gefäße, $F = \rho \cdot g \cdot h \cdot A = \text{const}$

A = gleich große Bodenfläche der drei Gefäße

D = dichte, aber nicht kraftschlüssige Verbindung von Boden und Gefäß

h = Füllstand bzw. Wasserhöhe über der Bodenplatte

4.2.5 Ebene Flächen unterhalb des Wasserspiegels

Für die Berechnung der Wasserdruckkraft auf eine beliebige ebene Fläche unterhalb des Wasserspiegels wird für diese Fläche ein besonderes Koordinatensystem x-y-z gewählt (siehe Bild 4.10). Damit kann in dieser Ebene die belastete Fläche A in wahrer Größe abgebildet werden.

Hier bedeuten:

x-Achse = horizontale Achse (z. B. Uferlinie)

y-Achse = Falllinie entlang der schrägen, ebenen Belastungsfläche

z-Achse = vertikale Achse

S = Schwerpunkt der Belastungsfläche

D = Druckmittelpunkt der resultierenden Belastungskraft

α = Winkel der geneigten Belastungsfläche

Die Wasserdruckkraft F auf diese unter dem Wasserspiegel liegende ebene Fläche ist gleich dem Produkt aus dieser Fläche A und dem Druck $p_S = \rho \cdot g \cdot z_S$ im Schwerpunkt S dieser belasteten Fläche. Die Kraft F greift nicht im Schwerpunkt S dieser Fläche, sondern im Druckmittelpunkt D an.

$$F = p_S \cdot A = \rho \cdot g \cdot z_S \cdot A \tag{4.18}$$

Die Abstände (Außermittigkeit) zwischen dem Flächenschwerpunkt S und dem Druckmittelpunkt D ergeben sich zu:

$$e_y = y_D - y_S = \frac{I_{11}}{y_S \cdot A} \tag{4.19}$$

$$e_x = x_D - x_S = \frac{I_{12}}{y_S \cdot A} \tag{4.20}$$

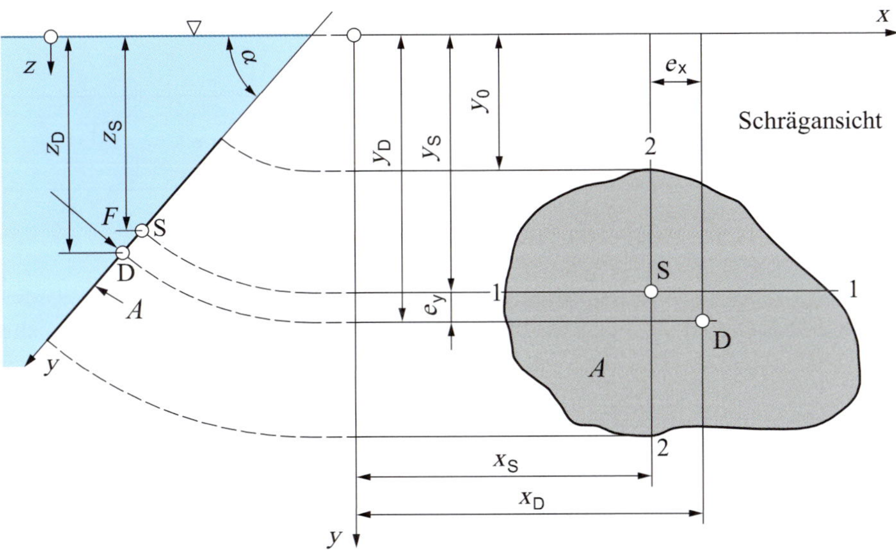

Bild 4.10 Wasserdruckkraft F auf eine schräge, unter dem Wasserspiegel liegende ebene Fläche A

I_{11} ist das Flächenträgheitsmoment der Fläche A um die Achse 1-1 und I_{12} das Zentrifugalmoment der Fläche A bezogen auf die durch den Schwerpunkt S gehenden Achsen 1 und 2 (Bild 4.10). Angaben zu Flächenträgheitsmomenten siehe Tabelle 2.9. Bei unterhalb des Wasserspiegels liegenden symmetrischen Flächen ist $e_x = 0$ und damit wird $e_y = \overline{SD} = e$. In Tabelle 4.2 sind für einige symmetrische Flächen die Berechnungsformeln für die Schwerpunktlage y_S und die Außermittigkeit e zusammengestellt.

Rechenbeispiele zu dieser Problematik z. B. für selbsttätig öffnende, unter Wasser liegende Stauklappen sind in *Bollrich* (2019) zu finden.

Tabelle 4.2 Fläche A, Schwerpunktlage y_S und Außermittigkeit e bei symmetrisch belasteten Flächen

Flächenform	A	$y_S = \frac{z_S}{\sin\alpha}$	$e_y = e = \overline{SD}$
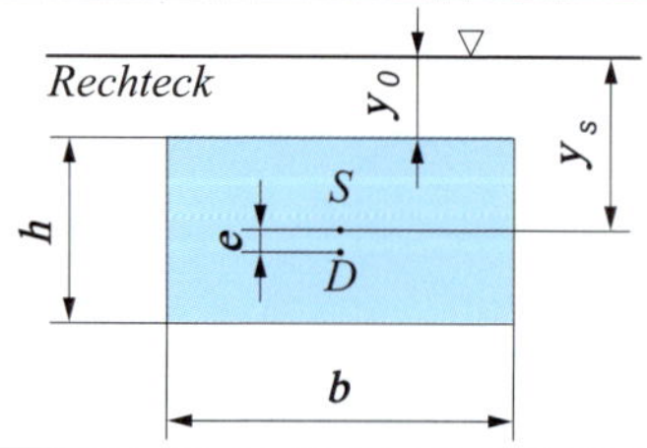 *Rechteck*	$b \cdot h$	$y_0 + \frac{h}{2}$	$\frac{h^2}{12 \cdot y_S}$
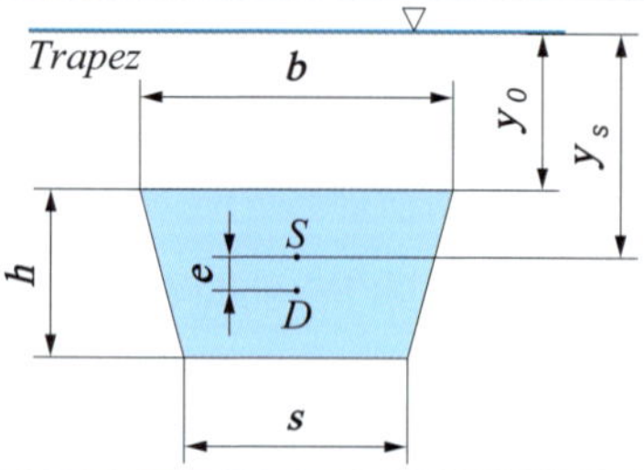 *Trapez*	$\frac{b+s}{2} \cdot h$	$y_0 + \frac{h}{3} \cdot \frac{b+2 \cdot s}{b+s}$	$\frac{h^2}{18} \cdot \frac{(b+s)^2 + 2 \cdot b \cdot s}{(b+s)^2 \cdot y_S}$
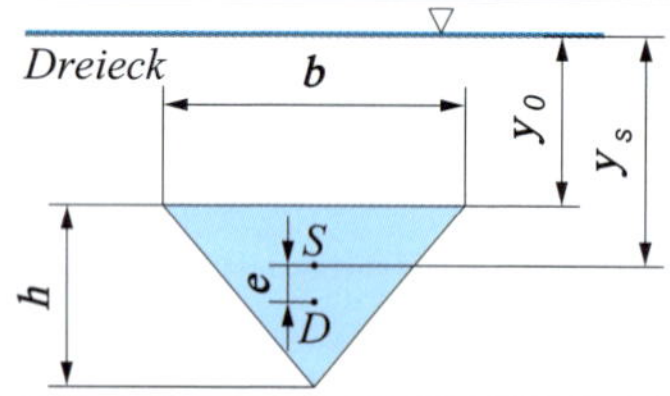 *Dreieck*	$\frac{b \cdot h}{2}$	$y_0 + \frac{h}{3}$	$\frac{h^2}{18 \cdot y_S}$
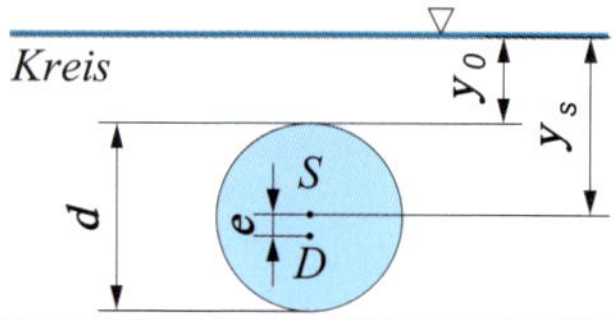 *Kreis*	$\frac{\pi \cdot d^2}{4}$	$y_0 + \frac{d}{2}$	$\frac{d^2}{16 \cdot y_S}$
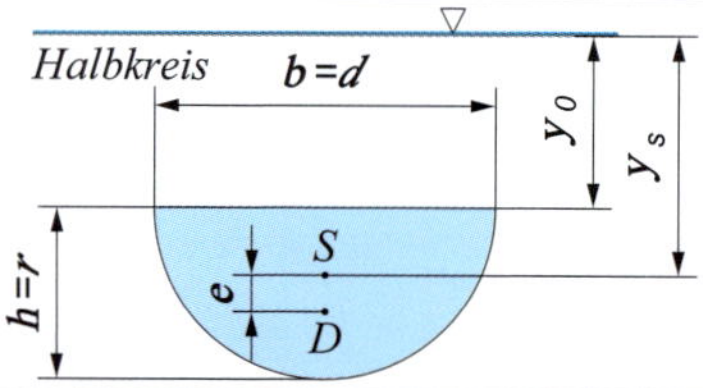 *Halbkreis* (b=d, h=r)	$\frac{\pi \cdot d^2}{8}$	$y_0 + \frac{4 \cdot r}{3 \cdot \pi}$	$\frac{r^2}{14{,}31 \cdot y_S}$
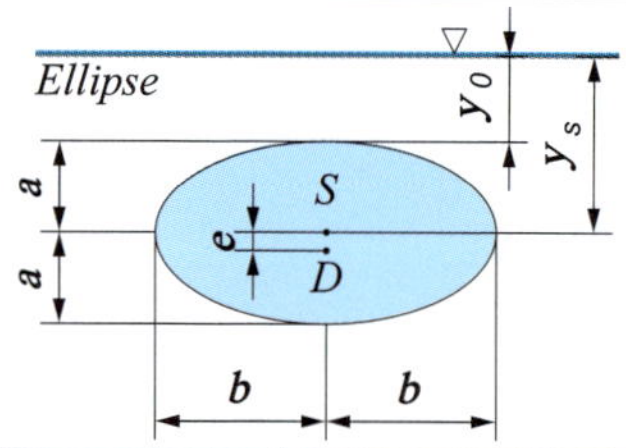 *Ellipse*	$\pi \cdot a \cdot b$	$y_0 + a$	$\frac{a^2}{4 \cdot y_S}$

4.3 Zerlegung der Druckkraft in horizontale und vertikale Anteile

Im folgenden Abschnitt wird die Zerlegung der hydrostatischen Druckkraft in vertikale und horizontale Anteile behandelt, was insbesondere für gekrümmte Flächen unerlässlich ist. Da der Druck auf die differentiale Fläche dA nur von der Entfernung z unterhalb des Wasserspiegels abhängt, kann ganz allgemein die vektorielle Zerlegung der differenziellen Kraft $\overrightarrow{dF}$ in ihre Komponenten dF_x, dF_y und dF_z durch die Zerlegung des Flächenvektors $\overrightarrow{dA}$ in seine Projektionsflächen dA_x, dA_y und dA_z erfolgen.

$$\overrightarrow{dF} = \begin{pmatrix} dF_x \\ dF_y \\ dF_z \end{pmatrix} = \rho \cdot g \cdot z \cdot \overrightarrow{dA} = \rho \cdot g \cdot z \cdot \begin{pmatrix} dA_x \\ dA_y \\ dA_z \end{pmatrix} \tag{4.21}$$

Für die Aufteilung der hydrostatischen Druckkraft in den horizontalen ($F_x = F_H$) und vertikalen ($F_z = F_A - F_V$) Anteil erfolgt die getrennte Berechnung mit Hilfe der horizontalen und vertikalen Belastungsflächen und die anschließende Ermittlung des resultierenden Vektors $\vec{F}$, bestehend aus den drei Größen Betrag F, Neigungswinkel β und Angriffspunkt D mit den Koordinaten x_D und z_D.

$$F = \sqrt{F_x^2 + F_z^2} = \sqrt{F_H^2 + (F_A - F_V)^2} \tag{4.22}$$

$$\tan \beta = \frac{F_z}{F_x} = \frac{F_A - F_V}{F_H} \tag{4.23}$$

Der Angriffspunkt D ist abhängig von der Konstruktion und kann über die vektorielle Addition z. B. mit Hilfe der Schwerpunktlagen der horizontalen und vertikalen Kräfte (Belastungsflächen) ermittelt werden (Bild 4.11).

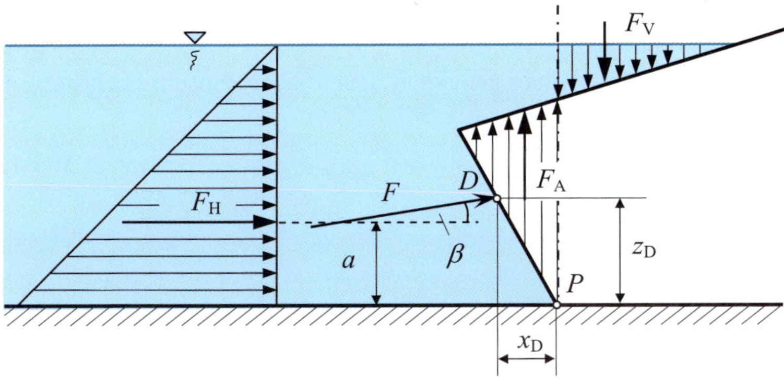

Bild 4.11 Zerlegung der Wasserdruckkraft in horizontale und vertikale Anteile

In den nachfolgenden Abbildungen bedeuten:

F = resultierende Belastungskraft aus Wasserdruck

F_H = horizontale Belastungskraft

F_V = vertikale Belastungskraft (Auflast)

F_A = vertikale Belastungskraft (Auftrieb)

S_H = Schwerpunkt der horizontalen Belastungsfläche

S_V = Schwerpunkt der Auflastfläche

S_A = Schwerpunkt der Auftriebsfläche

β = Winkel der resultierenden Belastungskraft zur Horizontalen

D = Druckmittelpunkt der resultierenden Belastungskraft

P = Fußpunkt

x_D = horizontaler Abstand des Druckmittelpunktes D vom Fußpunkt

z_D = vertikaler Abstand des Druckmittelpunktes D vom Fußpunkt

a = vertikaler Abstand der horizontalen Belastungskraft vom Fußpunkt

4.3.1 Geneigte Seitenflächen

Die in Abschnitt 4.2.3 gezeigte Ermittlung der Belastungskraft auf eine geneigte Stauwand wird im Bild 4.12 durch eine Zerlegung in horizontale und vertikale Anteile gezeigt.

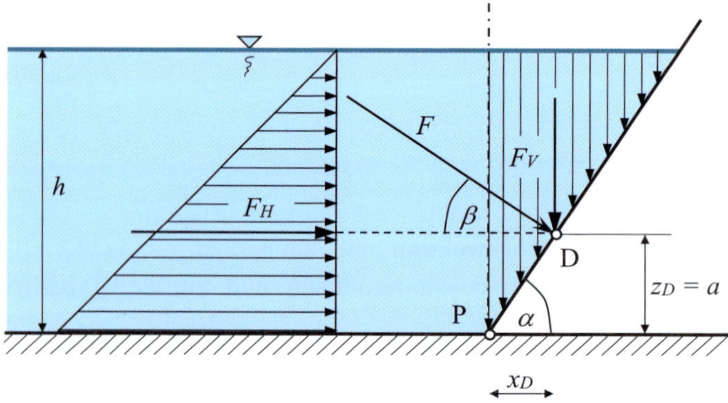

Bild 4.12 Zerlegung der Belastungskraft bei einer geneigten Seitenfläche, einseitig belastet

$$F_H = \rho \cdot g \cdot b \cdot \frac{h^2}{2} \tag{4.24}$$

$$F_V = \rho \cdot g \cdot b \cdot \frac{h^2}{2 \cdot \tan \alpha} \tag{4.25}$$

$$F = \sqrt{F_H^2 + F_V^2} = \rho \cdot g \cdot b \cdot \frac{h^2}{2} \cdot \sqrt{1 + \frac{1}{\tan \alpha^2}} = \rho \cdot g \cdot b \cdot \frac{h^2}{2 \cdot \sin \alpha} \tag{4.26}$$

(siehe Gleichung 4.13)

$$z_D = a = \frac{h}{3} \tag{4.27}$$

$$x_D = \frac{h}{3 \cdot \tan \alpha} \tag{4.28}$$

4.3.2 Polygonartige Stauwand

Die Aufteilung in horizontale und vertikale Belastungsflächen kann mit Hilfe einer einfachen Regel erfolgen. Diese wird hier am Beispiel der polygonartigen Stauwand erläutert.

Regel:

Die horizontale Belastungsfläche ergibt sich aus dem horizontalen Druckdreieck bzw. dem auf die Stauwand wirkenden Anteil. Für die Ermittlung der vertikalen Belastungsfläche lege man durch den Fußpunkt P der Stauwand eine Lotrechte bis zum Wasserspiegel bzw. seiner horizontalen Verlängerung. Zwischen der Stauwand, der Lotrechten und dem Wasserspiegel bzw. seiner horizontalen Verlängerung werden die vertikalen Belastungsflächen ausgebildet. Dabei sind die mit Wasser gefüllten Flächen, also die auf der Wasserseite der Stauwand, ***Auflastflächen*** *und die mit Luft gefüllten, also die auf der Luftseite,* ***Auftriebsflächen***.

Die vertikalen Teillastflächen A_A und A_V zur Berechnung von F_A und F_V sind geometrisch zu ermitteln.

Einseitige Belastung:

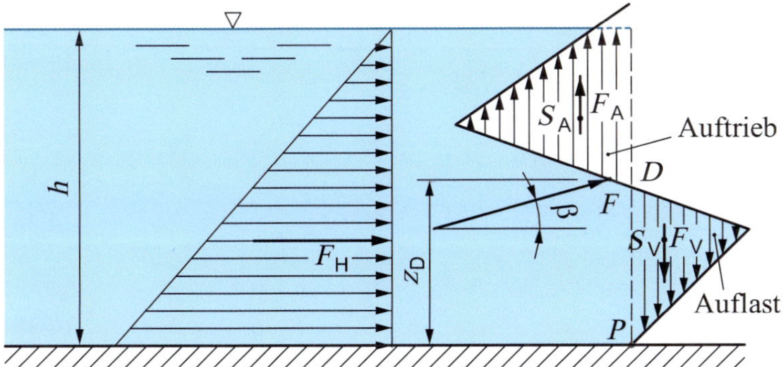

Bild 4.13 Polygonartige Stauwand, einseitig belastet, Aufteilung in horizontale und vertikale Belastungsflächen

$$F_H = \rho \cdot g \cdot b \cdot \frac{h^2}{2} \qquad F_A = \rho \cdot g \cdot b \cdot A_A \qquad F_V = \rho \cdot g \cdot b \cdot A_V \tag{4.29}$$

$$F = \sqrt{F_H^2 + (F_A^2 - F_V^2)} \tag{4.30}$$

$$\tan \beta = \frac{F_A - F_V}{F_H} \tag{4.31}$$

Beidseitige Belastung:

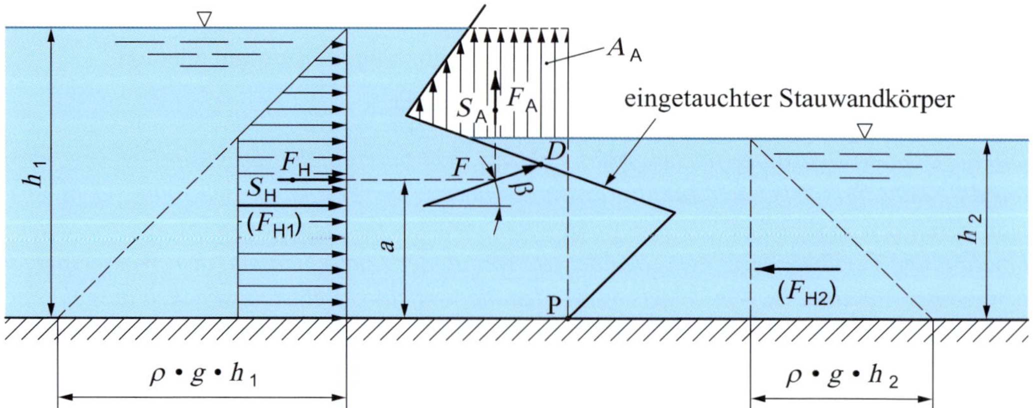

Bild 4.14 Polygonartige Stauwand, beidseitig belastet, Aufteilung in horizontale und vertikale Belastungsflächen

In dem von beiden Seiten im Wasser befindlichen Teil der Stauwand heben sich Auflast (linke Seite) und Auftrieb (rechte Seite) auf.

$$F_H = F_{H1} - F_{H2} \tag{4.32}$$

$$F = \sqrt{F_H^2 + F_A^2} \tag{4.33}$$

$$a = \frac{1}{3} \cdot \frac{h_1^3 - h_2^3}{h_1^2 - h_2^2} \tag{4.34}$$

$$\tan \beta = \frac{F_A}{F_H} \tag{4.35}$$

4.3.3 Einfach gekrümmte Stauwand

Bei einer einfach gekrümmten Stauwand ist grundsätzlich eine Aufteilung in horizontale und vertikale Belastungsflächen vorzunehmen. Die Berechnung dieser Flächen kann durch ihre Aufteilung in bekannte geometrische Formen erfolgen.

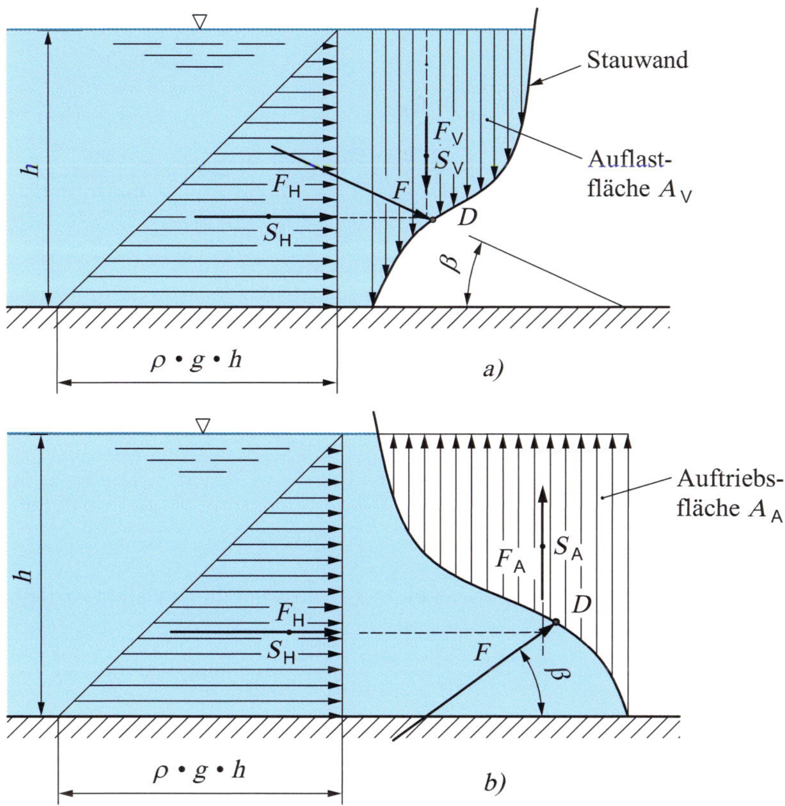

Bild 4.15 Teillastflächen der gekrümmten Stauwand bei a) Auflast und b) Auftrieb

$$\left.\begin{aligned} F_H &= \rho \cdot g \cdot b \cdot \frac{h^2}{2} \\ F_V &= \rho \cdot g \cdot b \cdot A_V \\ F &= \sqrt{F_H^2 + F_V^2} \\ \tan\beta &= \frac{F_V}{F_H} \end{aligned}\right\} \quad (4.36a)$$

$$\left.\begin{aligned} F_H &= \rho \cdot g \cdot b \cdot \frac{h^2}{2} \\ F_A &= \rho \cdot g \cdot b \cdot A_A \\ F &= \sqrt{F_H^2 + F_A^2} \\ \tan\beta &= \frac{F_A}{F_H} \end{aligned}\right\} \quad (4.36b)$$

Für die beidseitige Belastung gilt die Berechnung analog Abschnitt 4.3.2.

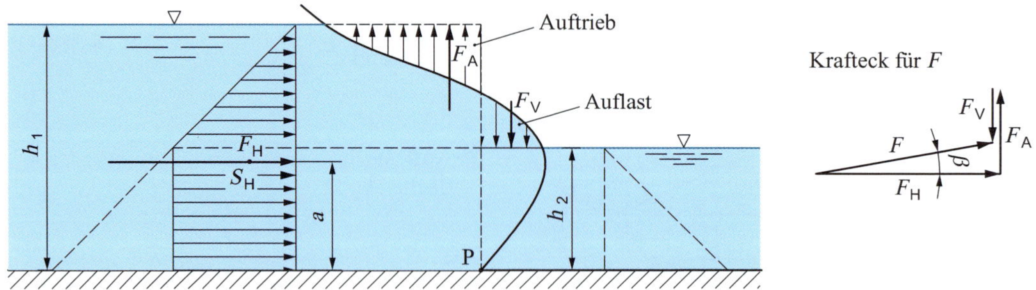

Bild 4.16 Teillastflächen bei beidseitiger Wasserdruckbelastung einer gekrümmten Stauwand

$$F = \sqrt{F_H^2 + (F_A - F_V)^2} \tag{4.37a–c}$$

$$\tan \beta = \frac{F_A - F_V}{F_H}$$

$$a = \frac{1}{3} \cdot \frac{h_1^3 - h_2^3}{h_1^2 - h_2^2}$$

4.3.4 Kreiszylinderflächen

Wasserbauliche Staukörper wie Walzen-, Sektor- und Segmentwehre haben in der Regel kreiszylindrische Stauflächen. Da alle differentialen Wasserdruckkräfte senkrecht an der Staufläche angreifen und diese damit durch den Kreismittelpunkt verlaufen, *geht auch die Resultierende aller Teillastflächen durch den Kreismittelpunkt* M. Der Druckmittelpunkt D der Resultierenden liegt damit im Winkel β zu diesem Kreismittelpunkt. In den folgenden Beispielen ist wieder b die Wehrbreite senkrecht zur Zeichenebene.

Kreisförmiges Klappenwehr auf Überfallrücken:

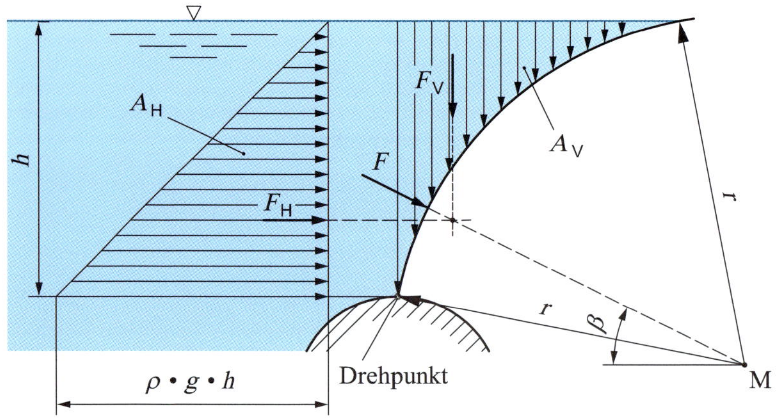

Bild 4.17 Wasserdruckkraft auf ein kreisförmiges Klappenwehr

$$F_H = \rho \cdot g \cdot b \cdot \frac{h^2}{2}$$ (4.38a–d)

$$F_V = \rho \cdot g \cdot b \cdot A_V$$

$$F = \sqrt{F_H^2 + F_V^2}$$

$$\tan \beta = \frac{F_V}{F_H}$$

Segmentschütz unter Wasser:

Segmentschütze werden z. B. als Verschlüsse für Stollenbauwerke eingesetzt. Die Staufläche befindet sich dabei um die Tiefe z_0 unterhalb des Wasserspiegels.

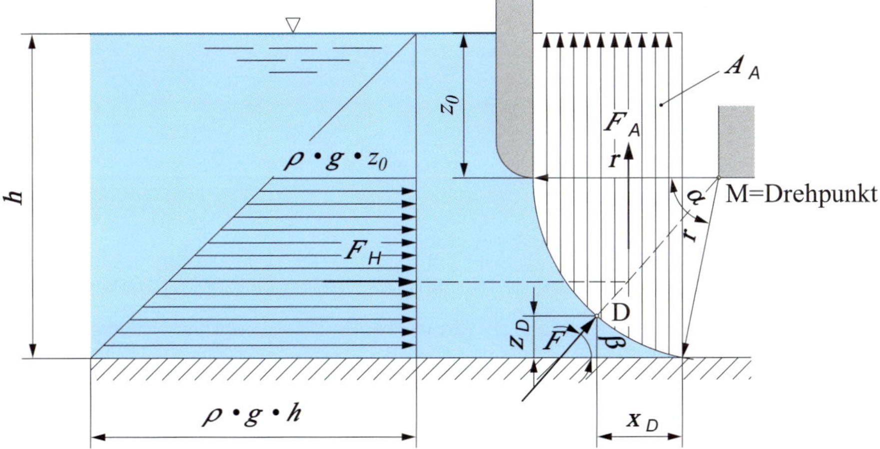

Bild 4.18 Wasserdruckkraft auf ein Segmentschütz

$$F_H = \rho \cdot g \cdot b \cdot \frac{h^2 - z_0^2}{2}$$ (4.39a–f)

$$F_A = \rho \cdot g \cdot b \cdot A_A$$

$$F = \sqrt{F_H^2 + F_A^2}$$

$$\tan \beta = \frac{F_A}{F_H}$$

$$x_D = r \cdot (\cos \beta - \cos \alpha)$$

$$z_D = h - z_0 - r \cdot \sin \beta$$

Walzenwehr bei vollem Einstau:

Eine Spezialform des Wehres stellt das Walzenwehr dar. Am Beispiel des voll eingestauten Wehres soll hier die Druckverteilung gezeigt werden. Die Auftriebsfläche entspricht hier genau dem Halbkreis bzw. das Auftriebsvolumen dem halben Zylinder mit der Breite *b*.

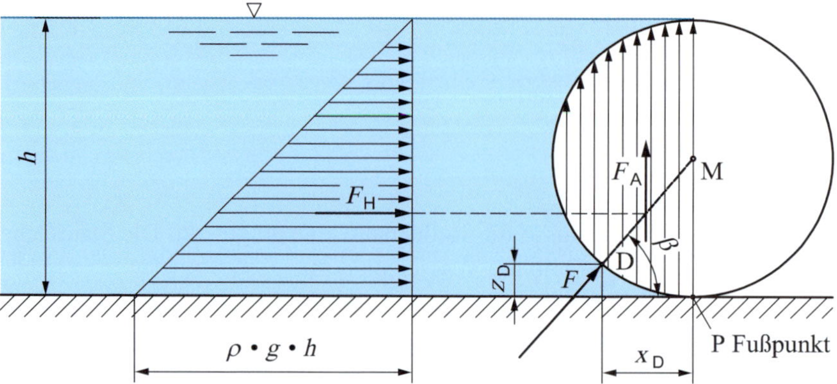

Bild 4.19 Walzenwehr bei vollem Einstau $h = d$

$$F_H = \rho \cdot g \cdot b \cdot \frac{h^2}{2} \tag{4.40a–f}$$

$$F_A = \rho \cdot g \cdot b \cdot A_A = \rho \cdot g \cdot b \cdot \frac{\pi \cdot h^2}{8}$$

$$F = \sqrt{F_H^2 + F_A^2} = \rho \cdot g \cdot b \cdot \frac{h^2}{2} \cdot \sqrt{1 + \frac{\pi^2}{16}} = \rho \cdot g \cdot b \cdot h^2 \cdot 0{,}636$$

$$\tan \beta = \frac{F_A}{F_H} = \frac{\pi}{4}$$

$$\beta = 38{,}15°$$

$$x_D = 0{,}393 \cdot h$$

$$z_D = 0{,}191 \cdot h$$

Weitere Beispiele für Kreiszylinderflächen:

Weitere Beispiele für die Aufteilung in horizontale und vertikale Belastungsflächen von Kreiszylinderflächen zeigen folgende Bilder für Walzenwehre mit aufgesetzter Klappe bzw. mit Sporn, für eine Halbkreisstauwand und für einen Segmentverschluss.

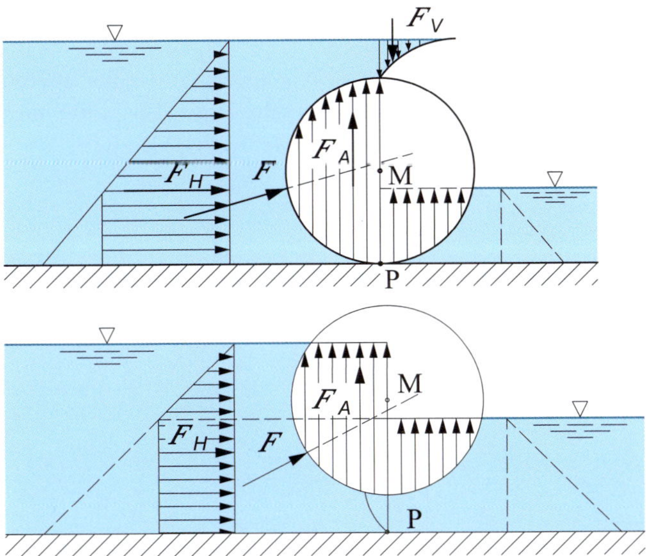

Bild 4.20 Walzenwehr mit a) aufgesetzter Klappe und b) Walzenwehr mit Sporn

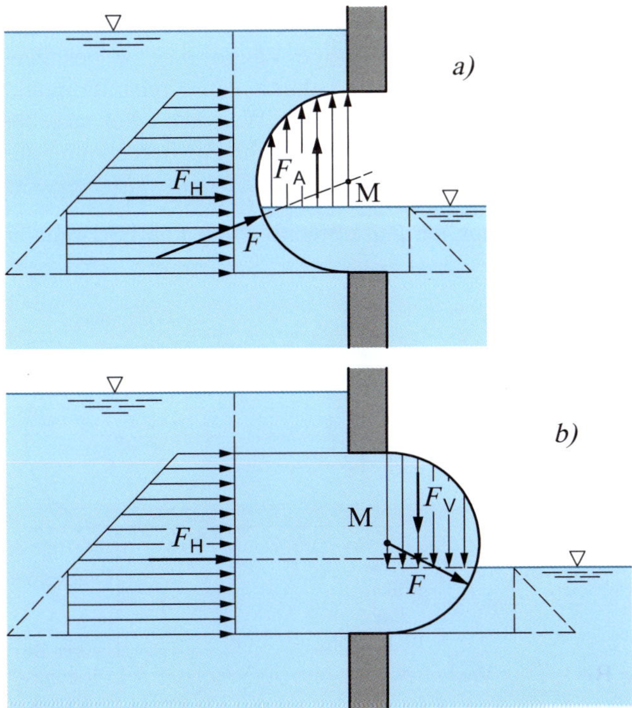

Bild 4.21 a) Konkave Halbkreisstauwand, b) konvexe Halbkreisstauwand

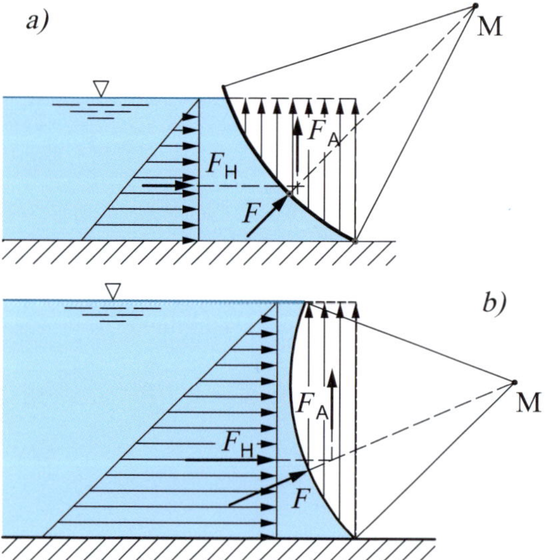

Bild 4.22 a) Segmentverschluss flach, b) Segmentverschluss steil

Achtung: Falsche Ermittlung der Belastungsflächen einer zylindrischen Stauwand:

Die Auftragung der Wasserdruckpfeile, die alle die jeweilige Länge $\rho \cdot g \cdot h$ besitzen, senkrecht an der kreiszylindrischen Stauwand angreifen und durch den Kreismittelpunkt gehen, zeigen zwar als Druckgrößenlinie anschaulich die Größe des Wasserdruckes an jeder Stelle der Stauwand, ergeben aber als Fläche nicht die Belastungsfläche zur Berechnung der Resultierenden F.

Die richtige resultierende Kraft erhält man nur aus der Zusammensetzung von horizontaler (F_H) und vertikaler Teilkraft (F_V und F_A).

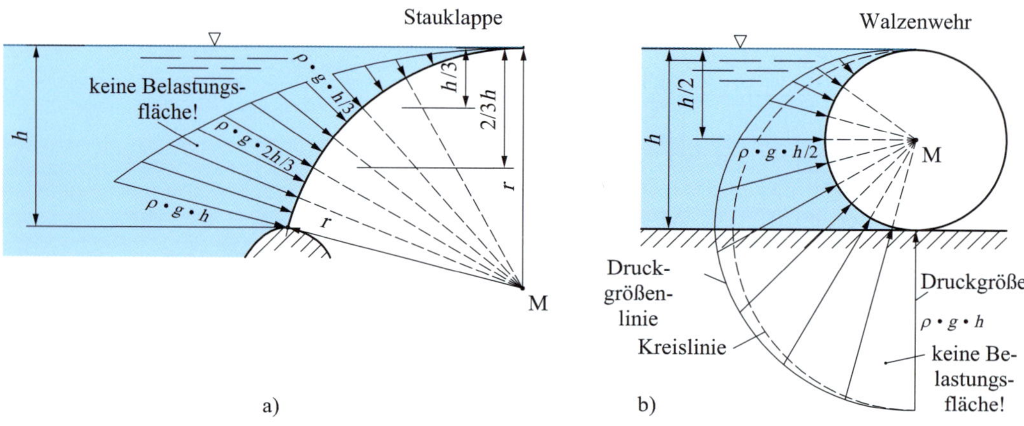

Bild 4.23 Veranschaulichung der Druckhöhenwerte auf a) eine Stauklappe und b) ein Walzenwehr. Die so dargestellte Fläche ist jedoch keine Belastungsfläche!

Beispiel: Nachweis für das Walzenwehr:

Rechenbeispiel für $h = 5$ m und $b = 10$ m

- Tatsächliche Größe von F nach Gleichung 4.40:

$$F_1 = \rho \cdot g \cdot b \cdot h^2 \cdot 0{,}636 = 0{,}636 \cdot 9{,}81 \frac{\text{kN}}{\text{m}^3} \cdot 10\ \text{m} \cdot (5\ \text{m})^2 = 1.559\ \text{kN}$$

- Berechnung mit „falscher Belastungsfläche“:

  Für die Berechnung dieser Fläche wird ein Halbkreis mit dem Durchmesser 2 h gezeichnet und davon der Halbkreis des Walzenwehres mit dem Durchmesser h abgezogen. Tatsächlich ist die falsche Belastungsfläche noch etwas größer (siehe Bild 4.23b).

$$F_2 \approx \rho \cdot g \cdot b \cdot \left[\frac{\pi \cdot h^2}{2} - \frac{\pi \cdot h^2}{8}\right] = \frac{3}{8} \cdot \pi \cdot \rho \cdot g \cdot b \cdot h^2 = 1{,}178 \cdot 9{,}81 \frac{\text{kN}}{\text{m}^3} \cdot 10\ \text{m} \cdot (5\ \text{m})^2 = 2{,}889\ \text{kN}$$

$$F_2 \gg F_1$$

Weitere Beispiele zu gekrümmten Flächen siehe z. B. *Bollrich* (2019) S. 72–74, *Kiseljew* (1972) S. 31 und *Martin et al.* (2014) S. 26.

4.4 Innendruck von Behältern, Kesselformel

Rohrleitung bzw. Kessel mit horizontal liegender Achse (siehe Bild 4.24).

Mittlerer Druck im Druckbehälter:

$$p = \rho \cdot g \cdot h$$

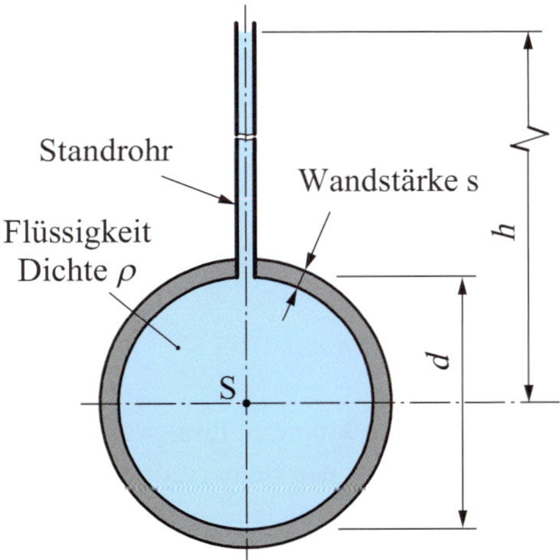

Bild 4.24 Druckbehälter mit Standrohr

Falls $h >> d$, ergibt sich die Wandstärke aus der sogenannten Kesselformel:

$$s \geq \frac{\rho \cdot g \cdot h \cdot d}{2 \cdot \sigma_{\text{zul}}} = \frac{p \cdot d}{2 \cdot \sigma_{\text{zul}}} \tag{4.41}$$

Darin ist σ_{zul} die zulässige Spannung in der Rohrwand und p der Druck. In Druckrohrleitungen ist zu beachten, dass zum statischen Druck p noch Druckstöße infolge der Betätigung von Verschlussorganen hinzukommen (siehe Abschnitt 6.14). In der so berechneten Wandstärke ist ein Zuschlag für Maßtoleranzen und Korrosion zu berücksichtigen, Näheres siehe z. B. DIN 2413:2020-04 und DIN EN 545:2011-09 (Anhang A) u. a. Der zulässige Druck p ergibt sich aus Gleichung (4.42) zu:

$$p_{\text{zul}} \leq \frac{2 \cdot s \cdot \sigma_{\text{zul}}}{d \cdot S} \tag{4.42}$$

S – Sicherheitsfaktor ($S > 1$) vom Hersteller angegeben

Beispiel:

Für ein Rohr aus duktilem Gusseisen mit einem Nenndurchmesser von DN = 600 mm $(d_{\text{a}} = 635 \text{ mm})$ und einer Mindestzugfestigkeit des Materials von $\sigma_{\text{zul}} = 420$ MPa soll für einen Innendruck von $p = 40{,}7$ bar die Wandstärke s ermittelt werden. Der Sicherheitsfaktor des Herstellers wird mit $S = 3$ angegeben.

$$s = \frac{p \cdot (d_{\text{a}} - 2s) \cdot S}{2 \cdot \sigma_{\text{zul}}} \qquad s = \frac{p \cdot d_{\text{a}}}{2 \cdot \left(\frac{\sigma_{\text{zul}}}{S} + p\right)} = \frac{4{,}07 \text{ MPa} \cdot 635 \text{ mm}}{2 \cdot \left(\frac{420 \text{ MPa}}{3} + 4{,}07 \text{ MPa}\right)} = 8{,}97 \text{ mm}$$

Die Wandstärke wird mit $s = 10$ mm oder nach Herstellersortiment gewählt.

Ist die Druckhöhe h in der gleichen Größenordnung wie d, so muss der wegen der trapezförmigen horizontalen Belastung der an der unteren Rohrwand gegenüber der oberen um $\rho \cdot g \cdot d$ höhere Druck berücksichtigt werden, und es gilt:

$$s = \frac{\rho \cdot g \cdot h \cdot d}{2 \cdot \sigma_{\text{zul}}} \cdot \left(1 + \frac{d}{6 \cdot h}\right) \tag{4.43}$$

4.5 Flüssigkeitsmanometer

Für die Messungen relativ kleiner Drücke bzw. Druckdifferenzen können Flüssigkeitsmanometer verwendet werden. Die Messung beruht auf der Ermittlung des Schweredruckes von Flüssigkeits- bzw. Sperrflüssigkeitssäulen in vergleichsweise dünnen, durchsichtigen Röhren.

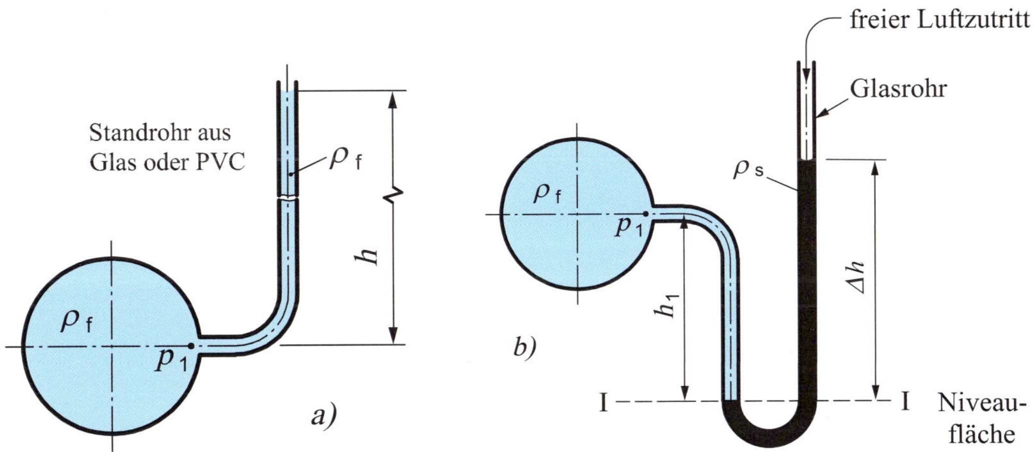

Bild 4.25 a) Standrohr als Manometer und b) U-Rohrmanometer mit Sperrflüssigkeit

Der Druck p_1 in der Rohrleitung an dem Punkt der Anbohrung ergibt sich für das Bild 4.25b mit U-Rohrmanometer und Sperrflüssigkeit zu:

$$p_1 = \Delta h \cdot \rho_S \cdot g - h_1 \cdot \rho_f \cdot g \tag{4.44}$$

mit ρ_S = Dichte der Sperrflüssigkeit

ρ_f = Dichte der in der Rohrleitung befindlichen Flüssigkeit

Für $\rho_f = \rho_S$ ergibt sich mit $h = \Delta h - h_1$ der Druck p_1 entsprechend Bild 4.25 a) zu:

$$p_1 = \rho_f \cdot g \cdot h \tag{4.45}$$

Sperrflüssigkeiten dürfen sich nicht mit der Flüssigkeit in der Rohrleitung vermischen. Hier können z. B. Quecksilber und Tetrachlorkohlenstoff (siehe Tafel 3.8), aber auch Tetrabromethan, Öl u. a. in Frage. Zur Ablesegenauigkeit u. a. siehe *Bohl et al.* (2008), S. 366 ff. und *Bollrich* (2019), S. 44 ff.

Zur Messung von Druckdifferenzen, beispielsweise um die Druckänderung beim Durchströmen eines Venturimeters in der Rohrleitung und damit den Durchfluss zu ermitteln, können Differenzdruckmanometer gemäß Bild 4.26 verwendet werden.

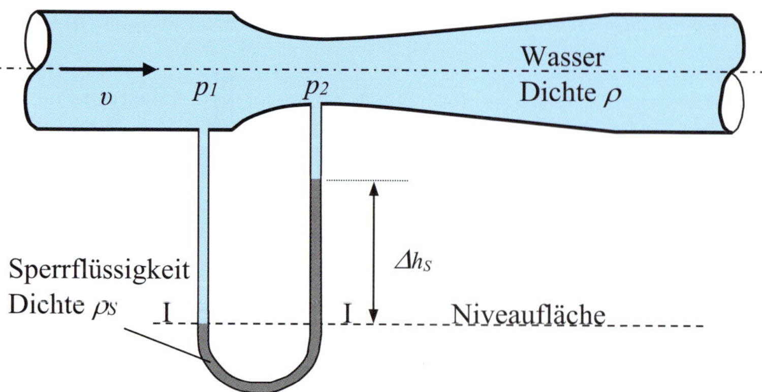

Bild 4.26 Messung der Druckdifferenz am Venturimeter

Der Druckunterschied des auf die Rohrachse bezogenen Druckes ermittelt sich zu:

$$\Delta p = p_1 - p_2 = \rho \cdot g \cdot \Delta h_S \cdot \left(\frac{\rho_S}{\rho} - 1 \right) \tag{4.46}$$

Der Druckhöhenunterschied wird damit zu:

$$\frac{\Delta p}{\rho \cdot g} = \Delta h_f = \Delta h_S \cdot \left(\frac{\rho_S}{\rho} - 1 \right) \tag{4.47}$$

Bei Messungen mit einem U-Rohrmanometer spielt die Dichte der Sperrflüssigkeit für die Anzeigegenauigkeit eine wichtige Rolle:

Dichte ρ_S wenig größer als die der zu messenden Flüssigkeit: $\Delta h_S > \Delta h_f$

Dichte ρ_S mehr als doppelt so groß wie die der zu messenden Flüssigkeit: $\Delta h_S < \Delta h_f$

4.6 Niveauflächen

Niveauflächen sind Flächen gleichen Wasserdruckes. So ist der Wasserspiegel z. B. eines ruhenden Sees ($z = 0$) die jeweils oberste Niveaufläche, und alle parallelen Flächen, für welche z konstant ist, sind ebenfalls Niveauflächen.

Die allgemeine Gleichung der Niveauflächen lautet:

$$a_x \cdot dx + a_y \cdot dy + a_z \cdot dz = 0 \tag{4.48}$$

Wenn außer der Erdbeschleunigung $a_z = g$ noch weitere Beschleunigungen wie Anfahrtsbeschleunigung, Bremsverzögerung oder Radialbeschleunigung in Behältern wirksam sind, in denen sich eine ruhende Flüssigkeit befindet, so wird die Niveaufläche als Flüssigkeitsoberfläche eine geneigte oder gekrümmte Fläche einnehmen.

4.6.1 Kommunizierende Gefäße

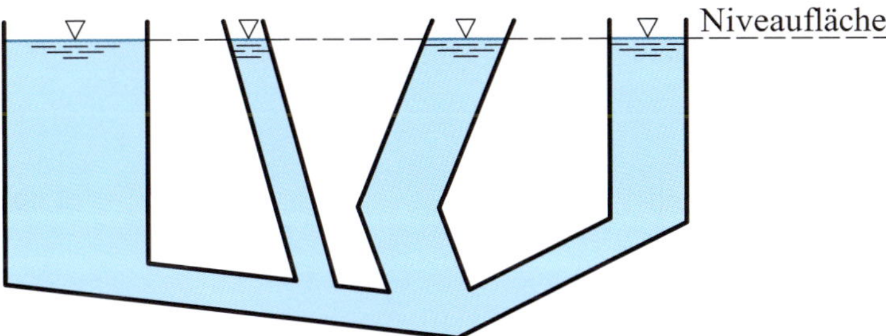

Bild 4.27 Kommunizierende Gefäße

In kommunizierenden Gefäßen (siehe Bild 4.27) mit einem Fluid steht trotz unterschiedlicher Form, Größe und Neigung der Wasserspiegel bei gleichem Oberflächendruck, z. B. Luftdruck p_{amb} = konstant, in gleicher Höhe und ist eine Niveaufläche. Davon wird bei der sogenannten Schlauchwaage Gebrauch gemacht.

Auch die im Bild 4.25b und 4.26 eingetragene horizontale Linie I-I durch das U-Rohrmanometer ist eine Niveaufläche, also eine Fläche gleichen Druckes.

4.6.2 Niveaufläche in gleichmäßig beschleunigten Gefäßen

Betrachtet wird ein mit Flüssigkeit gefülltes, offenes Fahrzeug auf einer 1 : n geneigten Ebene, welches mit der Beschleunigung a = konstant schräg nach oben anfährt. Der sich schräg einstellende Wasserspiegel im Fahrzeug ist eine Niveaufläche.

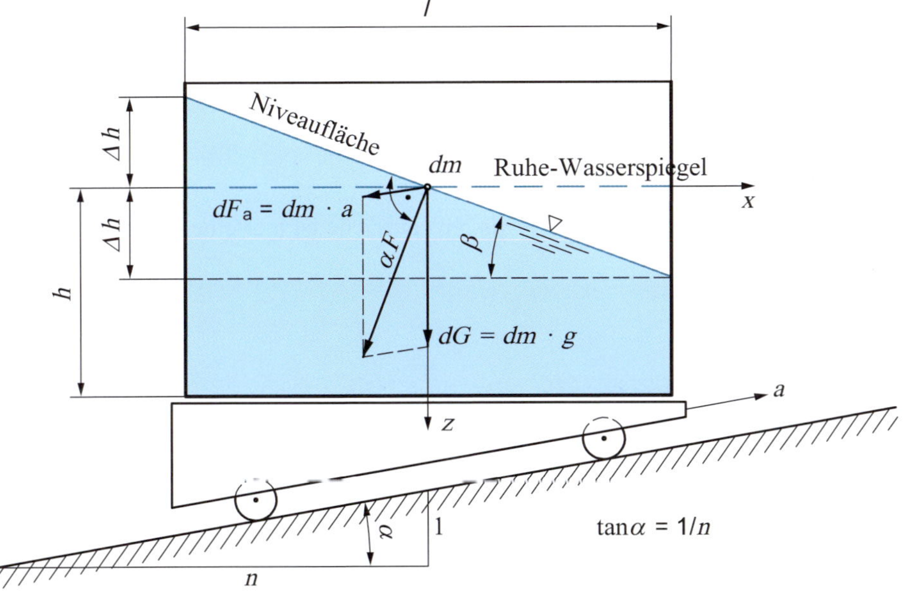

Bild 4.28 Niveaufläche in einem gleichmäßig beschleunigten Gefäß

Betrachtet wird ein Masseteilchen dm, auf das in z-Richtung die Fallbeschleunigung g und damit die Kraft $dG = dm \cdot g$ wirkt. Zur Beschleunigung a wirkt entgegengesetzt die Trägheitskraft $dF_a = dm \cdot a$. Die resultierende Kraft dF steht auf dem ausgelenkten Wasserspiegel senkrecht.

Die Gleichung der Niveaufläche lautet:

$$-a \cdot \cos\alpha \cdot dx + 0 \cdot dy + (g + a \cdot \sin\alpha) \cdot dz = 0 \tag{4.49}$$

Für die Neigung des Wasserspiegels ergibt sich:

$$\frac{dz}{dx} = \tan\beta = \frac{a \cdot \cos\alpha}{g + a \cdot \sin\alpha} \tag{4.50}$$

Der Wasserspiegel hebt sich an der hinteren Bordwand um:

$$\Delta h = l \cdot \tan\beta = l \cdot \frac{a \cdot \cos\alpha}{g + a \cdot \sin\alpha} \tag{4.51}$$

Im Falle einer horizontalen Bewegung ($\alpha = 0$) ist:

$$\tan\beta = \frac{a}{g}, \quad \Delta h = l \cdot \frac{a}{g} \tag{4.52}$$

4.6.3 Niveaufläche in rotierenden Behältern

In rotierenden Behältern, die mit Flüssigkeit gefüllt sind, wirkt außer der Schwerebeschleunigung g noch die Zentrifugalbeschleunigung

$$a_x = \omega^2 \cdot x = \frac{\upsilon^2(x)}{x} \tag{4.53}$$

mit ω = Winkelgeschwindigkeit in s^{-1}

$\upsilon(x)$ = Tangentialgeschwindigkeit in m/s

Die Wasserspiegellinie im Schnitt (Bild 4.29) als Niveaufläche ist hier eine Parabel.

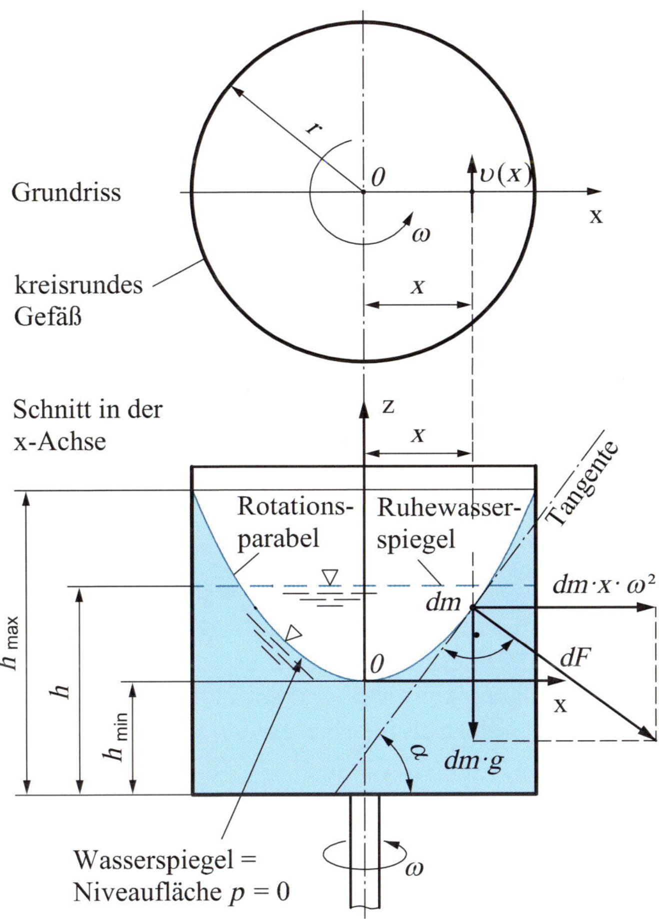

Bild 4.29 Wasserspiegellage in rotierenden, kreisrunden Behältern

Die Niveaufläche ist der Wasserspiegel, auf dem die resultierende Kraft dF senkrecht steht. Die Berechnung (siehe Bild 4.29) gilt für jede Flüssigkeit, da Niveauflächen unabhängig von der Dichte der Flüssigkeiten sind. Aus der Gleichung der Niveauflächen (4.48) ergibt sich:

$$dz = \frac{\omega^2 \cdot x}{g} \cdot dx = \tan \alpha \cdot dx \tag{4.54}$$

Nach Integration in den Grenzen $z = h_{min}$ bis h_{max} und $x = 0$ bis r wird:

$$h_{max} - h_{min} = \frac{\omega^2 \cdot r^2}{2 \cdot g} \tag{4.55}$$

Wegen der Volumengleichheit des in Ruhe befindlichen Zylinders mit dem Wasserstand h und des bei Bewegung entstehenden Rotationsparaboloids kann auch geschrieben werden:

$$h_{max} = h + \frac{\omega^2 \cdot r^2}{4 \cdot g} \tag{4.56}$$

$$h_{min} = h - \frac{\omega^2 \cdot r^2}{4 \cdot g} \tag{4.57}$$

Die erforderliche Winkelgeschwindigkeit für eine bestimmte Absenkung bzw. Anhebung des Wasserspiegels wird damit:

$$\omega = \frac{2}{r} \cdot \sqrt{g \cdot (h - h_{min})} = \frac{2}{r} \cdot \sqrt{g \cdot (h_{max} - h)} \tag{4.58}$$

Die Neigung der Tangente im Abstand x beträgt

$$\tan \alpha = \frac{x \cdot \omega^2}{g} \tag{4.59}$$

4.6.4 Wasserspiegellage in Gerinnekrümmungen

Die Wasserspiegellage bei strömendem Abfluss in einer Gerinnekrümmung kann ebenfalls als Niveaufläche mit Hilfe der Zentrifugalbeschleunigung berechnet werden. Mit Gleichung (4.53) für die horizontale Beschleunigung bei einer konstanten, von x abhängigen Geschwindigkeit und der Erdbeschleunigung ergibt sich Gleichung (4.60) (*Rössert,* 1999).

$$\Delta h = \frac{v^2}{g} \cdot \ln \frac{r_2}{r_1} \tag{4.60}$$

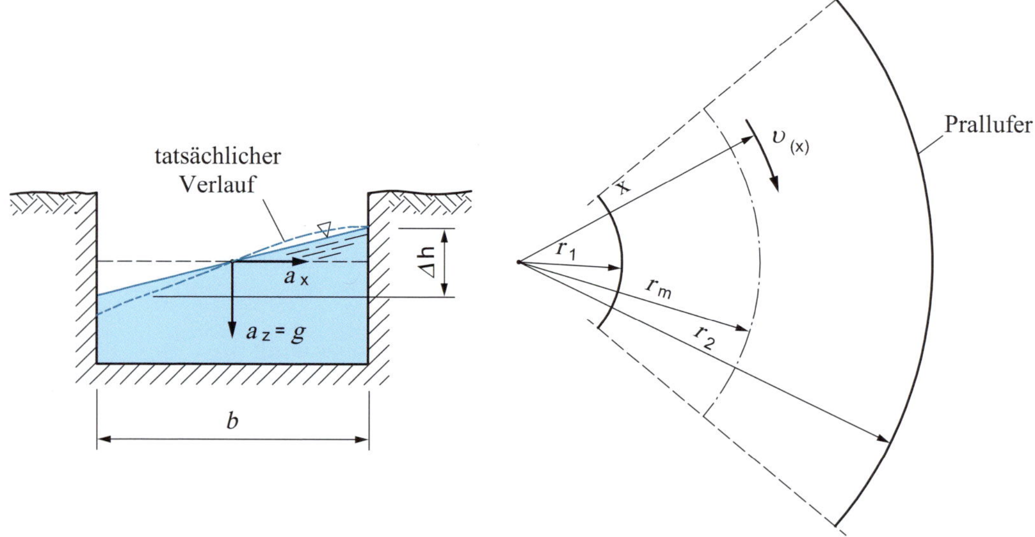

Bild 4.30 Wasserspiegellage in einer Gerinnekrümmung

Die Wasserspiegellage im Krümmer ist in Wirklichkeit keine Ebene, sondern eine konvexe, nach außen gekrümmte Fläche. Näheres hierzu findet man z. B. bei *Naudascher* (1992). In guter Näherung gibt *Naudascher* die Formel (Gleichung 4.61) zur Berechnung der Wasserspiegeldifferenz in der Krümmung bei strömendem Abfluss an (siehe auch Abschnitt 7.6.3).

$$\Delta h = \frac{\upsilon^2}{g} \cdot \frac{b}{r_m} \tag{4.61}$$

4.7 Auftrieb

Die hydrostatische Auftriebskraft F_A ist die vertikale nach oben gerichtete Kraft, wenn Körper ins Wasser eintauchen. Eine Form des Auftriebes ist die bereits im Abschnitt 4.3 behandelte Kraft F_A, die sich bei geneigter Stauwand aus der vertikalen Teillastfläche ergibt (siehe z. B. Bild 4.15 links). Im Folgenden wird der Auftrieb auf Körper als Bauwerke und Bauteile betrachtet, die im oder am Wasser errichtet werden und dieser vertikal nach oben gerichteten Kraft ausgesetzt sind.

4.7.1 Im Wasser eingetauchte Körper

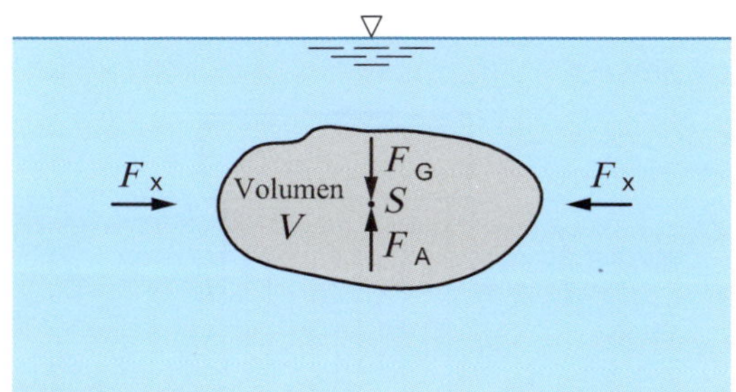

Bild 4.31 Auftrieb am eingetauchten, homogenen Körper

Während sich am eingetauchten Körper die Horizontalkräfte ($F_H = F_X$) links und rechts gegenseitig aufheben, wirkt senkrecht nach unten das Gewicht $F_G = \rho_K \cdot g \cdot V_K$ des Körpers und vertikal nach oben die Auftriebskraft F_A des Wassers, im Körperschwerpunkt S angreifend.

Die Auftriebskraft F_A ist nach Archimedes gleich dem Gewicht der verdrängten Wassermasse:

$$F_A = \rho \cdot g \cdot V \tag{4.62}$$

mit ρ = Dichte des Wassers

V = Volumen des verdrängten Wassers

Ist die Gewichtskraft größer als der Auftrieb ($F_G > F_A$), dann sinkt der Körper, ist sie kleiner als der Auftrieb ($F_G < F_A$), dann bewegt sich der Körper an die Wasseroberfläche und schwimmt. Der Körper taucht noch soweit in das Wasser ein, bis das Gewicht des verdrängten Wassers gleich dem Gewicht des Körpers ist. Schwimmen ist also ein Gleichgewichtszustand zwischen Gewichtskraft und Auftriebskraft ($F_G = F_A$). Befindet sich der Körper vollständig unterhalb des Wasserspiegels, ist die Auftriebskraft unabhängig von der Tiefenlage des Körpers. Allerdings vergrößert sich mit zunehmender Tiefe der auf die Oberfläche des Körpers wirkende Druck.

4.7.2 Hydrostatischer Auftrieb auf Bauwerke

Im Wasser- und Tiefbau ist dem Auftrieb auf Bauwerke oder Bauteile besondere Beachtung zu schenken, um Schäden durch Aufschwimmen auszuschließen.

Typische Beispiele für auftriebsgefährdete Bauwerke im Wasser, aber auch und vor allem im Grundwasser sind in den Bildern 4.25 und 4.26 dargestellt.

Vergleich der vertikalen Kräfte, Nachweis gegen Aufschwimmen: $F_G > F_A$

Achtung: Unsymmetrische Belastungen können zum Kippen führen!

Gleichgewicht der horizontalen Kräfte aus Wasserdruck und Erddruck: Kräfte heben sich auf!

Obwohl beide Bauwerke voll oder teilweise in den Untergrund eingebunden sind, kann sich der volle Auftrieb wie eingetragen ausbilden und die Standsicherheit gefährden.

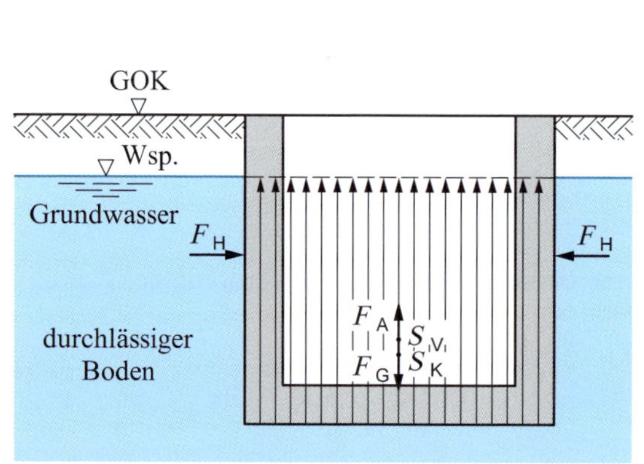

Bild 4.32 Auftrieb F_A an der Gründungswanne eines Bauwerkes

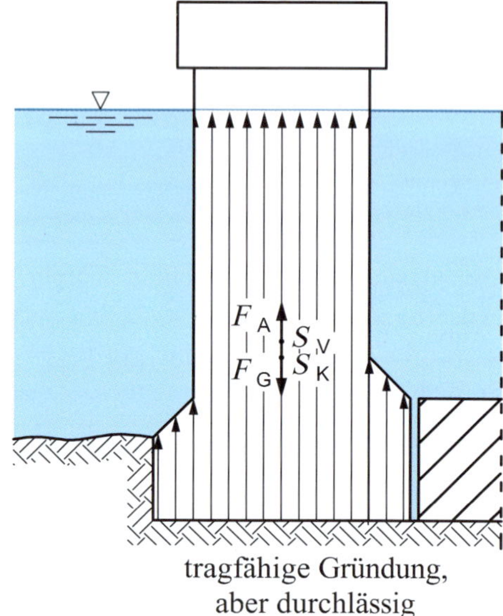

Bild 4.33 Entnahmeturm oder Pfeiler in einem Stausee

4.7.3 Hydrodynamischer Auftrieb auf Bauwerke

Neben dem statischen Auftrieb kann sich bei in den Untergrund eingebundenen Bauwerken auch ein dynamischer Auftrieb ausbilden. Er entsteht, wenn eine Seite des Bauwerkes mit einem höheren Wasserstand belastet wird, wodurch es zu einem Potentialunterschied kommt, der im Untergrund abgebaut wird. Auf diese Weise kann sich der dynamische Wasserdruck ausbilden. Insbesondere bei Staumauern und Wehren, wo das Wasser einseitig stark angestaut wird, kommt es zur Ausbildung großer Kräfte aus hydrodynamischem Auftrieb. Bei einer ungleichen Belastung des Bauwerkes heben sich die horizontalen Belastungskräfte nicht mehr auf und müssen beim Standsicherheitsnachweis des Bauwerkes berücksichtigt werden. Insbesondere bei Tosbecken hinter Wehren ist der Reparaturfall „leeres Tosbecken" zu beachten. Das Tosbecken muss auch dann auftriebssicher sein (*Lattermann*, 1999). Nach *Vischer* und *Huber* (1993) soll die Auftriebssicherheit des Wehrkörpers

$$\eta = \frac{F_\mathrm{G}}{F_\mathrm{A}} \geq 1{,}2 \tag{4.63}$$

betragen. Detailliertere Angaben siehe hierzu auch bei *Ludewig* und *Pohl* (1990).

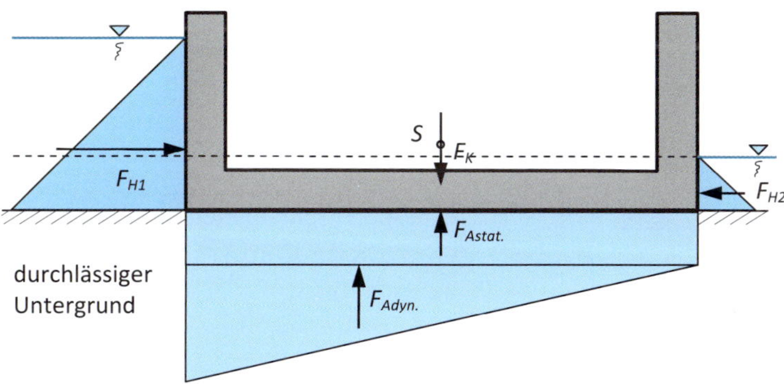

Bild 4.34 Unterströmtes Bauwerk mit ungleicher seitlicher Wasserdruckbelastung und hydrodynamischem Auftrieb

Bild 4.34 zeigt ein Beispiel für ein ungleich belastetes Betonbauwerk. Die hydrostatische Auftriebskraft $F_{\mathrm{Astat.}}$ ergibt sich durch das Eintauchen des Körpers in einen gedanklich ausgeglichenen Unterwasserstand (gestrichelte Linie). Die durch den höheren linken Wasserstand aufgebaute Druckdifferenz wird entlang der Kontaktlinie zwischen Bauwerkssohle und durchlässigem Untergrund linear abgebaut und das damit entstehende Druckdreieck ergibt den an der Sohle angreifenden und vertikal nach oben gerichteten hydrodynamischen Auftrieb $F_{\mathrm{Adyn.}}$. Näheres hierzu im Abschnitt 10.5.

4.8 Schwimmen und Schwimmstabilität

Für den Transport von vorgefertigten Bauteilen (z. B. Senkkästen) auf dem Wasserweg, also schwimmend, sind die Schwimmfähigkeit und die Schwimmstabilität nachzuweisen.

4.8.1 Nachweis der Schwimmfähigkeit

Schwimmfähigkeit eines Körpers besteht dann, wenn sein Eigengewicht geringer als das Gewicht des durch das Eintauchen des Körpers in das Wasser verdrängbare Volumen ist. Ein oben offenes Bauteil (siehe Bild 4.35) ist dann mit Sicherheit schwimmfähig, wenn sein Eigengewicht nur so viel Wasser verdrängt, dass eine genügend große Freibordhöhe garantiert ist, die das Überlaufen und Einlaufen von Wasser in das Bauwerk auch bei Wellengang verhindert.

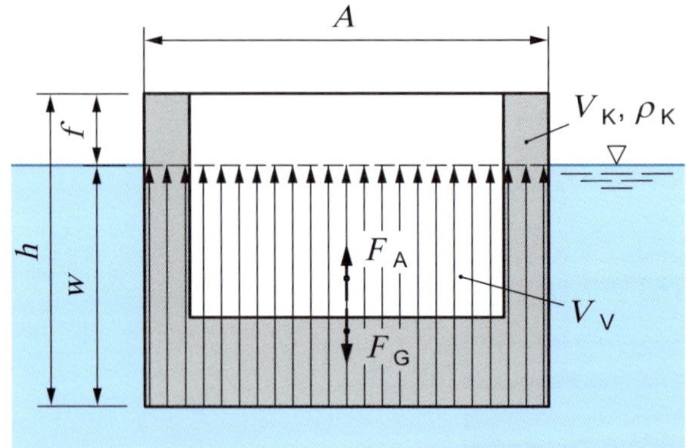

Bild 4.35 Schwimmender, oben offener Körper

In Bild 4.35 bedeuten:

F_G = Gewichtskraft

V_K = Körpervolumen

A = eingetauchte Grundfläche

w = Eintauchtiefe

F_A = Auftriebskraft

V_V = Verdrängungsvolumen

f = Freibordhöhe

h = Bauwerkshöhe

Gleichgewichtsbedingung: $F_G = F_A$

$$F_G = \rho_K \cdot g \cdot V_K = F_A = \rho \cdot g \cdot V_V = \rho \cdot g \cdot w \cdot A$$

Daraus folgt die Eintauchtiefe w und die Freibordhöhe f:

$$w = \frac{\rho_K \cdot V_K}{\rho \cdot A}$$

$$f = h - w = h - \frac{\rho_K \cdot V_K}{\rho \cdot A} >> 0 \qquad (4.64)$$

Bei homogenen Körpern mit $V_K = A \cdot h$ wird:

$$f = h - w = h \cdot \left(1 - \frac{\rho_K}{\rho}\right) \tag{4.65}$$

4.8.2 Nachweis der Schwimmstabilität

Zum Nachweis der Schwimmstabilität wird ein um einen geringen Winkel α aus der Horizontalen ausgelenkter Körper betrachtet (Bild 4.36). Entscheidend für die Schwimmstabilität ist, dass die im Schwerpunkt S'_V des ausgelenkten Körpers angreifende Auftriebskraft den Körper aus der Schieflage wieder aufrichtet.

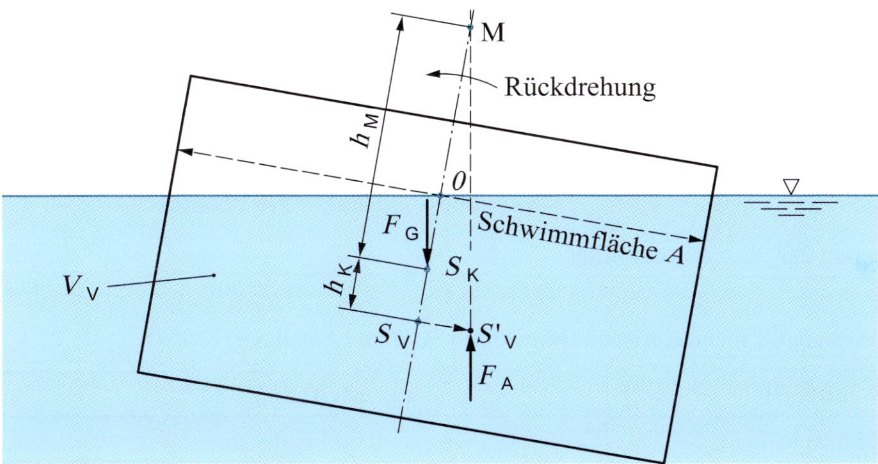

Bild 4.36 Schwimmstabilität

In Bild 4.36 bedeuten:

M = Metazentrum

S_K = Körperschwerpunkt

S_V = Verdrängungsschwerpunkt und Angriffspunkt des Auftriebes

S'_V = Verdrängungsschwerpunkt im ausgelenkten Zustand

h_K = Abstand zwischen S_K und S_V im nicht ausgelenkten Zustand

h_M = metazentrische Höhe

I_{min} = minimales Flächenträgheitsmoment der Schwimmfläche A (siehe Tabelle 2.9)

$$h_M = \frac{I_{min}}{V_V} - h_K \tag{4.66}$$

Wenn der Körperschwerpunkt S_K oberhalb des Verdrängungsschwerpunktes S_V liegt, ist h_K positiv. Liegt der Verdrängungsschwerpunkt S_V über dem Körperschwerpunkt S_K, dann ist h_K negativ und der Körper schwimmt in jedem Falle stabil.

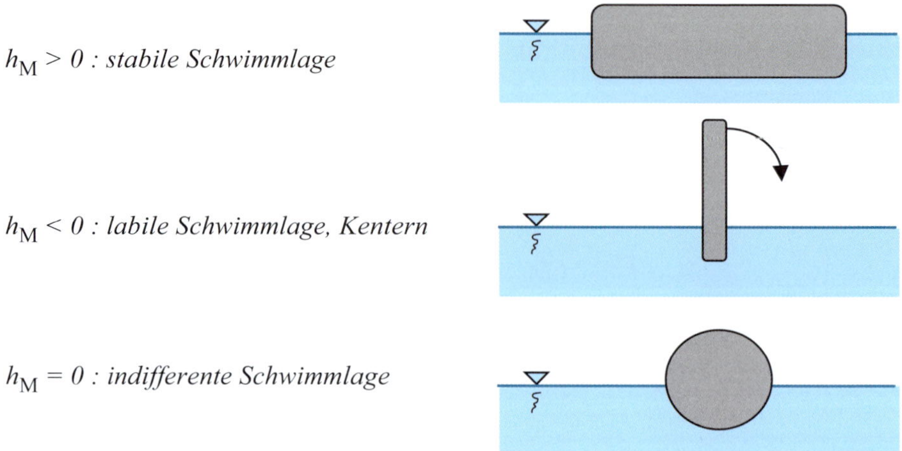

Bild 4.37 Kriterien der Schwimmstabilität

Tabelle 4.3 Beispiele für metazentrische Höhen nach *Bohl* und *Elmendorf* (2008)

Schiffsart	metazentrische Höhe h_M
Frachtschiffe	0,60 bis 0,9 m
Passagierschiffe	0,45 bis 0,6 m
Segelschiffe	0,90 bis 1,5 m
Kriegsschiffe	0,75 bis 1,3 m

Beispiel:

Ein kreisrunder Schwimmkasten, vorgesehen als Fundament für ein Bauwerk, soll in einem See von $A_{See} = 1{,}0$ ha Spiegelfläche schwimmend zur Einbaustelle transportiert werden. Zu ermitteln sind a) die Schwimmfähigkeit und b) die Schwimmstabilität.

Außerdem soll unter c) geprüft werden, ob nach dem Versenken des Schwimmkastens an der Einbaustelle der Wasserspiegel des Sees steigt oder fällt.

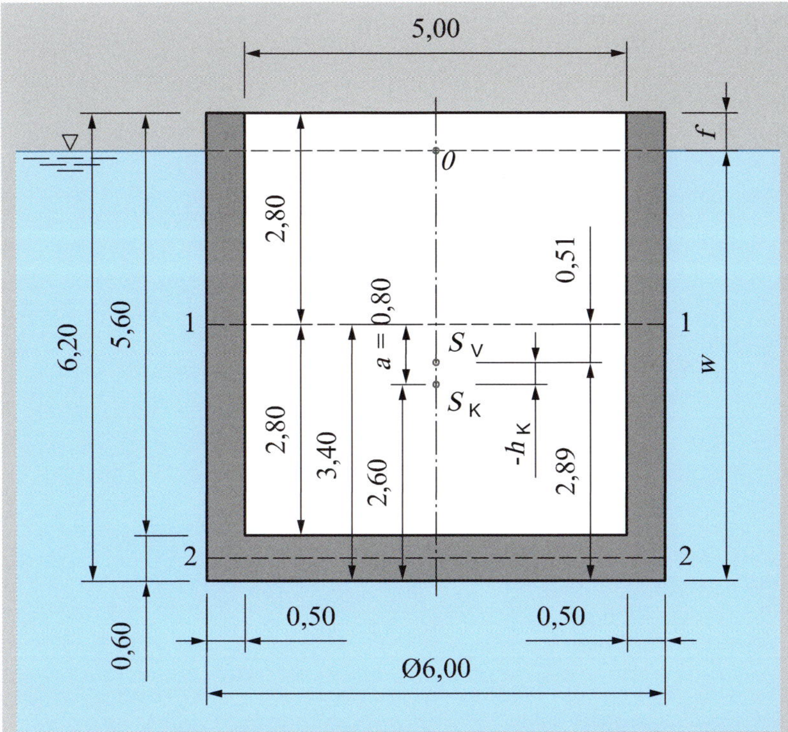

Bild 4.38 Kreisrunder Schwimmkasten aus Stahlbeton mit einer Dichte von $\rho_K = 2.500\ \text{kg/m}^3$

a) Überprüfung der Schwimmfähigkeit

Körpervolumen $V_K = \pi \cdot 5{,}6\ \text{m} \cdot \left(3{,}0^2 - 2{,}5^2\right)\ \text{m}^2 + \pi \cdot 0{,}60\ \text{m} \cdot 3{,}0^2 \text{m}^2 = 65{,}35\ \text{m}^3$

Körpergewichtskraft $F_K = V_K \cdot \rho_K \cdot g = 65{,}35\ \text{m}^3 \cdot 2{,}5 \dfrac{\text{kg}}{\text{m}^3} \cdot 9{,}81 \dfrac{\text{m}}{\text{s}^2} = 1.602{,}59\ \text{kN}$

Schwimmen $F_K = F_V = \rho \cdot g \cdot V_V$

Verdrängungsvolumen $V_V = \dfrac{F_V}{\rho \cdot g} = \dfrac{1602{,}59\ \text{kN}}{9{,}81\ \text{kN/m}^3} = 163{,}36\ \text{m}^3$

Eintauchtiefe $w = \dfrac{V_V}{A} = \dfrac{163{,}36\ \text{m}^3}{\pi \cdot 3{,}0^2 \text{m}^2} = 5{,}78\ \text{m} < 6{,}20\ \text{m}$

Freibord $f = h - w = 6{,}20\ \text{m} - 5{,}78\ \text{m} = 0{,}42\ \text{m}$

Der Senkkasten schwimmt! Der Freibord ist mit $f = 0{,}42$ m nicht sehr groß, wird aber als ausreichend angesehen.

b) Überprüfung der Schwimmstabilität

Die Lage des Körperschwerpunktes S_K aus dem Momenten-Gleichgewicht um die Achse 1-1:

$$m_K \cdot a = m_{Sohle} \cdot 3{,}1\ \text{m} \quad (3{,}1\ \text{m} = \text{Abstand zwischen Achsen 1-1 und 2-2})$$

$$m_K = \rho_K \cdot V_K \qquad m_{Sohle} = \rho_K \cdot V_{Sohle}$$

$$V_{Sohle} = \pi \cdot 3{,}0^2\,\text{m}^2 \cdot 0{,}6\ \text{m} = 16{,}96\ \text{m}^3$$

$$a = \frac{m_{Sohle} \cdot 3{,}1\ \text{m}}{m_K} = \frac{\rho_K \cdot V_{Sohle} \cdot 3{,}1\ \text{m}}{\rho_K \cdot V_K} = \frac{16{,}96 \cdot 3{,}1\ \text{m}}{65{,}35} = 0{,}8\ \text{m}$$

Lage des Verdrängungsschwerpunktes S_V:

S_V liegt mittig und genau in der Höhe von $w/2$ über der Sohle.

$$\frac{w}{2} = \frac{5{,}78\ \text{m}}{2} = 2{,}89\ \text{m}$$

Der Körperschwerpunkt liegt genau $a = 0{,}8$ m unter der Achse 1-1 und damit 2,6 m über der Sohle.

Da S_K unterhalb von S_V liegt, wird der Abstand h_K negativ und ergibt sich zu:

$$h_K = \overline{S_V S_K} = 2{,}60\ \text{m} - 2{,}89\ \text{m} = -\ 0{,}29\ \text{m}$$

Damit wird h_M positiv und der Senkkasten schwimmt stabil.

Die metazentrische Höhe beträgt mit $I_{min} = I_0 = \pi \cdot r^4/4$

$$h_M = \frac{I_0}{V_V} - h_K = \frac{\pi \cdot 3{,}0^4\,\text{m}^4}{4 \cdot 163{,}36\ \text{m}^3} - (-0{,}29\ \text{m}) = 0{,}68\ \text{m}$$

c) Der Schwimmkasten verdrängt im versenkten Zustand sein Körpervolumen von $V_K = 65{,}35\ \text{m}^3$. Schwimmend beträgt das verdrängte Wasservolumen $V_V = 163{,}36\ \text{m}^3$ Wasser, d. h. die Wasserverdrängung nimmt nach dem Versenken ab um:

$$V_V - V_K = 163{,}36 - 65{,}35 = 98{,}01\ \text{m}^3$$

und der Wasserspiegel fällt um $x = \dfrac{V_V - V_K}{A_{See}} = \dfrac{98{,}01\ \text{m}^3}{10.000\ \text{m}^2} = 0{,}0098\ \text{m} \approx 1\ \text{cm}$

4.9 Hydraulische Presse

Eine hydraulische Presse besteht aus zwei Arbeitszylindern unterschiedlicher Größe, die über einen Druckschlauch verbunden sind und damit Druck und Volumenstrom austauschen können (kommunizierende Gefäße). Da der Druck bei gleicher Höhenlage (Niveaufläche) der Zylinder (siehe Bild 4.39) gleich groß ist, ergeben sich für dieses Gleichgewicht unterschiedliche Kräfte für die Zylinderkolben.

$$p = \frac{F_1}{A_1} = \frac{F_2}{A_2} \qquad F_1 = \frac{A_1}{A_2} \cdot F_2 \tag{4.67}$$

Für eine Bewegung (Hub) muss allerdings der Kolben 2 einen entsprechend größeren Weg zurücklegen, um den Kolben 1 um ein bestimmtes Maß anzuheben. Dafür ist eine geringere Kraft F_2 erforderlich, um eine größere Last (F_1) anzuheben.

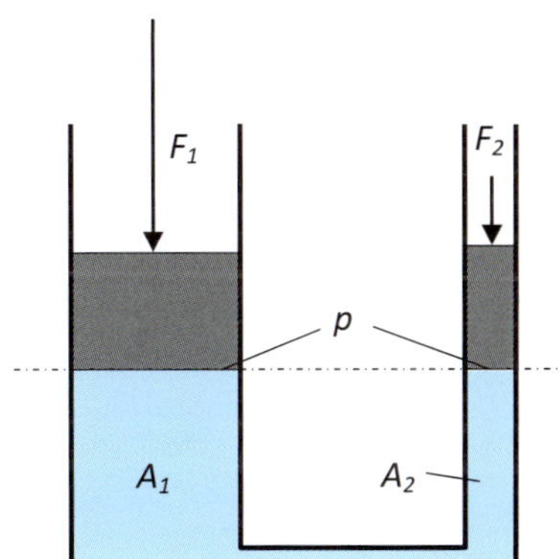

Bild 4.39 Hydraulische Presse

5 Hydrodynamische Grundgleichungen

5.1 Einführung

Die allgemeinen Differentialgleichungen der Strömung basieren auf dem sogenannten Erhaltungsprinzip, der Lösung der Bilanzgleichungen der Masse, der Energie und des Impulses. Für inkompressible Fluide, wie z. B. das Wasser, werden die Bilanzgleichungen der Masse und des Impulses betrachtet. Die Energiebilanz wird vor allem für kompressible Fluide oder Strömungen mit Wärmetransport ermittelt. Zur Berechnung des Transportes von Stoffen, von Energie oder Wärme sind weitere Transportgleichungen erforderlich.

Aus der Kräftebilanz an einem differentialen Element entstehen die allgemeinsten Strömungsgleichungen, die **Navier-Stokes-Gleichungen** (*Claude Louis Marie Henri Navier* (1785–1836) und *George Gabriel Stokes* (1819–1903)). Ihre drei Transportgleichungen des Impulses in den drei Raumrichtungen, ergänzt mit der Gleichung für den Massenerhalt (Kontinuitätsgleichung), liefern das Gleichungssystem zur Ermittlung der 4 Unbekannten im Strömungsfeld, dem Druck p und den Geschwindigkeiten in den 3 Richtungen (υ_x, υ_y, υ_z). Durch den Bezug auf die Masse des differentialen Elementes setzen sich die Navier-Stokes-Gleichungen aus einer Summe von Beschleunigungsgliedern zusammen, der lokalen und konvektiven Beschleunigung der Geschwindigkeit, der Beschleunigungen der äußeren Kräfte (Gewichtskraft, Corioliskraft), des Druckes und der Reibung.

Unter Vernachlässigung der Reibung gehen die Navier-Stokes-Gleichungen in die **Euler-Gleichungen** (*Leonhard Euler* (1707–1783)) über. Werden die Momentwerte der Geschwindigkeiten und des Druckes in den Navier-Stokes-Gleichungen durch ihre zeitlichen Mittelungen und den Schwankungsgrößen ersetzt, dann ergeben sich die Reynolds gemittelten Navier-Stokes-Gleichungen (RANS – Reynolds-Averaged-Navier-Stokes) oder auch **Reynolds-Gleichungen** (*Osborne Reynolds* (1842–1912)) genannt. Der aus der Mittelung zusätzlich entstandene Reibungs-Term der turbulenten Schwankungsgrößen wird als Reynolds-Spannungstensor bezeichnet. Er erfordert die empirische Interpretation der turbulenten Reibung (**Turbulenzmodelle**) und damit die Lösung eines gegenüber der direkten numerischen Simulation (DNS) vereinfachten und mit der zz. verfügbaren Rechentechnik lösbaren numerischen Modells. Da 6 weitere Unbekannte aus dem turbulenten Spannungsterm zu ermitteln sind, spricht man vom Schließungsproblem der RANS.

Die Kontinuitätsgleichungen werden für reibungs- und rotationsfreie Strömungen und mit der Stromfunktion der Geschwindigkeit als Potentialfunktion zur **Laplace-Gleichung** (*Pierre-Simon Laplace* (1749–1827)). Die Flachwassergleichungen sind tiefengemittelte Strömungsgleichungen zur Berechnung zweidimensionaler Strömungen mit freier Oberfläche. Die Reduzierung der Strömungsgleichungen auf eine Strömungsrichtung, z. B. entlang der Stromlinie eines Flusses, erfolgt unter Berücksichtigung der zeitlichen Änderungen des Durchflusses und des Wasserstandes mit Hilfe der **Saint-Venant-Gleichungen** (*Adhémar Jean Claude Barré* de *Saint-Venant* (1797–1886)). Für die Berechnung der Strömung in Rohrleitungen, aber auch im Freispiegelabfluss wird die Energiegleichung von *Bernoulli* (*Daniel Bernoulli* (1700–1782)) mit dem Reibungsansatz von *Darcy* und *Weisbach*

(*Henry Darcy* (1803–1858), *Julius Ludwig Weisbach* (1806–1871)) zur Berechnung der Strömung verwendet. Die stationäre Berechnung der eindimensionalen Freispiegelströmung erfolgt mit Hilfe von Fließformeln, wie sie z. B. von *Brahms* und *de Chézy* (*Albert Brahms* (1692–1758), *Antoine de Chézy* (1718–1798)) oder von *Manning* und *Strickler* (*Robert Manning* (1816–1897), *Albert Strickler* (1878–1963)) aufgestellt wurden oder mit der universellen Fließformel auf der Grundlage des Ansatzes von *Darcy* und *Weisbach* analog der Strömungsberechnung in Druckrohren.

5.2 Begriffe und Definitionen

Die Hydrodynamik ist die Lehre von der Bewegung von Flüssigkeiten unter dem Einfluss von Kräften. Dazu zählen als äußere Kräfte die Schwerkräfte, die Druckkräfte, die Reibungs-, Elastizitäts- und Kapillarkräfte sowie die Beschleunigungs- oder Trägheitskräfte. Eine Flüssigkeit stellt ein Kontinuum dar und sie wird durch den Druck, die Geschwindigkeit, die Dichte und andere Strömungsgrößen charakterisiert. Druck und Geschwindigkeit sind Variablen, die Dichte wird als Stoffgröße bezeichnet. Der Betrachter definiert die Bewegung des Fluids von seinem Standpunkt aus. Die Lagrange'sche Betrachtungsweise bindet den Beobachter an die sich bewegenden Teilchen im Inneren der Strömung. Die Euler'sche Betrachtungsweise erfolgt von einem festen Punkt aus von außen auf die Strömung.

Es werden drei Gruppen von Strömungen unterschieden, die Linienströmung als eindimensionale Strömung (1D), die ebene- bzw. Flächenströmung als zweidimensionale Strömung (2D) und die räumliche als dreidimensionale Strömung (3D).

Strömungsarten werden in stationäre Strömungen (zeitunabhängige) und instationäre Strömungen (zeitabhängige) sowie in gleichförmige (wegunabhängig) und ungleichförmige (wegabhängige) Strömungen unterschieden.

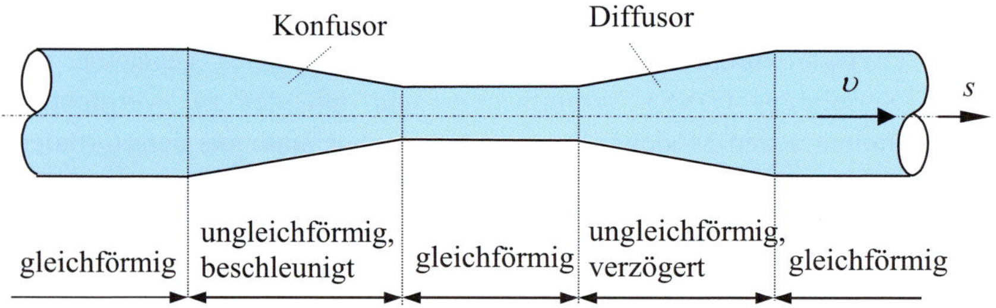

Bild 5.1 Definition der gleichförmigen und ungleichförmigen Strömung

Die Beschleunigung bzw. Verzögerung der Strömung kann wie im Bild 5.1 dargestellt ortsabhängig und/oder zeitabhängig erfolgen. Man spricht von der instationären beschleunigten oder instationären verzögerten Bewegung. Aus dem totalen Differential des Geschwindigkeitsvektors $\upsilon(s,t)$ abgeleitet nach der Zeit wird die lokale und konvektive Beschleunigung der Strömung (Gleichung (5.1)). Die sich daraus ergebenden Trägheitskräfte wirken immer und überall in der Strömung.

$$\frac{d\upsilon}{dt} = \frac{\partial \upsilon}{\partial t} + \upsilon \cdot \frac{\partial \upsilon}{\partial s} \tag{5.1}$$

Jede Änderung des Bewegungszustandes von Fluiden ist mit Kraftänderungen verbunden.

Stromlinien sind die Kurven im Geschwindigkeitsfeld einer Strömung, deren Tangentenrichtung mit den Richtungen der Geschwindigkeitsvektoren übereinstimmen. Das Vektorprodukt des Linienelementes *ds* und des Geschwindigkeitsvektors ist für die Stromlinie null.

$$\vec{\upsilon} = \frac{d\vec{s}}{dt} \tag{5.2}$$

$$\vec{\upsilon} \times d\vec{s} = 0 \tag{5.3}$$

Eine Röhre, deren Mantel aus Stromlinien gebildet wird, heißt **Stromröhre.** Zwischen Stromröhren findet kein Flüssigkeitsaustausch statt, da die normale Geschwindigkeit im Mantel der Stromröhre auf den Stromlinien null ist. Eine **Bahnlinie** ist der von einem Strömungsteilchen im Strömungsfeld nachgezeichnete Pfad. Insbesondere in turbulenter Strömung unterscheidet sich die Bahnlinie von der Stromlinie.

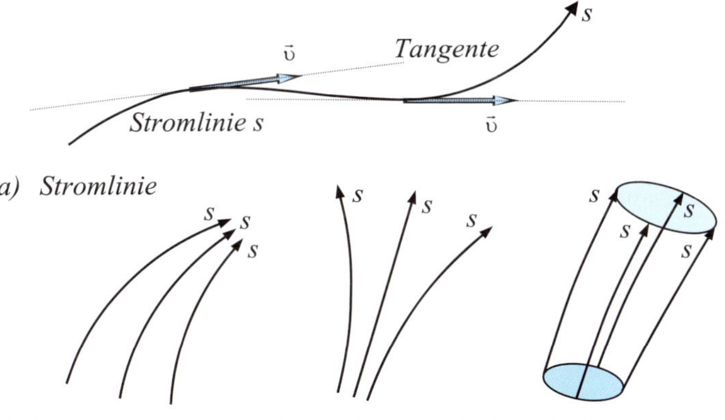

Bild 5.2 Definition von Stromlinien und Stromröhre

Die wohlgeordnete Bewegung der Flüssigkeitsteilchen auf voneinander getrennten Bahnen, die sich gegenseitig nicht durchdringen, wird als **laminare Strömung** bezeichnet. Beginnen die z. B. mit Farbe markierten Teilchen auf völlig regellosen Bahnen sich einander zu durchdringen und haben wechselnde, von der Hauptströmungsrichtung abweichende Geschwindigkeitsrichtungen, dann handelt es sich um **turbulente Strömung**. Die dimensionslose Zahl zur Charakterisierung dieser Strömungen ist die Reynolds-Zahl (*Re*), die von der mittleren Geschwindigkeit υ der Strömung, vom Durchmesser d der Rohrleitung (Stromröhre) und von der temperaturabhängigen kinematischen Viskosität $\nu_T = f(T)$ als Stoffparameter abhängt. In der Natur sind turbulente Strömungszustände in der Regel bei *Re*-Zahlen größer 10^5 vorherrschend.

Reynolds-Zahl $\qquad Re = \frac{\upsilon \cdot d}{\nu_T} \qquad Re_{Krit} = 2320 \qquad (5.4)$

laminare Strömung: $Re \leq Re_{\text{Krit}}$

turbulente Strömung: $Re > Re_{\text{Krit}}$

Die Schwankungsgröße der Geschwindigkeit υ' um den zeitlichen Mittelwert $\overline{\upsilon}$ hebt sich durch die zeitliche Mittelung auf, ist aber für die Berücksichtigung der Turbulenz und der turbulenten Reibung eine wichtige Größe.

Schwankungsgröße der Geschwindigkeit $$\upsilon' = \upsilon - \overline{\upsilon} \quad (5.5)$$

Turbulenzgrad der Geschwindigkeit $$Tu = \frac{\sqrt{\overline{\upsilon'^2}}}{\overline{\upsilon}} \quad (5.6)$$

Turbulente Schubspannung $$\tau = \rho \cdot \overline{\upsilon'_{\text{s}} \cdot \upsilon'_{\text{n}}} \quad (5.7)$$

Schubspannungsgeschwindigkeit $$\upsilon^* = \sqrt{\frac{\tau}{\rho}} = \sqrt{\overline{\upsilon'_{\text{s}} \cdot \upsilon'_{\text{n}}}} \quad (5.8)$$

Neben der völlig regellosen und chaotischen Bewegung der Teilchen in der Strömung, der Strömungsturbulenz, gibt es die geordnete Drehung eines Flüssigkeitsteilchens um seine Drehachse, die **Rotation** der Strömung. Die mathematische Formulierung der **Wirbelfreiheit** (rotationsfrei) lautet:

Rotationsfreiheit: $$\text{rot}\,\upsilon = 2 \cdot \omega = \nabla \times \upsilon = 0 \quad (5.9)$$

Laminare Strömungen können durchaus wirbelbehaftet und turbulente wirbelfrei sein. Wenn allgemein von Wirbeln in der Strömung, also der Bewegung einer Flüssigkeitsmasse um eine Drehachse gesprochen wird, dann muss diese Bewegung nicht unbedingt wirbelbehaftet sein. Für diese Bewegung gibt es zwei Definitionen, den sogenannten Festkörperwirbel, der wirbelbehaftet ist, und den Potentialwirbel oder Strudel, der wirbelfrei ist.

Festkörperwirbel: $$\upsilon = \omega \cdot r \quad (5.10)$$

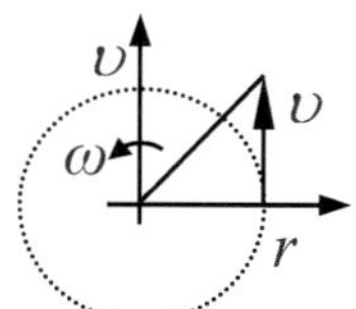

Potentialwirbel: $$\upsilon = \frac{C}{r} \quad (5.11)$$

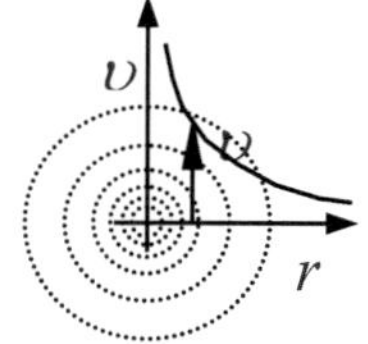

Unter dem Begriff der Zirkulation versteht man das Linienintegral der Geschwindigkeit längs einer beliebig geschlossenen Linie.

Wird eine Strömung als reibungsfrei betrachtet, dann spricht man von einer idealen Strömung bzw. von einem idealen Fluid. In der realen Strömung (reales Fluid) verringert sich deren hydraulische Energie durch Verluste, die in Wärmeenergie umgewandelt werden. Die hydraulischen Verluste sind einerseits kontinuierliche Energieverluste, die durch die Bewegung der Strömung an einer Kontaktfläche (Wandreibung), durch die Scherströmung und durch die Turbulenz der Strömung (Energiedissipation) entstehen oder es sind andererseits örtliche Energieverluste, die infolge der Umwandlung erhöhter kinetischer Energie in einem begrenzten Raum der Strömung z. B. infolge Einschnürung, Umlenkung oder Ablösung entstehen. Die Projektion der kontinuierlichen Energieverluste auf die Schubspannung an der Kontaktfläche zwischen Wasservolumen und Wand, der benetzten Fläche, macht das Verhältnis von Fließfläche A zum benetzten Umfang zu einer wichtigen hydraulischen Kennzahl. Die **Fließfläche** wird von den Stromlinien senkrecht durchstoßen. Das Verhältnis aus Fließfläche A und benetztem Umfang l_{U} wird als **hydraulischer Radius** bezeichnet.

hydraulischer Radius $$r_{\text{hy}} = \frac{A}{l_{\text{U}}} \tag{5.12}$$

In unendlich langen Gerinnen stellt sich zwischen den treibenden Kräften aus der anteiligen Gewichtskraft, Hangabtriebskraft, und den bremsenden Kräften, der Reibungskraft, ein Gleichgewicht ein. Die sich aus diesem Gleichgewicht ergebende Wassertiefe wird als Normalabflusstiefe bezeichnet.

Beim Abfluss mit freier Oberfläche breiten sich Störungen mit der Wellenfortpflanzungsgeschwindigkeit aus, die in flachen Gerinnen auch als Grenzgeschwindigkeit bezeichnet wird (siehe Abschnitt 5.5 und Kapitel 7).

5.3 Kontinuität

Die Kontinuität in der Flüssigkeitsmechanik bezeichnet die Erhaltung der Masse in Raum und Zeit. Ganz allgemein werden die Gleichungen der Hydrodynamik aus einem Gleichgewicht am „unendlich kleinen" oder „differentialen" Element (genügend klein im Vergleich zur Größe des betrachteten Volumens des Strömungsfeldes) abgeleitet.

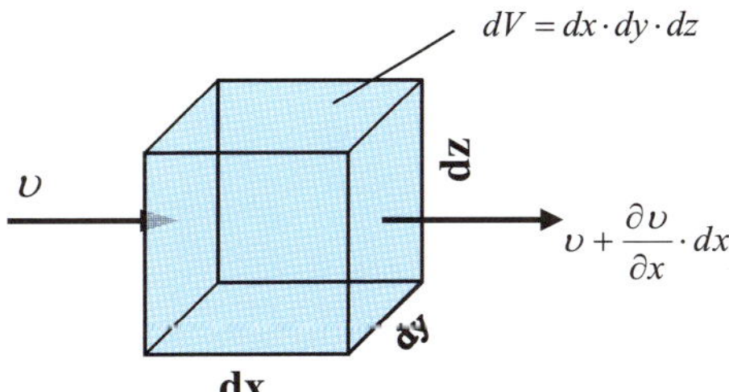

Bild 5.3 Gleichgewicht am differentialen Element in x-Richtung

$$\sum dQ = dQ_\text{x} + dQ_\text{y} + dQ_\text{z} = 0(S) \quad \begin{cases} dQ_\text{x} = \dfrac{\partial \upsilon_\text{x}}{\partial x} \cdot dx \cdot dA_\text{yz} = \dfrac{\partial \upsilon_\text{x}}{\partial x} \cdot dx \cdot dy \cdot dz = \dfrac{\partial \upsilon_\text{x}}{\partial x} \cdot dV \\ dQ_\text{y} = \dfrac{\partial \upsilon_\text{y}}{\partial y} \cdot dy \cdot dA_{xz} = \dfrac{\partial \upsilon_\text{y}}{\partial y} \cdot dV \\ dQ_\text{z} = \dfrac{\partial \upsilon_\text{z}}{\partial z} \cdot dz \cdot dA_\text{xy} = \dfrac{\partial \upsilon_\text{z}}{\partial z} \cdot dV \end{cases} \tag{5.13}$$

mit S = Quelle oder Senke

Als Quelle oder Senke S wird in Gleichung (5.13) das Hinzufügen oder Wegnehmen von Wasser innerhalb des differentialen Elementes bezeichnet.

Durch die Division mit dem differentialen Volumenelement dV kann die Kontinuität mit folgender Differentialgleichung dargestellt werden. In den einzelnen Fachgebieten werden unterschiedliche Schreibweisen bevorzugt, die Operatorschreibweise mit dem Nabla-Operator ∇, die symbolische Schreibweise mit der Divergenz div oder die Tensor-Schreibweise mit unterschiedlichen Indizes wie z. B. $i = x, y, z$ bzw. $x_\text{i} = x, y, z$.

$$\nabla \cdot \upsilon = \text{div}\ \vec{\upsilon} = \frac{\partial \upsilon_\text{i}}{\partial x_\text{i}} = \frac{\partial v_\text{x}}{\partial x} + \frac{\partial \upsilon_\text{y}}{\partial y} + \frac{\partial \upsilon_\text{z}}{\partial z} = 0 \tag{5.14}$$

Die Integration dieser Gleichung liefert die Aussage, dass die Summe aller Durchflüsse konstant sein muss. Mit der Definition des Durchflusses Q als Produkt aus mittlerer Fließgeschwindigkeit υ und durchflossener Fläche A in einer Rohrleitung bzw. dem Integral der Geschwindigkeit υ über die Fließfläche A wird dieser Wert in jedem Querschnitt gleich groß und es kann geschrieben werden:

$$Q = \upsilon_1 \cdot A_1 = \upsilon_2 \cdot A_2 \qquad \text{bzw.} \qquad \sum Q = \text{konstant} \tag{5.15}$$

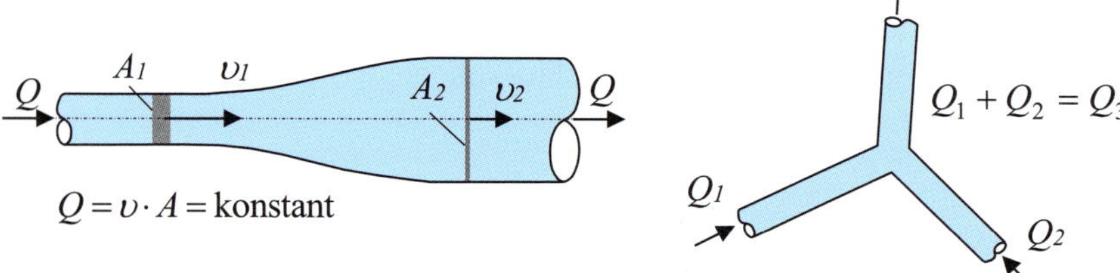

Bild 5.4 Definition der Kontinuität

5.4 Allgemeine Strömungsgleichungen

Aus der Kräftebilanz am differentialen Strömungs-Element bezogen auf deren Masse ergeben sich folgende Beschleunigungsglieder:

lokale Beschleunigung $$\frac{\partial \overline{\upsilon_i}}{\partial t} \tag{5.16}$$

konvektive Beschleunigung $$\upsilon_j \frac{\partial \upsilon_i}{\partial x_j} \tag{5.17}$$

Beschleunigung aus äußeren Kräften $$f_i = \begin{pmatrix} 2 \cdot \omega \cdot \upsilon_y \cdot \sin\theta \\ -2 \cdot \omega \cdot \upsilon_x \cdot \sin\theta \\ -g \end{pmatrix} \tag{5.18}$$

Beschleunigung aus Druckkräften $$\frac{1}{\rho} \frac{\partial p}{\partial x_i} \tag{5.19}$$

Beschleunigung aus viskoser Reibung $$\frac{\partial}{\partial x_j} \left(\nu_T \frac{\partial \upsilon_i}{\partial x_j} \right) \tag{5.20}$$

Beschleunigung aus turbulenter Reibung $$\frac{\partial}{\partial x_j} \left(\overline{\upsilon_i' \upsilon_j'} \right) \tag{5.21}$$

Der Spannungstensor $\left(-\rho \cdot \upsilon_i' \cdot \upsilon_j' \right)$ der turbulenten Reibung wird auch als Reynolds-Spannung bezeichnet.

Mit den genannten Gleichungen (5.16) bis (5.21) können die drei Differentialgleichungen der Strömung nach *Euler*, *Navier-Stokes* und *Reynolds* (Reynolds Averaged Navier-Stokes Equations – RANS) oder Elemente daraus für die verschiedensten Aufgaben der Hydraulik zusammengesetzt werden.

Tabelle 5.1 Anwendung der Strömungsgleichungen

Euler-Gleichung

$$\frac{\partial \overline{\upsilon_\mathrm{i}}}{\partial t} + \upsilon_\mathrm{j} \frac{\partial \upsilon_\mathrm{i}}{\partial x_\mathrm{j}} = f_\mathrm{i} - \frac{1}{\rho} \frac{\partial p}{\partial x_\mathrm{i}} \tag{5.22}$$

Navier-Stokes-Gl.

$$\frac{\partial \overline{\upsilon_\mathrm{i}}}{\partial t} + \upsilon_\mathrm{j} \frac{\partial \upsilon_\mathrm{i}}{\partial x_\mathrm{j}} = f_\mathrm{i} - \frac{1}{\rho} \frac{\partial p}{\partial x_\mathrm{i}} + \frac{\partial}{\partial x_\mathrm{j}} \left(\nu_\mathrm{T} \frac{\partial \upsilon_\mathrm{i}}{\partial x_\mathrm{j}} \right) \tag{5.23}$$

RANS-Gl. (5.24)

$$\frac{\partial \overline{\upsilon_\mathrm{i}}}{\partial t} + \upsilon_\mathrm{j} \frac{\partial \upsilon_\mathrm{i}}{\partial x_\mathrm{j}} = f_\mathrm{i} - \frac{1}{\rho} \frac{\partial p}{\partial x_\mathrm{i}} + \frac{\partial}{\partial x_\mathrm{j}} \left(\nu_\mathrm{T} \frac{\partial \upsilon_\mathrm{i}}{\partial x_\mathrm{j}} \right) - \frac{\partial}{\partial x_\mathrm{j}} \left(\overline{\upsilon_\mathrm{i}' \upsilon_\mathrm{j}'} \right)$$

Beschleunigung / **Strömungen**	**lokal**	**konv.**	**Kraft**	**Druck**	**Reibung**	**Turbulenz**
Potential-strömung		√		√		
Platten-Grenzschicht		√			√	
Rohrströmung		√		√	√	
1D-Fluss-strömung	(√)	√	√		√	
tiefengemittelte Strömung (2D)	(√)	√	√		√	
Umströmungen	√	√	√	√	√	(√)
3D-Räumliche Strömung DNS	√	√	√	√	√	
3D-Räumliche Strömung LES	√	√	√	√	√	(√)
3D-Räumliche Strömung RANS	√	√	√	√	√	√

In den Gleichungen (5.16) bis (5.24) werden folgen Definitionen verwendet:

Vektor von υ:

$$\vec{\upsilon}_\mathrm{i} = \begin{pmatrix} \upsilon_\mathrm{x} \\ \upsilon_\mathrm{y} \\ \upsilon_\mathrm{z} \end{pmatrix} \tag{5.25}$$

Divergenz von $\vec{\upsilon}$:
$$\frac{\partial \upsilon_i}{\partial x_i} = \text{div } \vec{\upsilon} = \frac{\partial \upsilon_x}{\partial x} + \frac{\partial \upsilon_y}{\partial y} + \frac{\partial \upsilon_z}{\partial z} \tag{5.26}$$

Gradient von p:
$$\frac{\partial p}{\partial x_i} = \text{grad } p = \begin{pmatrix} \frac{\partial p}{\partial x} \\ \frac{\partial p}{\partial y} \\ \frac{\partial p}{\partial z} \end{pmatrix} \tag{5.27}$$

Gradient von $\vec{\upsilon}$:
$$\frac{\partial \upsilon_i}{\partial x_j} = \text{grad } \vec{\upsilon} = \begin{pmatrix} \frac{\partial \upsilon_x}{\partial x} & \frac{\partial \upsilon_x}{\partial y} & \frac{\partial \upsilon_x}{\partial z} \\ \frac{\partial \upsilon_y}{\partial x} & \frac{\partial \upsilon_y}{\partial y} & \frac{\partial \upsilon_y}{\partial z} \\ \frac{\partial \upsilon_z}{\partial x} & \frac{\partial \upsilon_z}{\partial y} & \frac{\partial \upsilon_z}{\partial z} \end{pmatrix} \tag{5.28}$$

Divergenz des Gradienten:
$$\frac{\partial}{\partial x_j}\left(\frac{\partial \upsilon_i}{\partial x_j}\right) = \text{div grad } \vec{\upsilon} = \begin{pmatrix} \frac{\partial^2 \upsilon_x}{\partial x^2} + \frac{\partial^2 \upsilon_x}{\partial y^2} + \frac{\partial^2 \upsilon_x}{\partial z^2} \\ \frac{\partial^2 \upsilon_y}{\partial x^2} + \frac{\partial^2 \upsilon_y}{\partial y^2} + \frac{\partial^2 \upsilon_y}{\partial z^2} \\ \frac{\partial^2 \upsilon_z}{\partial x^2} + \frac{\partial^2 \upsilon_z}{\partial y^2} + \frac{\partial^2 \upsilon_z}{\partial z^2} \end{pmatrix} \tag{5.29}$$

Bei rotationsfreien (wirbelfreien) Strömungen ($\text{rot } \vec{\upsilon} = 0$) kann die Geschwindigkeit als Potentialfunktion ϕ ($\vec{\upsilon} = \text{grad } \phi$) definiert werden. Setzt man diese in die Kontinuitätsgleichung ein, erhält man die **Laplace-Gleichung** für reibungs- und rotationsfreie Strömungen.

$$\text{div } \vec{\upsilon} = \text{div grad } \phi = \frac{\partial^2 \phi}{\partial x^2} + \frac{\partial^2 \phi}{\partial y^2} + \frac{\partial^2 \phi}{\partial z^2} = 0 \tag{5.30}$$

Die **Navier-Stokes-Gleichungen** als Basis der allgemeinen Strömungsgleichungen sind ein System partieller Differentialgleichungen zweiter Ordnung, für die es bis heute keine direkte Lösung gibt. Deshalb werden ihre Unbekannten, die Geschwindigkeiten in den drei Richtungen (υ_x, υ_y, υ_z) und der Druck p nur näherungsweise in physikalischen oder numerischen Modellen ermittelt.

Das Bestreben, mathematische Gleichungen näherungsweise zu lösen, besteht seit der Antike. Die alten Griechen kannten bereits Probleme, die sie nur näherungsweise lösen konnten (Integralrechnung, Kreisteilungsgleichung). Erste Algorithmen lieferte Archimedes, der als der erste bedeutende Numeriker bezeichnet werden kann. Im Zeitalter der Computer-Technik sind numerische Modelle zur Lösung komplexer hydromechanischer Aufgaben nicht mehr wegzudenken.

Aber bereits die einfachen, sogenannten **0-Dimensionalen Modelle** (Füll- und Entleerungskurven, Ausfluss, Retention) werden wegen der impliziten Lösungen oder der instationären, also zeitabhängigen Lösungen mit numerischen Modellen gelöst. Neben der zeitlichen Auflösung müssen die hydraulischen Modelle vor allem räumlich aufgelöst werden. Die **1-Dimensionalen Modelle** (Rohrnetze, Flüsse, Kanalnetze) werden in einer räumlichen Richtung (Strömungsrichtung) aufgelöst und berechnet. Außerdem können sie eine zeitliche Auflösung, zum Beispiel zur Berechnung von Druckstößen in Rohrleitungen oder Hochwasserwellen in Flüssen, enthalten. Während diese Modelle auch noch mit herkömmlichen mathematischen Methoden lösbar wären, sind **2-Dimensionale Modelle** (z. B. Überflutungsmodelle, Grundwassermodelle) und **3-Dimensionale Modelle** (z. B. Durchströmungs- und Umströmungsmodelle) auf die numerischen Verfahren angewiesen.

Die geometrische Erstellung der Modelle erfolgt heute meist über geografische Informationssysteme (GIS). Dazu werden z. B. vorhandene Geländedaten für die Erstellung von 1D- oder 2D-Geländemodellen verwendet, oder es werden mit Hilfe von CAD-Programmen 3D-Modelle erzeugt. Diese Modelle werden vernetzt und in kleine finite Elemente unterteilt. Auf dieses Rechengitter erfolgt dann die Diskretisierung der Erhaltungssätze der Hydromechanik und ihrer Randbedingungen. Die daraus aufgebauten Matrizen werden dann mit Gleichungslösern näherungsweise gelöst. In der Strömungsmechanik haben sich vor allem folgende Methoden bewährt: die **Finite-Differenzen-Methode** (FDM), die **Finite-Volumen-Methode** (FVM) und die **Finite-Elemente-Methode** (FEM). Zur Lösung dieser Modelle sind meist Großrechner erforderlich. Wegen der immer noch begrenzten Rechenkapazität werden heute in der Praxis vor allem die zeitlich gemittelten Navier-Stokes- bzw. **Reynolds-Gleichungen** (RANS-Gleichungen) verwendet. Eine bedeutend feinere Diskretisierung benötigt die **Direkte-Numerische-Simulation** (DNS) bzw. eine Zwischenlösung, die **Large-Eddy-Simulation** (LES).

5.5 Bernoulli-Gleichung

Aus der Euler-Gleichung für ideale Strömung oder der wirbel- und rotationsfreien Navier-Stokes-Gleichung für reale Strömungen ergibt sich die **Bernoulli-Gleichung.** Die kann ohne bzw. mit Berücksichtigung von Verlusten, in der Regel für stationäre Strömungen, aber auch für instationäre dargestellt werden. Die Integration der eindimensionalen Navier-Stokes-Gleichung bzw. die Energiebetrachtung in der Wasser-Strömung entlang des Fließweges s in einer Stromröhre liefert die Bernoulli-Gleichung (5.33). Diese Energiegleichung stellt das Gleichgewicht der potentiellen, der kinetischen und der Verlustenergie entlang des Fließweges z. B. zwischen zwei Schnitten 1 und 2 einer Stromröhre nach Bild 5.5 dar.

eindimensionale Navier-Stokes-Gleichung: $$\frac{\partial \upsilon}{\partial t} + \upsilon \frac{\partial \upsilon}{\partial s} + g \frac{\partial h}{\partial s} + g \frac{\partial h_V}{\partial s} = 0 \tag{5.31}$$

mit $h = z + \frac{p}{\rho \cdot g}$ und $\frac{\partial h_V}{\partial s} = I_E$

instationäre Bernoulli-Gleichung: $$\frac{\partial \upsilon}{\partial t} \cdot \frac{s}{g} + \frac{\upsilon^2}{2g} + \frac{p}{\rho \cdot g} + z + h_V = h_E \qquad (5.32)$$

Innerhalb einer Rohrleitung (Stromröhre) gilt in den Schnitten 1 und 2 (siehe Bild 5.5) die Kontinuität $\upsilon_1 \cdot A_1 = \upsilon_2 \cdot A_2$ und die Gleichung der Energiehöhe h_E mit Berücksichtigung der Verlusthöhe h_V:

stationäre Bernoulli-Gleichung: $$h_E = \frac{\upsilon_1^2}{2g} + \frac{p_1}{\rho \cdot g} + z_1 = \frac{\upsilon_2^2}{2g} + \frac{p_2}{\rho \cdot g} + z_2 + h_V \qquad (5.33)$$

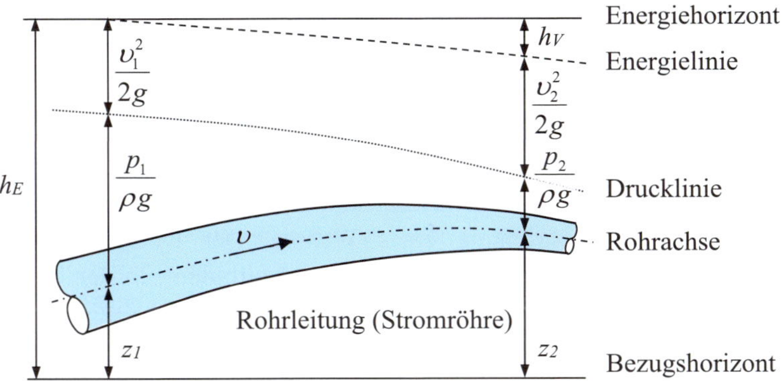

Bild 5.5 Verlauf der stationären Energie- und Drucklinie im Rohr

5.6 Fließwechsel

Für den **Freispiegelabfluss** gilt die Bernoulli-Gleichung analog, wobei die Druckhöhe als Wasserstand definiert ist, der zusätzlich über die Kontinuität die Geschwindigkeit beeinflusst. Die Lösung dieser Gleichung ist damit nicht mehr eindeutig. Wird die Geschwindigkeit über die Kontinuitätsgleichung durch den Durchfluss ersetzt, ergibt sich für den Wasserstand eine Gleichung 3. Grades. Eine der drei Lösungen ist unrealistisch. Einer Energiehöhe sind real zwei Wasserstände und die entsprechenden Geschwindigkeiten zuzuordnen. Eine kleine Geschwindigkeit und ein großer Wasserstand (strömender Abfluss) sowie eine große Geschwindigkeit und ein kleiner Wasserstand (schießender Abfluss). Für den ebenen Fall $(q = Q/b)$ bei horizontaler Sohle mit $z = 0$ gilt:

$$h_E = \frac{\upsilon^2}{2g} + h = \frac{q^2}{h^2 \cdot 2g} + h \qquad (5.34)$$

Am Wendepunkt der Funktion der Energiehöhe, dem Energieminimum $dh_E/dh = 0$ stellt sich die Grenzwassertiefe h_{gr} ein. Aus der Extremwertbetrachtung der Gleichung (5.34) der Energiehöhe ergibt sich für den ebenen Fall (Rechteckgerinne) die Grenzwassertiefe h_{gr} (Grenze zwischen Schießen und Strömen) zu:

$$h_{gr} = \sqrt[3]{\frac{Q^2}{b^2 \cdot g}} = \sqrt[3]{\frac{q^2}{g}} = \frac{2}{3} \cdot h_{EMin} \tag{5.35}$$

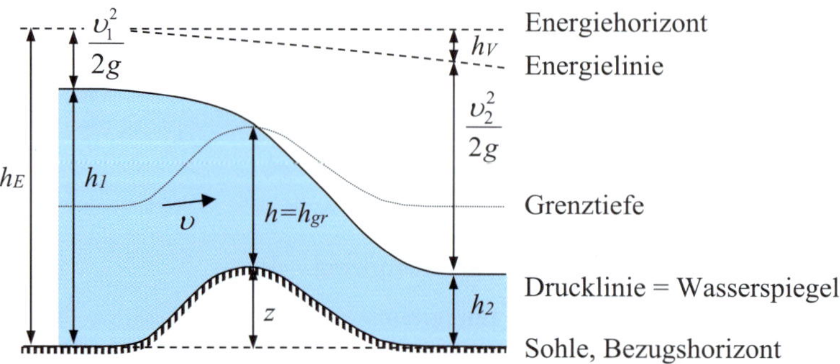

Bild 5.6 Verlauf der stationären Energie- und Drucklinie im Freispiegelkanal

Der Übergang vom strömenden zum schießenden Abflusszustand erfolgt kontinuierlich, z. B. beim Gefällewechsel oder bei der Überströmung eines Wehres. Der Übergang vom schießenden zum strömenden Abfluss erfolgt diskontinuierlich und turbulent, in der Regel als sogenannter Wechselsprung (siehe Ausführungen dazu im Abschnitt 7.4).

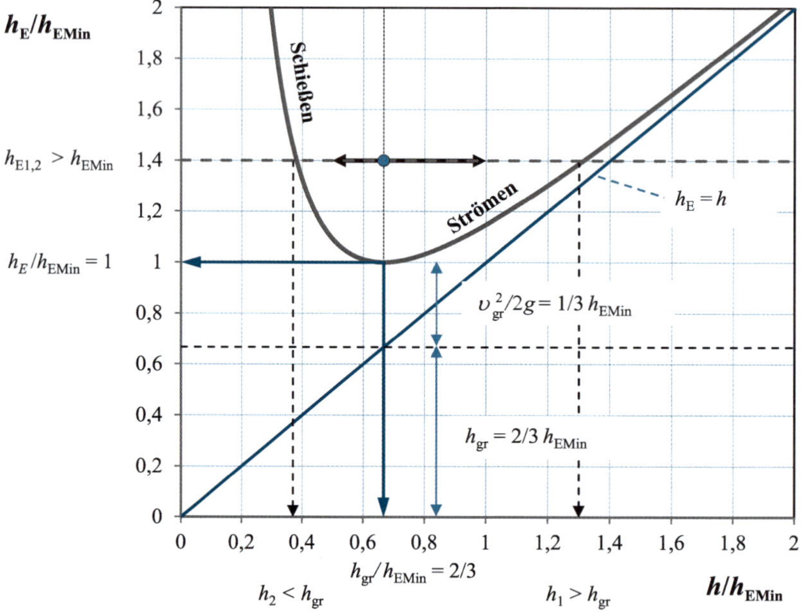

Bild 5.7 Energiehöhe als Funktion der Wassertiefe bei Freispiegelabfluss im unendlich breiten Gerinne für konstanten Abfluss q

5.7 Wellenausbreitung

Im Wasser mit freier Oberfläche breiten sich Störungen mit der Wellenfortpflanzungsgeschwindigkeit c aus. Wenn die Wassertiefe gegenüber der Wellenlänge klein ist, ist diese Geschwindigkeit:

$$c = \sqrt{g \cdot h} \tag{5.36}$$

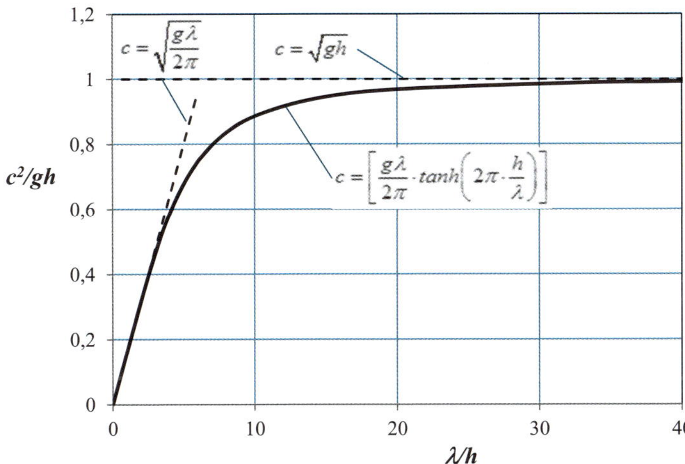

Bild 5.8 Wellenausbreitungsgeschwindigkeit c in Abhängigkeit von der Wellenlänge λ

Für die Wellenausbreitung allgemein gilt (*Munson*, *Young*, & *Okiishi*, 2002):

$$c = \frac{g \cdot \lambda}{2 \cdot \pi} \cdot \tanh\left(2 \cdot \pi \cdot \frac{h}{\lambda}\right) \tag{5.37}$$

Für den Abfluss in einem Gerinne lässt sich diese Geschwindigkeit aus dem Extremalprinzip der Energiegleichung (5.34) als Grenzgeschwindigkeit υ_{gr} ableiten zu:

$$c = \upsilon_{\mathrm{gr}} = \sqrt{g \cdot \frac{A}{b_{\mathrm{W}}}} \cong \sqrt{g \cdot h} \tag{5.38}$$

Dabei ergibt sich die Breite des Wasserspiegels aus $b_{\mathrm{W}} = dA/dh$. Aus dem Verhältnis der Fließgeschwindigkeit zur Wellenausbreitungsgeschwindigkeit wird die dimensionslose Froude-Zahl zu:

$$Fr = \frac{\upsilon}{\sqrt{g \cdot h}} \tag{5.39}$$

stehendes Gewässer	strömendes Gewässer	Grenzzustand stehende Welle	schießendes Gewässer
$\upsilon = 0$	$\upsilon < c$	$\upsilon = c$	$\upsilon > c$
$Fr = 0$	$Fr < 1$	$Fr = 1$	$Fr > 1$
$h = h_E$	$h_{gr} = \frac{2}{3} \cdot h_E < h < h_E$	$h = h_{gr} = \frac{2}{3} \cdot h_E$	$h < h_{gr} = \frac{2}{3} \cdot h_E$

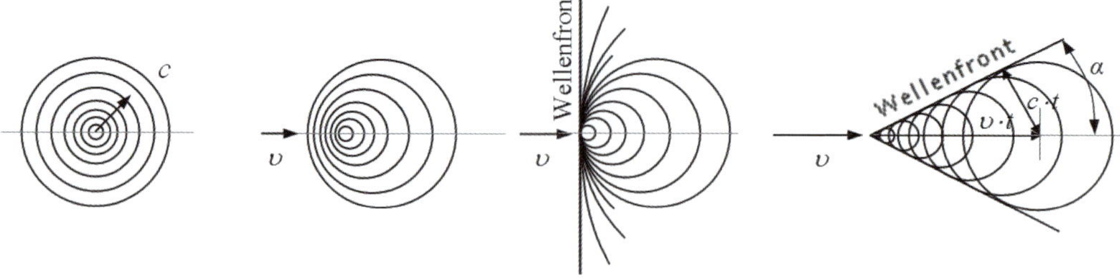

Bild 5.9 Ausbreitung von Oberflächenwellen (Störungen) im Wasser mit freier Oberfläche

5.8 Flachwassergleichungen

Die Reduzierung der Navier-Stokes-Gleichungen und der Kontinuitätsgleichung auf ein ebenes Strömungsproblem mit freier Oberfläche führt zu den **Flachwassergleichungen**. Wegen der geringen Wassertiefe gegenüber der horizontalen Ausdehnung in x- und y-Richtung kann die Geschwindigkeit in vertikaler Richtung vernachlässigt und die horizontale Geschwindigkeit des Wassers als Mittelwert über die Wassertiefe definiert werden. In der Kontinuitätsgleichung wird neben der Änderung des Volumenstromes mit dem Weg die Änderung des Wasserspiegels mit der Zeit berücksichtigt.

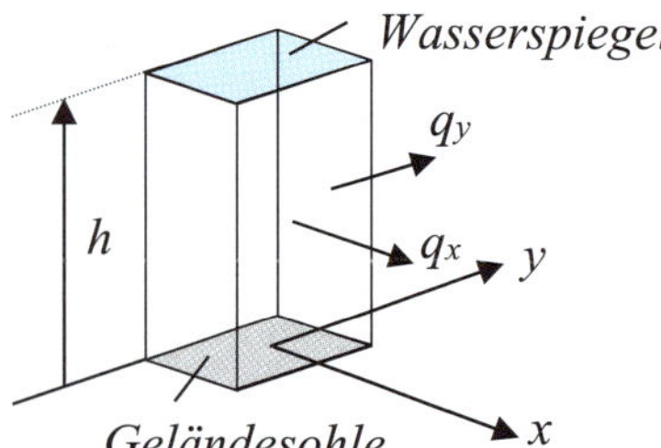

Bild 5.10 Element aus der Wasserströmung

Kontinuitätsgleichung:

$$\frac{\partial h}{\partial t} + \frac{\partial q_x}{\partial x} + \frac{\partial q_y}{\partial y} = 0 \tag{5.40}$$

Flachwassergleichung in x-Richtung:

$$\frac{\partial q_x}{\partial t}+\frac{\partial}{\partial x}\left(\frac{q_x^2}{h}+g\cdot\frac{h^2}{2}-h\cdot\nu_T\cdot\frac{\partial \upsilon_x}{\partial x}\right)+\frac{\partial}{\partial y}\left(\frac{q_x\cdot q_y}{h}-h\cdot\nu_T\cdot\frac{\partial \upsilon_x}{\partial y}\right)+g\cdot h\cdot\left(I_{Rx}-I_{Sx}\right)=0$$

und in y-Richtung: (5.41)

$$\frac{\partial q_y}{\partial t}+\frac{\partial}{\partial x}\left(\frac{q_x\cdot q_y}{h}-h\cdot\nu_T\cdot\frac{\partial \upsilon_y}{\partial x}\right)+\frac{\partial}{\partial y}\left(\frac{q_y^2}{h}+g\cdot\frac{h^2}{2}-h\cdot\nu_T\cdot\frac{\partial \upsilon_y}{\partial y}\right)+g\cdot h\cdot\left(I_{Ry}-I_{Sy}\right)=0$$

mit $q_x=\upsilon_x\cdot h$, $q_y=\upsilon_y\cdot h$, $\nu_T=$ Viskosität, $I_R=$ Reibungsgefälle, $I_S=$ Sohlgefälle

Als Anfangs- und Randbedingungen werden der zeitabhängige Zufluss und ein Anfangswasserstand definiert. Für schießenden Abfluss ($Fr>1$) können weitere Randbedingungen erforderlich sein. Die Anwendungsgrenzen der Flachwassergleichung sind sehr gut bei *Müller* (1995) dokumentiert. Die Wassertiefe h ist kleiner als 5 % der Wellenlänge.

5.9 Saint-Venant-Gleichungen

Als **Saint-Venant-Gleichungen** werden die vereinfachte eindimensionale dynamische Abflussgleichung, gekoppelt mit der Kontinuitätsgleichung, bezeichnet. Sie ermöglichen die instationäre Wasserspiegellagenberechnung z. B. für gestreckte Flussläufe mit regelmäßigen Querschnitten. Sie setzen eine hydrostatische Druckverteilung voraus, die durch eine Wassertiefe ersetzt werden kann, und es werden über den Querschnitt eine konstante mittlere Fließgeschwindigkeit und ein konstanter Wasserspiegel angenommen. Die Lösung dieser Gleichungen ist sowohl als Anfangs- und Randwertproblem als auch mit dem sogenannten Charakteristiken-Verfahren möglich. Anfangs- und Randbedingungen sind Zuflussganglinien und durchflussabhängige Wasserstände (Schlüsselkurven).

Kontinuitätsgleichung: $$\frac{\partial A}{\partial t}+\frac{\partial Q}{\partial s}=0 \qquad (5.42)$$

Bewegungsgleichung in Fließrichtung:

$$\frac{\partial Q}{\partial t}+\alpha\cdot\frac{\partial}{\partial s}\left(\frac{Q^2}{A}\right)+g\cdot A\cdot\frac{\partial h}{\partial s}\cdot\cos\beta+g\cdot A\cdot\left(I_E-I_S\right)=0 \qquad (5.43)$$

Der Geschwindigkeitshöhenausgleichsbeiwert α ($\alpha\geq 1$) definiert die ungleiche Verteilung der Geschwindigkeit über den Querschnitt A und β die Gerinneneigung ($\cos\beta\leq 1$). Für Gerinne mit einer kontinuierlichen Querschnittsveränderung und geringer Sohlneigung werden diese beiden Einflüsse vernachlässigt ($\alpha=1$, $\cos\beta=1$).

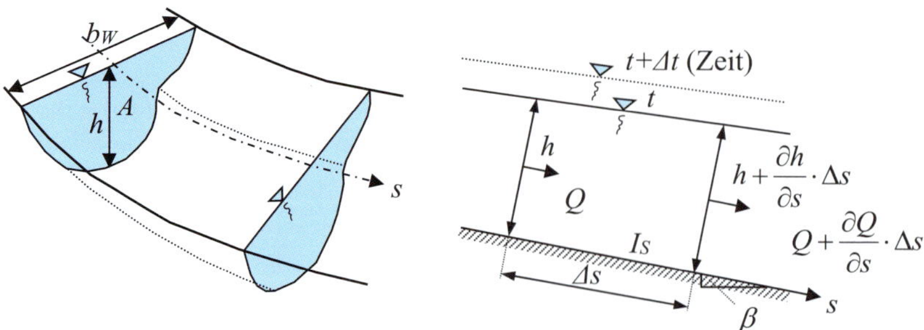

Bild 5.11 Gerinneabschnitt in der Ansicht und im Längsschnitt

5.10 Abflussformeln

Die hydraulische Leistungsfähigkeit bzw. das Abflussvermögen eines Flusses oder Gerinnes wird mit Hilfe von **Fließformeln** bei Normalabfluss (stationär gleichförmig) ermittelt. Diese Gleichungen basieren auf dem Gleichgewicht zwischen der antreibenden Kraft – der anteiligen Schwerkraft in der Fließrichtung (x-Richtung), und der bremsenden Kraft – der Reibungskraft.

Schwerkraft (anteilig): $$dF_G = dm \cdot g \cdot \sin\beta = \rho \cdot A \cdot ds \cdot g \cdot \sin\beta \qquad (5.44)$$

Reibungskraft: $$dF_R = \tau_0 \cdot l_U \cdot ds \qquad (5.45)$$

Die hydraulischen Verluste werden bei dieser Annahme als Reibungskraft auf die Kontaktfläche zwischen Wasser und Wand projiziert und als Wandschubspannung τ_0 definiert. In empirischen Untersuchungen wurde nachgewiesen, dass für in der Natur übliche turbulente Strömungen diese Wandschubspannung proportional zum Geschwindigkeitsquadrat ist und dass sie zusammen mit einem Widerstandsbeiwert λ aus Gleichung (5.46) ermittelt werden kann. In diesem empirischen Widerstandsbeiwert λ werden nun alle Abhängigkeiten von der Rauheit des Gerinnes über dessen Form bis zur Geschwindigkeit interpretiert (siehe Kapitel 7).

Wandschubspannung: $$\tau_0 = \frac{\lambda}{8} \cdot \rho \cdot \upsilon^2 \qquad (5.46)$$

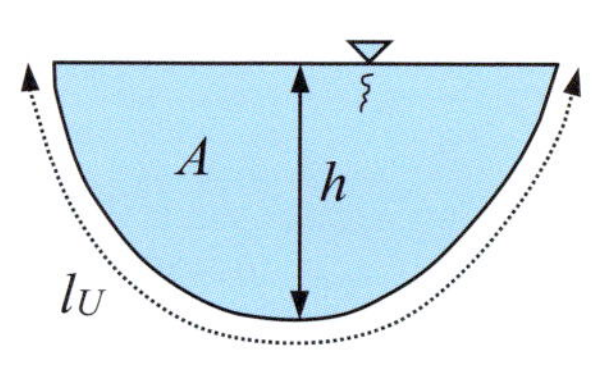

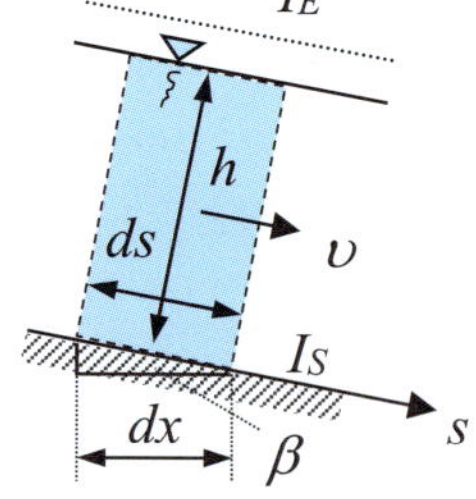

Bild 5.12 Gleichgewichtszustand für stationär gleichförmiges Fließen

Das Gleichgewicht dieser Kräfte aus den Gleichungen (5.44) und (5.45) unter Berücksichtigung der Gleichung (5.46) ergibt die Gleichung (5.47) für die mittlere Geschwindigkeit der Strömung:

$$v = \sqrt{\frac{8 \cdot g}{\lambda}} \cdot \sqrt{\frac{A}{l_U} \cdot \sin \beta} = C \cdot \sqrt{r_{hy} \cdot I_S} \tag{5.47}$$

Bei stationär gleichförmigem Abfluss entspricht das Energieliniengefälle I_E dem Sohlgefälle I_S. Die klassische Form der Fließformel ergibt sich nach **Brahms** und **de Chezy** zu:

$$Q = A \cdot v = A \cdot C \cdot \sqrt{r_{hy} \cdot I_E} \qquad \text{mit } r_{hy} = \frac{A}{l_U} \tag{5.48}$$

Der Geschwindigkeitsbeiwert C wurde hier als nur von der Rauheit des Gerinnes abhängiger Beiwert betrachtet. Es ist aber bekannt, dass neben der Wandrauheit auch die geometrische Form und die Turbulenz der Strömung diesen Wert beeinflussen.

Die in der Praxis meist verwendete Fließformel von **Gauckler, Manning** und **Strickler** wird wegen der zahlreichen Erfahrungswerte hinsichtlich der Gerinnerauheit als Strickler-Beiwert k_{St} bzw. Manning-Beiwert $n = 1/k_{St}$ bevorzugt und lautet:

$$Q = A \cdot v = A \cdot k_{St} \cdot r_{hy}^{2/3} \cdot I_E^{1/2} \qquad \text{mit } r_{hy} = \frac{A}{l_U} \tag{5.49}$$

Die aus dem Gleichgewicht der Kräfte abgeleitete Formel (Gleichung (5.50)) wurde von **Darcy** und **Weisbach** für die Rohrhydraulik entwickelt und gewinnt immer mehr für die Abflussberechnung in Fließgewässern an Bedeutung. Der Reibungsbeiwert λ berücksichtigt nicht nur die Rauheit der Sohle des Gerinnes (k) und die Turbulenz der Strömung (Re), sondern auch die Form des Gerinnes (f). Analog zur Rohrströmung werden örtliche Verluste im Fluss, wie z. B. Bäume und Sträucher im Wasser, berücksichtigt und nicht wie beim Strickler-Beiwert pauschal bewertet (DVWK 1991, BWK 2000). Näheres im Kapitel 7.

$$Q = A \cdot v = A \cdot \frac{1}{\sqrt{\lambda}} \sqrt{8 \cdot g \cdot r_{hy} \cdot I_E} \tag{5.50}$$

mit $\lambda = f(Re, f, k/d_{hy}, \zeta_B)$

5.11 Impuls- und Stützkräfte

Die Impulskraft in der Hydromechanik definiert nach dem zweiten Newton‘schen Gesetz die Änderung des Impulses nach der Zeit, also einen Massenstrom mal Geschwindigkeitsvektor oder auch Impulsstrom bezeichnet. Jede Richtungs- oder Betragsänderung der Geschwindigkeit führt zu einer Kraftübertragung auf die Umgebung der Strömung. Nach dem dritten Newton‘schen Gesetz treten Kräfte immer paarweise auf (Aktion = Reaktion). In einem abgeschlossenen System muss die Summe aller Kräfte gleich null sein. Neben der Kraft aus der Bewegung der Strömung wirken vor allem die Schwerkraft und die Druckkräfte auf das abgeschlossene System, das auch als Kontrollvolumen bezeichnet wird. Vorteil dieser Methode, in der Hydromechanik als Stützkraftsatz bekannt, ist die ausschließliche Betrachtung der äußeren Kräfte am Kontrollvolumen. Die inneren Vorgänge bleiben wie bei einer „Blackbox“ unberücksichtigt.

Stützkraft allgemein: $\vec{S} = \rho \cdot Q \cdot \vec{v} + p \cdot \vec{A}$ (5.51)

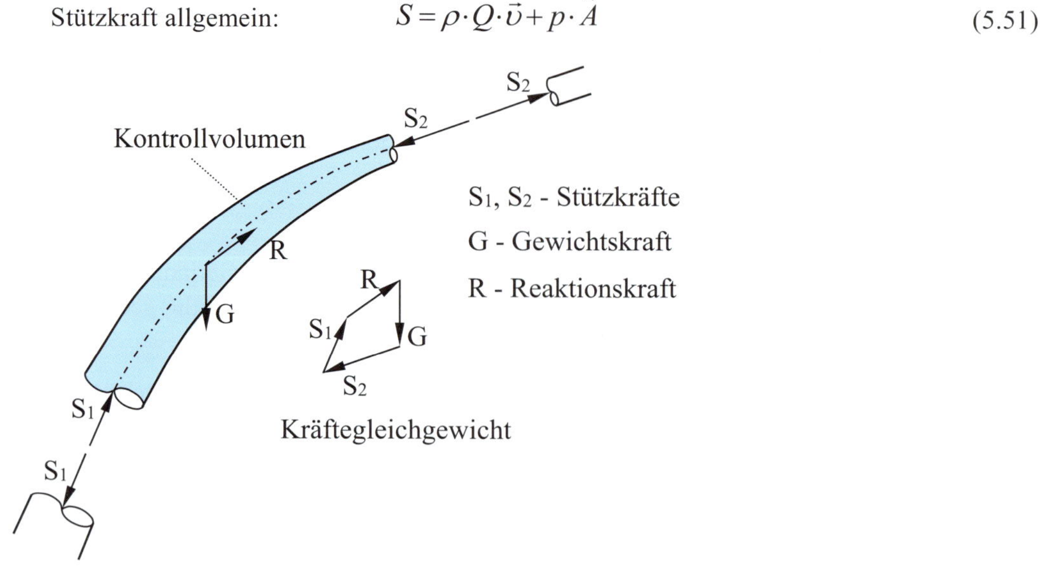

Bild 5.13 Stützkraftsatz am Druckrohr

Bild 5.13 zeigt ein Beispiel für die Druckrohrströmung. Mit diesem Ansatz können z. B. die Lagerkräfte eines Krümmers berechnet werden.

Für den Freispiegelabfluss wird das Kräftegleichgewicht meist für eine Richtung, z. B. die Strömungsrichtung aufgestellt. Die Druckkräfte in der Stützkraft ergeben sich hier aus der hydrostatischen Druckverteilung.

Stützkraft im Flussquerschnitt, horizontal: $S = \rho \cdot Q \cdot v + \rho \cdot g \cdot z_S \cdot A$ (5.52)

mit z_S = vertikaler Abstand des Flächenschwerpunktes zum Wasserspiegel.

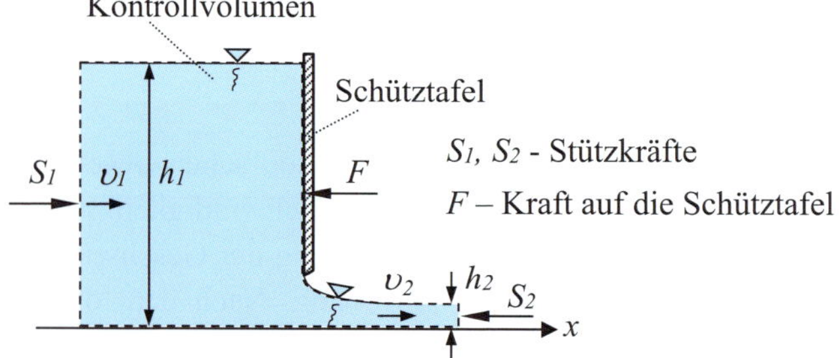

Bild 5.14 Druckkraft auf unterströmte Schütztafel

Aus dem Gleichgewicht der Kräfte, die am Kontrollvolumen (Bild 5.14) angreifen, kann die unbekannte Kraft F auf eine Schütztafel ermittelt werden. Die an der Sohle des Gerinnes angreifenden Reibungskräfte werden dabei in der Regel vernachlässigt.

Kräftegleichgewicht: $F = S_1 - S_2 = \rho \cdot Q \cdot v_1 + \rho \cdot g \cdot b \cdot \frac{h_1^2}{2} - \rho \cdot Q \cdot v_2 - \rho \cdot g \cdot b \cdot \frac{h_2^2}{2}$ (5.53)

5.12 Ausgleichsbeiwerte

Die Geschwindigkeiten und die Druckwerte in der Strömung werden in einem Berechnungsquerschnitt in der praktischen Anwendung meist als Mittelwerte berücksichtigt. In der Rohrströmung ist der Druck ein mittlerer Wert im Fließquerschnitt, obwohl bekannt ist, dass er z. B. in Krümmungen nicht konstant verteilt ist. Die Geschwindigkeitsverteilung unterscheidet sich im Rohr sehr stark zwischen der laminaren und turbulenten Strömung. Im Freispiegelabfluss kann es in einem Querschnitt zu Rückströmungen kommen. Durch Ausgleichsbeiwerte kann in den eindimensionalen Gleichungen eine Korrektur erfolgen. Als mittlerer Druck wird der Druck in der Achse einer Rohrleitung bezeichnet und als mittlere Geschwindigkeit die aus der Kontinuitätsgleichung berechnete Geschwindigkeit. Der Ausgleich der kinetischen Energie (Geschwindigkeitshöhe) erfolgt mit dem Geschwindigkeitshöhenausgleichsbeiwert α, auch Energiestrombeiwert, der größer als 1 wird. In turbulenten Strömungen wird $\alpha = 1{,}01$ bis 1,1 und in laminarer Rohrströmung $\alpha = 2$.

Geschwindigkeitshöhenausgleichsbeiwert: $$\alpha = \frac{1}{\upsilon^3 \cdot A} \cdot \int_A \upsilon^3(A) \cdot dA > 1 \tag{5.54}$$

Ausgleich der Geschwindigkeitshöhe: $$h_{\mathrm{Kin}} = \alpha \cdot \frac{\upsilon^2}{2g} \tag{5.55}$$

Für den Ausgleich der potentiellen Energie ist das der Druckhöhenausgleichsbeiwert β. Er ergibt sich bei konvexen Krümmungen der Stromlinien z. B. über ein rundes Wehr zu $\beta < 1$ und bei konkaven Krümmungen, z. B. beim Ausfluss, zu $\beta > 1$.

Druckhöhenausgleichsbeiwert: $$\beta = \frac{1}{h_{\mathrm{P}} \cdot Q} \cdot \int_A \upsilon(A) \cdot h_{\mathrm{P}}(A) \cdot dA < 1 \tag{5.56}$$

Ausgleich der potentiellen Energiehöhe: $$h_{\mathrm{P}} = \beta \cdot \left(z + \frac{p}{\rho \cdot g} \right) \tag{5.57}$$

Der Druckkraftausgleichsbeiwert β' wird in der Stützkraftgleichung berücksichtigt und liegt analog zum Druckhöhenausgleichsbeiwert meist nahe 1.

Druckkraftausgleichsbeiwert: $$\beta' = \frac{1}{p \cdot A} \cdot \int_A p(A)\, dA \tag{5.58}$$

Ausgleich der Druckkraft: $$F_{\mathrm{p}} = \beta' \cdot p \cdot A \tag{5.59}$$

Der Impulsausgleichsbeiwert α' wird in der Stützkraftgleichung berücksichtigt. Er wird stets größer als 1. Da er sich nur wenig von 1 unterscheidet, wird er meist vernachlässigt.

Impulsausgleichsbeiwert: $$\alpha' = \frac{1}{\upsilon^2 \cdot A} \cdot \int_A \upsilon^2(A)\, dA \tag{5.60}$$

Ausgleich der Impulskraft: $$F_{\mathrm{I}} = \alpha' \cdot \rho \cdot Q \cdot \upsilon \tag{5.61}$$

5.13 Filtergesetz von Darcy

Das Filtergesetz von Darcy beschreibt die Wasserbewegung in Kapillaren und Porenräumen durchlässiger Materialien wie Kies, Sand oder Schluff. Der Durchlässigkeitsbeiwert k_f des Boden- oder Filtermaterials wird in Labortests ermittelt und definiert sich aus dem Verhältnis der Filtergeschwindigkeit υ_f zum hydraulischen Gefälle I_{hy} (Näheres dazu im Kapitel 10).

Das Filtergesetzt von Darcy lautet:
$$\upsilon_f = k_f \cdot \frac{h_f}{L} = k_f \cdot I \tag{5.62}$$

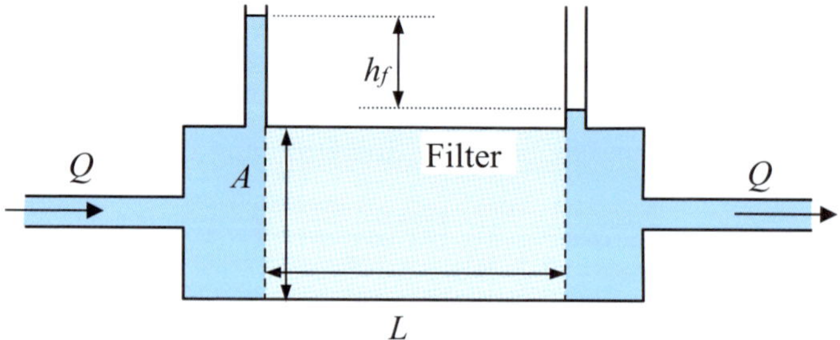

Bild 5.15 Bestimmung des Durchlässigkeitsbeiwertes eines Filters

Durchlässigkeitsbeiwert:
$$k_f = \frac{Q}{A} \cdot \frac{L}{h_f} = \frac{\upsilon_f}{I_{hy}} \tag{5.63}$$

Filtermaterialien können z. B. Kiese ($k_f = 10^{-1}$ m/s) oder Sande ($k_f = 10^{-4}$ m/s) sein. Als Dichtungsmaterialien werden z. B. Lehm ($k_f = 10^{-6}$ m/s) und Ton ($k_f = 10^{-9}$ m/s) bezeichnet. Näheres siehe Tabelle 10.1 auf Seite 458.

Das für laminare Strömungen gültige Gesetz kann bis zu einer kritischen Korn-Reynolds-Zahl Re_f von 1 angewendet werden.

$$Re_f = \frac{\upsilon_f \cdot d_K}{\nu_T} < 1 \tag{5.64}$$

mit d_K = mittlerer Korndurchmesser und ν_T = Viskosität des Wassers

6 Druckrohrströmung

6.1 Einleitung

Rohrleitungen dienen dem Transport von Flüssigkeiten und Gasen (Dampf). Werden neben den Flüssigkeiten und Gasen auch andere Stoffe transportiert, spricht man von Gemisch-Strömungen, das können Feststoffe im Wasser oder im Gas, aber auch Gemische aus Wasser und Gas sein.

Außer Rohren werden für den Transport Formstücke und Armaturen, aber auch Pumpen benötigt. Die Hydraulik dieser Strömungsvorgänge wird als **Rohrhydraulik** bezeichnet.

Der folgende Abschnitt behandelt die Strömungsvorgänge in Rohrleitungen, in denen ein Druck herrscht, der über aber auch unter dem Atmosphärendruck (Umgebungsdruck) liegen kann. Der Abfluss in teilgefüllten Rohren, der auch unter Druck stattfinden kann, gehört wegen dem dabei auftretenden freien Wasserspiegel zur Gerinnehydraulik. Die wichtigsten geometrischen und hydraulischen Zusammenhänge und Tafelwerke hierfür sind im Kapitel 3 zu finden.

Im folgenden Abschnitt wird der Abfluss von Wasser in Rohrleitungen behandelt.

Unter Rohrleitungen werden Rohre mit Kreisquerschnitt $A = \pi \cdot d^2/4$ betrachtet, in denen d der innere Kreisdurchmesser ist. Vom Kreisquerschnitt abweichende Querschnitte werden gesondert behandelt.

6.2 Energie- und Drucklinie (Durchflussberechnung)

Der allgemeine Ansatz für die hydraulische Berechnung von Druckrohrströmungen basiert auf der Bernoulli-Gleichung (5.33), Kapitel 5, in welchem die einzelnen Energieanteile aufgelistet werden.

Voraussetzung für die Berechnung ist zunächst ein Längsschnitt der Druckrohrleitung (Profil) mit Behältern für Ein- und Auslauf sowie den einzelnen Rohrleitungselementen. An diesem Längsschnitt werden in Fließrichtung die einzelnen Energieanteile aufgetragen:

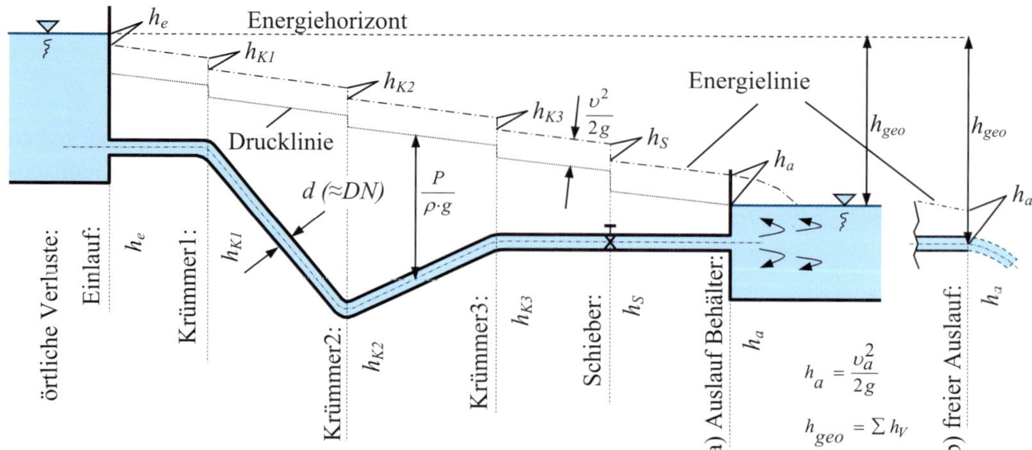

Bild 6.1 Druckrohrleitung mit Energie- und Drucklinie a) bei Auslauf unter Druck in einen Behälter und b) mit freiem Auslauf in die Atmosphäre

In Bild 6.1 bedeuten:

- Energiehorizont = Energiehöhe am Fließbeginn
- Energielinie = Energiehöhenlinie, die den Energiehöhenverlauf entlang der Rohrleitung (Fließweg) veranschaulicht. Diese verläuft stets abfallend infolge der Reibungsverluste in der Rohrleitung und der örtlichen Verluste u. a. an Krümmern und Armaturen.
- Drucklinie = Druckhöhenlinie, die im Abstand von $\upsilon^2/2g$ unterhalb der Energielinie verläuft und an jeder Stelle der Rohrleitung die dort vorhandene Druckhöhe anzeigt. Sie ist gleich der Standrohrwasserspiegelhöhe im Fall einer Anbohrung der Rohrleitung gemäß Bild 4.25a (Hydrostatik).

Energie- und Drucklinie verlaufen in Fließrichtung stetig abfallend, unabhängig vom Verlauf der Rohrleitung.

Im Falle Bild 6.1 a) Fließen von Behälter zu Behälter wird der Fallhöhenunterschied der Behälterwasserspiegel h_{geo} durch die Fließbewegung mit den Energieverlusthöhen $\sum h_{\text{V}}$ von Rohrreibung und örtlichen Energieverlusten aufgebraucht.

$$h_{\text{geo}} = \sum h_{\text{V}} = h_{\text{VR}} + \sum h_{\text{Vö}} \tag{6.1}$$

Beim freien Auslauf (Bild 6.1 b) ist die Fallhöhe zwischen Wasserspiegel Einlaufbehälter und Rohrachse Auslauf abflusswirksam.

Als Energiegefälle I_{E} wird das Verhältnis aus Summe der Verlusthöhen zur Rohrleitungslänge l bezeichnet:

$$I_{\text{E}} = \frac{\sum h_{\text{V}}}{l} \tag{6.2}$$

Die hydraulische Berechnung von Druckrohrleitungen beinhaltet hauptsächlich die Ermittlung der hydraulischen Verluste infolge Rohrreibung und örtlichen Verlusten.

Die Reibungsverlusthöhe wird berechnet mit:

$$h_{VR} = \lambda \cdot \frac{l}{d} \cdot \frac{\upsilon^2}{2g} \tag{6.3}$$

mit λ = Rohrreibungsbeiwert

Als Reibungsgefälle I_R wird das Verhältnis aus Reibungsverlusthöhe und Rohrlänge definiert. Sie stellt das Gefälle der Drucklinie dar.

$$I_R = \frac{h_{VR}}{l} = \frac{\lambda}{d} \cdot \frac{\upsilon^2}{2g} \tag{6.4}$$

Die örtlichen Verluste sind die Summe aus Einzelverlusten, berechnet aus den Verlustbeiwerten der örtlichen Störungen und der Geschwindigkeitshöhe:

$$h_{Vö} = \sum \zeta_ö \cdot \frac{\upsilon^2}{2g} \tag{6.5}$$

mit $\sum \zeta_ö$ = Summe der örtlichen Verlustbeiwerte

$\frac{\upsilon^2}{2g}$ = Geschwindigkeitshöhe in m

$\upsilon = Q/A$ mittlere Fließgeschwindigkeit in m/s

Der Durchfluss $Q = \upsilon \cdot \pi \cdot d^2/4$ wird für den in Bild 6.1 dargestellten Fall aus Gleichung (6.1), (6.4) und (6.5) ermittelt zu:

$$Q = \frac{\pi \cdot d^2}{4} \cdot \sqrt{\frac{2g \cdot h_{geo}}{\frac{\lambda \cdot l}{d} + \sum \zeta_{Vö}}} \tag{6.6}$$

Die örtlichen Verluste $\sum \zeta_{Vö}$ enthalten neben den „normalen" örtlichen Verlusten wie Einlauf, Krümmer, Armaturen usw. auch den Auslaufverlustbeiwert $\zeta_a = 1{,}0$ bis $1{,}06$, welcher den „Verlust" an kinetischer Energie, ausgedrückt durch $\upsilon^2/2g$, im Auslaufbehälter (a) oder beim Ausfluss im Freien (b) zum Ausdruck bringt.

Ist der Rohrauslauf eine Düse, ein Diffusor oder ein Regelorgan mit veränderter Austrittsgeschwindigkeit, so ändert sich ζ_a:

– bei einer Düse mit $\upsilon_a > \upsilon$: $\zeta_a = \frac{\upsilon_a^2}{\upsilon^2} > 1$

– bei einem Diffusor: $\upsilon_a < \upsilon$: $\zeta_a = \frac{\upsilon_a^2}{\upsilon^2} < 1$

– bei einem Regelorgan (Schieber etc.): $\upsilon_a > \upsilon$: $\zeta_a = \zeta_{Reg} > 1$

Näheres siehe unter Abschnitt 6.9 Örtliche Verluste.

Bei Rohrleitungen mit unterschiedlichem Durchmesser d_i über die jeweilige Länge l_i wird, bezogen auf einen voll durchflossenen Endquerschnitt mit dem Durchmesser d:

$$Q = \frac{\pi \cdot d^2}{4} \cdot \sqrt{\frac{2g \cdot h_{geo}}{\left(\frac{\lambda_i \cdot l_i}{d_i} + \sum \zeta_i\right) \cdot \left(\frac{d}{d_i}\right)^4 + \zeta_a}} \tag{6.7}$$

Zur Abflussberechnung für verschiedene Grundfälle siehe *Bollrich* (2019).

Folgende Zusammenstellung ermöglicht die Anwendung der Durchflussformeln aus einer an einen Behälter angeschlossenen Druckrohrleitung.

a) Rohrdurchfluss (Kontinuität):

$$Q = A \cdot \upsilon \tag{6.8}$$

$$Q = \frac{\pi \cdot d^2}{4} \cdot \upsilon$$

b) Durchfluss ohne Verluste (idealer, maximaler oder theoretischer Durchfluss):

$$Q = \frac{\pi \cdot d^2}{4} \cdot \sqrt{2g \cdot h_{geo}} \quad \text{mit} \quad \frac{\upsilon^2}{2g} = h_{geo} \tag{6.9}$$

c) Durchfluss durch eine Rohrleitung ohne Reibung, aber mit Austrittsverlust:

$$Q = \frac{\pi \cdot d^2}{4} \cdot \sqrt{\frac{2g \cdot h_{geo}}{\zeta_a}} \tag{6.10}$$

d) Durchfluss durch eine Rohrleitung mit Reibungs- und örtlichen Verlusten bei freiem Ausfluss (1 unter der Wurzel kennzeichnet den freien Ausflussbeiwert, sofern er nicht schon in der Summe der örtlichen Verluste mit berücksichtigt wurde):

$$Q = \frac{\pi \cdot d^2}{4} \cdot \sqrt{\frac{2g \cdot h_{geo}}{\lambda \cdot \frac{l}{d} + \sum \zeta + 1}} \tag{6.11}$$

e) Durchfluss durch Rohrleitung mit Reibungs- und örtlichen Verlusten bei freiem Ausfluss mit einem vom Rohrquerschnitt abweichenden Endquerschnitt, z. B. Düse oder Diffusor:

$$Q = \frac{\pi \cdot d^2}{4} \cdot \sqrt{\frac{2g \cdot h_{geo}}{\lambda \cdot \frac{l}{d} + \sum \zeta + \left(\frac{d}{d_a}\right)^4}} \tag{6.12}$$

f) Durchfluss durch Rohrleitung mit unterschiedlichen Durchmessern d_i bezogen auf den Enddurchmesser d_a:

$$Q = \frac{\pi \cdot d_a^2}{4} \cdot \sqrt{\frac{2g \cdot h_{geo}}{\sum\left[\left(\lambda \cdot \frac{l_i}{d_i} + \sum \zeta_i\right) \cdot \left(\frac{d_a}{d_i}\right)^4\right] + 1}} \tag{6.13}$$

g) Durchfluss durch Rohrleitung mit unterschiedlichen Durchmessern d_i und gedrosseltem Regelorgan am Ende der Rohrleitung bezogen auf den Nenndurchmesser des offenen Regelorgans d_R mit Beiwert μ' des Regelorgans (siehe Abschnitt 8.21):

$$Q = \frac{\pi \cdot d_R^2}{4} \cdot \sqrt{\frac{2g \cdot h_{geo}}{\sum\left[\left(\lambda \cdot \frac{l_i}{d_i} + \sum \zeta_i\right) \cdot \left(\frac{d_R}{d_i}\right)^4\right] + \frac{1}{\mu'^2}}} \tag{6.14}$$

6.3 Fließarten, Geschwindigkeitsprofile und Reibungsbeiwert

Bei Druckrohrströmungen wird zwischen den Strömungsarten laminare und turbulente Fließbewegung unterschieden. Den Übergang definiert die kritische Reynolds-Zahl *Re*. Beeinflusst durch die Rohrwand und die Turbulenz der Strömung (*Re*-Zahl) ergeben sich für die laminare und die turbulente Fließbewegung unterschiedliche Geschwindigkeitsprofile und Strömungswiderstände.

6.3.1 Laminare Rohrströmung

Laminare Rohrströmung in Rohrleitungen liegt vor bei Reynolds-Zahlen

$$Re = \frac{\upsilon \cdot d}{\nu} = \frac{\upsilon \cdot d_{hy}}{\nu} < 2320 \tag{6.15}$$

mit: υ = mittlere Geschwindigkeit in m/s

d = Innendurchmesser des Rohres in m

$d_{hy} = 4 \cdot \frac{A}{l_U}$ hydraulischer Durchmesser in m

l_U = benetzter Umfang in m

ν = kinematische Viskosität in m^2/s

Der Rohrreibungsbeiwert λ beträgt bei laminarem Fließen im Kreisprofil mit dem Durchmesser d und dem hydraulischen Radius $r_{hy} = d/4$:

$$\lambda = \frac{64}{Re} \tag{6.16}$$

Zwischen zwei parallelen Platten mit dem Abstand a und dem hydraulischen Radius $r_{hy} = a$ ist:

$$\lambda = \frac{96}{Re} \tag{6.16a}$$

Für quadratische Querschnitte mit der Seitenlänge b und dem hydraulischen Radius $r_{hy} = b/4$ ist:

$$\lambda = \frac{56,9}{Re} \tag{6.16b}$$

Die Wandrauheit spielt bei laminarer Strömung keine Rolle. Der Reibungsverlust entsteht nur aus der sogenannten inneren Reibung infolge Zähigkeit der Flüssigkeit. Die Geschwindigkeitsverteilung bei laminarer Strömung erfolgt nach einem Rotationsparaboloid, wenn mit y der Abstand von der Rohrmitte und mit r der Rohrradius bezeichnet ist, mit der Gleichung (siehe Bild 6.2):

$$\upsilon(y) = \upsilon_{max}\left(1 - y^2/r^2\right) \tag{6.17}$$

Die maximale Geschwindigkeit in der Rohrmitte beträgt das Doppelte der mittleren Geschwindigkeit:

$$\upsilon_{max} = 2 \cdot \upsilon = 2 \cdot \frac{Q}{A} = 2 \cdot \frac{4 \cdot Q}{\pi \cdot d^2} \tag{6.18}$$

Infolge der parabelförmigen Geschwindigkeitsverteilung bei laminarer Strömung ist mit einem Energieausgleichswert (Energiestrombeiwert oder Geschwindigkeitshöhenausgleichsbeiwert) von

$$\alpha_{lam} = 2,0 \tag{6.19}$$

zu rechnen, mit welchem die Geschwindigkeitshöhe $\upsilon^2/2g$ in der Energiegleichung gemäß Bild 6.1 zu multiplizieren ist.

6.3.2 Turbulente Rohrströmung

Im Gegensatz zur laminaren Strömung ist die turbulente Strömung durch Verwirbelungen und Querbewegungen von Flüssigkeitsteilchen gekennzeichnet. Da diese bis nahe an die Rohrwand heran gelangen, bildet sich ein flacheres Geschwindigkeitsprofil (Bild 6.2).

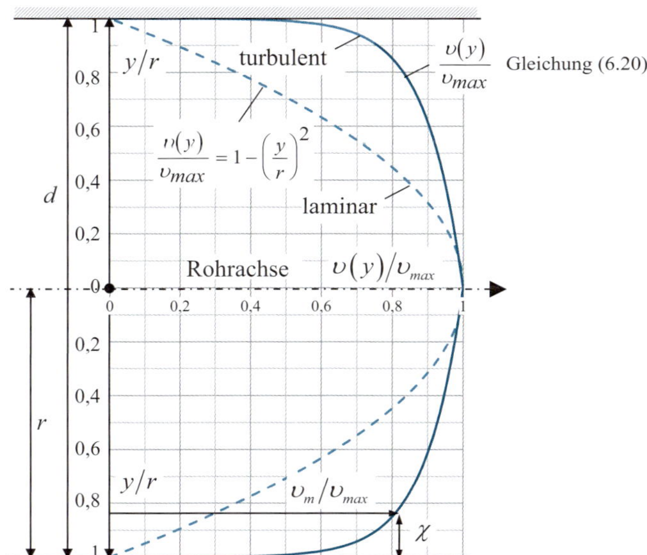

Bild 6.2 Vergleich des laminaren und des turbulenten Geschwindigkeitsprofils

Die Geschwindigkeitsverteilung bei turbulenter Rohrströmung hängt von der Reynolds-Zahl *Re* und der hydraulischen Rauheit *k* bzw. dem Reibungsbeiwert λ ab.

In der Literatur sind verschiedene Ansätze für $\upsilon(y)/\upsilon_{\max}$ zu finden. Von *Bollrich* (2019) wurde das Gesetz für die logarithmische Geschwindigkeitsverteilung abgeleitet. Es lautet:

$$\frac{\upsilon(y)}{\upsilon_{\max}} = 1 + \frac{0{,}884 \cdot \sqrt{\lambda}}{1 + 1{,}326 \cdot \sqrt{\lambda}} \cdot \ln\left(1 - y/r\right) \tag{6.20}$$

Am besten stimmt damit die 1956 von *Altschul* (in *Kiseljew*, 1972) angegebene einfachere Formel überein:

$$\frac{\upsilon(y)}{\upsilon_{\max}} = \left(1 - y/r\right)^{0{,}9 \cdot \sqrt{\lambda}} \tag{6.21}$$

Nach *Eck* (1957) und *Bohl/Elmendorf* (2008) gilt die von *v. Karman* 1921 abgeleitete Gleichung (das sogenannte „1/7-Gesetz"):

$$\frac{\upsilon(y)}{\upsilon_{\max}} = \left(1 - y/r\right)^{\frac{1}{n}} \qquad \text{mit } \frac{1}{n} \approx \sqrt{\lambda} \tag{6.22}$$

Hierzu werden folgende in Tabelle 6.1 eingetragenen Kennwerte einschließlich des Energiehöhenausgleichswertes α sowie das Verhältnis $\upsilon/\upsilon_{\max}$ genannt:

Tabelle 6.1 Kennwerte der turbulenten Strömung im Kreisrohr nach *Bohl/Elmendorf* (2008)

	hydraulisch glatt, $k=0$				**hydraulisch rau**, $Re \to \infty$		
	$Re =$				$k/d =$		
	$4 \cdot 10^3$	10^4	10^5	10^6	$3 \cdot 10^{-2}$	$1{,}2 \cdot 10^{-2}$	$3 \cdot 10^{-2}$
n in Gleichung (6.22)	6	6,5	7	8,6	4	5	6
Energiestrombeiwert α	1,077	1,066	1,058	1,04	1,156	1,106	1,077
$\upsilon_m/\upsilon_{max}$	0,7912	0,8048	0,8167	0,8466	0,7111	0,7576	0,7912

Der dort bezeichnete Energiestrombeiwert α (Geschwindigkeitshöhen-Ausgleichsbeiwert), mit dem die Geschwindigkeitshöhe $\upsilon^2/2g$ zu multiplizieren ist, liegt bei der technisch meist vorkommenden Strömung zwischen $\alpha = 1{,}10$ und $1{,}01$. Je größer Re und damit die Turbulenz, umso mehr nähert sich α dem Wert 1.

Da die Geschwindigkeitshöhe $\upsilon^2/2g$ in den meisten praktisch vorkommenden Strömungsvorgängen im Bau- und Wasserwesen im Vergleich zu den Druckhöhen $p/(\rho \cdot g)$ vernachlässigt werden kann, ist der Fehler in den meisten Fällen sehr gering, wenn mit $\alpha = 1{,}0$ gerechnet wird. Allerdings kann α in Ausnahmefällen (Gerinneströmung, geringe Druckhöhe) von Bedeutung sein. Tabelle 6.1 gibt dafür einen Anhalt.

Die mittlere Fließgeschwindigkeit $\upsilon_m = \upsilon$ beträgt bei turbulenter Rohrströmung ca. 75 bis 80 % von υ_{max} und tritt bei einem Wandabstand von χ auf.

Bei technisch glatten Rohren ist der dimensionslose Wandabstandswert $\chi = 0{,}242$ und $\upsilon_m = 0{,}8167 \cdot \upsilon_{max}$ nach dem 1/7-Gesetz.

Im Übergangsbereich und bei technisch rauen Rohren ist υ_m gemäß Gleichung (6.20) vom λ-Wert abhängig und tritt bei $\chi = 0{,}223$ auf. Für υ_m ergeben sich nach Gleichung (6.20) folgende Werte in Abhängigkeit vom Rohrreibungsbeiwert λ:

λ	0,01	0,02	0,03	0,04
$\upsilon_m/\upsilon_{max}$	0,883	0,842	0,813	0,790

Diese Angaben weichen etwas von denen von *Bohl/Elmendorf* (2008) angegebenen ab (Tabelle 6.1).

Richter (1957, S. 125) gibt als relativen Abstand der mittleren Geschwindigkeit von der Wand $\chi = 0{,}24$ an, wobei $\upsilon_m/\upsilon_{max} = 0{,}84 \pm 0{,}035$ beträgt und gültig ist für mäßig raue Rohre.

Die mittlere Fließgeschwindigkeit im Fließquerschnitt durch Staurohre aufzunehmen kann für die Durchflussmessung in Rohrleitungen genutzt werden. Näheres hierzu siehe *Bollrich* und *Prüfer* (1987).

6.3.3 Reibungsbeiwert im turbulenten Bereich

Die entlang einer Rohrleitung auftretende Reibung wird durch den Reibungswert λ erfasst. Die Reibungsverlusthöhe h_{VR} wird gemäß Gleichung (6.3) berechnet zu:

$$h_{VR} = \lambda \cdot \frac{l}{d} \cdot \frac{v^2}{2g} \tag{6.23}$$

Der Reibungswert λ ist abhängig von *Re* und dem hydraulischen Rauheitswert *k* bzw. der relativen Rauheit *k*/*d*. Dabei sind drei Bereiche, welche vom Strömungszustand an der Rohrwand abhängen, zu unterscheiden: der hydraulisch glatte Bereich, der Übergangsbereich und der hydraulisch raue Bereich (Bild 6.3).

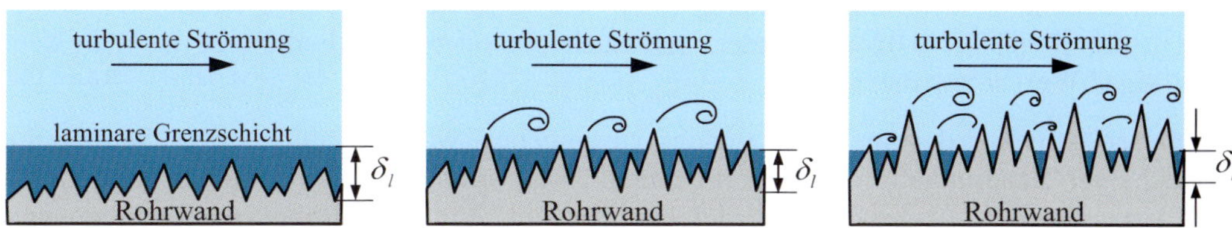

Bild 6.3 Hydraulisches Verhalten einer turbulenten Rohrströmung an einer stark vergrößerten Rohrwand

Entscheidend ist die Dicke δ_l der laminaren Grenzschicht an der Rohrwand, welche bei **hydraulisch glattem** Verhalten die Erhebungen der Rauheit überdeckt. Der Reibungsbeiwert λ ist dann nur von *Re* und damit von der „inneren Reibung" abhängig und wird berechnet mit:

$$\lambda = \left[2 \cdot \log\left(\frac{Re \cdot \sqrt{\lambda}}{2{,}51} \right) \right]^{-2} \tag{6.24}$$

Mit zunehmender Fließgeschwindigkeit und damit zunehmender Turbulenz der Strömung nimmt diese Dicke ab und die Rauheit beeinflusst die turbulente Strömung. Wenn die Rauheitserhebungen vollständig in die turbulente Strömung hineinragen und die laminare Grenzschicht praktisch unwirksam wird, spricht man von **hydraulisch rau**, bei welchem nur die hydraulische Rauheit *k* bzw. die relative Rauheit *k*/*d* wirksam sind und der Reibungsbeiwert mit:

$$\lambda = \left[2 \cdot \log\left(\frac{3{,}71}{k/d} \right) \right]^{-2} \tag{6.25}$$

berechnet wird. In der Praxis liegt in der Regel weder der eine noch der andere Fall vor, sondern es stellt sich ein **Übergangsbereich** ein. *Colebrook* und *White* (1937) haben daher beide Grenzfälle durch eine Superposition beider Einflüsse im Argument des Logarithmus vorgeschlagen. Die so entstandene und als Prandtl-Colebrook-Formel bezeichnete Gleichung lautet:

$$\lambda = \left[-2 \cdot \log\left(\frac{2{,}51}{Re \cdot \sqrt{\lambda}} + \frac{k/d}{3{,}71} \right) \right]^{-2} \tag{6.26}$$

Sie ist im gesamten turbulenten Strömungsbereich anwendbar und die wichtigste Formel für das Widerstandsverhalten in Druckrohrleitungen. Im Bild 6.4. ist λ in Abhängigkeit von Re und k/d dargestellt (Moody-Diagramm). Bild 6.5 zeigt das Mock-Diagramm, aus dem relativ genau eine der drei Größen (Re, λ, k/d) bei zwei bekannten Größen, verbunden durch eine Gerade abgelesen werden kann.

Die hydraulische Rauheit k wird in Millimetern [mm] angegeben, ist aber keine geometrische, sondern eine im hydraulischen Versuch ermittelte Größe.

Da die Berechnung von λ mit Gleichung (6.26) nur implizit möglich ist, wird als Anfangswert in der Regel $\lambda = 0{,}02$ verwendet, und nach ein oder zwei Iterationen ist man dem endgültigen Wert sehr nahe.

Um diesen Aufwand der impliziten Lösung zu umgehen, wurden zahlreiche mathematische Versuche für Näherungsformeln unternommen. Die Formel (Gleichung (6.27)) von *Zanke* (1993) weist über den gesamten turbulenten Bereich die beste Näherung für Gleichung (6.26) auf. Die Abweichungen liegen unter 0,25 %.

$$\lambda = \left[-2 \cdot \log\left(2{,}72 \cdot \frac{(\log Re)^{1{,}2}}{Re} + \frac{k/d}{3{,}71} \right) \right]^{-2} \tag{6.27}$$

Der Umschlag von laminarer in turbulenter Strömung erfolgt, wie Messungen zeigen, in einem Bereich zwischen $2320 < Re < 4000$. *Zanke* hat mit Hilfe einer Sprungfunktion α unter Verwendung der Gleichungen (6.16) für die laminare Strömung und (6.27) für die turbulente Strömung für den Gesamtbereich aller Re-Zahlen folgende Gleichung entwickelt:

$$\lambda = \frac{64}{Re} \cdot (1 - \alpha) + \alpha \cdot \left[-2 \cdot \log\left(2{,}72 \cdot \frac{(\log Re)^{1{,}2}}{Re} + \frac{k/d}{3{,}71} \right) \right]^{-2} \tag{6.28}$$

mit $\alpha = e^{-e^{-(0{,}0033 \cdot Re - 8{,}75)}}$

Bei laminarer Strömung wird $\alpha = 0$ und bei turbulenter Strömung $\alpha = 1$.

Eine etwas einfachere explizite Näherungsformel geben *Swamee* und *Jain* (1976) für den Reibungsbeiwert im turbulenten Bereich mit folgender Formel an:

$$\lambda = \left[-2 \cdot \log\left(\frac{5{,}74}{Re^{0{,}9}} + \frac{k/d}{3{,}7} \right) \right]^{-2} \tag{6.29}$$

Diese gilt für $10^{-6} < k/d < 10^{-2}$ und $5 \cdot 10^{3} < Re < 3 \cdot 10^{8}$, was praktisch dem gesamten technisch wichtigen turbulenten Strömungsbereich entspricht. Die Übereinstimmung der Näherungsgleichungen (6.28) und (6.29) mit der Prandtl-Colebrook-Formel nach Gleichung (6.26) ist sehr gut und wesentlich besser als mit anderen, in verschiedenen Quellen aufgeführten Gleichungen.

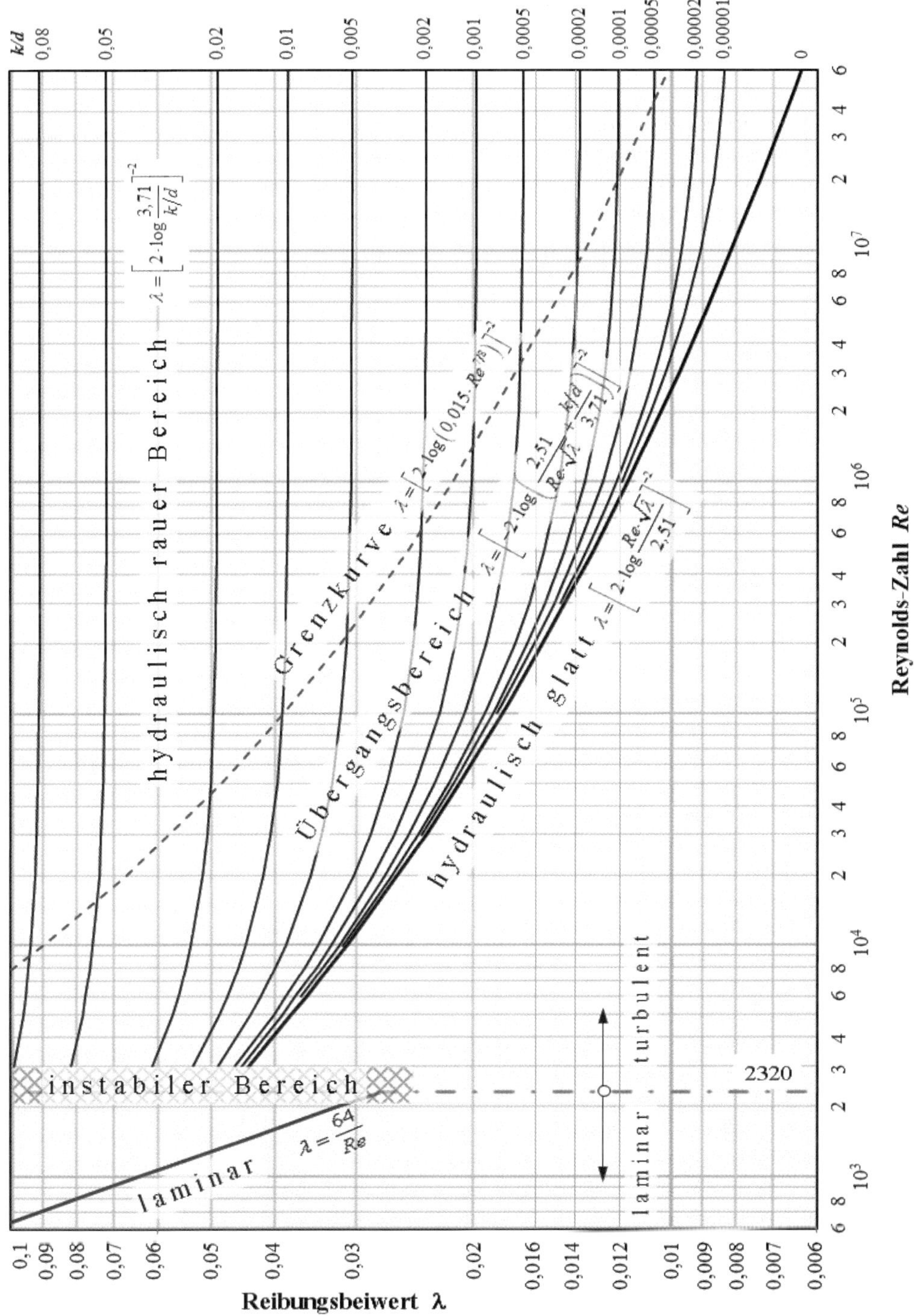

Bild 6.4 Moody-Diagramm

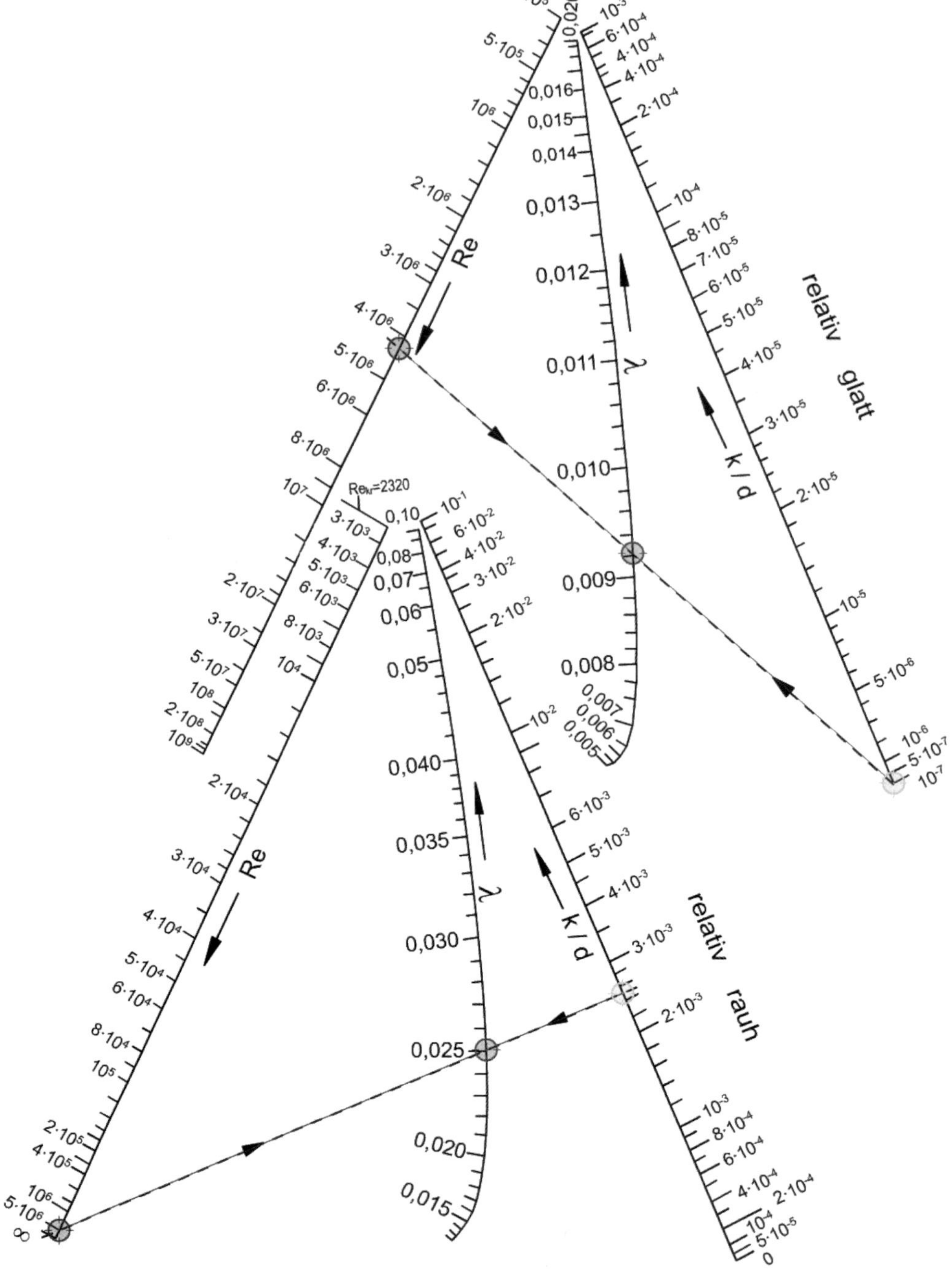

Bild 6.5 Mock-Diagramm

Beispiel:

Ablesung Re, λ, k/d

Moody-Diagramm (Bild 6.4):

$Re = 10^5$

→ Hydraulisch glatt	$k/d = 0$	$\lambda = 0{,}018$
→ Übergangsbereich	$k/d = 0{,}002$	$\lambda = 0{,}025$
→ Hydraulisch rau	$k/d = 0{,}02$	$\lambda = 0{,}050$

Mock-Diagramm (Bild 6.5):

Oben: relativ glatt	$k/d = 10^{-7}$, $Re = 4{,}2 \cdot 10^6$	$\lambda = 0{,}0092$
Unten: relativ rau	$k/d = 2{,}5 \cdot 10^{-3}$, $Re = 5 \cdot 10^6$	$\lambda = 0{,}025$

6.4 Absolute und relative hydraulische Rauheit

Als absolute hydraulische Rauheit wird der in mm angegebene Wert k bezeichnet, der ursprünglich aus den von *Nikuradse* (1933) durchgeführten Messungen die Korngröße der Sandkörner definierte, mit der *Nikuradse* seine Versuchsrohre beschichtete (Sandrauheit).

$k_s \rightarrow$ Sandrauheit, Korndurchmesser der im Experiment von *Nikuradse* aufgetragenen dichten Sandbeschichtung.

$k \rightarrow$ äquivalente Rauheit; gleiches, im Experiment ermitteltes Widerstandsverhalten wie die Ergebnisse von *Nikuradse,* auch als technische Rauheit bezeichnet.

$k_b \rightarrow$ integrale bzw. betriebliche Rauheit unter Berücksichtigung aller, auch örtlicher Verluste eines Rohrabschnittes.

$k/d \rightarrow$ relative Rauheit; dimensionslose, auf den Durchmesser bezogene Rauheit.

Die Größe des o. g. Rauheitswertes k ist für die Auswertung der o. g. Gleichungen entscheidend. In der folgenden Tabelle 6.2 sind sowohl k-Werte aus den Arbeitsblättern der Regelwerke des DVWK und des DWA aufgenommen als auch Erfahrungs- und Messwerte für Druckrohre aus zahlreichen einschlägigen Literaturquellen sowie eigenen Messungen und Berechnungen. Es ist empfehlenswert, bei letzteren mit der angegebenen von-bis-Spanne zu rechnen, um den möglichen Ergebnisbereich besser abschätzen zu können.

Bei der Auswertung der Messergebnisse für den k-Wert von Rohrleitungen ist zunächst die Energieverlusthöhe h_{VR} nach Gleichung (6.3), daraus und damit schließlich der k-Wert aus der entsprechend umgeformten Gleichung (6.26) zu ermitteln:

$$k = 3{,}71 \cdot d \cdot \left[10^{\frac{-1}{2 \cdot \sqrt{\lambda}}} - \frac{2{,}51}{Re \cdot \sqrt{\lambda}} \right] \tag{6.30}$$

Die Rauheit einer Rohrleitung kann sich mit der Zeit ändern. Im Regelfall nimmt sie durch Verkrustungen der Rohrwand zu, worauf im Abschnitt 6.8 näher eingegangen wird. Bei Einzelrohrleitungen empfiehlt es sich, die Angaben des Herstellers zum k-Wert zu erfragen. Einzelheiten zur Ermittlung des k-Wertes findet man z. B. bei *Schröder* (1990 und 1994) sowie *Schröder* und *Zanke* (2003).

6.5 *Q-d-I*-Tafeln zur Durchflussermittlung

Mit der Prandtl-Colebrook-Formel, Gleichung (6.26), kann die Geschwindigkeit υ und damit der Durchfluss Q direkt bestimmt werden:

$$Q = \upsilon \cdot A = -\frac{\pi \cdot d^2}{4} 2 \cdot \log\left(\frac{2{,}51 \cdot \nu}{d \cdot \sqrt{2g \cdot d \cdot I}} + \frac{k/d}{3{,}71}\right) \cdot \sqrt{2g \cdot d \cdot I} \qquad (6.31)$$

Darin ist I das Reibungsgefälle I_R, wenn k ausschließlich die Rohrreibung definiert, und I_E, wenn $k = k_b$ die örtlichen Verluste mit berücksichtigt.

$$I_R = \frac{h_{VR}}{l} \qquad \text{bzw.} \qquad I_E = \frac{\sum h_V}{l} = \frac{h_{VR} + \sum h_{VÖ}}{l}$$

Einige Hersteller geben die örtlichen Verluste der Formstücke und Armaturen als äquivalente Längen $l_ä$ an, dabei entspricht der örtliche Verlust einem äquivalenten Reibungsverlust der Rohrleitung entlang dieser Länge:

$$l_ä = \frac{d}{\lambda} \cdot \zeta \qquad (6.32)$$

Damit ergeben sich die Gesamtverlusthöhen zu:

$$\sum h_V = I_R \cdot (l + l_ä) \qquad (6.33)$$

In den Bildern 6.6a und 6.6b ist Gleichung (6.31) für Wasser von 10 °C mit $\nu = 1{,}31 \cdot 10^{-6}\,\text{m}^2/\text{s}$ und k-Werte von 0,1, 0,5, 1,0 und 1,5 mm ausgewertet.

Zwischenwerte sind relativ leicht durch Interpolation zu ermitteln.

Beispiel:

$I = h_{VR}/l$ (lokale Verluste vernachlässigbar gegenüber Reibungsverlusten)

$h_{VR} = h_{geo} = 3{,}1$ m, $l = 5000$ m → $I = 0{,}00062 = 0{,}62\,\%$ für $d = 300$ mm und $k = 0{,}1$ mm

Ablesung in Bild 6.6b: $Q = 30{,}2$ l/s

Gleichung (6.31) ist u. a. in umfangreichen Tabellenbüchern und *Q-d-I*-Tafeln ausgewertet, z. B. in *Pecher*, et al. (1991), *Lautrich* (1976), *Preß* und *Brettschneider* (1981) und *Unger* (2009).

Tabelle 6.2 a) bis d) Absolute Rauheit k von Druckrohrleitungen

a) Betriebliche Rauheit $k_b = k_2$ für Wasserrohrnetze nach DVGW-Arbeitsblatt 303-1 (2006). (Neben der Wandrauheit werden hierin Ablagerungen, Armaturen, Bögen, Abzweige, Reduzierungen u. a. pauschal mit erfasst.)

Anwendungsbereiche	k_2 in mm
Fern- und Zubringerleitungen mit gestreckter Linienführung aus Stahl- und Gussrohren mit ZM- und Bitumenauskleidung, Kunststoff-, Spannbeton- und Asbestzementrohren	0,1
Wie davor, mit weitgehend gestreckter Linienführung, aber auch aus Stahl- und Gussrohren ohne Auskleidung und ohne Ablagerungen	0,4
Neue, aber stark vermaschte Netze	1,0
Ältere Rohrleitungen und Rohrnetze, insbesondere aus ungeschützten Stahl- und Gussleitungen	> 1,0

Unter den Rauheitswerten k_1 wird nach DVWK-Arbeitsblatt W400-1 in der Regel die Rauheit von Einzelrohrleitungen einschließlich der Rohrverbindungen verstanden, ohne dass dort dafür Angaben gemacht werden.

b) Pauschalwerte der betrieblichen Rauheit k_b für Abwasserleitungen und Kanäle nach DWA-A110 (2006).

Kanal-Art	**Schachtausbildung**		
	Regelschächte	**Angeformte Schächte**	**Sonderschächte**
	k_b-Wert in mm		
Transportkanäle	0,5	0,5	0,75
Sammelkanäle < DN 1000	0,75	0,75	1,50
Sammelkanäle > DN 1000	–	0,75	1,50
Mauerwerkskanäle, Ortbetonkanäle, Kanäle aus nicht genormten Rohren ohne besonderen Nachweis der Wandrauheit	1,5	1,5	1,5
Drosselstrecken (1), Druckrohrleitungen (1,2,3), Düker (1) und Reliningstrecken ohne Schächte	0,25		

(1) Ohne Einlauf-, Auslauf- und Umlenkverluste.
(2) Ohne Drucknetze.
(3) Auswirkungen auf Pumpwerke (siehe Abschnitt 11 des Regelwerkes).

Nicht enthalten in dieser pauschalen Definition der k_b-Werte sind die Einflüsse von:

- Unterschieden zwischen gerechneten und vorhandenen lichten Rohrdurchmessern,
- Vereinigungsbauwerken,
- Ein- und Auslaufbauwerken von Drosselstrecken, Druckrohrleitungen, Dükern und
- Auswirkungen von Ein- und Überstau.

c) Durch hydraulische Versuche ermittelte Werte sowie Erfahrungswerte und Herstellerangaben

Rohrwerkstoff	**Art der Rohrinnenwand**	k in mm
Gezogene Rohre aus Glas, Kupfer, Messing, Bronze	neu, technisch glatt	0 (glatt) bis 0,0015
Aluminium		< 0,003
Plexiglas und PVC (glatt)		0,003
PE-Rohre		0,003 bis 0,03
GFK-Rohre		≤ 0,01

Fortsetzung Tabelle 6.2

c) **Durch hydraulische Versuche** ermittelte Werte sowie Erfahrungswerte und Herstellerangaben		
Rohrwerkstoff	**Art der Rohrinnenwand**	k in mm
Stahlrohe, gezogen	neu gebraucht	0,01 bis 0,05 0,1 bis 0,3
Stahlrohe, nahtlos	neu bituminiert Rostnarben, aber ohne Ablagerungen innen lackiert mäßig korrodiert oder leichte Verkrustung stark verkrustet, Kesselsteinablagerungen	0,01 bis 0,1 0,04 0,1 bis 0,2 0,3 bis 0,4 0,4 3,0
Stahlrohe, verzinkt	neu	0,1 bis 0,3
Stahlrohre, geschweißt	neu neu, bituminiert bituminiert, nach längerem Gebrauch mäßig verrostet, leichte Verkrustung starke Verkrustung stark verrostet	0,04 bis 0,1 0,05 0,1 0,15 bis 1,5 2 bis 4 >10
Stahlrohre, genietet	Längs- und Quernietung, 2-reihig, Anstrich neu doppelte Längs-, einfache Quernietung, korrosionsfrei mehrfache Längsnietung, je nach Oberfläche	0,3 bis 0,4 bis 1,3 2 bis 9
Gusseiserne Rohre mit Flansch- oder Muffen-dichtung	neu, nicht ausgekleidet neu, bituminiert angerostet oder mit geringer Ablagerung mit starker Ablagerung und Verkrustung	0,25 0,15 1,0 bis 1,5 1,5 bis 4
Betonrohre und Druckstollen aus Beton	Spannbetonrohr, neu Schleuderbetonrohr, neu Betonrohr, neu Druckstollen, – Holzschalung – Metallschalung – mit geglättetem Putz – Torkretierung ungeglättet – Torkretierung geglättet	0,03 bis 0,25 0,2 bis 0,8 0,4 bis1,5 1,5 bis 10 0,5 0,15 bis 2,5 6 1
Faserzementrohre	neu, glatt ohne Glattputz (mittel)	0,05 bis 0,1 0,2 bis 0,8 0,6
Steinzeugrohre	glasiert ohne Stoßfugen, neu Dränrohre, neu, gebrannt	0,04 bis 1,4 0,7
Holzrohre	gehobelt raue Bretter nach längerem Gebrauch	0,2 bis 1,0 1,0 bis 2,5 0,1
d) Auskleidungen		
Geschleuderte Zementisolierung		bis 0,4
Geschleuderte Bitumenisolierung		bis 0,13
Putz aus reinem Zement, geglättet		0,05 bis 0,2
Rilsan-Beschichtung		0,1 bis 0,3

6.6 Druckrohrsortiment nach DIN (Auswahl)

Für hydraulische Berechnungen ist der Innendurchmesser d_i eine sehr wichtige Größe, da er beispielsweise bei der Flächenberechnung im Quadrat eingeht und damit für die Rechengenauigkeit entscheidend ist. Für die verschiedenen Rohrarten ist daher die Nennweite DN (Diameter Nominal) nicht automatisch gleich dem Innendurchmesser, sondern dieser muss von Fall zu Fall aus den Angaben des Herstellers bestimmt werden.

Mit den Angaben, die für verschiedene Rohrsorten vorliegen, ist der Innendurchmesser $d_i = d$ zu berechnen nach:

$$d_i = d_a - 2 \cdot (s + s_B) \tag{6.34}$$

mit d_a = Außendurchmesser

s = Wandstärke

s_b = Stärke der Innenbeschichtung

Metallrohre beispielsweise benötigen Rohrauskleidungen, die aus Zementmörtel von einigen mm Stärke (bis zu 12 mm), siehe auch DIN EN 545:2011-09, Bitumenbeschichtungen, Emaillierungen oder anderen korrosionsverhindernden Stoffen bestehen können.

In den folgenden Tabellen (Tabelle 6.3a bis i) sind in der Wasserversorgung und der Kanalisation gebräuchliche Rohre und ihre für die hydraulische Berechnung wichtigen Maße aufgelistet, ohne – wegen der Vielfalt des Sortimentes – einen vollständigen Überblick geben zu können. Dabei werden, soweit möglich, die derzeit gültigen deutschen Normen (DIN) bzw. europäischen Normen (DIN EN) beachtet. Umfassende Angaben hierzu sind z. B. in den DIN-Taschenbüchern des Beuth Verlages zu finden (DIN-Taschenbuch 13/2, 2017). Über den Verwendungszweck der Rohre informieren einschlägige Fachbücher wie beispielsweise *Roscher* (2000) und die Arbeitsblätter des DVGW, insbesondere das Arbeitsblatt DVGW-W400-1 (2004). Weggelassen wurden Asbestzementrohre, welche nicht mehr hergestellt werden, jedoch im großen Maße in der Wasserversorgung eingebaut und noch in Betrieb sind. Ebenfalls weggelassen sind Spannbetonrohre, die vor allem in großen Durchmessern bei Fernwasserleitungen zum Einsatz kamen.

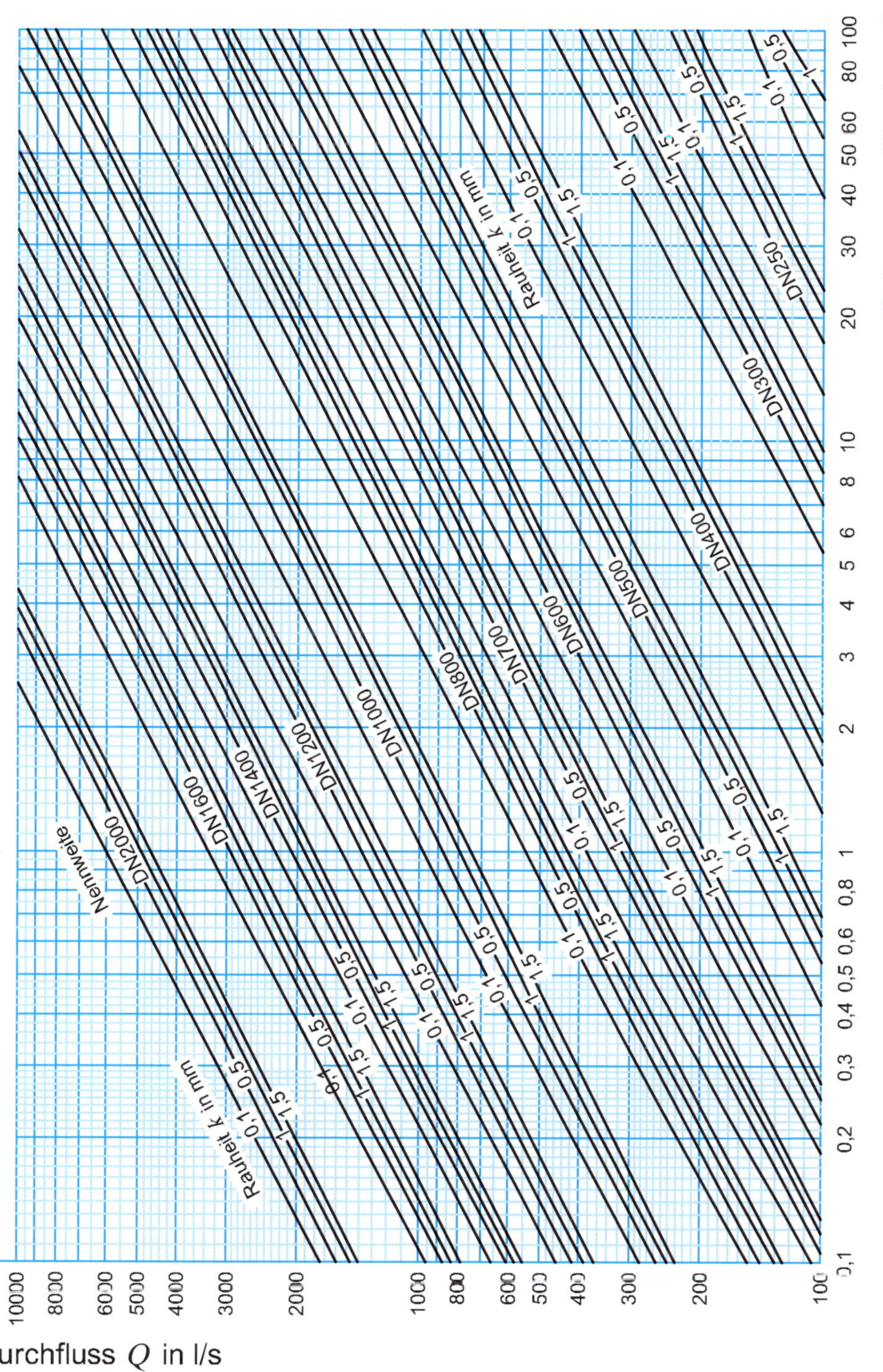

Bild 6.6a *Q-d-I*-Tafeln zur Durchflussermittlung für Q = 1 bis 100 l/s

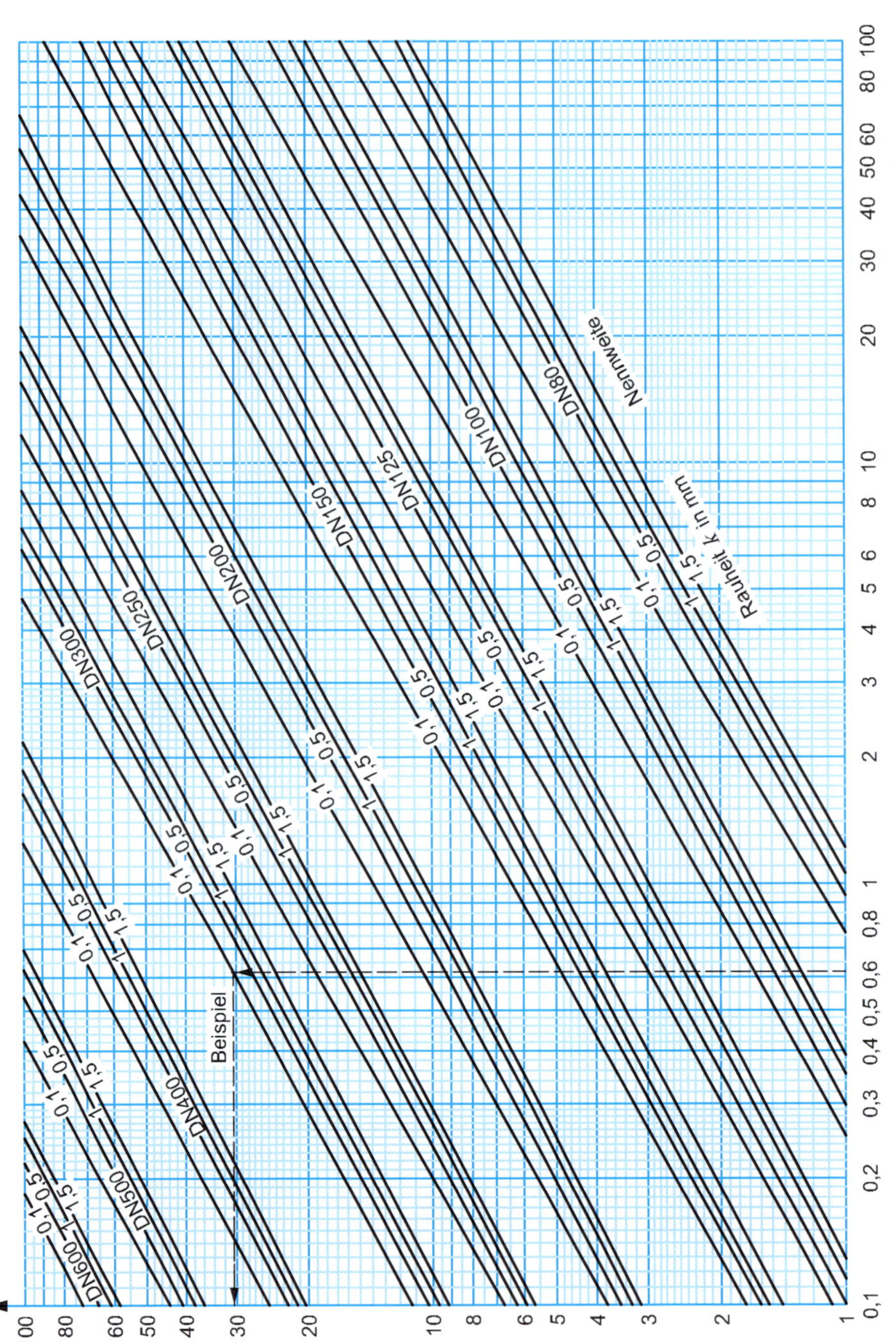

Durchfluss Q in l/s

Bild 6.6b *Q-d-I*-Tafeln zur Durchflussermittlung für Q = 100 bis 1000 l/s

Tabelle 6.3 a) – f) Druckrohrsortiment (Auswahl)

a) Duktile Gussrohre (GGB) mit Zementmörtel (ZM) DIN EN 545, DVGW VP 545, DVGW VP 637 **Beispiel: Klasse K9**					**b) Stahlrohre (DN wie GGG) DIN EN 10224, DIN 2460, DVGW W-400 u. VP 637, Auskleidung mit Bitumen oder mit ZM nach DIN 2460, DIN 2880 und DIN EN 545**				
DN	d_a	s	s_{ZM} [2)]	MDP	d_a	geschweißt, St L 235^{c}		nahtlos, St L 235^{c}	
						s	PFA[3)]	s	PFA[3)]
mm	mm	mm	mm	bar	mm	mm	bar	mm	bar
80[1)]	98	6,0	4	63	88,9	3,2	100	3,2	80
100	118	6,0	4	63	114,3	3,2	63	3,6	63
125	144	6,0	4	63	139,7	3,6	63	4,0	63
150	170	6,0	4	63	168,3	3,6	50	4,5	63
200	222	6,3	4	63	219,1	3,6	40	6,3	63
250	274	6,8	4	63	273	4,0	32	6,3	50
300	326	7,2	4	40	323,9	4,5	32	7,1	50
350	378	7,7	5	40	355,6	4,5	32	8,0	50
400	429	8,1	5	40	406,4	5,0	32	8,8	50
500	532	9,0	5	40	508	5,6	25	11,0	50
600	653	9,9	5	40	610	6,3	25		
700	738	10,8	6	25	711	6,3	20		
800	842	11,7	6	25	813	7,1	20		
900	945	12,6	6	25	914	8,0	20		
1000	1048	13,5	6	25	1016	8,8	20		
1200	1285	15,3	6	25	1219	11,0	20		
1400	1462	17,1	9	25	1422	12,7	20		
1500	1668	18,9	9	25	1626	14,3	20		
1600	1875	20,6	9	25	1829	16,1	20		
2000	2082	22,5	9	25	2032	17,5	20		

Klasse K40 bis DN 400, K30 von DN 300–600 mit geringerem MDP (höchster festgelegter Betriebsdruck mit Druckstößen)

1) Ab DN 40.

2) s_{ZM} = Stärke der Zement-Mörtel-Auskleidung.

3) PFA nach DIN 2460 = zul. Bauteilbetriebsdruck bei St L 235^{c}, höhere PFA bei ST L 355^{c} für geschweißte Rohre.

c) Beton-, Stahlfaserbeton- und Stahlbetonrohre, DIN EN 1916:2003-04, DIN V 1201:2004-08					
bisher DIN 4035, Stahlbetonrohre		bisher DIN 4035, Betonrohre			
Beispiel			K	KW	KFW
DN = d_i	Mindestwandstärke s	DN = d_i	s	s	s
mm	mm	mm	mm	mm	mm
300	60	100	22	-	-
400	60	150	24	-	-
450	60	200	26	-	-
500	60	250	30	-	-
600	65	300	40	50	50
700	65	400	45	65	50
800	70	500	50	85	70
900	75	600	60	100	85
1000	85	700	70	115	100
1100	90	800	75	130	115
1200	100	900	-	145	130
1300	110	1000	-	160	145
1400	115	1200	-	190	170
1500	125	1400	-	220	220
1600	135	K – ohne Fuß			
1700	140	KW – ohne Fuß, Wand verstärkt			
1800	150	KFW – mit Fuß, Wand verstärkt			
1900	160				
2000	165	Ei- und Maulprofil siehe Abschnitt 2.7.3			
2100	180				
2200	185				
2300	190				
2400	200				
2500	v.H.				
bis 4000	v.H.	v.H. vom Hersteller angegeben			

Fortsetzung Tabelle 6.3

d) GFK-Rohre, Glasfaserverstärkte Kunststoffe (GFK) auf der Basis von Polyesterharz (UP) nach DIN EN 1796:2013-05, DIN EN 14364:2013-05, DIN 16869-1 und -2 (2014-12), DVGW VP 615			
DN ≈ d_i[1)]			Bemerkungen
100	600	1800	Zahlen in Klammern sind nicht bevorzugte Nennweiten. [1)] Abweichungen bis ca. ±3 %, siehe Tabelle 4 in o. g. DIN PN1 drucklos, Druckstufen: PN4, 6, 10, 16, 20, 25 Wandstärken bis ca. 48 mm, Standardlängen 6 m (Firma HOBAS)
110	700	(1900)	
125	(750)	2000	
150	800	(2100)	
200	900	2200	
(225)	1000	(2300)	
250	(1100)	2400	
300	1200	(2500)	
350	(1300)	2600	
(375)	1400	(2700)	
400	(1500)	2800	
450	1600	(2900)	
500	(1700)	3000	

e) Rohre aus Polyethylen (PE und PE-HD). DIN EN 12201-2:2013-12, DIN 8074:2011-12, DVGW GW 335-A2 (2010) siehe auch DVGW-W 544 (2007) Beispiel: Serie SDR 7,4; S 3,2; PE100 bis 25 bar			
DN/OD = d_a	s (von – bis)	DN/OD = d_a	s (von – bis)
mm	mm	mm	mm
16	2,3 bis 2,7	200	27,4 bis 30,3
:	:	225	30,8 bis 34,0
90	12,3 bis 13,7	250	34,2 bis 37,8
110	15,1 bis 16,8	280	38,3 bis 42,3
125	17,1 bis 19,0	315	43,1 bis 47,6
140	19,2 bis 23,3	355	48,5 bis53,5
160	21,9 bis 24,2	400	54,7 bis 60,3
180	24,6 bis 27,2	:	:
		1600[1)]	62,2 bis 67,5
Druckstufen PN je nach Rohrserie zwischen 2,5 und 25 bar. Nach DIN 8074: d_a = 10 bis 1600 mm, [1)] PN 2,5 und 6			

f) PVC-U-Rohre aus weichmacherfreiem Polyvinylchlorid für die Wasserversorgung

DIN EN ISO 12162:2010-04; DVGW-W 400 (2004) (Abschnitt 15.3.6)

DIN 8062:2009-10; DIN EN ISO 1452-2:2010-04;

DIN 19534:2000-07 (zurückgezogen) für Abwasserkanäle

Bezeichnung		MDP 10		MDP 16	
DN	d_a	d_i	s	d_i	s
10	–	–	–	13,6	1,2
15	–	–	–	17,0	1,5
20	–	–	–	21,2	1,9
25	–	–	–	27,2	2,4
32	–	–	–	34	3,0
40	–	–	–	42,5	3,7
50	63	57	3,0	40,6	4,7
65	75	67,8	3,6	63,8	5,6
80	90	81,4	4,3	76,6	6,7
100	110	99,4	5,3	93,6	8,2
125	140	126,6	6,7	119,2	10,4
150	160	144,6	7,7	136,2	11,9
200	225	203,4	10,8	191,6	16,7
250	280	253,2	13,4	238,4	20,8
300	315	285	15,0	268,2	23,4
400	450	407	21,5	–	–

Nach DIN 8062:2009-10: d_a = 5 mm bis 1600 mm, je nach Rohrserie gemäß ISO 4065:2018-01 mit Durchmesser-Wanddicken-Verhältnis.

Nach DIN EN ISO 1452-2:2010-04: d_a = 12 mm bis 1000 mm, Nenndrücke PN 6 bis PN 25, MDP = höchster festgelegter Betriebsdruck mit Druckstößen.

Fortsetzung Tabelle 6.3

g) Rohre aus vernetztem Polyethylen hoher Dichte für die Wasserversorgung, PE-X
DIN 16893:2019-10 (Verweis auf ISO 161-1 (2018))
Beispiel Rohrserie 6.3

DN = d_a mm	s mm	DN = d_a mm	s mm
10	1,3	140	10,3
:	:	160	10,3
90	6,7	180	13,3
110	8,1	200	14,7
125	9,2	225	16,6
		250	18,7

Rohrserie 6,3; 5; 4; 3; 2 nach ISO 4065
Betriebsdrücke PN = 4 bis 28 bar; t = 10 bis 95 °C

h) PE-X-Steinzeugrohre für die Kanalisation
DIN EN 295-6:2013-05

DN = d_i mm	DN = d_i mm	DN = d_i mm
100	300	700
150	350	800
200	400	1000
225	500	1200
250	600	

Baulängen: 1,5; 2,0; 2,5 m ab DN300; 3,0 m ab DN400

i) PE-Rohre

Rohre aus Polyethylen für Abwasser

DIN EN 1519-1:2019-07

	Rohrreihe	
DN = d_a	S16	S12,5
	s_{min} bis s_{max}	s_{min} bis s_{max}
mm	mm	mm
32	3,0 – 3,5	3,0 – 3,5
:	:	:
80	3,0 – 3,5	3,1 – 3,6
90	3,0 – 3,5	3,5 – 4,1
100	3,2 – 3,8	3,8 – 4,4
110	3,4 – 4,0	4,2 – 4,9
125	3,9 – 4,5	4,8 – 5,5
160	4,9 – 5,6	6,2 – 7,1
200	6,2 – 7,1	7,7 – 8,7
250	7,7 – 8,7	9,6 – 10,8
315	9,7 – 10,9	12,1 – 13,6

Anwendungen: a) innerhalb von Gebäuden („B“),

b) innerhalb von Gebäuden sowie erdverlegt außerhalb von Gebäudestrukturen („BD“) zum Ableiten von Abwasser (Schwerkraftentwässerung).

Fortsetzung Tabelle 6.3

j) Faserzementrohre (FZ), asbestfrei ÖNORM EN 12763:2001-03, DIN EN 588-1:1996-12 EN 512:1994-11: Für Druckrohrleitungen PN 2,5 bis 16		
Klasse A	Klasse B	
DN = d_i	DN = d_i	
mm	mm	mm
400	100	400
450	150	450
500	200	500
600	250	600
700	300	700
800	350	800
1000		1000
1200		1200
1500		1500
Rohrklasse A: Standard	Rohrklasse B: schwer	

6.7 Nicht kreisförmige Querschnitte

Bei Druckleitungen mit nicht kreisförmigem Querschnitt kann die Energieverlusthöhe gemäß den Gleichungen (6.3) bis (6.5) statt mit dem Rohrdurchmesser d mit dem sogenannten „hydraulischen Durchmesser" d_{hy} berechnet werden. Dieser wird gebildet aus

$$d_{hy} = 4 \cdot r_{hy} = \frac{4 \cdot A}{l_U} \tag{6.35}$$

welcher äquivalent dem Kreisdurchmesser d gemäß $A = \pi \cdot d^2/4$, $l_U = \pi \cdot d$ ist.

$$d_{hy} = \frac{4 \cdot \pi \cdot d^2}{4 \cdot \pi \cdot d} = d \tag{6.36}$$

Um beispielsweise mit den Gleichungen im Abschnitt 6.3.3 den λ-Wert für die Rohrreibung berechnen zu können, wird in der Re Zahl und in der hydraulischen Rauheit d durch d_{hy} ersetzt:

Reynolds-Zahl: $Re \Rightarrow \frac{\upsilon \cdot d_{hy}}{\nu}$ relative hydraulische Rauheit: $\frac{k}{d} \Rightarrow \frac{k}{d_{hy}}$

Die Zuverlässigkeit der Verfahrensweise ist für turbulente (Rohr)Strömungen experimentell belegt. Bei laminaren (Rohr)Strömungen ist dagegen mit Abweichungen zu rechnen. Beispielsweise beträgt der λ-Wert eines quadratischen Rohrquerschnittes bei laminarer Strömung nicht $\lambda_{\text{lam}} = 64/Re$, sondern

$$\lambda_{\text{lam}} = \frac{56{,}9}{Re} \tag{6.37}$$

und bei einer Strömung zwischen zwei Platten wird er

$$\lambda_{\text{lam}} = \frac{96}{Re} \tag{6.38}$$

Weitere Angaben zu λ-Werten bei Nichtkreisquerschnitten mit laminarer Strömung sind bei *Bohl/Elmendorf* (2008) oder im Internet z. B. auf der Seite der Universität Oslo (UiO, 2004) zu finden.

Einige Hinweise zur Berechnung des hydraulischen Durchmessers d_{hy} bei nicht kreisförmigen geschlossenen Querschnitten enthält folgende Tabelle 6.4.

Bei sehr stark gequetschten, engen Profilen nimmt die Genauigkeit der Berechnung mit d_{hy} ab, bei offenen Profilen sind spezielle Formbeiwerte zu beachten (siehe Kapitel 7).

Tabelle 6.4 Hydraulische Durchmesser d_{hy} bei nicht kreisförmigen geschlossenen Querschnitten

Querschnitt	d_{hy}	Querschnitt	d_{hy}
Allgemein 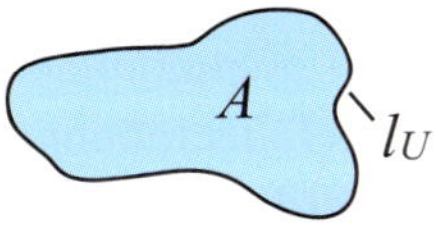 A, l_U	$\frac{4 \cdot A}{l_U}$	Rechteck 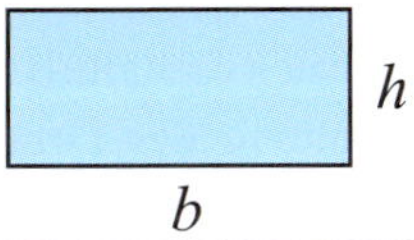 h, b	$\frac{2 \cdot h \cdot b}{h + b}$
Spalt 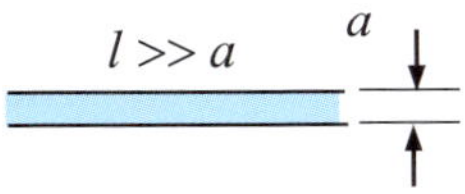 $l >> a$, a	$2 \cdot a$	Quadrat 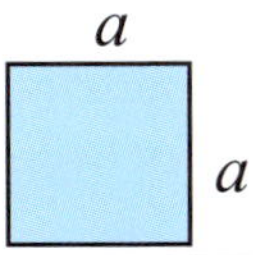 a, a	a
Ellipse b, a 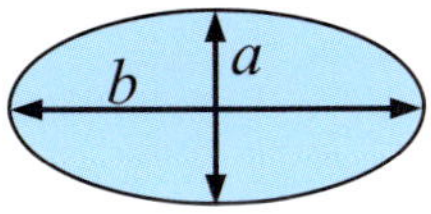	$\approx \frac{2 \cdot a \cdot b}{a + b}$	Gleichschenkliges Dreieck 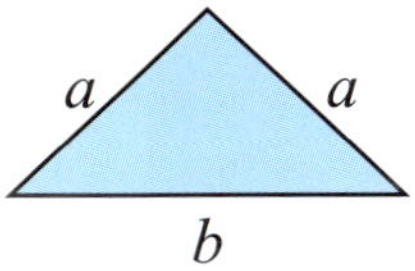 a, a, b	$\frac{\sqrt{4 \cdot a^2 \cdot b^2 - a^4}}{a + 2 \cdot b}$
Kreis 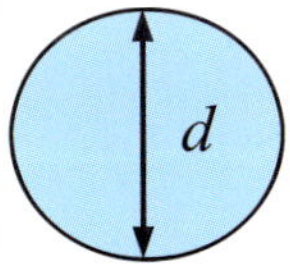 d	d	Gleichseitiges Dreieck 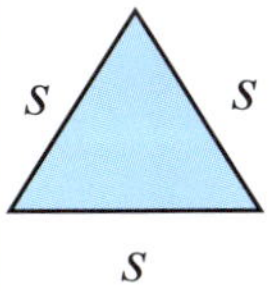 s, s, s	$\frac{s}{\sqrt{3}}$
Kreisringquerschnitt d_2, d_1, a 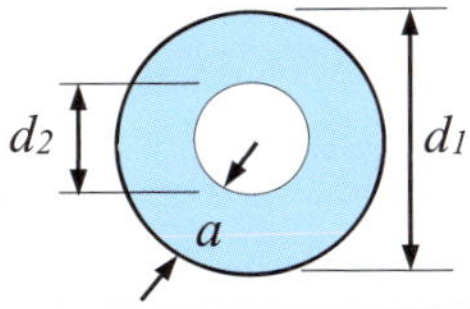	$d_1 - d_2 = 2a$	Trapez 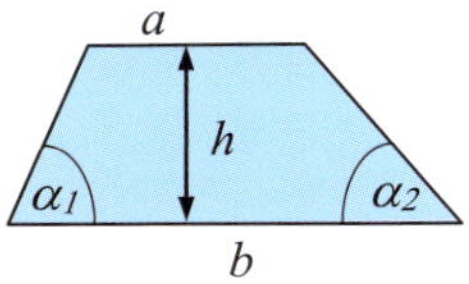 a, h, α_1, α_2, b	$\frac{2 \cdot h}{1 + \frac{h}{a+b}\left(\frac{1}{\sin\alpha_1} + \frac{1}{\sin\alpha_2}\right)}$
Kreisring exzentrisch 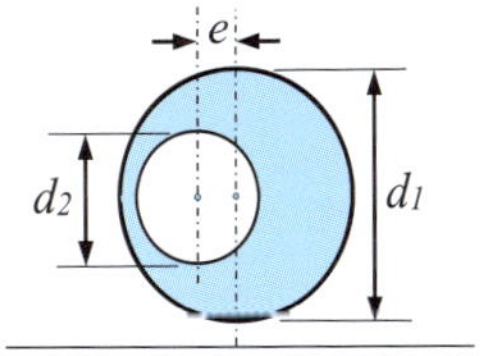 e, d_2, d_1	$d_1 - d_2$	Kreissektor 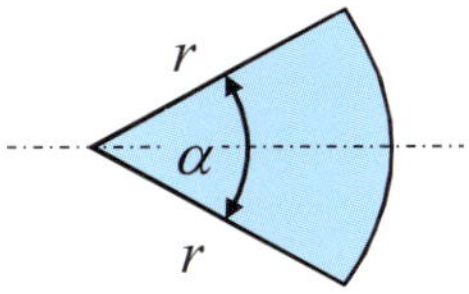 r, α, r	$\frac{2 \cdot \pi \cdot r \cdot \alpha / 360°}{1 + \pi \cdot \alpha / 360°}$ $\alpha < 360°$

6.8 Verkrustung und Alterung von Rohren

Im Laufe der Zeit wirkt sich je nach Rohrmaterial der Alterungsprozess auf die Leistungsfähigkeit der Druckrohrleitung aus. Er führt zur Reduzierung des Innendurchmessers d_i und damit zur Reduzierung des Abflussquerschnittes sowie zur Erhöhung der hydraulischen Rauheit k. Die Veränderungen gegenüber der ursprünglichen Leitung sind eine Durchflussreduzierung bei Beibehaltung der Druckverhältnisse oder zur Einstellung des ursprünglichen Durchflusses eine notwendige Erhöhung der Druckdifferenz (bzw. Druckgefälleerhöhung). Die Bewertung dieses Alterungszustandes ist wichtig zur Quantifizierung der hydraulischen Veränderungen. *Brussig* und *Aigner* (1998) zeigten, dass aufbauend auf einer Zustandserfassung der verkrusteten Leitung (Bild 6.7 und 6.8), z. B. durch eine Fotoanalyse an repräsentativen Rohrproben bzw. an geöffneten Rohrleitungen eine Bestimmung der hydraulischen Rauheit, der reduzierten Fließfläche und des hydraulisch wirksamen Durchmessers möglich ist.

Bild 6.7 Graugussleitung (GGL Sandguss) DN125 mit starker Verkrustung, Baujahr 1883, Leitung ca. 60 % zugesetzt und hydraulische Leistung auf ca. 80 % reduziert (Foto: *Brussig*)

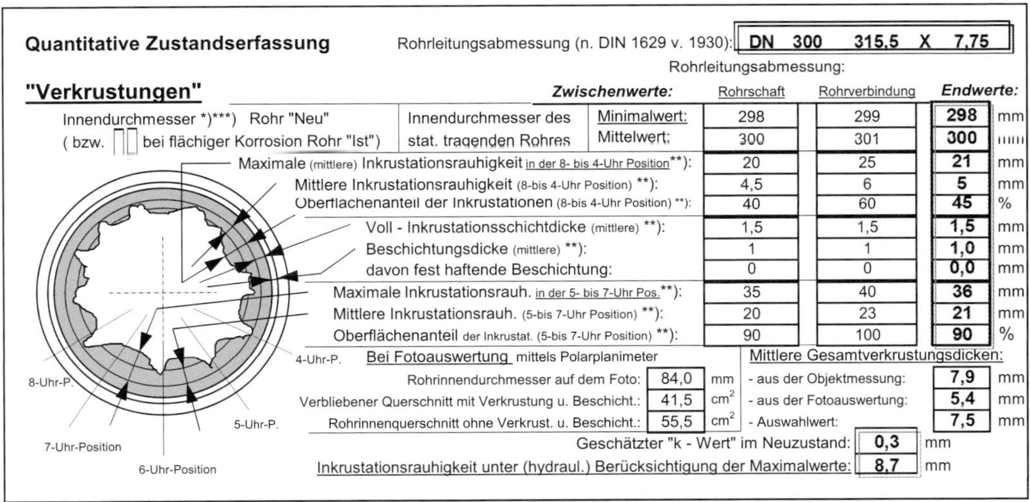

Quantitative Zustandserfassung

Rohrleitungsabmessung (n. DIN 1629 v. 1930): **DN 300 315,5 X 7,75**

"Verkrustungen"

Innendurchmesser *)***) Rohr "Neu" (bzw. bei flächiger Korrosion Rohr "Ist") – Innendurchmesser des stat. tragenden Rohres

Zwischenwerte:	Rohrleitungsabmessung: Rohrschaft	Rohrverbindung	*Endwerte:*	
Minimalwert:	298	299	**298**	mm
Mittelwert:	300	301	**300**	mm
Maximale (mittlere) Inkrustationsrauhigkeit in der 8- bis 4-Uhr Position**):	20	25	**21**	mm
Mittlere Inkrustationsrauhigkeit (8-bis 4-Uhr Position) **):	4,5	6	**5**	mm
Oberflächenanteil der Inkrustationen (8-bis 4-Uhr Position) **):	40	60	**45**	%
Voll - Inkrustationsschichtdicke (mittlere) **):	1,5	1,5	**1,5**	mm
Beschichtungsdicke (mittlere) **):	1	1	**1,0**	mm
davon fest haftende Beschichtung:	0	0	**0,0**	mm
Maximale Inkrustationsrauh. in der 5- bis 7-Uhr Pos.**):	35	40	**36**	mm
Mittlere Inkrustationsrauh. (5-bis 7-Uhr Position) **):	20	23	**21**	mm
Oberflächenanteil der Inkrustat. (5-bis 7-Uhr Position) **):	90	100	**90**	%

Bei Fotoauswertung mittels Polarplanimeter

Rohrinnendurchmesser auf dem Foto:	84,0	mm
Verbliebener Querschnitt mit Verkrustung u. Beschicht.:	41,5	cm^2
Rohrinnenquerschnitt ohne Verkrust. u. Beschicht.:	55,5	cm^2

Mittlere Gesamtverkrustungsdicken:

- aus der Objektmessung:	**7,9**	mm
- aus der Fotoauswertung:	**5,4**	mm
- Auswahlwert:	**7,5**	mm

Geschätzter "k - Wert" im Neuzustand: **0,3** mm

Inkrustationsrauhigkeit unter (hydraul.) Berücksichtigung der Maximalwerte: **8,7** mm

Bild 6.8 Formblatt zur qualitativen Zustandserfassung (*Brussig, et al.*, 1998)

Aus der Fotoanalyse ermittelten sie einen Kapazitätskoeffizienten κ, der zur Bewertung verkrusteter oder rekonstruierter Leitungen herangezogen werden kann. Mit diesem für hydraulisch raues Verhalten gültigen Koeffizienten erfolgt die Bestimmung der Durchflussreduzierung bei gleichem Energiegefälle bzw. der notwendigen Erhöhung des Energiegefälles, um auch in der gealterten Leitung den Durchfluss Q_0 der ursprünglichen Leitung bereitstellen zu können.

$$\kappa = \left(\frac{d_{\mathrm{Ist}}}{d_0}\right)^{2,5} \cdot \sqrt{\frac{\lambda_0}{\lambda_{\mathrm{Ist}}}} = \left(\frac{d_{\mathrm{Ist}}}{d_0}\right)^{2,5} \cdot \frac{\log\left(3,71 \cdot d_{\mathrm{Ist}}/k_{\mathrm{Ist}}\right)}{\log\left(3,71 \cdot d_0/k_0\right)} \tag{6.39}$$

Damit ergeben sich die Abflussbedingungen einer gealterten (verkrusteten) Leitung (Q_{Ist}, I_{Ist}) gegenüber der ursprünglichen Leitung (Q_0, I_0) aus folgender Gleichung:

$$\frac{Q_{\mathrm{Ist}}}{Q_0} = \sqrt{\frac{I_{\mathrm{Ist}}}{I_0}} \cdot \kappa \tag{6.40}$$

Setzt man gleiches Energie- bzw. Druckliniengefälle für die gealterte und neue Leitung an, dann reduziert sich der Abfluss in der gealterten Leitung entsprechend dem Kapazitätskoeffizienten κ. Will man den gleichen Durchfluss in der gealterten Leitung wie in der ursprünglichen Leitung erreichen, muss man ein um $1/\kappa^2$ erhöhtes Energiegefälle einstellen. In der Regel wird sich bei Rohrleitungen, die mit einem Pumpwerk betrieben werden, eine Zwischenstufe in Abhängigkeit von der Pumpenkennlinie und Gleichung (6.39) ergeben bzw. einstellen.

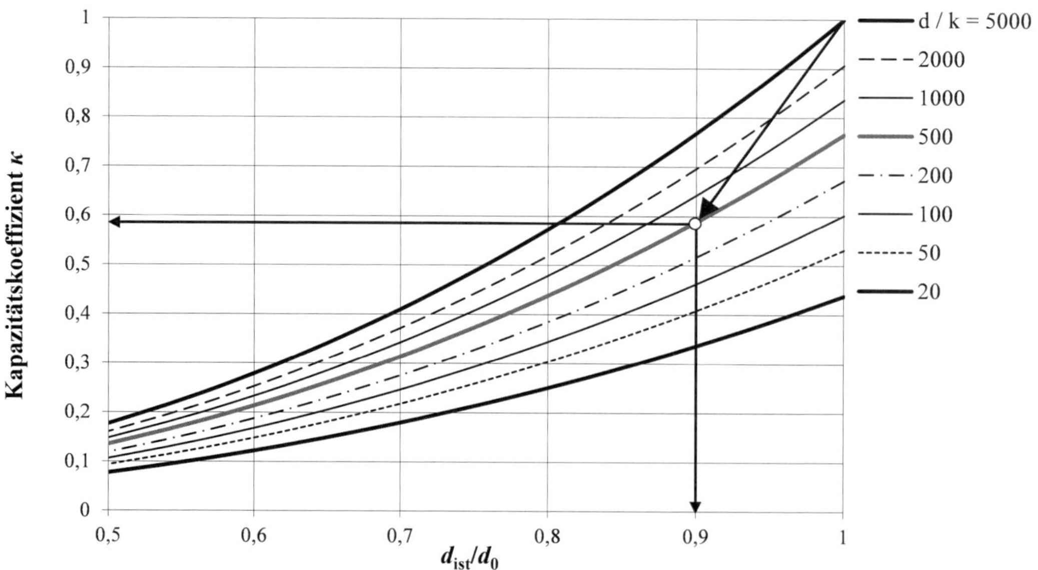

Bild 6.9 Einfluss des reduzierten Querschnittes und der neuen hydraulischen Rauheit auf die Leistungsreduzierung einer verkrusteten Leitung

6.9 Örtliche Verluste in Rohrleitungselementen und Armaturen

Örtliche Verluste entstehen an einer Unstetigkeit, wie z. B. einer Richtungsänderung, Ablösung oder Einschnürung der Strömung. Die damit verbundene Geschwindigkeitsänderung führt zur Erhöhung der kinetischen Energie des Wassers und anschließend zu hochturbulenten Verwirbelungen, in denen ein Teil der kinetischen Energie als Wärme abgegeben wird. Dieser Teil der Energie geht der Strömung verloren und wird als örtlicher hydraulischer Verlust bezeichnet. Der andere Teil wird in potentielle Energie umgewandelt und bleibt damit der Strömung als Druckenergie erhalten. Je turbulenter dieser Vorgang abläuft, umso geringer ist die Rückübertragung in potentielle Energie. In der Regel werden Reibungsverluste und örtliche Verluste getrennt betrachtet, es gibt aber auch Gleichungen, in denen der Reibungsanteil im örtlichen Verlust enthalten ist, wie z. B. bei Krümmern.

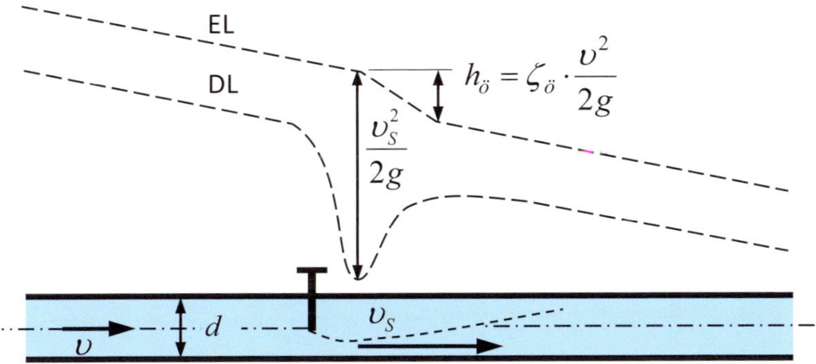

Bild 6.10 Systembild örtlicher Verlust

6.9.1 Verluste durch Querschnittsänderungen

Borda-Carnot'scher Stoßverlust

Örtliche Verluste lassen sich auf der Grundlage der drei Grundgleichungen der Hydromechanik, dem Gleichgewicht der Kräfte (Impulssatz), dem Energiegleichgewicht (Bernoulli-Gleichung) und dem Massengleichgewicht (Kontinuitätsgleichung) berechnen. Allerdings sind die Randbedingungen für diese Berechnungen meist nicht eindeutig bestimmbar, so dass in der Regel auf empirische Werte aus Messungen zurückgegriffen wird.

Ein Beispiel für diesen Berechnungsansatz liefert der Stoßverlust der plötzlichen Rohrerweiterung nach Borda-Carnot. Hier sind die Randbedingungen eindeutig definiert, sodass eine theoretische Gleichung für diesen Verlustbeiwert aus den drei Grundgleichungen ermittelt werden kann:

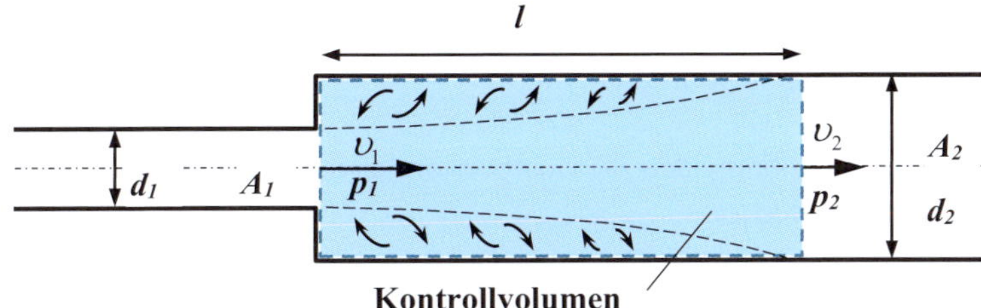

Bild 6.11 Kräfteansatz bei einer plötzlichen Erweiterung der Strömung

Das Kontrollvolumen (Bild 6.11) umschließt das Berechnungsgebiet.

Kräftegleichgewicht: $$p_1 \cdot A_2 + \rho \cdot Q \cdot v_1 = p_2 \cdot A_2 + \rho \cdot Q \cdot v_2$$

Energiehöhengleichung: $$\frac{p_1}{\rho \cdot g} + \frac{v_1^2}{2g} = \frac{p_2}{\rho \cdot g} + \frac{v_2^2}{2g} + h_B$$

Kontinuitätsgleichung: $$Q = v_1 \cdot A_1 = v_2 \cdot A_2$$

Unter Berücksichtigung der Kontinuitätsgleichung kann die Druckdifferenz in den ersten beiden Gleichungen eliminiert werden und man erhält den theoretisch bestimmbaren örtlichen Verlust einer plötzlichen Rohrerweiterung zu:

$$\zeta_{B2} = \frac{h_B}{\upsilon_2^2/2g} = \left(\frac{A_2}{A_1} - 1\right)^2 = \left(\frac{d_2^2}{d_1^2} - 1\right)^2 \quad \text{oder} \tag{6.41}$$

$$\zeta_{B1} = \frac{h_B}{\upsilon_1^2/2g} = \left(1 - \frac{A_1}{A_2}\right)^2 = \left(1 - \frac{d_1^2}{d_2^2}\right)^2 \tag{6.41a}$$

Die Indizes 1 und 2 beziehen sich dabei auf den entsprechenden Rohrquerschnitt und die Verlustbeiwerte ergeben durch den Bezug der Verlusthöhe auf die jeweilige Bezugsgeschwindigkeitshöhe unterschiedliche Werte.

Plötzliche Rohrverengung

Auf der Grundlage dieses theoretischen Berechnungsansatzes nach Borda-Carnot besteht die Möglichkeit, auch weitere Verlustbeiwerte aus den drei Gleichungen im Abschnitt 6.9.1 zu berechnen. Da aber einzelne Randbedingungen nicht eindeutig bestimmbar sind, müssen Annahmen diese Lücke schließen.

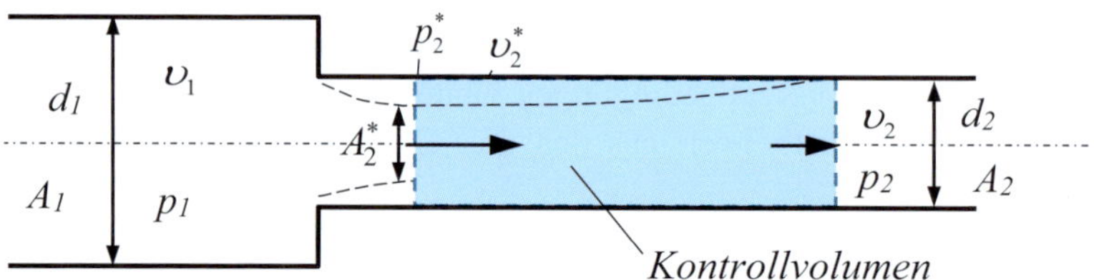

Bild 6.12 Kräfteansatz bei einer plötzlichen Rohrverengung

Analog zur plötzlichen Erweiterung kann der Verlustbeiwert zwischen Einschnürung (Schnitt 2*) und Schnitt 2 ermittelt werden zu:

$$\zeta^* = \frac{h_Ö^*}{\upsilon_2^2/2g} = C_V \cdot \left(\frac{A_2}{A_2^*} - 1\right)^2 = C_V \cdot \left(\frac{1}{\psi} - 1\right)^2 \quad \text{mit } A_2^* = \psi \cdot A_2 \text{ und } C_V = 1{,}31 \tag{6.42}$$

Mit diesem Beiwert wird der Hauptanteil des örtlichen Verlustes einer plötzlichen Rohreinengung berechnet. Anteile aus dem Energieverlust durch die Beschleunigung und Umlenkung der Strömung zwischen Schnitt 1 und 2* werden durch einem zusätzlichen Beiwert C_V berücksichtigt.

Analog der Berechnung des Strömungsverlaufes eines unterströmten Schützes (*Aigner, et al.*, 1997) kann der Einschnürungsbeiwert in Abhängigkeit vom Übergangswinkel und dem Flächenverhältnis ermittelt werden.

$$\psi_0 = 1{,}3 - 0{,}8 \cdot \sqrt{1 - \left(\frac{\alpha - 205°}{220°}\right)^2} \quad \text{für } 0 \le \alpha \le 180°,\ d_1 >> d_2 \tag{6.43}$$

$$\psi = \frac{1}{1 + \left(\frac{1}{\psi_0} - 1\right) \cdot \sqrt{1 - \left(\frac{d_2}{d_1}\right)^{\frac{210°}{\alpha}}}} \tag{6.44}$$

Den Vergleich der Ergebnisse des Einschnürungsbeiwertes nach Gleichung (6.44) und Angaben von *Weisbach* und *Idelčik* (aus *Bollrich* (2019)) zeigt Bild 6.13.

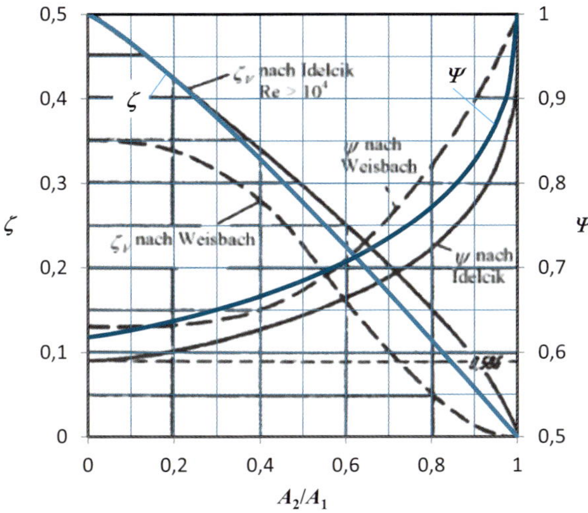

Bild 6.13 Einschnürungs- und Verlustbeiwert der plötzlichen Rohrverengung nach Gleichung (6.44)

Allmähliche Verengung (Konfusor)

Analog zur plötzlichen Erweiterung können auch alle Zwischenwerte für den Einschnürungswinkel $\alpha = 0°...90°$ eines Konfusors mit Gleichung (6.42) bis (6.44) ermittelt werden (Bilder 6.14 und 6.15).

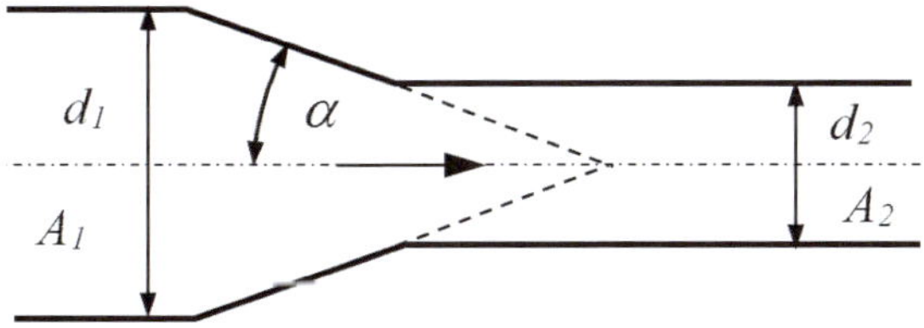

Bild 6.14 Allmähliche Rohrverengung (Konfusor), Verengungswinkel 2α

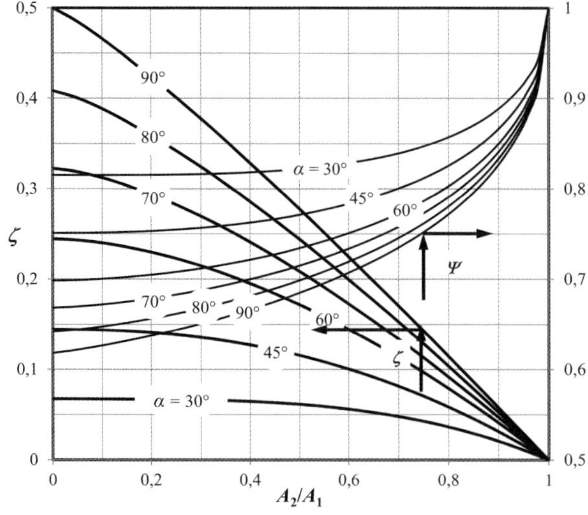

$$\zeta^* \cong \zeta = \frac{h_V}{v_2^2/2g}$$

Bild 6.15 Einschnürungs- und Verlustbeiwerte der Rohrverengung in Abhängigkeit vom Flächenverhältnis und vom Winkel α, auf die Geschwindigkeit im Querschnitt 2 bezogen, nach Gleichung (6.44) und (6.42)

Allmähliche Erweiterung (Diffusor)

Für Rohrerweiterungen und Enddiffusoren wird der Wirkungsgrad aus dem Verhältnis der Steigerung der potentiellen Energie zur aufgewendeten kinetischen Energie ermittelt. Dieser Wirkungsgrad ist insbesondere zur Optimierung von Auslaufdiffusoren für Wasserkraftanlagen interessant.

Für den Diffusor gilt:

$$\eta_D = \frac{p_2 - p_1}{\frac{\rho}{2} \cdot \left(v_1^2 - v_2^2\right)} = 1 - \frac{2g \cdot h_V}{v_1^2 - v_2^2} \tag{6.45}$$

Aus dem Wirkungsgrad kann der Verlustbeiwert des Diffusors mit folgender Formel berechnet werden, wobei das Durchmesserverhältnis $d_2/d_1 = X$ gesetzt wird:

$$\zeta_2 = \frac{h_V}{v_2^2/2g} = (1 - \eta_D) \cdot \left(X^4 - 1\right) \tag{6.46}$$

bzw.

$$\zeta_1 = \frac{h_V}{v_1^2/2g} = (1 - \eta_D) \cdot \left(1 - X^{-4}\right) \tag{6.47}$$

Je besser die Übertragung der kinetischen Energie in potentielle Energie erfolgt, umso höher ist der Wirkungsgrad des Diffusors bzw. umso geringer ist der hydraulische Verlust. Da sich der Strahl ohne äußere Beeinflussung mit einem relativ geringen Winkel aufweitet, geschieht das bei größeren Erweiterungswinkeln des Diffusors unabhängig von diesem. Erst bei kleineren Winkeln des Diffusors, wenn der Strahl sich seitlich anlegen kann, die Übergänge ausgerundet sind oder Leitschaufeln eine Strahlaufweitung erzwingen, sinkt der Verlustbeiwert merklich. Bei kreisförmigen Diffusoren wird der optimale Winkel mit etwa $2 \cdot \alpha = 8°$ angegeben. Nach *Nikuradse* tritt der bei einer Reynolds-Zahl von etwa $Re = 10^5$ auf. Er gibt eine Abhängigkeit von der Reynolds-Zahl mit $2\alpha = 150°/\sqrt[4]{Re}$ an. Unter der Annahme, dass die Strahlaufweitung als Parabel erfolgt und der Strahl sich nach etwa $L_S = k \cdot (d_2 - d_1)$ an der Rohrwand anlegt, hat *Aigner* (1985) mit der Annahme $k = 5$ eine Gleichung für den Verlustbeiwert eines Übergangsdiffusors ohne Berücksichtigung der Reibung aufgestellt (Gleichung 6.48).

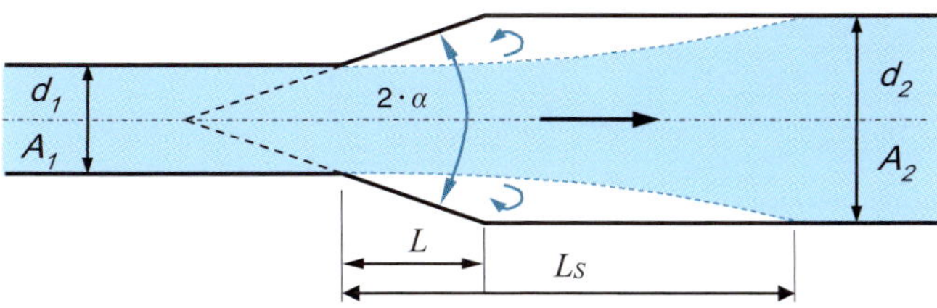

Bild 6.16 Rohrerweiterung (Diffusor)

$$\zeta_1 = \zeta_{Bl} - \left(1 - X^{-2}\right) \cdot \left(1 - \frac{1}{X+1} \cdot \left(\begin{array}{l} \frac{1}{3 \cdot B^3} + \frac{5}{12 \cdot B^2} + \frac{5}{8 \cdot B} - \frac{C^2}{3} \cdot \left(\frac{1}{B^3} - 1\right) + \\ + \frac{5 \cdot C}{8 \cdot \sqrt{X-1}} \cdot \arctan\left(\frac{\sqrt{X-1}}{C}\right) \end{array}\right)\right) \tag{6.48}$$

mit $X = \dfrac{d_2}{d_1}$, $C = 2 \cdot k \cdot \tan\alpha$ und $B = \dfrac{X-1}{C^2} + 1$

Unter Berücksichtigung der Reibung für den Diffusor mit einem vereinfachten Ansatz nach Gleichung (6.49) ergibt die Summe aus beiden Reibungsbeiwerten ein Minimum bzw. den größten Wirkungsgrad bei einem Öffnungswinkel nach Gleichung (6.50).

$$\zeta_{1\lambda} = \frac{h_R}{v_1^2/2g} = \frac{\lambda}{\tan\alpha} \cdot \frac{X-1}{X+1} \tag{6.49}$$

$$2\alpha_{opt} = 5{,}52° \cdot \ln(X) + 1{,}561° \tag{6.50}$$

Der Wirkungsgrad des Diffusors kann durch Gleichsetzen der Gleichungen (6.47) mit den Gleichungen (6.48) plus (6.49) ermittelt werden.

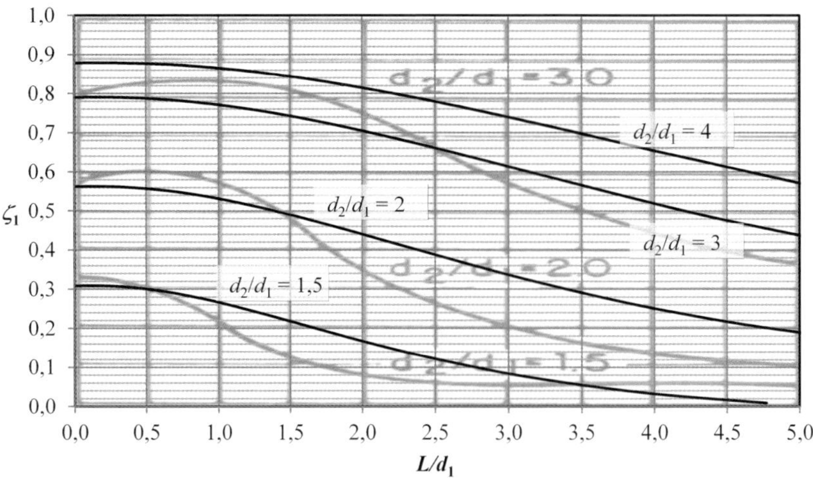

Bild 6.17 Verlustbeiwert der Rohrerweiterung (Diffusor) nach Gleichung (6.48), hinterlegt mit Angaben nach *Kinzelbach* (2011)

Hinweise zum Enddiffusor findet man unter dem Punkt Ausläufe im Abschnitt 6.9.5.

Düse, Drossel und Blende

Unter der Annahme, dass die Einschnürung (Beschleunigung) der Strömung mit geringen Verlusten verbunden ist, kann der Verlustbeiwert einer Düse, Blende oder Drossel analog den o. g. Gleichungen aus der Einschnürung der Strömung ermittelt werden. Einzige Unbekannte ist die Größe der Einschnürung, die allerdings bei einer hydraulisch optimal gestalteten Düse oder bei einer ausgerundeten Blende aus der Geometrie bestimmbar ist.

Ausgewählte Verlustbeiwerte bezogen auf den Rohrquerschnitt sind aus folgender Tabelle 6.5 zu entnehmen.

Tabelle 6.5 Verlustbeiwerte für Düsen, Drosseln und Blenden, bezogen auf υ_2

A_1/A_2	Düse, ausgerundet	Drossel	Blende, gerundet für r_a/d_2 = 0,01	0,04	0,16	Blende, scharfkantig
0,1	81	249	232	192	113	245
0,2	16	52,7	48	39	23	51,5
0,3	5,44	19,26	17,3	14,1	7,9	18,2
0,4	2,25	8,75	7,7	6,19	3,4	8,25
0,5	1	4,35	3,7	3	1,6	4
0,6	0,44	2,26	1,84	1,45	0,7	2
0,7	0,18	1,14	0,9	0,7	0,32	0,97
0,8	0,063	0,54	0,38	0,29	0,12	0,42
0,9	0,021	0,196	0,12	0,08	0,03	0,13
0,95	0,003	0,083	0,04	0,03	0,015	0,05

Venturirohr

Besonders geringe Energieverluste treten an Venturidüsen auf, da die Einengung des Querschnittes als auch die anschließende Erweiterung strömungsgünstig ausgeführt werden.

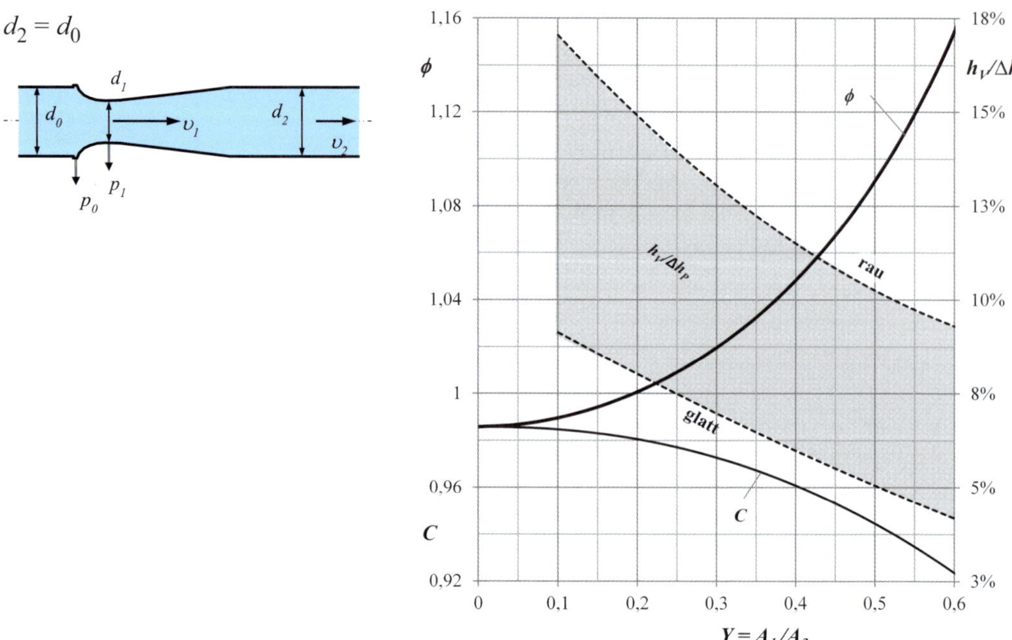

Bild 6.18 Venturidüse: Durchflusszahl ϕ, Durchflussbeiwert C und relative Energieverlusthöhe $h_V/\Delta h_P$, gültig für $1{,}5 \cdot 10^5 < Re < 2 \cdot 10^6$ nach *Bollrich* (2019)

Der Verlust einer Venturidüse ist vor allem abhängig vom Flächenverhältnis bzw. Durchmesserverhältnis $Y = d_1^2/d_2^2$ und kann aus Bild 6.18 mit folgender Gleichung bestimmt werden:

glatt: $$\zeta_{VD} = \frac{h_V}{\upsilon_2^2/2g} = \left(0{,}03 \cdot Y^2 - 0{,}12 \cdot Y + 0{,}103\right) \cdot \left(Y^{-2} - 1\right) \tag{6.51}$$

rau: $$\zeta_{VD} = \frac{h_V}{\upsilon_2^2/2g} = \left(0{,}15 \cdot Y^2 - 0{,}26 \cdot Y + 0{,}195\right) \cdot \left(Y^{-2} - 1\right) \tag{6.52}$$

Der Durchfluss am Venturi wird mit der Durchflusszahl ϕ und folgender Formel berechnet:

$$Q = \phi \cdot \frac{\pi \cdot d_1^2}{4} \cdot \sqrt{2g \cdot \Delta h_P} \tag{6.53}$$

mit $$\phi = \frac{C}{\sqrt{1 - Y^2}} = \frac{0{,}9858 - 0{,}196 \cdot Y^{2{,}25}}{\sqrt{1 - Y^2}} \quad \text{und} \quad \Delta h_P = \frac{p_0 - p_1}{\rho \cdot g} \tag{6.54}$$

6.9.2 Verluste durch Richtungsänderungen

Die hydraulischen Verluste bei Richtungsänderungen sind auf die Verzerrung des Geschwindigkeitsprofils infolge der Zentrifugalkräfte überlagert durch Sekundärströmungen zurückzuführen. Sie sind abhängig vom Krümmungsradius, vom Umlenkungswinkel, von der Art des Krümmers, wie z. B. Rohrbogen, Kniestück oder Segmentkrümmer und deren Anzahl der Elemente, von der Rauheit und der Reynolds-Zahl. Die Reibung wird in einigen Fällen im Verlustbeiwert berücksichtigt, in einigen wird sie extra ermittelt oder vernachlässigt.

Der Reibungsverlust eines Krümmers kann unabhängig vom Umlenkverlust folgendermaßen ermittelt werden:

$$\zeta_{\mathrm{R}} = \lambda \cdot \frac{l_{\mathrm{K}}}{d} \tag{6.55}$$

Da die Rauheit des Krümmers die Umlenkung beeinflusst, wird die Reibung meist im Umlenkverlust mit berücksichtigt.

Rohrbogen

Der Rohrbogenverlustbeiwert mit Berücksichtigung der Reibung wird mit Gleichung (6.56) und den Werten in Tabelle 6.6 ermittelt.

$$\zeta_{\mathrm{Kr}} = \frac{0{,}21}{\sqrt{r_{\mathrm{K}}/d}} \cdot \left(1 + 10^3 \cdot k/d\right) \cdot k_\delta \tag{6.56}$$

falls $k/d > 10^{-3}$ ist mit $k/d = 10^{-3}$ zu rechnen.

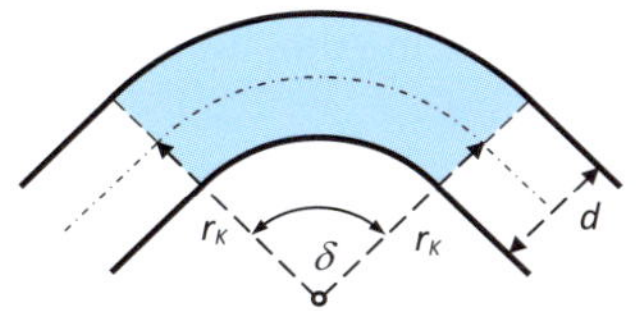

Bild 6.19 Rohrbogen (Krümmer)

Tabelle 6.6 Winkeleinfluss auf den Verlustbeiwert des Rohrbogens und Verlustbeiwert bei einem Winkel von 90° für k/d und r_K/d

δ	30°	45°	60°	90°	120°	150°	180°
k_δ	0,45	0,63	0,78	1,0	1,17	1,29	1,4

k/d	0,0004	0,0006	0,0008	$\geq$ 0,0010
r_K/d	Verlustbeiwert ζ_{Kr} bei $\delta = 90°$			
1,0	0,29	0,34	0,38	0,42
1,5	0,24	0,27	0,31	0,34
3	0,17	0,19	0,22	0,24
4	0,15	0,17	0,19	0,21

Tabelle 6.7 Durchschnittliche Verlustbeiwerte ζ_{Kr} für glatte Rohrbogen in Abhängigkeit vom Winkel δ und dem relativen Krümmungsradius r_K/d

r_K/d	Umlenkwinkel δ						
	15°	22,5°	30°	45°	60°	90°	180°
Knie	0,044	0,075	0,120	0,245	0,470	1,150	1,610
1	0,040	0,061	0,095	0,1256	0,164	0,210	0,300
2	0,030	0,045	0,060	0,090	0,120	0,140	0,200
3	0,030	0,045	0,055	0,080	0,100	0,130	0,180
5	0,030	0,045	0,050	0,070	0,080	0,110	0,160
10	0,030	0,045	0,050	0,070	0,070	0,110	0,160

Bei zusammengesetzten Bögen kann man die Verluste überschlägig mit dem Faktor 1,4 multiplizieren $\left(\zeta_{Kr,2\cdot 90°} = 1{,}4 \cdot \zeta_{Kr,90°}\right)$. Wird der Bogen zusätzlich räumlich um 90° verdreht ergibt sich der Faktor zu etwa 1,7 und bei einer S-förmigen Verbindung zu etwa 2,2 des 90°-Krümmers.

Segmentkrümmer

Tabelle 6.8 Verlustbeiwerte ζ_{Kr} des Segmentkrümmers für glatte Rohre und $r_K/d = 1{,}5$

δ	4 · 22,5°	3 · 20°	2 · 22,5°	2 · 15°
Re	ζ_{Kr} für $r_K/d = 1{,}5$ und hydraulisch rau			
10^4	0,74	0,57	0,44	0,32
$1{,}5 \cdot 10^4$	0,56	0,43	0,33	0,24
$\geq 20 \cdot 10^4$	0,37	0,28	0,22	0,16

Bild 6.20 Segmentkrümmer

Kniestück

Tabelle 6.9 Verlustbeiwerte im Kniestück in Abhängigkeit vom Winkel für ein glattes und raues Rohr

δ	15°	22,5°	30°	45°	60°	90°
glatt: ζ_{Kr}	0,044	0,075	0,120	0,245	0,470	1,15
rau: ζ_{Kr}	0,069	0,105	0,165	0,325	0,600	1,30

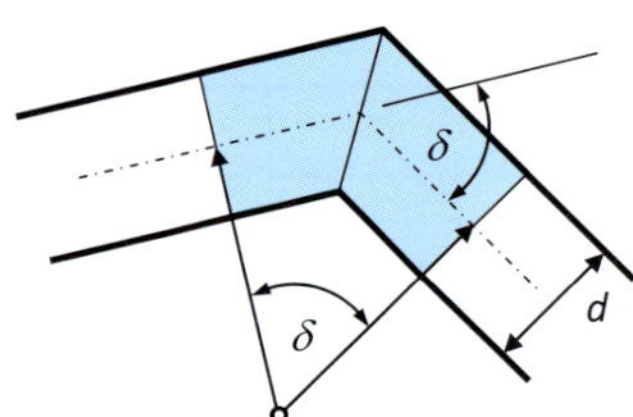

Bild 6.21 Kniekrümmer

6.9.3 Einlaufverluste

Der erste örtliche Verlust einer Rohrströmung entsteht bei der Zuströmung in die Rohrleitung. So bewegt sich das Wasser, z. B. aus einem Behälter in eine Rohrleitung, entlang gekrümmter Strombahnen. Diese Richtungsänderung der Strömung führt in Abhängigkeit von der Form des Rohreinlaufes zu einer Einengung der Strömung. Diese kann bedeutend größer als der Rohrquerschnitt sein. Die sich einstellende Zulaufgeschwindigkeit ist damit größer als die Rohrgeschwindigkeit, d. h. es kommt nach der Strömungsbeschleunigung zu einem Abbremsen und damit zu einem Stoßverlust. Je größer die Einschnürung der Strömung im Einlauf, umso größer der Einlaufverlust. Ausgerundete Einläufe verringern diesen Verlust. Besonders günstige Einläufe sind stromlinienförmig ausgebildet und werden als Trompeteneinläufe bezeichnet.

Der gängige Einlaufverlustbeiwert ist der von scharfkantigen Einläufen mit $\zeta = 0{,}5$.

Tabelle 6.10 Verlustbeiwerte für Rohreinläufe

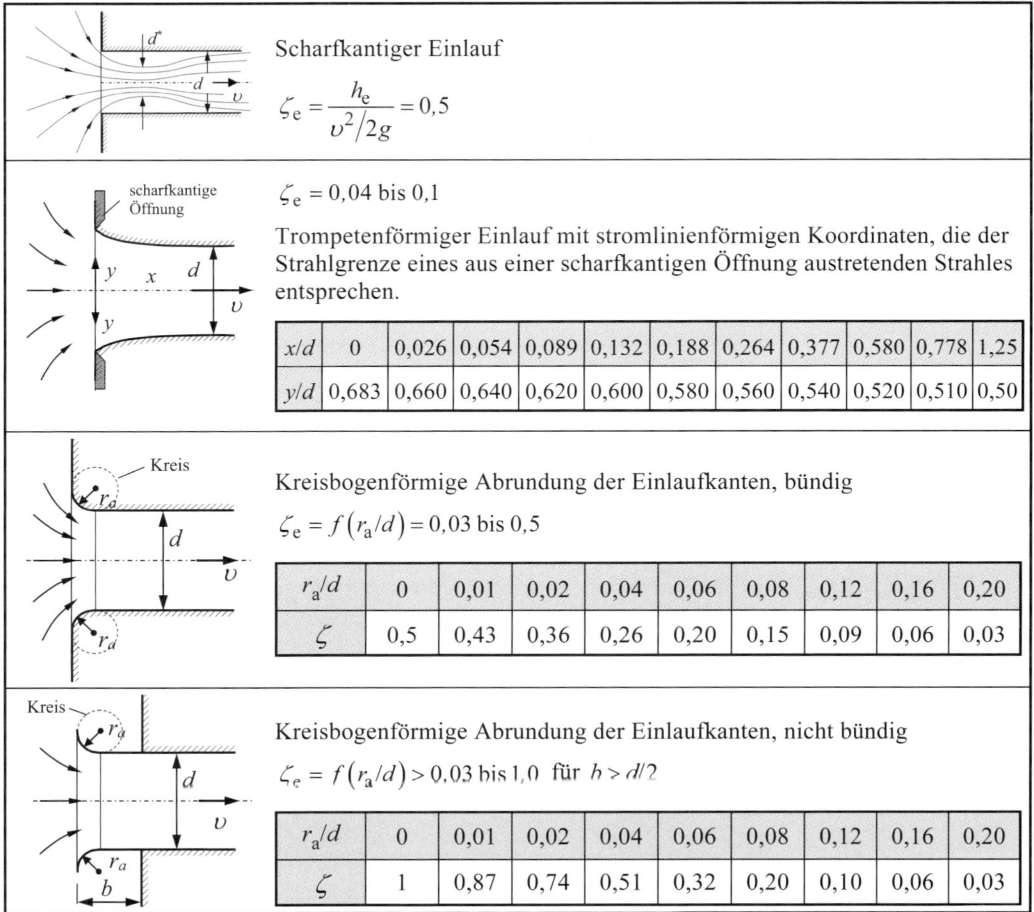

Scharfkantiger Einlauf

$$\zeta_e = \frac{h_e}{\upsilon^2/2g} = 0{,}5$$

$\zeta_e = 0{,}04$ bis $0{,}1$

Trompetenförmiger Einlauf mit stromlinienförmigen Koordinaten, die der Strahlgrenze eines aus einer scharfkantigen Öffnung austretenden Strahles entsprechen.

x/d	0	0,026	0,054	0,089	0,132	0,188	0,264	0,377	0,580	0,778	1,25
y/d	0,683	0,660	0,640	0,620	0,600	0,580	0,560	0,540	0,520	0,510	0,50

Kreisbogenförmige Abrundung der Einlaufkanten, bündig

$\zeta_e = f(r_a/d) = 0{,}03$ bis $0{,}5$

r_a/d	0	0,01	0,02	0,04	0,06	0,08	0,12	0,16	0,20
ζ	0,5	0,43	0,36	0,26	0,20	0,15	0,09	0,06	0,03

Kreisbogenförmige Abrundung der Einlaufkanten, nicht bündig

$\zeta_e = f(r_a/d) > 0{,}03$ bis $1{,}0$ für $b > d/2$

r_a/d	0	0,01	0,02	0,04	0,06	0,08	0,12	0,16	0,20
ζ	1	0,87	0,74	0,51	0,32	0,20	0,10	0,06	0,03

Fortsetzung Tabelle 6.10

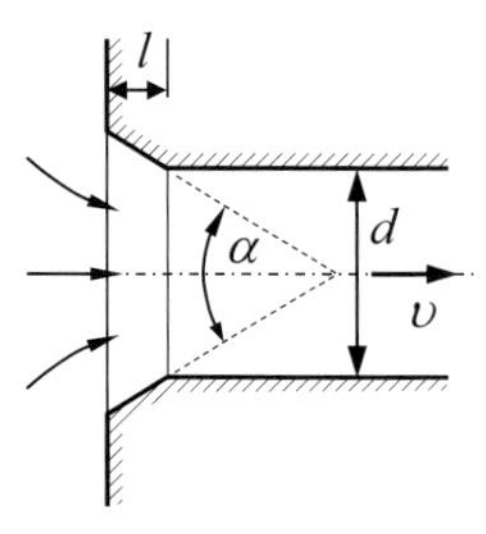

Abgeschrägter Einlauf, bündig $\zeta_e = f(l/d;\alpha)$

$l/d =$	0,025	0,05	0,075	0,10	0,15	0,60
$\alpha = 30°$	0,43	0,36	0,30	0,25	0,20	0,13
60°	0,40	0,30	0,23	0,18	0,15	0,12
90°	0,41	0,33	0,28	0,25	0,23	0,21
120°	0,43	0,38	0,35	0,32	0,31	0,29
180°	0,50					

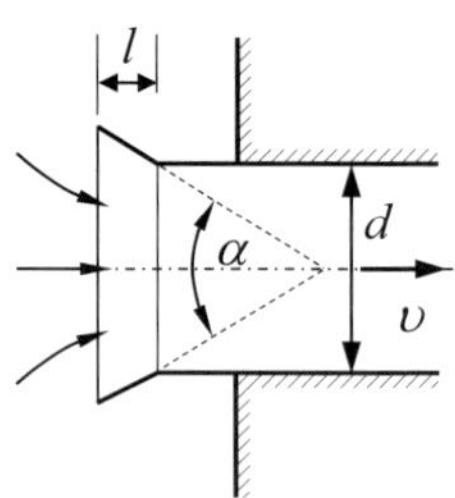

Abgeschrägter Einlauf, nicht bündig $\zeta_e = f(l/d;\alpha)$, $b > d/2$

$l/d =$	0,025	0,05	0,075	0,10	0,15	0,60
$\alpha = 30°$	0,90	0,80	0,65	0,55	0,43	0,18
60°	0,80	0,67	0,50	0,41	0,25	0,13
90°	0,70	0,59	0,44	0,40	0,26	0,19
120°	0,62	0,57	0,44	0,42	0,33	0,27
180°	0,5 bis 1,0					

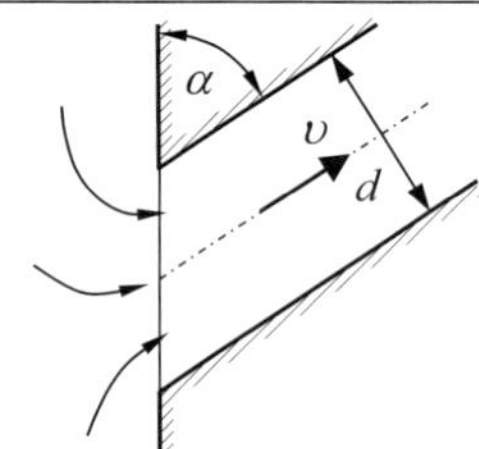

Scharfkantiger Einlauf, bündig $\zeta_e = f(\alpha)$

Nach *Weisbach* (1855): $\zeta_e = f(\alpha) = 0{,}5 + 0{,}3 \cdot \cos\alpha + 0{,}2 \cdot \cos^2\alpha$

$\alpha =$	90°	75°	60°	45°
$\zeta_e =$	0,50	0,59	0,70	0,81

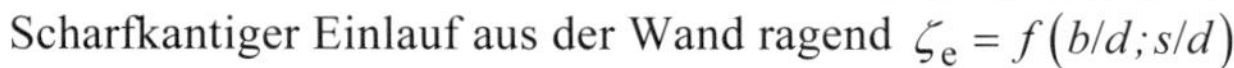

Scharfkantiger Einlauf aus der Wand ragend $\zeta_e = f(b/d;s/d)$

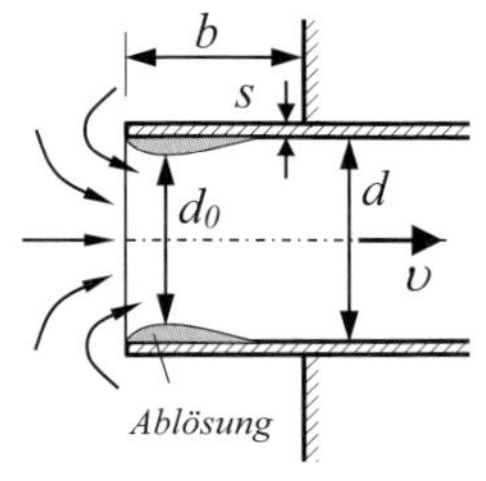

$b/d =$	0	0,01	0,10	0,20	0,30	≥ 0,50
$s/d < 0{,}01$	0,50	0,68	0,86	0,92	0,97	1 bis 1,3
$s/d = 0{,}01$	0,50	0,57	0,71	0,78	0,82	0,86
$s/d = 0{,}02$	0,50	0,52	0,60	0,66	0,69	0,72
$s/d = 0{,}03$	0,50	0,51	0,54	0,57	0,59	0,61
$s/d = 0{,}04$	0,50	0,50	0,50	0,52	0,52	0,54
$s/d = 0{,}05$	0,50	0,50	0,50	0,50	0,50	0,50

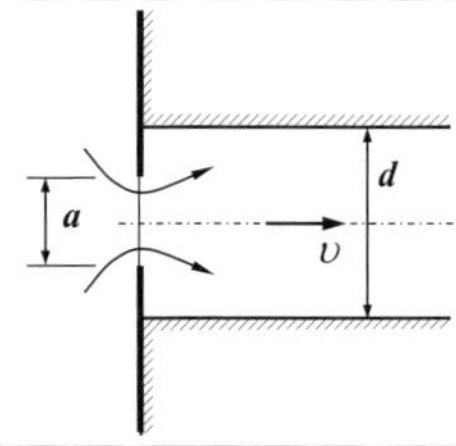

Abgeblendeter Einlauf $\zeta_e = f(d/a)$

$d/a =$	1	1,25	2	5	10
$\zeta_e =$	0,50	1,17	5,45	53,8	245

Rechenverluste

Die bisher meist verwendete einfache Formel zur Berechnung eines Rechenverlustes basiert auf den Untersuchungen von *Kirschmer* (1926) in einem horizontalen Gerinne, in dem eine eindeutige mittlere Zulaufgeschwindigkeit υ_0 bestimmt wurde. *Kirschmer* hat mit diesen eindeutigen Randbedingungen vor allem den Einfluss der Rechenform untersucht und den Formbeiwert der Rechenstäbe ermittelt. *Mosonyi* (1966) ergänzte *Kirschmers* Untersuchungen mit dem Einfluss der Schräganströmung bzw. des Winkels β der Schräganströmung und *Meusburger* (2002) führte umfangreiche Messungen zum Verbauungsgrad zur Verlegung und ebenfalls zur Schräganströmung durch. Auf dieser Grundlage wurden im folgenden Abschnitt **Rechen vor Rohreinläufen** behandelt.

Der Verlust des Rechens wird bestimmt zu:

$$h_{\mathrm{V\,Re}} = \zeta_{\mathrm{Re}} \cdot \frac{\upsilon_0^2}{2g} \tag{6.57}$$

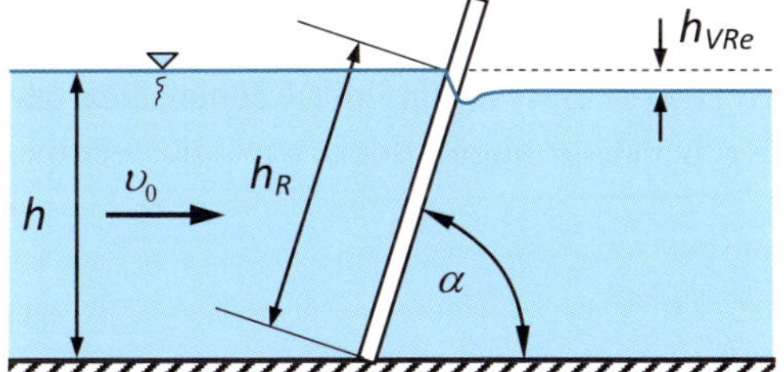

Bild 6.22 Versuchsaufbau von *Kirschmer* (1926) zur Bestimmung des Rechenverlustes

Dabei entspricht υ_0 der horizontalen Zuströmgeschwindigkeit zum Rechen in einem gleich breiten Zulaufkanal. Bei Einlaufrechen unter Wasser ist diese Geschwindigkeit nicht eindeutig definierbar, so dass als Bezugsgeschwindigkeit auf eine rechnerische Größe υ_{R} im unverbauten Rechenquerschnitt zurückgegriffen wird, so dass für eine konstante Gerinnebreite gilt:

$$\upsilon_{\mathrm{R}} = \frac{Q}{A_{\mathrm{R}}} = \frac{\upsilon_0 \cdot b_{\mathrm{R}} \cdot h_0}{b_{\mathrm{R}} \cdot h_{\mathrm{R}}} = \upsilon_0 \cdot \sin\alpha \tag{6.58}$$

Für Rohreinläufe mit Rechen werden die Verlustbeiwerte auf die Rohrgeschwindigkeit υ bezogen, so dass eine Umrechnung des Rechenverlustes mit folgender Gleichung erfolgt:

$$h_{\mathrm{V\,Re}} = \zeta_{\mathrm{Re}} \cdot \frac{\upsilon_0^2}{2g} = \frac{\zeta_{\mathrm{Re}}}{\sin^2\alpha} \cdot \frac{\upsilon_{\mathrm{R}}^2}{2g} = \frac{\zeta_{\mathrm{Re}}}{\sin^2\alpha} \cdot \frac{A^2}{A_{\mathrm{R}}^2} \cdot \frac{\upsilon^2}{2g} \tag{6.59}$$

Der Verlustbeiwert setzt sich aus folgenden Teilen zusammen:

$$\zeta_{\mathrm{Re}} = \zeta_{\mathrm{F}} \cdot \zeta_{\mathrm{P}} \cdot \zeta_{\mathrm{V}} \cdot \zeta_{\alpha} \cdot \zeta_{\beta} \tag{6.60}$$

Formbeiwert nach *Kirschmer* (1926) (ζ_F):

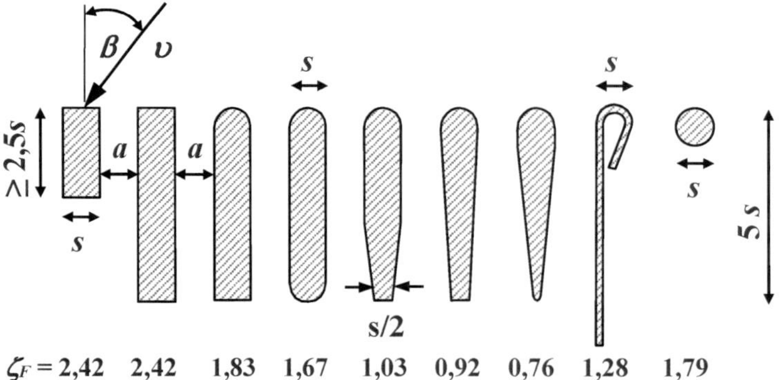

Bild 6.22a Formbeiwert nach *Kirschmer* (1926) ergänzt mit Werten nach *Hassinger* (2009)

Verlustbeiwert nach Verbauungsgrad P (ζ_P):

Als Verbauungsgrad wird das Verhältnis der Ansichtsflächen für Rechenstäbe und Befestigung A_V zur unverbauten Rechenfläche A_R definiert. Ist die Befestigung der Rechenstäbe erst nach dem Strömungseintritt oder am Ende der Rechenstäbe angeordnet, wird sie weniger wirksam und kann vernachlässigt werden.

$$P = \frac{A_V}{A_R} \tag{6.61}$$

$$\zeta_P = \left(\frac{P}{1-P}\right)^{1,5} = \left(\frac{A_V}{A_R - A_V}\right)^{1,5} \cong \left(\frac{s}{a}\right)^{1,5} \tag{6.62}$$

Kirschmer (1926) setzt diesen Beiwert mit dem Exponenten 4/3 an, was insbesondere in Kombination mit seinen Formbeiwerten zu beachten ist.

$$\zeta_P = \left(\frac{s}{a}\right)^{4/3} \tag{6.63}$$

Allerdings betont *Giesecke* (2009), dass *Kirschmer* den Rechenverlust mit seiner Formel in den meisten Fällen bedeutend unterschätzt.

Hassinger (2009) stellt bei den Untersuchungen von speziellen Rechenformen fest, dass konstante Formbeiwerte für unterschiedliche Verbauungsgrade nur erreichbar sind, wenn kleinere Exponenten in der Formel zur Berücksichtigung des Verbauungsgrades verwendet werden. Er ermittelte den Rechenverlust für seinen Fischschonrechen (Bild 6.22a) mit dem Exponenten 4/3 für s/a zu etwa 1,28.

Verlustbeiwert nach Verlegungsgrad *V* (ζ_V):

Mit dem Verlegungsgrad *V* berücksichtigt *Meusburger* (2002) die Rechenverlegung mit Treibgut. Gleichzeitig schlägt er vor, Verbauungsgrad *P* und Verlegungsgrad *V* als Blockierungsgrad *B* zusammenzufassen.

$$\zeta_P \cdot \zeta_V = \left(\frac{B}{1-B} \right)^{1,5} \tag{6.64}$$

mit $B = P + (1-P) \cdot V$

Anteil des Verlustbeiwertes für den Einfluss der Rechenneigung (ζ_α):

Den Einfluss des Neigungswinkels ermittelt *Kirschmer* für den horizontalen Kanal zu:

$$\zeta_\alpha = \sin\alpha \tag{6.65}$$

Verlustbeiwert aus Schräganströmung (ζ_β) (siehe Bild 6.22a):

Mosonyi (1966) ergänzte die Untersuchungen von *Kirschmer* mit Beiwerten zur Schräganströmung und *Meusburger* (2002) ermittelte zusätzlich einen Einfluss von *P* auf diesen Beiwert. *Hassinger* (2009) stellte in seinen Untersuchungen fest, dass auch ein Formeinfluss besteht und die hydraulisch günstig ausgerundeten Fischschonrechen nicht so anfällig gegen Schräganströmungen sind, wie z. B. Rechen mit Rechteckstäben.

$$\zeta_\beta = \frac{(1-\beta/90°)}{P^{1,4 \cdot \tan\beta}} \tag{6.66}$$

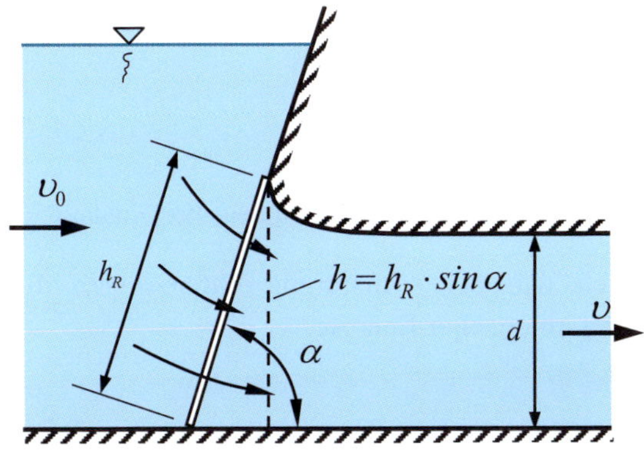

Bild 6.23 Einlauf mit Rechen

Im Einzelnen bedeuten:

$\upsilon =$	Geschwindigkeit im Einlaufrohr/Einlaufkanal nach dem Rechen
$\upsilon_0 =$	Geschwindigkeit im Zulaufkanal vor dem Rechen im horizontalen Kanal
$\upsilon_R =$	berechnete Geschwindigkeit im unverbauten Rechenquerschnitt
$h_{V\,Re} =$	Druckhöhenverlust am Rechen
$h_R =$	Länge der Rechenfeldfläche

$h =$	senkrechte Höhe der benetzten Rechenfeldfläche
$A_R =$	Rechenfeldfläche (Bruttofläche)
$A_V =$	verbaute Rechenfläche (Rechenstäbe und Halterung)
$A =$	Querschnittsfläche des Zulaufes
$a =$	Abstand der Rechenstäbe
$s =$	Stabdicke
$\alpha =$	Winkel der Rechenneigung
$\beta =$	Winkel der Schräganströmung
$P =$	Verbauungsgrad des Rechens (konstruktiv)
$V =$	Verlegungsgrad des Rechens (Schwimm- und Schwebstoffe)
$B =$	Blockierungsgrad des Rechens

6.9.4 Auslaufverluste

Bei einem **zylindrischen** Rohrauslauf am Ende einer Rohrleitung geht die kinetische Energie als Auslaufverlust verloren. In Abhängigkeit von der Geschwindigkeitsverteilung wird der Verlustbeiwert bezogen auf die mittlere Geschwindigkeitshöhe 1 oder größer.

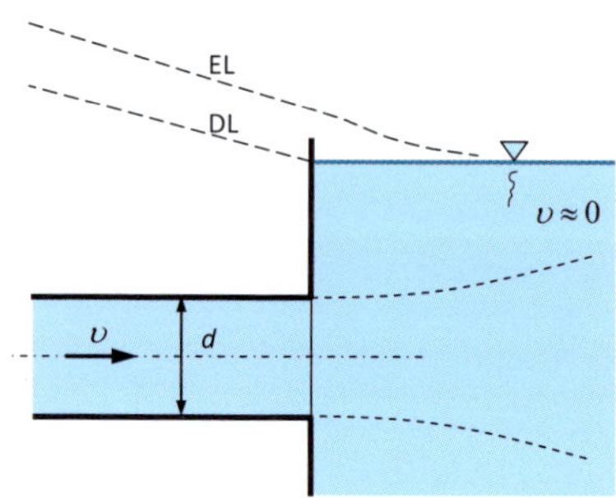

$$h_a = \zeta_a \cdot \frac{\upsilon^2}{2g}$$

turbulent: $\zeta_a = 1{,}0$ bis $1{,}1$

$\zeta_a = 1{,}06$ (Mittelwert)

laminar: $\zeta_a = 2{,}0$

Bild 6.24 gerader, zylindrischer Auslauf

Wird der Auslauf **düsenartig** verengt, ähnlich wie bei Armaturen, erhöhen sich die Austrittsgeschwindigkeit und damit der Verlust an kinetischer Energie.

$$h_a = \zeta_a \cdot \frac{\upsilon^2}{2g} = \zeta_a \cdot \left(\frac{d_a}{d}\right)^4 \cdot \frac{\upsilon_a^2}{2g} = \zeta_a^* \cdot \frac{\upsilon_a^2}{2g} \tag{6.67}$$

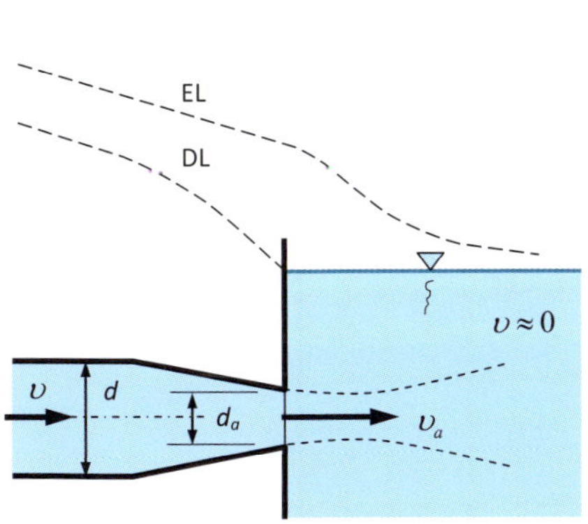

Bild 6.24a Konfusor-Auslauf

$\left(\frac{d_a}{d}\right)^2$	ζ_a^*	ζ_a
0,1	0,83	83
0,2	0,84	21
0,3	0,85	9,44
0,4	0,87	5,44
0,5	0,88	3,52
0,6	0,90	2,50
0,7	0,92	1,88
0,8	0,94	1,47
0,9	0,965	1,19
1,0	1,06	1,06

Ein allmählich erweiterter Auslauf mit **Enddiffusor** ermöglicht die Verringerung des Auslaufverlustes, wenn der Strahl sich mit dem Diffusor ausbreiten kann. Das ist nur der Fall bei kleineren Öffnungswinkeln, die der turbulenten Ausbreitung eines Strahles nahe kommen wenn die Zuströmung im Rohr gleichmäßig und ungestört erfolgt (*Idelchik*, 2006).

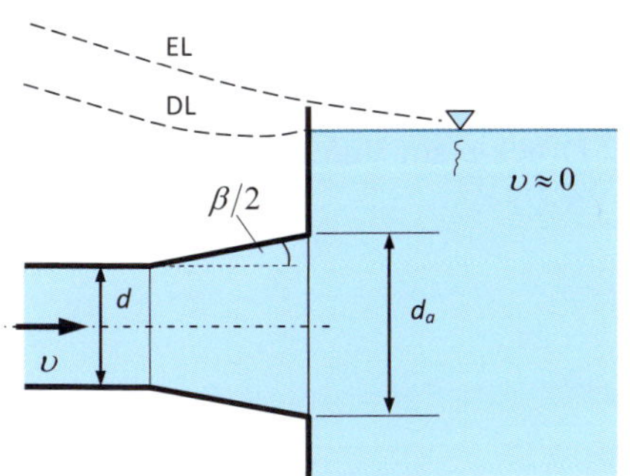

$$h_a = \zeta_a \cdot \frac{v^2}{2g}$$

$\zeta_a = 0{,}15$ bis $0{,}3$ bei $\beta = 8°$

$\zeta_a = 0{,}22$ bis $0{,}33$ bei $\beta = 14°$

$\zeta_a \approx 0{,}97$ bis $1{,}06$ bei $\beta \geq 60°$

Bild 6.24b Diffusor-Auslauf

6.9.5 Vereinigungsverluste

Wegen der vielen Variationen bei der Vereinigungs- und Verzweigungsströmung, gibt es in der Literatur vor allem Verlustbeiwerte für ausgewählte Kombinationen, wie z. B. T-Stücke oder Y-Stücke mit gleichen Durchmessern oder Abzweige von einem geraden Hauptrohr mit 60°-, 45°- oder 30° Winkeln.

Die Verlustbeiwerte ζ_{13} und ζ_{23} an der Vereinigung (Bild 6.26) ergeben sich aus den Energieverlusthöhen h_{13} bzw. h_{23} ohne Reibungsverlust dividiert durch die Geschwindigkeitshöhe der vereinigten Strömung.

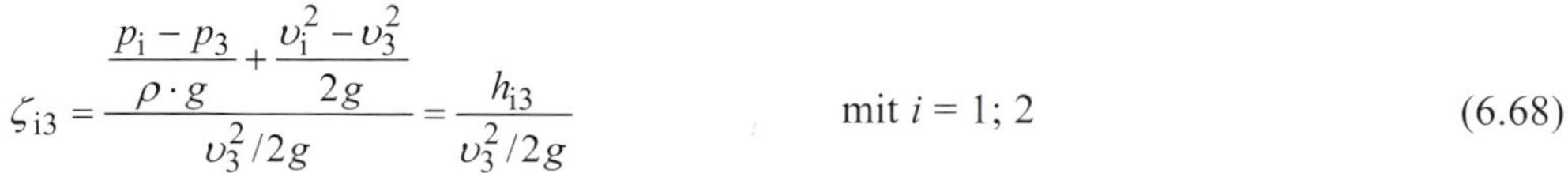

$$\zeta_{i3} = \frac{\dfrac{p_i - p_3}{\rho \cdot g} + \dfrac{\upsilon_i^2 - \upsilon_3^2}{2g}}{\upsilon_3^2/2g} = \frac{h_{i3}}{\upsilon_3^2/2g} \qquad \text{mit } i = 1;\,2 \qquad (6.68)$$

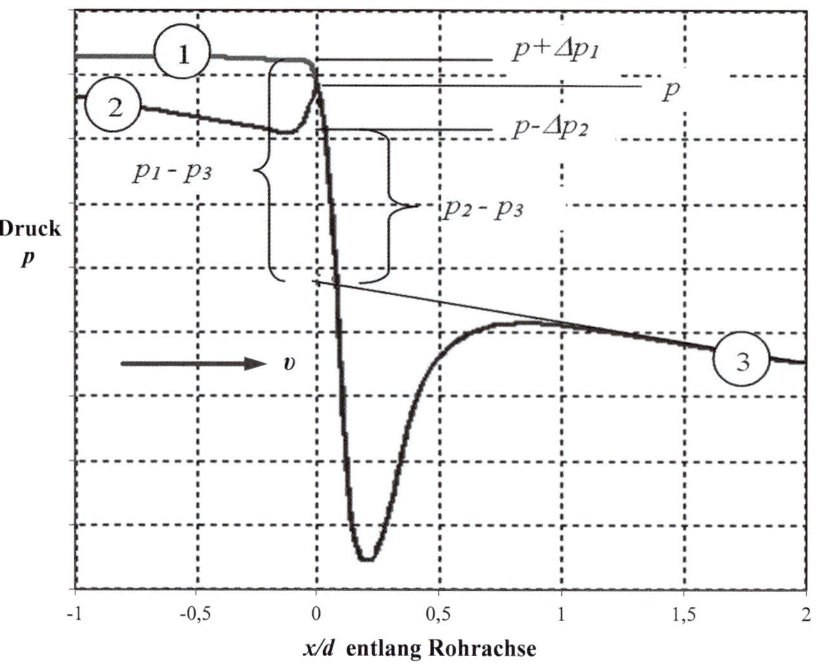

Bild 6.25 Druckverluste einer Vereinigungsströmung mit Druck p am Vereinigungspunkt ($x = 0$), Ergebnis einer numerischen Simulation mit ANSYS-CFX

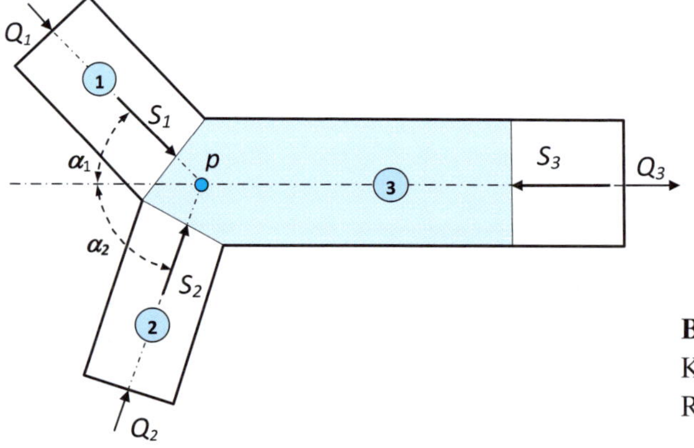

Bild 6.26 Systembild für den Kräfteansatz (x verläuft entlang der Rohrachse)

Aus einem theoretischen Ansatz zur Berechnung der Verlustbeiwerte und dem Vergleich mit Simulationsergebnissen veröffentlichte *Aigner* (2008) eine allgemeine Gleichung der Verlustbeiwerte für die Vereinigungsströmung (Gleichung 6.68).

Für beide Verlustbeiwerte der Vereinigung kann geschrieben werden:

$$\zeta_{i3} = 2 \cdot f_3 - e_3 - \left(2 \cdot f_i \cdot \cos\alpha_i - \frac{e_i}{a_i}\right) \cdot \frac{q_i^2}{a_i} - \left(2 \cdot f_j \cdot \cos\alpha_j - \frac{k_i}{a_j}\right) \cdot \frac{q_j^2}{a_j} \tag{6.69}$$

Für die Hauptströmung 1-3 gilt $i = 1$ und $j = 2$ und für die Nebenströmung 2-3 gilt $i = 2$ und $j = 1$.

Die Abweichungen der mittleren Druck-, Geschwindigkeits- und Impulswerte an den Schnittstellen der Energie- und Impulsgleichungen können durch eine Berücksichtigung von Ausgleichswerten der Geschwindigkeitshöhe (e), des Impulses (f) sowie des Druckes (k) erfolgen. Gleichzeitig wurden in der 3D-Simulation Richtungsabweichungen der Impulskräfte der Zuströmung festgesellt.

Die Beiwerte e und f basieren auf den Definitionen nach Abschnitt 5.12:

$$e = \frac{1}{\upsilon^2 \cdot Q} \cdot \int_A \upsilon_A^3 \cdot dA \qquad f = \frac{1}{\upsilon \cdot Q} \cdot \int_A \upsilon_A^2 \cdot dA$$

Der Druckbeiwert k wurde zur Abschätzung der Abweichung der Drücke p_1 bzw. p_2 zum mittleren Druck p am Vereinigungspunkt definiert. Es wurde eine Korrelation zu den Zulaufgeschwindigkeiten festgestellt und die Druckhöhenabweichung definiert zu:

$$k_1 = \frac{dp_1}{\rho/2 \cdot \upsilon_2^2} \qquad k_2 = \frac{dp_2}{\rho/2 \cdot \upsilon_1^2}$$

Für die relativen Größen von Flächen und Durchfluss gilt:

$$a_1 = \frac{A_1}{A} \qquad a_2 = \frac{A_2}{A} \qquad a_3 = \frac{A_3}{A} \qquad q_1 = \frac{Q_1}{Q} \qquad q_2 = \frac{Q_2}{Q} \qquad q_3 = \frac{Q_3}{Q}$$

Q bezeichnet hier den Gesamtstrom und A die Querschnittsfläche für den Gesamtstrom. Für die Stromvereinigung ist $Q = Q_3 = Q_1 + Q_2$ und $A = A_3$ die Querschnittsfläche des Rohres der Gesamtströmung und analog ist für die Stromtrennung $Q = Q_1 = Q_2 + Q_3$ und $A = A_1$.

T-Verbindung

Für den Sonderfall der T-Verbindung mit durchgehendem Hauptrohr und gleichen Rohrquerschnitten gilt $\cos\alpha_2 = 0$, $\cos\alpha_1 = 1$ und $a_1 = a_2 = 1$.

Die Ausgleichswerte wurden von *Aigner* (2008) zu folgenden Beiwerten zusammengefasst:

$2 \cdot f_3 - e_3 = 0{,}71$

$2 \cdot f_1 - e_1 = 0{,}67$

$2 \cdot f_2 - k_1 = 0{,}2$

Damit wird der Verlustbeiwert der Hauptströmung 1-3:

$$\zeta_{13} = 0,71 - 0,67 \cdot (1 - q_2)^2 - 0,2 \cdot q_2^2 = 0,05 + 1,34 \cdot q_2 - 0,86 \cdot q_2^2 \tag{6.70}$$

Die Gegenüberstellung dieser Gleichungen zusammen mit Versuchswerten und Ergebnissen aus numerischen Simulationen zeigt folgendes Bild 6.27.

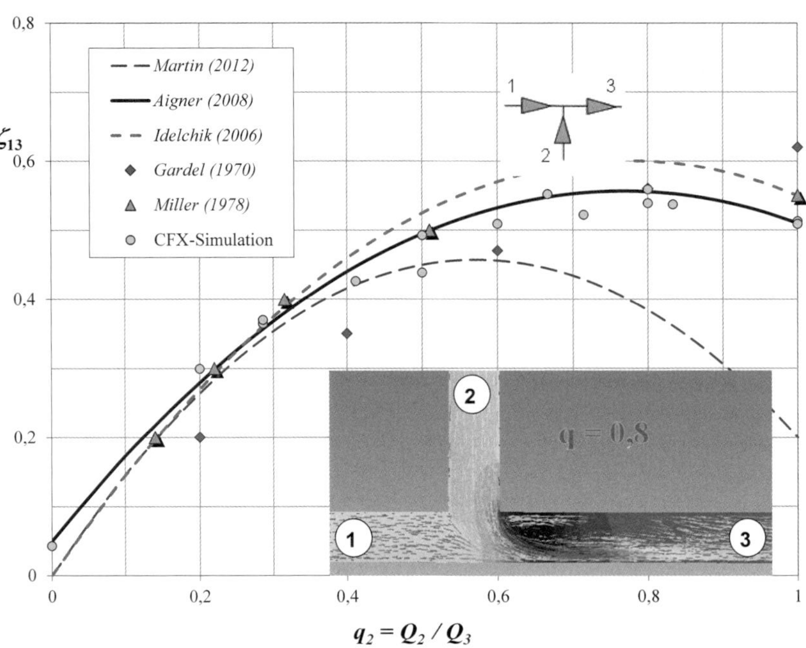

Bild 6.27 Verlustbeiwert der Hauptströmung für die T-Vereinigung mit Gleichung (6.70)

Für die Nebenströmung 2-3 gilt:

$$2 \cdot f_3 - e_3 = 0,71$$

$$2 \cdot f_1 - k_2 = 1,67$$

$$2 \cdot f_2 - e_2 = -0,28$$

$$\zeta_{23} = 0,71 + 0,28 \cdot q_2^2 - 1,67 \cdot (1 - q_2)^2 = -0,96 + 3,34 \cdot q_2 - 1,39 \cdot q_2^2 \tag{6.71}$$

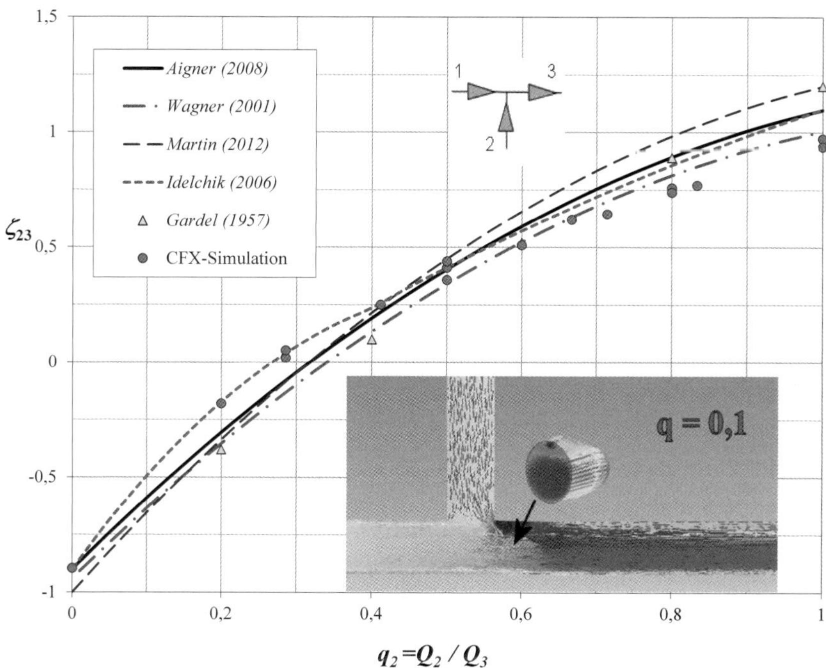

Bild 6.28 Verlustbeiwert der Nebenströmung für die T-Vereinigung mit Gleichung (6.71)

Für variable Zuflussquerschnitte A_2 ermittelte *Aigner* (2008) folgende Gleichung der Verlustbeiwerte der Hauptströmung 1-3:

$$\zeta_{13} = 0{,}71 - 0{,}67 \cdot (1 - q_2)^2 - \left(\frac{0{,}32}{a_2} - \frac{0{,}12}{a_2^2} \right) \cdot q_2^2 \tag{6.72}$$

und der Nebenströmung 2-3:

$$\zeta_{23} = 0{,}71 - \left(\frac{0{,}32}{a_2} - \frac{0{,}6}{a_2^2} \right) \cdot q_2^2 - 1{,}67 \cdot (1 - q_2)^2 \tag{6.73}$$

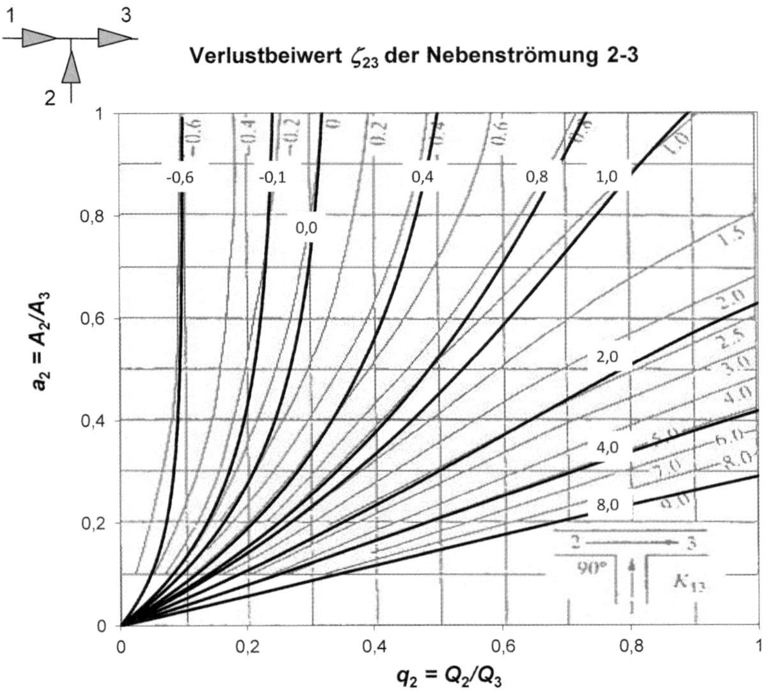

Bild 6.29 Verlustbeiwert der Nebenströmung ζ_{23} , Gleichung (6.72), für variable Zuströmung a_2 und q_2, hinterlegt mit einem Diagramm von *Miller* (1994)

Hosenrohr

Mit der o. g. Gleichung stellt die Berechnung der Verlustbeiwerte an einem Hosenrohr einen Sonderfall dar. Winkel und Beiwerte sind gleich groß. Für ein Hosenrohr mit einem Flächenverhältnis von $a_1 = a_2 = 0{,}5$ können mit o. g. Gleichung gute Ergebnisse erzielt werden, wenn folgende Beiwerte in der Grundgleichung eingesetzt werden (siehe Bild 6.30): $e_1 = e_2 = 0{,}95$ und $k_1 = k_2 = 0{,}05$

$$\zeta_{13} = 0{,}71 - \left(1{,}7 \cdot \cos\alpha_1 - 1{,}9\right) \cdot \frac{q_1^2}{0{,}5} - \left(1{,}7 \cdot \cos\alpha_2 - 0{,}1\right) \cdot \frac{\left(1 - q_1\right)^2}{0{,}5} \qquad (6.74)$$

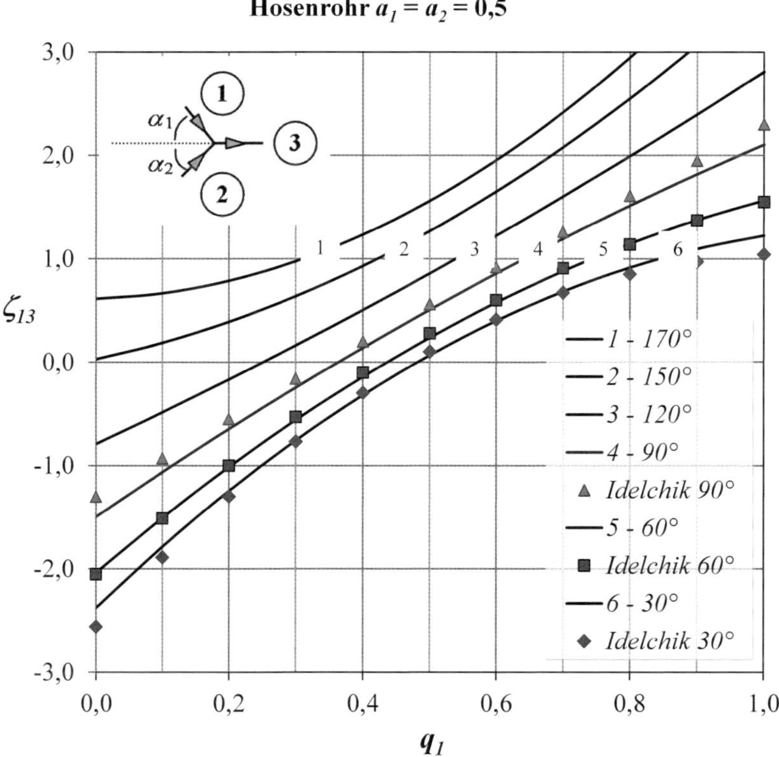

Bild 6.30 Verlustbeiwert für die Vereinigungsströmung am Hosenrohr für $\alpha_1 + \alpha_2 = 30°$ bis 170°, Punkte nach *Idelchik* (2006) verglichen mit o. g. Gleichung (6.74)

6.9.6 Verzweigungsverluste

Die o. g. Gleichungen der Rohrvereinigung sind auf Rohrverzweigungen nicht anwendbar. Hier entstehen die Verluste durch die nach der Stromtrennung auftretenden Strömungseinschnürungen und den damit verbundenen turbulenten Abbau der kinetischen Energie der Strömung nach der Verzweigung (Bild 6.31).

Für die Verlustbeiwerte der Abzweigung aus einem geraden Rohr kann mit den aus Abschnitt 6.11 abgeleiteten Informationen zum Einschnürungsbeiwert ψ und Austragswinkel β aus dem Kräfteansatz zwischen Schnitt 0 und 2 (Bild 6.31) abgeleitet werden:

$$\zeta_{12} = \frac{q_2^2}{a_2^2} \cdot \left(\left(\frac{\sin\alpha_2}{\psi} \right)^2 - 2 \cdot \frac{\sin\alpha_2}{\psi} \cdot \cos(\alpha_2 - \beta) + 1 \right) = \frac{h_{12}}{\upsilon_1^2 / 2g} \qquad (6.75)$$

mit $\psi = \frac{4}{7} \cdot \frac{1}{1 + \sqrt{\frac{4}{7} \cdot \frac{a_2}{q_2 \cdot \sin\alpha_2}}}$ und $\beta = \arctan\left(\frac{4}{7} \cdot \frac{q_2}{a_2} \cdot \sin\alpha_2 + 1 \right)$

Dabei ist β der Austragswinkel unabhängig vom Winkel der Abzweigung und ψ der Einschnürungsbeiwert nach der Abzweigung.

Nach *Hager* (1994) kann man diesen Beiwert mit folgender Gleichung berechnen:

$$\zeta_{12} = 1 - 2 \cdot \frac{q_2}{a_2} \cdot \cos\left(\frac{3}{4} \cdot \alpha_2\right) + \frac{q_2^2}{a_2^2} \tag{6.76}$$

Der Verlustbeiwert der Hauptströmung für das durchgehende Rohr ist relativ unabhängig von der Größe und Richtung des abzweigenden Rohres und ausschließlich von der Aufteilung des Durchflusses abhängig und wird mit folgender Gleichung bestimmt:

$$\zeta_{13} = 0{,}05 - 0{,}6 \cdot q_2 + 0{,}95 \cdot q_2^2 = \frac{h_{13}}{\upsilon_1^2 / 2g} \tag{6.77}$$

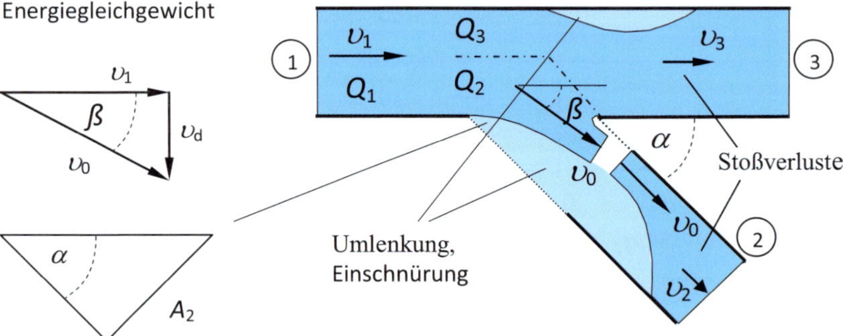

Bild 6.31 Systembild Verzweigung mit Bereichen der Einschnürung $\alpha = \alpha_2$

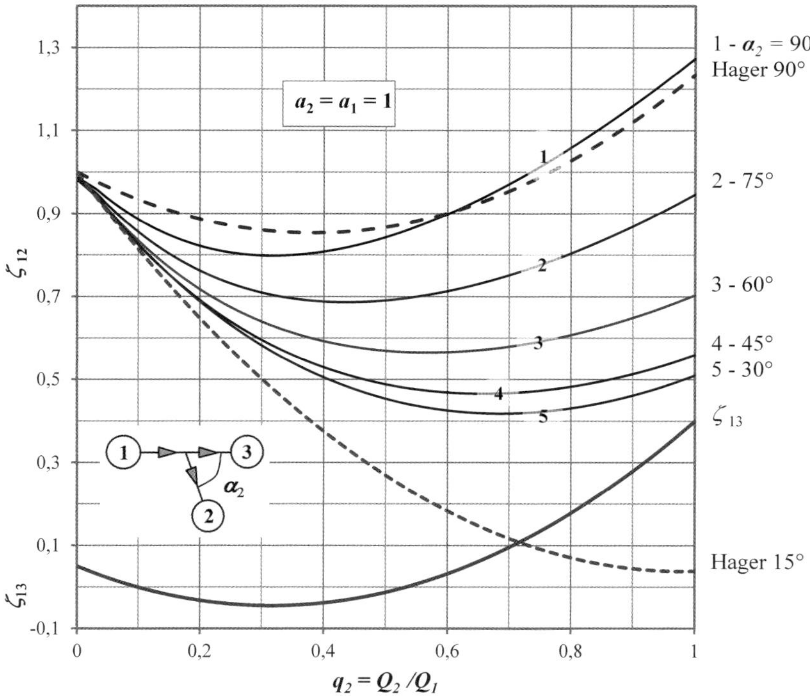

Bild 6.32 Verlustbeiwert am Abzweig in Abhängigkeit von Winkel α_2 und von q_2, oben: Abzweigverlustbeiwert im Vergleich mit Werten nach *Hager* (1994) und unten: Verlustbeiwert des durchgehenden Rohres

6.9.7 Integraler Verlustbeiwert der Rohrverzweigung

Martin (2012) stellte in einem Fachartikel die Möglichkeit der Berechnung eines Gesamtverlustes der Stromvereinigung bzw. Stromtrennung vor. Er vereinigte die beiden in der Regel experimentell bestimmten Verlustbeiwerte ζ_{13} und ζ_{23} für die Vereinigung bzw. ζ_{13} und ζ_{12} für die Trennung zu einem integralen Verlustbeiwert ζ_V bzw. ζ_S für den Gesamtstrom, indem er die Verlustbeiwerte auf die entsprechenden Teilströme Q_1 und Q_2 bzw. Q_2 und Q_3 bezog. Sein Vergleich mit experimentellen Ergebnissen macht die Einführung eines Korrekturbeiwertes c erforderlich.

Sein Verlustbeiwert der **Stromvereinigung** lautet:

$$\zeta_V = c \cdot \left[2 \cdot \frac{1-(1-q_2)^2 - q_2^2 \cdot a_2 \cdot \cos\alpha_2}{1 + a_2 \cdot (1 - 2/\pi) \cdot \cos\alpha_2} + (1-q_2)^3 + \frac{q_2^3}{a_2^2} - 1 \right] \tag{6.78}$$

$$\zeta_V = \frac{\left(h_1 + \frac{v_1^2}{2g}\right)\cdot q_1 + \left(h_2 + \frac{v_2^2}{2g}\right)\cdot q_2 - \left(h_3 + \frac{v_3^2}{2g}\right)}{\frac{v_3^2}{2g}}$$

$$\zeta_V = \zeta_{13}\cdot(1-q_2) + \zeta_{23}\cdot q_2$$

Mit Gleichung (6.77) ermittelte er die Einzelverluste der Stromvereinigung zu:

$$\zeta_{13} = \zeta_V + q_2\cdot\left[(1-q_2)^2 - \frac{q_2^2}{a_2^2}\right] \tag{6.79}$$

$$\zeta_{23} = \zeta_V + (q_2 - 1)\cdot\left[(1-q_2)^2 - \frac{q_2^2}{a_2^2}\right] \tag{6.80}$$

Für die **Stromtrennung** ermittelte er:

$$\zeta_S = c\cdot\left[q_2 + q_2^2 - q_2^3 - 2\cdot\frac{q_2^2}{a_2}\cdot\cos\alpha_2 + \frac{q_2^3}{a_2^2}\right] \tag{6.81}$$

$$\zeta_S = \frac{\left(h_2 + \frac{v_2^2}{2g}\right)\cdot q_2 + \left(h_3 + \frac{v_3^2}{2g}\right)\cdot q_3 - \left(h_1 + \frac{v_1^2}{2g}\right)}{\frac{v_1^2}{2g}}$$

$$\zeta_S = \zeta_{13}\cdot(1-q_2) + \zeta_{12}\cdot q_2$$

Mit Gleichung (6.80) ergeben sich die Einzelverluste der Stromtrennung zu:

$$\zeta_{13} = q_2\cdot\left[\frac{q_2^2}{a_2^2} - (1-q_2)^2\right] - \zeta_S \tag{6.82}$$

$$\zeta_{12} = \frac{\zeta_S}{q_2} - \frac{\zeta_{13}}{q_2}(1-q_2) \tag{6.83}$$

Tabelle 6.11 Korrekturwert *c* für den Gesamtverlustbeiwert der Stromvereinigung und Stromtrennung nach *Martin* (2012)

Abzweigwinkel α_2	Flächenverhältnis $a_2 = \frac{A_2}{A_1}$	*c* für Stromvereinigung	*c* für Stromtrennung
45°	0,5	0,6	0,8
45°	1	0,7	0,8
90°	0,5	0,7	0,4
90°	1	0,6	0,6

6.9.8 Verluste an Armaturen

Ursache der hydraulischen Verluste an Armaturen sind turbulente Stoßverluste beim Abbremsen der vorher durch die Umlenkung oder Einengung des Fließquerschnittes in der Armatur stark beschleunigten Strömung. Die Querschnittseinengung wird erreicht durch:

- das plattenförmige Verschließen quer zur Strömungsrichtung (Schieber),
- das senkrechte oder schräge Zudrehen einer Öffnung (Ventil),
- das Hineindrehen einer Kugel oder einer Klappe in den Querschnitt (Hahn oder Klappe),
- die Verringerung eines zylinderförmigen Spaltes (Ringkolbenventil) oder
- die Verringerung des Fließquerschnittes durch das Zudrücken eines flexiblen Rohrabschnittes (Membranverschluss).

Armaturen dienen der Regelung des Durchflusses (Regelarmatur), dem Absperren der Rohrleitung bei Havarien oder zum Auswechseln anderer Armaturen (Absperrarmatur), der Verhinderung der Rückströmung beim Abschalten einer Pumpe (Rückschlagklappe), der Druckminderung (Druckminderungsventil) oder der Regelung von Druck oder Durchfluss (Regelarmatur). Zu den Armaturen zählen außerdem Be- und Entlüftungsventile, Hydranten zur Wasserentnahme und Stellregler zur Einstellung bestimmter Regelgrößen. Der hydraulische Verlust wäre mit Hilfe des Borda-Carnot'schen Ansatzes zur Berechnung des Stoßverlustes berechenbar (siehe Abschnitt 5.11), wenn die Größe der Einengung bzw. die darin auftretende Geschwindigkeit bekannt wären. Hersteller liefern Kennlinien des Verlustbeiwertes ζ bzw. des Durchfluss-Koeffizienten C und des K_V- bzw. C_V-Wertes (Durchflusszahl) in Abhängigkeit vom Öffnungsgrad (s/d bzw. $\alpha/90°$) der Armatur. Umfassende Angaben hierzu siehe bei *Heiler* (1994)

Verlustbeiwert

$$\zeta = \frac{\Delta h}{\upsilon^2/2g} = \frac{\Delta p}{\rho/2 \cdot \upsilon^2} \tag{6.84}$$

Durchflussbeiwert

$$C = \frac{\upsilon}{\sqrt{2g \cdot \Delta h}} = \frac{\upsilon}{\sqrt{\rho/2 \cdot \Delta p}} = \frac{Q}{A \cdot \sqrt{2g \cdot \Delta h}} \tag{6.85}$$

Beide Beiwerte stellen den Zusammenhang zwischen Geschwindigkeit (Durchfluss Q zu Rohrquerschnitt A) und Druckverlust bzw. Druckhöhenverlust dar und können ineinander überführt werden mit $C = 1/\zeta^2$. Für Endquerschnitte entspricht der Durchflussbeiwert dem Ausflussbeiwert.

Ausflussbeiwerte

$$\mu = \frac{Q}{A_S \cdot \sqrt{2g \cdot h_a}} \text{ bzw. } \mu' = \frac{Q}{A \cdot \sqrt{2g \cdot h_a}} \text{ oder } \mu'_E = \frac{Q}{A_{S0} \cdot \sqrt{2g \cdot h_a}} \tag{6.86}$$

Für Endquerschnitte und Endschieber wird der Ausflussbeiwert μ nach Gleichung (6.86) definiert. Dabei ist A_S der Endquerschnitt bzw. der freigegebene Schieberquerschnitt für eine bestimmte Schieberstellung. Die vor dem Endquerschnitt herrschende Druckhöhe h_a wird fast vollständig in Geschwindigkeit umgesetzt und je nach Strahlverformung und Einschnürung ergibt sich der Ausflussbeiwert μ. Erfolgt die Umrechnung auf die Geschwindigkeit der Rohrströmung vor dem Endquerschnitt, wird also Q auf den Rohrquerschnitt A bezogen, dann ergibt sich der Ausflussbeiwert μ'. Oft wird als Bezugsquerschnitt auch der volle Öffnungsquerschnitt der Endarmatur A_{S0} gewählt, dann ergibt sich als Ausflussbeiwert der Wert μ'_E.

Die drei Ausflussbeiwerte können mit Hilfe der Flächenverhältnisse ineinander überführt werden.

$$\mu = \mu' \cdot \frac{A}{A_S} = \mu'_E \cdot \frac{A_{S0}}{A_S} \tag{6.87}$$

Durchflusszahl

$$K_V = Q \cdot \sqrt{\frac{1 \text{ bar}}{\Delta p} \cdot \frac{\rho}{1000 \text{ kg/m}^3}} \tag{6.88}$$

Die Berechnung der Durchflusszahl K_V ergibt nach Gleichung (6.88) ohne Einheitskorrektur die Dimension einer Fläche und entspricht der eingeschnürten Durchflussfläche innerhalb der Armatur. In der Praxis wird der K_V-Wert als Durchfluss durch eine Armatur bei einer Druckdifferenz von 1 bar und einer Wassertemperatur zwischen 5 °C und 30 °C sowie einer Dichte des Mediums von 1000 kg/m^3 definiert und ermittelt. Er wird meist in m^3/h angegeben. In nichtmetrischen Tabellen aus dem englischsprachigen Raum wird der K_V-Wert als Flow Coefficient C_V angegeben, wodurch eine einheitsabhängige Umrechnung erforderlich wird, die sich bei üblichen Einheiten zu $K_V = 0{,}86 \cdot C_V$ ergibt.

Die Ermittlung des K_V-Wertes ist festgelegt in den Technischen Regeln (VDI/VDE-2173, 2007). Eine Umrechnung in den ζ-Wert erfolgt mit Gleichung (6.89).

$$\zeta = 2 \cdot \left(\frac{A}{K_V} \cdot 3{,}6[\mathrm{m/h}] \right)^2 = \left(\frac{d^2}{K_V} \cdot 4[\mathrm{m/h}] \right)^2 \tag{6.89}$$

Schieber

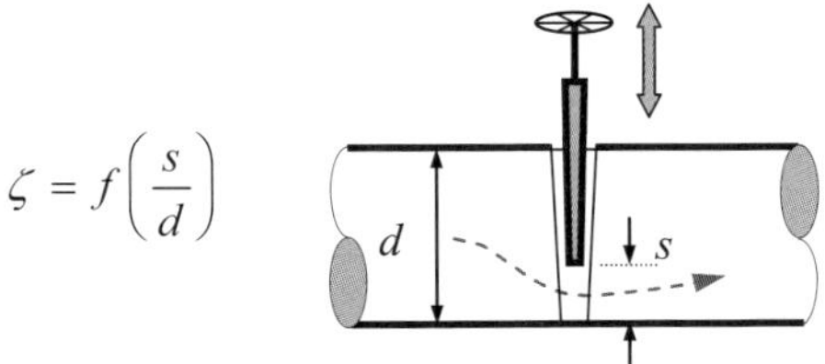

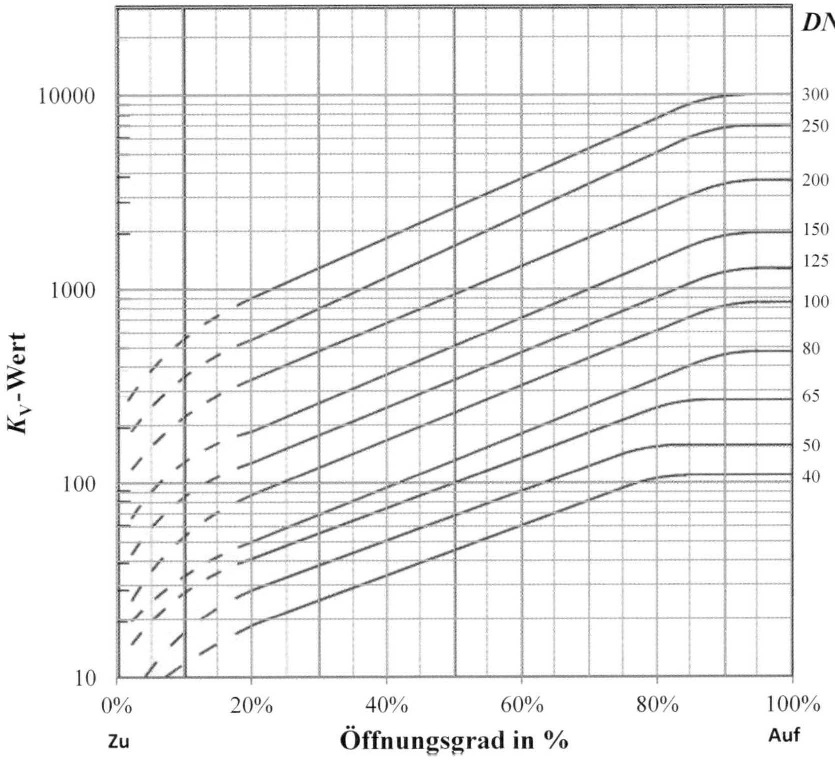

Bild 6.33 Beispiel: K_V-Werte in [m³/h] für Plattenschieber

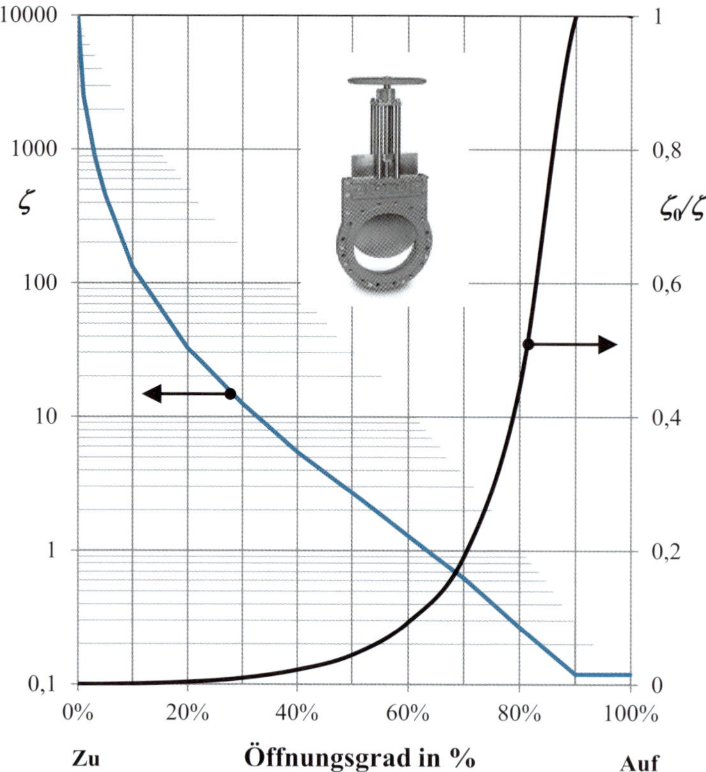

Bild 6.34 Verlustbeiwert Schieber

Ein Zusammenhang zwischen der Schieberstellung und der Öffnungsfläche kann mit Hilfe der im Abschnitt 2.5 enthaltenen Gleichung für Überlappungsflächen von Kreisquerschnitten ermittelt werden. Der Verlustbeiwert des offenen Schiebers wird vor allem durch die konstruktive Ausbildung der Nischen bestimmt. Schieber eignen sich weniger zur Regulierung und werden vor allem als Absperrarmatur eingesetzt.

Tabelle 6.12 Verlustbeiwerte ausgewählter Armaturen in offener Stellung (Beispiele: u. a. VAG, Erhardt)

Schieber (Slide Disc)

DN	40	50	65	80	100	125	150	200	250	300	> 300
ζ_0	0,33	0,33	0,33	0,27	0,20	0,23	0,20	0,18	0,12	0,12	0,10

Drosselklappe (Butterfly Valve)

DN	150	200	250	300	350	400	450	500	600	750	900	1000	1200
ζ_0	0,6	0,5	0,45	0,4	0,35	0,35	0,45	0,5	0,4	0,4	0,36	0,32	0,32

Teller-Ventil (Globe Valve)

DN	15	20	25	32	40	50	65	80	100	125	200	250	300
ζ_0	1,4	5,2	9,8	11,7	10,2	8,7	6,8	5,9	5,5	5,5	5,7	7,0	7,3

Kugelhahn (Plug Valve)

DN	15	20	25	32	40	50	65	80	100	125	200	250	300	400
ζ_0	0,08	0,10	0,12	0,12	0,12	0,12	0,11	0,10	0,09	0,09	0,07	0,05	0,04	0,03

Ringkolbenventil (Plunger Valve)

DN	150	200	250	300	350	400	450	500	600	700	800	900	1000	1200
ζ_0	2,6	8,5	8	5,5	4,5	3,8	3,5	3,0	4,9	4,1	3,6	3,3	3,1	4,5

Drossel- und Absperrklappe

$$\zeta = f\left(\frac{\alpha}{\alpha_0}\right)$$

α_0 = maximaler Winkel im geöffneten Zustand

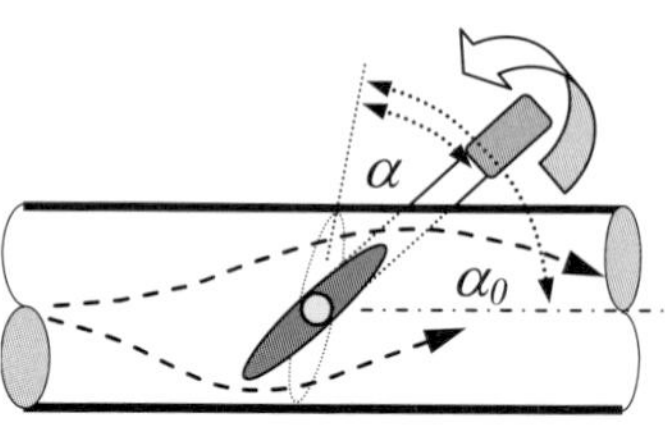

1 – DN 150

2 – DN 500

3 – DN 750

4 – DN 1000

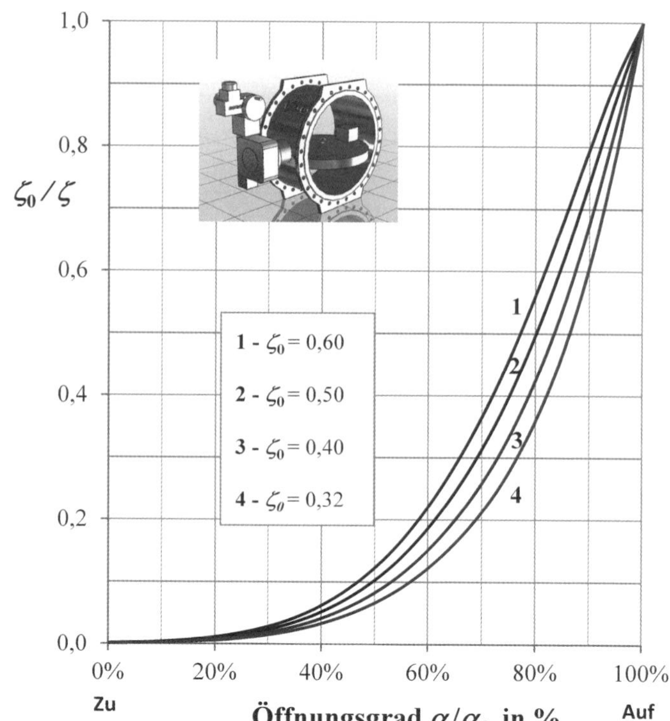

Bild 6.35 Klappe, exzentrisch gelagert, relativer Verlustbeiwert

Klappen weisen bei voller Öffnung einen größeren Verlustbeiwert auf als Plattenschieber, da die Klappe als Hindernis in der Rohrleitung verbleibt. Je günstiger diese umströmt wird, umso geringer ist der Widerstand.

Klappen eignen sich etwas besser zur Regulierung als Plattenschieber, neigen allerdings wegen der Lagerung und Umströmung zu Schwingungen. Exzentrisch bzw. doppelt exzentrisch gelagerte Platten erlauben ein besseres Schließen.

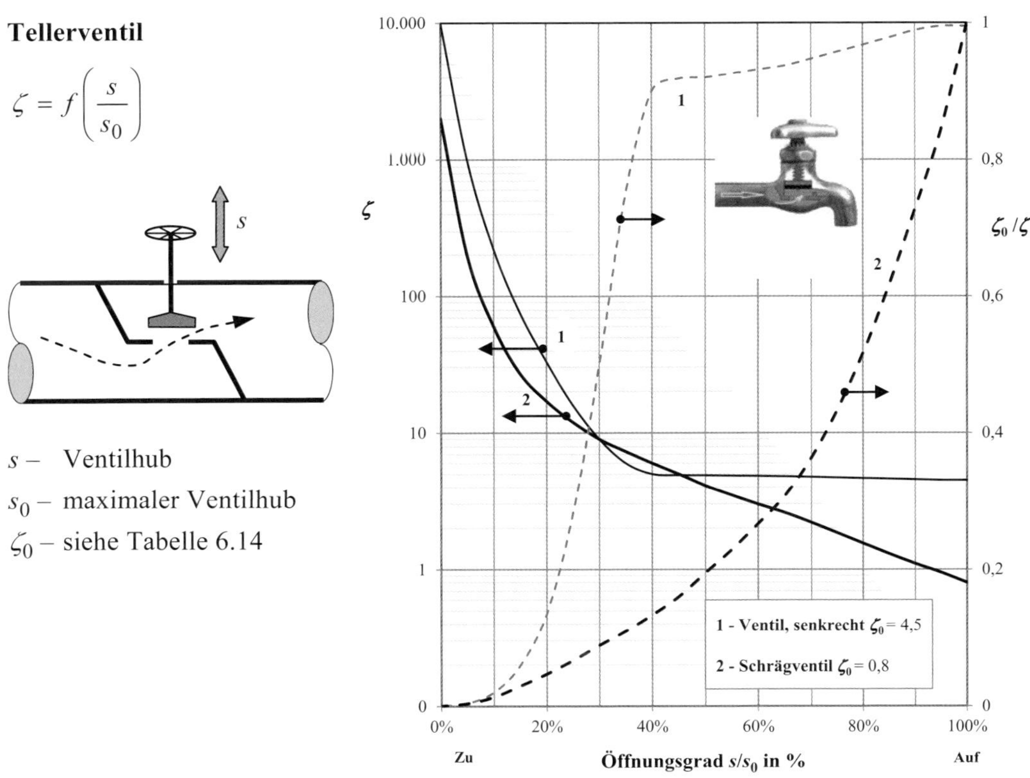

Bild 6.36 Verlustbeiwert, absolut und relativ für ein Ventil, senkrecht und schräg eingebaut

Tellerventile werden vorrangig bei kleinen Durchmessern in der Haustechnik angewendet. Sie haben einen relativ großen Widerstand, ermöglichen aber eine gute Regelung. Es gibt sie in unterschiedlichsten Bauweisen, von denen zwei Kennlinien beispielhaft im Bild 6.36 dargestellt sind. Neben den gerade oder schräg eingebauten Tellerventilen gibt es Kolbenventile, Membranventile und Ringkolbenventile (siehe weiter unten).

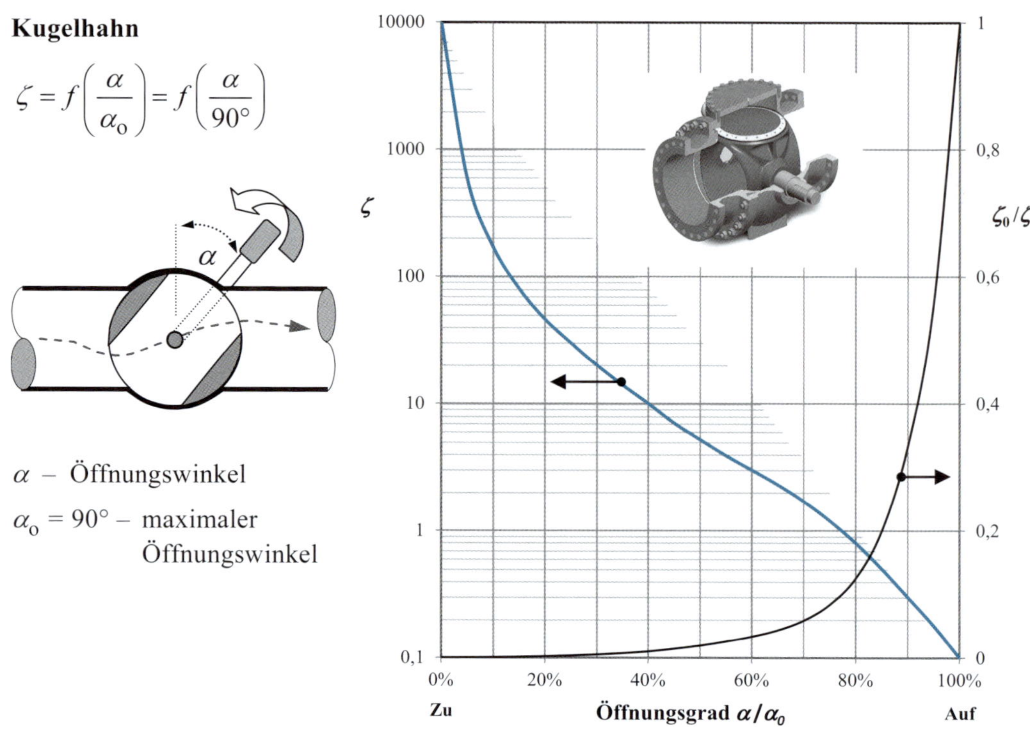

Bild 6.37 Verlustbeiwert, absolut und relativ am Kugelhahn

Ein Kugelhahn besitzt bei voller Öffnung praktisch keinen örtlichen Strömungsverlust (siehe Tabelle 6.14). Da sie den Querschnitt vollständig freigeben, eignen sie sich zum Molchen. Kugelhähne werden zur Absperrung der Rohrleitung eingesetzt. Sie lassen sich sehr schnell schließen, wodurch die Gefahr des Druckstoßes besteht. Zur Regelung sind Kugelhähne weniger geeignet. Seine Kennlinie verläuft ähnlich der eines Schiebers.

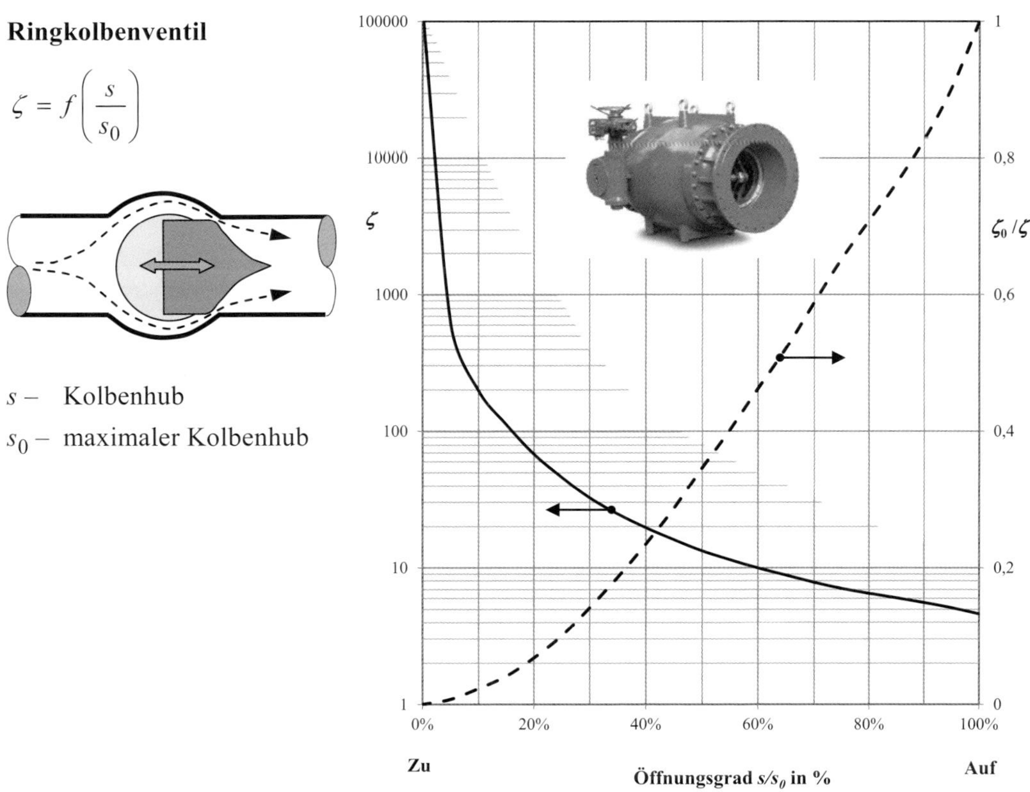

Bild 6.38 Verlustbeiwert am Ringkolbenventil, absolut und relativ, gilt für DN 1200

Ringkolbenventile sind für hohe Drücke und für Regelaufgaben konzipiert. Sie haben einen relativ hohen Verlustbeiwert bei offener Stellung, da das Wasser ringförmig um den Kolben oder den Zylinder herumgeführt wird und aus einem kleinen ringförmigen Spalt austritt. Es gibt spezielle Konstruktionen für Austritt in Luft und unter Wasser. Da durch die sehr großen Geschwindigkeiten Kavitationsgefahr am Austrittsspalt besteht, werden Ringkolbenventile oft mit einer ringförmigen Belüftung ausgestattet. Bei Ringkolbenventilen mit Schlitzzylinder werden die Kavitationsblasen ins Zentrum der Strömung verlagert, wodurch es zu weniger Kavitationserosion kommt. Der sich ausbildende kegelförmige Strahl erzeugt in seinem Inneren Unterdruck und damit eine leichte Durchflusserhöhung; implodiert der Strahl und wird belüftet, kommt es zum Druckanstieg und der Durchfluss nimmt schlagartig ab. Dieser sich ständig wiederholende Vorgang wird von *Günther* (2011) als Ursache für die starken Vibrationen von Ringkolbenventilen bei der Durchfahrung eines bestimmten Öffnungsgrades von etwa 20 % angegeben. Wird die Ausbildung eines geschlossenen Kegels verhindert und eine ausreichende Belüftung garantiert, können diese Vibrationen verhindert werden.

Kegelstrahlschieber

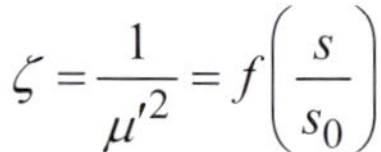

$$\zeta = \frac{1}{\mu'^2} = f\left(\frac{s}{s_0}\right)$$

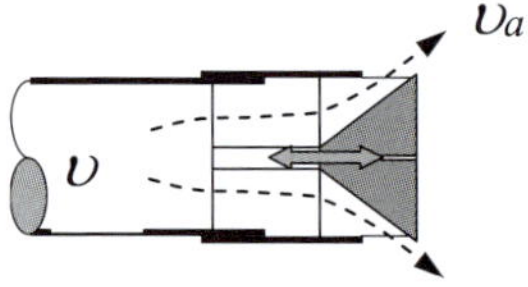

s – Kegelweg

s_0 – maximaler Kegelweg

Ausflussbeiwert μ' bei einem Differenzdruck Δp im Schieber:

$$\mu' = \frac{1}{\sqrt{\zeta}} = \frac{\upsilon}{\sqrt{\frac{2}{\rho}\cdot\Delta p}} = \frac{Q}{A\cdot\sqrt{\frac{2}{\rho}\cdot\Delta p}}$$

siehe Gleichung (6.87)

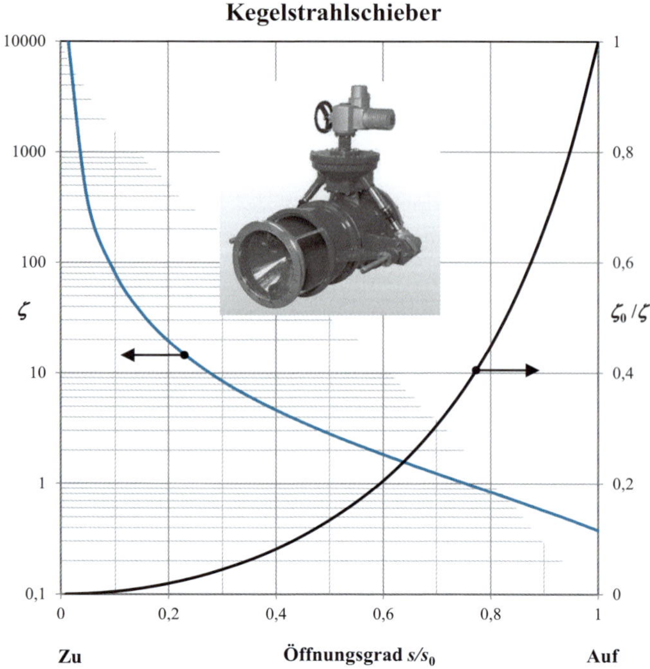

Bild 6.39 Verlustbeiwert am Kegelstrahlschieber, absolut und relativ

Kegelstrahlschieber werden für den Abbau hoher Drücke eingesetzt und blasen den Wasserstrahl als kreisrunden Strahl unter Wasser oder ins Freie aus. Deshalb wird hier meist der Ausflussbeiwert μ bzw. μ' als Kennzahl angegeben (siehe Gleichung (6.87)). Voll geöffnet haben sie einen geringeren Widerstand als Ringkolbenventile. Nachteil ist die starke Vernebelung bei Austritt des Strahles in die Atmosphäre.

Rückschlagklappen

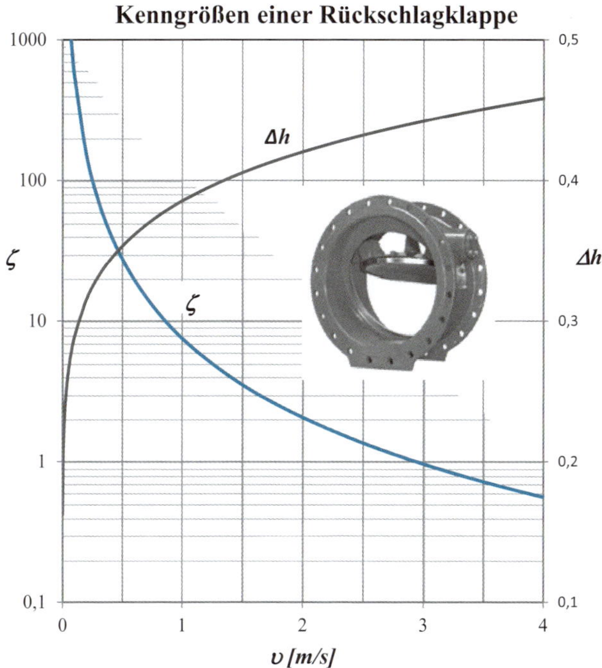

Bild 6.40 Verlustbeiwert und Druckdifferenz einer Rückschlagklappe

Rückschlagklappen gehören zu den Rückfluss verhindernden Armaturen, wie sie z. B. vor oder nach Pumpen eingesetzt werden, um beim Abschalten das Wasser in der Leitung zu halten. Neben den Rückschlagklappen mit und ohne Gegengewicht gibt es zur Rückflussverhinderung unterschiedlichste Konstruktionen, z. B. das Fußventil (foot valve). Da die Rückschlagklappen durch die Strömung aufgedrückt werden müssen, besitzen sie einen sehr hohen Verlustbeiwert bei geringen Geschwindigkeiten, wie in Bild 6.40 dargestellt ist. Mit steigender Geschwindigkeit und damit größerer Strömungskraft wird die Öffnung weiter freigegeben und der Verlustbeiwert sinkt, wodurch der Druckverlust nahezu konstant bleibt.

Eine deutliche Verringerung der Verlustbeiwerte gegenüber Rückschlagklappen kann durch **Heberauslässe** erreicht werden, bei denen der Rückstrom des Wassers durch eine Belüftung über Luftventile unterbrochen wird. Näheres hierzu siehe bei *Bollrich* (1976 und 2019).

Sonderarmaturen

Zu den Sonderarmaturen für den Wasserbau und die Wasserwirtschaft zählen u. a. Hydranten zur Wasser- bzw. Löschwasserentnahme, Druckminderungsventile zur Druckreduzierung bzw. Einstellung des Druckes in einer Leitung und Be- und Entlüftungsventile. Die Be- und Entlüftungsventile müssen auf die Rohrleitung, in der Regel an einem hydraulischen

Hochpunkt, auf einen Dom oder ein T-Stück aufgesetzt werden. Der Dom dient der Sammlung der Luft und sollte im Durchmesser mindestens 0,5-mal und in der Höhe mindestens 0,3-mal der Durchmesser der Rohrleitung sein.

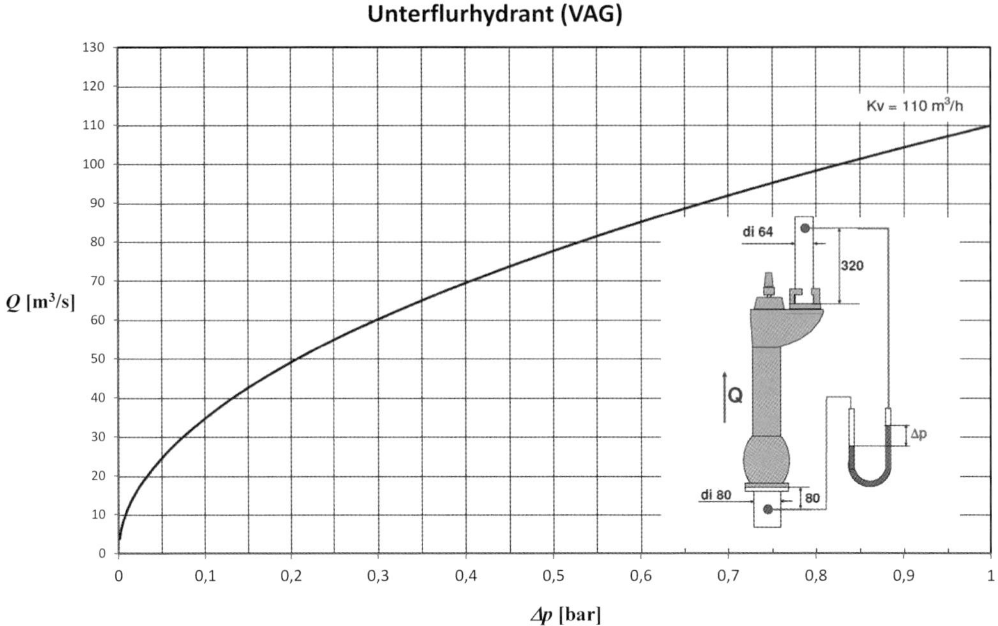

Bild 6.41 Ausflussfunktion eines Unterflurhydranten (Firma VAG)

6.10 Lufteinschluss und Teilfüllung

Der Lufteinschluss in Druckleitungen kann zu zusätzlichen Verlusten führen, den Durchfluss behindern oder ganz verhindern. Insbesondere bei der Füllung neu verlegter Leitungen mit mehreren Hochpunkten ohne entsprechende Be- und Entlüftung oder in frei verlegten Abwassertransportleitungen mit Druckluftspülung (DWA-A116-3, 2012) muss mit Lufteinschlüssen in den fallenden Rohrabschnitten nach den Hochpunkten (hydraulischen Hochpunkten) gerechnet werden. Hier soll gezeigt werden, wie diese Veränderung im hydraulischen System berücksichtigt wird und welche Möglichkeiten es gibt, Lufteinschlüsse in Druckrohrleitungen zu vermeiden oder zu verhindern.

Bei der Inbetriebnahme einer leeren Leitung füllen sich zuerst die steigenden Rohrabschnitte. Ist in den fallenden Leitungsabschnitten das Gefälle größer als das Reibungsgefälle bei Vollfüllung, bildet sich dort ein Freispiegelabfluss aus. Im Extremfall bleibt der fallende Leitungsabschnitt vollständig teilgefüllt und die Drucklinie verläuft parallel zur Rohrleitung. Wird keine weitere Luft aus den vorhergehenden Leitungsabschnitten transportiert, verringert sich der Teilfüllungsbereich infolge der Kompression der Luft bei Druckerhöhung bzw. durch den Weitertransport von Luftblasen.

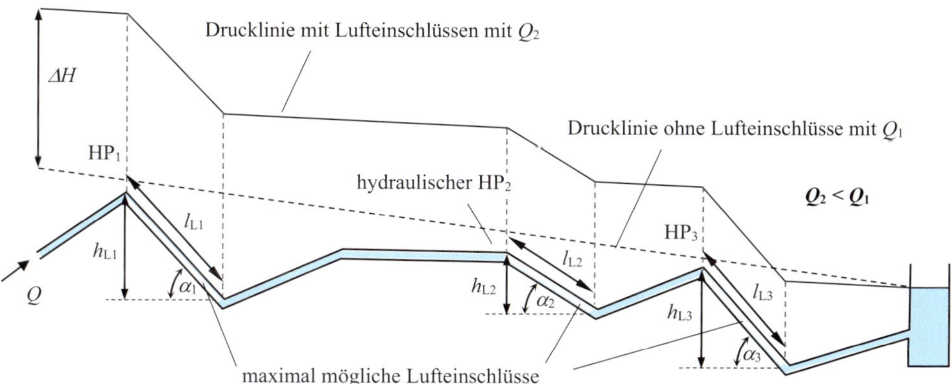

Bild 6.42 Druckverläufe in Transportleitungen ohne und mit Lufteinschlüssen

Als Extremfall muss angenommen werden, dass alle fallenden Leitungsabschnitte Luft enthalten. Damit verlaufen Drucklinie und Energielinie parallel zur Rohrleitung und der Energieverlust entspricht dem Höhensprung der luftgefüllten Leitung. Gleichzeitig gibt es in diesen luftgefüllten Abschnitten keine Reibungsverluste und die an der Reibung beteiligte Rohrlänge wird um die Leitungslängen der luftgefüllten Abschnitte reduziert. Mit dieser Annahme erfolgt der hydraulische Nachweis der Wasserbewegung, unabhängig davon, ob die Energie über ein Pumpe oder eine geodätische Höhe (Gravitationsleitung) zur Verfügung steht.

Gleichung (6.6) wird entsprechend Bild 6.42 folgendermaßen abgewandelt:

$$\upsilon = \sqrt{\frac{2g \cdot \left(h - \sum h_{\mathrm{L}}\right)}{\frac{\lambda \cdot \left(l - \sum l_{\mathrm{L}}\right)}{d} + \sum \zeta_{\mathrm{V\ddot{o}}}}} \tag{6.90}$$

Die Höhe h ist hierbei entweder eine geodätische Höhe h_{geo} zwischen Behälter A und B bei Gravitationsleitungen oder eine Förderhöhe H einer Pumpe. Bei $h \leq \sum h_{\mathrm{L}}$ wird der Abfluss in der Leitung vollständig verhindert. Die Länge l ist die Gesamtlänge der Rohrleitung. Gleichung (6.90) dient vor allem dem Nachweis, dass unter der Annahme eines maximalen Lufteinschlusses in allen fallenden Leitungsabschnitten in der Rohrleitung noch ein Abfluss stattfinden kann und wie groß derselbe unter diesen Bedingungen sein könnte. Teilfüllung ist nur möglich, wenn das Gefälle der Drucklinie (Energielinie) mit Lufteinschluss geringer als das des fallenden Leitungsabschnittes ist.

Wird der Abfluss durch die Lufteinschlüsse nur behindert, muss geprüft werden, ob die noch mögliche Geschwindigkeit aus Gleichung (6.90) ausreicht, um die Luft nach und nach selbst auszutragen. Orientierung liefert dabei die sogenannte Selbstentlüftungsgeschwindigkeit, die z. B. in physikalischen Modellen von *Aigner* und *Thumernicht* (2002), von *Walther* und *Günther* (1998) oder *Pothof* (2011) untersucht wurde. Die Selbstentlüftungsgeschwindigkeit υ_{S} ist abhängig vom Durchmesser und dem Gefälle der Rohrleitung. Unter Verwendung der Ergebnisse von *Aigner* und *Thumernicht* muss folgende Bedingung in den einzelnen fallenden Leitungsabschnitten erfüllt sein:

$$\upsilon > \upsilon_S = \sqrt{1{,}5 \cdot g \frac{d \cdot \sin\alpha}{1{,}64 \cdot \sin\alpha + 0{,}06}} \tag{6.91}$$

mit $\sin\alpha = h_L / l_L$ = Gefälle der Rohrleitung

d = Durchmesser der Rohrleitung

Unabhängig davon kann mit Hilfe von Be- und Entlüftungsventilen an den hydraulischen Hochpunkten die Luft abgeleitet werden. Die Be- und Entlüftungsventile sind zwingend erforderlich, wenn die Behinderung der Strömung sehr groß ist und die Selbstentlüftungsgeschwindigkeit nicht erreicht wird. Eine Selbstentlüftung der Rohrleitung ist nur möglich, wenn keine weitere Luft in die Rohrleitung eingetragen wird.

6.11 Wasserabzug und Wasserverteilung

Der Wasserabzug (z. B. Drainage) und die Wasserverteilung (z. B. Beregnung) sind vor allem abhängig von den Eigenschaften der Strömungsvereinigung und der Strömungsteilung. Diese hat *Aigner* (2009) für einfache gelochte Rohre näher untersucht. Bei der Berechnung dieser Systeme hat die Berücksichtigung der örtlichen Verluste der Strömungsvereinigung bzw. Stromtrennung eine große Bedeutung.

6.11.1 Stromvereinigung

Bei der Stromvereinigung, z. B. an einer gelochten Leitung (siehe Bild 6.43), beeinflussen hauptsächlich zwei Größen die Zuströmung in Wasserabzugssystemen: der Volumenstrom Q_2 der Zuströmung und der dadurch erzeugte Verlust in der Hauptströmung der Rohrleitung.

Der Volumenstrom Q_2 ist abhängig von der Energiedifferenz, die bei senkrechter Zuströmung der Druckdifferenz $\Delta p = p_a - p_1$ entspricht, von der Zuströmfläche a und von dem Zuströmbeiwert μ.

$$Q_2 = \mu \cdot a \cdot \upsilon_{dp} = \mu \cdot a \cdot \sqrt{2 \cdot \frac{\Delta p}{\rho}} \tag{6.92}$$

Der Zuströmbeiwert μ wird analog dem Ausfluss aus Öffnungen durch die Form der Öffnung (μ_0) und durch die Strömungsgeschwindigkeit in der Rohrleitung υ_1 beeinflusst. *Aigner* (2009) ermittelte diesen Einfluss mit folgender Gleichung:

$$\mu = \mu_0 \cdot \left(1 + 0{,}3 \cdot e^{-0{,}35 \cdot (\upsilon_{dp}/\upsilon_1)} - 1{,}3 \cdot e^{-4 \cdot (\upsilon_{dp}/\upsilon_1)^2} \right) \tag{6.93}$$

Dabei stellte er fest, dass sich sehr eng hintereinander angeordnete Löcher gegenseitig beeinflussen, dass bei $\upsilon_1 \approx \upsilon_{dp}$ der Zuströmbeiwert ansteigt und dass bei sehr großen Anströmgeschwindigkeiten $\upsilon_1 > \upsilon_{dp}$ der Zuströmbeiwert stark abnimmt.

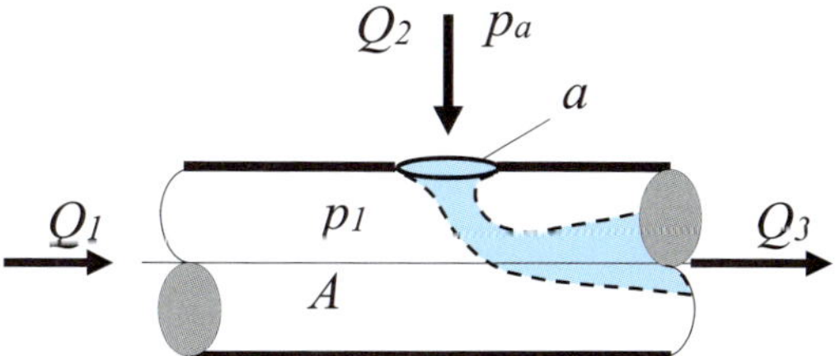

Bild 6.43 Stromvereinigung

Der Verlustbeiwert der Hauptströmung kann nach *Idelchik* (2006) ermittelt werden:

$$\zeta_{13} = \frac{h_{ö13}}{\upsilon_3^2/2g} = 1{,}55 \cdot \frac{Q_2}{Q_3} - \left(\frac{Q_2}{Q_3}\right)^2 \tag{6.94}$$

6.11.2 Wasserabzug mit gelochten Rohren

Die Berechnung einer Wasserabzugsleitung mit einem gelochten Rohr bei Vollfüllung ist iterativ von Loch zu Loch mit folgender impliziten Gleichung möglich:

$$\frac{Q_{\mathrm{ak+1}}}{Q_{\mathrm{ak}}} = \frac{\mu_{\mathrm{k+1}} \cdot a_{\mathrm{k+1}}}{\mu_{\mathrm{k}} \cdot a_{\mathrm{k}}} \cdot \sqrt{1 + \left(\frac{\mu_{\mathrm{k}} \cdot a_{\mathrm{k}}}{A}\right)^2 \cdot \left(\lambda_{\mathrm{k}} \cdot \frac{L_{\mathrm{k}}}{d_{\mathrm{k}}} \cdot \frac{Q_{\mathrm{k}}^2}{Q_{\mathrm{ak}}^2} + 3{,}55 \cdot \frac{Q_{\mathrm{k}}}{Q_{\mathrm{ak}}} - 2\right)} \tag{6.95}$$

Da $\mu_{\mathrm{k+1}}$ von $Q_{\mathrm{ak+1}}$ abhängt, ist diese Größe iterativ zu ermitteln.

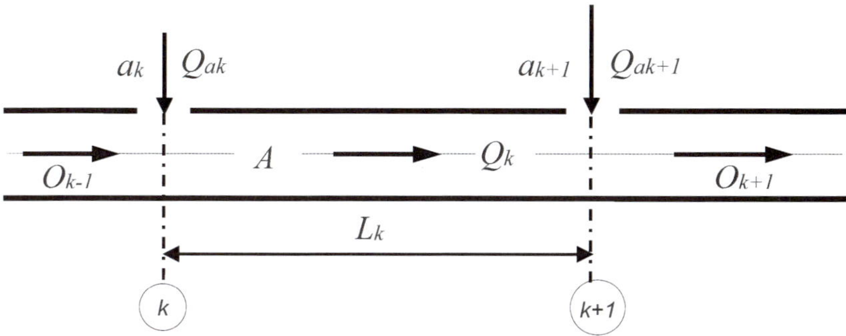

Bild 6.44 Wasserabzug mittels gelochter Rohrleitung

Der in Strömungsrichtung ansteigende Einlaufvolumenstrom kann durch die Veränderung der Lochgröße oder der Lochabstände bezogen auf die Abzugslänge vergleichmäßigt werden.

Ein konstanter Wasserabzug mit einer gelochten horizontalen Rohrleitung wird erreicht, wenn das Wasser in der Rohrleitung als Freispiegel unter Luftdruck abfließt und somit der Innendruck von Loch zu Loch konstant bleibt. Das ist möglich, wenn der Durchmesser D mindestens folgende Größe erreicht:

$$D > \sqrt[5]{\frac{9}{g} \cdot Q^2} \tag{6.96}$$

6.11.3 Stromtrennung

Ähnliche Effekte wie beim Zufluss in eine gelochte Rohrleitung treten bei der Stromtrennung auf, also dem Austritt aus einem Loch im Rohrmantel. Antreibende Kraft ist wieder die Druckdifferenz zwischen dem Rohr innen und außen. Die Geschwindigkeit im Rohr beeinflusst dabei den Einschnürungs- bzw. den Ausflussbeiwert, aber auch die Ablenkung des Strahles vom senkrechten Austritt. Je größer die Geschwindigkeit im Rohr, umso größer sind Einschnürung und Ablenkung. Mit einem Stutzen am Austrittsloch kann die Richtung des Austrittsstrahles beeinflusst werden, wohingegen der Austrittsbeiwert nur gering verändert wird. *Aigner* (2009) ermittelte den Ausflussbeiwert für scharfkantige Löcher zu:

$$\mu = \frac{Q_2}{a \cdot \upsilon_2} = 0{,}7 - 0{,}67 \cdot \frac{\upsilon_1^2}{\upsilon_2^2} = 0{,}7 - 0{,}67 \cdot \frac{\upsilon_1^2}{2 \cdot \Delta p / \rho + \upsilon_1^2} \tag{6.97}$$

mit $\upsilon_2 = \sqrt{\upsilon_1^2 + 2 \cdot \frac{\Delta p}{\rho}} = \sqrt{\upsilon_1^2 + 2 \cdot \frac{p_1 - p_a}{\rho}}$

Der Winkel des austretenden Wasserstrahles wurde empirisch bestimmt zu:

$$\beta = \arctan\left(\frac{\sqrt{2 \cdot \Delta p / \rho}}{\upsilon_1} - 1\right) \tag{6.98}$$

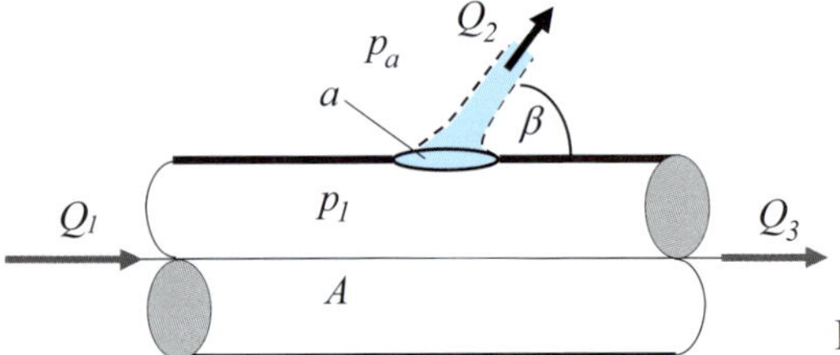

Bild 6.45 Stromtrennung

Der Verlustbeiwert der Hauptströmung infolge Stromtrennung kann nach *Hager* (1994) aus folgender Gleichung ermittelt werden:

$$\zeta_{13} = \frac{h_{V13}}{\upsilon_1^2 / 2g} = 0{,}8 \cdot \frac{Q_2^2}{Q_1^2} - 0{,}4 \cdot \frac{Q_2}{Q_1} \tag{6.99}$$

6.11.4 Wasserverteilung

Die Berechnung einer Wasserverteilungsleitung beginnt vom Ende der Verteilerleitung (Loch 1, Bild 6.46). Mit den Annahmen einer Druckdifferenz zwischen Innendruck und Außendruck erfolgt die Berechnung entgegen der Strömungsrichtung iterativ von Loch zu Loch mit den Ausflussgleichungen aus Punkt 6.11.3 und der Bernoulli-Gleichung. Da Ausflussbeiwert μ und Verlustbeiwert ζ_{13} an jedem Loch mit den erst zu berechnenden Größen ermittelt werden, ist diese Lösung nur iterativ möglich.

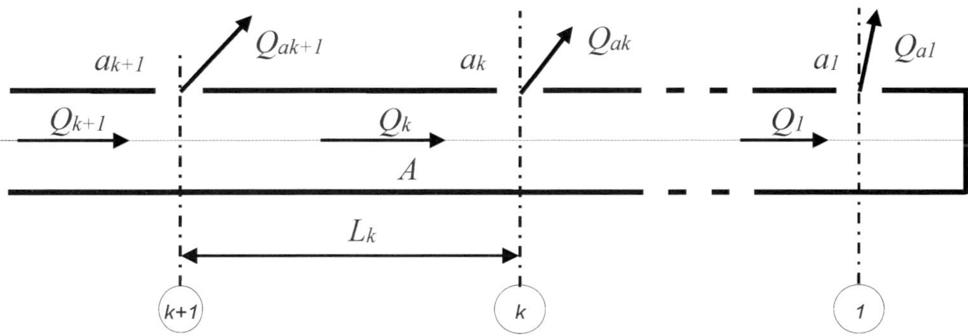

Bild 6.46 Wasserverteilung mittels gelochter Rohrleitung

Als einfache Überschlagsrechnung für eine relativ gleichmäßige Wasserverteilung oder einen relativ gleichmäßigen Wasserabzug gilt, dass die Austritts- bzw. Eintrittsgeschwindigkeiten größer als die Geschwindigkeiten in der Leitung sein sollten. Das wird erreicht, wenn die Summe der effektiven Öffnungen $\sum \mu_k \cdot a_k$ kleiner ist als die Querschnittsfläche der Verteilerleitung wird. Damit liegt man mit der Bedingung:

$$\frac{A}{\sum a_k} > 1 \tag{6.100}$$

schon auf der sicheren Seite. Je größer dieses Verhältnis, umso gleichmäßiger wird die Aufteilung der Volumenströme auf die einzelnen Löcher. *Wagner* (1997) gibt hier sogar den Faktor 2 für die Verteilung und den Faktor 4 für den Abzug an. Für Öffnungen mit Stutzen, die so lang sind, dass sie vom Wasser gleichmäßig durchströmt werden, gibt *Wagner* folgende Verhältnisse an:

$$\frac{A}{\sum a_k} \approx \frac{2}{\sqrt{1+\zeta}} \quad \text{für Verteilung} \tag{6.101}$$

$$\frac{A}{\sum a_k} \approx \frac{4}{\sqrt{1+\zeta}} \quad \text{für Abzug} \tag{6.102}$$

6.12 Pumpen- und Turbinenleitungen

6.12.1 Pumpenleitungen

Zur Förderung von Wasser werden in der Regel Kreiselpumpen eingesetzt, deren hydraulische Probleme Gegenstand dieser Betrachtungen sind.

Hinsichtlich der mit Pumpen verbundenen Leitungen ist zu unterscheiden, ob der Wasserspiegel auf der Saugseite niedriger liegt als die Pumpe (Bild 6.47a) oder ob der Zulauf aus einem oberhalb der Pumpe liegenden Behälter erfolgt (Bild 6.47b).

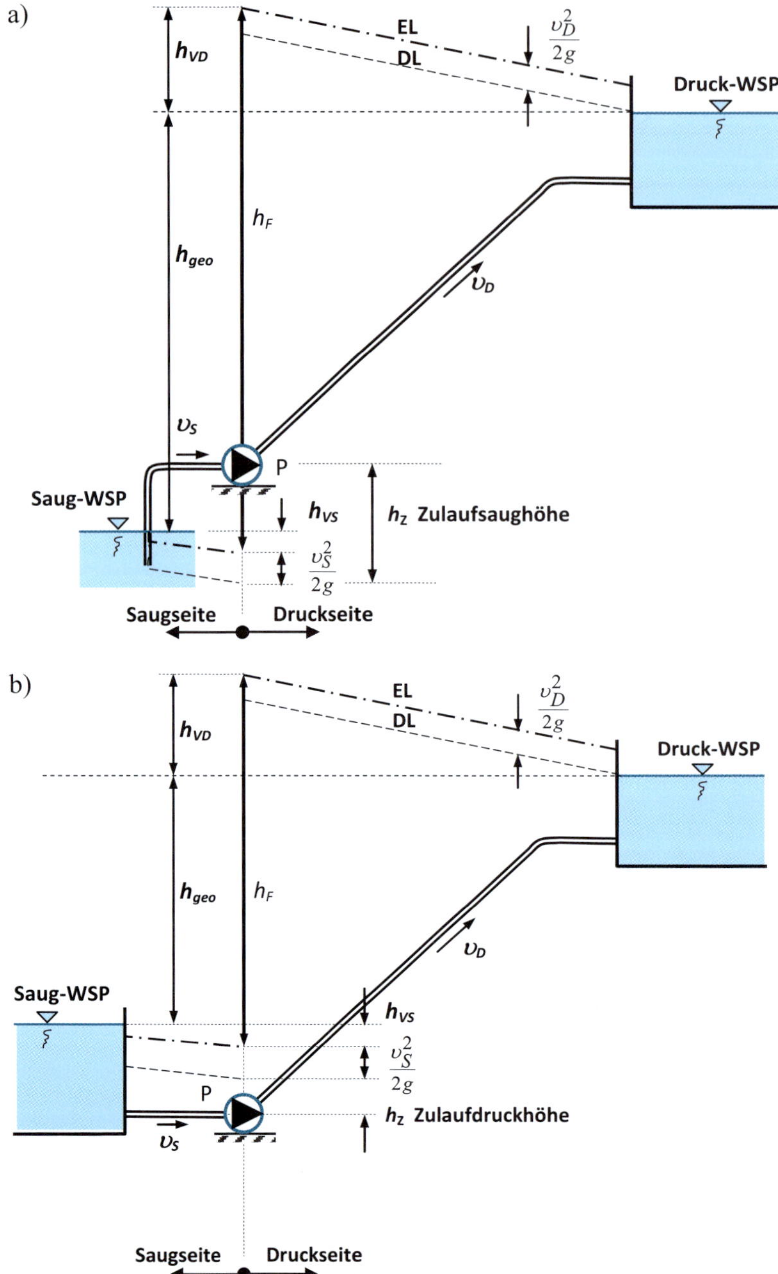

Bild 6.47 Aufstellung von Kreiselpumpen
a) Saug-WSP unterhalb der Pumpe, b) Saug-WSP oberhalb der Pumpe

An der Pumpe P springen Energie- und Drucklinie der Pumpenleitung um die Förderhöhe h_F der Pumpe nach oben. Die Förderhöhe wird berechnet als Sprung der Energielinie und setzt sich aus geodätischer Höhe h_{geo} und den Verlusthöhen auf Saug- und Druckseite zusammen.

$$h_F = h_{geo} + h_{VS} + h_{VD} \tag{6.103}$$

wobei

$$h_{VS} = \frac{\upsilon_S^2}{2g} \cdot \left(\lambda_S \cdot \frac{l_S}{d_S} + \sum \zeta_S \right)$$

$$h_{VD} = \frac{\upsilon_D^2}{2g} \cdot \left(\lambda_D \cdot \frac{l_D}{d_D} + \sum \zeta_D \right)$$

mit Index S = Saugseite, D = Druckseite

Die Fließgeschwindigkeit υ in Saug- und Druckseite unterscheidet sich in der Regel, da an der Saugseite Werte von ca. υ_S = 0,5 bis 2,0 m/s und an der Druckseite υ_D = 1,5 bis 3,0 m/s als wirtschaftlich empfohlen werden.

Neben den Rohrreibungsverlusten (λ-Wert) treten beispielsweise folgende Einzelverluste (ζ-Werte) auf:

Saugseitig: Einlaufseiher (mit oder ohne Rückschlagventil) oder normaler Einlaufverlust je nach Form des Einlaufes, Krümmer u. a.

Druckseite: Krümmer, Rückschlagventil, Schieber, Auslauf in Behälter oder freier Auslauf

Näheres hierzu siehe Abschnitt 6.9.

Zur Berechnung der Leistung P der Pumpe werden die herstellerseitig angegebenen Kennlinien der Pumpe (Q-h_F-Kurve) mit den Wirkungsgradkurven (sog. Muschelkurven) und die Anlagenkennlinie $h_F = f(Q)$ benötigt (Bild 6.48).

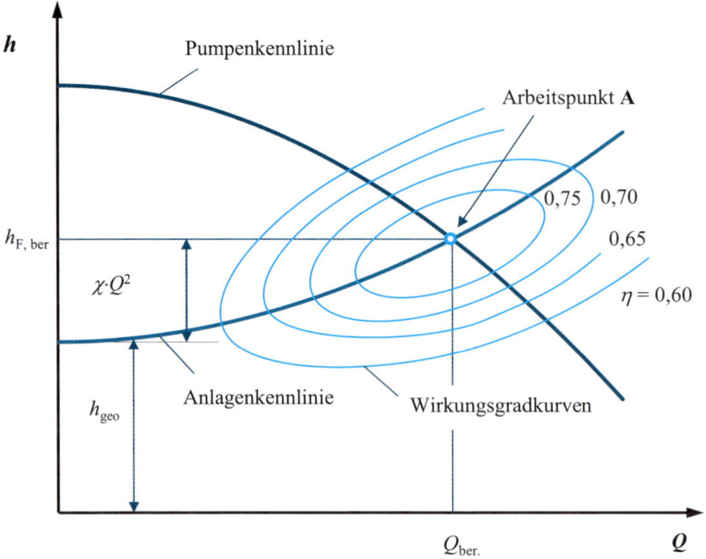

Bild 6.48 Pumpen- und Anlagenkennlinie

Der Wirkungsgrad kann auch als Kurve $\eta = f(Q)$ angegeben sein. Pumpen- und Anlagenkennlinie schneiden sich im Arbeitspunkt **A**, bei dem sich der zu erwartende Durchfluss (Förderstrom) Q der Pumpe einstellt.

Die Anlagenkennlinie $h_F = f(Q)$ ist gemäß Gleichung (6.103) wie folgt zu berechnen:

$$h_F = h_{geo} + (\chi_S + \chi_D) \cdot Q^2 \qquad (6.104)$$

$$\text{mit } \chi = \frac{16}{\pi^2 \cdot d^4 \cdot 2g} \cdot \left(\lambda \cdot \frac{l}{d} + \sum \zeta \right) = \frac{0{,}08263}{d^4} \cdot \left(\lambda \cdot \frac{l}{d} + \sum \zeta \right)$$

getrennt nach Saugseite S und Druckseite D, wenn $d_S \neq d_D$

Die elektrische Leistung des Pumpenmotors wird bei Förderung von Wasser berechnet aus:

$$P_M = \frac{\rho_W \cdot g \cdot Q \cdot h_F}{\eta_M \cdot \eta_P} = \frac{9{,}81 \cdot Q \cdot h_F}{\eta_M \cdot \eta_P} \text{ in kW} \qquad (6.105)$$

mit Q Förderstrom in m^3/s

$\rho_W \cdot g = 9{,}81 \cdot 1000 \text{ kg/m}^2/\text{s}^2$

h_F Förderhöhe in m

η_P Wirkungsgrad der Pumpe

η_M Wirkungsgrad des Motors

Eine Vergrößerung der Förderhöhe h_F oder des Förderstroms Q ist außer durch Wahl einer stärkeren Pumpe durch zwei oder mehrere kleinere Pumpen in Reihen- oder Parallelbetrieb möglich.

Tabelle 6.13 Pumpenleistung (Nettoleistung, Kupplungsleistung, Motorleistung)

Elektrische Leistung bzw. Motorleistung:	**Kupplungsleistung:**	**Nettoleistung:**
$P_E = P_M = \dfrac{P_K}{\eta_M}$	$P_K = \dfrac{P_N}{\eta_P}$	$P_N = \rho \cdot g \cdot h_F \cdot Q$
$P_M = P_E$; Kupplung P_K; h_F, Q; P_N; Motor η_M; Pumpe η_P		

Reihenbetrieb

Beim Reihenbetrieb werden zwei oder mehrere Pumpen hintereinander geschaltet und damit eine Erhöhung der Förderhöhe, aber auch des Förderstromes erreicht (Bild 6.49). Der Arbeitspunkt A1 gilt für eine Pumpe, A2 für beide Pumpen. Man kann in Bild 6.49 erkennen, dass mit diesen Kennlinien die Förderhöhe nicht verdoppelt, der Förderstrom aber annähernd verdoppelt wird.

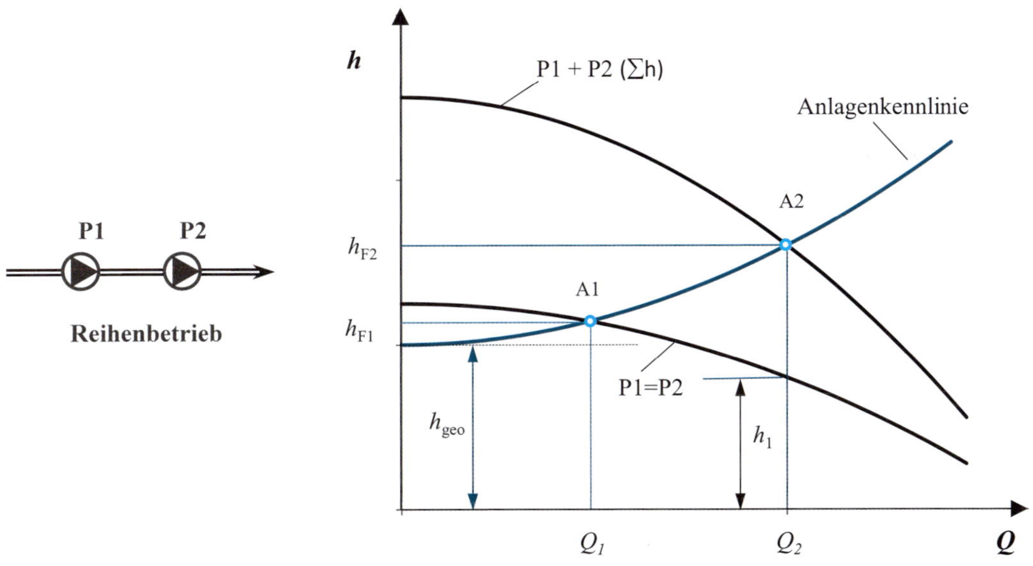

Bild 6.49 Reihenschaltung von zwei baugleichen Pumpen

Parallelbetrieb

Im Parallelbetrieb erfolgt vor allem eine Erhöhung des Förderstromes, indem die Pumpenkennlinie der zwei gleichartigen Pumpen in Q-Richtung addiert (verdoppelt) wird (Bild 6.50). Der neue Arbeitspunkt A2 für den Parallelbetrieb bedeutet bei einer gemeinsamen Anlagenkennlinie, wie im Bild 6.50 dargestellt, keine Verdopplung des Volumenstromes oder der Förderhöhe. Erst bei einer Förderung durch zwei getrennte Leitungen verdoppelt sich der Volumenstrom bei gleicher Förderhöhe.

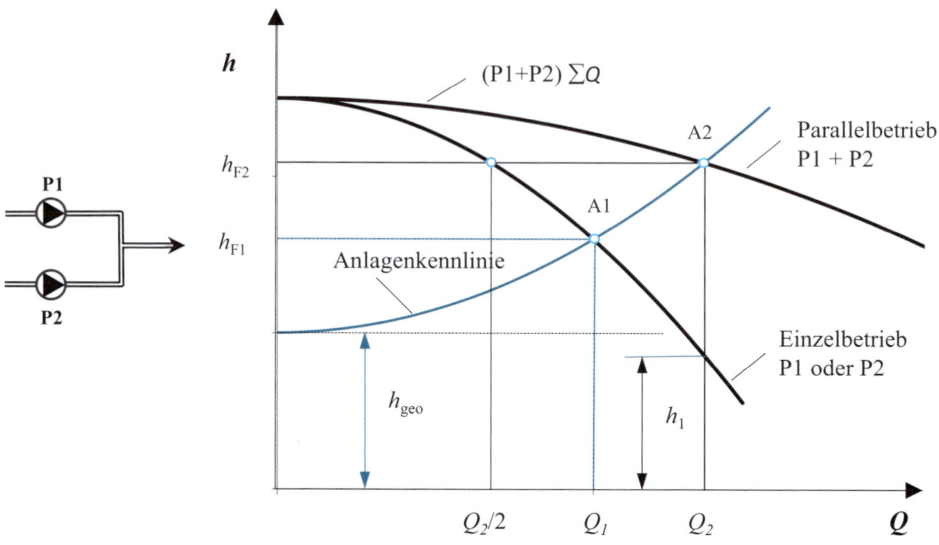

Bild 6.50 Parallelschaltung zweier gleichartiger Pumpen

Wie erkennbar ist, ergibt sich weder durch Reihen- noch durch Parallelschaltung zweier gleichartiger Pumpen eine Verdopplung von Förderhöhe oder Förderstrom, was auf die parabelförmig ansteigende Anlagenkennlinie und die sich daraus ergebenden Arbeitspunkte A1 und A2 an den Schnittstellen der Kurven zurückzuführen ist. Bei Reihenbetrieb steigt durch die Addition der Förderhöhen der Pumpenkennlinien vorrangig die Förderhöhe, bei Parallelbetrieb durch die Addition der Volumenströme der Kennlinien vorrangig der Förderstrom an. Bei unterschiedlichen Pumpen wird der Wirkungsgrad bei Reihen- bzw. Parallelschaltung aus der gesamten Nettoleistung dividiert durch die Summe der einzelnen Motorleistungen der Pumpen ermittelt:

$$\eta = \frac{\rho \cdot g \cdot h_{F2} \cdot Q_2}{\sum P_M} \tag{6.106}$$

Pumpensaugleitung

Auf der Saugseite der Pumpe ist zu beachten, dass die Drucklinie wie im Bild 6.51 dargestellt im Unterdruckbereich liegt und dabei die Grenze zum Dampfdruck p_D erreicht werden kann. Dies kann zu Kavitation am Pumpenlaufrad führen.

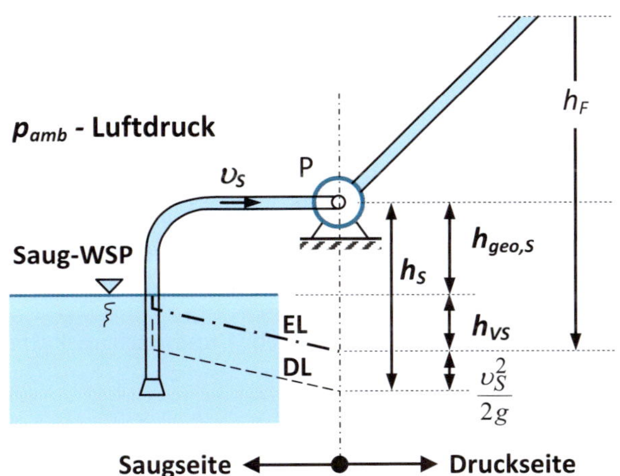

Bild 6.51 Saugseite einer Pumpe

Um Kavitation und damit verbundene Schäden am Pumpenlaufrad und eventuelles Abreißen des Förderstromes zu vermeiden, ist die sogenannte Haltedruckhöhe $h_{\text{H,erf.}}$ bzw. NPSH_R (Net Positive Suction Head Required) einzuhalten, die als pumpenspezifische Größe vom Pumpenhersteller entweder als Zahlenwert für einen bestimmten Arbeitspunkt der Pumpe oder als Kurve in Abhängigkeit vom Förderstrom Q geliefert wird. Der NPSH_R-Wert wird in Metern angegeben und gibt die absolute Druckhöhe an, die saugseitig nicht unterschritten werden darf. Dieser Wert ist zwar unabhängig von der Wassertemperatur, nimmt aber mit zunehmendem Förderstrom und zunehmender Drehzahl der Pumpe zu.

Für die Pumpenanlage (Rohrleitung, Pumpen, geodätische Höhe etc.) kann eine vorhandene absolute Druckhöhe NPSH_A (A-available) wie folgt berechnet werden (siehe Abschnitt 3.8.4):

$$\text{NPSH}_\text{A} = \frac{\pm p_\text{b} + p_\text{amb} - p_\text{D}}{\rho \cdot g} \mp h_\text{geo,S} - h_\text{VS} = \frac{\pm p_\text{b} + p_\text{amb} - p_\text{D}}{\rho \cdot g} - h_\text{S,zul} + \frac{\upsilon_\text{S}^2}{2g} \tag{6.107}$$

Darin bedeuten:

p_b = Über- (+) oder Unterdruck (-) bei Förderung aus einem Druckbehälter; bei Förderung gemäß Bild 6.51 ist $p_\text{b} = 0$

p_amb = Luftdruck, abhängig von der geodätischen Höhe (siehe Tabelle 3.12), kann in Abhängigkeit von der geodätischen Höhenlage h_M in m mit Gleichung (3.59) abgeschätzt werden: $p_\text{amb} = \rho \cdot g \cdot 10{,}33\ \text{m} \cdot e^{-h_\text{M}/8200}$ (siehe Abschnitt 3.8.2)

p_D = Dampfdruck des Wassers, abhängig von der Temperatur (siehe Tabelle 3.12)

$h_\text{geo,S}$ = geodätischer Höhenunterschied zwischen dem Eingang am Saugstutzen der Pumpe und dem Beckenwasserspiegel des Saugbehälters

$h_\text{V,S}$ = hydraulische Verlusthöhe in der Saugleitung

$h_\text{S,zul}$ = zulässige Saugdruckhöhe

Die beiden Werte $NPSH_R$ und $NPSH_A$ werden verglichen, wobei folgende Bedingung erfüllt sein muss, um Kavitation sicher zu verhindern:

$$NPSH_A \geq NPSH_R + 0{,}5 \text{ m} \tag{6.108}$$

Ist diese Bedingung nicht erfüllt, muss entweder der Wasserstand im Saugbehälter erhöht werden, die Pumpe tiefer aufgestellt werden, also die geodätische Saughöhe verringert werden, oder es muss der Durchmesser der Saugleitung vergrößert werden, um die saugseitigen Verluste zu verringern.

Die Aufstellhöhe $h_{geo,S}$ der Pumpe berechnet sich aus Gleichung (6.107) und darf im Falle von Bild 6.51 (Saugseite unterhalb der Pumpe) nicht größer sein als:

$$zul\ h_{geo,S} \leq \frac{\pm p_b + p_{amb} - p_D}{\rho \cdot g} - NPSH_A - h_{VS} \tag{6.109}$$

Die beiden Werte $NPSH_R$ und $NPSH_A$ haben in Abhängigkeit von Q einen gegenläufigen Verlauf (siehe Bild 6.52), wobei Q_{Max} bereits bei einer Annäherung von 0,5 m vor dem Schnittpunkt beider Kurven erreicht wird.

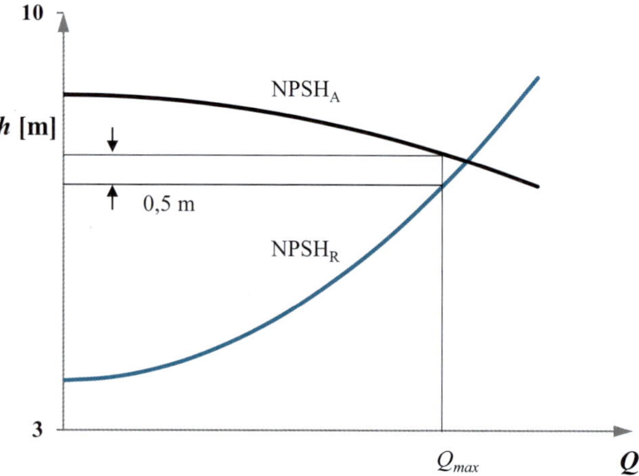

Bild 6.52 NPSH-Linien

Wirbelverhinderung am Pumpeneinlauf

Um ein Ansaugen von Luft in die Pumpensaugleitung zu vermeiden, ist nach *Gardon* (1970) in (*Knauss*, 1983) eine Überdeckungshöhe gemäß Gleichung (6.110) erforderlich (siehe *Wagner et al.*, (1999) und Knauss (1983)).

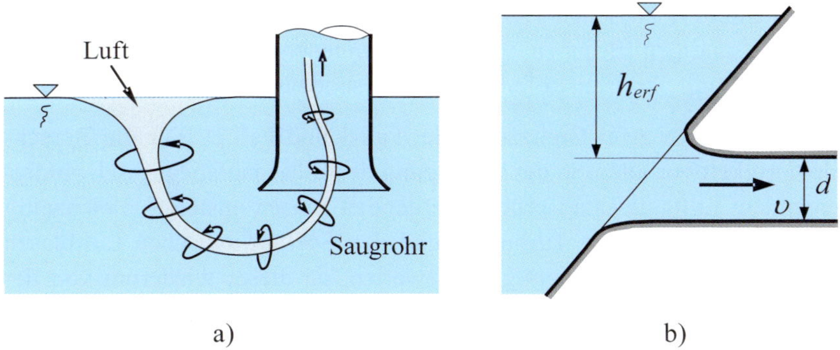

Bild 6.53 a) Luftschlauch im Wirbelkern einer Pumpensaugleitung,
b) erforderliche Überdeckungshöhe zur Vermeidung von Lufteinzug

$$h_{\text{erf}} = C \cdot v \cdot \sqrt{\frac{d}{g}} \qquad (6.110)$$

$C = 1{,}7$ für symmetrische (frontale) Anströmung

$C = 2{,}27$ für asymmetrische Anströmung

Weitere Angaben hierzu sind bei *Wagner* und *Carstensen* (1999) zu finden. Außerdem sind Hinweise der jeweiligen Herstellerfirmen von Pumpen hierzu zu beachten. Als Beispiel sei hier die Formel der KSB-Aktiengesellschaft (KSB, 2005) für den minimalen Abstand des Saugrohres zum Wasserspiegel genannt, die als Sicherheit zur o. g. Gleichung (6.110) den Durchmesser des Einlaufrohres d angibt sowie für C den Wert 2,3 verwendet.

$$h_{\text{erf}} = d + 2{,}3 \cdot v \cdot \sqrt{\frac{d}{g}} \qquad (6.111)$$

Für Eintrittsdüsen mit stark erweitertem Durchmesser gegenüber d (siehe Tabelle 6.12, trompetenförmige Einlaufform) wird h_{erf} abgemindert. Als wirksame Maßnahme zur Vermeidung von Ansaugwirbeln und Bodenwirbeln werden das Ausrunden der Kammerecken im Pumpensumpf und der Einbau einer Längsrippe (Floorsplitter) unter den Saugmund empfohlen (ANSI-Standard (1998)).

6.12.2 Pumpensonderform: Drucklufttheber

Drucklufttheber sind meist senkrechte, ins Wasser getauchte Rohre, in denen das Wasser durch Luftzugabe im unteren Rohrabschnitt und damit durch das Aufsteigen der Luft im Rohr bewegt wird. Sie werden als **Mammutpumpen** bezeichnet und zur Förderung von

Feststoffen, z. B. Sand in Kläranlagen eingesetzt oder dienen in Talsperren und Seen zur Tiefenwasserbelüftung und zum Wasseraustausch zwischen Hypolimnion und Epilimnion. Insbesondere empfindliche oder auch aggressive Materialien lassen sich damit transportieren. Der spezifische Energieverbrauch ist hoch und der Wirkungsgrad liegt zwischen 20 % und 40 % (*Mutschmann*, et al., (2007)). Laut *Mutschmann* sollte das Verhältnis von Förderhöhe h_0 zu Eintauchtiefe H zwischen 1:1 bis 1:3 liegen. Drucklufttheber können z. B. bei Pumpenversuchen in sandigen Brunnen und zur Brunnenentschlammung eingesetzt werden, aber auch zur Förderung von Feststoffen vom Meeresboden (z. B. Manganknollen).

Ohne Feststofftransport existieren zwei Grenzzustände, Fall I und Fall II. Für die Berechnung besteht die Schwierigkeit vor allem in der Festlegung der Blasenaufstiegsgeschwindigkeit υ_B, die mit steigendem Luftanteil und größer werdenden Blasen ansteigt. Gleichzeitig besteht die Schwierigkeit, den durch die Turbulenz und den Schlupf zwischen Luftblasen und Wasser verursachten Energieverlust richtig zu bewerten, da dieser wiederum von der Blasenaufstiegsgeschwindigkeit abhängig ist.

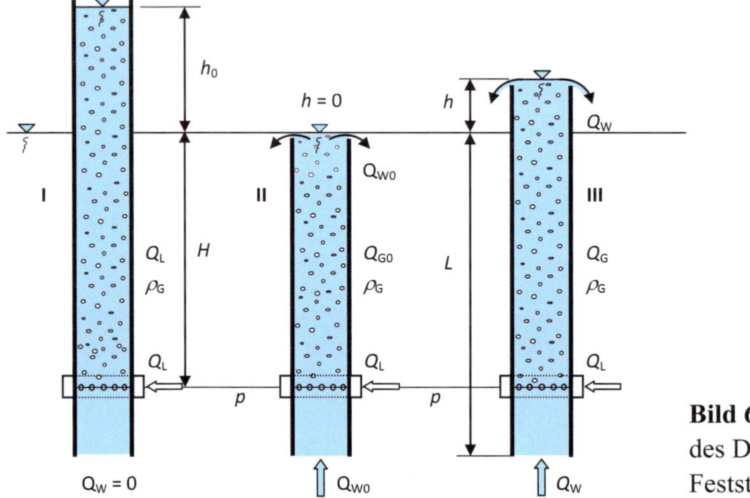

Bild 6.54 Drei Zustände des Drucklufthebers ohne Feststoffe

Fall I: Maximale Anhebung des Wasserstandes h_0 im Rohr ohne Wassertransport ($Q_W = 0$).

Fall II: Maximaler Wassertransport Q_{W0} ohne Erhöhung des Wasserstandes im Rohr ($h = 0$).

Fall III: Wassertransport durch Luftzugabe bei aus dem Wasser um die Höhe h ragenden Rohr.

Definitionen:

Gemischabfluss: $Q_G = Q_W + Q_L$ Wasserförderung: $Q_W = \upsilon_W \cdot A_W$

Luftvolumenstrom (vereinfacht, nicht komprimiert): $Q_L = \upsilon_L \cdot A_L \cong (\upsilon_W + \upsilon_B) \cdot A_L$

Blasenaufstiegsgeschwindigkeit υ_B = 0,35 m/s für kleine Blasen mit wenigen mm Durchmesser bis υ_B = 0,9 m/s für große, flachere Blasen bis 100 mm (siehe auch Abschnitt 3.7.4).

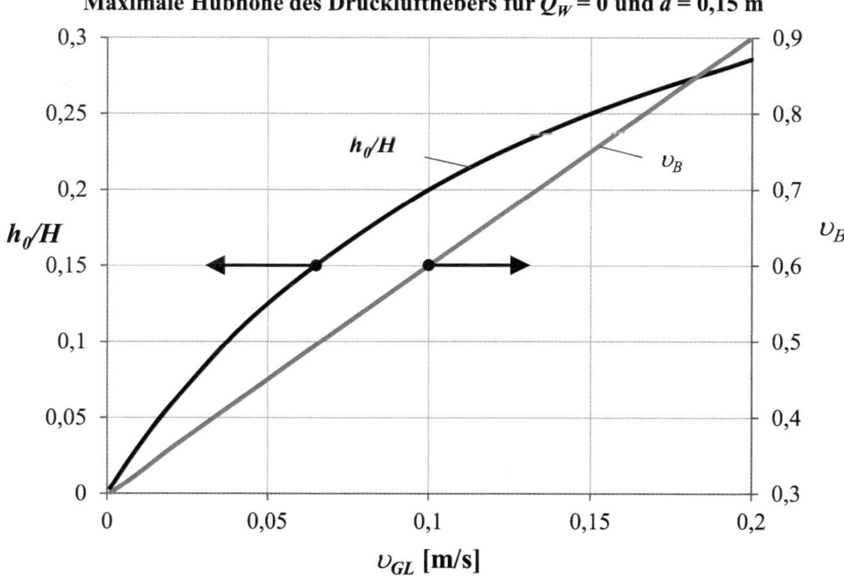

Bild 6.55 Maximale relative Hubhöhe des Drucklufthebers für **Fall I** nach Messungen von *Ingerle* (2006) und daraus ermittelte Blasenaufstiegsgeschwindigkeiten υ_B

Mittlere, auf den Gesamtquerschnitt bezogene Geschwindigkeiten:

$$\upsilon_G = \frac{Q_G}{A} \qquad \upsilon_{GW} = \frac{Q_W}{A} \qquad \upsilon_{GL} = \frac{Q_L}{A}$$

Luftkonzentration: $c = \frac{V_L}{V_G} = \frac{A_L}{A}$

Gemischdichte: $\rho_G = \frac{\rho \cdot V_W + \rho_L \cdot V_L}{V_G} = \rho \cdot \left(1 - c \cdot \left(1 - \frac{\rho_L}{\rho}\right)\right) \cong \rho \cdot (1-c)$

Fall I: $Q_W = 0$ $\qquad h = h_0 = f(Q_L) \qquad \upsilon_L = \upsilon_B$

Druckbedingung unteres Rohrende in Höhe Lufteintritt:

$$p = \rho \cdot g \cdot H = \rho_G \cdot g \cdot (H + h_0) \tag{6.112}$$

$$\frac{h_0}{H} = \frac{\rho}{\rho_G} - 1 = \frac{c}{1-c} = \frac{1}{\frac{\upsilon_B}{\upsilon_{GL}} - 1} \tag{6.113}$$

Fall II: $Q_{W0} = f(Q_L) \qquad h = 0$

Aus Druckbedingung: $p = \rho \cdot g \cdot H = \rho_G \cdot g \cdot (H + h_V)$ (6.114) ergibt sich:

$$\frac{h_V}{H} = \frac{\rho}{\rho_G} - 1 \cong \frac{Q_L}{Q_{W0}} \tag{6.115}$$

$$h_V = \left(\zeta_E + \frac{\lambda}{d} \cdot (L - H) \right) \cdot \frac{\upsilon_{GW}^2}{2g} + \left(\zeta_A + \frac{\lambda}{d} \cdot H \right) \cdot \frac{\upsilon_G^2}{2g} + \zeta_S \cdot \frac{\upsilon_B^2}{2g} \tag{6.116}$$

Aus beiden Gleichungen erhält man iterativ die Lösung für den Wasservolumenstrom in Abhängigkeit vom Luftvomenstrom für $h = 0$. Das Bild 6.56 zeigt die Lösung dieser Gleichung für das Beispiel nach *Ingerle* (2006) mit den Randbedingungen $H = 3$ m, $L = H$ und für angenommene Reibungsbeiwerte Einlauf $\zeta_E = 0{,}5$, Auslauf $\zeta_A = 1$, Schlupf $\zeta_S = 0{,}25{*}(Q_W/Q_L)^2$ und Reibung $\lambda = 0{,}02$.

Fall III: $Q_W = f(Q_L;h)$ $\qquad$ h – gegeben

Druckbedingung unteres Rohrende in Höhe Lufteintritt:

$$p = \rho \cdot g \cdot H = \rho_G \cdot g \cdot (H + h + h_V)$$

$$\frac{h + h_V}{H} = \frac{\rho}{\rho_G} - 1 \cong \frac{Q_L}{Q_W} \tag{6.117}$$

$$h_V = \left(\zeta_E + \frac{\lambda}{d} \cdot (L - H) \right) \cdot \frac{Q_W^2}{2g \cdot A^2} + \left(\zeta_A + \frac{\lambda}{d} \cdot (H + h) \right) \cdot \frac{Q_G^2}{2g \cdot A^2} + \zeta_S \cdot \frac{\upsilon_B^2}{2g} \tag{6.118}$$

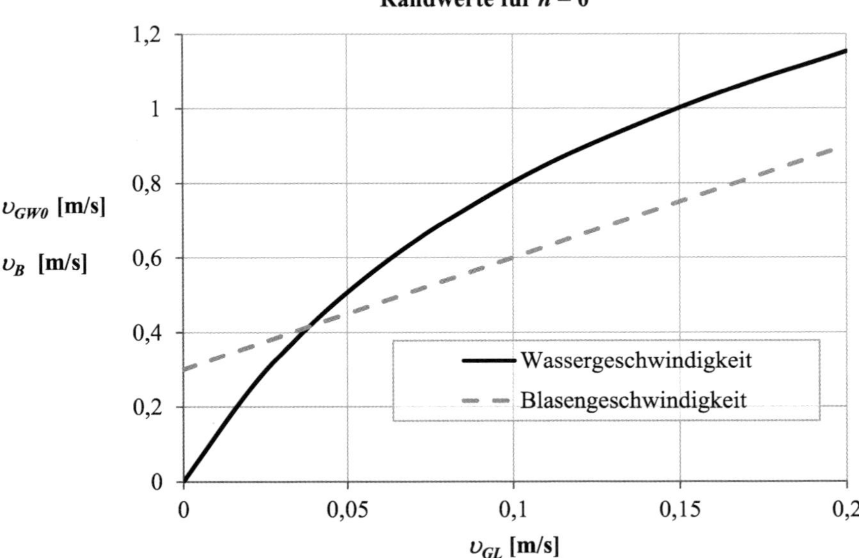

Bild 6.56 Maximaler auf die Fläche *A* bezogener Wasservolumenstrom des Drucklufthebers für Fall II nach Versuchswerten von *Ingerle* (2006)

Da für die Lösung dieser Gleichung des Drucklufthebers (Fall III) sehr viele Beiwerte unbekannt sind, empfiehlt *Ingerle* (2006) eine einfache lineare Gleichung unter Verwendung der Randwerte aus Fall I und II anzuwenden.

$$Q_W - Q_{W0} - \frac{Q_{W0}}{h_0} \cdot h \tag{6.119}$$

Mit den Funktionen aus Fall I und II ergibt sich:

$$\frac{Q_W}{Q_L} = \frac{H}{h_{V0}} \cdot \left(1 - \frac{h}{H} \cdot \left(\frac{\upsilon_B}{\upsilon_{GL}} - 1\right)\right) \tag{6.120}$$

mit h_{V0} für $h = 0$ und der Bedingung: $\upsilon_B > \upsilon_{GL} = Q_L/A$

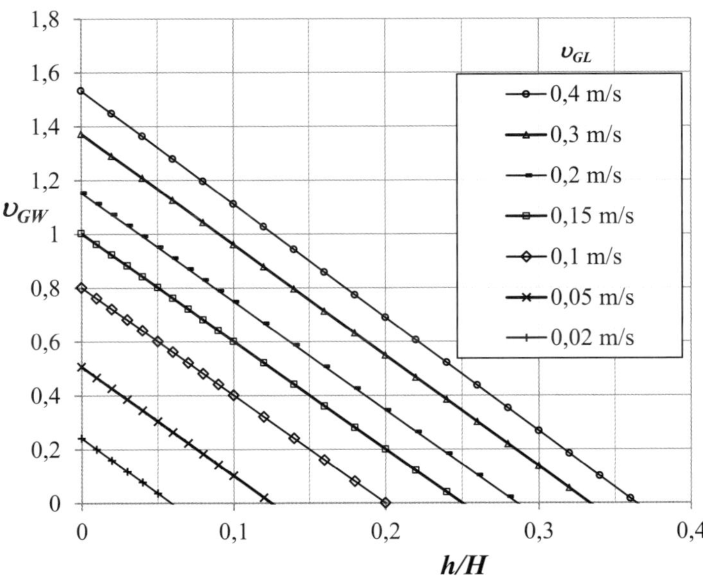

Bild 6.57 Fördergeschwindigkeit in Abhängigkeit von υ_{GL} und h/H

Das Prinzip der Mammutpumpe und ihr Einsatz zur Förderung von Materialien wird u. a. in folgenden Beiträgen näher erläutert: *Behringer* (1930), *Stenning, et al.* (1968), *Rautenberg* (1972), *Weber* (1974), *Grabow* (1978) und *Tholen* (2001).

6.12.3 Turbinenleitungen

Wasserturbinen erzeugen in Wasserkraftanlagen – in umgekehrter Richtung wie Pumpen – aus Durchfluss und Fallhöhe mittels Generator elektrische Energie. Im Bild 6.58 ist eine Wasserkraftanlage schematisch dargestellt, darin bedeuten: T – Turbine, G – Generator und Tr – Transformator.

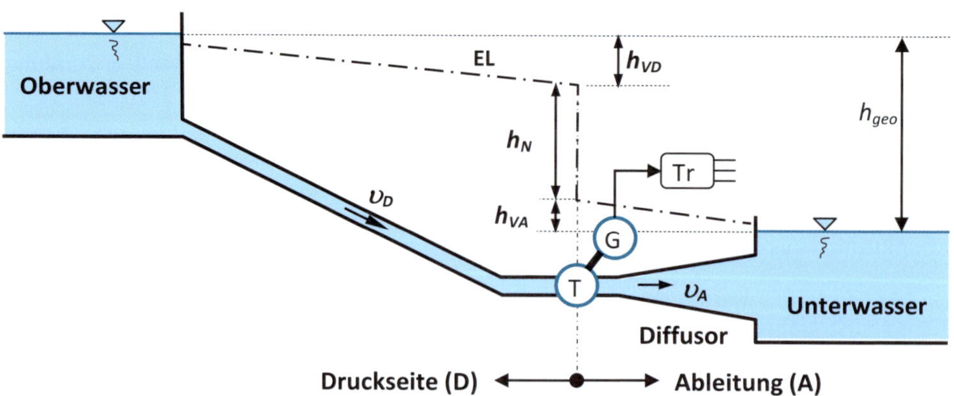

Bild 6.58 Wasserkraftwerk, schematisch

Die nutzbare Fallhöhe (Nettofallhöhe) ist infolge der hydraulischen Verluste h_V geringer als die geodätische Höhendifferenz h_{geo} zwischen Ober- und Unterwasser:

$$h_N = h_{geo} - h_{VD} - h_{VA} \tag{6.121}$$

Die jeweilige Verlusthöhe h_V auf der Druckseite (D) und der Auslaufseite (A) bzw. dem Auslauf im Unterwasser wird prinzipiell wie bereits bei Pumpenleitungen ermittelt aus:

$$h_V = \left(\lambda \cdot \frac{l}{d} + \sum \zeta\right) \cdot \frac{v^2}{2g}$$

Die elektrische Energie wird über den mit der Turbine (T) gekoppelten Generator (G) erzeugt und im Transformator (Tr) zur Weiterleitung umgewandelt. Die nutzbare Elektroenergie wird berechnet mit:

$$P_T = \rho \cdot g \cdot h_N \cdot Q \cdot \eta_T \cdot \eta_G \cdot \eta_{Tr} \tag{6.122}$$

bzw. $P_T = 9{,}81 \cdot h_N \cdot Q \cdot \eta$ in kW

Darin sind h_N die Nutzfallhöhe in m, Q der Durchfluss in m^3/s und η der Wirkungsgrad bestehend aus den Anteilen T – Turbine, G – Generator und Tr – Transformator.

Charakteristisch für Wasserkraftwerke ist die Minimierung des Auslaufverlustes durch eine optimale Gestaltung des Auslaufdiffusors, um die großen Auslaufgeschwindigkeiten möglichst verlustfrei wieder in potentielle Energie umzuwandeln.

Die folgende Tabelle 6.14 gibt einen Überblick über die wichtigsten Turbinenarten und ihren Einsatz in Abhängigkeit von der geodätischen Fallhöhe.

Tabelle 6.14 Turbinenarten

Name	System	Fallhöhenbereich	Wirkungsgrad
Kaplan-Turbine		ca. 2 m bis 80 m	80 % – 95 %
Francis-Turbine		ca. 20 m bis 700 m	90 % – 95 %
Pelton-Turbine		größer 200 m	etwa 90 %

Als eine der erneuerbaren Energien gewinnt die Wasserkraft weiter an Bedeutung. In den letzten Jahrzehnten sind gewaltige Wasserkraftanlagen entstanden, von denen in Tabelle 6.15 die größten hinsichtlich ihrer installierten Leistung aufgelistet sind. In Deutschland sind die größten Wasserkraftwerke (ohne Pumpspeicherkraftwerke) an den Flüssen Rhein und Donau als Laufkraftwerke errichtet (Tabelle 6.16).

Tabelle 6.15 Die derzeit größten Wasserkraftwerke der Erde (Wikipedia)

Name	Leistung in MW	Fertig-stellung	Land	Fluss
Drei Schluchten	18.200	2008	China	Jangtse
Itaipu	14.000	1983	Brasilien/Paraquay	Rio Paraná
Guri	10.600	1986	Venezuela	Rio Coroni
Tucurui	7.960	1984	Brasilien	Rio Tocantins
Grand Coulee	6.480	1941	USA	Columbia River
Sajano-Schuschensk	6.400	1980	Russland	Jenissei

Zahlreiche große Wasserkraftwerke sind derzeit z. B. in China, Burma und Äthiopien im Bau oder geplant.

Tabelle 6.16 Die derzeit größten Wasserkraftwerke Deutschlands (ohne Pumpspeicherwerke) LK – Laufkraftwerke, SK – Speicherkraftwerke

Name	Leistung in MW	Fertig-stellung	Bundesland	Fluss
Jochenstein (LK)	132	1956	Bayern [1)]	Donau
Walchenseekraftwerk (SK)	124	1924	Bayern	Isar-/ Rißbachüberleitung
Ryburg-Schwörstadt (LK)	120	1931	Baden-Württemberg	Rhein
Iffesheim (LK)	108	1978	Baden-Württemberg	Rhein
Laufenburg (LK)	106	1914	Baden-Württemberg	Rhein
Neues WKW Rheinfelden (LK)	100	2010	Baden-Württemberg	Rhein

[1)] Grenze zu Österreich

6.12.4 Hydraulik der Pumpspeicherung

Mit der verstärkten Nutzung regenerativer Energiequellen wie Windkraft und Solarenergie steigt der Bedarf für die Speicherung großer Mengen elektrischer Energie stark an. Eine dafür prädestinierte Technologie sind Pumpspeicherwerke (PSW). Bild 6.59 zeigt schematisch ein Pumpspeicherwerk mit dem Verlauf der hydraulischen Kennlinien, der Energielinien (EL) bei Turbinen- und Pumpbetrieb.

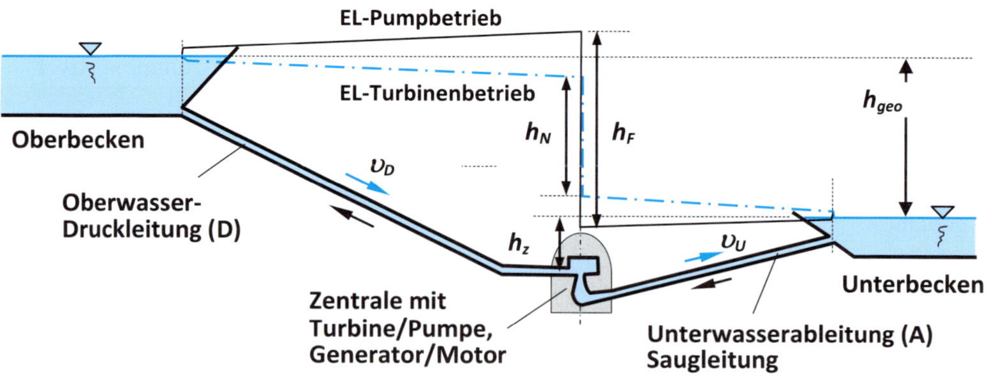

Bild 6.59 Pumpspeicherwerk, schematisch

Bei **Turbinenbetrieb** steht zur Energieerzeugung die Nettofallhöhe h_N zur Verfügung:

$$h_N = h_{geo} - \sum h_{VT} \tag{6.123}$$

mit $\sum h_{VT}$ = oberwasser- plus unterwasserseitige hydraulische Verlusthöhe

$$\sum h_{VT} = \left(\lambda_D \cdot \frac{l_D}{d_D} + \sum \zeta_D \right) \cdot \frac{\upsilon_D^2}{2g} + \left(\lambda_u \cdot \frac{l_u}{d_u} + \sum \zeta_u \right) \cdot \frac{\upsilon_u^2}{2g} \tag{6.124}$$

Die λ- und ζ-Werte werden für die Reibungs- bzw. Einzelverluste in der in den vorhergehenden Kapiteln beschriebenen Weise ermittelt.

Bei **Pumpbetrieb** ist die Förderhöhe h_F zu überwinden:

$$h_F = h_{geo} + \sum h_{VP} \tag{6.125}$$

wobei $\sum h_{VP}$ die unterwasserseitig (bzw. saugseitig) und druckseitig auftretenden Verluste bedeuten, die analog zu vorhergehenden Abschnitten zu berechnen sind, aber mit der Fließgeschwindigkeit bei Pumpbetrieb, für welche in der Regel $\upsilon_P < \upsilon_T$ gilt.

Die Fließgeschwindigkeit υ_T in der Druckrohrleitung liegt bei Wasserkraftwerken meist in der Größenordnung von $\upsilon_T \approx 3$ bis 6 m/s.

Der hydraulische Wirkungsgrad als Anlagenwirkungsgrad eines Pumpspeicherwerkes lässt sich aus den Wirkungsgraden der einzelnen Anlagenteile (T – Turbine, G – Generator, Tr – Transformator, P – Pumpe, M – Pumpenmotor) folgendermaßen berechnen:

$$\eta_{PSW} = \frac{h_{geo} - \sum h_{VT}}{h_{geo} + \sum h_{VP}} \cdot \eta_T \cdot \eta_G \cdot \eta_{Tr} \cdot \eta_P \cdot \eta_M \tag{6.126}$$

Tabelle 6.17 enthält die derzeit größten Pumpspeicherwerke der Welt.

Der Wirkungsgrad von Pumpspeicherwerken erreicht maximal 78 % (*Vischer, et al.* (1993)). In Tabelle 6.18 sind für die größten Pumpspeicherwerke Deutschlands einige Wirkungsgrade aus *Giesecke* (2009) eingetragen.

Turbinen und Pumpen können getrennt aufgestellt sein; neuere Pumpspeicherwerke besitzen Pumpenturbinen, bei denen bei Pumpbetrieb durch Laufradverstellung aus der Turbine eine Pumpe wird; der Generator ist gleichzeitig der Pumpenmotor.

Tabelle 6.17 Die derzeit 6 größten Pumpspeicherwerke der Erde aus *Leske* (1992) und *Giesecke, et al.* (2009)

Name	Leistung in MW	Fertigstellung	Land
Guangdong (Guangzhou)	2400	1993	China
Bath County	2280	1985	USA
Okutataragi	1932	1974	Japan
Ludington	1872	1973	USA
Tianhuangping	1836	2004	China
Mingram	1600	1990	China
In Planung zz.: Brumley Grap, USA, 3200 MW			

Tabelle 6.18 Die derzeit größten Pumpspeicherwerke in Deutschland

Name	Leistung in MW	Wirkungs-grad in %	Fertig-stellung	Bundesland
Goldisthal	1060	k.A.	2003	Thüringen
Markersbach	1050	73	1979	Sachsen
Wehr/Hornbergstufe	980	77	1975	Baden-Württemberg
Waldeck II	480	k.A.	1974	Hessen
Bad Säckingen	370	76	1967	Baden-Württemberg
Hohenwarte II	320	68	1966	Thüringen
In Planung/Diskussion: PSW Atdorf der Schluchseewerke AG mit 1400 MW				

Beim Pumpvorgang der Pumpspeicherwerke ist – wie bei der Problematik der Saugleitung von Pumpen dargelegt (Abschnitt 6.12.1) – der Verhinderung von Kavitationsschäden besondere Beachtung zu schenken, wobei dieses hydraulische Phänomen bei großen Förderhöhen und Förderströmen der Pumpen eine besondere Rolle spielt. In der Regel ist dabei nicht mit Saughöhen analog zu Bild 6.47a, sondern mit Zulaufdruckhöhen h_z gemäß Bild 6.47b zu rechnen.

Die erforderliche Zulaufdruckhöhe h_z bei Pumpturbinen und Pumpen in Pumpspeicherkraftwerken hängt ab von der absoluten Förderhöhe h_{geo} und der spezifischen Drehzahl n_q der Pumpe und wird von den Herstellerfirmen vorgegeben. Nach einer Wasserkraftstudie (Trianel-GmbH, 2011) sind Zulaufdruckhöhen gemäß Bild 6.60 erforderlich. Des Weiteren siehe *Jansen/Schröder* (2011).

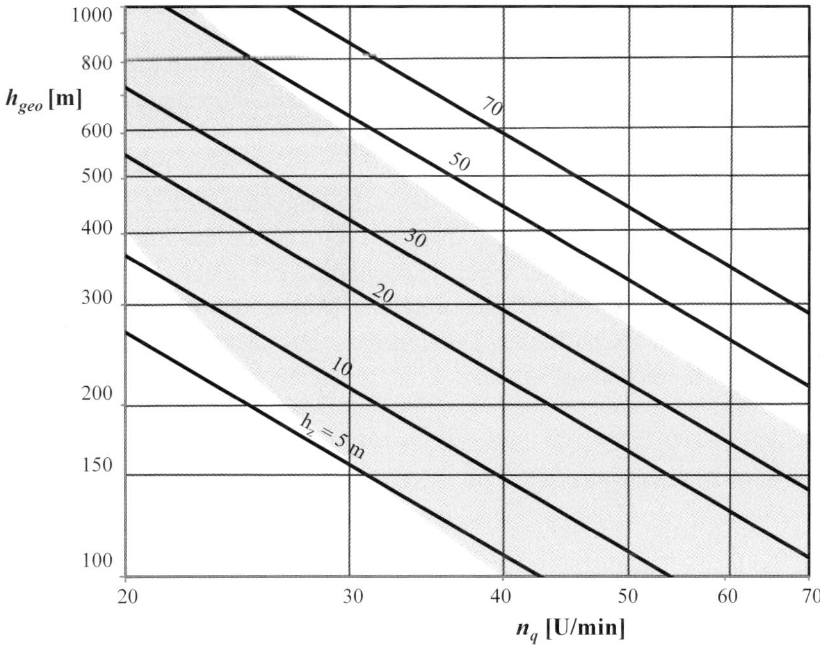

Bild 6.60 Erforderliche Zulaufdruckhöhen h_z für einstufige, einflutige Pumpen und Pumpturbinen nach *Kaczynski* (1991), Markierung: Allgemeiner Anwendungsbereich

Beim PSW Goldisthal mit $h_{\text{geo}} = 306{,}7$ m liegt die Pumpturbinenachse um $h_z = 46{,}5$ m unter dem niedrigsten Unterwasserstand (VEAG, 2001). In einem Berechnungsbeispiel ermittelte *Lindner* (1989, S. 219) bei $n_q = 42{,}3$ U/min und $h_{\text{geo}} = 300$ m eine Zulaufdruckhöhe von $h_z = 42{,}6$ m.

6.13 Hydraulische Berechnung von Rohrnetzen

Vom Wasser unter Druck durchströmte Rohrleitungssysteme dienen der Trink- und Brauchwasserversorgung, der Bewässerung und Beregnung, der Kühlwasserversorgung, der Fernwärmeversorgung und der Abwasserableitung. Die Rohrnetzberechnung ermöglicht den Entwurf von neuen oder zu erweiternden Rohrleitungssystemen, die Überprüfung von Netzparametern oder die Steuerung und Überwachung von Versorgungssystemen. Bei der Rohrnetzberechnung erfolgt die Auswahl der Rohleitungen (Durchmesser, Länge, Material) für das Netz, die Festlegung von Randbedingungen, insbesondere Entnahmen und Einspeisungen, und daraus die Berechnung der Durchflüsse in den Strängen und der Versorgungsdruckhöhen an den Knoten. Mit der Rohrleitungsberechnung können Netze geplant, Versorgungen optimiert, Notversorgungsmaßnahmen festgelegt, Havarien, Rohrbrüche, Pumpenausfall und Kontamination simuliert werden.

6.13.1 Wirtschaftliche Fließgeschwindigkeit und wirtschaftlicher Durchmesser

Bei der Planung großer Rohrleitungssysteme, wie z. B. von Rohrnetzen, spielt die wirtschaftliche Betrachtung eine wichtige Rolle. Diese ist abhängig von den sogenannten Bau- und Materialkosten, in denen der Rohrleitungsdurchmesser, aber auch die druckabhängige Materialstärke des Rohres und eine Einbaupauschale je Meter Rohrlänge eine wichtige Rolle spielen, und den Betriebskosten, die vor allem von der aufzubringenden Energie, also den Reibungsverlusten der Strömung pro Rohrmeter, abhängen. Für bestimmte Einsatzbereiche werden daraus wirtschaftliche Durchmesser oder wirtschaftliche Fließgeschwindigkeiten abgeleitet. Aus der Summe der Bau- und Betriebskosten, über den Rohrdurchmesser aufgetragen, ergibt sich der wirtschaftliche Durchmesser aus dem Minimum dieser Funktionssumme (Extremwertberechnung) zu:

$$d_W = C \cdot \sqrt[7]{\frac{Q^3}{H}} \tag{6.127}$$

Darin sind d_W der wirtschaftliche Durchmesser in [m], Q der Durchfluss in [m^3/s], H die maximale Druckhöhe inklusive Druckstoß in [m WS] und C eine Kennziffer, die vor allem aus folgenden ökonomischen Kenngrößen, Material- und Reibungsgrößen gebildet wird:

$$C = \sqrt[7]{\frac{1{,}29 \cdot \lambda \cdot \eta \cdot t_a \cdot K_W \cdot \sigma_{zul}}{a \cdot K_E \cdot \rho_S \cdot g^2}} \tag{6.128}$$

mit		
	Reibungsbeiwert	$\lambda = 0{,}02$
	Wirkungsgrad (Pumpe/Turbine)	$\eta = 0{,}77$
	Auslastungsfaktor	$t_a = 8000$ h/a
	Stromkosten	$K_W = 0{,}3$ €/kWh
	Materialspannung (Stahl)	$\sigma_{zul} = 160.000$ kN/m^2
	Materialdichte (Stahl)	$\rho_S = 7850$ kg/m^3
	Abschreibung	$a = 0{,}1 \cdot \text{a}^{-1}$
	Materialkosten (Einheitspreis)	$K_E = 2000$ €/kN
	Schwerebeschleunigung	$g = 9{,}81$ m/s^2

Für eine einfache Planungsberechnung ergibt sich mit den oben genannten Annahmen ein Wert von $C = 1{,}75 \cdot \left[\text{s}^{3/7} / \text{m}^{1/7}\right]$.

Da in der Rohrleitungsberechnung der Durchflusswert eine wichtige Variable darstellt, wird aus der Verlusthöhenberechnung nach Gleichung (6.1) folgende Vereinfachung und eine Fließrichtungserkennung (Vorzeichen) mit sgn(Q) eingeführt:

$$h_V = \alpha \cdot l \cdot Q^2 \cdot \text{sgn}(Q) = \chi \cdot Q^2 \cdot \text{sgn}(Q) \tag{6.129}$$

mit $\chi = \left(\lambda \cdot \frac{l}{d} + \sum\zeta\right) \cdot \frac{1}{2g \cdot A^2} = \left(\lambda \cdot \frac{l}{d} + \sum\zeta\right) \cdot \frac{0{,}08263 \text{ s}^2/\text{m}}{d^4}$ und $\text{sgn}(Q) = \frac{|Q|}{Q}$

Der χ-Wert ist damit eine Kenngröße der Rohrleitung und nur noch im λ-Wert von k/d sowie von der Reynolds-Zahl und damit vom Durchfluss abhängig.

Für bestimmte Einsatzgebiete der Rohrleitungen gibt es aus der Praxis in Abhängigkeit vom Durchmesser Empfehlungen und Richtwerte für wirtschaftliche oder empfohlene Geschwindigkeiten. Hintergrund dieser Empfehlungen können Reibungsverluste sein; diese erhöhen sich bekanntlich mit dem Quadrat der Geschwindigkeit, es können Mindestfließgeschwindigkeiten sein, um z. B. Ablagerungen oder Lufteinschlüsse zu bewegen oder um eine bestimmte Wasserqualität zu garantieren.

Zur Abschätzung dieser Größen ist es oft hilfreich, einen längenbezogenen χ-Wert einzuführen. Folgende Tabelle 6.19 ermöglicht auf der Grundlage vorgegebener empfohlener Geschwindigkeiten nach *Mutschmann* und *Stimmelmay* (2007) die Planung mit Hilfe dieses Beiwerts. Verlustbeiwerte können mit äquivalenten Längen $l_ä$ berücksichtigt werden.

$$\alpha = \frac{\chi}{l + l_ä} = \frac{0,08263}{d^5} \cdot \lambda \qquad \text{mit} \qquad l_ä = \sum \zeta \cdot \frac{d}{\lambda} \tag{6.130}$$

Die α-Werte ermöglichen eine vereinfachte Abschätzung von Rohrreibungsverlusten (siehe u. a. das Beispiel im Abschnitt 6.13.3: Parallelleitung).

Tabelle 6.19 Fläche A, wirtschaftliche Geschwindigkeit $v_{wirtsch}$, Durchfluss $Q_{wirtsch}$ und α-Werte für Druckrohrleitungen, gültig für Wasser bei 10 °C

d_i = DN	A	$v_{wirtsch}$	$Q_{wirtsch}$	α für Rauheit k in mm			
mm	m²	m/s	l/s	0,1	0,4	1,0	1,5
80	0,005027	0,80	4,0	624,2	811,8	1058	1216
100	0,007854	0,80	6,3	193,2	248,9	320,9	366,9
125	0,01227	0,80	9,8	59,97	76,46	97,96	111,0
150	0,01767	0,85	15,0	22,89	29,10	36,96	41,88
200	0,03142	0,90	28,3	5,053	6,369	8,103	9,029
250	0,04909	0,95	46,6	1,563	1,964	2,454	2,755
300	0,07069	1,00	70,7	0,6001	0,7514	0,9348	1,046
350	0,09621	1,05	101	0,2672	0,3338	0,4137	0,4619
400	0,1257	1,10	138	0,1326	0,1654	0,2043	0,2277
500	0,1964	1,20	236	0,0411	0,0512	0,0629	0,0699
600	0,2827	1,30	368	0,0158	0,0197	0,0241	0,0267
700	0,3848	1,40	539	0,0071	0,0088	0,0107	0,0118
800	0,5027	1,55	779	0,0035	0,0043	0,0053	0,0058
900	0,6362	1,65	1150	0,0019	0,0023	0,0028	0,0031
1000	0,7854	1,75	1375	0,0011	0,0014	0,0016	0,0018

Die in *Kittner et al.* (1985) angegebenen Richtwerte für wirtschaftliche Geschwindigkeiten in Abhängigkeit von Rohrdurchmesser und der Betriebsauslastung können in folgender Formel zusammengefasst werden:

$$\upsilon_{\text{wirtsch}} = \left(0{,}42 + 1{,}1 \cdot d - 0{,}54 \cdot d^2\right) \cdot a^{-0{,}4} \tag{6.131}$$

mit d – Durchmesser der Rohrleitung in m

a – Betriebsauslastung, $a = 1$ bedeutet Dauerbetrieb,

$a = 0{,}5$ bis 0,9 Förderung über Durchgangsbehälter und

$a = 0{,}1$ bis 0,5 direkte Förderung zum Verbraucher

Einige Autoren geben Empfehlungen für die wirtschaftliche Fließgeschwindigkeit in Rohrleitungen, bei denen nach Anwendungsgebiet unterschieden wird. Für die Trink- und Brauchwasserversorgung werden für Fernwasserleitungen 1,5 bis 3 m/s, für Hauptleitungen 1 bis 2 m/s und für Nebenleitungen 0,5 bis 0,7 m/s empfohlen. Als Mindestfließgeschwindigkeit wird in Trinkwassernetzen 0,3 m/s angegeben. Für Pumpendruckrohrleitungen werden 1,0 bis 3 m/s empfohlen und Saugleitungen 0,5 bis 1 m/s. Druckrohrleitungen für Turbinen je nach Neigung und Durchmesser können Geschwindigkeiten bis 8 m/s erreichen. Für Presswasserdruckleitungen sind sogar 15 bis 20 m/s möglich.

Im neuen Arbeitsblatt DWA-A 116-3, Besondere Entwässerungsverfahren Teil 3: Druckluftgespülte Abwassertransportleitungen (DWA-A116-3, 2012) werden zur Vermeidung von Ablagerungen und Lufteinschluss in Abwassertransportleitungen folgende Mindestfließgeschwindigkeiten mindestens einmal pro Tag empfohlen.

Druckleitungen bis DN 100: 0,7 m/s
DN 150: 0,8 m/s
DN 200: 0,9 m/s
DN 250: 1,0 m/s
DN 300: 1,1 m/s
DN 400: 1,2 m/s

Laut DIN 1986-100:2016-12 werden Mindestfließgeschwindigkeiten für Entwässerungsanlagen von 0,5 m/s gefordert.

Zur Betrachtung der Fließgeschwindigkeit und Fließrichtungsänderungen gibt es in den Technischen Regeln für Wasserverteilungsanlagen (TRWV 400-1) Empfehlungen.

Zur Vermeidung von langen Verweilzeiten in Trinkwasserleitungen und um einen ausreichenden Wasseraustausch aus hygienischen Gründen (Wassertrübung und Verfärbung, Verkeimung, Ablagerung, Geschmacksbeeinträchtigung) zu erreichen, soll das Wasser in einer 430 m langen Leitung innerhalb eines Tages bzw. in einer 1300 m langen Leitung innerhalb von 3 Tagen ausgetauscht sein. Theoretisch kann das mit einer mittleren Geschwindigkeit von mindestens 5 mm/s erreicht werden.

6.13.2 Netzaufbau

Ein Rohrnetz besteht aus Elementen, wie z. B. Rohrleitungen, Pumpen und Armaturen mit bestimmten hydraulischen Eigenschaften. Die Verbindung dieser Elemente wird über die Knoten realisiert. In den Knoten gilt die Kontinuität und es wird der Druck ermittelt. Je nach Aufbau eines Netzes unterscheidet man ein Verästelungsnetz oder ein vermachtes Netz. Bei einer ausgeprägten ringförmigen Anordnung spricht man von einem Ringnetz. Ist hingegen der Hauptstrang dominant und die Ringform nur geschlossen, dann handelt es sich um ein Umlaufnetz (*Dauerlein* (2002), *Sturm* (1985)).

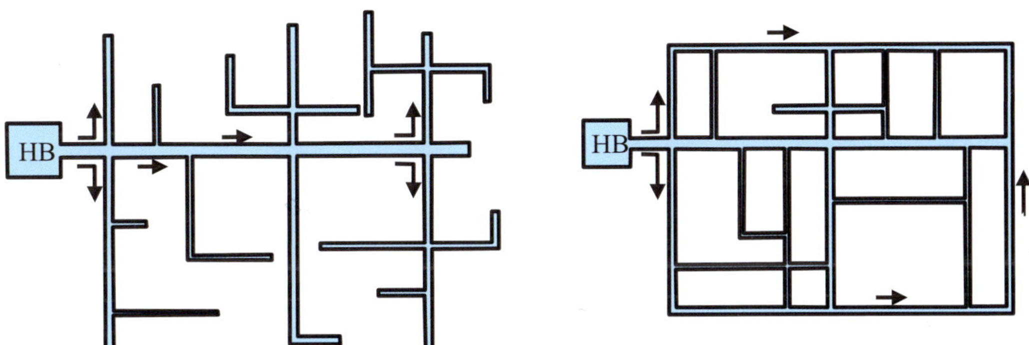

Bild 6.61 Verästelungsnetz (links) und vermaschtes Netz (Umlaufnetz) (rechts) gespeist aus einem Hochbehälter (HB)

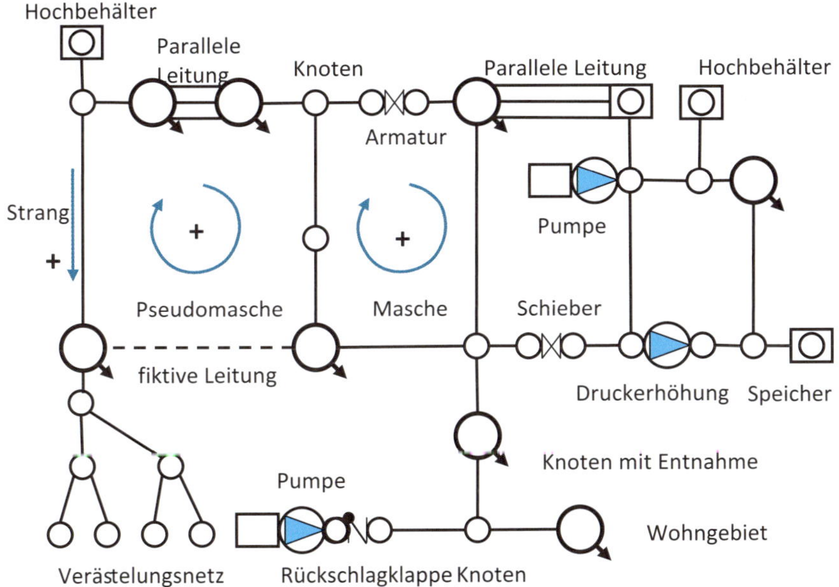

Bild 6.62 Knoten und Elemente in einem idealisierten Netz

6.13.3 Hydraulische Kennlinien

Rohrleitungskennlinie

Die Differenz der Druckhöhen an einem Rohrstrang zwischen Knoten i und Knoten j ergibt sich unter Vernachlässigung der Differenz der Geschwindigkeitshöhen aus der Energieverlusthöhe des Rohrstranges nach Bild 6.63:

$$\Delta h_{\mathrm{ij}} = h_{\mathrm{V}} - \left(\frac{\upsilon_{\mathrm{a}}^2}{2g} - \frac{\upsilon_{\mathrm{b}}^2}{2g} \right) \approx h_{\mathrm{V}} \tag{6.132}$$

Unter Berücksichtigung der festgelegten positiven Strömungsrichtung ermittelt man die Verlusthöhe aus Gleichung (6.129) zu:

$$\Delta h_{\mathrm{ij}} = \chi \cdot Q^2 \mathrm{sgn}(Q) \tag{6.133}$$

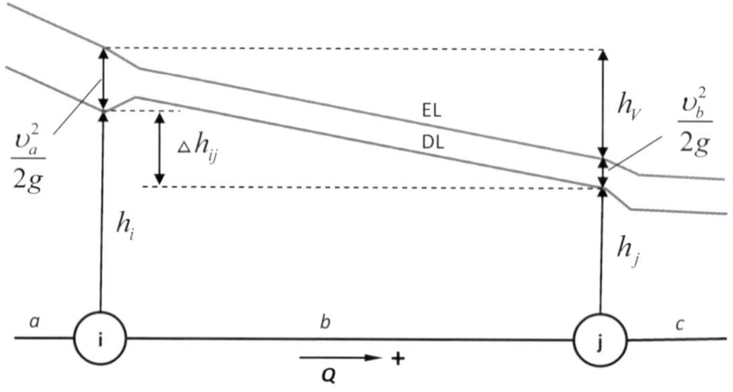

Bild 6.63 Energie- und Drucklinienverlauf zwischen zwei Knoten i und j

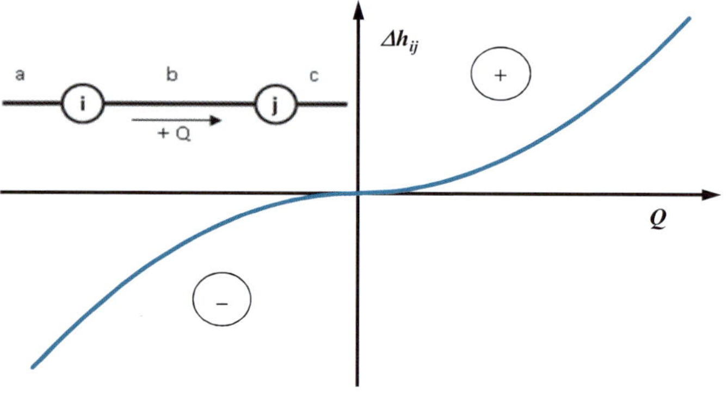

Bild 6.64 Kennlinie des Rohrstranges (Rohrleitungskennlinie)

Kennlinie eines Hochbehälters

Die Kennlinie des offenen Hochbehälters ist durch eine konstante und von Q unabhängige Druckhöhe definiert.

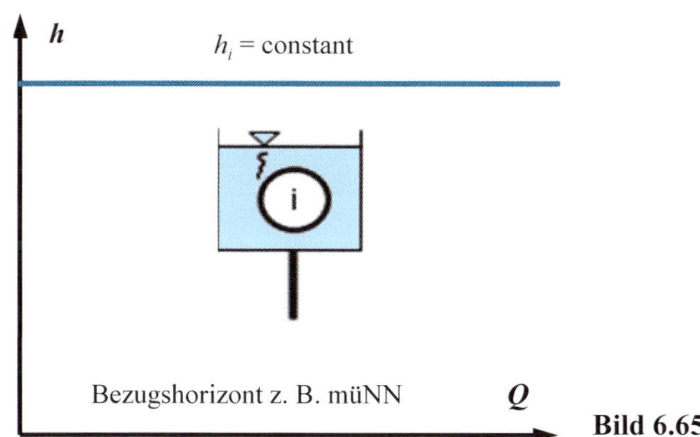

Bild 6.65 Kennlinie des Hochbehälters

Pumpenkennlinie

Die Pumpenkennlinie, meist vom Pumpenhersteller bereitgestellt, kann über Näherungsgleichungen z. B. über ein Polynom (Bild 6.66) mit den Konstanten a_i des Polynoms definiert werden.

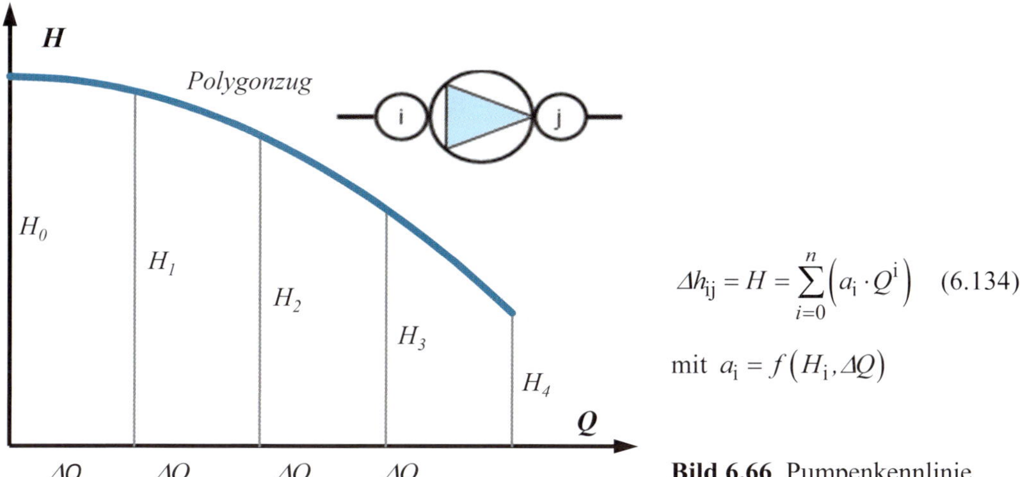

$$\Delta h_{\mathrm{ij}} = H = \sum_{i=0}^{n} \left(a_\mathrm{i} \cdot Q^\mathrm{i} \right) \quad (6.134)$$

mit $a_\mathrm{i} = f\left(H_\mathrm{i}, \Delta Q\right)$

Bild 6.66 Pumpenkennlinie

Kennlinien örtlicher Verluste

Konstante örtliche Verlustbeiwerte werden bei der Rohrnetzberechnung meist als äquivalente Rohrlängen oder als betriebliche Rauheit in den Reibungsverlust integriert (siehe Tabelle 6.2), da sie gegenüber dem Reibungsverlust eine geringere Bedeutung haben (siehe Abschnitt 6.13.1). So können z. B. kurze Krümmer oder Richtungsänderungen durch äquivalente Längen abgeschätzt werden. Dazu werden in einem Informationspapier der Firma *Hilge* (1995) für enge Bögen ($r/d = 1{,}5$) folgende äquivalente Längen angegeben: 90°: $l_{\text{äqu}} = 30 \cdot d$; 60°: $l_{\text{äqu}} = 20 \cdot d$; 30°: $l_{\text{äqu}} = 10 \cdot d$; für weite Bögen ($r/d \approx 5$) 90°: $l_{\text{äqu}} = 20 \cdot d$, für U-Verbindungen $60 \cdot d$, für S-Verbindungen $45 \cdot d$ und für T-Verbindungen $60 \cdot d$.

Kennlinie für Regelarmaturen

In Abhängigkeit von der Art der Armaturen werden ihre Kennlinien meist dimensionslos dargestellt. Es existiert ein Verlustbeiwert ζ_0 für die „offene" Armatur, wobei die Öffnung aus dem Verhältnis der Schieberstellung s/d bzw. α/α_0 definiert wird, 1 für offen und 0 für geschlossen. Im geschlossenen Zustand geht der Verlustbeiwert ζ gegen Unendlich. Die Regel-Kennlinien der Armaturen werden vom Hersteller bestimmt und z. B. als K_V-Werte in Abhängigkeit vom Öffnungsgrad der Armatur bereitgestellt (siehe Abschnitt 6.9.8).

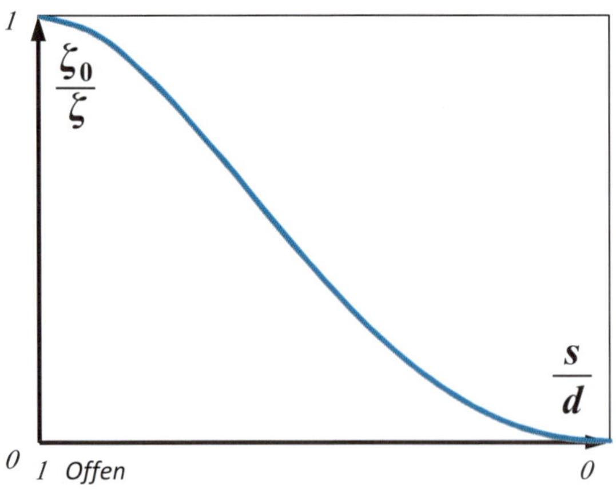

$$\Delta h_{ij} = \zeta \cdot \frac{v^2}{2g} = \frac{\zeta_0}{(\zeta_0/\zeta)} \cdot \frac{Q^2}{A^2 \cdot 2g} \qquad (6.135)$$

mit

$\zeta_0 = 1{,}2$

Bild 6.67 Kennlinie einer Armatur

Parallele Leitungen

Parallele Leitungen müssen nicht einzeln berücksichtigt werden, sondern werden innerhalb der Berechnungen mit folgender Gleichung zusammengefasst:

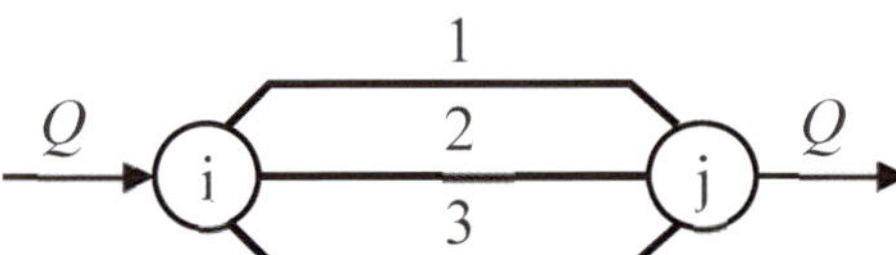

Bild 6.68 Parallele Leitung

Druckhöhenverlusthöhe der parallelen Stränge von Knoten i zu Knoten j:

$$\Delta h_{ij} = \chi_{ij} \cdot Q^2 \cdot \operatorname{sgn}(Q) = \frac{Q^2}{\left(\chi_1^{-1/2} + \chi_2^{-1/2} + \chi_3^{-1/2}\right)^2} \cdot \operatorname{sgn}(Q) \qquad (6.136)$$

Durchflussaufteilung auf die einzelnen Stränge $s = 1$ bis 3

$$Q_s = \frac{Q}{\sqrt{\chi_s} \cdot \left(\chi_1^{-1/2} + \chi_2^{-1/2} + \chi_2^{-1/2}\right)} \qquad \text{mit } Q = \sum Q_s \tag{6.137}$$

Beispiel:

Durch die im Bild 6.68 gezeigten Leitungen 1 bis 3 sollen insgesamt $Q = 170$ l/s durchfließen. Die Rauheit der Leitungen beträgt $k = 0{,}4$ mm Mit den in Tabelle 6.19 eingetragenen α-Werten ist der Durchfluss durch jeden der drei Stränge zu ermitteln. Die Abmessungen der drei Rohrstränge sind in der folgenden Tabelle vorgegeben:

Tabelle 6.20 Beispiel parallele Leitung nach Bild 6.68 und α nach Tabelle 6.19

Nr.	l	DN	α	$\chi = \alpha \cdot l$	$\chi^{1/2}$	$\chi^{-1/2}$	Q	υ	υ_{wirt}
	m	mm	s^2/m^6	s^2/m^5	$s/m^{5/2}$	$m^{5/2}/s$	l/s	m/s	m/s
1	1000	300	0,751	751	27,41	0,03648	85,59	1,21	1,00
2	750	200	6,369	4777	69,11	0,01447	33,94	1,08	0,90
3	1100	250	1,964	2160	46,48	0,02151	50,47	1,03	0,95
					$\Sigma =$	0,07246	170,00		
					Δh_{ij} [m] =	5,50			

Da die Fließgeschwindigkeiten von den wirtschaftlichen Fließgeschwindigkeiten, mit denen die α-Werte in Tabelle 6.19 berechnet sind, bis zu 21 % abweichen, ist genaugenommen eine Korrektur der α-Werte für jeden Strang nach folgendem Schema notwendig:

$$\upsilon \rightarrow Re \text{ und mit } k/d \rightarrow \lambda \rightarrow \alpha\,(\text{neu}) = 0{,}8263 \cdot \lambda / d^5 \rightarrow \chi(\text{neu}) \rightarrow Q(\text{neu})$$

Im vorliegenden Fall ergibt die Korrektur der Durchflusswerte eine Abweichung kleiner 1 %, d. h. bei Verwendung der α-Werte nach Tabelle 6.19 ergibt die erste Berechnung in der Regel bereits ausreichend genaue Werte.

Gestaffelte Leitungen

$$\Delta h_{ij} = \sum \Delta h_i = Q^2 \cdot \left(\chi_1 + \chi_2 + \chi_3\right) \cdot \mathrm{sgn}(Q) \tag{6.138}$$

oder

$$Q = \frac{\sqrt{\Delta h_{ij}}}{\sqrt{\chi_1 + \chi_2 + \chi_3}} \cdot \mathrm{sgn}(\Delta h_{ij}) \tag{6.139}$$

6.13.4 Berechnungsregeln

Wegen der Analogie zur elektrischen Strömung spricht man bei den Berechnungsregeln für die Rohrleitungsberechnung von den gleichen Grundregeln, dem 1. und 2. Krichhoffschen Gesetz.

Knotenregel (1. Kirchhoff'sches Gesetz)

Die Summe aller Zuflüsse und Abflüsse an einem Knoten ist gleich null.

$$\sum_{i=1}^{4} Q_{\mathrm{i}} - Q_{\mathrm{E}} = 0 \qquad (6.140)$$

Bild 6.69 Knotenbedingung

Maschenregel (2. Kirchhoff'sches Gesetz)

Die Summe aller Druckverluste entlang einer Masche muss sich aufheben, also gleich null sein.

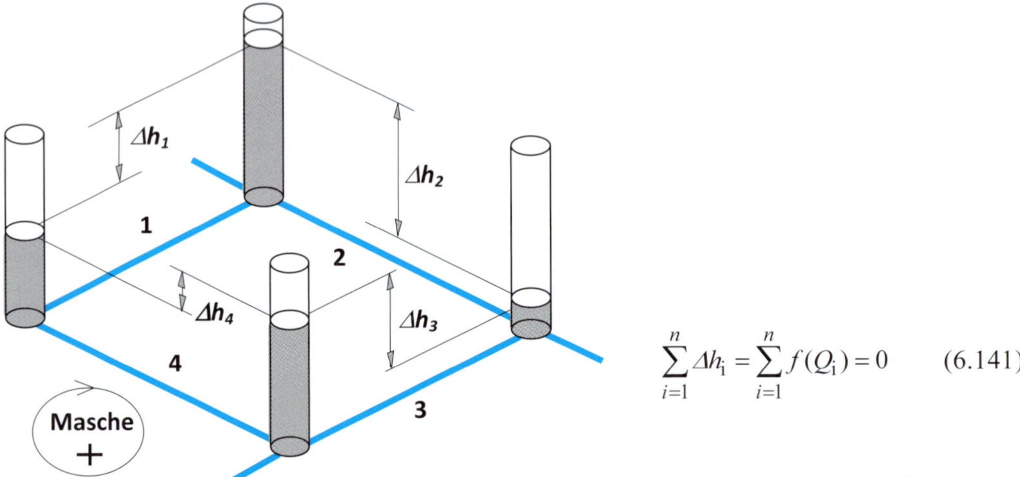

$$\sum_{i=1}^{n} \Delta h_{\mathrm{i}} = \sum_{i=1}^{n} f(Q_{\mathrm{i}}) = 0 \qquad (6.141)$$

Bild 6.70 Maschenbedingung

6.13.5 Berechnungsverfahren

Maschenorientiertes Verfahren

Beim maschenorientierten Verfahren wird durch Annahme aller Durchflüsse in den Strängen unter Beachtung der Knotenregel (Kontinuitätsbedingung) die Maschenbedingung nach Gleichung (6.66) überprüft. Mit der damit ermittelten Abweichung (Rest) wird mit dem sogenannten Maschenabgleich eine Durchflusskorrektur vorgenommen. Der **Maschenabgleich** wird mit Hilfe des Newton'schen Näherungsverfahrens berechnet zu:

$$\Delta Q = -\frac{\sum f(Q_i)}{\sum f'(Q_i)} = -\frac{\sum\left(\chi_i \cdot Q_i \cdot |Q_i|\right)}{2 \cdot \sum\left(\chi_i \cdot |Q_i|\right)} = -\frac{\Delta h_{Rest}}{2 \cdot \sum\left(\chi_i \cdot |Q_i|\right)} \tag{6.142}$$

Für Armaturen, Pumpen oder andere Stränge ergeben sich abweichende Funktionen $f(Q)$ und $f'(Q)$.

Mit diesem Maschenabgleich erfolgt eine Durchflusskorrektur aller Strangdurchflüsse. Zu beachten ist die Richtungsdefinition der Strömung in der Masche. Diese Berechnung wird solange wiederholt, bis der Rest vernachlässigbar ist. Das kann im Einzelschrittverfahren nach *Cross* (1936) (sequentielle Approximation) oder im Gesamtschrittverfahren (simultane Approximation) erfolgen.

Knotenorientiertes Verfahren

Während man beim maschenorientierten Verfahren sehr viel Aufwand in die Anfangslogik investiert aber mit guter Schnelligkeit und Konvergenz für die Lösung rechnen kann, ist der Aufwand im knotenorientierten Verfahren gering, da als Anfangsbedingung nur der Druck bzw. die Druckhöhe in allen Knoten festzulegen ist. Dieser sollte sich von Knoten zu Knoten unterscheiden, da aus der Druckdifferenz mit Hilfe der Gleichung der Rohrleitungskennlinie, Pumpenkennlinie oder Armatur der Durchfluss in den Strängen ermittelt wird. Nun wird die Kontinuitätsbedingung in den Knoten überprüft und mit dem ermittelten Restwert eine Druckkorrektur an den Knoten vorgenommen. Zu hoher Druck (es fließt mehr vom Knoten weg als zum Knoten hin) hat eine Reduzierung des Druckes am Knoten zur Folge und bei einem zu geringen Druck ist es genau umgekehrt. Diese Prozedur wird nun iterativ durchgeführt, bis der Restwert einen vorgegeben Grenzwert unterschreitet. Diese Approximation kann wie beim maschenorientierten Verfahren wieder sequentiell (Cross-Verfahren) oder simultan erfolgen.

Die Korrekturvorschrift (**Knotenabgleich**) wird aus der 1. Ableitung der Rohrleitungskennlinie bzw. der anderen Kennlinien ermittelt zu:

$$\Delta h_i = -2 \frac{Q_{Rest,i}}{\sum \frac{1}{\chi_{ij} \cdot |Q_{ij}|}} \tag{6.143}$$

Da dieses Verfahren nicht immer konvergiert, wird der Korrekturwert gedämpft und teilweise bis auf 20 % reduziert. Diese schlechteren numerischen Eigenschaften erfordern längere Rechenzeiten und können zum Programmabbruch führen.

Numerische Verfahren

Numerische Lösungsmethoden erfordern entweder eine Linearisierung der eigentlich quadratischen Abhängigkeit der Rohrleitungskennlinien und Aufstellung eines Gleichungssystems z. B. über die Kontinuitätsbedingungen in den Knoten oder die Anwendung eines Näherungsverfahrens für vektorielle Größen, das Newton-Raphson-Verfahren, bei dem die Lösung iterativ ermittelt wird. Ausgangspunkt bei beiden Verfahren ist eine Anfangsschätzung der Durchflusswerte mit Hilfe einer angenommenen Geschwindigkeit, z. B. 1 m/s. Diese simultane Approximation muss in der Regel durch Dämpfungen der Korrekturwerte beeinflusst werden, um Konvergenz zu garantieren. Wegen der rasanten Entwicklung der Computertechnik sind heute einfache Iterationsschleifen zur Berechnung der Korrekturwerte üblich, die sowohl eine sequentielle als auch eine simultane Approximation ermöglichen und meist das knotenorientierte Verfahren anwenden.

Verästelungsnetze

Verästelungsnetze können aus der iterativen Berechnung ausgenommen werden, da hier die Randbedingungen (Durchflüsse) bekannt sind, diese auf die einzelnen Stränge aufgeteilt werden können und daraus die Energieverluste ermittelbar sind. Aus den Einzelverlusten der Stränge erfolgt dann wie bei einem Baum das Aufaddieren der Verlusthöhen von Ast zu Ast und die Ermittlung der Drücke an jedem Knoten.

Beispiele zur knotenorientierten und maschenorientierten Berechnung finden sich in *Aigner et al.* (2015), bei *Mutschmann et al.* (2007), *Kittner* et al. (1985), *Ludewig* (1989), *Geisendörfer* (1992), *Dauerlein* (2002) und *Horlacher* (2009).

6.14 Druckstoß

6.14.1 Ursachen und Phänomene

Auf Grund der Massenträgheit des Wassers führen alle schnellen Durchflussänderungen in vollgefüllten Rohrleitungen zu Druckstößen. Diese schlagartige Druckänderung und die damit verbundene Kraftwirkung belasten vor allem Regelorgane, Rohrwand, Rohrverbindungen, Krümmer und deren Lagerung. Grundlage für diesen Zusammenhang ist die Gleichung der Trägheitskraft:

$$\text{Trägheitskraft: } F = -m \cdot \frac{d\upsilon}{dt} \qquad (6.144)$$

Druckstöße treten auf bei:

- einer schnellen Betätigung von Regelorganen (Rückschlagklappen, Kugelventile, Klappen usw.),
- dem Ein- und Ausschalten von Pumpen,
- dem Füllen von Rohrleitungen,
- diskontinuierlichem Pumpbetrieb,

- Entweichen von größeren Luftansammlungen und
- bei Kavitationserscheinungen z. B. Dampfblasenbildung und deren Implosion.

Diese plötzliche Druckänderung, die sich in der Druckleitung mit der Druckwellengeschwindigkeit c ausbreitet (Primärwelle) und am Anfang der Rohrleitung (z. B. einem Behälter mit offenem Wasserspiegel) reflektiert wird, ist bei der Bemessung der Rohrleitung zu berücksichtigen.

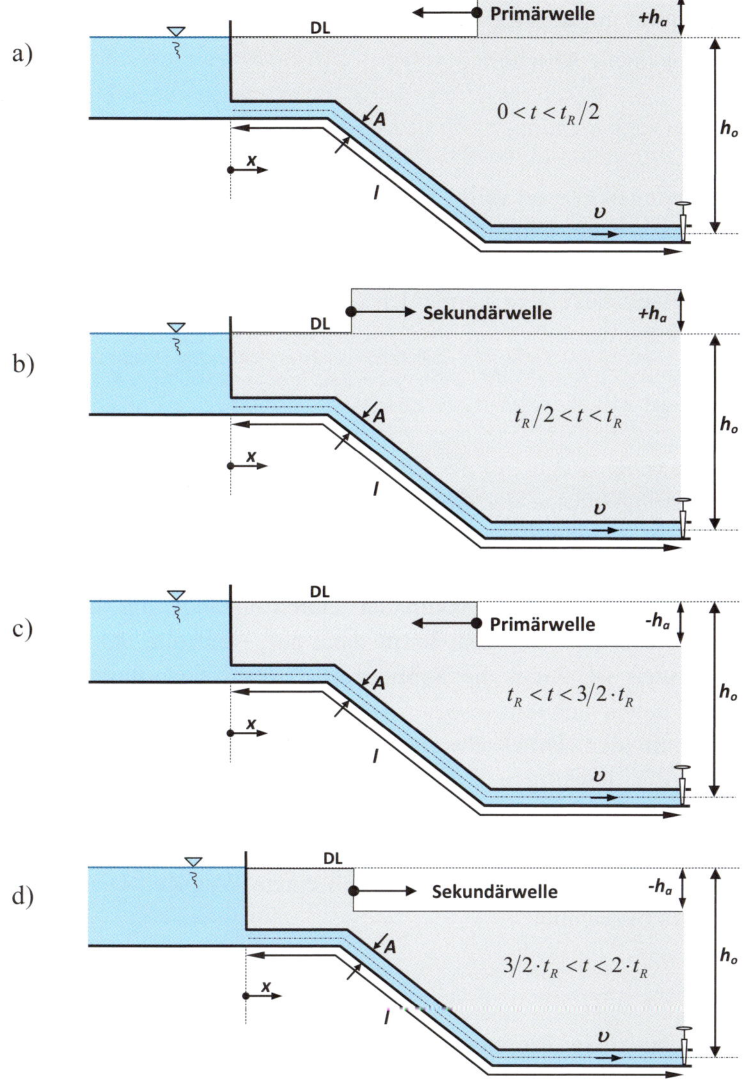

Bild 6.71 Druckwelle infolge plötzlicher Durchflussänderung für einen Zyklus, a) Schließvorgang, Primärwelle läuft gegen die Fließrichtung, b) Reflexion, Sekundärwelle wandert zurück und löscht Druckanstieg wieder aus, c) Druckumkehr: negative Primärwelle läuft gegen die Fließrichtung, d) Reflexion: negative Sekundärwelle läuft zurück.

Wichtige Bemessungsgrößen sind:

- die Durchflussänderung mit der Zeit $\frac{dQ}{dt}$, meist angenähert mit: $\frac{\Delta Q}{T}$,
- die Schließzeit T,
- die Reflexionszeit t_R,
- die Rohrleitungslänge l,
- der Rohrleitungsdurchmesser d bzw. die Fläche des Querschnitts A,
- das Rohrleitungsmaterial definiert mit dem E-Modul,
- Druckwellengeschwindigkeit c (siehe Abschnitt 3.4.7),
- die Druckhöhe h_0 und
- die Druckstoßhöhe h_a.

Neben den schnellen Druckänderungen kommt es im Wasserbau, z. B. beim Wasserschloss, durch die Trägheit der Wassermassen bei Durchflussänderungen zu Wasserschwingungen. Diese Erscheinungen können mit der instationären Energiegleichung berechnet werden, um unkontrollierte Anstiege des Wasserspiegels zu vermeiden (siehe dazu: *Zanke* (2013) und *Frank* (1957)).

6.14.2 Berechnungsansätze

Die Berechnungsansätze basieren in der Regel auf der Ermittlung der Trägheitskraft und der daraus bestimmbaren Druckänderung infolge der Geschwindigkeitsänderung der bewegten Wassersäule. Die Wassersäule in Verbindung mit dem Rohr wird als starr oder elastisch in den Berechnungen berücksichtigt. Wichtiges Kriterium für die Berechnungsansätze ist der Vergleich der Schließzeit bzw. der Zeit der maximalen Durchflussänderung mit der Reflexionszeit. Ungestörter und maximaler Druckstoß tritt dann auf, wenn die Schließzeit kleiner als die halbe Reflexionszeit ist. Liegt die Schließzeit darüber, beeinflussen sich Primär- und Sekundärwellen und heben sich teilweise auf. Dieser Effekt wird ausgenutzt, um optimale Schließzeiten mit minimalen Druckschwankungen zu ermitteln. Interessante Berechnungsergebnisse liefern die jeweiligen Zeitschritte, an denen die Druckwelle markante Punkte erreicht. So ist z. B. der Druckverlauf am Schieber nur zu den Zeitschritten der Reflexionszeit, also der Laufzeit der Welle durch die Leitung und wieder zurück, interessant. Die Berechnung dieser charakteristischen Linien in einem Weg-Zeit-Diagramm wird als Charakteristikenverfahren bezeichnet.

Der Joukowski-Stoß

Die bekannteste Methode nach *Joukowski* ermittelt die maximale Druckerhöhung und gilt nur für kurze Schließzeiten bzw. die Durchflussänderungen, die innerhalb der Laufzeit der Druckwelle durch die Leitung auftreten. Setzt man als Schließzeit die halbe Reflexionszeit $\left(T = \frac{t_R}{2}\right)$, also die Laufzeit der Welle in Gleichung (6.144) ein, erhält man die Gleichung nach *Joukowski*:

Drucksprung: $$\Delta p = \rho \cdot c \cdot \Delta \upsilon = \rho \cdot c \cdot \frac{Q_0 - Q_t}{A}$$

Druckstoßhöhe: $$\Delta h = \Delta h_{max} = \frac{c}{g \cdot A} \cdot \left(Q_0 - Q_t\right) \qquad (6.145)$$

Reflexionszeit: $$t_R = \frac{2 \cdot L}{c}$$

Der Joukowski-Stoß gilt für eine starre Wassersäule. Die Elastizität der Rohrleitung wird allerdings teilweise in der Druckwellengeschwindigkeit c berücksichtigt.

Beispiel:

Eine 8 km lange Rohrleitung DN 500, in der das Wasser mit einer Geschwindigkeit von 2 m/s fließt, soll innerhalb von 12 s geschlossen werden.

Es müssen $m = \rho \cdot V = 1000 \cdot \pi/4 \cdot 0{,}5^2 \cdot 8000 = 1.570{,}8$ t in 12 s abgebremst werden. Die Geschwindigkeit der Wellenausbreitung wird mit etwa 1000 m/s angenommen. Die Reflexionszeit beträgt $t_R = 2 \cdot L/c = 2 \cdot 8000/1000 = 16$ s. Die Schließzeit ist also größer als die halbe Reflexionszeit, also die Laufzeit durch die Leitung $t_R/2 = 8$s.

Der Joukowski-Stoß ergibt sich für die halbe Reflexionszeit von 8 s für eine Reduzierung der Geschwindigkeit um $\Delta\upsilon = 8\ \text{s} \cdot 2\ \text{m/s} / 12\ \text{s} = 1{,}33$ m/s zu $\Delta p = 1000 \cdot 1000 \cdot 1{,}33 = 1{,}33$ MPa bzw. $\Delta h = \Delta p/\rho g = 1{,}33 \cdot 10^6/9810 = 135{,}6$ mWS.

Theorie der elastischen Wassersäule

Die Kompressibilität des Wassers und die Elastizität der Rohrleitung werden über die Volumenänderung des Wassers, über seine Dichteänderung und über die Quer- und Längsausdehnung der Rohrleitung in der Druckwellengeschwindigkeit der elastischen Wassersäule berücksichtigt.

Die theoretische Wellenausbreitung des Wassers $c_W = 1450$ m/s ergibt sich nach Abschnitt 3.4.7 aus folgender Gleichung:

$$c_W = \sqrt{\frac{E_W}{\rho}} \cong 1450 \text{ m/s} \qquad (3.27)$$

mit: $E_W = 2{,}1 \cdot 10^9$ Pa – Elastizitätsmodul/Kompressionsmodul des Wassers

$\rho - 1000$ kg/m³ – Dichte des Wassers

Unter Berücksichtigung der Kompressibilität des Wassers und der Elastizität der Rohrleitung berechnet sich die Geschwindigkeit der Druckwellenausbreitung in einer Rohrleitung zu:

$$c = c_R = \frac{c_W}{\sqrt{1 + \frac{E_W \cdot d_i \cdot k}{E_R \cdot s}}} \qquad (3.29)$$

mit k – Dehnungskoeffizient

d_i – Innendurchmesser des Rohres

s – Wandstärke des Rohres

E_R – Elastizitätsmodul des Rohres

Differentialgleichungen (elastische Wassersäule) nach Allievi

Die Bilanzgleichung der Masse und der Energie liefern die zwei vereinfachten Differentialgleichungen für die Druckstoßberechnung nach *Allievi:*

Massenbilanz: $$\frac{\partial v}{\partial x} + \frac{g}{c^2} \cdot \frac{\partial h_P}{\partial t} = 0 \qquad (6.146)$$

Energiebilanz: $$\frac{\partial h_p}{\partial x} + \frac{1}{g} \cdot \frac{\partial v}{\partial t} = 0$$

Energiebilanz mit Reibung: $$\frac{\partial h_P}{\partial x} + \frac{1}{g} \cdot \frac{\partial v}{\partial t} + \frac{\lambda}{d} \cdot \frac{\upsilon \cdot |\upsilon|}{2g} = 0$$

Die Lösung dieser hyperbolischen Gleichungen erfolgt mit Hilfe numerischer Lösungsansätze nach dem Charakteristiken-Verfahren. Das bedeutet, dass nur die Lösungen entlang der Wellenfronten der Druckwellengeschwindigkeit c in einem Weg-Zeit-Diagramm ermittelt werden.

Als Lösung dieser gekoppelten Differentialgleichungen erhält man eine analytische Berechnungsmethode für vorgegebene relevante Zeitschritte:

$$h_{p(x,t)} - h_{p(x,0)} = F_{\left(t - \frac{l-x}{c}\right)} + f_{\left(t + \frac{l-x}{c}\right)} \qquad (6.147)$$

$$\upsilon_{(x,t)} - \upsilon_{(x,0)} = -\frac{g}{c} \cdot \left(F_{\left(t - \frac{l-x}{c}\right)} - f_{\left(t + \frac{l-x}{c}\right)} \right)$$

Die Umwandlung dieser zwei Gleichungen und die Einführung einer Regelgröße B_t ergibt eine quadratische Gleichung mit folgender realen Lösung:

$$\upsilon_{(0,t)} = -\frac{B_t^2 \cdot c}{2g} + B_t \sqrt{\left(\frac{c \cdot B_t}{2 \cdot g}\right)^2 + h_{P0} + \frac{c}{g} \cdot \upsilon_0 + 2 f_t} \qquad (6.148)$$

mit der Regelgröße am Schieber: $B_t = \frac{\upsilon_t}{\sqrt{h_{P,t}}}$

F_t = Druckhöhe der Primärwelle

f_t = Druckhöhe der Sekundärwelle

mit $f_\mathrm{t} = -F_{\mathrm{t}-\mathrm{t_R}}$

$h_{\mathrm{a,t}} = F_\mathrm{t} + f_\mathrm{t}$

Neben einer numerischen Lösung sind auch grafische Lösungen dieser Gleichung möglich.

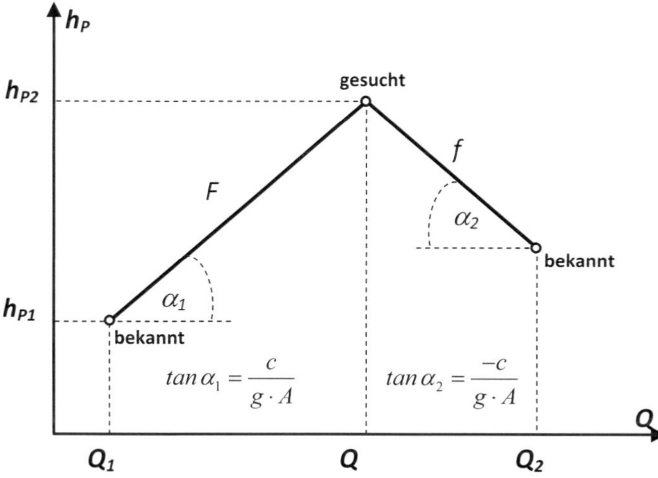

Bild 6.72 Druckstoßgeraden (primär und sekundär) in der Q, h_P-Ebene

6.14.3 Druckstoßverminderung

Vermeidung von Kavitation

Die Bildung von Dampfblasen und der Abriss der Strömung bei zu starkem Unterdruck sind eine Hauptursache bei der Zerstörung von Rohrleitungen. Das explosionsartige Zusammenfallen der Dampfblasen bei Druckerhöhung führt zu sehr starken Druckstößen und stellt eine große Belastung für die Rohrleitung dar.

Optimierte Stellgesetze von Steuerorganen

Durch die geschickte Steuerung beim Schließen und Öffnung von Armaturen, insbesondere bei großen und langen Leitungen, kann die Sekundärwelle genutzt werden, um Primärwellen auszulöschen. Dieses Verfahren setzt eine Druckstoßberechnung voraus.

Schwungscheiben und Schwungmasse

Beim Ausfall von Pumpen kann der plötzliche Stillstand des Motors, z. B. bei Stromausfall, zu einem Druckstoß führen. Der Nachlauf des Motors und damit die Verzögerung der Durchflussreduzierung werden durch den Einbau einer Schwungmasse an der Achse der Pumpe erreicht.

Luftpolster

Luftpolster wirken wie ein Windkessel. Wegen der Kompressibilität der Luft gleichen sie Druckschwankungen aus. Luftpolster können an Entlüftungsventilen bei plötzlichem Austritt selbst Druckstöße erzeugen. Deshalb werden Entlüftungsventile oft gedrosselt, so dass in Abhängigkeit vom Innendruck die Ausströmung begrenzt wird.

Windkessel ohne und mit Drossel

Windkessel haben sich als zuverlässige Sicherheitsorgane zur Druckstoßdämpfung erwiesen. In Ihnen befindet sich Luft, die bei einer Einströmung des Wassers zusammengedrückt wird. Zusätzlich kann im Zulauf des Windkessels eine Drossel eingebaut werden. Der dadurch erzeugte Widerstand lässt das Wasser nur langsam in den Windkessel einströmen, so dass es zu einer zusätzlichen zeitlichen Verzögerung kommt. Die eingebaute Drossel kann so ausgelegt werden, dass sich für die Zuströmung und Ausströmung unterschiedliche Widerstandsbeiwerte ergeben.

Wasserschloss

Für das Wasserschloss gelten die gleichen Randbedingungen wie für den Windkessel, nur dass der Außendruck konstant als Luftdruck anzusetzen ist. Auch hier kann wieder mit und ohne Drossel gearbeitet werden.

Bypass

Die eigentliche Regelarmatur, z. B. einer großen Fernwasserleitung, schließt sehr schnell. Zur Rohrbruchsicherung wird eine Bypass-Leitung um diese Armatur gebaut, die selbst mit einer langsam schließenden Bypass-Armatur versehen ist.

Weiterführende Literatur: *Horlacher/Lüdecke* (2006) und *Horlacher* (2009)

7 Freispiegelströmung

7.1 Allgemeines, Begriffe

Der Abfluss in Flüssen, Gerinnen und Kanälen mit freiem Wasserspiegel wird als Freispiegelströmung bezeichnet. Der Umgebungsdruck an der freien Oberfläche des Wasserspiegels ist in der Regel der atmosphärische Druck.

Freispiegelströmungen liegen vor

- in natürlichen offenen Gerinnen wie Bächen, Flüssen und Strömen,
- in künstlichen offenen Gerinnen, wie Be- und Entwässerungskanälen sowie teilgefüllten Zuleitungsstollen von Wasserkraftanlagen,
- in Gräben, Rinnen und Entwässerungsmulden von Verkehrsbauwerken,
- in teilgefüllten Rohrleitungen der Kanalisation oder in Rohrdurchlässen.

Der Abfluss ist abhängig vom Gefälle, vom durchflossenen Querschnitt, vom Verhältnis dieses Querschnittes zum benetzten Umfang und von der Reibung zwischen Wasser und benetzter Wand. Hydraulisch günstige Profile sind Abflussquerschnitte mit minimaler Reibung, also minimalem Kontakt zwischen Wasser und Wand. Ein ungestörter Abfluss findet bei konstantem Querschnitt parallel zur Sohle statt und wird als stationär gleichförmig bezeichnet. Unter diesen Gleichgewichtsbedingungen stellt sich die Normalabflusstiefe ein. Gefällewechsel oder Einbauten stellen Störungen im Abfluss dar. Es entstehen Absenkungen oder Staubereiche, in denen der Wasserstand als Stau- oder Senkungslinie berechnet wird.

Die Hydraulik der Strömungsvorgänge in diesen offenen Gerinnen wird als **Gerinnehydraulik** bezeichnet. Bild 7.1 zeigt beispielhaft offene Gerinne mit einigen wichtigen Bezeichnungen.

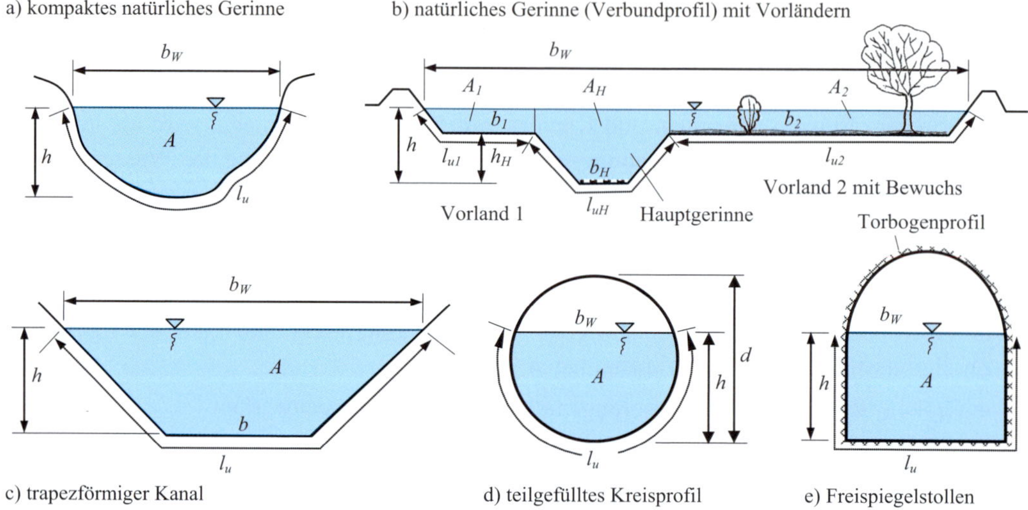

Bild 7.1 Beispiele offener Gerinne mit Bezeichnungen

Bezeichnungen und wichtige, daraus abgeleitete Kennzahlen aus Bild 7.1 und 7.2:

h	– Wassertiefe	A	– Abflussquerschnitt
b_W	– Wasserspiegelbreite	l_U	– benetzter Umfang
r_{hy}	– hydraulischer Radius	$r_{hy} = A/l_U$	
d_{hy}	– hydraulischer Durchmesser	$d_{hy} = 4 \cdot r_{hy}$	
s	– Fließrichtung	ds	– differentialer Fließweg
α	– Neigungswinkel	$I = \sin\alpha$	– Gefälle
F_G	– Gewichtskraft	F_R	– Reibungskraft
Re	– Reynolds-Zahl im Gerinne	$Re = \dfrac{\upsilon \cdot d_{hy}}{\nu_T}$	
υ	– mittlere Fließgeschwindigkeit	ν_T	– kinematische Viskosität
Fr	– Froude-Zahl	$Fr = \dfrac{\upsilon}{\sqrt{g \cdot A/b_W}}$	(allgemein)
g	– Gravitationskonstante = 9,81 m/s^2	$Fr = \dfrac{\upsilon}{\sqrt{g \cdot h}}$	(Rechteck)

Die Froude-Zahl ist die wichtigste dimensionslose Kennzahl in der Gerinnehydraulik. Die detaillierten geometrischen Werte von Rechteck, Trapez, Kreis, Teilkreis und Parabel sind im Abschnitt 2.7.1 zu finden. Hydraulisch günstige Fließquerschnitte siehe Abschnitt 2.9.

Die treibende Kraft für den Fließprozess bei einer Freispiegelströmung ist der sich infolge der Gerinneneigung einstellende Kraftanteil der Gewichtskraft des Wassers hangabwärts.

Diese Kraft steht im Gleichgewicht mit den „Bremskräften“ der Strömung zwischen Wasser und Wand. Das sich durch die Strömung einstellende Geschwindigkeitsprofil im Fließquerschnitt (Bild 7.2) unterscheidet sich vom mathematisch erfassbaren einer Druckrohrströmung (Bild 6.2).

Die Form des Geschwindigkeitsprofils der Freispiegelströmung ist stark abhängig von der Rauheit der Gerinnewand und ihrer Verteilung, der Geometrie des Fließquerschnittes, dem hydraulischen Radius und etwas von der Strömungsgeschwindigkeit selbst.

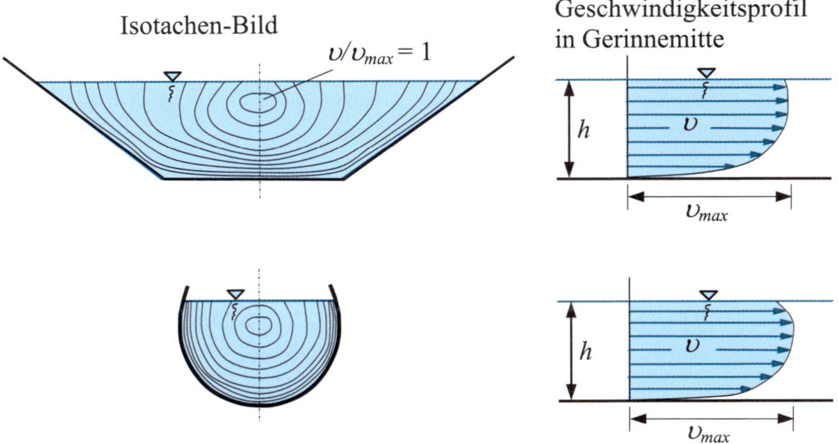

Bild 7.2 Trapez- und Kreisgerinne mit charakteristischen Isotachenlinien (links) als Linien gleicher lokaler Geschwindigkeit und Geschwindigkeitsprofil der mittleren Geschwindigkeitsvektoren (rechts)

Bild 7.2 zeigt beispielhaft die Geschwindigkeitsprofile in einem trapezförmigen und einem kreisförmigen Kanal. Die maximale Fließgeschwindigkeit $\upsilon_{\max}$ liegt beim offenen Gerinne kurz unterhalb des Wasserspiegels, bei der Rohrströmung dagegen in Rohrmitte. Die mittlere Fließgeschwindigkeit $\upsilon = Q/A = k_\upsilon \cdot \upsilon_{\max}$ weicht von der maximalen in Abhängigkeit von der Wandbeschaffenheit (Rauheit) des Gerinnes ab und kann nach Tabelle 7.1 grob abgeschätzt werden.

Tabelle 7.1 Erfahrungswerte k_υ für das Verhältnis von mittlerer zur maximalen Geschwindigkeit in offenen Gerinnen

Sohle und Böschung aus	$k_\upsilon = \upsilon/\upsilon_{\max}$	Sohle und Böschung aus	$k_\upsilon = \upsilon/\upsilon_{\max}$
rauem Fels	0,40 bis 0,52	Feinkies	0,77
Kies mit Gras und Schilf	0,46 bis 0,75	Lehm und Sand	0,65 bis 0,83
grobem Kies und Steinen	0,58 bis 0,70	Pflaster, Beton oder Holz	0,70 bis 0,92
Grobkies	0,71	Bretter, Quader	0,82
mittlerem Kies	0,62 bis 0,75	Zementputz glatt	0,83

Wichtige Fließarten als Kriterium des Fließverhaltens in offenen Gerinnen sind **Strömen** und **Schießen**. Unterscheidende Kennzahlen sind die Froude-Zahl *Fr*, die kritische Wassertiefe h_{gr} und die kritische Geschwindigkeit υ_{gr} (siehe auch Abschnitt 5.6).

- $Fr < 1$: strömender Abfluss (Strömen), auch unterkritischer Abfluss; große Wassertiefe (größer als kritische Wassertiefe $h > h_{gr}$) und geringe Fließgeschwindigkeit (kleiner als kritische Geschwindigkeit $\upsilon < \upsilon_{gr}$), Störungen wirken sich in alle Richtungen aus.
- $Fr > 1$: schießender Abfluss (Schießen), auch überkritischer Abfluss; kleine Wassertiefen (kleiner als kritische Wassertiefe $h < h_{gr}$) und große Geschwindigkeit (größer als kritische Geschwindigkeit $\upsilon > \upsilon_{gr}$), Störungen wirken sich nicht stromauf aus.
- $Fr = 1$: kritischer Abfluss (Grenzzustand), Energieminimum, Grenze zwischen schießendem und strömendem Abfluss, kritische Wassertiefe (Grenztiefe $h = h_{gr}$) und kritische Geschwindigkeit (Grenzgeschwindigkeit $\upsilon = \upsilon_{gr}$).

Zur Ermittlung der Grenztiefe und Grenzgeschwindigkeit in offenen Gerinnen siehe Abschnitt 7.4. In einem unendlich langen Gerinne ohne geometrische Änderungen und bei konstantem Durchfluss stellt sich ein gleichförmiges Fließen als Gleichgewichtszustand mit einer sogenannten Normalabflusstiefe h_n ein. Die Zusammenstellung aller Normalabflusstiefen als Funktion zwischen Durchfluss und Wasserstand in einem Diagramm wird als **Schlüsselkurve** bezeichnet. Querschnittsänderungen, z. B. Gefällewechsel oder verzögerte bzw. beschleunigte Strömungen führen zu einem ungleichförmigen Abfluss mit ortsabhängigen Geschwindigkeitsänderungen.

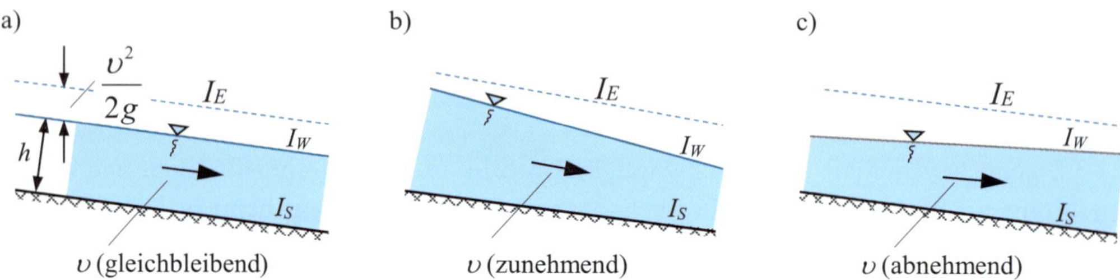

Bild 7.3 Stationäre Gerinneströmungen
a) stationär gleichförmig, $I_W = I_E = I_S$
b) stationär beschleunigt, $I_W > I_E > I_S$
c) stationär verzögert, $I_W < I_E < I_S$

Diese einfachen Abflussquerschnitte sind in der Regel künstliche Kanäle. Natürliche Flussläufe können als Parabelprofil, als einfaches Trapezprofil oder zusammengesetzt als gegliedertes Trapezprofile angenähert werden.

7.2 Fließformeln

Die bereits im Abschnitt 5.10 abgeleiteten Abflussformeln sollen in diesem Abschnitt vertieft und hinsichtlich ihrer speziellen Anwendungsgebiete erläutert werden.

Fließformeln definieren den Zusammenhang zwischen mittlerer Fließgeschwindigkeit υ bzw. Abfluss $Q = \upsilon \cdot A$ und den geometrischen Abmessungen, Gefälle sowie Rauheitsparametern. Sie definieren das Gleichgewicht zwischen der in Richtung Gefälle weisenden Gewichtskraft des Wassers und den Reibungskräften, projiziert auf die Kontaktfläche zwischen Wasser und Wand.

7.2.1 Fließformel nach Gauckler-Manning-Strickler (GMS-Formel)

Eine der gebräuchlichsten und einfachsten Fließformeln ist die von Gauckler, Manning und Strickler, kurz GMS-Formel, wegen des breiten Erfahrungsschatzes für den diese Fließformel kennzeichnenden Fließbeiwert (Strickler-Beiwert k_{St}) auch **Strickler-Formel** genannt:

$$Q = \upsilon \cdot A = k_{St} \cdot r_{hy}^{2/3} \cdot I^{1/2} \cdot A \qquad \text{in m}^3\text{/s} \tag{7.1}$$

mit Q = Durchfluss, Abfluss in m^3/s

υ = mittlere Geschwindigkeit in m/s

k_{St} = Strickler-Beiwert in $m^{1/3}/s$ (siehe Tabelle 7.2)

$r_{hy} = A/l_U$ = hydraulischer Radius in m

A = Fließquerschnitt in m^2

l_U = benetzter Umfang in m

$I = \Delta h / l = \sin\alpha$ = Gefälle

Δh = durchflossenes Höhenintervall in m

l = durchflossene Fließstrecke in m

Die Strickler-Formel ist – mit Ausnahme bei hydraulisch glatten Gerinnen – als Überschlagsformel sowie bei Querschnitten mit einfacher Geometrie (Rechteck, Trapez, Teilkreis) als auch bei breiten, natürlichen Gerinnen geeignet. Im englischsprachigen Raum ist die Bezeichnung GMS-Formel oder Manning-Formel mit dem Manning-Beiwert n gebräuchlich (Chow, 1959). Der Manning-Beiwert ergibt sich aus dem Reziproken des Strickler-Beiwertes zu:

$$k_{St} = \frac{1}{n} \text{ in m}^{1/3}\text{/s bzw. } k_{St} = \frac{C}{n} \tag{7.2}$$

mit C = Umrechnungskoeffizient für Einheiten

Der Vergleich der GMS-Formel mit der im folgenden Abschnitt erläuterten Darcy-Weisbach-Gleichung und der darin verwendeten äquivalenten Sandrauheit k ergibt eine Umrechnung zwischen Strickler-Beiwert und k-Wert für den hydraulisch rauen Bereich ($k/d_{hy} > 2 \cdot 10^{-3}$) von näherungsweise:

$$k_{St} = \frac{8{,}3 \cdot \sqrt{g}}{k^{1/6}} = \frac{26}{k^{1/6}} \tag{7.3}$$

In einem Flussprofil kann der k_{St}-Wert bei Änderung des Durchflusses und damit des Wasserstandes variieren (Bild 7.4). Ursache für die anfangs kleineren Strickler-Beiwerte ist der starke Einfluss der rauen Sohle bei kleineren Wasserständen und der Einfluss der Abflussgeometrie über den hydraulischen Radius. Bild 7.4 zeigt beispielhaft die Änderung des gemittelten k_{St}-Wertes bei Abflusssteigerung für einen Flussabschnitt der Donau bei Sigmaringen nach Messungen der Landesanstalt für Umweltschutz Baden-Württemberg (LfUW-BW, 2003).

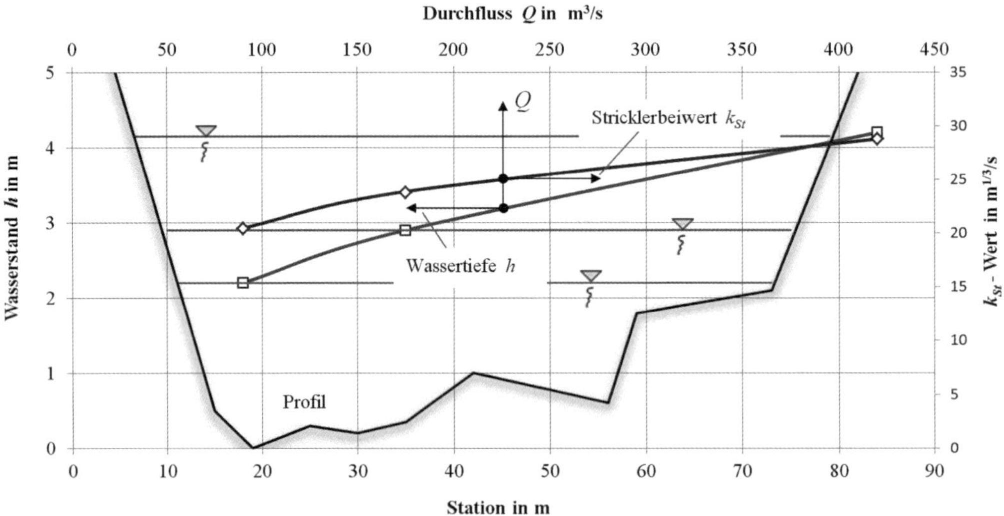

Bild 7.4 Verlauf des k_{St}-Wertes und der Wassertiefen über den Durchfluss Q im Gerinnequerschnitt der Donau bei Sigmaringen (mit freundlicher Genehmigung der LFU-BW)

Bei natürlichen Gerinnen ist es daher oft schwer, wegen der unterschiedlichen Wandbeschaffenheit bei verschiedenen Wassertiefen dem Flussbett einen einzigen, allgemein gültigen k_{St}-Wert zuzuordnen.

Tabelle 7.2 Strickler-Beiwert k_{St} für offene Gerinne

Gerinneart und Beschaffenheit der Gerinnewandung	k_{St} in $m^{1/3}/s$		
	von		bis
a) Natürliche Fließgewässer			
Flussbett mit fester Sohle ohne Unregelmäßigkeiten, bordvoll			bis 40
Flussbett gleichmäßig gewunden, mit Mulden und Untiefen	22	–	30
Flussbett verkrautet, je nach Umfang der Verkrautung	15	–	35
Flussbett mit mäßigem Geschiebetrieb	33	–	35
Flussbett mit Geröll und Unregelmäßigkeiten	25	–	30
Wildbäche, kopfgroße Steine; grobes, ruhendes Geröll	25	–	28
Wildbäche mit grobem, in Bewegung befindlichem Geröll	19	–	22
b) Vorländer, Überflutungsflächen			
Wiese, kein Gestrüpp, kurzes Gras	28	–	40
Wiese, kein Gestrüpp, hohes Gras	20	–	35
vereinzeltes Gestrüpp, dichtes Unkraut	14	–	29
mittleres bis dichtes Gestrüpp, im Winter	9	–	22
mittleres bis dichtes Gestrüpp, im Sommer	6	–	14
dichter Holzbestand	6	–	10
Buschreihen parallel zur Strömung	25	–	30
c) Kanäle mit Auskleidung (siehe auch f) Betonkanäle, -stollen und -leitungen)			
Werkkanäle mit Walzgussasphalt ausgekleidet	70	–	75
Kanäle mit Asphaltbetonauskleidung	72	–	77
Betonkanäle mit Zementglattstrich		100	
grobe Betonauskleidung, alter Beton, unebene Flächen	50	–	55
Stampfbeton mit glatter Oberfläche	60	–	65
Kiesboden im Kanal und Uferböschung aus Beton	40	–	60
Kiesboden im Kanal, Uferböschung aus Steinen in Mörtel verlegt	40	–	50
Kiesboden im Kanal, Uferböschung aus Schotter oder Steinschüttung	30	–	40
Kiesboden im Kanal, Uferböschung mit grob behauenen Steinen ausgelegt	25	–	30
d) Erdkanäle			
Festes, hangstabiles feines Material		50	
Fein- bis Mittelkies	40	–	45
mittl. bis Grobkies, leicht verkrautet, mäßiger Geschiebetrieb, Kolke		35	
grobes, scholliges Material	25	–	30

Fortsetzung Tabelle 7.2

Gerinneart und Beschaffenheit der Gerinnewandung	k_{St} in $m^{1/3}/s$ von	bis
e) Naturstein- und gemauerte Kanäle		
Kanäle aus Ziegelmauerwerk; Klinker, gut verfugt	75 –	80
Bruchsteinmauerwerk, Hausteinquader	70 –	80
Bruchsteinmauerwerk, gut bis nur grob behauene Steine	50 –	60
Böschung mit Bruchsteinpflaster, Sohle aus Sand oder Kies	45 –	50
f) Betonkanäle, Betonstollen, Betonleitungen		
Beton, mit Stahl- bzw. Vakuumschalung hergestellt	90 –	100
glatter Beton, Glattputz	85 –	90
gut geschalter Beton, hoher Zementgehalt, glatter Zementputz	80 –	85
Beton mit fugenloser Holzschalung hergestellt	70 –	75
Beton mit Holzschalung, unverputzt, neu	65 –	70
Beton mit Holzschalung, unverputzt, alt	55 –	65
alter Beton, saubere Flächen, ohne Fugen	60 –	65
ungleichmäßige Betonflächen	50	
schlecht verschalter alter Beton mit offenen Fugen; Betonplatten	45 –	50
zusammengesetzte Betonrohre, Fugen sorgfältig geschlossen	85 –	95
Betonschale als Entwässerungsrinne, je nach Ablagerung	30 –	50
g) Felskanäle, Stollen		
Felsausbruch, sorgfältig bearbeitet, glatt		bis 60
Felsausbruch, gut bearbeitet	45 –	50
mittelgrober Felsausbruch	25 –	30
Felsausbruch nach sorgfältiger Sprengung	20 –	25
roher Felsausbruch mit Betonsohle	40 –	50
sehr grober Felsausbruch, große Unregelmäßigkeiten	15 –	20
h) Holzgerinne		
neue, glatte Gerinne, gehobelt, stoßfrei	90 –	95
gehobelte, gut gefugte Bretter	85 –	90
ungehobelte Bretter	75 –	85
ältere Holzgerinne, verquollen	65 –	70

Fortsetzung Tabelle 7.2

Gerinneart und Beschaffenheit der Gerinnewandung	k_{St} in $m^{1/3}/s$ von	bis
i) Blechgerinne, Stahl und Gusseisen		
Blechgerinne, geschweißt oder genietet, mit Innenanstrich	88 –	92
Blech genietet, versenkte Köpfe	75 –	85
Blech genietet, nicht versenkte Köpfe	65 –	70
Stahlrohre neu, glatt		bis 100
Stahlrohre alt, verrostet	60 –	75
gusseiserne Rohre, neu		bis 90
j) Sonstiges		
Wellblechwände (Armco-Thyssen)	50 –	55
Stahlspundwände (grober Anhaltswert)	30 –	50

Meist liegen in einem Flussquerschnitt unterschiedliche Rauheiten vor, wie z. B. eine Sohle mit Sand und Kies, die Böschung gepflastert und das Ufer mit Bewuchs (siehe Bild 7.5), so kann nach *Einstein* (1934) mit einem gemittelten Strickler-Beiwert gerechnet werden.

$$k_{St,m} = \left[l_U \Big/ \sum_{i=1}^{n} \frac{l_{U,i}}{k_{St,i}^{3/2}} \right]^{2/3} \tag{7.4}$$

Darin ist $k_{St,i}$ der für den jeweiligen Teilabschnitt i konstante Strickler-Beiwert. Für einen gemittelten λ-Wert gilt der Ansatz (siehe Abschnitt 7.2.2):

$$\lambda_m = \sum_{i=1}^{n} \left(\lambda_i \cdot l_{U,i} \right) \Big/ l_U \tag{7.5}$$

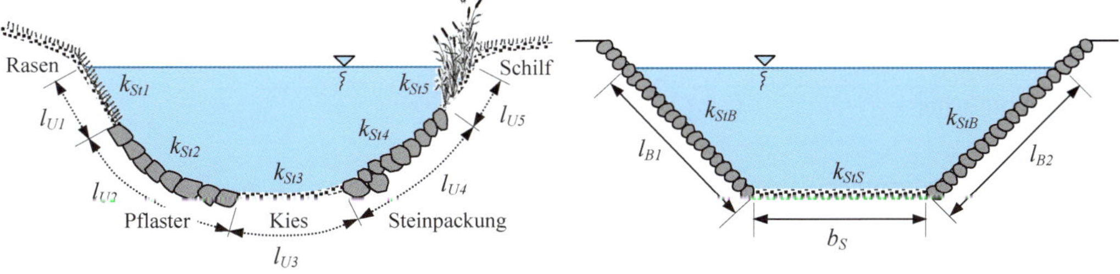

Bild 7.5 Gerinnequerschnitt mit unterschiedlicher Wandrauheit

Für Trapezgerinne mit voneinander erheblich abweichender Sohl- und Böschungsrauheit ist nach *Schröder* (1998) Gleichung (7.6) anwendbar:

$$k_{\text{St,m}} = \frac{l_{\text{B}} \cdot k_{\text{St,S}} \cdot k_{\text{St,B}}}{\left(b_{\text{S}} \cdot k_{\text{St,B}}^{3/2} + l_{\text{B}} \cdot k_{\text{St,S}}^{3/2}\right)^{2/3}} \tag{7.6}$$

mit k_{St} = Strickler-Beiwert (*m* – Mittel, *B* – Böschung, *S* – Sohle) in $\text{m}^{1/3}/\text{s}$

b_{S} = Sohlbreite in m

l_{B} = benetzte Länge der Böschung

Gegliederte Gerinnequerschnitte wie bei Hochwasserabflussprofilen – bestehend aus Hauptgerinne und überfluteten Vorländern – werden abschnittsweise berechnet. Wegen der extrem unterschiedlichen Rauheiten und hydraulischen Kenngrößen erfolgt die Abflussberechnung für Mittelwasser und Vorländer getrennt. Umfangreiche Modelluntersuchungen im Rahmen von Forschungsprojekten (DVWK, 1991) haben gezeigt, dass es infolge der unterschiedlichen Geschwindigkeiten zwischen Hauptgerinne und Vorländern zur Interaktion, also zu einem Austausch von Turbulenzballen und damit zu einer Bremswirkung der Strömung kommt. Die Verlängerung des benetzten Umfanges im Mittelwasser (siehe Bild 7.6) versucht diesen Einfluss zu berücksichtigen und wird mit der Bremswirkung im Mittelwasser durch das langsamer fließende Wasser im Vorland begründet. Die Verhinderung dieses Austausches z. B. durch Wände oder Bewuchsstreifen führte in den Modellversuchen zu einem deutlichen Anstieg des Abflusses im Hochwasserprofil.

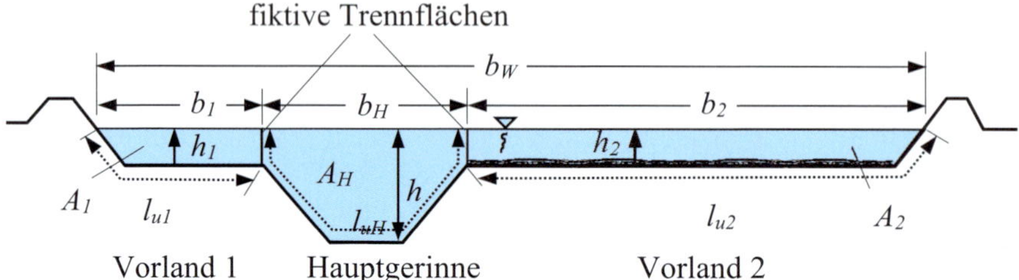

Bild 7.6 Gegliedertes Flussprofil mit Vorländern, Aufteilung der Berechnungsflächen

Die Abflussberechnung erfolgt abschnittsweise:

Gesamtabfluss: $$Q = Q_{\text{H}} + Q_1 + Q_2 \tag{7.7}$$

mit Hauptgerinne: $Q_{\text{H}} = A_{\text{H}} \cdot k_{\text{St,H}} \cdot r_{\text{hy,H}}^{2/3} \cdot I^{1/2}$ $\quad r_{\text{hy,H}} = \frac{A_{\text{H}}}{l_{\text{UH}}}$

Vorland 1: $Q_1 = A_1 \cdot k_{\text{St,1}} \cdot h_1^{2/3} \cdot I^{1/2}$ $\quad r_{\text{hy,1}} = \frac{A_1}{l_{\text{U1}}} \cong h_1$

Vorland 2: $Q_2 = A_2 \cdot k_{\text{St,2}} \cdot h_2^{2/3} \cdot I^{1/2}$ $\quad r_{\text{hy,2}} = \frac{A_2}{l_{\text{U2}}} \cong h_2$

7.2.2 Fließformel nach Darcy und Weisbach

Aus der von Darcy und Weisbach für die Rohrströmung abgeleiteten Gleichung (6.4) für das Reibungsgefälle lässt sich ebenfalls eine Fließformel für die Freispiegelströmung durch Auflösung nach der mittleren Fließgeschwindigkeit υ und dem Einsetzen von $d = d_{hy} = 4 \cdot r_{hy}$ aufstellen.

$$Q = \upsilon \cdot A = \frac{1}{\sqrt{\lambda}} \cdot \sqrt{8 \cdot g \cdot r_{hy} \cdot I} \cdot A \qquad \text{in m}^3/\text{s} \tag{7.8}$$

Der Reibungsbeiwert, der nach dem Ansatz von Gleichung (6.26) den Einfluss der Zähigkeit der Strömung durch die *Re*-Zahl sowie der Rauheit k der Wandungen – in diesem Falle des Gerinnes – erfasst, wird für offene Gerinne vor allem für die turbulente Strömung mit großer *Re*-Zahl im hydraulisch rauen Bereich der Strömung nach Gleichung (6.25) ermittelt.

Mit der Verwendung des hydraulischen Durchmessers bzw. des hydraulischen Radius wird:

$$\frac{1}{\sqrt{\lambda}} = 2 \cdot \log\left(\frac{14{,}84}{k/r_{hy}}\right) \tag{7.9}$$

und damit die Fließformel nach Darcy und Weisbach:

$$Q = \upsilon \cdot A = 2 \cdot \log\left(\frac{14{,}84}{k/r_{hy}}\right) \cdot \sqrt{8 \cdot g \cdot r_{hy} \cdot I} \cdot A \tag{7.10}$$

Das DVWK-Merkblatt 220 (DVWK, 1991) empfiehlt die Verwendung dieser Fließformel, weil mit ihr „die durch den Bewuchs vorhandenen Widerstandskräfte und die infolge der Interaktion bei gegliederten Querschnitten mit und ohne Bewuchs auftretenden Scherkräfte auf physikalischer Grundlage durch den Widerstandsbeiwert ausgedrückt werden können". Außerdem wird mit dieser Fließformel die Abhängigkeit des Strömungswiderstandes von der Geometrie und damit vom hydraulischen Radius besser berücksichtigt.

In Tafel 7.3 sind die aus verschiedenen Quellen zusammengetragenen charakteristischen Größen der absoluten Rauheit k für offene Gerinne zusammengetragen. Hingewiesen sei auch auf die für Druckrohrleitungen geltende Tabelle 6.2.

Die Anwendung der Gleichung (7.9) ist dabei nicht nur für geometrisch einfache Gerinne ohne Bewuchs empfohlen, sondern insbesondere auf die Erfassung von Rauheiten in Gerinnen mit Bewuchs (*Pasche*, et al. (1987), *Mertens* (1989) und DWA-M524 (2020)).

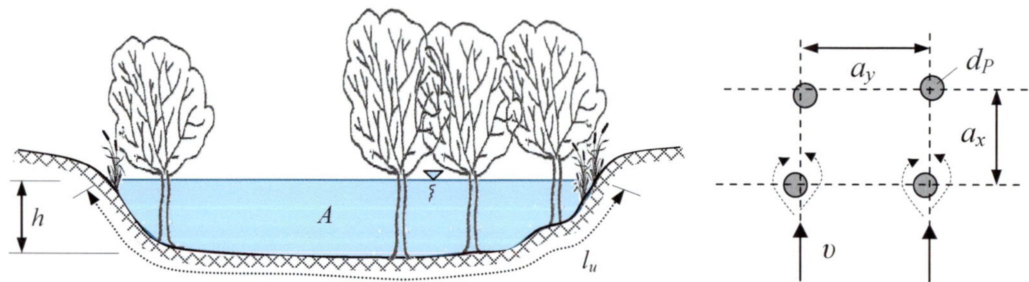

Bild 7.7 Gerinne mit Bewuchs

Dabei werden zusätzlich zu der gegen die Strömung wirkenden Reibungskraft F_R nach Gleichung (7.1) Widerstandskräfte F_W auf der Basis einer Körperumströmung, z. B. eines Baumes oder eines Strauches, angesetzt.

$$F_W = c_W \cdot A_P \cdot \frac{\rho}{2} \cdot v^2 \qquad (7.11)$$

mit c_W = 1 bis 1,5, Widerstandsbeiwert eines Baumes 1,2 (Kreiszylinder)

d_P = mittlerer Stammdurchmesser des Baumes

$A_P = d_P \cdot h$ effektive Anströmfläche, z. B. für Baumstammdurchmesser d_P und der Eintauchtiefe h

Die Berücksichtigung dieser Widerstandskraft nach Gleichung (7.11) im Kräftegleichgewicht der Gleichung (7.1) ergibt für die Gleichung nach *Darcy-Weisbach*:

$$Q = v \cdot A = \frac{1}{\sqrt{\lambda + 4 \cdot c_W \cdot r_{hy} \cdot \omega_P}} \cdot \sqrt{8 \cdot g \cdot r_{hy} \cdot I} \cdot A \quad \text{in m}^3/\text{s} \qquad (7.12)$$

mit $\omega_P = \frac{A_P}{A \cdot a_x}$ spezifische Vegetationsanströmfläche (x – Fließrichtung)

$\omega_P = d_P \cdot D_P = \frac{d_P}{a_x \cdot a_y}$ (D_P – Bestockungsdichte, a_x und a_y Gehölzabstände)

Nach DVWK (1991) und *Schröder* (1998) wird empfohlen, die Größe für die Dichte des Bewuchses ω_P aus D_P (Anzahl der Stämme pro Wasserspiegelfläche) oder dem Verhältnis von Stammdurchmesser d_P zur Abstandsfläche $a_x \cdot a_y$ der Bäume in x- und y-Richtung zu ermitteln. Für den lockeren, strauchartigen Bewuchs wird $\omega_P \cong 0{,}1$ bis $0{,}5\ \text{m}^{-1}$ und für den dichten, strauchartigen Bewuchs wird $\omega_P \cong 1{,}5$ bis $3\ \text{m}^{-1}$ empfohlen.

Tabelle 7.3 Absolute Rauheit k von offenen Gerinnen

Gerinneart und Beschaffenheit der Gerinnewandung nach DVWK (1991) u. a.	k in mm	
	von	bis
a) Ebene Fließgewässersohle		
Flussbett aus Sand und Kies	$= d_{90}$	
Flussbett aus Grobkies bis Schotter	60	200
Flussbett aus schwerer Steinschüttung	200	300
Flussbett gepflastert	30	50
Grenzbedingung für Einzelrauheiten	$\leq r_{hy}$	
b) unebene Fließgewässersohle		
Flussbett mit Riffeln ($l_T < 0{,}3$ m, $h_T < 0{,}05$ m)	h_T	
Flussbett mit Dünen ($l_T < 2 \cdot \pi \cdot h$, $h_T < 0{,}06\ l_T$)	$h_T = h/6$ bis $h/3$	
Unebene Fließgewässersohle		
c) Vorländer und Böschungen		
– mit Ackerboden	20	250
– mit Ackerboden und Kulturen	250	800
– mit Waldboden	160	320
– mit Rasen	60	
– mit Steinschüttung 80/450 und Gras überwachsen	300	
– mit Gras	100	350
– mit Gras und Stauden	130	400
– mit Rasengittersteinen	15	30
d) Wände und Gerinne		
– aus Glas, Metall bis Kunststoff (PVC, PE)	0	0,05
– aus Stahl (neu bis verrostet)	0,03	3
– aus Beton glatt (Stahlschalung bis Schalbretter)	0,2	2
– aus Beton rau (glatte Holzschalung bis offene Fugen)	2	20
– aus Bruchstein (gut verfugt bis sehr grob)	3	20
– aus Stahlspundwand, je nach Profiltiefe	20	100
– aus Feinkies bis Grobkies	30	90
– aus Grobkies, Schotter bis Geröll	200	900
– aus Geschiebe mit Verkrautung (Wildbach)	900	1500

Die Gleichung (7.13) für einen Baum oder eine Baumgruppe kann durch die Addition weitere Glieder zum Reibungsbeiwert für weiteren Bewuchs ergänzt werden. Vorteilhaft ist auch eine Trennung der Berechnung zwischen Hauptgerinne ohne Bewuchs mit Gleichung (7.11) und Vorland mit Bewuchs mit Gleichung (7.13), wobei der Reibungsbeiwert λ vernachlässigt werden kann, wenn die Sohlreibung gegenüber den Widerständen des Bewuchses vernachlässigbar ist. Für den mit Hölzern oder Sträuchern durchwachsenen Fließquerschnitt bzw. das stark verkrautete Gerinne gilt deshalb:

$$Q = \upsilon \cdot A = \sqrt{\frac{2 \cdot g \cdot I}{\sum \left(c_{\mathrm{Wi}} \cdot \omega_{\mathrm{Pi}}\right)}} \cdot A \qquad \text{in m}^3/\text{s} \qquad (7.13)$$

Die hydraulische Quantifizierung des Abflusses in Gerinnen mit Bewuchs ist kompliziert und hängt von zahlreichen Parametern ab, deren Erfassung aufwändig und deren Bewertung sehr subjektiv ist. Zu Einzelheiten der Berechnung wird deshalb auf das Merkblatt 220 des DVWK (1991) sowie auf die Literaturquellen wie *Schröder* (1998) und *Heinemann* und *Feldhaus* (2003) verwiesen, wo Anwendungsbeispiele erläutert werden und insbesondere das Verfahren nach *Mertens* (1989) empfohlen wird.

7.2.3 Einfluss der Querschnittsformen auf die Abflussberechnung

Dass dieser Einfluss vorhanden ist, haben die schon im Abschnitt 7.2.1 erwähnten Untersuchungen der Abhängigkeit des Strickler-Beiwertes von der Gerinnegeometrie gezeigt. Die Problematik der Anwendung der für Rohrströmungen abgeleiteten Gleichungen auf Gerinneströmungen hat in der Vergangenheit ebenfalls dazu geführt, den Querschnittseinfluss der Gerinne auf die universelle Fließformel – abweichend vom Kreisprofil – zu untersuchen. Dafür wurden umfangreiche Messungen durchgeführt und der Formeinfluss durch sogenannte Formbeiwerte f_{r} (rau) und f_{g} (glatt) erfasst. Dabei wurden unterschiedliche Wege gegangen. Entweder wurden die für das Kreisprofil bekannten konstanten Zahlenwerte 2,51 (rau) und 3,71 (glatt) in der Gleichung des Reibungsbeiwertes durch die Formbeiwerte f_{r} (rau) und f_{g} (glatt) ersetzt und für andere Profile neu definiert *Leske* (1970), oder es wurden diesen Beiwerten Korrekturbeiwerte beigefügt, wie es z. B. *Zanke* (2013) realiserte. Einen dritten Weg hat *Aigner* (1994) vorgeschlagen, indem er den Formeinfluss auf den hydraulischen Radius übertrug und damit die Verringerung der an der Reibung beteiligten Querschnittsfläche im hydraulischen Radius verantwortlich machte. Alle diese Wege zeigen, dass ein gewisser Einfluss der Gerinneform auf den Reibungsbeiwert vorhanden ist. Der Anwender muss allerdings selbst einschätzen, ob dieser Einfluss größer ist als die Ungenauigkeiten der Reibungsbeiwertbestimmung und welche Genauigkeit für die Bestimmung des Abflusses erforderlich ist.

Tabelle 7.4 Formbeiwerte für offene Gerinne nach *Leske* (1970), *Zanke* (2013) und *Aigner* (1994)

Gerinneform	f_g (glatt)	f_r (rau)	C_r (rau)	f	κ_g (glatt)	κ_r (rau)
Kreisrohr	2,51	3,71	20,75	1	1	1
Halbkreis	2,60	3,60	20,52	0,95	0,97	0,97
Rechteck $b = h$	2,80	3,45	20,19	0,897	0,93	0,93
Rechteck $b = 2h$	2,90	3,30	19,85	0,869	0,91	0,89
Rechteck, Mittel	2,90	3,20	19,61	k.A.	0,91	0,86
Rechteck $b \to \infty$	3,05	3,05	19,24	0,52	0,88	0,82
Trapez Mittelwert	2,90	3,16	19,52	0,84	0,89	0,85
Parabel breit	3,05	3,05	19,24	k.A.	0,88	0,82

Die Formbeiwerte werden in Gleichung (6.26) nach *Leske* (1970) wie folgt berücksichtigt:

$$\frac{1}{\sqrt{\lambda}} = -2 \cdot \log\left(\frac{f_g}{Re \cdot \sqrt{\lambda}} + \frac{k/d_{hy}}{f_r}\right) = -2 \cdot \log\left(\frac{f_g \cdot \nu}{8 \cdot r_{hy}^{3/2} \cdot \sqrt{2g \cdot I}} + \frac{k/r_{hy}}{4 \cdot f_r}\right) \tag{7.14}$$

oder nach *Zanke* (2013):

$$\frac{1}{\sqrt{\lambda}} = -2 \cdot \log\left(\frac{2{,}51 \cdot \nu}{f \cdot 8 \cdot r_{hy}^{3/2} \cdot \sqrt{2g \cdot I}} + \frac{k/r_{hy}}{f \cdot 14{,}84}\right) \tag{7.15}$$

oder nach *Aigner* (1994):

$$\frac{1}{\sqrt{\lambda}} = -2 \cdot \log\left(\frac{2{,}51 \cdot \nu}{8 \cdot \left(\kappa_g \cdot r_{hy}\right)^{3/2} \cdot \sqrt{2g \cdot I}} + \frac{k}{\kappa_r \cdot r_{hy} \cdot 14{,}84}\right) \tag{7.16}$$

mit $\kappa = \frac{r'_{hy}}{r_{hy}} = \frac{A_1 + A_2 + A_3}{A}$ siehe Bild 7.8

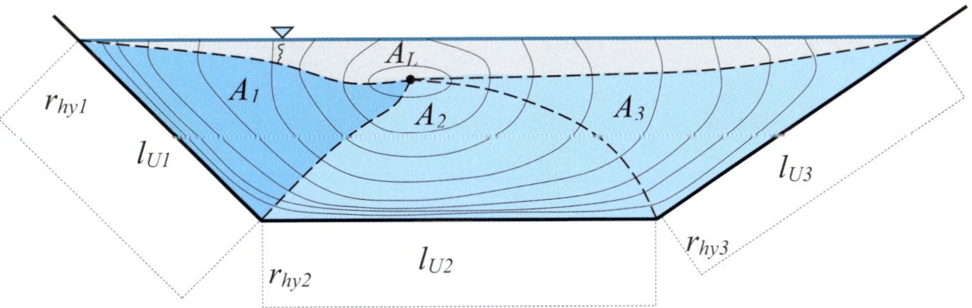

Bild 7.8 Berechnung des wirksamen hydraulischen Radius bzw. κ

Überwiegt der Anteil der Wandreibung, wie in natürlichen Gerinnen der Regelfall, dann steht in der Gleichung für den Reibungswert nur der raue Anteil, und es gilt:

$$\frac{1}{\sqrt{\lambda}} = 2 \cdot \log\left(\frac{4 \cdot f_r \cdot r_{hy}}{k}\right) \tag{7.17}$$

Die Zusammenführung zum C_r-Wert erfolgt mit:

$$C_r = 2 \cdot \log(4 \cdot f_r) \cdot \sqrt{8 \cdot g} \tag{7.18}$$

Wählt man in Anbetracht der Schwierigkeiten bei der exakten Einschätzung der Rauheitswerte den Wert $C_r = 20\ m^{1/2}/s$, erhält man eine praktikable, relativ einfache Lösung der universellen Fließformel für offene, raue Gerinne ($k/r_{hy} \geq 10^{-4}$) zu (*Bollrich*, 2019):

$$Q = \left(C_r + 17{,}7 \cdot \log\frac{r_{hy}}{k}\right) \cdot \sqrt{r_{hy} \cdot I} \cdot A \approx \left(20 + 17{,}7 \cdot \log\frac{r_{hy}}{k}\right) \cdot \sqrt{r_{hy} \cdot I} \cdot A \tag{7.19}$$

7.2.4 Abflusskurven

Der Zusammenhang zwischen Abfluss Q und Wassertiefe h wird in der Gerinnehydraulik als Abfluss- oder **Schlüsselkurve** bezeichnet. Während Gefälle, Rauheit und Gerinnebreite sich nur wenig ändern, ist der Durchfluss vor allem vom Wasserstand abhängig. Die Schlüsselkurve ist eine parabelähnliche, nach oben immer flacher werdende Kurve, deren mathematische Erfassung von der jeweiligen Fließformel abhängt und selbst im betrachteten Fall eines Rechteckquerschnittes einen komplizierten Aufbau hat. Mit der einfachen GMS-Formel ergibt sich für folgende zwei Beispiele, für das Rechteck- und das Trapezgerinne, die Schlüsselkurve unter Verwendung der Gleichungen aus Abschnitt 2.7.1:

a) Rechteck:

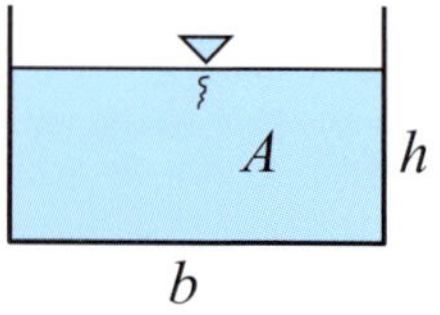

$$Q = k_{St} \cdot \sqrt{I} \cdot b^{5/3} \cdot \frac{h^{5/3}}{(b + 2 \cdot h)^{2/3}} \tag{7.20}$$

b) Trapez:

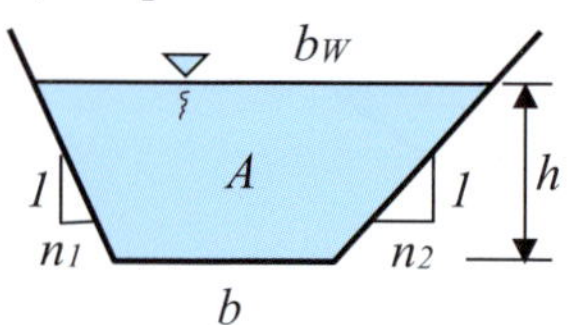

$$Q = k_{St} \cdot \sqrt{I} \cdot \frac{\left(b \cdot h + n \cdot h^2\right)^{5/3}}{\left(b + 2 \cdot h \cdot \sqrt{1 + n^2}\right)^{2/3}} \tag{7.21}$$

$$n = \frac{n_1 + n_2}{2}$$

Für natürliche Gerinne ist kein mathematischer Zusammenhang aufstellbar. Schlüsselkurven werden hier durch Messungen des Durchflusses (meist aus Geschwindigkeitsprofilen) und des Wasserstandes gefunden. Wegen der Sohl- und Querschnittsveränderungen, z. B. nach Hochwasserereignissen, kann sich die Schlüsselkurve ändern und muss neu bestimmt werden. Beispielhaft wird hier die Schlüsselkurve der Elbe bei Dresden gezeigt.

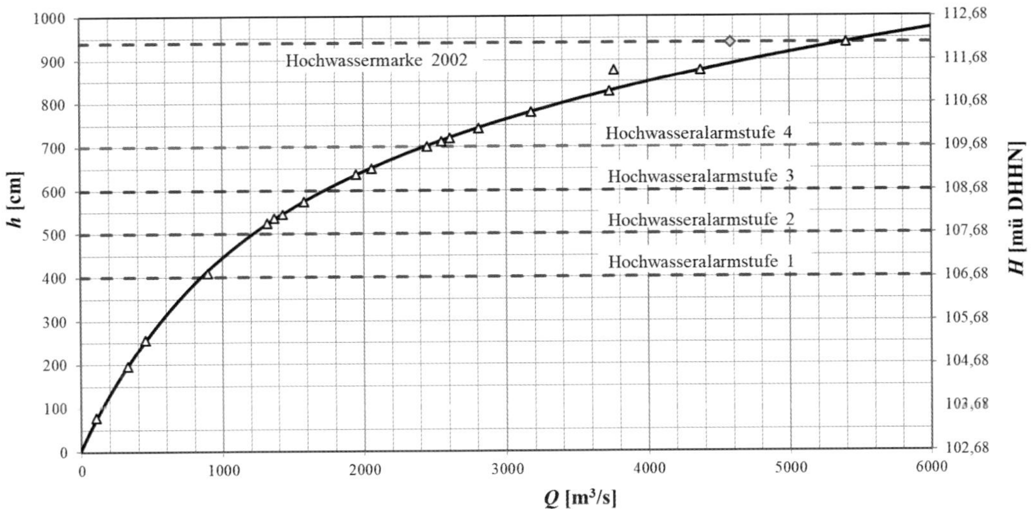

Bild 7.9 Schlüsselkurve der Elbe in Dresden mit Messwerten, Höhensystem DHHN 92 ab 1.2.2004 (aus http://www.umwelt.sachsen.de/), ◆ Hochwasserwert vom 17.8.2002 (4581 m^3/s)

Die Werte in Bild 7.9 basieren auf der Annahme eines stationär gleichförmigen Abflusses. Betrachtet man den Verlauf einer Hochwasserganglinie, dann kann man aus dem Anstieg des Wasserspiegels mit der Zeit überschlägig ein Wasserspiegellagengefälle ermitteln, das bei dem Elbehochwasser 2002 bei etwa $I_W = 0{,}0009$ lag, was bedeutend größer ist als das mittlere Gefälle der Elbe im Raum Dresden von etwa $I_S = 0{,}00025$. Es handelt sich also um eine stationär beschleunigte Strömung (siehe Bild 7.3), bei der das Energiegefälle größer als das Sohlgefälle, aber kleiner als das Wasserspiegellagengefälle ist. Nimmt man einen mittleren Wert zwischen den beiden Gefällen an und setzt diesen in die Abflussformel ein, dann ergibt sich daraus ein Durchflussaufschlag von etwa 5 % für die steigende Hochwasserwelle gegenüber der fallenden Hochwasserwelle. Das Bild 7.10 zeigt den möglichen Verlauf einer solchen Welle für die Elbe im Raum Dresden.

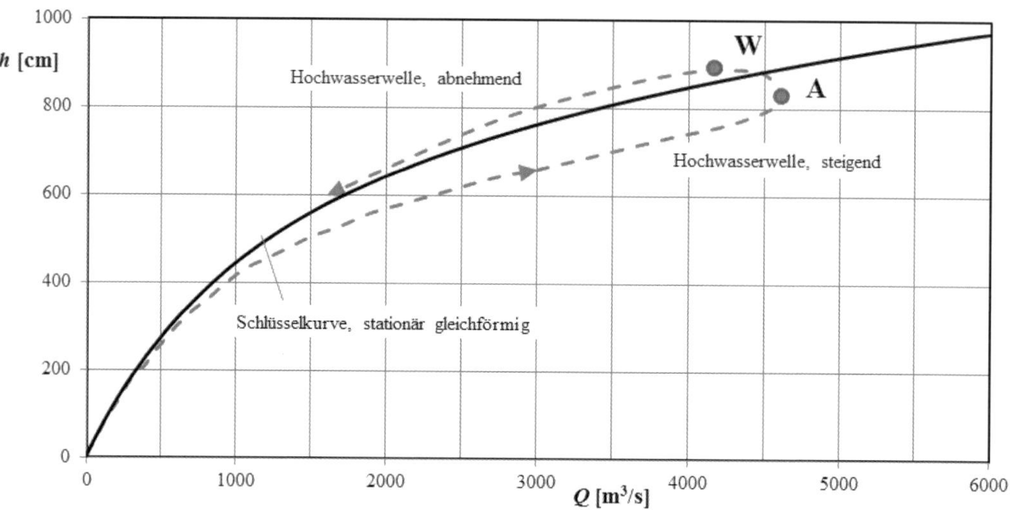

Bild 7.10 Angenommene Abflusskurve einer Hochwasserwelle der Elbe (schematisch), A – Abflussmaximum, W – Wasserspiegelmaximum

7.3 Abfluss in teilgefüllten, geschlossenen Leitungen

Geschlossene Fließquerschnitte (z. B. Kanalrohre Bild 7.11) zeigen bei Teilfüllung ein Abflussverhalten wie offene Gerinne und können daher als solche behandelt werden. Der Einfluss der möglichen Luftströmung über dem Wasserspiegel kann dabei vernachlässigt werden, wenn diese nicht zu starken Druckunterschieden führt. Sonderfall ist das Zuschlagen des geschlossenen Querschnittes, also der Übergang vom Freispiegel- zum Druckabfluss.

7.3.1 Genormte Kanalquerschnitte

In der Abwasserkanalisation werden in der Regel genormte Leitungen als Kreis-, Ei- oder Maulprofil verwendet. Die Geometrie und die Abmessungen dieser Rohre sind in Abschnitt 2.7.2 zu finden.

Der Abfluss in diesen Leitungen erfolgt normalerweise teilgefüllt.

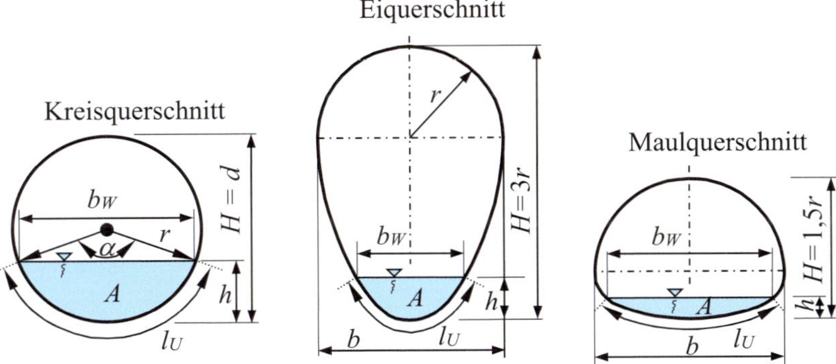

Bild 7.11 Abmessungen und geometrische Werte für Normquerschnitte (siehe DIN 4263:2011-06)

Weitere hier nicht behandelte Querschnitte, z. B. das Haubenprofil, das Muldenprofil, das Drachenprofil u. a. finden sich im Arbeitsblatt der DWA (DWA-A110, 2006), bei *Pecher* (1991), *Hager* (1994) und *Martin/Pohl* S. 76 (2009).

Die typische Abflusskurve eines teilgefüllten Kreisrohres zeigt Bild 7.12.

Für die Vollfüllung eines Kanals kann der Durchfluss Q_{Voll} und die Geschwindigkeit υ_{Voll} aus den Formeln nach Gauckler-Manning-Strickler oder Darcy-Weisbach mit dem Energiegefälle I_E gleich dem Sohlgefälle I_S des Kanals berechnet werden.

Für die hydraulische Teilfüllung kann dann der Durchfluss aus den sogenannten Teilfüllungskurven ermittelt werden. Das Verhältnis zwischen den Werten der Geschwindigkeit bzw. des Durchflusses zwischen Teilfüllung und Vollfüllung ergibt sich theoretisch als rein geometrischer Wert mit der Annahme, dass die Reibungsbeiwerte für Teil- und Vollfüllung gleich groß sind und sich im Verhältniswert aufheben. Da diese Annahme nicht vollständig zutrifft und je nach Abflussformel der hydraulische Radius als geometrischer Wert entweder mit dem Exponenten 2/3 (GMS-Formel) oder mit 0,5 (Darcy-Weisbach-Formel) eingeht, werden für die praktische Anwendung nach DWA-Arbeitsblatt 110 (2006) die Teilfüllungsformeln mit dem Exponenten 0,625 für das Verhältnis der hydraulischen Radien ermittelt:

$$\frac{\upsilon}{\upsilon_{Voll}} = \left(\frac{r_{hy}}{r_{hy,Voll}}\right)^{0,625} \qquad \frac{Q}{Q_{Voll}} = \frac{A}{A_{Voll}} \cdot \left(\frac{r_{hy}}{r_{hy,Voll}}\right)^{0,625} \tag{7.22}$$

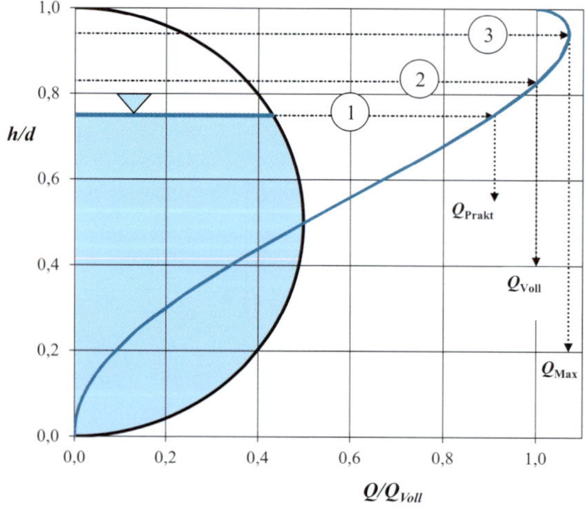

Bild 7.12 Teilfüllungsbedingungen am Beispiel des Kreisrohres
1 – praktischer Maximalabfluss
2 – Vollfüllung
3 – theoretischer Maximalabfluss

Diese Werte stimmen sehr gut mit den aus den Fließformeln abgeleiteten Werten (*Bollrich*, 2019) überein. Die theoretische Ermittlung und auch die praktischen Erfahrungen zeigen, dass bereits vor Vollfüllung der Durchfluss Q und auch die Geschwindigkeit υ ein Maximum aufweisen. Für das Kreisprofil erhält man als theoretische Gleichung der Teilfüllung unter Verwendung der Strickler-Formel (GMS)

$$\frac{Q}{Q_{\text{Voll}}} = \frac{(\hat{\alpha} - \sin\alpha)^{5/3}}{2 \cdot \pi \cdot \hat{\alpha}^{2/3}} \tag{7.23}$$

mit einem Maximum von 1,076 für den relativen Durchfluss bei $h/d = 0{,}9385$.

Mit vereinfachter universeller Fließformel (7.9) und (7.10) lautet das Ergebnis

$$\frac{Q}{Q_{\text{Voll}}} = \left(1 + \frac{\log\left((\hat{\alpha} - \sin\alpha)/\hat{\alpha}\right)}{\log(3{,}71 \cdot d/k)}\right) \cdot \frac{(\hat{\alpha} - \sin\alpha)^{3/2}}{2 \cdot \pi \cdot \hat{\alpha}^{1/2}} \tag{7.24}$$

mit dem Maximum des relativen Durchflusses bei $h/d = 0{,}94$ von 1,0664 bis 1,076 für $k/d = 10^{-4}$ bis 10^{-2}.

Aus den relativ einfach bestimmbaren Abflusswerten bei Vollfüllung (siehe Kapitel 6) lassen sich für unterschiedliche Profile die Werte bei Teilfüllung berechnen oder aus den folgenden Tabellen in Abhängigkeit vom Füllungsgrad *h*/*d* bzw. *h*/*H* ablesen.

Tabelle 7.5 Kreisquerschnitt: geometrische und hydraulische Teilfüllungswerte ($b_{sp} = b_w$)

h/d	b_{sp}/d	A/d^2	l_U/d	r_{hy}/d	Q/Q_V	v/v_v
0,01	0,1990	0,0013	0,2003	0,0066	0,000	0,104
0,02	0,2800	0,0037	0,2838	0,0132	0,001	0,159
0,03	0,3412	0,0069	0,3482	0,0197	0,002	0,204
0,04	0,3919	0,0105	0,4027	0,0262	0,003	0,244
0,05	0,4359	0,0147	0,4510	0,0326	0,005	0,280
0,06	0,4750	0,0192	0,4949	0,0389	0,008	0,312
0,07	0,5103	0,0242	0,5355	0,0451	0,011	0,343
0,08	0,5426	0,0294	0,5735	0,0513	0,014	0,372
0,09	0,5724	0,0350	0,6094	0,0575	0,018	0,399
0,10	0,6000	0,0409	0,6435	0,0635	0,022	0,425
0,11	0,6258	0,0470	0,6761	0,0695	0,027	0,449
0,12	0,6499	0,0534	0,7075	0,0755	0,032	0,473
0,13	0,6726	0,0600	0,7377	0,0813	0,038	0,496
0,14	0,6940	0,0668	0,7670	0,0871	0,044	0,518
0,15	0,7141	0,0739	0,7954	0,0929	0,051	0,539
0,16	0,7332	0,0811	0,8230	0,0986	0,058	0,559
0,17	0,7513	0,0885	0,8500	0,1042	0,065	0,579
0,18	0,7684	0,0961	0,8763	0,1097	0,073	0,598
0,19	0,7846	0,1039	0,9021	0,1152	0,082	0,616
0,20	0,8000	0,1118	0,9273	0,1206	0,090	0,634
0,21	0,8146	0,1199	0,9521	0,1259	0,099	0,651
0,22	0,8285	0,1281	0,9764	0,1312	0,109	0,668
0,23	0,8417	0,1365	1,0004	0,1364	0,119	0,685
0,24	0,8542	0,1449	1,0239	0,1416	0,129	0,701
0,25	0,8660	0,1535	1,0472	0,1466	0,140	0,716
0,26	0,8773	0,1623	1,0701	0,1516	0,151	0,732
0,27	0,8879	0,1711	1,0928	0,1566	0,163	0,746
0,28	0,8980	0,1800	1,1152	0,1614	0,174	0,761
0,29	0,9075	0,1890	1,1374	0,1662	0,187	0,775
0,30	0,9165	0,1982	1,1593	0,1709	0,199	0,789
0,31	0,9250	0,2074	1,1810	0,1756	0,212	0,802
0,32	0,9330	0,2167	1,2025	0,1802	0,225	0,815
0,33	0,9404	0,2260	1,2239	0,1847	0,238	0,828
0,34	0,9474	0,2355	1,2451	0,1891	0,252	0,840
0,35	0,9539	0,2450	1,2661	0,1935	0,266	0,852
0,36	0,9600	0,2546	1,2870	0,1978	0,280	0,864
0,37	0,9656	0,2642	1,3078	0,2020	0,294	0,875
0,38	0,9708	0,2739	1,3284	0,2062	0,309	0,886
0,39	0,9755	0,2836	1,3490	0,2102	0,324	0,897
0,40	0,9798	0,2934	1,3694	0,2142	0,339	0,908
0,41	0,9837	0,3032	1,3898	0,2182	0,355	0,918
0,42	0,9871	0,3130	1,4101	0,2220	0,370	0,928
0,43	0,9902	0,3229	1,4303	0,2258	0,386	0,938
0,44	0,9928	0,3328	1,4505	0,2295	0,402	0,948
0,45	0,9950	0,3428	1,4706	0,2331	0,418	0,957
0,46	0,9968	0,3527	1,4907	0,2366	0,434	0,966
0,47	0,9982	0,3627	1,5108	0,2401	0,450	0,975
0,48	0,9992	0,3727	1,5308	0,2435	0,467	0,984
0,49	0,9998	0,3827	1,5508	0,2468	0,483	0,992
0,50	1,0000	0,3927	1,5708	0,2500	0,500	1,000
0,51	0,9998	0,4027	1,5908	0,2531	0,517	1,008
0,52	0,9992	0,4127	1,6108	0,2562	0,534	1,015
0,53	0,9982	0,4227	1,6308	0,2592	0,550	1,023
0,54	0,9968	0,4327	1,6509	0,2621	0,567	1,030
0,55	0,9950	0,4426	1,6710	0,2649	0,584	1,037
0,56	0,9928	0,4526	1,6911	0,2676	0,601	1,043
0,57	0,9902	0,4625	1,7113	0,2703	0,618	1,050
0,58	0,9871	0,4724	1,7315	0,2728	0,635	1,056
0,59	0,9837	0,4822	1,7518	0,2753	0,652	1,062
0,60	0,9798	0,4920	1,7722	0,2776	0,669	1,068
0,61	0,9755	0,5018	1,7926	0,2799	0,686	1,073
0,62	0,9708	0,5115	1,8132	0,2821	0,702	1,078
0,63	0,9656	0,5212	1,8338	0,2842	0,719	1,083
0,64	0,9600	0,5308	1,8546	0,2862	0,736	1,088
0,65	0,9539	0,5404	1,8755	0,2881	0,752	1,093
0,66	0,9474	0,5499	1,8965	0,2900	0,768	1,097
0,67	0,9404	0,5594	1,9177	0,2917	0,784	1,101
0,68	0,9330	0,5687	1,9391	0,2933	0,800	1,105
0,69	0,9250	0,5780	1,9606	0,2948	0,816	1,109
0,70	0,9165	0,5872	1,9823	0,2962	0,831	1,112
0,71	0,9075	0,5964	2,0042	0,2975	0,847	1,115
0,72	0,8980	0,6054	2,0264	0,2987	0,862	1,118
0,73	0,8879	0,6143	2,0488	0,2998	0,876	1,120
0,74	0,8773	0,6231	2,0715	0,3008	0,891	1,123
0,75	0,8660	0,6319	2,0944	0,3017	0,905	1,125
0,76	0,8542	0,6405	2,1176	0,3024	0,919	1,126
0,77	0,8417	0,6489	2,1412	0,3031	0,932	1,128
0,78	0,8285	0,6573	2,1652	0,3036	0,945	1,129
0,79	0,8146	0,6655	2,1895	0,3039	0,957	1,130
0,80	0,8000	0,6736	2,2143	0,3042	0,970	1,130
0,81	0,7846	0,6815	2,2395	0,3043	0,981	1,131
0,82	0,7684	0,6893	2,2653	0,3043	0,992	1,131
0,83	0,7513	0,6969	2,2916	0,3041		
0,84	0,7332	0,7043	2,3186	0,3038		
0,85	0,7141	0,7115	2,3462	0,3033		
0,86	0,6940	0,7186	2,3746	0,3026		
0,87	0,6726	0,7254	2,4039	0,3018		
0,88	0,6499	0,7320	2,4341	0,3007		
0,89	0,6258	0,7384	2,4655	0,2995		
0,90	0,6000	0,7445	2,4981	0,2980		
0,91	0,5724	0,7504	2,5322	0,2963		
0,92	0,5426	0,7560	2,5681	0,2944		
0,93	0,5103	0,7612	2,6061	0,2921		
0,94	0,4750	0,7662	2,6467	0,2895		
0,95	0,4359	0,7707	2,6906	0,2865		
0,96	0,3919	0,7749	2,7389	0,2829		
0,97	0,3412	0,7785	2,7934	0,2787		
0,98	0,2800	0,7816	2,8578	0,2735		
0,99	0,1990	0,7841	2,9413	0,2666		
1,00	0,0000	0,7854	3,1416	0,2500	1,000	1,000

$Q/Q_V \geq 1$ Zuschlagen der Leitung möglich

Tabelle 7.6 Eiquerschnitt: geometrische und hydraulische Teilfüllungswerte ($b_{sp} = b_w$)

h/H	b_{sp}/H	A/H^2	l_U/H	r_{hy}/H	Q/Q_V	v/v_V	h/H	b_{sp}/H	A/H^2	l_U/H	r_{hy}/H	Q/Q_V	v/v_V
0,01	0,1137	0,0008	0,1161	0,0069	0,000	0,125	0,51	0,6420	0,2328	1,2815	0,1817	0,439	0,963
0,02	0,1583	0,0021	0,1650	0,0127	0,001	0,183	0,52	0,6450	0,2392	1,3017	0,1838	0,454	0,970
0,03	0,1908	0,0039	0,2031	0,0192	0,002	0,236	0,53	0,6479	0,2457	1,3219	0,1859	0,470	0,977
0,04	0,2166	0,0059	0,2358	0,0250	0,003	0,279	0,54	0,6506	0,2522	1,3421	0,1879	0,486	0,983
0,05	0,2380	0,0082	0,2651	0,0309	0,005	0,318	0,55	0,6530	0,2587	1,3622	0,1899	0,502	0,990
0,06	0,2561	0,0107	0,2921	0,0366	0,007	0,354	0,56	0,6553	0,2652	1,3824	0,1918	0,517	0,996
0,07	0,2716	0,0133	0,3174	0,0419	0,010	0,385	0,57	0,6373	0,2718	1,4025	0,1938	0,534	1,002
0,08	0,2863	0,0161	0,3422	0,0470	0,013	0,413	0,58	0,6591	0,2784	1,4225	0,1957	0,550	1,008
0,09	0,3006	0,0190	0,3668	0,0518	0,016	0,439	0,59	0,6608	0,2850	1,4426	0,1976	0,566	1,015
0,10	0,3146	0,0221	0,3912	0,0565	0,020	0,464	0,60	0,6622	0,2916	1,4627	0,1994	0,583	1,020
0,11	0,3281	0,0253	0,4154	0,0609	0,024	0,486	0,61	0,6635	0,2982	1,4827	0,2011	0,599	1,026
0,12	0,3414	0,0287	0,4393	0,0653	0,029	0,508	0,62	0,6645	0,3048	1,5027	0,2028	0,616	1,031
0,13	0,3543	0,0322	0,4631	0,0695	0,033	0,528	0,63	0,6653	0,3115	1,5227	0,2046	0,633	1,037
0,14	0,3668	0,0358	0,4868	0,0735	0,038	0,547	0,64	0,6660	0,3182	1,5428	0,2062	0,649	1,042
0,15	0,3790	0,0395	0,5102	0,0774	0,044	0,565	0,65	0,6664	0,3248	1,5628	0,2078	0,666	1,047
0,16	0,3910	0,0433	0,5335	0,0812	0,049	0,582	0,66	0,6666	0,3315	1,5828	0,2094	0,683	1,052
0,17	0,4025	0,0473	0,5566	0,0850	0,055	0,599	0,67	0,6666	0,3381	1,6098	0,2100	0,698	1,054
0,18	0,4138	0,0514	0,5796	0,0887	0,062	0,615	0,68	0,6661	0,3445	1,6228	0,2123	0,716	1,061
0,19	0,4248	0,0556	0,6024	0,0923	0,069	0,630	0,69	0,6650	0,3515	1,6428	0,2140	0,734	1,066
0,20	0,4355	0,0599	0,6251	0,0958	0,076	0,645	0,70	0,6633	0,3581	1,6629	0,2153	0,751	1,070
0,21	0,4459	0,0643	0,6476	0,0993	0,083	0,660	0,71	0,6610	0,3647	1,6833	0,2167	0,768	1,075
0,22	0,4561	0,0688	0,6700	0,1027	0,091	0,674	0,72	0,6581	0,3714	1,7032	0,2181	0,785	1,079
0,23	0,4659	0,0734	0,6923	0,1060	0,099	0,687	0,73	0,6545	0,3779	1,7235	0,2193	0,802	1,083
0,24	0,4755	0,0781	0,7145	0,1093	0,107	0,701	0,74	0,6503	0,3844	1,7440	0,2204	0,818	1,086
0,25	0,4848	0,0829	0,7365	0,1126	0,116	0,714	0,75	0,6455	0,3909	1,7646	0,2215	0,834	1,090
0,26	0,4938	0,0878	0,7585	0,1158	0,125	0,726	0,76	0,6400	0,3973	1,7853	0,2225	0,850	1,093
0,27	0,5026	0,0928	0,7803	0,1189	0,134	0,739	0,77	0,6338	0,4037	1,8062	0,2235	0,867	1,096
0,28	0,5111	0,0979	0,8021	0,1221	0,144	0,751	0,78	0,6270	0,4100	1,8274	0,2244	0,882	1,098
0,29	0,5194	0,1030	0,8237	0,1250	0,154	0,762	0,79	0,6194	0,4162	1,8488	0,2251	0,897	1,101
0,30	0,5274	0,1083	0,8453	0,1281	0,164	0,774	0,80	0,6110	0,4224	1,8704	0,2258	0,912	1,103
0,31	0,5351	0,1136	0,8667	0,1311	0,175	0,785	0,81	0,6019	0,4284	1,8924	0,2264	0,927	1,105
0,32	0,5426	0,1190	0,8881	0,1340	0,186	0,796	0,82	0,5919	0,4344	1,9148	0,2269	0,941	1,106
0,33	0,5499	0,1244	0,9093	0,1368	0,196	0,806	0,83	0,5811	0,4403	1,9375	0,2273	0,955	1,107
0,34	0,5569	0,1300	0,9306	0,1397	0,208	0,817	0,84	0,5694	0,4460	1,9607	0,2275	0,968	1,108
0,35	0,5627	0,1356	0,9517	0,1425	0,220	0,827	0,85	0,5568	0,4517	1,9843	0,2276	0,981	1,108
0,36	0,5703	0,1412	0,9727	0,1452	0,231	0,837	0,86	0,5431	0,4572	2,0086	0,2276	0,993	1,108
0,37	0,5766	0,1470	0,9937	0,1479	0,244	0,846	0,87	0,5283	0,4625	2,0335	0,2274	$Q/Q_V \geq 1$	Zuschlagen der Leitung möglich
0,38	0,5827	0,1528	1,0146	0,1506	0,256	0,856	0,88	0,5122	0,4677	2,0591	0,2271		
0,39	0,5886	0,1586	1,0355	0,1532	0,269	0,865	0,89	0,4949	0,4728	2,0856	0,2267		
0,40	0,5942	0,1645	1,0562	0,1557	0,282	0,874	0,90	0,4761	0,4776	2,1130	0,2260		
0,41	0,5997	0,1705	1,0770	0,1583	0,295	0,883	0,91	0,4556	0,4823	2,1416	0,2252		
0,42	0,6049	0,1765	1,0976	0,1608	0,308	0,892	0,92	0,4333	0,4867	2,1716	0,2241		
0,43	0,6098	0,1826	1,1182	0,1633	0,322	0,901	0,93	0,4081	0,4909	2,2033	0,2228		
0,44	0,6146	0,1887	1,1388	0,1657	0,336	0,909	0,94	0,3816	0,4949	2,2370	0,2212		
0,45	0,6192	0,1949	1,1593	0,1681	0,350	0,917	0,95	0,3512	0,4986	2,2734	0,2193		
0,46	0,6235	0,2011	1,1798	0,1705	0,364	0,925	0,96	0,3166	0,5019	2,3133	0,2170		
0,47	0,6276	0,2074	1,2002	0,1728	0,379	0,933	0,97	0,2764	0,5049	2,3583	0,2141		
0,48	0,6315	0,2137	1,2206	0,1751	0,394	0,941	0,98	0,2274	0,5074	2,4112	0,2104		
0,49	0,6352	0,2200	1,2409	0,1773	0,409	0,948	0,99	0,1621	0,5094	2,4796	0,2054		
0,50	0,6387	0,2264	1,2612	0,1795	0,424	0,955	1,00	0,0000	0,5105	2,6433	0,1931	1,000	1,000

Tabelle 7.7 Maulquerschnitt: geometrische und hydraulische Teilfüllungswerte ($b_{sp} = b_w$)

h/H	b_{sp}/H	A/H^2	l_U/H	r_{hy}/H	Q/Q_V	υ/υ_V	h/H	b_{sp}/H	A/H^2	l_U/H	r_{hy}/H	Q/Q_V	υ/υ_V
0,01	0,3260	0,0022	0,3268	0,0067	0,000	0,096	0,51	1,2857	0,5915	1,9984	0,2960	0,576	1,029
0,02	0,4601	0,0061	0,4625	0,0132	0,001	0,147	0,52	1,2800	0,6043	2,0192	0,2993	0,592	1,036
0,03	0,5625	0,0113	0,5668	0,0199	0,002	0,190	0,53	1,2740	0,6171	2,0401	0,3025	0,609	1,043
0,04	0,6483	0,0173	0,6548	0,0264	0,004	0,227	0,54	1,2676	0,6298	2,0610	0,3056	0,625	1,049
0,05	0,7234	0,0242	0,7326	0,0330	0,006	0,261	0,55	1,2610	0,6424	2,0821	0,3085	0,642	1,056
0,06	0,7909	0,0318	0,8030	0,0396	0,009	0,293	0,56	1,2539	0,6550	2,1033	0,3114	0,658	1,062
0,07	0,8527	0,0400	0,8679	0,0461	0,012	0,322	0,57	1,2465	0,6675	2,1247	0,3142	0,674	1,068
0,08	0,9098	0,0488	0,9284	0,0526	0,016	0,349	0,58	1,2387	0,6799	2,1461	0,3168	0,690	1,073
0,09	0,9631	0,0582	0,9854	0,0591	0,021	0,376	0,59	1,2306	0,6923	2,1677	0,3194	0,707	1,079
0,10	1,0132	0,0681	1,0394	0,0655	0,026	0,401	0,60	1,2220	0,7045	2,1895	0,3218	0,722	1,084
0,11	1,0580	0,0784	1,1018	0,0712	0,031	0,422	0,61	1,2131	0,7167	2,2114	0,3241	0,738	1,089
0,12	1,0940	0,0892	1,1429	0,0780	0,038	0,447	0,62	1,2038	0,7288	2,2334	0,3263	0,754	1,093
0,13	1,1242	0,1003	1,1792	0,0851	0,045	0,472	0,63	1,1940	0,7408	2,2557	0,3284	0,769	1,098
0,14	1,1503	0,1117	1,2121	0,0922	0,052	0,496	0,64	1,1839	0,7527	2,2781	0,3304	0,785	1,102
0,15	1,1733	0,1233	1,2425	0,0992	0,061	0,519	0,65	1,1733	0,7644	2,3007	0,3322	0,800	1,106
0,16	1,1936	0,1351	1,2711	0,1063	0,069	0,542	0,66	1,1623	0,7761	2,3236	0,3340	0,815	1,109
0,17	1,2119	0,1472	1,2981	0,1134	0,079	0,565	0,67	1,1508	0,7877	2,3466	0,3357	0,829	1,113
0,18	1,2282	0,1594	1,3240	0,1204	0,088	0,586	0,68	1,1389	0,7991	2,3699	0,3372	0,844	1,116
0,19	1,2430	0,1717	1,3488	0,1273	0,099	0,607	0,69	1,1265	0,8105	2,3935	0,3386	0,858	1,119
0,20	1,2563	0,1842	1,3728	0,1342	0,109	0,627	0,70	1,1136	0,8217	2,4173	0,3399	0,872	1,122
0,21	1,2683	0,1968	1,3962	0,1410	0,121	0,647	0,71	1,1001	0,8327	2,4414	0,3411	0,886	1,124
0,22	1,2790	0,2096	1,4189	0,1477	0,132	0,666	0,72	1,0862	0,8437	2,4658	0,3422	0,899	1,126
0,23	1,2886	0,2226	1,4411	0,1545	0,144	0,685	0,73	1,0716	0,8545	2,4905	0,3431	0,912	1,128
0,24	1,2972	0,2353	1,4628	0,1609	0,156	0,703	0,74	1,0565	0,8651	2,5155	0,3439	0,925	1,130
0,25	1,3047	0,2484	1,4842	0,1674	0,169	0,720	0,75	1,0408	0,8756	2,5410	0,3446	0,937	1,131
0,26	1,3113	0,2614	1,5053	0,1737	0,182	0,737	0,76	1,0245	0,8859	2,5668	0,3451	0,949	1,132
0,27	1,3170	0,2746	1,5261	0,1799	0,196	0,754	0,77	1,0075	0,8961	2,5930	0,3456	0,961	1,133
0,28	1,3218	0,2878	1,5466	0,1861	0,210	0,770	0,78	0,9898	0,9061	2,6197	0,3459	0,972	1,134
0,29	1,3258	0,3010	1,5670	0,1921	0,224	0,785	0,79	0,9714	0,9159	2,6469	0,3460	0,983	1,134
0,30	1,3289	0,3143	1,5873	0,1980	0,238	0,800	0,80	0,9522	0,9255	2,6746	0,3460	0,993	1,134
0,31	1,3312	0,3276	1,6074	0,2038	0,253	0,815	0,81	0,9322	0,9349	2,7029	0,3459	$Q/Q_V \geq 1$	Zuschlagen der Leitung möglich
0,32	1,3326	0,3409	1,6274	0,2095	0,267	0,829	0,82	0,9113	0,9441	2,7319	0,3456		
0,33	1,3333	0,3542	1,6475	0,2150	0,282	0,842	0,83	0,8894	0,9531	2,7615	0,3451		
0,34	1,3333	0,3676	1,6541	0,2222	0,299	0,860	0,84	0,8666	0,9619	2,7919	0,3445		
0,35	1,3329	0,3809	1,6741	0,2275	0,315	0,873	0,85	0,8426	0,9705	2,8231	0,3438		
0,36	1,3323	0,3942	1,6941	0,2327	0,330	0,885	0,86	0,8175	0,9788	2,8552	0,3428		
0,37	1,3313	0,4075	1,7142	0,2377	0,346	0,897	0,87	0,7910	0,9868	2,8883	0,3417		
0,38	1,3301	0,4209	1,7342	0,2427	0,362	0,909	0,88	0,7632	0,9946	2,9227	0,3403		
0,39	1,3285	0,4341	1,7543	0,2474	0,378	0,920	0,89	0,7337	1,0021	2,9583	0,3387		
0,40	1,3266	0,4474	1,7743	0,2522	0,394	0,931	0,90	0,7024	1,0092	2,9954	0,3369		
0,41	1,3245	0,4607	1,7945	0,2567	0,410	0,941	0,91	0,6690	1,0161	3,0343	0,3349		
0,42	1,3220	0,4739	1,8146	0,2612	0,427	0,951	0,92	0,6333	1,0226	3,0753	0,3325		
0,43	1,3192	0,4871	1,8348	0,2655	0,443	0,961	0,93	0,5948	1,0288	3,1187	0,3299		
0,44	1,3162	0,5003	1,8550	0,2697	0,459	0,971	0,94	0,5528	1,0345	3,1652	0,3268		
0,45	1,3128	0,5134	1,8753	0,2738	0,476	0,980	0,95	0,5066	1,0398	3,2155	0,3234		
0,46	1,3090	0,5266	1,8957	0,2778	0,493	0,989	0,96	0,4549	1,0446	3,2710	0,3194		
0,47	1,3050	0,5396	1,9161	0,2816	0,509	0,997	0,97	0,3955	1,0489	3,3337	0,3146		
0,48	1,3007	0,5527	1,9365	0,2854	0,526	1,005	0,98	0,3241	1,0525	3,4078	0,3089		
0,49	1,2960	0,5656	1,9571	0,2890	0,542	1,013	0,99	0,2301	1,0553	3,5039	0,3012		
0,50	1,2910	0,5786	1,9777	0,2926	0,559	1,021	1,00	0,0000	1,0568	3,7352	0,2829	1,000	1,000

7.3.2 Zuschlagen geschlossener Leitungen bei Teilfüllung

Die Abflussberechnung bei Teilfüllung ist in Abhängigkeit vom Teilfüllungsquerschnitt bis maximal 80 % bis 85 % der Kanalhöhe H sinnvoll, da über diese Füllhöhe hinaus der Kanal zuschlagen kann. Das geschieht deshalb, weil der Abfluss z. B. beim Kreisquerschnitt bei dieser Füllhöhe bereits den bei Vollfüllung $Q = Q_{\text{Voll}}$ erreichen kann (Bild 7.12).

Kleinste Störungen, Gefällewechsel, Krümmungen oder Rohrverbindungen führen zum plötzlichen Volllaufen, dem sog. Zuschlagen. Insbesondere schwankende Zulaufbedingungen können am Übergang vom Schacht zum geschlossenen Kanal ein intermittierendes Zu- und Aufschlagen erzeugen. Beim Zuschlagen können eingeschlossene und komprimierte Luftblasen zu kritischen Störungen führen, was insbesondere bei großen Kanalquerschnitten erhebliche Druckstöße erzeugen kann. Deshalb werden von *Vischer und Huber* (1993) folgende maximale Teilfüllungen in Kanalquerschnitten empfohlen:

Tabelle 7.8 Empfohlene maximale Teilfüllungswerte h/H für große Kanalquerschnitte

Profil	Zuschlagen bei h/H	Maximalabfluss bei h/H	Empfohlener Maximalwert h/H
Kreis	0,82	0,95	0,75
Ei	0,86	0,92	0,80
Maul	0,80	0,91	0,75
Quadrat	0,86	1	0,80
Torbogen: Rechteck mit aufgesetztem Halbkreis (Radius r)	0,85	0,95	0,83
Hufeisen	0,82	0,91	0,75

Nach dem Arbeitsblatt 110 der DWA (2006) wird z. B. bei einem Rechteckquerschnitt ein Freibord von 10 bis 20 cm empfohlen. Mit steigendem Gefälle des Kanals erhöht sich die Gefahr des Zuschlagens.

7.3.3 Abfluss in Durchlässen unter Verkehrswegen

Die hydraulische Berechnung der Abflüsse Q in Durchlässen unter Verkehrsanlagen (Straße, Schiene) ist relativ kompliziert, da der Abflusscharakter von zahlreichen Größen wie z. B. Einlaufgeometrie (scharfkantig oder ausgerundet), Gefälle des Durchlasses, Querschnittsform und Rauheit des Durchlassrohres sowie dem Ober- und Unterwasserstand (frei oder überstaut) abhängt. Bei *Chow* (1959) sind insgesamt sieben, in DIN 19661-1:1998-07 fünf Abflusstypen dargestellt; die folgende Darstellung enthält vereinfachend die zwei wichtigsten Abflussarten, die bei Durchlässen maßgebend sind: volllaufend als Druckrohrleitung und teilgefüllt als Freispiegelabfluss.

Weitere Unterscheidungsmerkmale sind beim vollgefüllten Durchlass (a) die Einstauverhältnisse vom Unterwasser als freier oder rückgestauter Auslauf oder das Überlaufen vom Oberwasser her, beim teilgefüllten Durchlass (b) die Einstauhöhe z. Für die hydraulische Berechnung sind diese beiden Abflussarten unterschiedlich zu behandeln.

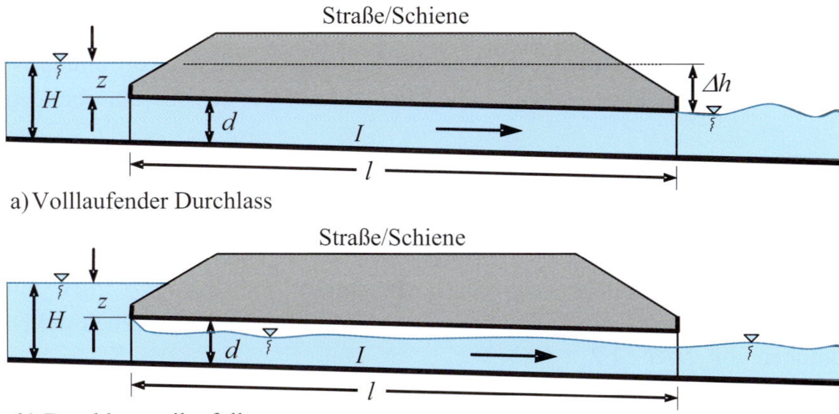

Bild 7.13 Die beiden wichtigsten Abflusstypen bei Durchlässen, vollgefüllt (a) und teilgefüllt (b)

a) Volllaufender Durchlass (Rohrströmung)

Der Durchfluss kann mit nachfolgender Formel berechnet werden.

$$Q = A \cdot v = \frac{\pi \cdot d^2}{4} \cdot \sqrt{\frac{2g \cdot \Delta h}{\zeta_e + \zeta_a + \dfrac{2g \cdot l}{k_{St}^2 \cdot (d/4)^{4/3}}}} \tag{7.25}$$

Darin sind gemäß Bild 7.13 a):

$\Delta h = z + I \cdot l =$ Einstauhöhe plus Fallhöhenzunahme durch Gefälle des Durchlasses bzw. beim Einstau vom Unterwasser die Wasserspiegeldifferenz zwischen Oberwasser und Unterwasser

$d =$ Durchmesser des Durchlasses, d_{hy} bei nichtkreisförmigen Querschnitten

$\zeta_e =$ Einlaufverlustbeiwert, 0,5 scharfkantig, < 0,5 ausgerundet (siehe z. B. Tabelle 6.10)

$\zeta_a \approx 1{,}1$ Auslaufverlustbeiwert

$l =$ Durchlasslänge des „langen Durchlasses“ gemäß Bild 7.13a

$k_{St} =$ Strickler-Beiwert gemäß Tabelle 7.2, z. B. $k_{St} = 60$ m$^{1/3}$/s für alten Beton

$I =$ Sohlgefälle des Rohrdurchlasses

b) Teilgefüllter Rohrdurchlass (Freispiegelströmung)

Liegt bei geringen Abflüssen kein Einstau am Einlauf des Durchlasses vor, erfolgt die Berechnung wie bei teilgefüllten Leitungen.

In der Regel ist nachzuweisen, dass bei zulässigem Einstau z vor dem Einlauf (z. B. bei Hochwasser) ausreichender Abfluss gewährleistet ist.

Eine ausführliche Untersuchung zur Abflusskapazität und der Problematik der Teilfüllung ist bei *Chow* (1959) zu finden, bei welcher umfangreiche Literatur und Versuchsbeschreibungen ausgewertet sind.

Die Abschätzung, ob es sich um einen volllaufenden oder teilgefüllten Durchlass handelt, ist mittels Diagramm in Bild 7.14 möglich. In Abhängigkeit vom Sohlgefälle I des Durchlasses und insbesondere der Einlaufgeometrie (scharfkantig $r/d = 0$, oder leicht ausgerundet mit $r/d > 0$, Bild 7.14) ist zu unterscheiden zwischen *hydraulisch kurzem Durchlass* mit Freispiegelabfluss und *hydraulisch langem Durchlass* mit Vollfüllung. Die Angaben gelten für relative Einstauhöhen von $H/d \geq 1{,}2$.

Sobald der Einlauf des Durchlasses eingestaut wird, kommt es in Abhängigkeit von seiner Ausrundung zu einer mehr oder weniger großen Einschnürung und Beschleunigung der Strömung. In der Regel schießt dann das Wasser durch den Durchlass. Ist das hydraulische Gefälle größer als das Gefälle des Durchlasses, kommt es im Durchlass zur Strömungsverzögerung, die bei hydraulisch kurzen Durchlässen in Verbindung mit starken Oberflächenwellen zum Zuschlagen des Abflussrohres führen kann. Je größer das Gefälle, umso sicherer bleibt der Freispiegelabfluss erhalten. Bereits eine geringe Ausrundung am Einlauf reduziert die Einschnürung und kann zum Volllaufen führen.

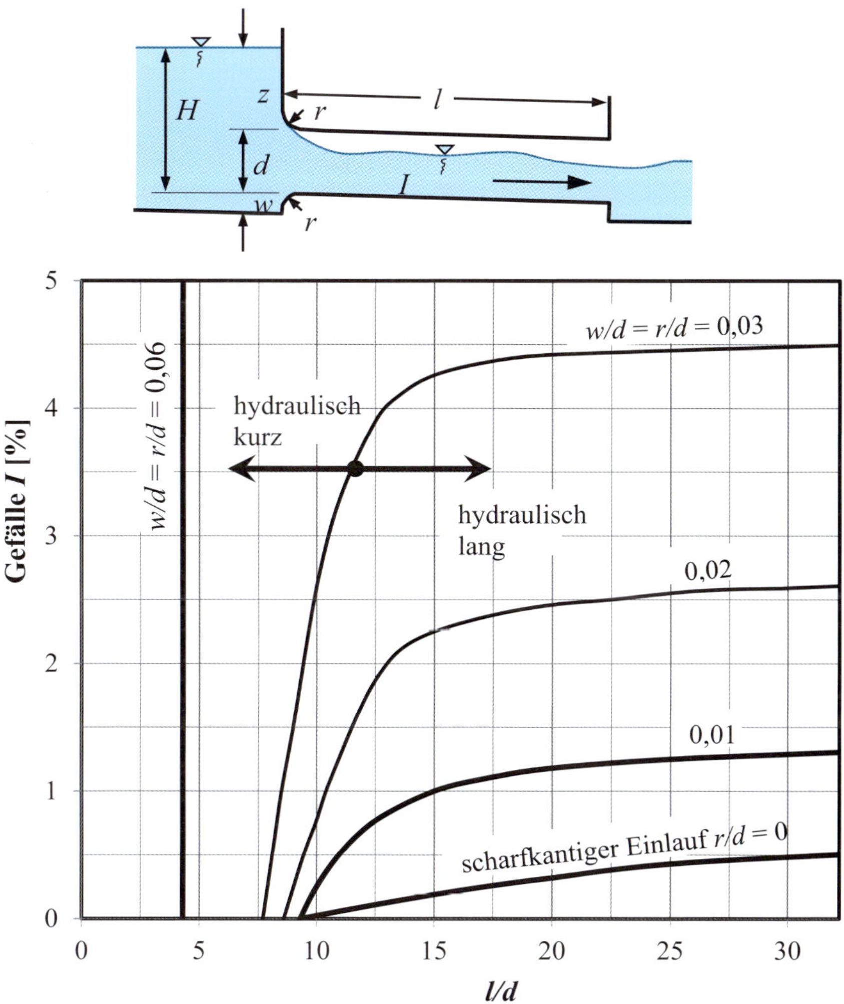

Bild 7.14 Grenze zwischen hydraulisch kurzem und hydraulisch langem Durchlass

Beispiel Durchlass:

Bei einem Gefälle von $I = 0{,}005 = 0{,}5\ \%$ funktioniert ein Durchlass mit scharkantigem Einlauf bis zu einer Länge von $30\,d$ als „hydraulisch kurzer Durchlass“ mit Freispiegelströmung; eine Ausrundung am Einlauf von $r/d = 0{,}02$ bewirkt, dass er bereits bei $l \approx 7 \cdot d$ als „hydraulisch langer Durchlass“ vollläuft.

Für die Durchflussermittlung hydraulisch kurzer Durchlässe mit scharfkantigem Einlauf ($r/d = 0$) sind bei *Chow* Bemessungsdiagramme angegeben, welche – umgerechnet ins metrische System – in Bild 7.15 und Bild 7.16 für kreisförmige und rechteckige Durchlässe dargestellt sind. Die Diagramme ermöglichen eine relativ genaue und einfache Durchflussbestimmung (*Bollrich*, 2008).

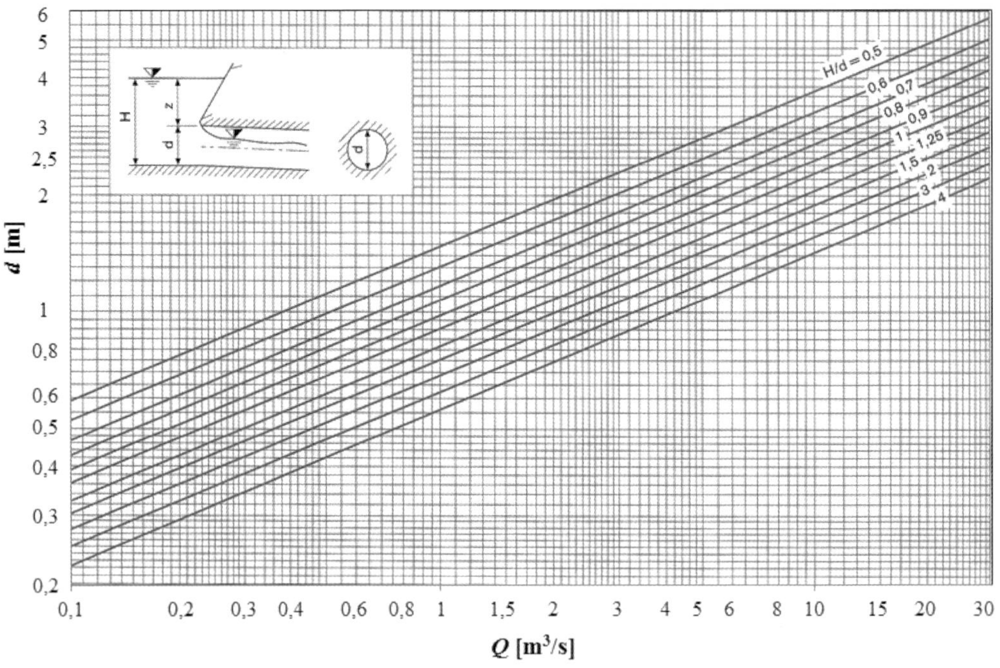

Bild 7.15 Durchflussabschätzung für kreisförmige kurze Durchlässe (*Chow*, 1959)

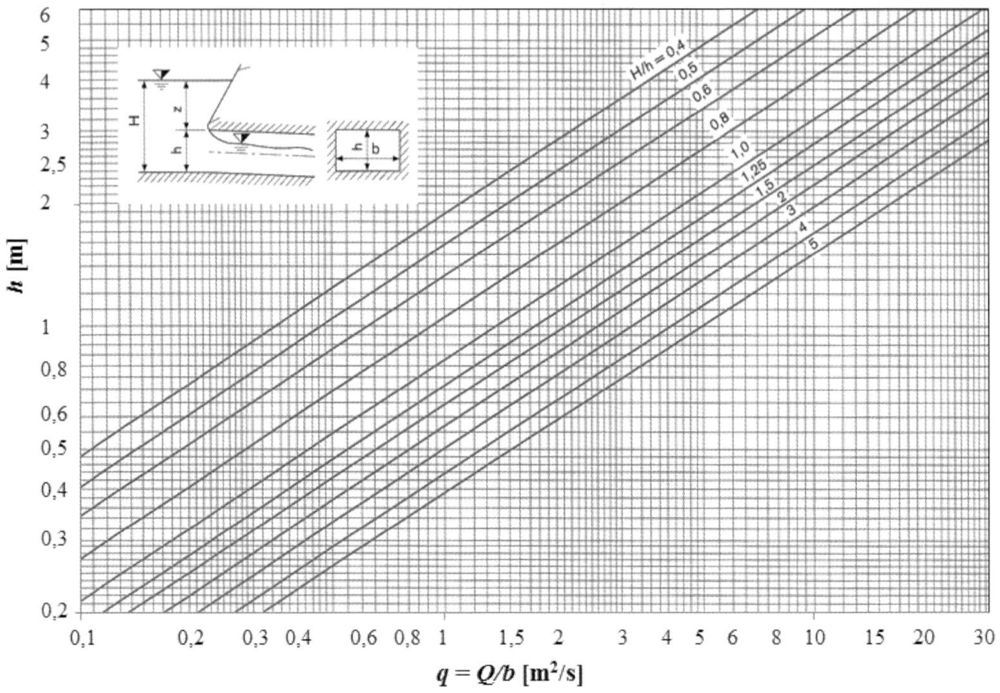

Bild 7.16 Durchfluss je Meter Breite bei rechteckigen kurzen Durchlässen (*Chow*, 1959)

Der Abflussvorgang bei hydraulisch kurzen Durchlässen ähnelt dem Ausfluss unter Schützen bzw. aus einer Öffnung. *Linsley* und *Franzini* (1964) empfehlen daher die Verwendung der Ausflussformel bei kurzen Durchlässen, welche geschrieben werden kann:

$$Q = \mu \cdot A \cdot \sqrt{2g \cdot (z + d/2)} \tag{7.26}$$

wobei für scharfkantigen Einlauf $\mu = 0{,}62$ angegeben wird. Bei gut ausgerundetem Einlauf kann μ bis nahezu 1 erreichen, allerdings ist dann die Wahrscheinlichkeit für das Abflussbild für den hydraulisch kurzen Durchlass fraglich. Ausführlich behandelt wurden Durchlässe u. a. bei *Mostkow* (1956) mit Anregungen zur hydraulisch günstigen Einlaufgestaltung, mit der das Durchflussvermögen erheblich erhöht werden kann.

Die Fotos in Bild 7.17 zeigen einen hydraulisch kurzen Doppeldurchlass (je $d = 1$ m, $l = 7$ m) mit scharfkantigem, um $z = 15$ cm überstautem Einlauf mit einer Füllhöhe von $0{,}66 \cdot d$ am Durchlassende, d. h. Freispiegelabfluss. Der Einlauf wurde bereits bei $H/d = 1{,}1$ eingestaut.

Bild 7.17 Doppeldurchlass 2 DN 1000, Einlauf mit $z = 0{,}15$ m überstaut (links), Auslauf teilgefüllt (rechts)

7.4 Schießen und Strömen

Als strömender und schießender Abfluss werden die zwei Fließarten des unterkritischen und überkritischen Fließzustandes im Freispiegelabfluss bezeichnet. Der Fließwechsel vom Strömen zum Schießen erfolgt dabei kontinuierlich und vom Schießen zum Strömen plötzlich, als sogenannter Wechselsprung. Der kritische Fließzustand als Übergang vom Schießen zum Strömen bzw. umgekehrt ergibt sich aus dem Energieminimum h_{EMin} der Bernoulli-Gleichung (Extremalprinzip) und wird durch die Grenztiefe h_{gr}, die Grenzgeschwindigkeit v_{gr}, die kritische Froude-Zahl $Fr_{\mathrm{Krit}} = 1$, das Grenzgefälle I_{gr} sowie die minimale Stützkraft S_{Min} definiert.

7.4.1 Der kritische Fließzustand

Dieser Grenzzustand wurde bereits in den Abschnitten 5.6 und 5.7 beschrieben. Er lässt sich mit Hilfe des Extremalprinzips aus der Gleichung der Energiehöhe ermitteln und ist durch folgende charakteristischen Größen beschrieben (Tabelle 7.9). Gleichzeitig erfolgt durch den Vergleich mit diesen Größen die Bewertung des Fließzustandes.

Tabelle 7.9 Fließzustandsbewertung

unterkritisch	kritisch	überkritisch
Strömen	Fließwechsel	Schießen
$\upsilon < \upsilon_{gr}$	$\upsilon = \upsilon_{gr}$	$\upsilon > \upsilon_{gr}$
$h > h_{gr}$	$h = h_{gr}$	$h < h_{gr}$
$Fr < 1$	$Fr = Fr_{Krit} = 1$	$Fr > 1$
$h_E > h_{EMin}$	$h_E = h_{EMin}$	$h_E > h_{EMin}$
$S > S_{Min}$	$S = S_{Min}$	$S > S_{Min}$
$I < I_{gr}$	$I = I_{gr}$	$I > I_{gr}$
Ausbreitung von Störungen in alle Richtungen.	Wellenausbreitung entspricht Strömungsgeschwindigkeit.	Ausbreitung von Störungen nur in Strömungsrichtung.

Die einfachste Bewertung des Fließzustandes in einem Abflussquerschnitt liefert der Vergleich der vorhandenen Wasserstände mit dem kritischen Wasserstand h_{gr}. Dieser ergibt sich aus dem Extremalprinzip der Energiegleichung, für unterschiedliche Fließquerschnitte unterscheiden sich diese Berechnungsformeln. Die wichtigsten dieser Formeln sind in der Tabelle 7.10 zusammengefasst.

Am häufigsten wird das **Rechteckprofil** bzw. ein auf einen Meter Gerinnebreite bezogenes, sehr breites Fließgerinne betrachtet (spezifischer Abfluss). Die charakteristischen Größen und Funktionen der Energiehöhe sind im folgenden Diagramm (Bild 7.18) dargestellt. Dabei ist S die Stützkraft nach Abschnitt 5.11.

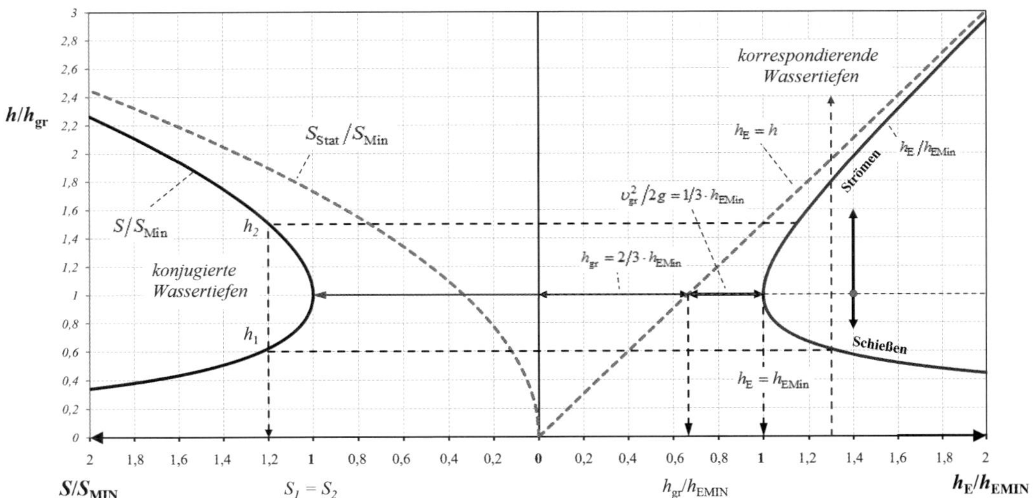

Bild 7.18 Die Funktionen der relativen Energiehöhe und der relativen Stützkraft

Die Gleichung der relativen Energiehöhe im Bild 7.18 lautet:

$$\frac{h_E}{h_{EMin}} = \frac{h}{h_{EMin}} + \frac{4}{27} \cdot \frac{h_{EMin}^2}{h^2} \tag{7.27}$$

Das Verhältnis zwischen Grenztiefe und minimaler Energiehöhe ist dabei immer 2/3 und das Verhältnis zwischen Grenzgeschwindigkeitshöhe und minimaler Energiehöhe 1/3.

Tabelle 7.10 Einfache Abflussquerschnitte und deren Grenzwerte h_{gr}, $h_{E,Min}$ und υ_{gr}

Form	**Grenztiefe** h_{gr}	**min. Energiehöhe** $h_{E,Min}$	**Grenzgeschwindigkeit** υ_{gr}
Rechteck $b=b_W$ $A=b\cdot h$	$\sqrt[3]{\frac{Q^2}{g\cdot b^2}}=\sqrt[3]{\frac{q^2}{g}}$	$\frac{3}{2}\cdot h_{gr}$	$\sqrt{g\cdot h_{gr}}$
Trapez $b_W=b+2\cdot n\cdot h$	Lösung implizit: $\sqrt[3]{\frac{Q^2}{g\cdot b^2}}\cdot\frac{\sqrt[3]{1+2\cdot\frac{n}{b}\cdot h_{gr}}}{1+\frac{n}{b}\cdot h_{gr}}$	$h_{gr}\cdot\frac{3+\frac{5\cdot n}{b}\cdot h_{gr}}{2+\frac{4\cdot n}{b}\cdot h_{gr}}$	$\sqrt{g\cdot h_{gr}\cdot\frac{1+\frac{n}{b}\cdot h_{gr}}{1+2\cdot\frac{n}{b}\cdot h_{gr}}}$
$A=h\cdot b+n\cdot h^2$	mit: $n=\frac{n_1+n_2}{2}$, direkte Lösung mit Bild 7.19		
Dreieck $b_W=b+2\cdot n\cdot h$ $A=n\cdot h^2$	$\sqrt[5]{\frac{2\cdot Q^2}{n^2\cdot g}}$ mit: $n=\frac{n_1+n_2}{2}$	$\frac{5}{4}\cdot h_{gr}$	$\sqrt{\frac{1}{2}\cdot g\cdot h_{gr}}$
Kreis, teilgefüllt	$d\cdot\sin^2(\alpha_{gr}/4)$ Näherung: $\cong\sqrt[4]{\frac{Q^2}{g\cdot d}}$	$h_{gr}+\frac{(\hat{\alpha}_{gr}-\sin\alpha_{gr})\cdot d}{16\cdot\sin\frac{\alpha_{gr}}{2}}$	$\sqrt{g\cdot d\cdot\frac{\hat{\alpha}_{gr}-\sin\alpha_{gr}}{8\cdot\sin\frac{\alpha_{gr}}{2}}}$
$b_W=d\cdot\sin(\alpha/2)$ $A=d^2/8\cdot(\hat{\alpha}-\sin\alpha)$	α_{gr} implizit aus: $\frac{(\hat{\alpha}_{gr}-\sin\alpha_{gr})^3}{512\cdot\sin(\alpha_{gr}/2)}=\frac{Q^2}{g\cdot d^5}$, direkt mit Bild 7.20		
Parabel, quadratisch $b_W=2\cdot\sqrt{h/c}$ $A=\frac{2}{3}\cdot b_W\cdot h$	$\sqrt[4]{\frac{27\cdot c\cdot Q^2}{32\cdot g}}$ c – Parabelkonstante siehe Abschnitt 2.7	$\frac{4}{3}\cdot h_{gr}$	$\sqrt{\frac{2}{3}\cdot g\cdot h_{gr}}$
Für alle Formen gilt: Wenn Q gegeben, ist $\upsilon_{gr}=\sqrt{g\cdot A_{gr}/b_{W,gr}}$ und $Fr=\upsilon/\upsilon_{gr}$, wobei der Fließquerschnitt A_{gr} und die Wasserspiegelbreite $b_{W,gr}$ mit h_{gr} bzw. α_{gr} berechnet werden.			

Für das oft verwendete **Trapezprofil**, dessen Grenztiefenberechnung nur als implizite Lösung vorliegt, hat *Bollrich* (2019) eine grafische Lösung entwickelt, die im folgenden Diagramm (Bild 7.19) dargestellt ist, wobei die Grenztiefe des Trapezes $h_{gr,T}$ mit derjenigen eines Rechteckes $h_{gr,R}$ mit der Sohlbreite b des Trapezes verglichen wird. Die in Bild (Bild 7.19) ausgezogene Linie ergibt den Verhältniswert $h_{gr,T}/h_{gr,R} < 1$ für jeweilige Werte $h_{gr,R}$.

Für die gestrichelt im Bild 7.19 angegebenen Funktionen gelten folgende Gleichungen als Näherungslösungen für das Verhältnis der Grenztiefen zwischen Trapez- und Rechteckquerschnitt:

$$\frac{h_{gr,T}}{h_{gr,R}} \cong 0,77^{\left(h_{gr,R}/b'\right)^{0,8}} \quad \text{für } \frac{h_{gr,R}}{b'} \leq 1 \tag{7.28a}$$

$$\frac{h_{gr,T}}{h_{gr,R}} \cong 0,75^{\sqrt{h_{gr,R}/b'}} \quad \text{für } \frac{h_{gr,R}}{b'} > 1 \tag{7.28b}$$

mit $b' = \frac{b}{n} = \frac{2 \cdot b}{n_1 + n_2}$ und $h_{gr,R} = \sqrt[3]{\frac{Q^2}{g \cdot b^2}}$ für das Rechteck

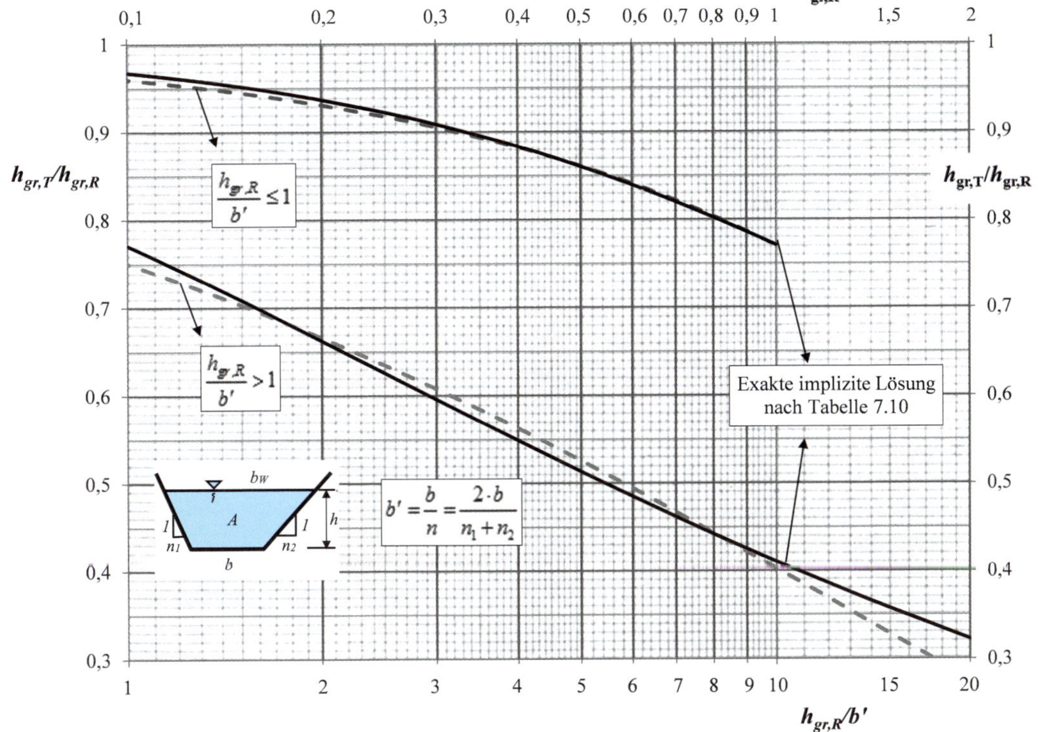

Bild 7.19 Grenztiefe für das Trapezprofil (*Bollrich*, 2019)

Für den **teilgefüllten Kreisquerschnitt** sind als Lösungshilfe die in der Tabelle 7.10 angegebenen Formeln grafisch aufbereitet und in Bild 7.20 als relative, auf den Durchmesser d bezogene Größen dargestellt. Damit ist eine direkte Lösung für den Grenzzustand möglich. Mit dem dimensionslosen Funktionswert

$$\sqrt[4]{Q^2/(g\cdot d)}\Big/d \approx h_{gr}/d \tag{7.29}$$

der dem Näherungswert der Grenztiefe bezogen auf den Durchmesser entspricht, lassen sich die relativen Werte $h_k/d, h_{gr}/d$ und $h_{E,Min}/d$ ablesen und die Werte $h_{gr}, h_{E,Min}$ und $\upsilon_{gr}=\sqrt{g\cdot h_k}$ berechnen. Oberhalb von $h_{gr}/d \approx 0{,}85$ ist wegen der Gefahr des Zuschlagens der Leitung keine Lösung möglich.

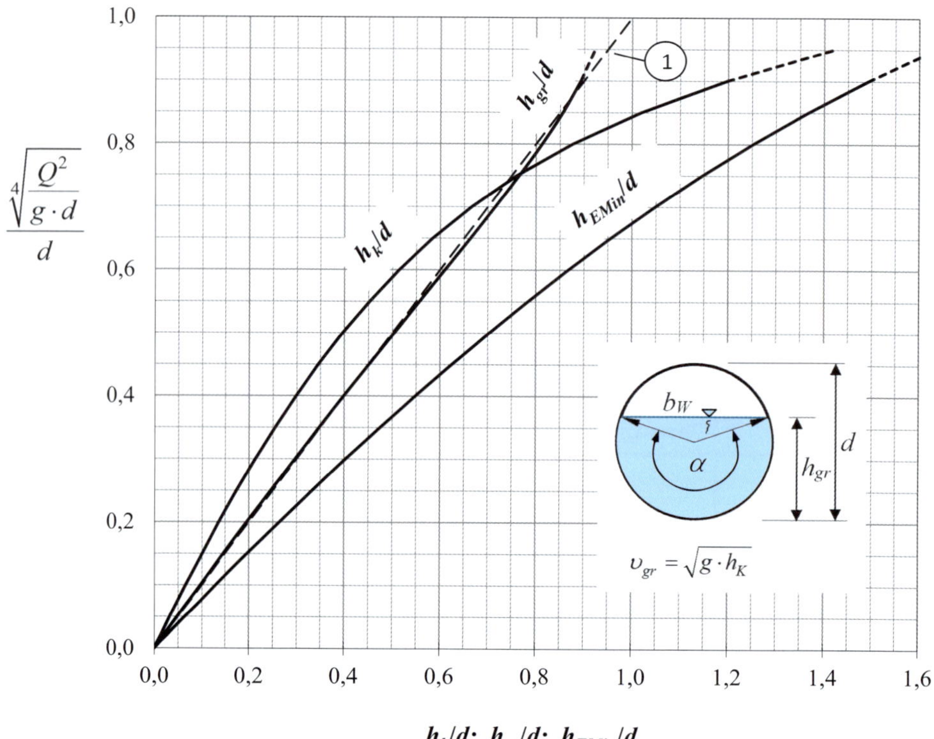

Bild 7.20 Relative, auf d bezogene doppelte Grenzgeschwindigkeitshöhe h_k, Grenztiefe h_{gr} und minimale Energiehöhe $h_{E,Min}$ dargestellt mit der Näherungslösung der relativen Grenztiefe Gleichung (7.29), die in der Geraden (1) dargestellt ist

Die Bestimmung der Grenztiefe bzw. des Überganges vom strömenden zum schießenden Abfluss ist im teilgefüllten Kreisprofil besonders schwierig. Wichtig ist vor allem, bei welchem Sohlgefälle I_{gr} des teilgefüllten Kreisprofils Strömen oder Schießen vorliegen. Hierzu hat *Pecher et al.* (1991) für unterschiedliche Rauheiten die folgenden Diagramme dargestellt (Bild 7.21). Die in Tabelle 7.10 angegebenen Näherungsformeln für die Grenztiefe oder die minimale Energiehöhe sind dabei ebenfalls anwendbar.

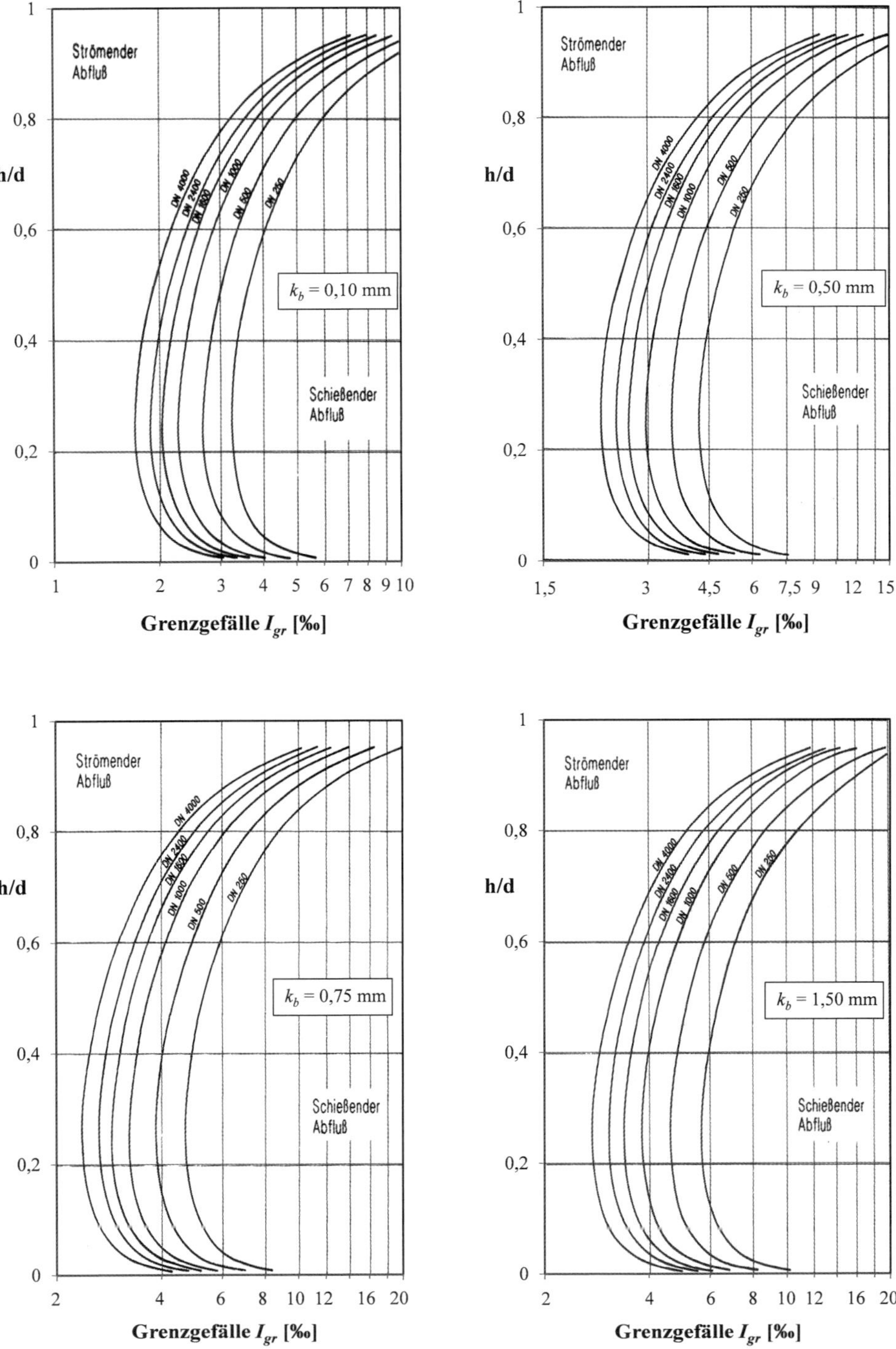

Bild 7.21 Grenzgefälle zwischen Strömen und Schießen in teilgefüllten Kreisquerschnitten für unterschiedliche Rauheit (*Pecher,* et al., 1991)

7.4.2 Die Bedeutung der Froude-Zahl

Die Froude-Zahl ist eine dimensionslose Kennzahl der Physik. In der Hydromechanik definiert sie das Verhältnis der Schwerekräfte zu den Trägheitskräften der Strömung. Demzufolge wird sie als charakteristische Größe zur Definition des Fließzustandes im Freispiegelabfluss verwendet. Im Abschnitt 5.7 wurde sie aus dem Verhältnis der Fließgeschwindigkeit zur Wellenausbreitungsgeschwindigkeit bestimmt, die für Flachwasserwellen mit $c = \sqrt{g \cdot h}$ definiert ist. Im englischsprachigen Raum wird sie oft als Quadrat der Froude-Zahl definiert.

$$Fr = \frac{\upsilon}{\sqrt{g \cdot h}} \quad \text{bzw.} \quad Fr_{\text{engl.}} = Fr^2 = \frac{\upsilon^2}{g \cdot h} \tag{7.30}$$

mit υ = mittlerer Fließgeschwindigkeit

g = Gravitationskonstante

h = Wasserstand

Ersetzt man für das Rechteckgerinne über die Kontinuitätsbeziehung die Geschwindigkeit durch den spezifischen Abfluss und die Wassertiefe sowie den spezifischen Abfluss und die Gravitationskonstante durch die Grenztiefe, dann erhält man die Froude-Zahl als Funktion aus dem Verhältnis der Grenztiefe zum Wasserstand.

$$Fr = \frac{q}{\sqrt{g} \cdot h^{3/2}} = \left(\frac{h_{\text{gr}}}{h} \right)^{3/2} \tag{7.31}$$

mit q = spezifischer Abfluss

h_{gr} = Grenztiefe

$\upsilon = q/h$ und $h_{\text{gr}} = \sqrt[3]{q^2/g}$

Allgemein gilt für beliebige Fließquerschnitte A mit der Wasserspiegelbreite b_{W} die Gleichung für die Froude-Zahl:

$$Fr = \frac{\upsilon}{\sqrt{g \cdot A/b_{\text{W}}}} \tag{7.32}$$

Für das Energieminimum der Freispiegelströmung ergibt die Froude-Zahl aus den Größen der Grenzgeschwindigkeit und der Grenztiefe den Wert 1 und wird als **kritische Froude-Zahl** bezeichnet.

$$Fr_{\text{Krit}} = \frac{\upsilon_{\text{gr}}}{\sqrt{g \cdot h_{\text{gr}}}} = 1 \tag{7.33}$$

Es gilt:

$Fr = 1$ kritischer Strömungszustand, kritische Froude-Zahl

$Fr > 1$ überkritischer Fließzustand, schießender Abfluss

$Fr < 1$ unterkritischer Fließzustand, strömender Abfluss

Die Froude-Zahl ist somit eine wichtige dimensionslose Größe und Kennzahl zur Definition des Freispiegelabflusses.

7.4.3 Hydraulische Effekte beim Fließwechsel Strömen-Schießen

Der Normalabflusszustand, der sich in einem unendlich langen Gerinne unter konstanten Abflussbedingungen einstellt, ist eine vereinfachte Annahme für den Ingenieur zur Berechnung und Bewertung des Abflussvorganges. Die aus dieser Annahme ermittelte Wassertiefe wird als Normalabflusstiefe h_n bezeichnet. Sie ist eine Funktion des Gerinnes mit seinen geometrischen Kenngrößen, der durchflossenen Fläche, dem benetzten Umfang, der Rauheit, dem Gefälle und dem Abfluss in diesem Gerinne und kann mit Hilfe der Fließformeln (siehe Abschnitt 7.2) ermittelt werden. Praktisch ändert sich dieser Normalabflusszustand ständig durch wechselndes Gefälle, andere Rauheit, Querschnitts- und Abflussänderungen.

$$h_n = f\left(A, r_{hy}, k, k_{St}, I, Q\right) \tag{7.34}$$

Ein Fließwechsel liegt dann vor, wenn der strömende Abfluss in den schießenden oder umgekehrt übergeht. Am Punkt des Überganges liegt der Grenzzustand vor.

Recht unspektakulär ist der Übergang vom strömenden zum schießenden Abflusszustand. Dieser wird meist durch einen Gefällewechsel verursacht. Fließwechsel tritt hierbei am oder in der Nähe vom Gefällewechsel auf und wird durch die nur vom spezifischen Durchfluss q abhängige Grenztiefe bestimmt. Dieser Übergang findet kontinuierlich statt und ist durch einfache Beobachtung nur dadurch zu erkennen, dass erzeugte Störwellen sich nicht mehr Richtung Oberwasser ausbreiten, sondern nur noch Richtung Unterwasser abgedrängt werden. Dieser Übergang erfordert keine besonderen Sicherungsmaßnahmen.

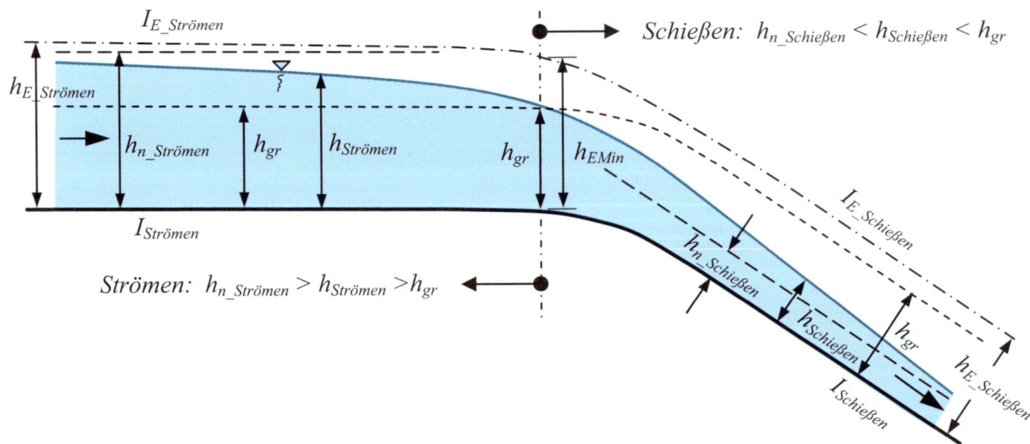

Bild 7.22 Übergang vom Strömen zum Schießen infolge Gefällewechsel

Die Grenztiefe ist dabei nur vom konstanten Durchfluss abhängig und nicht vom Gefälle, unterscheidet sich deshalb nicht für den strömenden und schießenden Bereich. Die sich ändernde Wassertiefe ist ein Ergebnis der Wasserspiegellagenberechnung mit dem Festpunkt $h = h_{gr}$ beim Übergang vom Strömen zum Schießen. Die Berechnung der Wasserspiegellage beginnt dabei immer vom bekannten Wert h_{gr} und verläuft für den strömenden Abschnitt stromauf und den schießenden stromab, also mit der Strömung.

7.4.4 Der Wechselsprung (Hydraulic Jump)

Der Übergang vom schießenden zum strömenden Abfluss ist allerdings mit einem plötzlichen hochturbulenten Übergang verbunden und wird durch das Kräftegleichgewicht der Stützkräfte vor und nach dem Wechselsprung bestimmt (Bild 7.23). Da die Randbedingungen z. B. aufgrund von Änderungen der Rauheit des Gerinnes, des Durchflusses oder des Wasserstandes veränderbar sind, kann der Wechselsprung in einem Gerinne oder Fluss ständig seine Position ändern und wegen der hohen Turbulenz die Gerinnesohle zerstören. Es ist deshalb erforderlich, diesen plötzlichen Übergang zu bemessen und zu beherrschen. Angaben hierzu gibt es im Abschnitt 8.20.

Theoretisch ergeben sich die Verhältnisse der Wasserstände h_2/h_1 und der hydraulische Energieverlust h_{WS} aus den Grundgleichungen der Hydromechanik und sind im Bild 7.23, berechnet aus den Gleichungen (8.125) bis (8.128), dargestellt.

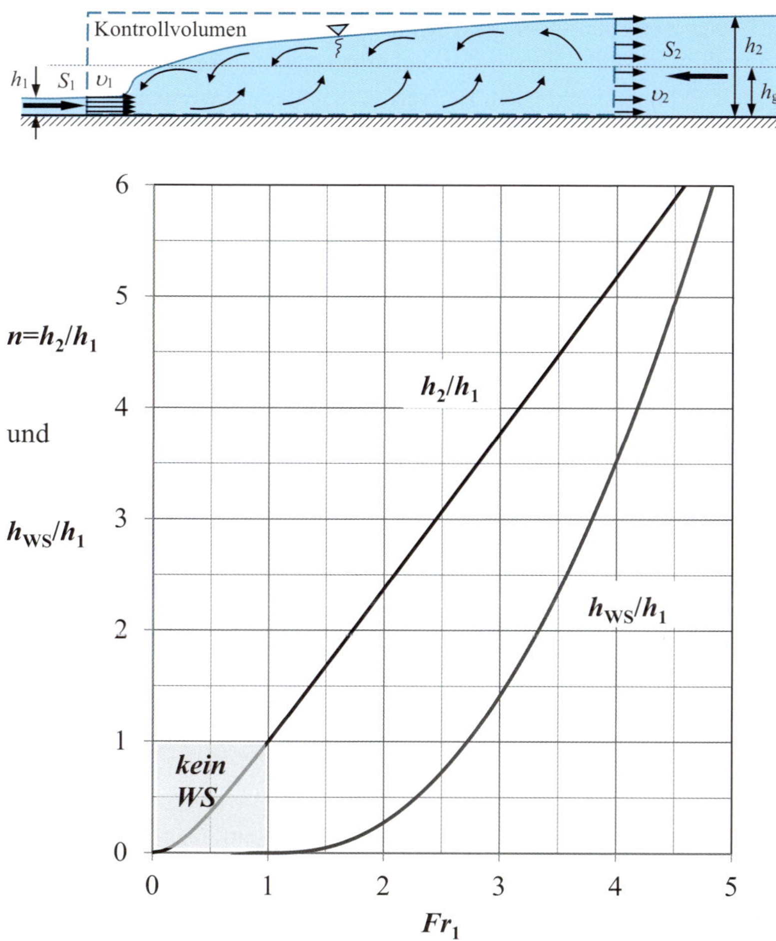

Bild 7.23 Verhältnis der konjugierten Wassertiefen und relative Verlusthöhe (unten) am Übergang vom Schießen zum Strömen des ebenen, einfachen Wechselsprungs (WS) (oben)

Die Berechnung der Wechselsprunglänge aus empirischen Gleichungen zur Bemessung eines Tosbeckens, der baulichen Begrenzung zur Beherrschung des turbulenten Wechselsprunges, wird im Abschnitt 8.20 erläutert.

7.4.5 Ermittlung der Randbedingung υ_1 und h_1 am überströmten Wehr

Dass der Überfall ein typisches Beispiel für das Auftreten eines Fließwechsels ist und wie dieser zur Ermittlung der Überfallformel genutzt werden kann, wird im folgenden Kapitel 8 erläutert. Zur Ermittlung der Randbedingungen für den Wechselsprung nach der Überströmung eines Wehres wird hier eine iterationsfreie Lösung vorgestellt, die zur Abschätzung des Energieverlustes bei der Überströmung auf Ergebnisse von *Peterka* (1978, siehe bei *Bollrich*, 2019) zurückgreift. Er bestimmte den Verlustbeiwert *m* aus dem Verhältnis von Fließgeschwindigkeit υ_1 nach dem Wehr zur theoretischen Fließgeschwindigkeit, ermittelt aus der Wasserspiegeldifferenz zwischen Ober- und Unterwasser nach Bild 7.25. Die minimale Abweichung u. a. durch Vernachlässigung der Zulaufgeschwindigkeit zur folgenden theoretischen Gleichung (7.35) können bei diesem Beiwert vernachlässigt werden.

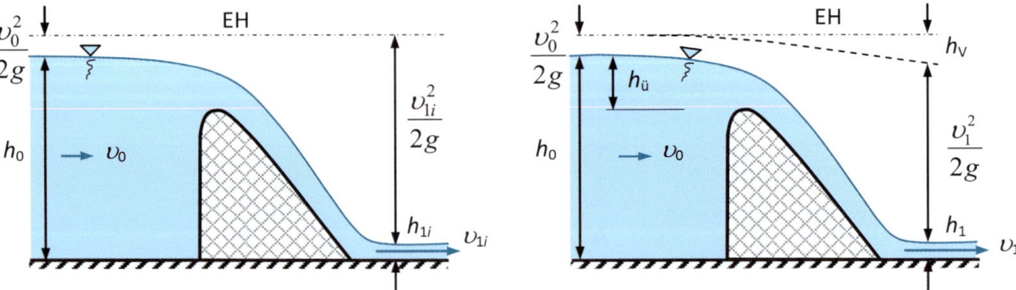

Bild 7.24 Überfallströmung, links: ideale, verlustfreie Strömung, rechts: reale Strömung

Die Energiegleichung mit idealer Überströmung (verlustfrei), realer Überströmung und realer Überströmung unter Verwendung des Beiwertes m zeigt folgende Gleichung (7.35):

Energiegleichung: $$h_E = h_0 + \frac{\upsilon_0^2}{2g} = h_{1i} + \frac{\upsilon_{1i}^2}{2g} = h_1 + \frac{\upsilon_1^2}{2g} + h_V = h_1 \cdot m + \frac{\upsilon_1^2}{m^2 \cdot 2g} \quad (7.35)$$

Kontinuität: $$n = \frac{\upsilon_1}{\upsilon_0} = \frac{h_0}{h_1} \quad (7.36)$$

Verbindung: $$h_0 + \frac{\upsilon_0^2}{2g} = \frac{h_0}{n/m} + \frac{\upsilon_0^2}{2g} \cdot (n/m)^2 \quad (7.37)$$

Umwandlung z. B. mit $\frac{n/m}{h_0}$ und Umstellung mit: $Fr_0^2 = \frac{\upsilon_0^2}{g \cdot h_0}$ bzw. $Fr_1^2 = \frac{\upsilon_1^2}{g \cdot h_1}$

$$(n/m)^3 - (n/m) \cdot \left(1 + \frac{2}{Fr_0^2}\right) + \frac{2}{Fr_0^2} = 0 \quad (7.38)$$

Einzig reale Lösung für n/m, die auch mit Fr_1 ermittelt werden kann, ist:

$$n/m = \frac{1}{2}\left(\sqrt{1 + \frac{8}{Fr_0^2}} - 1\right) = \frac{Fr_1^2}{4}\left(\sqrt{1 + \frac{8}{Fr_1^2}} + 1\right) \quad (7.39)$$

$$m/n = \frac{1}{2}\left(\sqrt{1 + \frac{8}{Fr_1^2}} - 1\right) = \frac{Fr_0^2}{4}\left(\sqrt{1 + \frac{8}{Fr_0^2}} + 1\right)$$

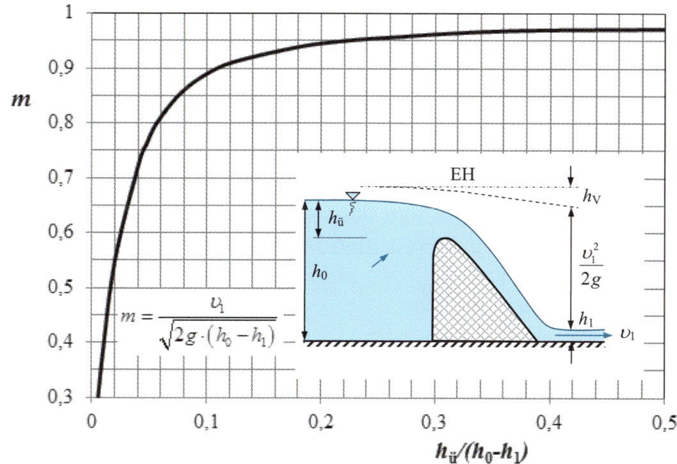

Bild 7.25 Abschätzung des Verlustbeiwertes (Abminderungsfaktors) m zur Ermittlung der Fließgeschwindigkeit v_1 am Fuße einer Staumauer mit einer Neigung von 1:0,6 bis 1:0,8 nach *Peterka (*1978)

Die Berechnung der Randwerte erfolgt mit dem berechneten Kontinuitätsverhältnis n mit

$h_0 = n \cdot h_1$ und $v_0 = \frac{1}{n} \cdot v_1$ bzw. $h_1 = \frac{1}{n} \cdot h_0$ und $v_1 = n \cdot v_0$

Beispiel:

Gegeben: $v_0 = 0{,}1$ m/s, $h_0 = 60$ m,

$q = v_0 \cdot h_0 = 6\ \mathrm{m^2/s} = C \cdot h_ü^{3/2}$, mit $C = 2{,}2\ \mathrm{m^{1/2}/s}$ → $h_ü = 1{,}95$ m

aus Bild 7.25 mit $h_ü/(h_0 - h_1) \cong 0{,}0325$ ergibt sich $m = 0{,}65$

mit $Fr_0^2 = \frac{0{,}1^2}{9{,}81 \cdot 60} = 1{,}7 \cdot 10^{-5}$

Gleichung (7.39):

$$n/m = \frac{1}{2}\left(\sqrt{1 + \frac{8}{1{,}7 \cdot 10^{-5}}} - 1\right) = 342{,}6 \qquad n = 342{,}6 \cdot m = 222{,}7$$

Lösung: $h_1 = \frac{h_0}{n} = \frac{60}{222{,}7} = 0{,}269$ m und $v_1 = n \cdot v_0 = 222{,}7 \cdot 0{,}1 = 22{,}27$ m/s

Bei langen, steilen Gerinnen ist die Berechnung als Schussrinne mit Wasser-Luft-Gemisch-Abfluss erforderlich (siehe Abschnitt 8.17).

7.4.6 Fließwechsel durch Verringerung des Fließquerschnittes

Wird der Abfluss gestört, z. B. durch eine Schwelle, eine Einengung oder eine in das Wasser getauchte Wand, dann kann sich ebenfalls ein Übergang vom strömenden zum schießenden Abfluss einstellen. In einigen Fällen ist dieser unerwünscht und in anderen gewollt. Typisches Beispiel für den gewollten Fließwechsel ist der für die Durchflussmessung genutzte Venturikanal, ein strömungsgünstig verengter und danach wieder erweiterter Kanal. In der eingeengten Stelle b_2 wird die Grenztiefe unterschritten und damit ein Fließwechsel erzwungen (Bild 7.27).

$$h_2 < h_{gr2} = \sqrt[3]{\frac{Q^2}{g \cdot b_2^2}} \tag{7.40}$$

Mit diesem Fließwechsel wird verhindert, dass das Unterwasser den Oberwasserstand beeinflusst, so dass nur die Geometrie des Kanals den Oberwasserstand als Messgröße und damit den Durchfluss bestimmt. Venturikanäle werden oft in der Abwasserhydraulik eingesetzt, da der stromlinienförmig ausgebildete und wenig aufgestaute Kanal geringe Energieverluste aufweist, Schwimmstoffen keinen Halt bietet und Ablagerungen kaum auftreten können.

Mit einer hydraulisch günstigen Einschnürung am Venturi können die hydraulischen Verluste bis zur Einengung vernachlässigt werden und es gilt die Bedingung:

$$h_{EMin} = \frac{3}{2} \cdot h_{gr2} = \frac{3}{2} \cdot \sqrt[3]{\frac{Q^2}{g \cdot b_2^2}} = h_1 + \frac{v_1^2}{2g} \tag{7.41}$$

Für eine Abschätzung des sicheren Eintrittes des Fließwechsels gibt *Bollrich* (2019) das Verhältnis von Wasserspiegeldifferenz zwischen Oberwasser und Unterwasserstand zum Oberwasserstand vor dem Wehr mit etwa 20 % bis 30 % an.

$$\Delta h = h_1 - h_u \approx (20 \text{ bis } 30\ \%) \cdot h_1 \tag{7.42}$$

Die Berechnung des Abflusses durch den Venturikanal kann theoretisch ohne Berücksichtigung der Verluste aus dem Gleichgewicht der Energiehöhe vor der Verengung und der minimalen Energiehöhe im Querschnitt 2 berechnet werden:

$$Q \cong \left(\frac{2}{3}\right)^{3/2} \cdot h_E^{3/2} \cdot b_2 \cdot \sqrt{g} = \left(\frac{2}{3}\right)^{3/2} \cdot \left(1 + \frac{Fr_1^2}{2}\right)^{3/2} \cdot h_1^{3/2} \cdot b_2 \cdot \sqrt{g} \tag{7.43}$$

Für die praktische Anwendung wird der Beiwert $C = f(b_2/b_1)$ und ein Verlustbeiwert μ eingeführt:

$$Q = \mu \cdot C \cdot b_2 \cdot \sqrt{g} \cdot h_1^{3/2} \tag{7.44}$$

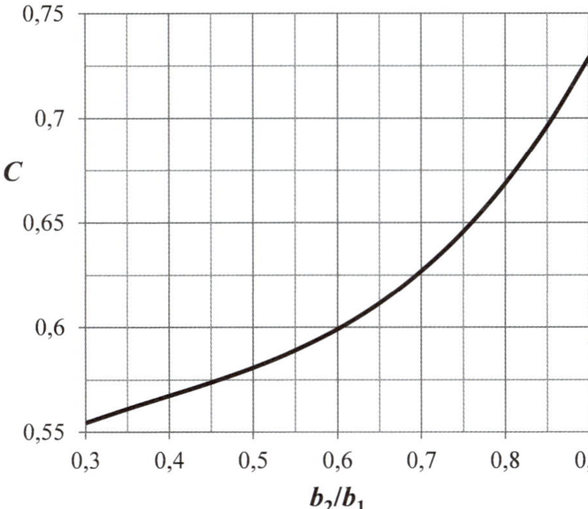

Bild 7.26 Durchflussbeiwert C in Abhängigkeit vom Verengungsverhältnis b_2/b_1

Den Verlustbeiwert gibt *Bollrich* (2019) mit $\mu = 1$ für Gerinnebreiten über einen Meter und $\mu = 0{,}985$ für Breiten von einem Meter an.

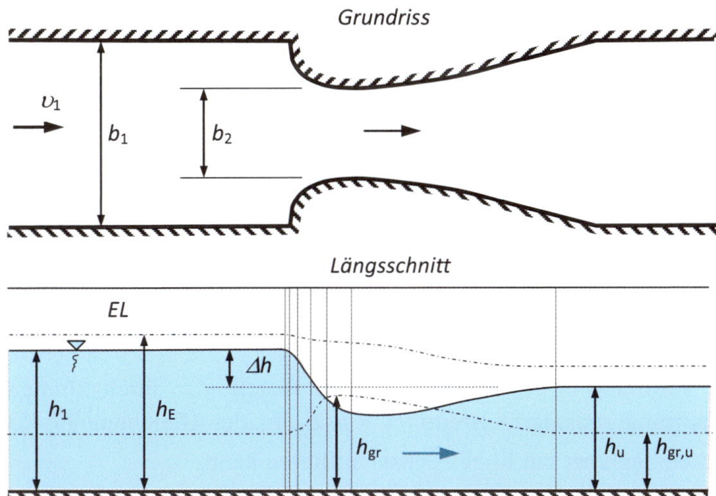

Bild 7.27 Venturikanal im Grundriss und Längsschnitt

Vor allem an künstlich z. B. durch Brückenpfeiler oder Baustelleneinfassungen eingeschnürten Querschnitten soll der Fließwechsel verhindert werden. Die Kontrolle dafür erfolgt durch die Überprüfung der Grenzbedingung, der minimalen Energiehöhe, der kritischen Froude-Zahl oder der Grenztiefe. An einem einfachen Beispiel der Flusseinengung einer Baustelle soll die Kontrollbedingung erläutert werden.

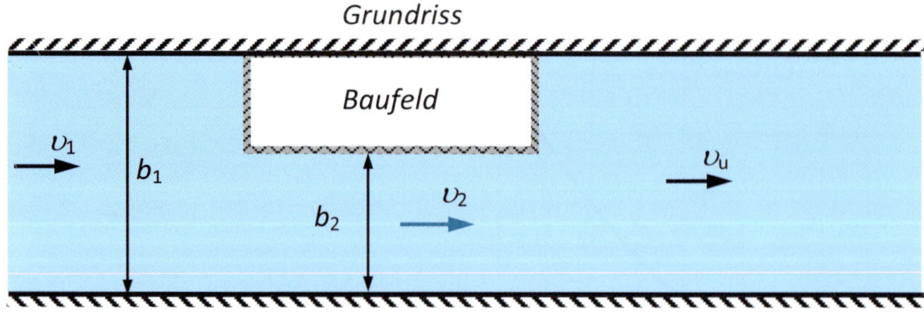

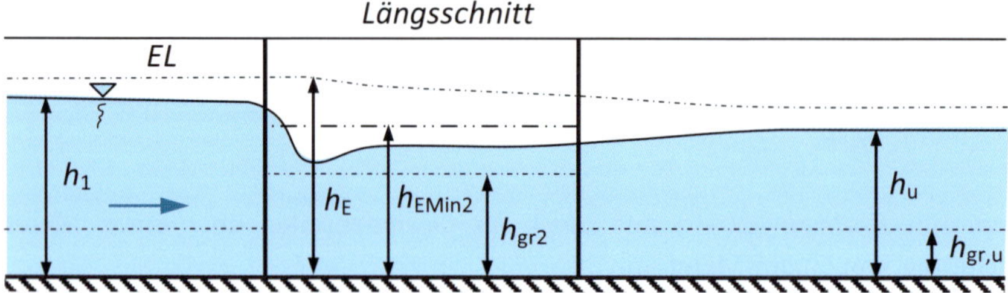

Bild 7.28 Strömungshindernis mit Aufstau ohne Fließwechsel

Fließwechsel im eingeengten Querschnitt 2 wird vermieden, wenn die minimale Energiehöhe h_{Emin} in diesem Querschnitt unter der vorhandenen Energiehöhe (EL) bleibt (siehe Bild 7.28). Das wird in jedem Fall eingehalten, wenn die minimale Energiehöhe im engsten Querschnitt geringer oder maximal gleich der Energiehöhe im Unterwasser ist.

Fließwechsel tritt nicht auf, wenn:

$$h_{\text{EMin2}} = \frac{3}{2} \cdot h_{\text{gr2}} = \frac{3}{2} \cdot \sqrt[3]{\frac{Q^2}{g \cdot b_2^2}} \leq h_{\text{u}} + \frac{v_{\text{u}}^2}{2g} \tag{7.45}$$

Bei starker Einschnürung der Strömung in der Verengung sollte anstelle der durchströmten Breite eine durch die Einschnürung reduzierte Breite $b_2' = \psi \cdot b_2$ in der Gleichung (7.45) verwendet werden, da hier örtlich begrenzt ein Fließwechsel auftreten kann.

7.4.7 Fließwechsel durch erhöhte Rauheit und Störsteine

Die Veränderung der Rauheit eines Gerinnes, aber auch der Einbau von Störsteinen, die vor allem beim ökologischen Gewässerausbau zur Erreichung der ökologischen Durchgängigkeit des Gewässers eingesetzt werden, kann bei schießendem Abfluss zum Fließwechsel, also zur Abbremsung der Strömung führen. Für Tosmulden bei der Energieumwandlung des gewellten Wechselsprungs, also bei Froude-Zahlen wenig über 1, wird eine große Rauheit zur Unterstützung der Energieumwandlung eingesetzt. Als Strömungshindernis eignen sich auch Störsteine am Ende eines Tosbeckens, die durch das Abbremsen der Strömung zum Fließwechsel führen oder diesen unterstützen. Die Bemessung dieser Einbauten, wie

Strahlteiler, Schwellen, Störkörper, Sohlstufen, Raue Rampen, Tosbeckenendstufen, Steinschüttungen usw. ist schwierig. Empfehlungen zur Bemessung und konstruktiven Gestaltung von z. B. Blocksteinrampen nach *Schauberger* sind in *Nestmann, et al.* (2000) enthalten. Die DIN 19700-13:2019-06 empfiehlt die Durchführung von Modellversuchen.

7.4.8 Fließwechsel an unterströmten Verschlüssen

An Staubauwerken mit unterströmten Verschlüssen kommt es bei deren Öffnung zu einem Wasseraustritt mit hoher kinetischer Energie, also großer Geschwindigkeit bei geringer Wassertiefe. Die Geschwindigkeitshöhe entspricht dabei etwa der aufgestauten potentiellen Energie (Stauhöhe) vor dem Verschluss. Die genaue Berechnung von unterströmten Verschlüssen wird im Abschnitt 7.9 behandelt. Hier soll nur auf den damit auftretenden Fließwechsel vom strömenden Abfluss im Staubereich zum schießenden Abfluss nach dem Wasseraustritt hingewiesen werden. Ohne Rückstau vom Unterwasser entspricht die Wassertiefe nach dem Austritt am unterströmten Verschluss mit der Öffnungshöhe a der eingeschnürten Öffnungshöhe $\psi \cdot a$ (siehe Bild 7.56). Damit wird die Froude-Zahl:

$$Fr = \frac{\upsilon}{\sqrt{g \cdot \psi \cdot a}} = \frac{\sqrt{2g(h - \psi \cdot a)}}{\sqrt{g \cdot \psi \cdot a}} = \sqrt{2 \cdot \left(\frac{h}{\psi \cdot a} - 1 \right)} \quad (7.46)$$

Fließwechsel tritt also dann auf, wenn die Froude-Zahl größer als 1 wird, was bedeutet, dass

$$h \geq 1{,}5 \cdot \psi \cdot a \quad (7.47)$$

mit $\psi = f\left(\frac{h}{a}, \text{Neigung, Form} \right)$ werden muss.

7.5 Schubspannung und Sohlbewegung

7.5.1 Definition der Schubspannung

In offenen Gerinnen stellt sich zwischen der in Fließrichtung wirkenden Strömungskraft des Wassers und der gegen die Strömung wirkenden Reibungskraft ein Gleichgewicht ein (siehe Kapitel 5). Projiziert man die Reibungskraft auf die Kontaktfläche zwischen Wasser und Gerinnewand, ergibt sich daraus die mittlere Wandschubspannung der Wasserströmung.

$$\tau_0 = \rho \cdot g \cdot r_{\text{hy}} \cdot I \quad (7.48)$$

Für turbulente Strömungen, wie sie in der Natur in der Regel vorkommen, existiert eine empirisch nachgewiesene Proportionalität zwischen der Schubspannung τ und dem Quadrat der Geschwindigkeit. Durch die Einführung der Dichte als Stoffgröße und dem Proportionalitätsfaktor $\lambda/8$ ergibt sich die empirische Gleichung (5.45) zur Ermittlung der Wandschubspannung (siehe Bild 5.12) zu:

$$\tau_0 = \frac{\lambda}{8} \cdot \rho \cdot \upsilon^2 \quad (5.45)$$

Die Wandschubspannung ist in einem Gerinne keine konstante Größe, d. h. nicht nur von der Rauheit der Wand, sondern auch von der Gerinneform und damit vom Wasserstand abhängig. Außerdem ist sie zeitabhängig und schwankt in der turbulenten Strömung entsprechend den Geschwindigkeitsschwankungen. Im Zusammenhang mit dem Sedimenttransport spricht *Zanke* (2013) von einer transportwirksamen Schubspannung mit den Anteilen des Flächenwiderstandes und des Formwiderstandes.

Näherungsweise kann die Verteilung der Schubspannung in einem Gerinnequerschnitt entlang der Sohle und der Böschung nach *Krüger* (1988) folgendermaßen dargestellt werden.

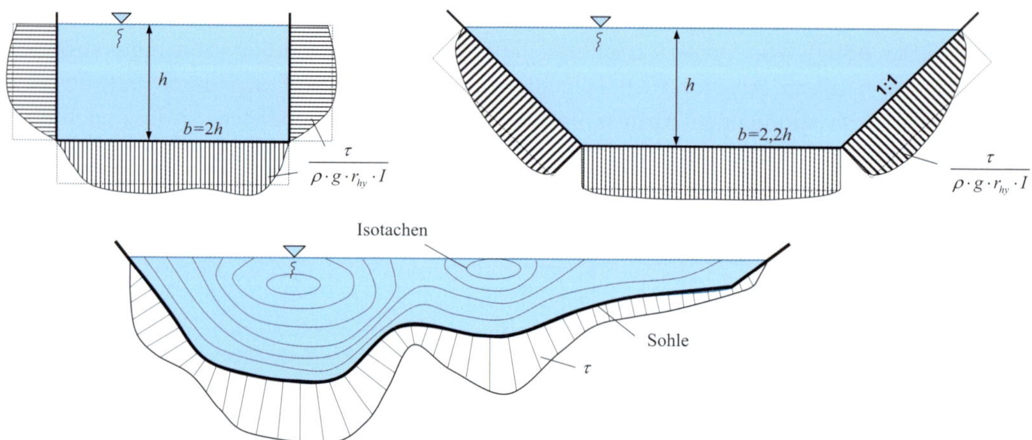

Bild 7.29 Verteilung der Wandschubspannung für eine glatte Gerinnewand an zwei idealisierten Gerinnen (oben) und einem natürlichen Gerinne (unten)

Die örtliche Schubspannung kann in Anlehnung an die Ermittlung der laminaren Schubspannung aus dem Gradienten der sohlnahen Geschwindigkeit und der dynamischen Viskosität ermittelt werden. Aus der Schubspannung und der Dichte des Wassers ergibt sich dann die sogenannte Schubspannungsgeschwindigkeit υ^*.

$$\upsilon^* = \sqrt{\frac{\tau}{\rho}} \qquad (7.49)$$

Die Messung der Wandschubspannung ist auf unterschiedlichen Wegen möglich.

Einerseits kann der Gradient der Geschwindigkeit in Sohlnähe ermittelt werden. Dabei besteht die Schwierigkeit darin, die Geschwindigkeit sehr nahe an der Sohle zu messen.

$$\tau = \eta \cdot \frac{\partial \upsilon}{\partial x} \qquad (7.50)$$

Zweitens können die turbulenten Schwankungsgrößen der Geschwindigkeit über der Sohle gemessen und daraus die Reynolds-Spannungen ermittelt werden (siehe Abschnitt 5.4). Diese werden dann der Schubspannung gleichgesetzt.

$$\tau = \rho \cdot \overline{\upsilon_{\mathrm{s}}' \cdot \upsilon_{\mathrm{n}}'} \qquad (7.51)$$

Im Labor wird die Sohlschubspannung direkt mit Hilfe beweglicher Sohl- oder Wandausschnitte ermittelt. Diese auf Federn gelagerten Elemente haben einen geringen Bewegungsspielraum. Aus der Bewegung und der Verformung der Federn ergeben sich die Kräfte oder Spannungen.

7.5.2 Kritische Schubspannung und kritische Geschwindigkeit

Für die Berechnung natürlicher Fließgewässer und den Bewegungsbeginn von Feststoffen hat die Ermittlung der kritischen Schubspannung, auch als **Schleppspannung** bezeichnet, eine große Bedeutung. Sie korrespondiert mit einer ebenfalls für den Bewegungsbeginn von Feststoffen ermittelten kritischen Geschwindigkeit. Beide in Modellversuchen ermittelten kritischen Werte korrelieren miteinander, können aber auch durch die subjektive Betrachtung bei der Versuchsdurchführung voneinander abweichen.

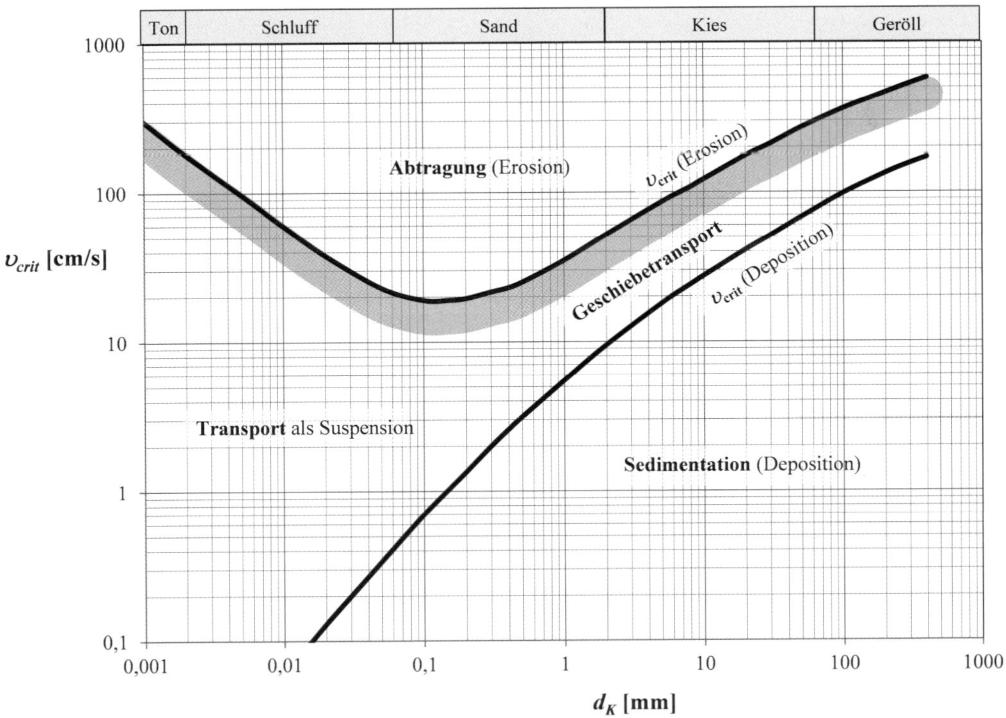

Bild 7.30 Sedimentation und Bewegungsbeginn nach *Hjulström* (1935)

Umfangreiche Untersuchungen zur Bewegung von Stoffen im Wasser haben *Hjulström* (1935) und *Shields* (1936) durchgeführt (Bild 7.30). Das von Shields aufgestellte Diagramm für die Ermittlung der kritischen Schleppspannung wurde von vielen Autoren interpretiert und weiterentwickelt. So hat u. a. *Zanke* (2001 und 2013) die einzelnen Einflussfaktoren, wie innere Reibung, Turbulenz, Korngröße und Kohäsion analysiert und dafür Lösungsgleichungen aufgestellt.

Tabelle 7.11 Kritische Schubspannungen und kritische Geschwindigkeit nach DIN 19661:1998-07

Material und Eigenschaft	d_K [mm]	τ_{crit} [N/m²]	υ_{crit} [m/s]
Einzelkorngefüge, nicht kolloidal			
Schluff	0,002 – 0,063	0,05 – 0,2	0,1 – 0,2
Feinsand	0,063 – 0,2	1,0	0,2 – 0,35
Mittelsand	0,2 – 0,63	1,0 – 2,0	0,35 – 0,45
Grobsand	0,63 – 2,0	3,0 – 6,0	0,45 – 0,60
Kies-Sand, fest, lang belastet	0,63 – 6,3	9,0	0,6
Kies-Sand, fest, kurz belastet	0,63 – 6,3	12,0	0,8
Mittelkies	6,3 – 20	15,0	0,80 – 1,25
Grobkies	20 – 63	45,0	1,25 – 1,60
Geschiebe, platte Form 1:3	1/4 – 2/6	50,0	1,7
Flussschotter, Geröll rund	50 – 100	50 – 110	1,7 – 3,0
Boden, wenig kolloidal			
lehmiger Sand		2,0	0,5
lehmartiger Schlick		2,5	0,10 – 0,15
lockerer Schlamm		2,5	0,6
lehmiger Kies, kurz bis lange überströmt		15 – 20	0,7 – 1,0
Boden, stark kolloidal			
lockerer Lehm		3,5	
festgelagerter Lehm		12	
Ton		12	
festgelagerter Schlamm		12	

Fortsetzung Tabelle 7.11

Material und Eigenschaft	d_K [mm]	τ_{crit} [N/m²]	υ_{crit} [m/s]
Befestigungen			
Steinschüttung	32 – 63	30 – 58	
Steinschüttung	63 – 90	40 – 75	
Steinschüttung	63 – 125	75 – 100	
Steinschüttung	100 – 150		1,9 – 3,4
Steinpackung	150 – 200	52 – 73	2,6 – 3,7
Steinpflaster	200 – 300	73 – 160	
Rasen, lange beansprucht		15 – 18	1,5
Rasen, kurz beansprucht		20 – 30	1,8
Betongitterplatten, mit Rasen		108	
Betongitterplatten, mit Sand		40 – 50	
Betongitterplatten, mit Kies		50 – 100	
Beton, ohne Geschiebe			4,0
Beton, mit Geschiebe			2,5
Rauwehr, Spreutlage		30 – 40	
Weidenwuchs, mehrjährig		100 – 140	
Bruchsteinpflaster mit Zementmörtel			5

Für die Darstellung der Untersuchungsergebnisse werden folgende Kennzahlen verwendet:

Sedimentologische Reynoldszahl: $$Re_* = \frac{\upsilon^* \cdot d_K}{\nu} \tag{7.52}$$

Dimensionslose Korngröße: $$d_* = d_K \cdot \sqrt[3]{\frac{g}{\nu^2} \cdot \frac{\rho_s - \rho}{\rho}} \tag{7.53}$$

Shields-Parameter: $$\Theta_{crit} = \frac{\tau_{crit}}{g \cdot d_K \cdot (\rho_S - \rho)} \tag{7.54}$$

Kritische Schubspannung: $$\tau_{crit} = \Theta_{crit} \cdot (\rho_S - \rho) \cdot g \cdot d_K \tag{7.55}$$

Für die praktische Anwendung kann die aus dem Shields-Diagramm abgeleitete Darstellung der kritischen Schubspannung für nicht kolloidale Materialien ab einem Korndurchmesser von 0,1 mm nach folgendem Diagramm verwendet werden.

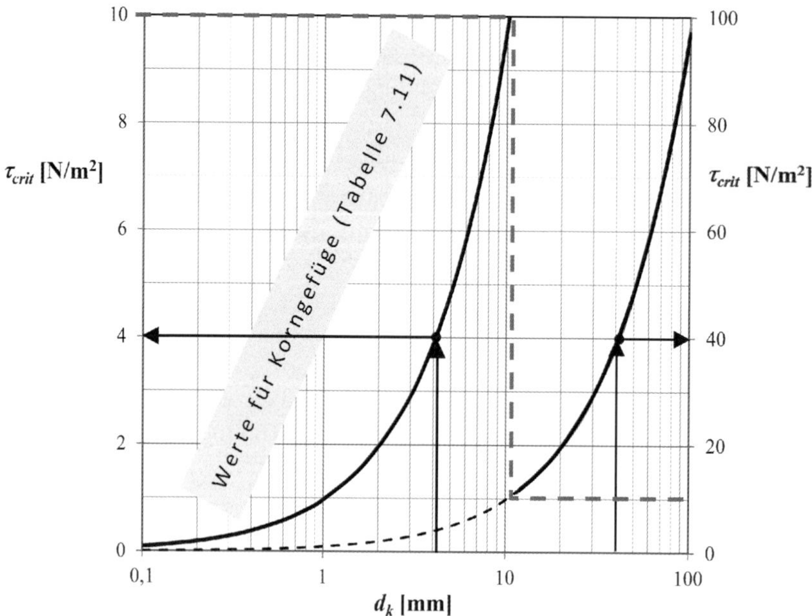

Bild 7.31 Kritische Schubspannung am Einzelkorn in Abhängigkeit vom Korndurchmesser

7.5.3 Geschiebetransport

Mit dem Anstieg der kritischen Sohlschubspannung (Schleppspannung) beginnen sich erst die feineren und später auch die größeren Körner zu bewegen. Diese Bewegung findet anfangs rollend, später springend und schließlich mit steigender Geschwindigkeit und Turbulenz schwebend statt. Die Mitnahme der Sohlmaterialien durch das Wasser ist dabei nicht nur von der Schubspannung und der Turbulenz, sondern auch von den schon vorhandenen Inhaltsstoffen im Wasser abhängig. Schwebstoffarme Strömungen sind eher in der Lage, Sediment aufzunehmen und zu transportieren als „gesättigte" Strömungen. Aber auch die Beschaffenheit der Sohle, die bei starker Beanspruchung mit Geschiebetrieb und entsprechender Kornfraktion zur Selbstabpflasterung neigt, bei der sich ein Verbund unterschiedlicher Körnungen an der Sohle stabilisiert, beeinflusst dadurch den Bewegungsbeginn.

Mit dem Geschiebetransport kommt es an der Sohle zur Ausbildung verschiedener strukturierter Sohlformen. Anfangs bilden sich Riffel, dann Dünen und schließlich Antidünen bei schießendem Abfluss. Ähnliche Erscheinungen findet man auch bei der Wellenbewegung an Küsten. Diese regelmäßigen Strukturen bilden sich aufgrund großer wellenartiger Bewegungen der Strömung (Schwingungen) und den damit verbundenen Sohlstrukturbildungen infolge der komplexen Wechselwirkungen zwischen Strömung und Sohle.

Für die Berechnung des Geschiebetransportes oder Geschiebetrieb sind einige Definitionen erforderlich. Der Feststofftransport G [kg/s] ist die bewegte Feststoffmasse pro Zeit durch einen Abflussquerschnitt. Die Geschiebefracht ist die in einer bestimmten Zeit dt transportierte Geschiebemasse $\int G \cdot dt$ z. B. mit der Einheit [kg pro Jahr]. Die Transportrate (spezifischer Feststofftransport) ist der auf die Transportbreite b bezogene Feststofftransport, also der Transport der Feststoffmasse m_G [kg/m/s] pro Zeit und Breite. Als Transportintensität Φ_G wird die von *Einstein* (1950) definierte dimensionslose Darstellung der Transportrate bezeichnet (Gleichung 7.56).

Transportintensität:
$$\Phi_G = \frac{m_G}{\rho_S \cdot \sqrt{g \cdot \frac{\rho_S - \rho}{\rho} \cdot d_K^3}} \tag{7.56}$$

Die Meyer-Peter-Formel geht davon aus, dass der Geschiebetrieb einsetzt, wenn die kritische Schubspannung überschritten wird. Nach Untersuchungen von *Hunziker* (1995) und *Zanke* (2013) ist eine Modifizierung der Meyer-Peter-Formel durch folgenden Ansatz erforderlich:

$$m_G = \frac{5 \text{ bis } 8}{\sqrt{\rho} \cdot (1 - \rho / \rho_S)} \cdot (\tau' - \tau_{crit})^{3/2} \tag{7.57}$$

Dabei empfehlen sie, die ursprünglich von *Meyer-Peter* angegebene Konstante 8 als Bereich zwischen 5 und 8 anzugeben. Die Schubspannung τ' stellt in Gleichung (7.57) die hydraulisch wirksame Schubspannung für den untersuchten Belastungsfall dar. Sie wird unter Berücksichtigung eines Reduktionsfaktors aus der Schubspannung bestimmt.

Neben der Formel von *Meyer-Peter* gibt es weitere Ansätze zur Berechnung des Geschiebetransportes, deren Ergebnisse allerdings stark voneinander abweichen.

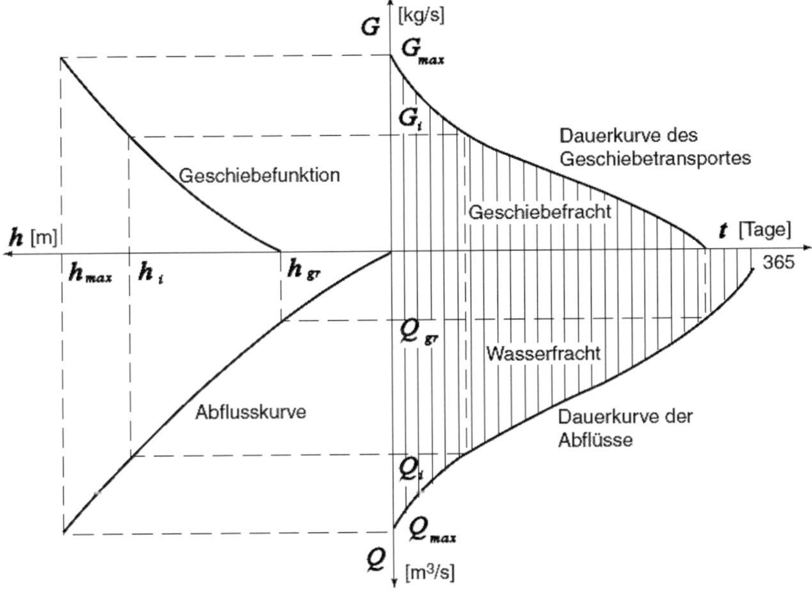

Bild 7.32 Darstellung der Abfluss- und Geschiebemengendauerlinie nach *Patt* und *Gonsowski* (2011)

Für die Geschiebemessung werden Geschiebefänger eingesetzt, die auf der Gerinnesohle abgesetzt das sich bewegende Geschiebe „aufsammeln“; auch akustische oder optische Signale dienen der Erfassung der Geschiebebewegung.

Neben dem Geschiebe werden mit dem Wasser, insbesondere bei Hochwasser, Schwebstoffe transportiert, die mit Hilfe von Gleichungen zur Bestimmung der Konzentrationsverteilung ermittelt werden.

Der gesamte Stofftransport ergibt sich dann aus der Summe der transportierten Schwebstoffe und des Geschiebetriebs.

Insbesondere bei Hochwasserereignissen kommt es zu starken Geschiebe- und Schwebstoffbewegungen. Für einen ausgeglichenen Stoffhaushalt in den Flüssen ist es wichtig, den Stofftransport besser abschätzen zu können. Neuere Ansätze ermitteln mit Hilfe von Wahrscheinlichkeitsberechnungen den möglichen Transport von Schwebstoffen und Geschiebe (*Zanke*, 2013).

7.6 Lokale Verluste

Das sich in offenen Gerinnen einstellende Gleichgewicht zwischen der Wasserströmung, die sich aufgrund des Gefälles ausbildet, und den kontinuierlichen Energieverlusten, die als Reibungsverluste bezeichnet werden und von Schubspannung an den glatten und rauen Wänden ausgehen, wird durch örtlich begrenzte Störungen unterbrochen. Das können Einbauten, Querschnittsänderungen, Krümmungen, aber auch Einleitungen und Entnahmen sein. Meist kommt es durch den Widerstand zu einem Aufstau und einer Strömungsbeschleunigung. Die sich in diesen Bereichen einstellenden Geschwindigkeitsdifferenzen werden auf einer gewissen Strecke nach der Störung abgebaut. Dieser Abbau kann mit geringer Turbulenz über einen Druckaufbau erfolgen oder hochturbulent mit einem großen Energieverlust verbunden sein. Der Energieverlust wird rechnerisch im Störungsquerschnitt durch eine plötzliche Abnahme der Energielinie berücksichtigt. Analog zur Rohrströmung wird der örtliche Verlust durch einen Verlustbeiwert, multipliziert mit einer Geschwindigkeitshöhe, ermittelt. Diese Geschwindigkeitshöhe kann mit der Anströmgeschwindigkeit, aber auch mit der Geschwindigkeit bei Normalabfluss gebildet werden:

$$h_V = \zeta \cdot \frac{v^2}{2g} \tag{7.58}$$

7.6.1 Einlaufverluste

Ähnlich wie bei den Rohreinläufen entstehen örtliche Verluste an Einläufen von offenen Gerinnen vor allem dort, wo es zu Strömungsablösungen, Wirbel- und Walzenbildung kommt und sich Rückströmzonen bilden. Ähnlich wie bei der Rohrströmung führt ein erhöhter Energieverlust am Gerinneeinlauf zum Druckanstieg vor dem Einlauf, also zum Anstieg des Wasserspiegels. Handelt es sich um einen Stausee mit konstantem Wasserspiegel, dann verringert sich der Zufluss in das Gerinne. Hydraulisch günstig sind Einläufe mit stromlinienförmig (trompetenförmig) ausgerundeten Übergängen. *Rouse* (in *Naudascher,* 1992) empfiehlt hier verschiedene Krümmungsverhältnisse. Der Wasserspiegel im Gerinne verringert sich mindestens um den Betrag der Geschwindigkeitshöhe.

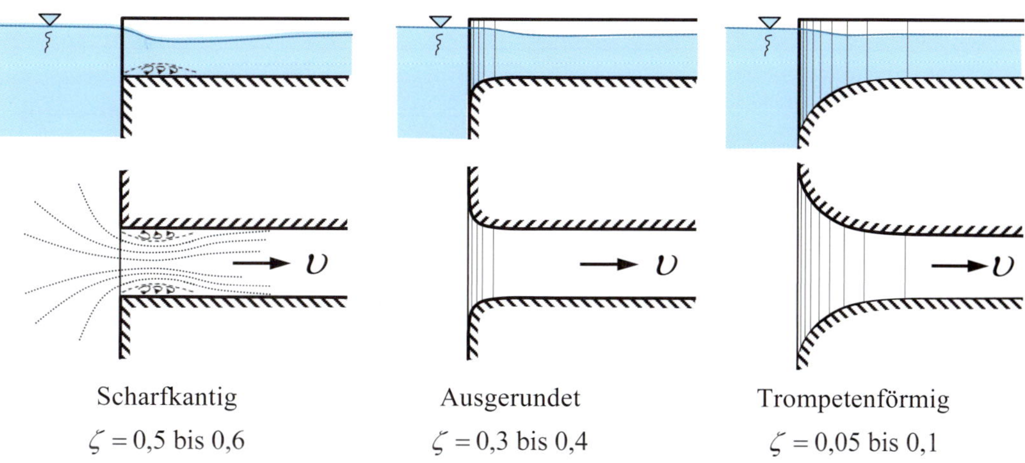

Bild 7.33 Verlustbeiwerte für Gerinneeinläufe

7.6.2 Gerinneübergänge

Bei Übergängen von einem zu einem anderen Fließquerschnitt kommt es ebenfalls zu örtlichen Verlusten. Auch hier gilt, dass durch einen allmählichen Übergang ohne Strömungsablösung die hydraulischen Verluste zu minimieren sind. Als Beispiel soll hier eine Untersuchung von *Robertson et al.* (1989) genannt werden. Es handelt sich um Übergänge vom Rechteck- zum Trapezquerschnitt. Die Energieverlusthöhen ergeben sich zu:

Verengung: $$h_V = \zeta_V \cdot \frac{v_1^2}{2g} \tag{7.59}$$

Aufweitung: $$h_V = \zeta_A \cdot \frac{v_1^2 - v_2^2}{2g} \tag{7.60}$$

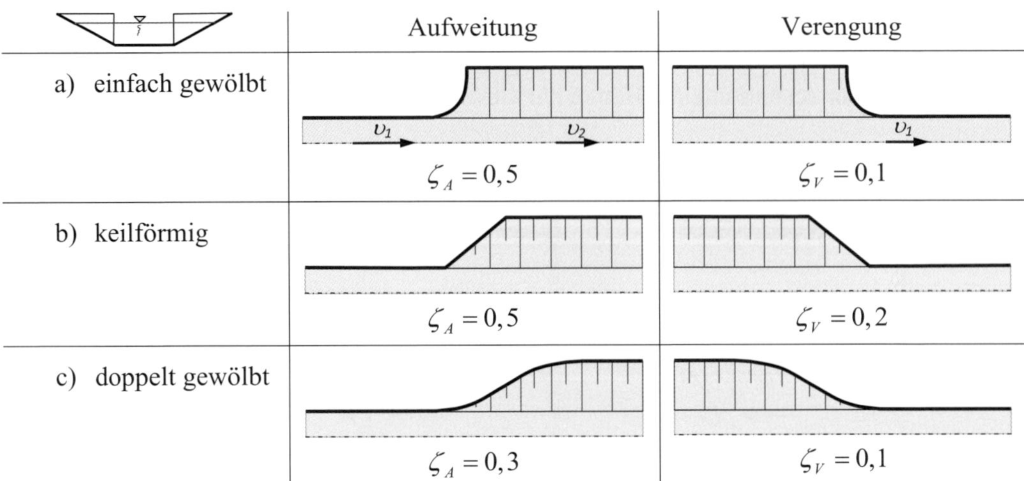

Bild 7.34 Verlustbeiwerte bei Querschnittsübergängen Rechteck – Trapez nach *Robertson* et al. (1989) (Darstellung der Draufsicht nur bis zur Symmetrieachse)

Die Entwicklung des Wasserspiegellinienverlaufes bei Gerinneerweiterungen bzw. Verengungen ist hinlänglich bekannt. Mit der Anwendung der Energiehöhengleichung nach Bernoulli kommt es bei strömendem Abfluss bei der Verengung zur Absenkung und bei der Erweiterung zum Anstieg des Wasserspiegels. Dass dieser Vorgang von vielen weiteren Faktoren abhängt und so einfach betrachtet nicht zutrifft, konnte *Gilli* (2010) mit einer Parameterstudie zeigen. Insbesondere stellte er fest, dass der Wasserspiegelanstieg nur für sehr kurze Längen der Gerinneerweiterung, etwa in der Größenordnung der Gerinnebreite, zutrifft. Wird die Länge der Gerinneerweiterung deutlich größer, dann kommt es in Abhängigkeit von der Breite der Aufweitung und den anderen Gerinnekenngrößen zu einer Absenkung der Wasserspiegels (Bild 7.35).

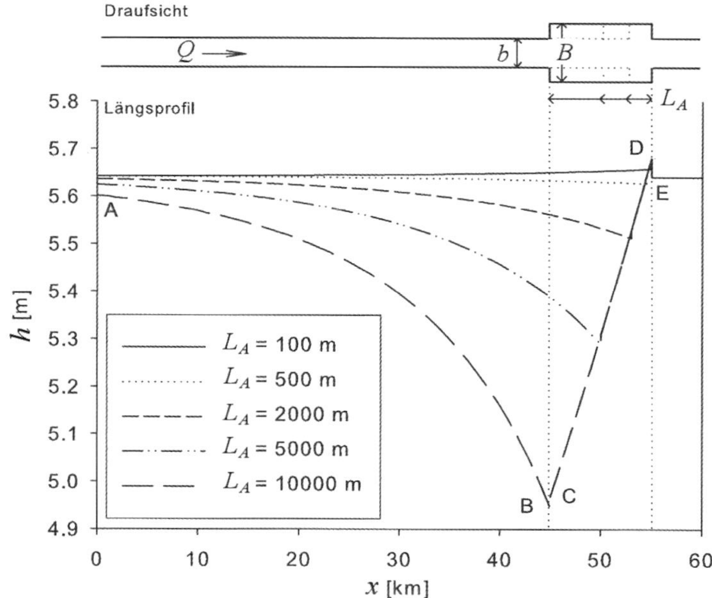

Bild 7.35 Wassertiefen in einem b = 100 m breiten Gerinne mit einer Aufweitung auf B = 200 m einem Gefälle von 0,01 % sowie örtlichen Verlustbeiwerten von $\zeta_A = 0{,}5$ für die Erweiterung und $\zeta_V = 0{,}3$ für die Einengung (*Gilli*, 2010)

7.6.3 Krümmungen

Infolge der Fliehkräfte kommt es in einer Gerinnekrümmung zur Anhebung des Wasserspiegels und zur Veränderung des Geschwindigkeitsprofils. Die Strömung bewegt sich als Spirale durch die Krümmung. Die damit verbundenen Querströmungen verursachen bei strömendem Abfluss in alluvialen Gerinnen eine Verlagerung der Sedimente. Sie werden außen abgetragen und lagern sich an der Innenseite an. Die Ausbildung der Spiralströmung und die Umlagerung von Sedimenten sind abhängig vom Gerinnequerschnitt. Die mit der Veränderung des Geschwindigkeitsprofils auftretenden hydraulischen Verluste hat u. a. *Chow* untersucht und *Naudascher* (1992) zusammengestellt.

Die Anhebung des Wasserspiegels kann überschlägig nach Gleichung (7.61) ermittelt werden (siehe auch unter Hydrostatik, Abschnitt 4.6.4 und Schussrinnen, Abschnitt 8.17.4).

$$\Delta h = \frac{2 \cdot b}{r_m} \cdot \frac{v^2}{2g} \tag{7.61}$$

Für die praktische Anwendung geben *Jirka* und *Lang* (2009) eine Faustformel für den Verlustbeiwert einer Gerinnekrümmung größer 90° bei strömendem Abfluss ($Fr < 1$) und großen Reynolds-Zahlen an:

$$\zeta_K = \frac{b}{2 \cdot r_m} \tag{7.62}$$

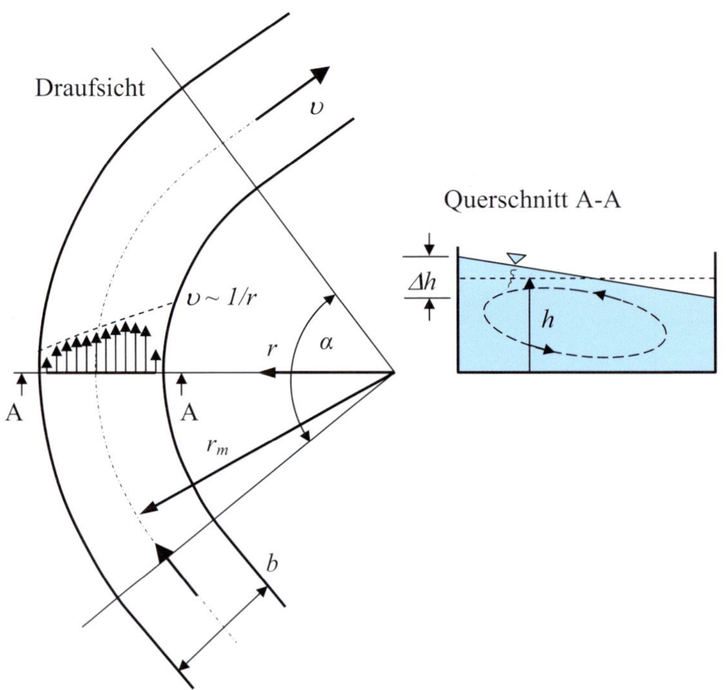

Bild 7.36 Strömung in einer Gerinnekrümmung

Zur Berechnung des durch Krümmungen hervorgerufenen Energiehöhenverlusts für Rechteckquerschnitte kann auf das Verfahren nach *Garbrecht* (1961) zurückgegriffen werden. Der infolge einer Flusskrümmung auftretende Energiehöhenverlust wird näherungsweise nach folgender Gleichung berechnet:

$$h_{\mathrm{V,K}} = \zeta_{\mathrm{K}} \cdot \beta_1 \cdot \beta_2 \cdot \frac{\upsilon^2}{2g} \tag{7.63}$$

Der Verlustbeiwert ζ_{K} kann aus dem Verhältnis vom mittleren Krümmungsradius zur Sohlbreite r_{m}/b für eine 90°-Krümmung ermittelt werden.

$$\zeta_{\mathrm{K}} = (0{,}25 \text{ bis } 0{,}4) \cdot \left(\frac{b}{r_{\mathrm{m}}} - 0{,}1 \right) \qquad \text{für} \qquad b > 0{,}1 \cdot r_{\mathrm{m}} \tag{7.64}$$

Der Faktor β_1 stellt eine Anpassung des Verlustbeiwertes auf andere Krümmungswinkel dar und β_2 berücksichtigt den Einfluss der Bettrauheit.

$$\beta_1 = \frac{\alpha}{90°} \tag{7.65}$$

$$\beta_2 = 7{,}4 \cdot (k)^{1/3} \text{ mit } k \text{ in [m]} \tag{7.66}$$

7.6.4 Einbauten (Pfeilerstau)

Einbauten in offenen Gerinnen verursachen örtliche hydraulische Verluste. Das können Störkörper zur Strömungsberuhigung, Pfähle oder Pfeiler für Brücken sein. Der Verlust wird als Energieverlusthöhe h_V ermittelt. Gleichzeitig kommt es zu einem leichten Aufstau Δh (Bild 7.37). Verlust und Aufstau sind von der Strömungsgeschwindigkeit, dem Verbauungsgrad b_P/b und der Form des Pfeilers abhängig (Bild 7.36). Die Widerstandskraft F auf den Pfeiler entsteht durch den Druckunterschied zwischen erhöhtem Druck davor und geringerem Druck nach dem Pfeiler. Sie wird aus dem Staudruck der Geschwindigkeit und einem formabhängigen Widerstandsbeiwert ermittelt:

$$F = c_W \cdot \frac{\rho}{2} \cdot \upsilon_1^2 \cdot A_P \qquad \text{mit } A_P = b_P \cdot h_1 \qquad (7.67)$$

In Analogie zum örtlichen Verlust der Strömung kann geschrieben werden:

$$F = h_V \cdot \rho \cdot g \cdot A \qquad \text{mit } A = b \cdot h_1 \qquad (7.68)$$

Daraus folgt wegen $h_V = \zeta_P \cdot \upsilon_1^2 / 2g$:

$$\zeta_P - c_W \cdot \frac{A_P}{A} - c_W \cdot \frac{b_P}{b} \qquad (7.69)$$

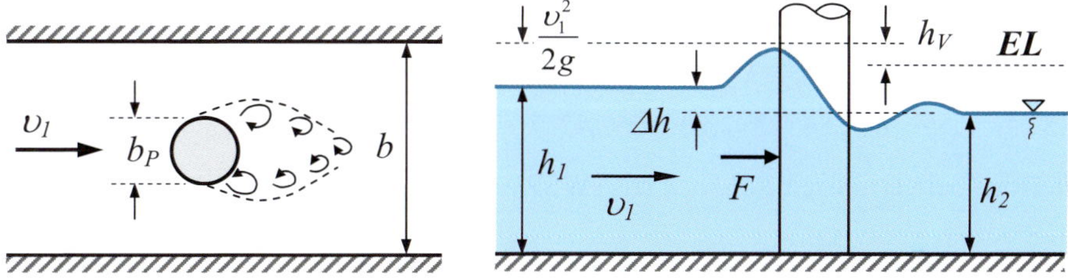

Bild 7.37 Umströmung eines Pfeilers, Draufsicht (links) und Längsschnitt (rechts)

Mit dem örtlichen Verlust kann aus der Energiegleichung der Aufstau Δh ermittelt werden.

Die Widerstandsbeiwerte c_W können aus Abschnitt 3.7 für ausgewählte Körperformen entnommen werden.

Speziell für Brückenpfeiler im strömenden Abfluss machte *Rehbock* (in *Bollrich*, 2019) Untersuchungen und ermittelt den Pfeilerstau z aus dem Verbauungsverhältnis, einem Formbeiwert (Bild 7.37) und der Froude-Zahl ($Fr < 1$) bzw. der Geschwindigkeit des Unterwassers (Normalabfluss).

$$\frac{\Delta h}{h_2} = \frac{\alpha}{2} \cdot \left(\alpha + \delta \cdot (1-\alpha)\right) \cdot \left(0{,}4 + \alpha + 9 \cdot \alpha^3\right) \cdot \left(1 + Fr_2^2\right) \cdot Fr_2^2 \qquad (7.70)$$

Verbauungsverhältnis: $$\alpha = \frac{A_P}{A} = \frac{\sum b_P}{b} \qquad (7.71)$$

Unterwasser-Froude-Zahl: $Fr_2^2 = \frac{v_2^2}{g \cdot h_2}$ (7.72)

Der Nachweis, dass im verbauten Gerinneabschnitt kein Fließwechsel auftritt, ist entsprechend Abschnitt 7.4.6 zu führen.

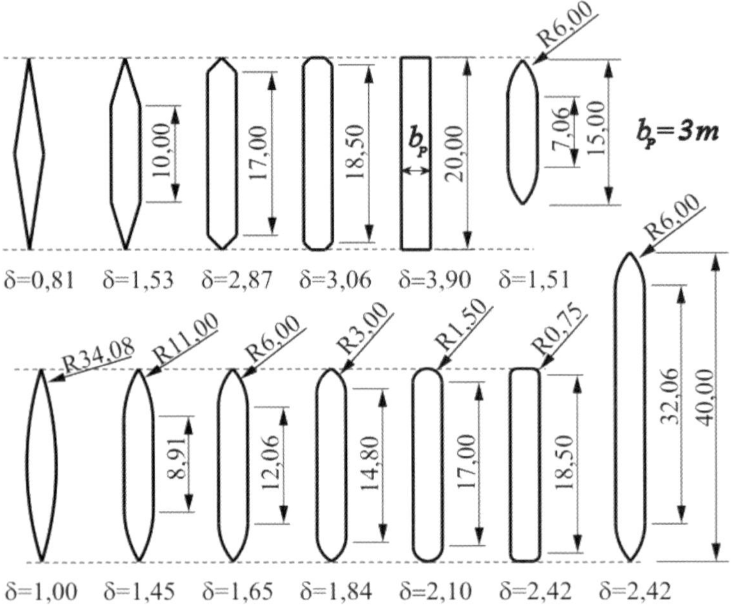

Bild 7.38 Pfeilerformbeiwerte nach *Rehbock* aus (WSPWIN-8.0, 2006)

7.7 Stau- und Senkungslinien

Stau- und Senkungslinien in offenen Gerinnen sind Wasserspiegeländerungen, welche der Kategorie der stationären ungleichförmigen Strömung zuzuordnen sind.

Staulinien treten auf, wenn im Gerinne ein Aufstau erfolgt und die Fließgeschwindigkeit in Fließrichtung abnimmt (Bild 7.40 – Linie 1). Auch beim Ausfluss unter Schützen kann eine Staulinie entstehen, wenn ein erzwungener Schussstrahl austritt und der Wechselsprung erst weiter unterhalb des Schützes in Fließrichtung stattfindet (Bild 7.40 – Linie 3). Die **rückwärtige Staulinie** tritt zum Beispiel nach einem Gefällewechsel im schießenden Bereich auf, wenn sich die Wasserspiegellage ab der Grenztiefe der Normalabflusstiefe im schießenden Bereich annähert (Bild 7.40 – Linie 4).

Senkungslinien entstehen beispielsweise an Gefälleknickpunkten oder Absturzbauwerken, wenn der Wasserspiegel infolge der beschleunigten Strömung unter die Normalwassertiefe sinkt (Bild 7.40 – Linie 2). Von einer **rückwärtigen Senkungslinie** spricht man bei einem Wasserspiegelanstieg für den erzwungenen Abfluss in einem steilen Gerinne bis zur Normalabflusstiefe für den schießenden Bereich.

In allen Fällen kann es von Bedeutung sein zu wissen, wie weit der Einfluss des Aufstaues stromauf oder der Absenkung stromab reicht. Beispielsweise wird durch einen Aufstau in einem schiffbaren Fluss die Durchfahrtshöhe unter Brücken verringert oder in einem Fluss bei Niedrigwasser durch den Aufstau die Schiffbarkeit verbessert. In den folgenden Berechnungen ist h_n die ursprüngliche Wassertiefe (Normalabflusstiefe) gemäß der Fließformel für stationär gleichförmigen Abfluss ohne Stau- oder Absenkungseinfluss.

Sie stellt das Gleichgewicht zwischen der in Richtung Gefälle verlaufenden Strömung infolge Schwerkraft des Wassers und der Reibungskraft dar. Für den strömenden Abfluss in sehr flachen Gerinnen ($I < I_{gr}$) fließt das Wasser strömend ab, und die Normalwassertiefe wird größer als die Grenztiefe ($Fr < 1$). Für den schießenden Abfluss in steileren Gerinnen ($I > I_{gr}$) fließt das Wasser schießend ab und die Normalabflusstiefe wird kleiner als h_{gr} ($Fr > 1$).

Die Normalabflusstiefe wird aus einer Fließformel ermittelt und definiert die Wassertiefe für ein bestimmtes Gerinne mit einer gegebenen Rauheit und Gefälle für einen angenommenen Abfluss. Sie stellt das Gleichgewicht der Strömung für den stationär gleichförmigen Fall dar. In vielen Fällen kommt es allerdings zur Störung dieses Gleichgewichtes und zur Ausbildung von Stau- und Senkungslinien. Dieser Zustand wird stationär ungleichförmig genannt und kann durch eine analytische bzw. eine schrittweise Wasserspiegellagenberechnung ermittelt werden (siehe auch Abschnitt 8.17.1).

Die schrittweise Wasserspiegellagenberechnung erfolgt im strömenden Abfluss entgegen der Fließrichtung und für den schießenden Abfluss mit der Strömungsrichtung. Der stationär ungleichförmige Fließzustand erzeugt in offenen Gerinnen in Abhängigkeit vom Gefälle und den Randbedingungen folgende Stau- und Senkungslinien (Bild 7.39):

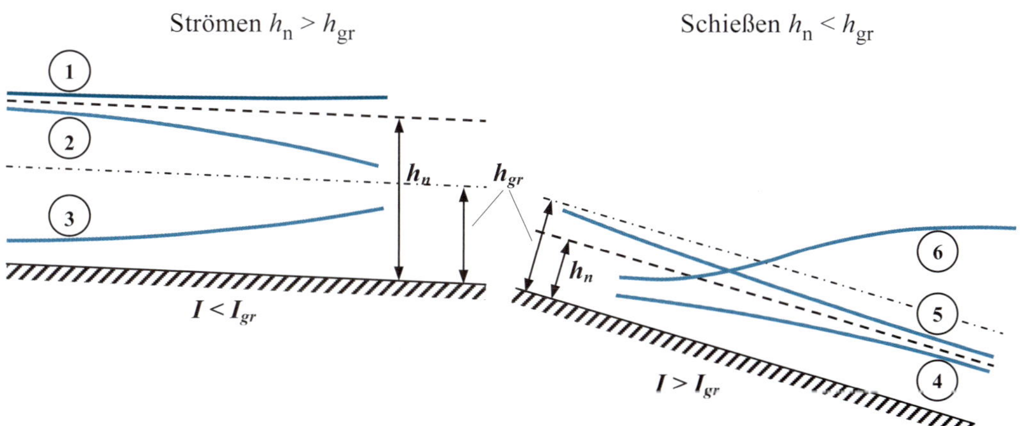

Bild 7.39 Definition von Stau- und Senkungslinien

Im Einzelnen bedeuten dabei:

h_{gr} – Grenztiefe

h_n – Normalabflusstiefe für unendlich langes Gerinne, $h_n = f(I)$

1 – Staulinie bei strömendem Abfluss (verzögert)

2 – Senkungslinie bei strömendem Abfluss (beschleunigt)

3 – Staulinie für erzwungenen schießenden Abfluss bei $h_n > h_{gr}$ (verzögert)

4 – Senkungslinie, rückwärtig für erzwungenen Schussstrahl (verzögert)

5 – Staulinie, rückwärtig z. B. nach Gefällewechsel (beschleunigt)

6 – Senkungslinie, rückwärtig nach einem erzwungenen Wechselsprung (verzögert)

Typische Beispiele für die Anwendung der Berechnung von Stau- und Senkungslinien sind in Bild 7.40 dargestellt:

a) Staulinie (1) gebildet durch einen Staukörper (Schütz),
b) Staulinie (3) nach einem unterströmten Schütz mit anschließendem Wechselsprung,
c) Senkungslinie (2) vor einem Absturz/Gefällewechsel und
d) rückwärtige Staulinie (5) an einem Gefälleknickpunkt (Fließwechsel).

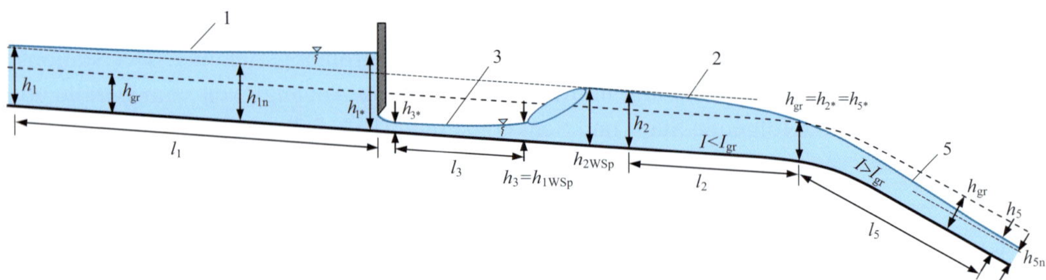

Bild 7.40 Beispiele für Stau- und Senkungslinien

Eine Herleitung zur **analytischen** Wasserspiegellagenberechnung mit Funktionswerten für die Berechnung im Parabelquerschnitt und Rechteckquerschnitt sind in *Bollrich* (2019) enthalten. Ausgangspunkt sind die zwei Differentialgleichungsansätze der Energielinie, aus der sich die Differentialgleichung der Wasserspiegellinie ableiten lässt:

$$\frac{dh_E}{dx} = \frac{dh_E}{dh} \cdot \frac{dh}{dx} = I - I_E = I \cdot \left(1 - \frac{I_E}{I}\right) \tag{7.73}$$

$$\frac{dh_E}{dh} = 1 - \frac{Q^2}{g \cdot A^3} \cdot \frac{dA}{dh} \tag{7.74}$$

$$\frac{dh}{dx} = I \cdot \frac{\left(1 - \frac{I_E}{I}\right)}{1 - \frac{Q^2}{g \cdot A^3} \cdot \frac{dA}{dh}} = I \cdot \frac{h^c - h_n^c}{h^c - h_{gr}^c} \tag{7.75}$$

Für einfache Geometrien kann das Verhältnis der Gefälle aus den Fließformelansätzen im Abschnitt 5.10, z. B. nach Darcy und Weisbach, als Verhältnis der Normalabflusstiefe zur vorhandenen Wassertiefe ausgedrückt werden; der Ausdruck im Nenner ergibt das Verhältnis der Grenztiefe zur vorhandenen Wassertiefe. Der Exponent c in Gleichung (7.75) ist vom Gerinnequerschnitt abhängig und ergibt für den Rechteckquerschnitt den Wert $c = 3$, für den Kreis und die Parabel den Wert $c = 4$ und für das Dreieck den Wert $c = 5$. Die Integration dieser Gleichung liefert für einfache Geometrien folgende geschlossene Lösung:

$$l_{Stau} = |x_* - x| = \frac{h_n}{I} \cdot \left[\frac{h_*}{h_n} - \frac{h}{h_n} + \chi \cdot \left(f\left(\frac{h}{h_n}\right) - f\left(\frac{h_*}{h_n}\right)\right)\right] \tag{7.76}$$

Die Funktionswerte ergeben sich

für den **Parabel**-Querschnitt (nach *Tolkmitt*) und als Näherungslösung für den **Kreis**-Querschnitt (nach *Hager*, 1995) zu:

$$\chi = 1 - \frac{h_{gr}^4}{h_n^4} = 1 - \frac{3 \cdot Q^2}{2 \cdot g \cdot A_n^2 \cdot h_n} \tag{7.77}$$

$$f(Y) = \frac{1}{4} \cdot \ln\left(\frac{Y+1}{|Y-1|}\right) + \frac{1}{2} \cdot \arctan(Y) \qquad Y = \frac{h}{h_n} \text{ bzw. } Y = \frac{h_*}{h_n} \tag{7.78}$$

und den **Rechteck**-Querschnitt (nach *Rühlmann*) zu:

$$\chi = 1 - \frac{h_{gr}^3}{h_n^3} = 1 - \frac{Q^2}{g \cdot A_n^2 \cdot h_n} \tag{7.79}$$

$$f(Y) = \frac{1}{6} \cdot \ln\left(\frac{Y^2 + Y + 1}{(Y-1)^2}\right) + \frac{1}{\sqrt{3}} \cdot \arctan\left(\frac{1 + 2 \cdot Y}{\sqrt{3}}\right) \tag{7.80}$$

Darin ist $Y = h/h_n$ der relative Wasserstand (Bezugsgröße ist die Normalabflusstiefe h_n) mit h_*/h_n für den gegebenen Randwert und h/h_n für den angenommenen Randwert. Die Länge der Stau- bzw. Senkungslinie beginnt am gegebenen Randwert h_* (z. B. Stauhöhe, Ausflusshöhe oder Grenztiefe) und verläuft bis zum angenommenen Randwert h (praktischer 1%iger Näherungswert zu h_n, z. B. $h = 1{,}01 \cdot h_n$ für Staulinie oder $h = 0{,}99 \cdot h_n$ für Senkungslinie nach Bild 7.40).

Eine geschlossene Lösung für das Dreieck- oder Trapezprofil ist ebenfalls möglich, wegen der umfangreichen Gleichungen aber hier nicht dargestellt.

Beispiel analytische Wasserspiegellagenberechnung:

Gegeben ist ein Rechteckprofil mit $b = 10$ m Breite, einem Gefälle von $I = 0{,}001$ und einer Rauheit, gegeben durch den Strickler-Beiwert, von $k_{St} = 45\ \mathrm{m}^{1/3}/\mathrm{s}$. Bei einem Abfluss von $Q = 10\ \mathrm{m}^3/\mathrm{s}$ soll der Kanal durch ein unterströmtes Schütz auf $h_* = 2$ m angestaut werden (siehe Bild 7.40, Teil 1).

Die Normalabflusstiefe ergibt sich aus der folgenden Schlüsselkurve des Gerinnes für Q zu $h_n = 0{,}8624$ m.

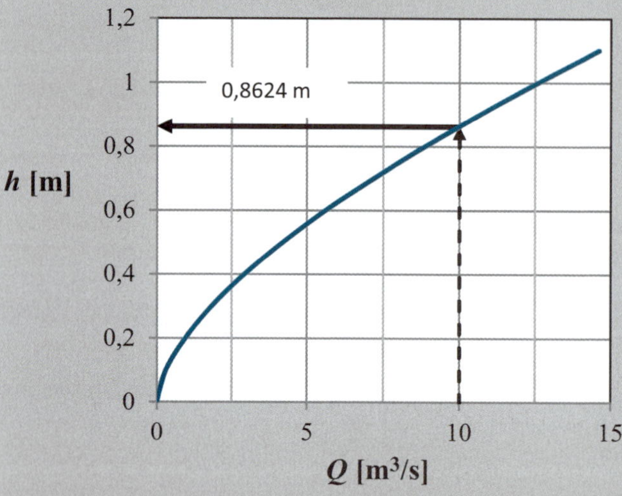

Bild 7.41 Schlüsselkurve des Gerinnebeispiels

Die Grenztiefe beträgt $h_{gr} = \sqrt[3]{\dfrac{Q^2}{g \cdot b^2}} = \sqrt[3]{\dfrac{10^2}{9{,}81 \cdot 10^2}} = 0{,}467$ m

Die Funktionswerte zur Berechnung der Staulänge werden ermittelt aus den Gleichungen (8.77) und (8.78) zu:

$$\chi = 1 - \frac{h_{gr}^3}{h_n^3} = 1 - \frac{0{,}467^3}{0{,}862^3} = 0{,}841 \text{ und}$$

mit $h_*/h_n = 2/0{,}8624 = 2{,}319$ und $h/h_n = 1{,}01$ werden nach Gleichung (7.80)

$$f(2{,}319) = \frac{1}{6} \cdot \ln\left(\frac{2{,}319^2 + 2{,}319 + 1}{(2{,}319 - 1)^2}\right) + \frac{1}{\sqrt{3}} \cdot \arctan\left(\frac{1 + 2 \cdot 2{,}319}{\sqrt{3}}\right) = 1{,}003$$

$$f(1{,}01) = \frac{1}{6} \cdot \ln\left(\frac{1{,}01^2 + 1{,}01 + 1}{(1{,}01 - 1)^2}\right) + \frac{1}{\sqrt{3}} \cdot \arctan\left(\frac{1 + 2 \cdot 1{,}01}{\sqrt{3}}\right) = 2{,}326$$

Damit ergibt sich die Staulänge bis zur 1%igen Annäherung an den Normalwert zu:

$$l_{\text{Stau}} = \frac{0{,}8624}{0{,}001} \cdot \left[2{,}319 - 1{,}01 + 0{,}841 \cdot (2{,}326 - 1{,}003)\right] = 2089 \text{ m}$$

Mit Zwischenwerten von $h/h_n = 1{,}01$ bis $h_*/h_n = 2{,}319$ kann die gesamte Staukurve mit Hilfe der Funktionswerte ermittelt werden, wie das folgende Bild für das Beispiel (Bild 7.42) zeigt.

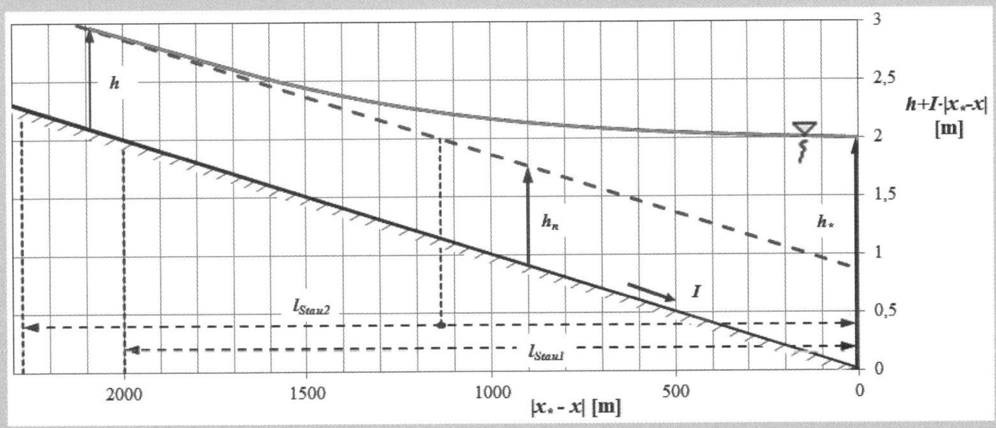

Bild 7.42 Beispiel Staulinie, *h* senkrecht dargestellt

Nach *Bollrich* (2019) in Abschnitt 6.7.3 kann eine überschlägige Berechnung der Staulinie mit folgenden Gleichungen erfolgen. Die erste definiert die Staulänge über den Schnittpunkt der Stauwaage mit der Sohle:

$$l_{\text{Stau1}} \approx \frac{h_n}{I} \cdot \frac{h_*}{h_n} = \frac{2}{0{,}001} = 2000 \text{ m}$$

Die zweite Gleichung ermittelt die doppelte Entfernung zum Schnittpunkt der Stauwaage mit der Normalabflusstiefe als Staulänge:

$$l_{\text{Stau2}} \approx 2 \cdot \frac{h_* - h_n}{I} = 2 \cdot \frac{2 - 0{,}8624}{0{,}001} = 2275 \text{ m}$$

Die **schrittweise** Wasserspiegellagenberechnung basiert auf der Energiegleichung (Bernoulli-Gleichung) und der Kontinuitätsgleichung. Sie wird vor allem für Gerinne verwendet, die wegen der Änderung des Querschnitts, des Gefälles oder der Rauheit keine integrale Lösung der Wasserspiegellagenberechnung ermöglicht. Das allgemeine Systembild der Wasserspiegellagenberechnung zeigt Bild 7.43. Für sehr flache Gerinne wird in der Regel der Unterschied zwischen senkrechter Wassertiefe und Höhe des Fließquerschnittes senkrecht zur Sohle vernachlässigt und das Systembild in Bild 7.44 verwendet. Hier wird zwar das Gefälle der Gerinnesohle berücksichtigt, aber in den Gleichungen der Winkel vernachlässigt und $\cos\alpha = 1$ gesetzt.

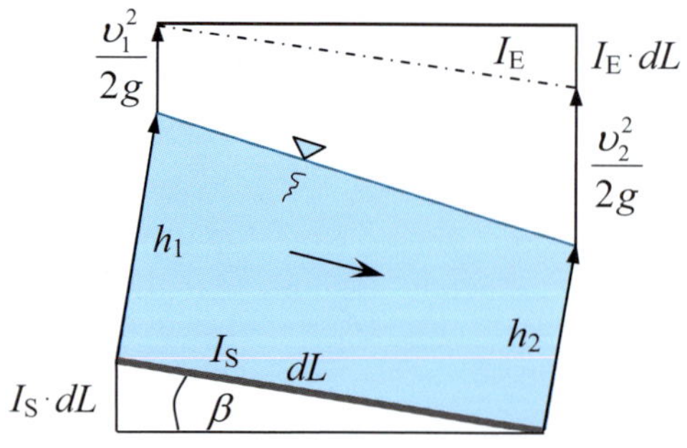

Bild 7.43 Systembild Wasserspiegellagenberechnung allgemein, insbesondere für steile Gerinne

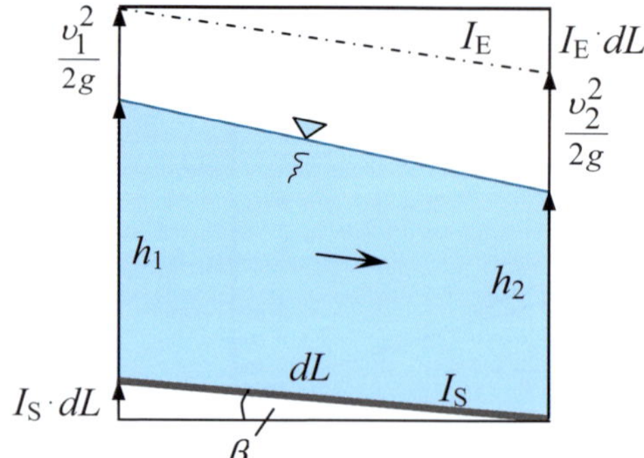

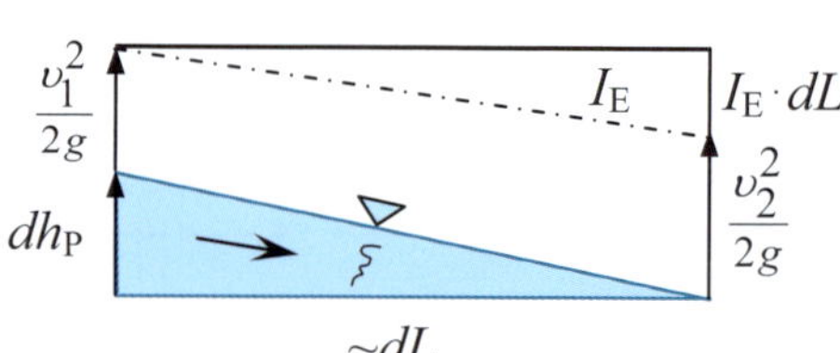

Bild 7.44 Systembild vereinfachte Wasserspiegellagenberechnung für flache Gerinne, rechts: reduziertes Systembild mit Piezometerhöhendifferenz

Je nach Auflösung der *Bernoulli*-Gleichung der beiden Schnitte (1) und (2) in Bild 7.43 bzw. Bild 7.44 nach dh oder dL unterscheidet man das dh- oder das dL-Verfahren, das bei der schrittweisen Berechnung in die Differenzengleichung Δh bzw. ΔL übergeht.

Die Gleichung der Wasserspiegellage beim **$\boldsymbol{\Delta h}$-Verfahren** lautet:

$$\Delta h = \frac{\left(I_S - I_E\right) \cdot \Delta L - \varepsilon \cdot \dfrac{v_2^2 - v_1^2}{2g}}{\cos\beta} \tag{7.81}$$

Nach Bild 7.44 links für sehr kleine Gefälle vereinfacht sich Gleichung (7.81) zu:

$$\Delta h = \left(I_S - I_E\right) \cdot \Delta L - \varepsilon \cdot \frac{\Delta v \cdot v_m}{g} \tag{7.82}$$

mit $\Delta h = h_2 - h_1$, $\Delta v = v_2 - v_1$ und $v_m = \dfrac{v_2 + v_1}{2}$

Und Gleichung (7.83) gilt für Bild 7.44 rechts:

$$\Delta h_P = h_{P2} - h_{P1} = \Delta h - I_S \cdot \Delta L = -I_E \cdot \Delta L - \varepsilon \cdot \frac{\Delta v \cdot v_m}{g} \tag{7.83}$$

Das sogenannte **ΔL-Verfahren** berechnet ausgehend vom gegebenen Randwert (für strömenden Abfluss ist das der Wasserstand des Unterwassers und für schießenden Abfluss der Wasserstand des Oberwassers) unter Annahme der neuen Werte direkt die Entfernung ΔL zum betrachteten Abschnitt. Dieses Verfahren ist sehr empfindlich bei einer falschen Annahme des Wasserstandes.

$$\Delta L = \frac{(h_2 - h_1) \cdot \cos\beta + \varepsilon \cdot \dfrac{\upsilon_2^2 - \upsilon_1^2}{2g}}{I_S - I_E} = \frac{\Delta h \cdot \cos\beta + \varepsilon \cdot \dfrac{\Delta\upsilon \cdot \upsilon_m}{g}}{I_S - I_E} \tag{7.84}$$

Der Beiwert ε für Querschnittsänderungen wird erfahrungsgemäß bei:

Abschnitten ohne Querschnittsänderung $\varepsilon = 1$,

allmähliche Querschnittsänderung $\varepsilon = 2/3$,

plötzliche Querschnittsänderungen $\varepsilon = 1/2$.

Das Energiegefälle I_E kann für den Berechnungsabschnitt näherungsweise berechnet werden mit:

$$I_E = \frac{\upsilon_m^2}{k_{St}^2 \cdot r_{hy,m}^{4/3}} \tag{7.84a}$$

7.8 Instationäre Freispiegelströmungen – Schwall- und Sunkwellen

7.8.1 Allgemeines

In Freispiegelgerinnen sind – neben Wellen, die durch Wind, lokale Störungen, Hochwasser etc. erzeugt werden – vor allem Stoßwellen von Bedeutung. Sie entstehen infolge von raschen Durchflussänderungen, wenn z. B. an Wasserkraftwerken die Beaufschlagung der Turbine plötzlich geändert werden muss (Erdbeben, Eisversatz, Havarie, Felssturz) oder wenn Schützverschlüsse im Gerinne den Abfluss in kurzer Zeit ganz oder teilweise absperren oder freigeben. Dabei sind einerseits Überflutungen über den Gewässerrand und andererseits plötzliche Absenkungen des Wasserstandes möglich, die für Anlieger, Schifffahrt usw. eine Gefahr darstellen können.

Die infolge der Durchflussänderung auftretenden Wasserspiegelanhebungen werden als **Schwall**, die Absenkungen als **Sunk** bezeichnet.

Im Bild 7.45 sind schematisch die vier Grundformen von Schwall und Sunk mit entsprechenden Bezeichnungen dargestellt.

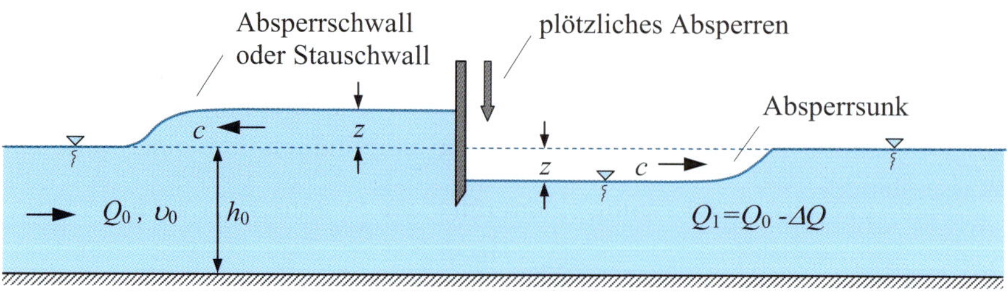

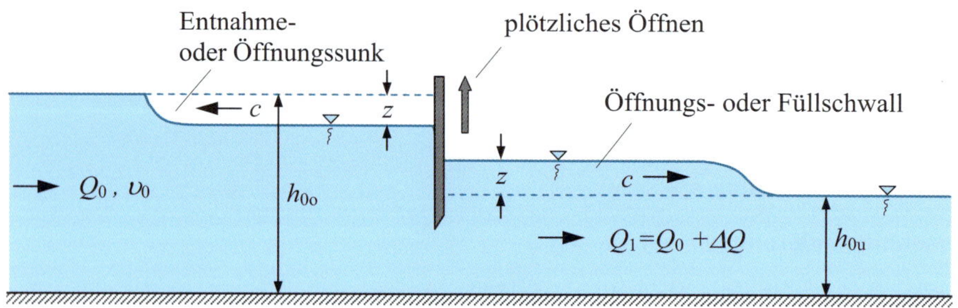

Bild 7.45 Grundformen des Schwalls und des Sunks

Es bedeuten:

z = Schwall- oder Sunkhöhe [m]

z_S = Schwerpunkt der Querschnittsfläche ΔA der Schwall- bzw. Sunkwelle (siehe Bild 7.46)

h_0, A_0, Q_0, v_0 = ursprüngliche Werte für Wassertiefe [m], Fließquerschnitt [m²], Durchfluss [m³/s] und Fließgeschwindigkeit [m/s] vor der Durchflussänderung

$Q_1 = Q_0 \pm \Delta Q$ = Abflussänderung gegenüber dem Ursprungszustand [m³/s]

c = absolute Schwallgeschwindigkeit [m/s] im Wasser, bezogen auf das (ruhende) Ufer

w = relative Schwallgeschwindigkeit [m/s], bezogen auf die Normalfließgeschwindigkeit der Gerinneströmung

b_0 = Wasserspiegelbreite [m]

b' = Wasserspiegelbreite für Schwall- bzw. Sunkwelle [m]

b_S = Sohlbreite [m]

Zwischen der absoluten und relativen Schwallgeschwindigkeit besteht der Zusammenhang:

$c = v_0 - w$ bzw. $w = v_0 - c$ bei Stauschwall und Entnahmesunk

$c = v_0 + w$ bzw. $w = c - v_0$ bei Absperrsunk und Füllschwall

7.8.2 Berechnungsansatz Schwallwelle

Die Berechnung einer Schwallwelle erfolgt durch die Anwendung des Stützkraftsatzes unter Einbeziehung der Kontinuitätsbedingung an einem mit der absoluten Schwallgeschwindigkeit c bewegten Kontrollvolumen (Bild 7.46), wie bei *Martin* (1989) und *Bollrich* (2019) behandelt. Die Berechnung wird damit analog einem ruhenden System, z. B. eines Wechselsprungs, durchgeführt.

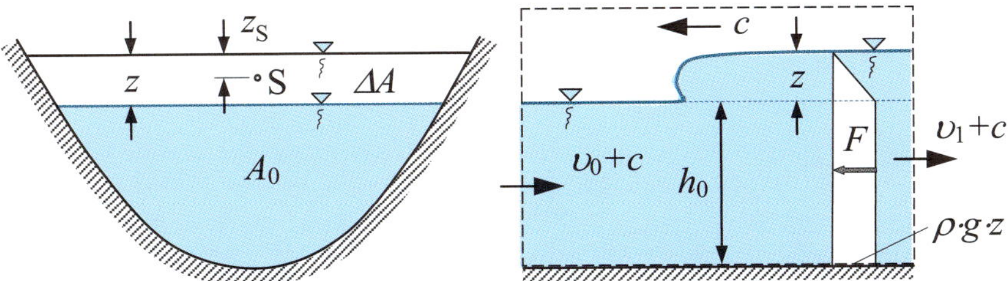

Bild 7.46 Ansatz zur Schwallwellenberechnung mittels bewegtem Kontrollvolumen

Die Kontinuitätsbedingung im Bild 7.46 lautet:

$$(\upsilon_0 + c) \cdot A_0 = (\upsilon_1 + c) \cdot (A_0 + \Delta A) \tag{7.85}$$

Das Kräftegleichgewicht lautet:

$$\rho \cdot (\upsilon_0 + c)^2 \cdot A_0 = \rho \cdot (\upsilon_1 + c)^2 \cdot (A_0 + \Delta A) + \rho \cdot g \cdot z \cdot \left(A_0 + \frac{z_S}{z} \cdot \Delta A \right) \tag{7.86}$$

Durch Einsetzen der Kontinuitätsbedingung (Gleichung (7.85)) und Umstellung der Gleichung (7.86) erhält man folgende Gleichung (7.87) für den Schwall:

$$w = \upsilon_0 \pm c = \sqrt{g \cdot z} \cdot \sqrt{\left(1 + \frac{\Delta A}{A_0}\right) \cdot \left(\frac{A_0}{\Delta A} + \frac{z_S}{z}\right)} \tag{7.87}$$

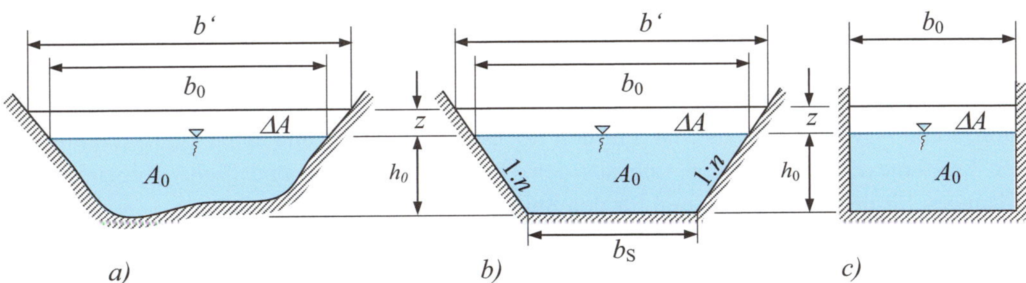

Bild 7.47 Querschnitte für Schwallwellen in a) beliebig geformten Gerinnen, b) Trapezgerinnen und c) Rechteckgerinnen

7.8.3 Sunkwelle, Berechnungsansatz

Analog des Ansatzes für den Schwall erfolgt die Berechnung für den Sunk mit der Kontinuitätsbedingung nach Bild 7.48:

$$(\upsilon_0 + c) \cdot A_0 = (\upsilon_1 + c) \cdot (A_0 - \Delta A) \tag{7.88}$$

Das Kräftegleichgewicht lautet:

$$\rho \cdot (\upsilon_0 + c)^2 \cdot A_0 + \rho \cdot g \cdot z \cdot \left(A_0 - \Delta A + \frac{z_S}{z} \cdot \Delta A \right) = \rho \cdot (\upsilon_1 + c)^2 \cdot (A_0 - \Delta A) \tag{7.89}$$

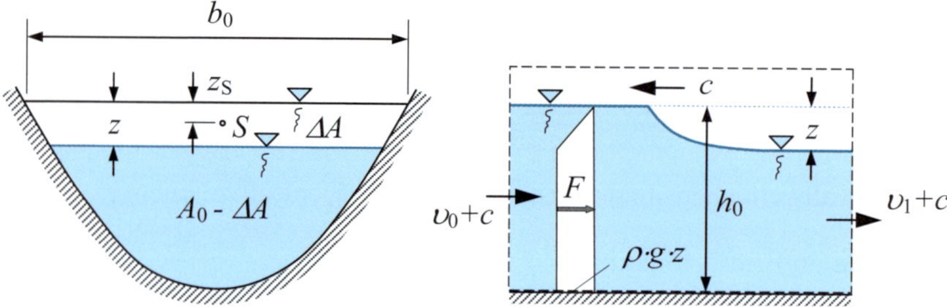

Bild 7.48 Fließabschnitt mit Sunkwelle

Durch Einsetzen der Kontinuitätsbedingung (7.88) und Umstellung der Gleichung (7.89) erhält man folgende Gleichung für den Sunk mit (+c) für den Entnahmesunk und (–c) für den Absperrsunk:

$$w = \upsilon_0 \pm c = \sqrt{g \cdot z} \cdot \sqrt{\left(1 - \frac{\Delta A}{A_0}\right) \cdot \left(\frac{A_0}{\Delta A} + \frac{z_S}{z} - 1\right)} \tag{7.90}$$

7.8.4 Schwall und Sunk im Rechteckquerschnitt

Der Schwerpunktsabstand z_S der Querschnittsfäche ΔA der Schwall- bzw. Sunkwelle beträgt für den Rechteckquerschnitt (Bild 7.47c) genau $z/2$. Für andere Querschnittsformen wird dieser Wert etwas kleiner als $z/2$, weicht in Abhängigkeit von der Böschungsneigung n und der Wasserspiegelbreite b_0 nur wenig vom Wert für den Rechteckquerschnitt ab, vor allem dann, wenn b_0 viel größer als z ist. Für den Rechteckquerschnitt und andere Querschnitte mit der Annahme $z_S = z/2$ ergeben sich aus den Gleichungen (7.87) und (7.90) folgende zwei Lösungen für den Schwall (+) und für den Sunk (–) (siehe Abschnitt 7.8.7):

$$w = \sqrt{g \cdot z} \cdot \sqrt{\left(1 \pm \frac{\Delta A}{A_0}\right) \cdot \left(\frac{A_0}{\Delta A} \pm 0{,}5\right)} \tag{7.91}$$

Die Vorzeichenwechsel für die absolute Schwallgeschwindigkeit c beziehen sich auf die Laufrichtung und definieren die gegen die Fließrichtung laufende Welle ($+c$) und die mit der Fließrichtung laufenden Welle ($-c$) mit $w = \upsilon_0 \pm c$.

7.8.5 Näherungsberechnungen

Eine überschlägliche Berechnung der Schwall- und Sunkhöhe z sowie der absoluten Schnelligkeit c der Welle ist möglich, wenn zunächst die relative Geschwindigkeit w als Wellenausbreitungsgeschwindigkeit $w = \sqrt{g \cdot h_0}$ bei geringer Wassertiefe angenommen wird. Man erhält damit die absolute Größe der Schwall- und Sunkwellenhöhen $z = \Delta Q / (b_m \cdot c)$ näherungsweise nach *Vischer/Huber* (1993) mit der Wellengeschwindigkeit $c \approx \sqrt{g \cdot h_0} \pm \upsilon_0$ mit dem Vorzeichen (–) für Absperrschwall und Entnahmesunk und (+) für Absperrsunk und Füllschwall.

– Für Absperrschwall und Entnahmesunk:

$$c = \sqrt{g \cdot h_0} - \upsilon_0 \qquad \text{und damit} \qquad z = (Q_0 - Q)/(b_0 \cdot c) \tag{7.92a}$$

– Für Absperrsunk und Entnahmeschwall:

$$c = \sqrt{g \cdot h_0} + \upsilon_0 \qquad \text{und damit} \qquad z = (Q_0 - Q)/(b_0 \cdot c) \tag{7.92b}$$

υ_0 = Fließgeschwindigkeit im Gerinne vor der Änderung

Q_0 = Abfluss vor der Änderung (Ausgangszustand)

Q = Abfluss nach der Änderung

Da die relative Schwallgeschwindigkeit w, wie noch gezeigt wird, von weiteren Faktoren abhängt, ist das Ergebnis für z mit diesen Formeln eine orientierende Größe. Im angefügten Rechenbeispiel sind die Unterschiede erkennbar. Man erhält damit schnell eine Übersicht über die ungefähre Größe und Geschwindigkeit der Schwall- bzw. Sunkwelle.

Eine weitergehende Näherungsberechnung ist nach *Preß/Schröder* (1960) unter Vernachlässigung des von der Schwallhöhe z gebildeten realen Druckdreiecks möglich. Mit dem Vorzeichen (+) für Absperr- und Füllschwall und (–) für Absperr- und Entnahmesunk ergibt sich die Schwall- bzw. Sunkhöhe hier als absoluter Wert zu:

$$z = \left| \frac{(\upsilon_0 - \upsilon)^2}{2g} \pm \sqrt{\frac{(\upsilon_0 - \upsilon)^2}{2g} \cdot \left(\frac{(\upsilon_0 - \upsilon)^2}{2g} + \frac{2 \cdot A_0}{b_m} \right)} \right| \tag{7.93a}$$

Für die Sunkhöhe ergeben sich dabei negative z-Werte, für die weitere Berechnung ist nur der positive Sunk-z-Wert einzusetzen.

Zur Ermittlung von υ muss z zunächst abgeschätzt werden, um mit Q nach der Durchflussänderung mit

$$\upsilon = \frac{Q}{A_0 \pm b_m \cdot |z|} \qquad \text{mit } b_m = \frac{b_0 + b'}{2} \tag{7.94}$$

eine Iteration durchführen zu können, bis sich z nicht mehr ändert. Die Breite b_m ist dabei die mittlere Breite der Schwall- bzw. Sunkwelle.

Für den Absperrschwall beim vollständigen, plötzlichen Schließen ergibt sich die Schwallhöhe ($+z$) und die Sunkhöhe ($-z$) näherungsweise zu:

$$z = \frac{\upsilon_0^2}{2g} \pm \sqrt{\frac{\upsilon_0^2}{2g} \cdot \left(\frac{\upsilon_0^2}{2g} + \frac{2 \cdot A_0}{b_m} \right)} \tag{7.93b}$$

Zu beachten ist, dass bei allen Berechnungsergebnissen noch ein Zuschlag für z erforderlich ist, wenn es sich beim Schwall um eine Einzelwelle handelt (siehe Abschnitt 7.8.8).

7.8.6 Schwall in beliebig geformten Gerinnequerschnitten

Martin (1989) führt die Schwallberechnung iterativ durch, wobei er einen Anfangswert z. B. b' oder b_m für den Schwall schätzt. Für die Iteration sind mindestens $i = 3$ bis 4 Schritte erforderlich.

Mit $c = c_1 = \upsilon_0 - \sqrt{g \cdot A_0 / b_0}$ wird die erste Querschnittsfläche des Schwalls $\Delta A = \left| \frac{\Delta Q}{c} \right|$ ermittelt und daraus die erste Schwallhöhe zu $z = \frac{\Delta A}{b_m} = \frac{2 \cdot \Delta A}{b_0 + b'}$. Mit diesem ersten z kann nun die Berechnung von w aus Gleichung (7.87) erfolgen, wobei z_S und b' bzw. b_m entsprechend der Gerinneform aus ΔA ermittelt werden. Mit der relativen Schwallgeschwindigkeit w wird nun für den nächsten Iterationsschritt $c = \upsilon_0 - w$ und daraus ΔA und z ermittelt usw.

Eine exakte Schwallberechnung ist bei Gerinnen aufwendig, sofern die seitliche Begrenzung (Ufer) im Schwallbereich keiner geometrischen Form zugeordnet werden kann. Hier helfen nur Annahmen.

Wesentlich vereinfacht sich die Berechnung, wenn sich im Uferbereich des Gerinnes **senkrechte Wände** befinden und ΔA durch $b_0 \cdot z$ ersetzt werden kann. Mit der Anfangsschätzung $c = c_1 = \upsilon_0 - \sqrt{g \cdot A_0 / b_0}$ und $z = \Delta Q / (c \cdot b_0)$ wird aus Gleichung (7.91) mit $\Delta A = b_0 \cdot z$ die Berechnung der relativen Schwallgeschwindigkeit w und daraus der absoluten Schwallgeschwindigkeit c durchgeführt:

$$w = \sqrt{g \cdot z} \cdot \sqrt{1{,}5 + \frac{A_0}{z \cdot b_0} + \frac{z \cdot b_0}{2 \cdot A_0}} \qquad c = \upsilon_0 - w \tag{7.95}$$

Mit dem neuen c wird nun wieder ein neues z usw. bestimmt, womit sich der Rechenaufwand der Iteration erheblich vereinfacht.

Analog findet die Iteration für das **Rechteckgerinne** (Bild 7.47c) statt, nur dass sich nun auch die Querschnittsfläche A_0 durch den Ausdruck $b_0 \cdot h_0$ ersetzen lässt. Gleichung (7.95) wird damit für den Schwall mit (+) und für den Sunk mit (–) zu:

$$w = \sqrt{g \cdot h_0} \cdot \sqrt{1 \pm \frac{3}{2} \cdot \frac{z}{h_0} + \frac{1}{2} \cdot \left(\frac{z}{h_0}\right)^2} \tag{7.96}$$

Die Berechnung von c erfolgt dann wieder entsprechend den vorhergehenden Ausführungen.

Für den **Trapezquerschnitt** (Bild 7.47b) mit der Böschungsneigung n erfolgt die Berechnung analog eines beliebig geformten Querschnittes nach Gleichung (7.87) für den Schwall und nach Gleichung (7.90) für den Sunk (siehe Abschnitt 7.8.7).

Es wird wieder die Anfangsschätzung mit $c = c_1 = v_0 - \sqrt{g \cdot A_0/b_0}$ durchgeführt und daraus $\Delta A = |\Delta Q/c|$ ermittelt. Danach kann die Schwallhöhe z und der Schwerpunktabstand z_S für den Trapezquerschnitt ΔA bestimmt werden.

$$z = \sqrt{\left(\frac{b_0}{2 \cdot n}\right)^2 + \frac{\Delta A}{n}} - \frac{b_0}{2 \cdot n} \qquad z_S = \frac{z}{3} \cdot \frac{3 \cdot b_0 + n \cdot z}{2 \cdot b_0 + n \cdot z} \tag{7.97}$$

Beispielhaft ergibt sich für den Schwall:

$$w = \sqrt{g \cdot z} \cdot \sqrt{\left(1 + \frac{\Delta A}{A_0}\right) \cdot \left(\frac{A_0}{\Delta A} + \frac{z_S}{z}\right)} \qquad c = v_0 \pm w \tag{7.98}$$

Für den Füllschwall erfolgt die Ausbreitung mit der Strömung (+) bzw. für den Stauschwall entgegen der Strömung (–).

Mit der daraus ermittelten absoluten Schwallgeschwindigkeit c beginnt der nächste Iterationsschritt. Die Berechnung wird so lange fortgesetzt, bis sich die Werte nicht mehr ändern.

Bei gleicher Durchflussänderung und bei gleich großem Grundquerschnitt A_0 von Kanälen ist beim Rechteckkanal die Schwallhöhe z größer als beim Trapezkanal.

Bei geschlossenen Kanälen (siehe Tabelle 7.8) würde eine Schwallwelle rasch zum Zuschlagen mit den in Abschnitt 7.3.2 beschriebenen Folgen führen.

7.8.7 Iterative Berechnung der Sunkwellen

Entsprechend dem Berechnungsansatz im Abschnitt 7.8.3 für Sunkwellen unterscheiden sich die Formeln gegenüber dem Schwall etwas, können aber z. B. für den Recheckquerschnitt durch Vorzeichenumkehr ineinander überführt werden.

Der Berechnungsvorgang ist wie beim Schwall iterativ. Durch eine Anfangsschätzung der Sunkwellengeschwindigkeit mit $w = \sqrt{g \cdot A_0/b_0}$ wird $c = c_1 = v_0 \pm w$ mit (+) für Absperrsunk und (–) für Entnahmesunk ermittelt. Mit dieser Anfangsschätzung wird die Querschnittsfläche der Sunkwelle mit $\Delta A = |\Delta Q/c|$ ermittelt. Die Werte ΔA und z werden hier als absolute Größen bestimmt.

Für die unterschiedlichen Querschnittsformen erfolgt nun die Berechnung von z und z_S:

Rechteckquerschnitt: $z = \Delta A/b_0$ $\qquad z_S = z/2$ (7.99)

Trapezquerschnitt: $z = \frac{b_0}{2 \cdot n} - \sqrt{\left(\frac{b_0}{2 \cdot n}\right)^2 - \frac{\Delta A}{n}}$ $\qquad z_S = \frac{z}{3} \cdot \frac{3 \cdot b_0 - 2 \cdot n \cdot z}{2 \cdot b_0 - n \cdot z}$ (7.100)

Nach Gleichung (7.90) bzw. für den Rechteckquerschnitt nach Gleichung (7.91) erfolgt nun die Berechnung von w und daraus von c. Für den Absperrsunk erfolgt die Ausbreitung mit der Strömung (+) und für den Entnahmesunk entgegen der Strömung (–).

$$w = \sqrt{g \cdot z} \cdot \sqrt{\left(1 - \frac{\Delta A}{A_0}\right) \cdot \left(\frac{A_0}{\Delta A} + \frac{z_S}{z} - 1\right)} \qquad c = \upsilon_0 \pm w \tag{7.101}$$

Danach beginnt ein neuer Berechnungszyklus.

Eine Kontrolle der Iterationsergebnisse kann über den Vergleich zwischen berechneter und gegebener Durchflussänderung erfolgen mit $\Delta Q = c \cdot \Delta A = c \cdot b_0 \cdot z$.

7.8.8 Verformung von Schwallwellen

Schwallwellen können mit den Formen des Wechselsprunges verglichen werden. Der Wechselsprung mit Deckwalze entspricht einer brandenden Welle (Schwallwelle mit brandendem Schwallkopf), während der gewellte Wechselsprung als eine in Einzelwellen aufgelöste Schwallwelle sichtbar wird.

Bedingungen für brandende Schwallwellen sind:

$$Fr_1 = \frac{w}{\sqrt{h \cdot h_0}} > 1{,}28$$
$$z / h_0 > 0{,}37 \quad \text{bzw.} \quad z > h_0/3 \tag{7.102}$$

Der überwiegende Anteil von Schwallwellen, der z. B. durch das rasche Öffnen von Verschlüssen entsteht, löst sich in Einzelwellen auf. Dabei erreicht die erste Hebungswelle die größte Wellenhöhe z_{max}, die nachfolgenden Einzelwellen schwingen um eine mittlere Wellenhöhe z_m. *Martin* (1989) hat die Kriterien für die Bemessung von Einzelwellen auf der Grundlage theoretischer und experimenteller Untersuchungen zusammengestellt. Anhand von Bild 7.49 sind die einzelnen Wellenparameter einer in Einzelwellen aufgelösten Schwallwelle ersichtlich.

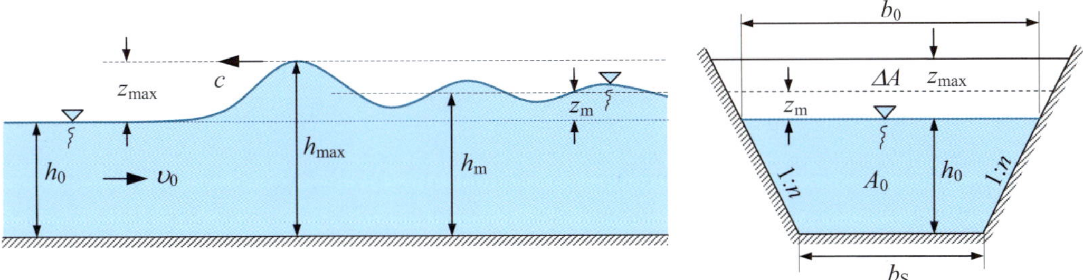

Bild 7.49 Größte der ersten Hebungswellen bei in Einzelwellen aufgelöster Schwallwelle

Als Grenze für die Entstehung von Einzelwellen gilt im Rechteckquerschnitt:

$$Fr_1 = \frac{w}{\sqrt{g \cdot h_0}} = \sqrt{1 + \frac{3}{2} \cdot \frac{z}{h_0} + \frac{1}{2} \cdot \left(\frac{z}{h_0}\right)^2} < 1{,}34 \tag{7.103}$$

Die maximale Schwallhöhe wird im Rechteckquerschnitt $z_{max} \leq 1{,}5 \cdot z$.

Im Trapezquerschnitt wird zunächst:

$$Fr_1 = \frac{w_1}{\sqrt{g \cdot \frac{A_0}{b_0}}} = \frac{c - v_0}{\sqrt{g \cdot \frac{A_0}{b_0}}} \tag{7.104}$$

Die Wellengeschwindigkeit w_1 wird im ersten Schritt aus Gleichung (7.98) ermittelt.

Nach *Martin* (1989) kann aus folgender Gleichung h_{max} berechnet werden:

$$\frac{(b_S + n \cdot h_{max}) \cdot h_{max}}{b_S + 2 \cdot n \cdot h_{max}} = Fr_1^2 \cdot \frac{(b_S + n \cdot h_0) \cdot h_0}{b_S + 2 \cdot n \cdot h_0} \tag{7.105}$$

Man erhält die maximale Wellenhöhe mit $z_{max} = h_{max} - h_0$.

Näherungsweise gilt auch hier $z_{max} \leq 1{,}5 \cdot z$.

Analog zu h_{max} kann die mittlere Wellenhöhe h_m und damit die mittlere Schwallhöhe z_m aus folgenden Gleichungen berechnet werden:

$$\frac{(b_S + n \cdot h_m) \cdot h_m}{b_S + 2 \cdot n \cdot h_m} = \frac{1 + 2 \cdot Fr_1^2}{3} \cdot \frac{(b_S + n \cdot h_0) \cdot h_0}{b_S + 2 \cdot n \cdot h_0} \qquad z_m = h_m - h_0 \tag{7.106}$$

Ungeachtet dieser betrachteten Wellenparameter wird der rückströmende Abfluss der Schwallwelle $\Delta Q = \Delta A \cdot c = \Delta Q_{gegeben}$, wobei ΔA mit der Schwallhöhe z berechnet wird.

Die Stabilitätsgrenze für die Ausbildung von Einzelwellen liegt bei etwa

$$z \le h_0/3 \text{ oder } \max\left(\frac{h_{max}}{h_0}\right) = Fr_1^2 \le 1{,}8 \tag{7.107}$$

Wird z_{max} nach diesen Kriterien größer, so brandet die Welle, der Schwall ähnelt dem Wechselsprung mit Deckwalze. Aufgrund der Reibungseinflüsse sowie der Neigung der Gerinnesohle neigen Einzelwellen nach einer gewissen Laufzeit bereits bei $Fr_1 \le 1{,}2$ zum Branden.

Das folgende Zahlenbeispiel soll die Formeln und Hinweise untermauern.

Zusätzliche Rechenbeispiele sind z. B. zu finden bei *Martin et al.* (2014), bei *Bollrich* (2019) sowie bei *Lattermann* (1997) und *Bornschein* (2006).

7.8.9 Berechnungsbeispiel

In einem Werkskanal, der zu einem Wasserkraftwerk mit 3 Turbinen mit einem Durchfluss je Turbine von 30 m³/s führt, fließen im Normalfall $Q = 90$ m³/s mit $\upsilon_0 = 2$ m/s. Der Werkskanal hat ein Trapezprofil mit folgenden Abmessungen:

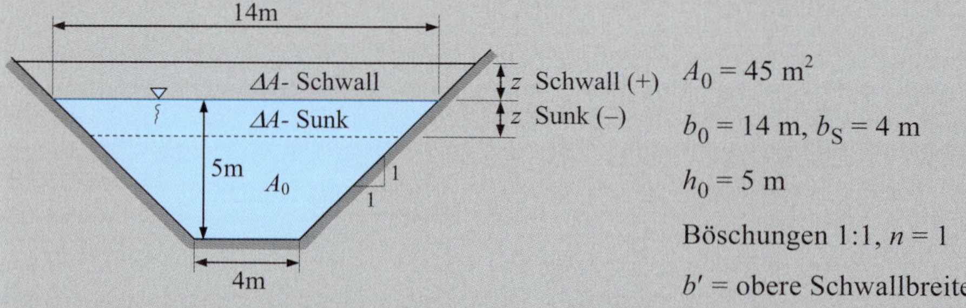

Bild 7.50 Beispiel Schwallberechnung im Trapezprofil

Durch plötzlichen Ausfall einer Turbine wird der Durchfluss von $Q_0 = 90$ m³/s auf $Q = 60$ m³/s reduziert. Es ist die auftretende Schwallhöhe z vor dem Kraftwerk nach den unterschiedlichen Verfahren zu berechnen. Als Vergleich ist der mögliche Sunk mit der Wasserspiegelabsenkung z nach dem Kraftwerk bei gleichem Unterwasserquerschnitt zu ermitteln.

a) Näherungsberechnung nach *Vischer/Huber* (2002):

Stauschwall: Gleichung (7.90a): $c = \sqrt{g \cdot h_0} - \upsilon_0 = \sqrt{9{,}81 \cdot 5} - 90/45 = 5$ m/s

$$z = \frac{Q_0 - Q}{b_0 \cdot c} = \frac{90-60}{14 \cdot 5} = \underline{\underline{0{,}43 \text{ m}}}$$

Absperrsunk: Gleichung (7.90b): $c = \sqrt{g \cdot h_0} + \upsilon_0 = \sqrt{9{,}81 \cdot 5} + 90/45 = 9$ m/s

$$z = \frac{Q_0 - Q}{b_0 \cdot c} = \frac{90 - 60}{14 \cdot 9} = \underline{\underline{0{,}24 \text{ m}}}$$

b) Näherungsberechnung nach *Preß/Schröder* (1966):

Schwall: Gleichung (7.91a), es gilt das Pluszeichen:

Mittlere Schwallbreite $b_m = b_0 + m \cdot z = 14 \text{ m} + z$

$$\upsilon = \frac{Q}{A_0 + b_m \cdot z} = \frac{60}{45 + (14 + z) \cdot z}$$

$$z = \frac{(2-\upsilon)^2}{2g} + \sqrt{\frac{(2-\upsilon)^2}{2g} \cdot \left(\frac{(2-\upsilon)^2}{2g} + \frac{2 \cdot 45}{14 + z} \right)}$$

Anfangswert geschätzt $z = 0{,}45$ m

Die Zielwertsuche dieser impliziten Lösung ergibt $z = \underline{0{,}522 \text{ m}}$.

Sunk: Gleichung (7.91b), es wird mit positivem z gerechnet:

Mittlere Schwallbreite $b_m = b_0 - n \cdot z = 14 \text{ m} - z$

$$\upsilon = \frac{Q}{A_0 - b_m \cdot z} = \frac{60}{45 - (14 - z) \cdot z}$$

$$z = \left| \frac{(2-\upsilon)^2}{2g} - \sqrt{\frac{(2-\upsilon)^2}{2g} \cdot \left(\frac{(2-\upsilon)^2}{2g} + \frac{2 \cdot 45}{b_m} \right)} \right|$$

Mit dem Startwert $z = 0{,}45$ m erhält man nach 4 Iterationen bzw. mit der Zielwertsuche die Lösung $z = \underline{0{,}295 \text{ m}}$.

Tabelle 7.12 Iterationsberechnung nach Preß/Schröder (1966)

Größe	Einheit	Schwall				Sunk			
		1	2	3	4	1	2	3	4
z_i	m	0,45	0,507	0,519	0,521	0,45	0,256	0,305	0,293
b_{mi}	m	14,45	14,507	14,519	14,521	13,55	13,74	13,70	13,71
υ_i	m/s	1,165	1,146	1,142	1,141	1,542	1,446	1,470	1,464
z_{i+1}	m	0,507	0,519	0,521	**0,522**	0,256	0,305	0,293	**0,295**

c) Berechnung nach Gleichung (7.87) und (7.90):

Schwall: Anfangswert: $c = c_1 = v_0 - \sqrt{g \cdot A_0/b_0} = 2 - \sqrt{9{,}81 \cdot 45/9} = -5$ m/s

$$\Delta A = |\Delta Q/c| = |30/c|$$

$$z = \sqrt{7^2 + \frac{\Delta A}{1}} - 7$$

$$c = 2 - \sqrt{g \cdot z} \cdot \sqrt{\left(1 + \frac{\Delta A}{45}\right) \cdot \left(\frac{45}{\Delta A} + \frac{z_S}{z}\right)} \qquad z_S = \frac{z}{3} \cdot \frac{3 \cdot 14 + z}{2 \cdot 14 + z}$$

Die Zielwertsuche dieser impliziten Lösung ergibt $c = 4{,}17$ m/s, $\Delta A = 7{,}19$ m², $z_S = 0{,}245$ m und $z = \underline{\underline{0{,}496\ \text{m}}}$.

Sunk: Anfangswert: $c = c_1 = v_0 + \sqrt{g \cdot A_0/b_0} = 2 + \sqrt{9{,}81 \cdot 45/14} = 7{,}61$ m/s

$\Delta A = |\Delta Q/c| = |-30/c|$; es wird hier mit einem positiven z gerechnet.

$$z = 7 - \sqrt{7^2 - \frac{\Delta A}{1}} \qquad z_S = \frac{z}{3} \cdot \frac{3 \cdot 14 - 2 \cdot z}{2 \cdot 14 - z}$$

$$c = 2 + \sqrt{g \cdot z} \cdot \sqrt{\left(1 - \frac{\Delta A}{45}\right) \cdot \left(\frac{45}{\Delta A} + \frac{z_S}{z} - 1\right)}$$

Die Zielwertsuche dieser impliziten Lösung ergibt $c = 7{,}28$ m/s, $\Delta A = 4{,}12$ m², $z_S = 0{,}15$ m und $z = \underline{\underline{0{,}301\ \text{m}}}$.

Tabelle 7.13 Iterationsberechnung nach Gleichung (7.84) und (7.87)

Größe	Einheit	Schwall				Sunk			
		1	2	3	4	1	2	3	4
c_i	m/s	–3,615	–4,259	–4,163	–4,176	7,615	7,299	7,286	7,615
ΔA_i	m²	8,3	7,04	7,21	7,18	3,94	4,11	4,12	3,94
z_i	m	0,570	0,486	0,497	**0,496**	0,287	0,300	**0,301**	0,287
z_{Si}	m	0,283	0,242	0,247	0,246	0,143	0,149	0,150	0,143
w	m/s	6,259	6,163	6,176	6,174	5,299	5,286	5,285	5,299

Die Näherungslösung mit $z_S = z/2$ ergibt keine nennenswerten Abweichungen zur korrekten Lösung, so dass die Schwerpunktermittlung der Belastungsfläche vereinfacht mit der mittleren Höhe angenommen werden kann.

d) Überprüfung für Einzelwelle

Mit $w = 6{,}174$ ergibt sich die Froude-Zahl nach Gleichung (7.103) zu:

$$Fr_1 = \frac{w}{\sqrt{g \cdot A_0 / b_0}} = \frac{6{,}174}{\sqrt{9{,}81 \cdot 45/14}} = 1{,}10 < 1{,}28$$

Die Bildung einer Einzelwelle ist möglich!

Die Höhe der Einzelwelle ergibt sich aus Gleichung (7.104) mit $b_S = 4$ m zu:

$$\frac{(4 + 1 \cdot h_{max}) \cdot h_{max}}{4 + 2 \cdot 1 \cdot h_{max}} = 1{,}1^2 \cdot \frac{(4 + 1 \cdot 5) \cdot 5}{4 + 2 \cdot 1 \cdot 5} \Longrightarrow h_{max} = 6{,}26 \text{ m}$$

$$z_{max} = h_{max} - h_0 = 6{,}26 - 5 = 1{,}26 \text{ m} < h_0/3 = 1{,}67 \text{ m}$$

Auf ähnliche Weise berechnet sich die mittlere Wellenhöhe h_m nach Gleichung (106) zu:

$$\frac{(4 + 1 \cdot h_m) \cdot h_m}{4 + 2 \cdot 1 \cdot h_m} = \frac{1 + 2 \cdot 1{,}1^2}{3} \cdot \frac{(4 + 1 \cdot 5) \cdot 5}{4 + 2 \cdot 1 \cdot 5} \Longrightarrow h_m = 5{,}84 \text{ m}$$

$$z_m = h_m - h_0 = 5{,}84 - 5 = 0{,}84 \text{ m}$$

e) Vergleich der Lösungen

Die Näherungslösungen ergaben ähnliche Werte für z, was an den vergleichsweise geringen Verhältnissen von z/h_0 bzw. der großen Wassertiefe liegt. Die exakte Lösung nach *Martin* (1989) ermöglicht eine Einschätzung zum Charakter der Schwallwelle und damit bessere Vorkehrungen und Maßnahmen gegen Überschwappen der Welle.

Tabelle 7.14 Vergleich der Lösungen

Autoren:	***Vischer/ Huber***	***Preß/ Schröder***	***Martin*** $z_S = z/2$	**Einzelwelle** z_{max}	z_m
Schwallhöhe z [m]	0,43	0,522	0,496	1,26	0,84
Sunkhöhe z [m]	0,24	0,295	0,301		

Damit kann eingeschätzt werden, dass die Schwallwelle eine Höhe von etwa 0,5 m hat und an der Wellenfront gemäß Bild 7.49 als Einzelwelle mit einer maximalen Höhe von $z_{max} = 1{,}26$ m bei einer mittleren Höhe der Wellenfront von etwa $z_m = 0{,}84$ m auftritt. Die Kontrolle der Durchflussänderung ergibt $\Delta Q = |c \cdot \Delta A| = 4{,}176 \text{ m/s} \cdot 7{,}18 \text{ m}^2 = 30 \text{ m}^3/\text{s}$.

Nachbemerkung: Der Ausfall der gesamten Wasserkraftanlage mit $\Delta Q = 90 \text{ m}^3/\text{s}$ verursacht eine Schwallhöhe von etwa $z = 1{,}3$ m, wobei die Schwallwelle brandet und dabei die Form ähnlich eines Wechselsprungs mit Deckwalze annimmt.

Baumhackel (1992) berichtet über einen Großversuch mit Schwallwellen in einem 3,5 km langen trapezförmigen Werkskanal, bei welchem beeindruckende Einzelwellen entstanden.

Der Kanal hatte eine Wassertiefe von 9 m und eine Wasserspiegelbreite von ca. 45 m, Böschungsneigung von 1:1,75 bis 1:2. Für den Großversuch wurde der Durchfluss von 425 m^3/s in 6 Sekunden auf null gedrosselt.

Es entstanden Einzelwellen von z = 1,23 m Höhe in Kanalmitte, an den Uferböschungen kam es zum Aufgleiten der Schwallwelle bis z_{max} = 2,5 m. Auf den Fotos des Beitrages sind mehrere hintereinander anrollende Einzelwellen erkennbar.

7.8.10 Maßnahmen zum Schwallabschlag

Bei Freispiegelgerinnen, in welchem infolge plötzlicher Durchflussänderung Schwallwellen auftreten können, sind Maßnahmen erforderlich, um ein Übertreten der Schwallwellen über das Ufer und damit verbundene Überflutungen zu verhindern. Besondere Bedeutung haben Triebwasserkanäle von Wasserkraftwerken. Eine mögliche Schwallwelle muss so beherrscht werden, dass sie weder dem Kraftwerk noch der Umgebung des Zulaufkanals Schaden zufügt.

Eine Möglichkeit ist, die Schwallwelle am Wasserkraftwerk durch Überläufe in Form von Streichwehren aufzunehmen und am Krafthaus vorbeizuleiten. Das kann zu beiden Seiten des Krafthauses oder auch – bei entsprechend großer Überlauflänge – einseitig aus dem Zulaufkanal heraus erfolgen.

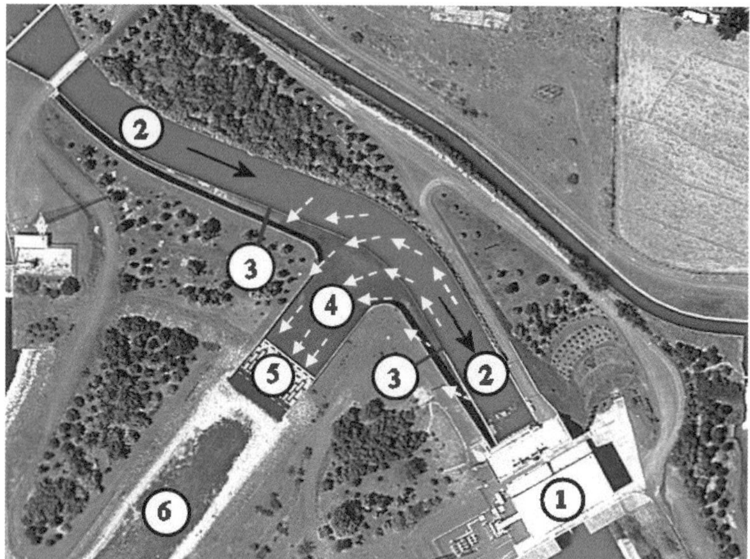

Bild 7.51 Wasserkraftwerk in der Maule-Region, Chile, mit Triebwasserkanal und Schwallabschlag

1 – Wasserkraftwerk, 2 – Triebwasserkanal, 3 – Streichwehr, 4 – Schwallauffanggerinne, 5 – Absturzbauwerk, 6 – Ablaufkanal im Original-Flussbett

⟶ Hauptfließrichtung, ⇠ – Fließrichtung der Schwallwelle

(Bild-Quelle: Googlemaps)

Das im Bild 7.51 gezeigte Bild einer Wasserkraftanlage in Chile, das sich am Ende eines Zulaufkanals befindet, zeigt eine einseitige Überlauflösung über ein langes Streichwehr in eine seitliche, vom Zulaufkanal wegführende Auffangrinne zu einem anschließenden Absturzbauwerk und Ableitung des Schwallwassers ins Unterwasser des Originalflussbettes.

7.9 Ausfluss aus Öffnungen und unter Schützen

Der Ausfluss aus Öffnungen von Wasserspeichern, wie z. B. Talsperren, oder von Behältern, wie z. B. Hochbehältern, aber auch von Gefäßen, wie z. B. Weinfässern, ist abhängig vom Innendruck bzw. von der Druckhöhe an der Öffnung, vom Querschnitt der Öffnungsfläche und von deren Form und Anströmung. Man unterscheidet zwischen Bodenöffnungen, Seitenöffnungen und Schützöffnungen. Bei Bodenöffnungen und Seitenöffnungen herrscht im Austrittsquerschnitt ein relativ gleichmäßiger Druck, der an den Seitenrändern der Öffnung dem Außendruck entspricht. Die vollständige Umwandlung der potentiellen Energie in Geschwindigkeit wird erst an der Stelle der ausgebildeten Strahlkontraktion erreicht. Bei Schützöffnungen bildet sich wegen der Sohlbegrenzung eine Wandströmung mit hydrostatischer Druckverteilung aus.

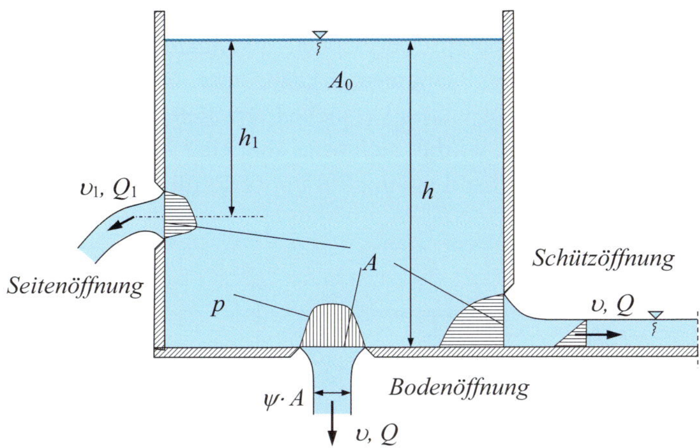

Bild 7.52 Ausfluss aus Seitenöffnung, Bodenöffnung und Schützöffnung

Bei Bodenöffnungen befindet sich die Öffnungsfläche gleich tief unter dem Wasserspiegel und ist deshalb konstant mit Druck belastet. Bei Seitenöffnungen liegt die Öffnungsfläche unterschiedlich tief unter dem Wasserspiegel und wird deshalb nicht gleichmäßig mit Druck belastet. Je tiefer eine Seitenöffnung liegt, umso mehr gleicht sie einer Bodenöffnung, da die Druckunterschiede immer geringer werden. Befindet sich die Seitenöffnung nahe dem Wasserspiegel, können die üblichen Ausflussfunktionen nicht mehr angewendet werden. Ab einer Stauhöhe von $h_1 > 1{,}5$-mal der Öffnungshöhe der Seitenöffnung ist der Formelunterschied zwischen Seitenöffnung und Bodenöffnung nur noch gering und ab $h_1 = 5 \cdot a$ kann nach *Zanke* (2013) die Formel für Bodenöffnungen, mit h_1 als Abstand zwischen Wasserspiegel und Schwerpunkt der Öffnungsfläche, und den entsprechenden Ausflussbeiwerten verwendet werden. Schützöffnungen unterscheiden sich von Boden- und Seitenöffnungen dadurch, dass bei der Auflösung der Energiegleichung nicht die volle potentielle Energiehöhe h für die Geschwindigkeit zur Verfügung steht, sondern der hydrostatische Druck nach dem Austritt abzuziehen ist. Neben der Energieverlusthöhe reduziert dieser Wasserstand nach dem Schütz die zur Verfügung stehende Energiehöhe.

7.9.1 Bodenöffnungen

Für eine sehr kleine Öffnungsfläche A gegenüber der Behälterfläche A_0 ($A << A_0$) wird aus der Energiegleichung die Austrittsgeschwindigkeit υ für Öffnungen ermittelt:

$$\upsilon = \sqrt{2g \cdot (h - h_V)} = \varphi \cdot \sqrt{2g \cdot h} \tag{7.108}$$

Diese Geschwindigkeit tritt am eingeengten Querschnitt $\psi \cdot A$ auf (**vena contracta**), wo sich die potentielle Energie vollständig in kinetische Energie umgewandelt hat. Die Kontinuitätsgleichung in diesem Querschnitt lautet:

$$Q = \psi \cdot A \cdot \upsilon = \psi \cdot \varphi \cdot A \cdot \sqrt{2g \cdot h} = \mu_A \cdot A \cdot \sqrt{2g \cdot h} \tag{7.109}$$

Der Verlustbeiwert φ und der Kontraktionsbeiwert ψ werden zusammengeführt zum Ausflussbeiwert μ_A der Öffnung. Dieser Beiwert ist für gleiche Geometrie und Randbedingungen gleich und wird als Torricelli's Theorem bezeichnet. *Evangelista Torricelli*, Wissenschaftler und Mathematiker, hat dieses Phänomen erkannt und im Jahre 1643 niedergeschrieben. Der Ausflussbeiwert wurde in vielen Versuchen ermittelt. Da er in sich alle Abweichungen und Einflussfaktoren vereint, wird er sich trotz ähnlicher Randbedingungen von Fall zu Fall unterscheiden. Nachfolgend sollen einige Richtwerte für den Ausflussbeiwert genannt werden.

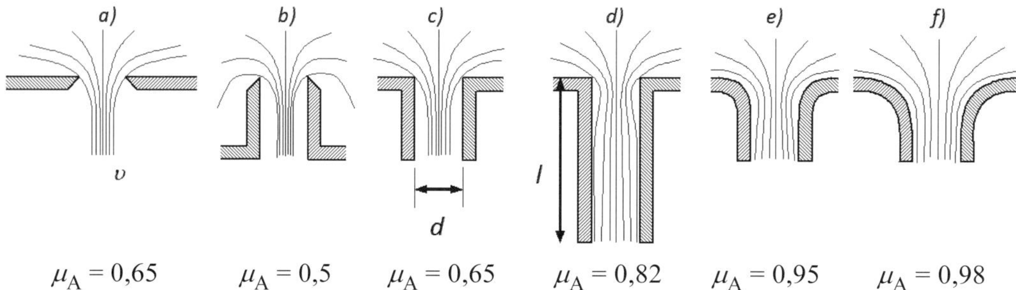

Bild 7.53 Ausflussbeiwerte unterschiedlicher Öffnungsformen

a) Typischer scharfkantiger Ausfluss mit dem theoretischen Ausflussbeiwert $\mu_A = 0{,}61$. Praktisch wird hier der Wert $\mu_A = 0{,}65$ angegeben.

b) Die sogenannte Borda'sche Öffnung, ein in den Behälter hineinragendes Rohr muss gegen die Strömung angeströmt werden und verursacht dadurch eine maximale Einschnürung von theoretisch $\mu_A = 0{,}5$.

c) Scharfkantige Öffnung mit kurzem Rohransatz. Kann der Strahl sich frei entfalten, entspricht der Ausflussbeiwert dem von a), legt der Strahl sich allerdings etwas an die Rohrwand an, dann kann der Ausflussbeiwert einen Wert bis $\mu_A = 0{,}82$ annehmen.

d) Ausflussöffnung mit Rohrstutzen und anliegendem Strahl. Der Ausflussquerschnitt entspricht dem vollen Öffnungsquerschnitt ohne Einschnürung. Der Ausflussbeiwert kann aus dem Reibungsverlust und den örtlichen Verlustbeiwerten, z. B. für den Rohraustritt 1 und den Einlauf 0,5, des Rohrstückes mit der Länge l zu $\mu_A = \frac{1}{\sqrt{1+0{,}5+\lambda \cdot l/d}}$ ermittelt werden und wird für Rohrlängen $l \le 3d$ etwa $\mu_A = 0{,}8$. Mit größer werdenden Längen wird der Beiwert kleiner. Allerdings muss beachtet werden, dass im Gegensatz zu horizontalen Rohrstutzen bei senkrechten nach unten gerichteten Rohrstutzen die Rohrlänge zur Druckhöhe h dazugezählt werden muss (siehe Kapitel 6).

e) Gut ausgerundeter Auslauf mit Beiwerten bis $\mu_A = 0{,}95$.

f) Stromlinienförmig ausgerundeter Auslauf (Trompetenform) mit Beiwerten bis nahe 1.

Für Druckbehälter mit dem absoluten Innendruck p, größer als der Luftdruck p_{amb}, erfolgt die Berechnung des Ausflusses unter Berücksichtigung des Innen- und Außendruckes mit folgender Gleichung:

$$Q = \mu_A \cdot A \cdot \sqrt{2\left(g \cdot h + \frac{p - p_{amb}}{\rho}\right)} \tag{7.110}$$

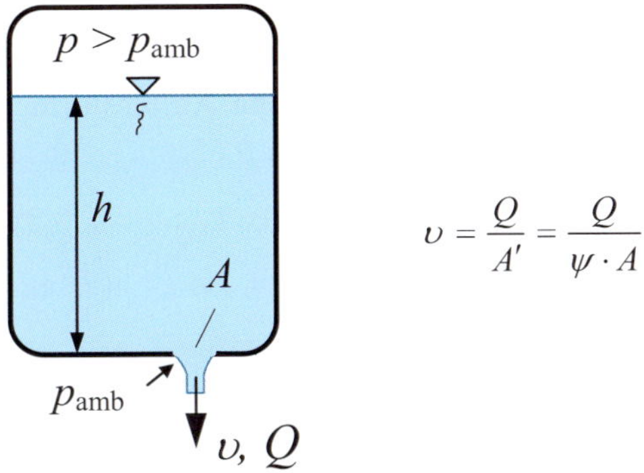

$$v = \frac{Q}{A'} = \frac{Q}{\psi \cdot A}$$

Bild 7.54 Ausfluss aus einem Druckbehälter

7.9.2 Seitenöffnung

Wie bereits oben beschrieben können Seitenöffnungen mit einer Öffnungshöhe a bei einer Stauhöhe von $h_1 \ge 5 \cdot a$ wie Bodenöffnungen betrachtet werden und es gilt (Bild 7.52):

$$Q_1 = \mu_A \cdot A \cdot \sqrt{2g \cdot h_1} \tag{7.111}$$

Aber auch bereits ab $h_1 > 1{,}5 \cdot a$ ist die Anwendung dieser Formel mit geringen Abweichungen möglich. Die Ausflussbeiwerte für Seitenöffnungen können angelehnt an die Ausflussbeiwerte für Bodenöffnungen verwendet werden, allerdings lässt bei Verringerung der Stauhöhe h_1 über der Öffnung die Krümmung der Stromlinie des Austrittsstrahles und damit die Kontraktion nach und der Ausflussbeiwert wird größer. Für scharfkantige Seitenöffnungen sind Werte aus *Bollrich* (2019) und *Zanke* (2013) in folgender Tabelle 7.15 zusammengefasst:

Tabelle 7.15 Ausflussbeiwerte für scharfkantige Öffnungen

Öffnung	Fläche A	Bedingung	Verhältnis a/b	μ_A
Schlitz	$a \cdot b$	$a << b$	≈ 0	0,673
flaches Rechteck	$a \cdot b$	$a < b$	0,1	0,672
			0,2	0,667
			0,5	0,640
Quadrat	a^2	$a = b$	1	0,582
hohes Rechteck	$a \cdot b$	$a > b$	1,5	0,504
			2	0,438
Kreis	$\pi / 4 \cdot d^2$	$a = b = d$	1	0,607

Bei großen Seitenöffnungen mit einer großen Öffnungshöhe a gegenüber h_1 wird die aus der Integration eines angenommenen Geschwindigkeitsprofiles über a ermittelte Abflussformel empfohlen, wobei die Ausflussbeiwerte nach *Heinemann* (2003) zwischen $0{,}65 \leq \mu_A \leq 0{,}71$ empfohlen werden.

$$Q_1 = \mu_A \cdot \frac{2}{3} \cdot b \cdot \sqrt{2g} \cdot \left[\left(h_1 + a/2\right)^{3/2} - \left(h_1 - a/2\right)^{3/2} \right] \tag{7.112}$$

Ebenso wie bei Bodenöffnungen kann bei einem durch einen Rückstau beeinflussten Ausfluss nicht mehr die volle Druckhöhe aus dem Behälter für die Ausflussberechnung herangezogen werden, sondern es muss mit der Reduzierung durch den Außenwasserstand gerechnet werden. Die für die Geschwindigkeit zur Verfügung stehende Energiehöhe reduziert sich und wird nicht mehr aus dem Wasserstand im Behälter berechnet, sondern aus der Differenz Δh zwischen Innenwasserstand und Außenwasserstand.

$$Q_1 = \mu_A \cdot A \cdot \sqrt{2g \cdot \Delta h} \tag{7.113}$$

7.9.3 Ausfluss unter Schützen

Eine spezielle Art des Ausflusses ist die unter einer Schütztafel. Als Schütztafel oder Schütz wird in der Regel ein senkrechter Verschluss bezeichnet, welcher beim Öffnen unterströmt wird. Ein Schütz kann als Wehrverschluss eingesetzt werden, aber auch als Verschluss in Grundablässen oder bei Seitenauslässen an Talsperren. Ein Schütz kann aber auch geneigt sein oder als bewegliche Klappe in Abhängigkeit vom Wasserstand den Ausfluss regeln.

Man unterscheidet zwischen einem freien und einem rückgestauten Ausfluss. Die Ausbildung der Unterkante der Schütztafel entscheidet, wie weit sich der austretende Wasserstrahl einschnürt. Beim Austritt des Wassers aus der Schützöffnung kommt es in Abhängigkeit von der Neigung und dem Wasserstand davor zur Kontraktion des austretenden Strahles, bis eine hydrostatische Druckverteilung vorliegt und die Geschwindigkeitsvektoren parallel zur Sohle ausgerichtet sind. Wegen der Beschleunigungsströmung werden hydraulische Verluste oft vernachlässigt. Vergleiche mit Messwerten zeigen, dass sie unter bestimmten Bedingungen vorhanden sind.

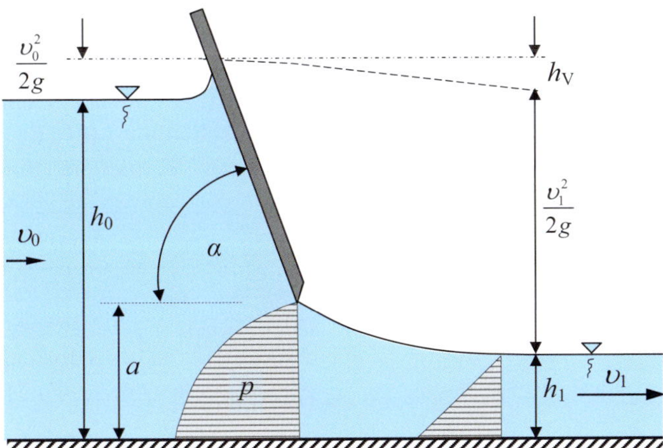

Bild 7.55 Systembild Ausfluss unter Schützen

Unter Verwendung des unter Abschnitt 7.4.5 eingeführten Verlustbeiwertes m kann die Energiehöhengleichung wieder geschrieben werden.

$$h_0 + \frac{v_0^2}{2g} = h_1 + \frac{v_1^2}{2g} + h_V = h_1 \cdot m + \frac{v_1^2}{m^2 \cdot 2g} \tag{7.114}$$

Mit der Kontinuitätsbedingung für den ebenen Fall $v_0 \cdot h_0 = v_1 \cdot h_1$ kann Gleichung (7.114) umgestellt werden zu:

$$\frac{v_1^2}{m^2 \cdot 2g} \cdot \left(1 - \frac{h_1^2}{h_0^2} \cdot m^2\right) = h_0 \cdot \left(1 - \frac{h_1}{h_0} \cdot m\right)$$

Durch Vereinfachung mit Hilfe der binomischen Formel ergibt sich theoretisch:

$$\upsilon_1 = \frac{m}{\sqrt{1+\frac{h_1}{h_0}\cdot m}} \cdot \sqrt{2g \cdot h_0} = \varphi \cdot \sqrt{2g \cdot h_0} \tag{7.115}$$

Wird der Unterwasserstand nun mit $h_1 = \psi \cdot a$, also einem Einschnürungsbeiwert und der Öffnungshöhe a des Schützes dargestellt, dann kann der spezifische Ausfluss q mit Hilfe der Kontinuitätsbedingung für das unterströmte Schütz geschrieben werden:

$$q = \frac{Q}{b} = \psi \cdot \varphi \cdot a \cdot \sqrt{2g \cdot h_0} = \mu \cdot a \cdot \sqrt{2g \cdot h_0} \tag{7.116}$$

mit ψ – Einschnürungsbeiwert
φ – Verlustbeiwert
$\mu = \psi \cdot \varphi$ – Ausflussbeiwert

Im Zusammenhang mit der Untersuchung eines beweglichen Planschützes hat *Aigner* (1997) die Messungen von *Gentilini* (1942) für den Ausflussbeiwert bis $\alpha = 180°$ ergänzt (siehe Bild 7.58).

Dabei ermittelte er die Abhängigkeit des Winkels der Planschützstellung auf den Einschnürungsbeiwert aus der Theorie freier Stromlinien und durch Vergleiche mit Messwerten für die Bedingung $h_0 >> a$ zu:

$$\psi_0 = 1{,}3 - 0{,}8 \cdot \sqrt{1 - \left(\frac{\alpha - 205}{220}\right)^2} \quad \text{für } 0 \le \alpha \le 180° \quad \text{und } h_0 >> a \tag{7.117}$$

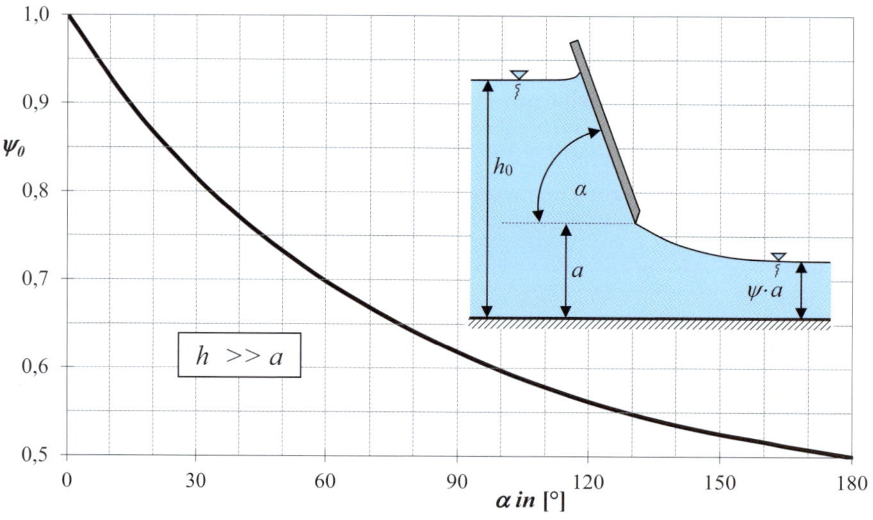

Bild 7.56 Einschnürungsbeiwert für das Planschütz bei $h_0 >> a$

Der Einfluss der Zuflusshöhe t vor dem Schütz, die sich von der Druckhöhe h_0 nur dann unterscheidet, wenn z. B. ein Zulaufstollen existiert, ermittelte *Aigner* (1997) zu:

$$\psi = \frac{1}{1+\left(\frac{1}{\psi_0}-1\right)\cdot\sqrt{1-\left(\frac{a}{t}\right)^{210°/\alpha}}} \quad \text{mit } \alpha \text{ in Grad, } a \le t \text{ und } t = h_0 \qquad (7.118)$$

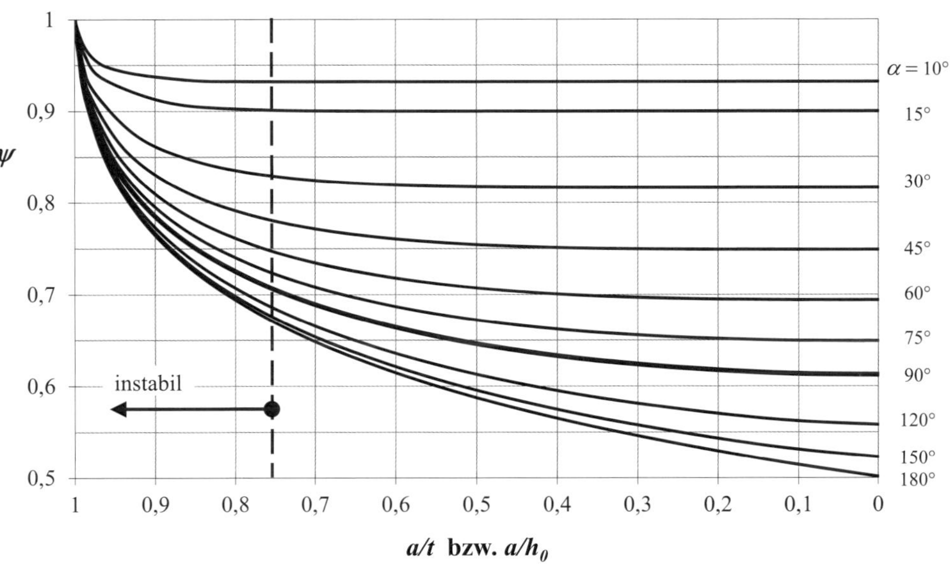

Bild 7.57 Einschnürungsbeiwert unterströmter Planschützen

Zur Vervollständigung des Ausflussbeiwertes μ mit dem Verlustbeiwert φ aus Gleichung (7.115) und dem Beiwert m lagen keine Werte vor, so dass *Aigner* durch den Vergleich mit Messwerten den Ausflussbeiwert mit folgender Gleichung beschrieben hat:

$$\mu = \psi \cdot \varphi = \frac{\psi}{\sqrt{1+\frac{\psi \cdot a}{h_0 - a/2}}} \qquad (7.119)$$

Gleichung (7.119) ist in folgendem Bild 7.58 im Vergleich mit Messwerten von *Gentilini* und *Aigner* dargestellt.

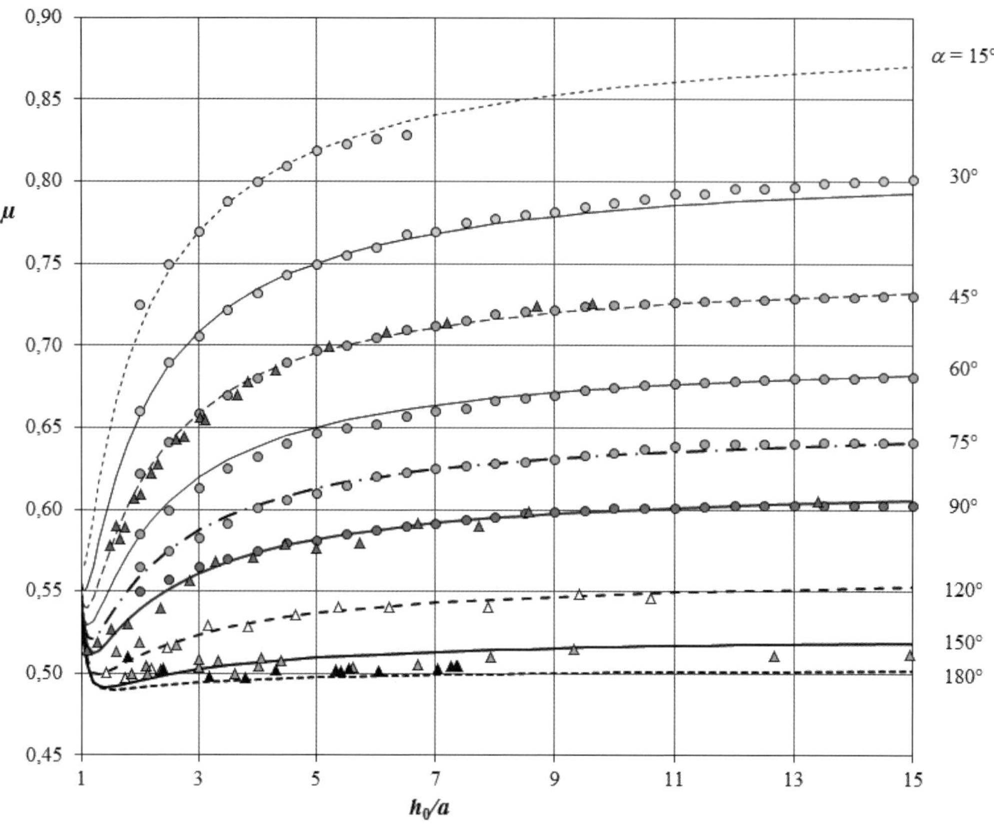

Bild 7.58 Ausflussbeiwert unterströmter Planschützen nach Gleichung (7.116) bis (7.119) mit Messwerten nach *Gentilini* ● (1942) und *Aigner* ▲ (1997)

Einen starken Einfluss auf den Ausflussbeiwert eines unterströmten Schützes hat die Form der Unterkante des Schützes. Ausrundungen führen zu einer geringeren Einschnürung und damit zu einem größeren Abfluss. Für verschiedene Ausrundungskonstruktionen wurden an der TU Dresden Untersuchungen an senkrechten Planschützen durchgeführt (*Dang*, 2004), deren Ergebnisse sich mit folgenden Veränderungen des Ausflussbeiwertes beschreiben lassen (siehe Bild 7.60):

$$\psi_{0,\mathrm{rund}} = K \cdot \psi_0 = \frac{1 + 8{,}1 \cdot \left(\frac{r}{a}\right)^{1,7}}{1 + 5 \cdot \left(\frac{r}{a}\right)^{1,7}} \cdot \psi_0 \qquad (7.120)$$

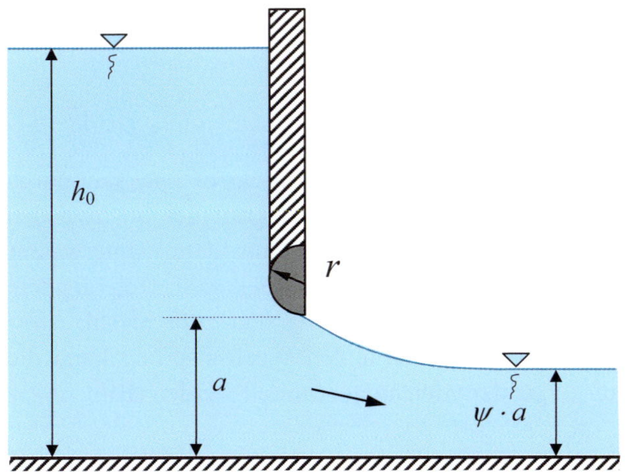

Bild 7.59 Senkrechtes Planschütz mit Ausrundung

Damit ergeben sich der Einschnürungsbeiwert nach Gleichung (7.118) mit Gleichung (7.120) und der Ausflussbeiwert μ aus Gleichung (7.119) für das unterströmte Schütz bei kreisförmig ausgerundeter Unterkante mit dem Radius r. Die Untersuchungen wurden bis $r/a = 3$ durchgeführt und würden für größere relative Radien bis zum Grenzwert $K = 1{,}618$ $(K \cdot \psi_0 = 1)$ wie bei horizontalen Öffnungen ansteigen (Bild 7.60).

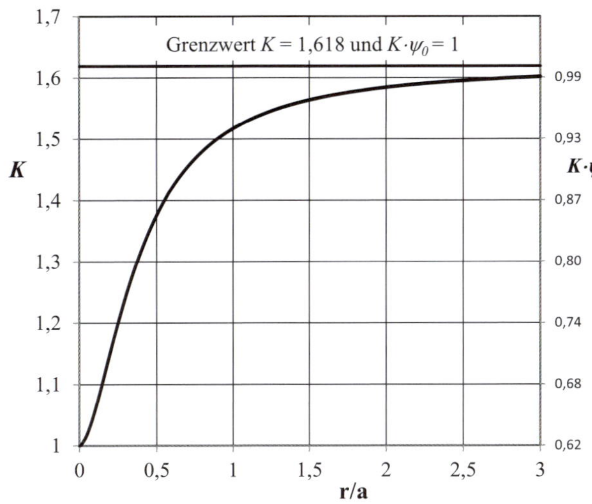

Bild 7.60 Beiwert K der Ausrundung und Einschnürungsbeiwert $K \cdot \psi_0$ für ausgerundete vertikale Planschützen

7.9.4 Rückgestauter Ausfluss

Erhöht sich beim Ausfluss aus einer Öffnung der Außendruck bzw. die Außendruckhöhe, z. B. durch einen ansteigenden Wasserspiegel, dann reduziert sich der Ausfluss, da die theoretisch zur Verfügung stehende Energiehöhe im Behälter durch die von außen wirkende Gegendruckhöhe abgemindert wird. Der Ausfluss wird dann entsprechend Gleichung (7.121) berechnet. Für den Ausfluss unter Schützen wird als Druckdifferenz die Druckhöhe h_0 vor dem Schütz und die Unterwassertiefe h_2 verwendet:

$$Q = \mu \cdot A \cdot \sqrt{2g \cdot \Delta h} = \mu \cdot A \cdot \sqrt{2g \cdot (h_0 - h_2)} \tag{7.121}$$

Dieser Ansatz gilt beim unterströmten Schütz erst dann, wenn es zu einem Rückstau durch das Unterwasser kommt. Dieser Rückstau beginnt, wenn die Stützkraft des austretenden Wasserstrahles nicht mehr ausreicht, um dem Gegendruck aus dem Unterwasser standzuhalten. Es kommt zum überdeckten Wechselsprung und bei weiter steigendem Unterwasserstand zum vollständigen Überstau der Schützöffnung und zum Strahlaustritt unter Wasser. Mit der Berechnung der Grenzbedingung für den Wechselsprung kann die Grenze für den beginnenden Rückstau mit folgender Gleichung ermittelt werden (Bild 7.62):

$$\left[\frac{h_2}{a}\right]_{\text{grenz}} = \frac{\psi}{2}\left(\sqrt{1 + \frac{16 \cdot h_0/a}{\psi \cdot (1 + \psi \cdot a/h_0)}} - 1\right) \tag{7.122}$$

Rückstau: $\frac{h_2}{a} > \left[\frac{h_2}{a}\right]_{\text{grenz}}$

Freier Ausfluss: $\frac{h_2}{a} < \left[\frac{h_2}{a}\right]_{\text{grenz}}$

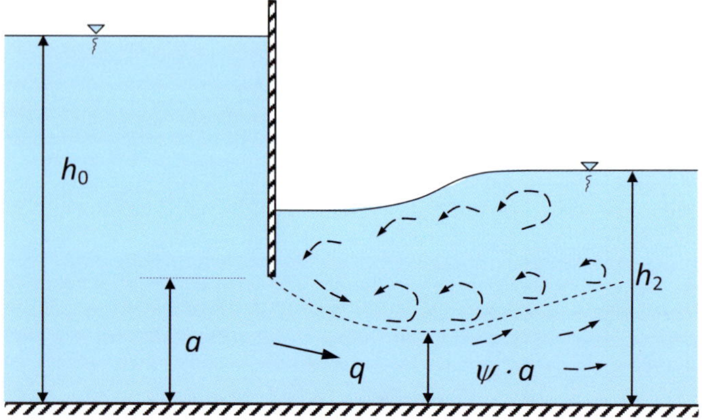

Bild 7.61 Rückgestauter Ausfluss unter Planschützen

Durch Beobachtungen ist bekannt, dass die Einschnürung des Ausflussstrahles unter Wasser in gleichem Maße stattfindet wie bei freiem Austritt.

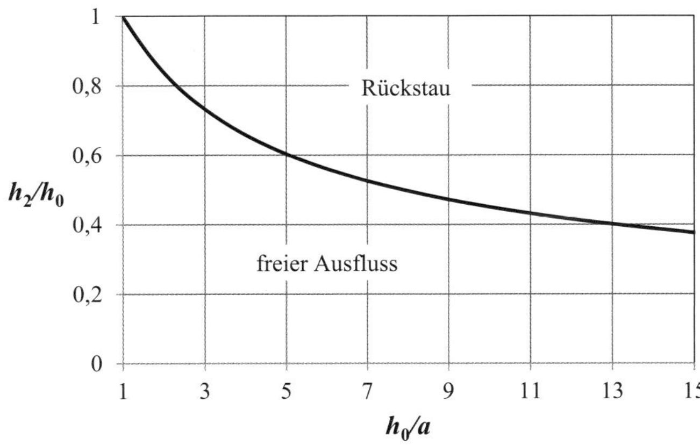

Bild 7.62 Grenze zwischen freiem und rückgestautem Ausfluss für ein senkrechtes scharfkantiges Schütz

Zur Berechnung des Ausflusses bei Rückstau wird meist die Gleichung für den freien Ausfluss verwendet und die Abminderung des Durchflusses im Ausflussbeiwert μ_u berücksichtigt.

$$Q_u = \mu_u \cdot A \cdot \sqrt{2g \cdot h_0} = \chi \cdot \mu \cdot A \cdot \sqrt{2g \cdot h_0} = \chi \cdot Q_{frei} \tag{7.123}$$

Das Verhältnis aus rückgestautem zu freiem Ausfluss kann mit Hilfe folgender Formel ermittelt werden:

$$\chi = \sqrt{1 + \frac{\psi \cdot a}{h_0}} \cdot \sqrt{\left[1 - 2 \cdot \frac{\psi \cdot a}{h_0} \cdot \left(1 - \frac{\psi \cdot a}{h_2}\right)\right] - \sqrt{\left[1 - 2 \cdot \frac{\psi \cdot a}{h_0} \cdot \left(1 - \frac{\psi \cdot a}{h_2}\right)\right]^2 + \left(\frac{h_2}{h_0}\right)^2 - 1}} \tag{7.124}$$

Der Ausflussbeiwert ergibt sich damit aus dem Diagramm in Bild 7.63.

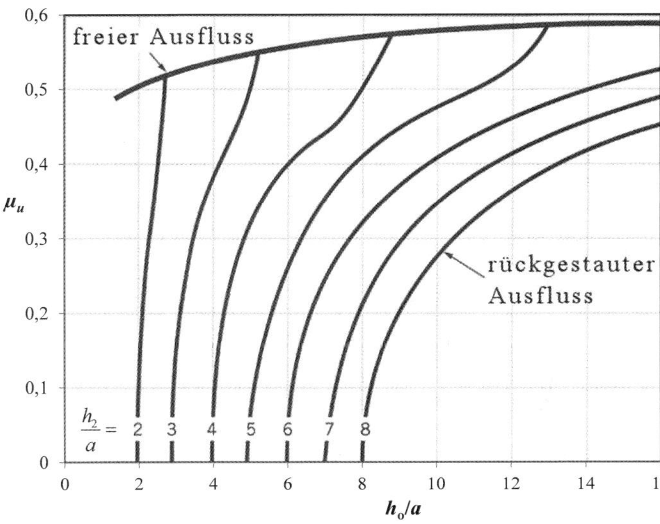

Bild 7.63 Ausflussbeiwert für rückgestauten Ausfluss

7.9.5 Rückgestauter Ausfluss aus Seitenöffnungen und Schlitzen

Erhöht sich beim freien Ausfluss aus einer Seitenöffnung der Außenwasserstand und steigt über die Unterkante der Öffnung, dann kommt es zum rückgestauten Ausfluss. Die Berechnung des Ausflusses wurde in Bollrich (2019) aus zwei Teilausflüssen ermittelt (Bild 7.64), dem freien Ausfluss Q_o und dem vollständig rückgestauten Ausfluss Q_u. Durch die vereinfachte Annahme, dass für beide Teilabflüsse der gleiche Ausflussbeiwert gilt und die Bedingung $h_o/a > 1{,}5$ erfüllt ist, kann folgende vereinfachte Berechnungsformel angewendet werden:

$$h_u \geq a \qquad Q = \mu \cdot b \cdot a \cdot \sqrt{2g \cdot \Delta h} \quad \text{mit } \Delta h = h_o - h_u \tag{7.125}$$

$$0 < h_u < a \qquad Q = \mu \cdot b \cdot a \cdot \sqrt{2g \cdot \Delta h} \cdot \left[\frac{h_u}{a} + \frac{2 \cdot \Delta h}{3 \cdot a} \cdot \left(1 - \left(\frac{h_o - a}{\Delta h} \right)^{3/2} \right) \right] \tag{7.126}$$

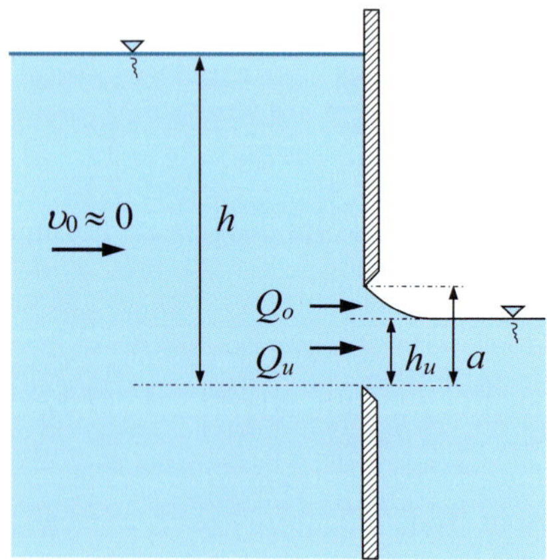

Bild 7.64 Rückgestauter Ausfluss aus Seitenöffnung

Ist die Seitenöffnung durchgängig als vertikaler Schlitz ($a \geq h_o$) mit der Schlitzbreite b ausgeführt (z.B. Schlitzpass bei Fischaufstiegsanlagen), dann kann Gleichung (7.125) in eine Ausflussfunktion nach Gleichung (7.127) überführt werden. Aigner (2016) konnte mit Hilfe von Modellversuchen und 3D-Simulationen zeigen, dass der Ausflussbeiwert formabhängig, aber nahezu unabhängig vom Wasserstand h_o ist. Der Ausflussbeiwert für scharfkantige Öffnungen ergab sich im Mittel zu $\mu = 0{,}645$. Für eine Schlitzöffnung mit ausgerundeten seitlichen Kanten (∅ = 15 mm im Modell) erhöhte sich der mittlere Ausflussbeiwert auf $\mu = 0{,}796$. Unter Anwendung der Ausflussfunktion auf benachbarte Becken ist es möglich, die Wasserstände in den einzelnen Becken des Fischaufstieges bei wechselnden Unterwasserständen mit Gleichung (7.128) iterativ zu berechnen (Helbig u. a., 2016).

$$Q = \mu \cdot \left(h_o - \frac{1}{3} \cdot \Delta h \right) \cdot b \cdot \sqrt{2g \cdot \Delta h} \tag{7.127}$$

$$\frac{\Delta h_{i+1}}{\Delta h_i} = \left(\frac{3 \cdot h_{oi} - \Delta h_i}{3 \cdot h_{oi+1} - \Delta h_{i+1}} \right) \tag{7.128}$$

8 Überfälle und Hochwasserentlastungsanlagen

8.1 Einleitung Überfälle

Überfälle dienen der Überleitung des Wassers nach einem Aufstau durch Überströmen. Das können Wehre mit festen und beweglichen Verschlüssen, Bauwerke der Hochwasserentlastungen, wie z. B. Sammelrinnen oder Schachtüberfälle, Konstruktionen in der Wasserversorgung und Abwasserbehandlung zur Überleitung in eine nächste Behandlungsstufe wie z. B. Zu- oder Ablaufrinnen oder Messwehre in der Hydrologie bzw. im hydraulischen Versuchswesen zur Abflussmessung sein.

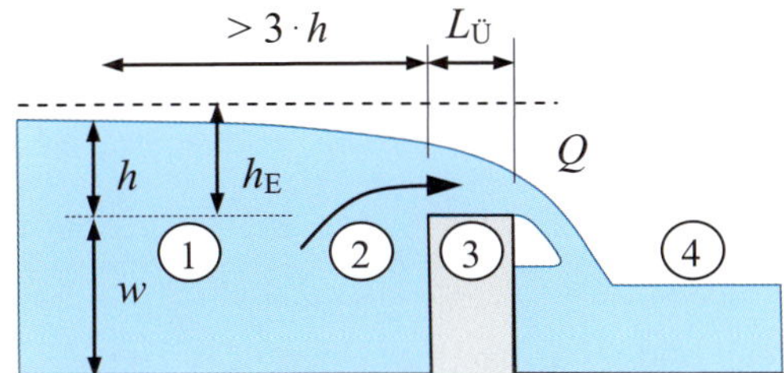

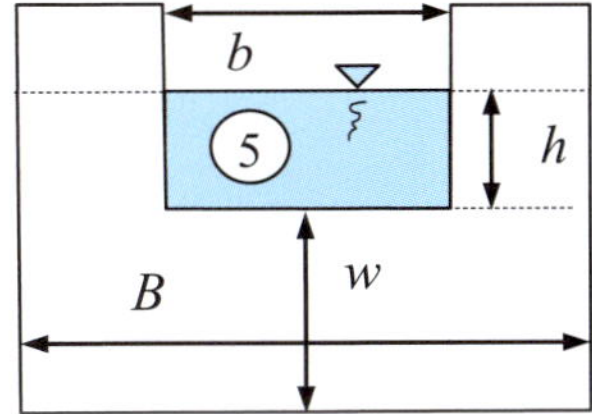

Bild 8.1 Systembild Überfall, Rechteck

Definitionen:

Q	Abfluss
q	spezifischer Abfluss $q = Q/b$
h	Überfallhöhe
h_E	Energieüberfallhöhe
b	Breite der Überfallkrone
w	Höhe der Überfallkrone, Wehrhöhe
B	Zuströmbreite
$L_Ü$	Länge der Überfallkrone

$> 3 \cdot h$	Mindestabstand zur h-Messung

Einflussfaktoren für den Abfluss:

1	Einfluss der Zulaufenergie
2	Einfluss der Zuströmbedingung, Krümmung der Stromlinien, Energieverlust
3	Einfluss der Form, Strahldruck
4	Unterwassereinfluss, Rückstau
5	Form des Überfallquerschnittes

Überfälle werden nach ihrer Form im Querschnitt oder Längsschnitt, ihres Anströmens, ihrer Strahleigenschaft, ihrer Beeinflussung aus dem Unterwasser, ihrer Funktion bzw. Aufgabe unterschieden und benannt. Oft tragen Überfälle auch den Namen der Personen, die sich ihre Konstruktion ausgedacht und diese untersucht haben, wie z. B. das Thomson-Wehr (Dreiecküberfall, 90°), das Sutro-Wehr (Proportionalüberfall) oder das Cipoletti-Wehr (Trapez-Überfall).

Überfälle haben im Querschnitt, also der Ansicht in Strömungsrichtung, meist eine rechteckige Form, können aber auch als Kreis, Dreieck, Trapez, Parabel oder andere Formen ausgebildet sein (Bild 8.2). Diese Querschnitte bestimmen den funktionellen Zusammenhang zwischen Abfluss und Überfallhöhe $Q = f(h^x)$. In der Überfallformel ergibt sich der Exponent x von h in Abhängigkeit dieser Überfallquerschnitte.

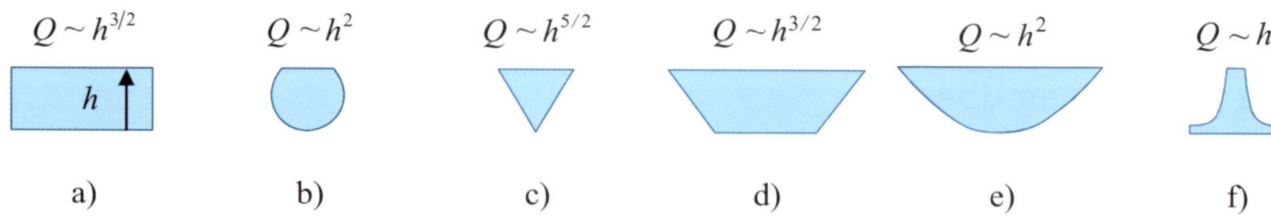

Bild 8.2 Ansichten von Überfällen und Zusammenhang zwischen Q und h von a) Rechteck, b) Kreis, c) Dreieck, d) Trapez, e) Parabel, f) Proportional

Mit der Form des Überfalles in Längsrichtung, also in Strömungsrichtung, wird in den breitkronigen, den schmalkronigen, den ausgerundeten, den scharfkantigen und anderen Überfallformen unterschieden (Bild 8.3).

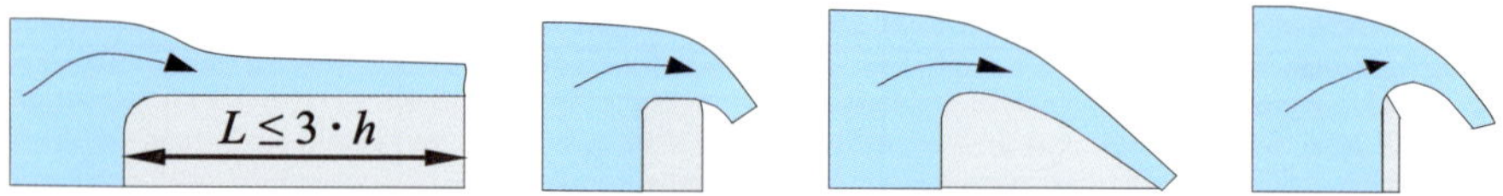

Bild 8.3 Breitkroniger, schmalkroniger, ausgerundeter und scharfkantiger Überfall (v.l.n.r.)

Nach der Anströmrichtung im Grundriss werden Überfälle in senkrecht (rechtwinklig), schräg, radial und parallel angeströmte Überfälle eingeteilt (Bild 8.4).

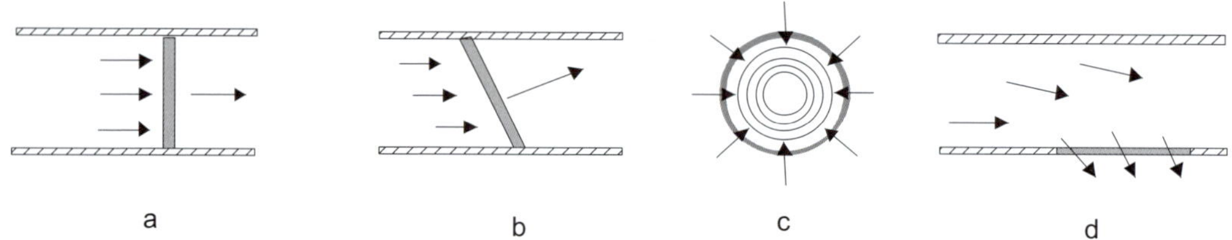

Bild 8.4 Überfälle mit a) senkrechter, b) schräger, c) radialer, d) paralleler Ausströmung

Bezüglich der Strahlformen unterscheiden sich Überfälle in Konstruktionen mit anliegendem Strahl mit Überdruck- oder Unterdruckausbildung an der Strahlunterseite, mit abgelöstem freiem Strahl bei scharfkantigen belüfteten Überfällen oder anliegendem Strahl bei unbelüfteten Überfällen. Bei einem anliegenden Strahl am rundkronigen Überfall kann sich Unterdruck ausbilden, der gegenüber dem abgelösten Strahl zu einer Erhöhung des Abflusses führt. Aber auch der abgelöste Strahl an einem scharfkantigen Überfall weist höhere Geschwindigkeiten und damit höhere Abflüsse auf als der Strahl über das breitkronige Wehr. An der Unterseite des Strahles herrscht Umgebungsdruck oder sogar Unterdruck, wenn sich z. B. ein unbelüfteter Strahl „ansaugt“. Die Druckreduzierung an der Unterseite des Strahles führt zu höheren Überströmgeschwindigkeiten und damit zu einem größeren Abfluss bei gleichen Überfallhöhen.

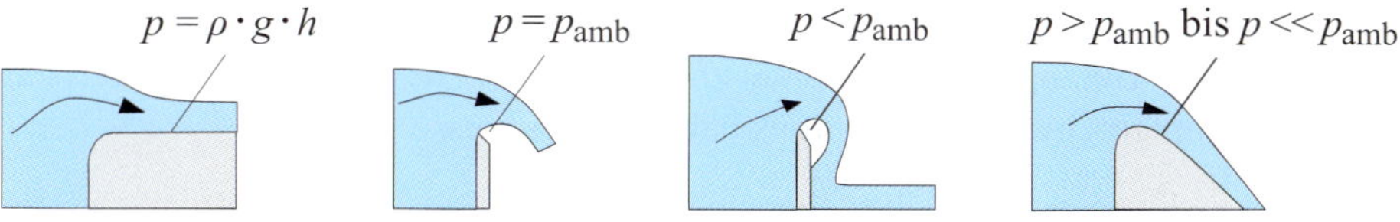

Bild 8.5 Druckbedingung am Überfall-Strahl bei unterschiedlichen Überfällen, p_{amb} = Umgebungsdruck

Überfälle unterscheiden sich weiterhin hinsichtlich ihrer Beeinflussung aus dem Unterwasser. Es gibt den vollkommenen (unbeeinflussten) und den unvollkommenen (vom Unterwasser beeinflussten) Überfall. Man spricht hier auch vom Rückstau aus dem Unterwasser. Für kleine Messwehre kann die Oberflächenspannung des Wassers den Abfluss beeinflussen. Insbesondere bei scharfkantigen Messwehren im Labor muss beachtet werden, dass die Messung der Überfallhöhe ab Wehroberkante erfolgt, der Abfluss aber erst in Abhängigkeit von der Oberflächenspannung des Wassers bei 4 bis 6 mm beginnt und bis etwa 20 mm immer noch unter dem Einfluss der Oberflächenspannung steht.

8.2 Überfallformel

Die Überfallformel, also die Abhängigkeit des Abflusses Q von der Überfallhöhe h, kann auf unterschiedlichste Weise ermittelt werden. So ermöglicht die Integralmethode durch Integration des angenommenen Geschwindigkeitsprofils über die Abflussfläche die Ermittlung einer Abflussformel (*Bollrich*, 2019). Das Extremalprinzip geht vom Auftreten des Energieminimums beim Überströmen eines Wehres und einem Wechsel zwischen strömendem und schießendem Abfluss aus. Durchgesetzt hat sich für den Rechtecküberfall die einfache Überfallformel von *Poleni*, in der zur Korrektur ein Überfallbeiwert μ bzw. C eingefügt wird, die alle meist nur empirisch erfassbaren Einflüsse aus Zuflussquerschnitt, Strahlabsenkung, Energieverluste, Druck- und Geschwindigkeitsverteilung sowie Stromfadenkrümmung als auch seitliche Einschnürungen, Schräganströmungen oder Rückstau aus dem Unterwasser berücksichtigen:

Überfallformel nach *Poleni*:
$$Q = \frac{2}{3} \cdot \mu \cdot b \cdot \sqrt{2g} \cdot h^{3/2} = C \cdot b \cdot h^{3/2} \qquad (8.1)$$

Die in der Literatur angegebenen Überfallbeiwerte beziehen sich in der Regel auf die Formel von *Poleni*. Der Einfluss der Zulaufbedingungen, der bei *Poleni* im Überfallbeiwert enthalten ist, wird in der Formel von *Du Buat* mit der Energieüberfallhöhe h_E anstelle der Überfallhöhe h berücksichtigt. Einige Autoren, u. a. *Hager* (1995), nutzen diese Formel, um eine bessere Vergleichbarkeit ihrer empirisch ermittelten Überfallbeiwerte zu ermöglichen.

Überfallformel nach *Du Buat*:
$$Q = \frac{2}{3} \cdot \mu_E \cdot b \cdot \sqrt{2g} \cdot h_E^{3/2} = C_E \cdot b \cdot h_E^{3/2} \qquad (8.2)$$

Die Überfallformel nach *Du Buat*, aber auch die nach *Weisbach* (siehe in *Bollrich*, 2019) erfordern eine iterative Herangehensweise, da zur Ermittlung des Abflusses dieser zur Berechnung der Anströmgeschwindigkeit bereits bekannt sein muss.

Für unterschiedliche Formen der Überfallansicht sind die aus dem Extremalprinzip abgeleiteten Überfallformeln mit ihren Basisüberfallbeiwerten in Tabelle 8.2 aufgeführt.

8.3 Überfallbeiwert

Als Überfallbeiwert (discharge-coefficient) oder Abflussbeiwert wird ein Korrekturwert bezeichnet, der die Abweichung zwischen theoretisch aufgestellter oder abgeleiteter Überfallformel und dem real auftretenden Abfluss definiert. In der Regel ist dieser Beiwert dimensionslos, kann aber auch durch die Einbeziehung der Fallbeschleunigung g dimensionsbehaftet sein. Die einzelnen Einflussgrößen auf den Abfluss bzw. auf den Überfallbeiwert sollen hier getrennt betrachtet werden, um ihre Auswirkungen auf den Wert μ besser einschätzen zu können. Der dimensionslose Überfallbeiwert μ setzt sich allgemein zusammen aus:

$$\mu = \mu_0 \cdot \mu_1 \cdot \mu_2 \cdot \mu_3 \cdot \mu_4 \cdot \mu_5 \cdot \mu_6 = \Pi \cdot \mu_i \tag{8.3}$$

mit:
- μ_0 Basiswert des Überfallquerschnittes (Eulergleichung)
- μ_1 Einfluss der Zulaufgeschwindigkeit (kinetische Energie)
- μ_2 Einfluss durch Verluste und Einschnürung (Energieverluste)
- μ_3 Einfluss der Strahlform z. B. durch Saugdruck (υ-Verteilung)
- μ_4 Unterwassereinfluss (Rückstau)
- μ_5 Einfluss bei schrägem Anströmen
- μ_6 Pfeilereinfluss

8.3.1 Basiswert μ_0

Ausgangspunkt dieser Betrachtung soll ein rechteckiger, unbeeinflusster Überfall sein, der ausgerundet angeströmt und im Längsschnitt breitkronig ausgebildet ist, so dass bei dessen Überströmung die verlustfreie Energiegleichung wie in einem kurzen Freispiegelkanal gilt und ein Übergang vom Strömen zum Schießen (Fließwechsel) stattfindet.

Am Beispiel des Rechteckquerschnittes mit dem Vergleich zur allgemeinen Überfallformel nach *Poleni* (siehe *Bollrich* (2019) und DIN 19558:2002-12) soll die Ermittlung des Überfallbeiwertes μ_0 gezeigt werden.

Rechteckquerschnitt

Mit der allgemeinen Überfallformel nach *Poleni* wird der Abfluss nach Gleichung (8.1) bestimmt. Zwischen den Abflussbeiwerten C und μ ergibt sich folgender Zusammenhang:

$$C = \frac{2}{3} \cdot \mu \cdot \sqrt{2 \cdot g} \tag{8.4}$$

Als spezifischer Abfluss q wird der auf die Überfallbreite b bezogene Abfluss Q bezeichnet.

$$q = \frac{Q}{b} \tag{8.5}$$

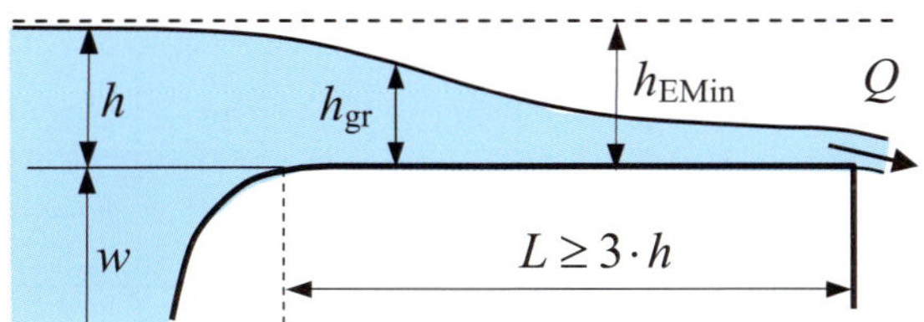

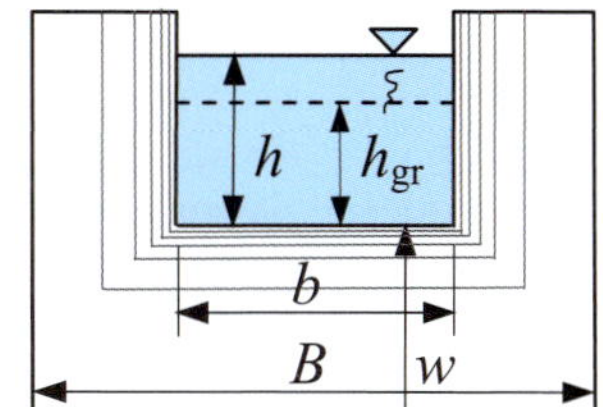

Bild 8.6 Breitkroniger Überfall (verlustfrei, ohne Zulaufeinfluss $w >> h$, keine Einschnürungen, kein Unterwassereinfluss)

Aus dem Extremalprinzip für das Energieminimum kann unter Berücksichtigung folgender Annahmen Gleichung (8.6) geschrieben werden:

- $w >> h$ und $B >> b$,
- im Zulauf stromlinienförmig ausgerundet, keine Einschnürungen,
- kein Unterwassereinfluss,
- $L \geq 3 \cdot h$ und auf dem Überfallrücken tritt Fließwechsel auf.

$$h = h_E = h_{EMin} = \frac{3}{2} \cdot h_{gr} = \frac{3}{2} \cdot \sqrt[3]{\frac{Q^2}{g \cdot b^2}} \tag{8.6}$$

Das Einsetzen dieser Gleichung in die Abflussformel nach *Poleni* ergibt den theoretischen Überfallbeiwert des Rechteckquerschnittes μ_0.

Tabelle 8.1 Berücksichtigung einzelner Einflussfaktoren im Überfallbeiwert

Rechtecküberfall $Q = \frac{2}{3} \cdot \mu \cdot b \cdot \sqrt{2g} \cdot h^{3/2}$ $\mu = \Pi_{i=1}^{6}(\mu_i)$	**Basiswert**	**Zulaufenergie**	**Zuströmung**	**Strahldruck**	**Rückstau**	**Winkeleinfluss**	**Pfeilereinfluss**
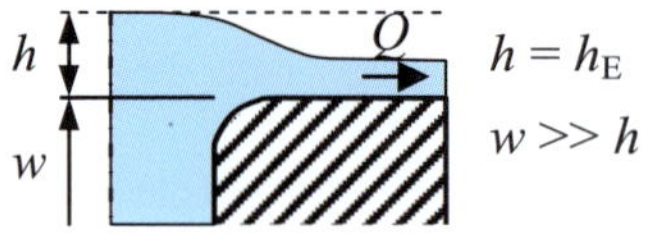 h, w, Q; $h = h_E$, $w >> h$	μ_0	1	1	1	1	1	1
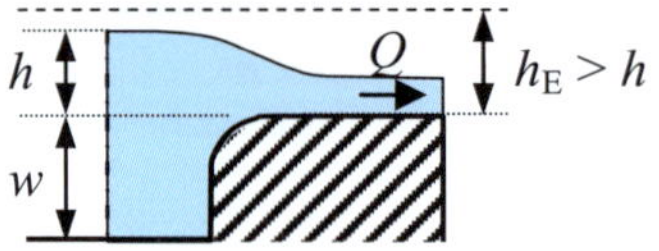 h, w, Q; $h_E > h$	μ_0	μ_1	1	1	1	1	1
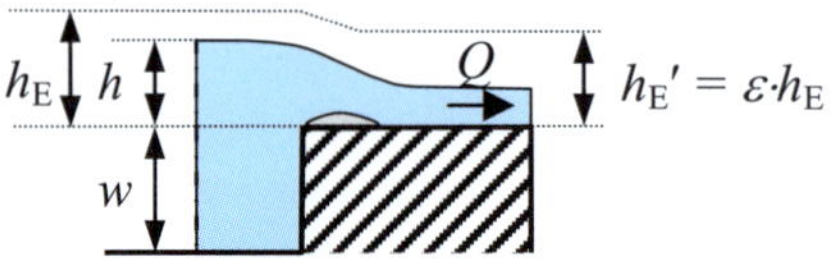 h_E, h, w, Q; $h_E' = \varepsilon \cdot h_E$	μ_0	μ_1	μ_2	1	1	1	1
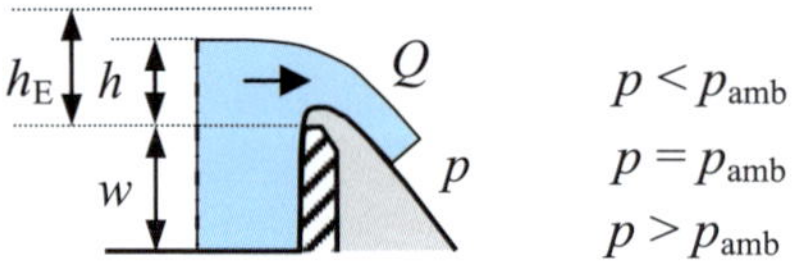 h_E, h, w, Q, p; $p < p_{amb}$, $p = p_{amb}$, $p > p_{amb}$	μ_0	μ_1	μ_2	μ_3	1	1	1
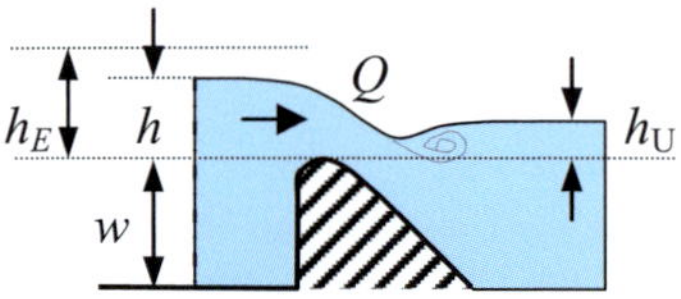 h_E, h, w, Q, h_U	μ_0	μ_1	μ_2	μ_3	μ_4	1	1
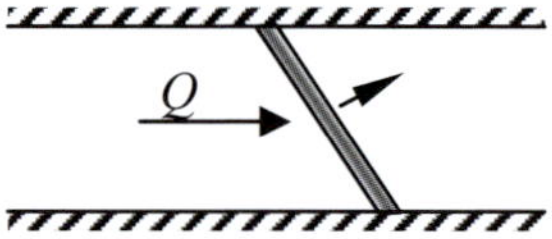 Q	μ_0	μ_1	μ_2	μ_3	1	μ_5	1
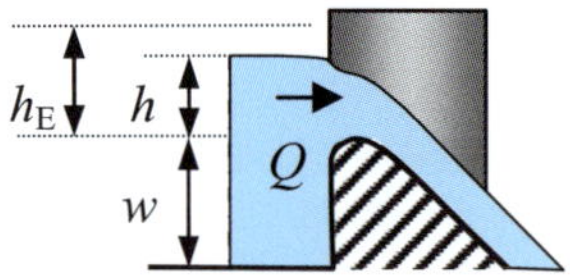 h_E, h, w, Q	μ_0	μ_1	μ_2	μ_3	1	1	μ_6

$$Q = \frac{2}{3} \cdot \mu_0 \cdot b \cdot \sqrt{2g} \cdot h_E^{3/2} = \frac{2}{3} \cdot \mu_0 \cdot b \cdot \sqrt{2g} \cdot (\frac{3}{2})^{3/2} \cdot \frac{Q}{\sqrt{g \cdot b}} = \mu_0 \cdot \sqrt{3} \cdot Q \qquad (8.7)$$

$$\mu_0 = \frac{1}{\sqrt{3}} = 0{,}577 \text{ bzw.}$$

$$C_0 = \mu_0 \cdot \frac{2}{3} \cdot \sqrt{2g} = 1{,}705 \text{ m}^{1/2}/\text{s}$$

Tabelle 8.2 zeigt die Anwendung dieses Prinzips auf andere Ansichtsformen aus Bild 8.2 zur Ermittlung des Basisüberfallbeiwertes μ_0.

8.3.2 Beiwert μ_1 der Zulaufgeschwindigkeit

Der Einfluss der Zulaufgeschwindigkeit auf den Überfallbeiwert μ soll wieder am Beispiel des Rechteckquerschnittes erläutert werden.

Der Überfallbeiwert μ_1 definiert den Unterschied zwischen Energieüberfallhöhe h_E und Überfallhöhe h. Er ist also abhängig von der Zulaufgeschwindigkeit und damit von der Fließfläche vor dem Überfall $A_0 = B \cdot (h + w)$.

$$\mu_1 = \left(\frac{h_E}{h}\right)^{1,5} = \left(1 + \mu^2 \cdot \frac{2^2}{3^2} \cdot \left(\frac{b}{B}\right)^2 \cdot \left(\frac{h}{h+w}\right)^2\right)^{1,5} = f\left(\frac{h}{h+w}; \frac{h}{B}\right) \qquad (8.8)$$

$$\text{mit } h_E = h + \frac{v_0^2}{2g} = h + \frac{Q^2/A_0^2}{2g} = h + \mu^2 \cdot \frac{2^2}{3^2} \cdot \frac{b^2}{B^2} \cdot \frac{h^3}{(h+w)^2}$$

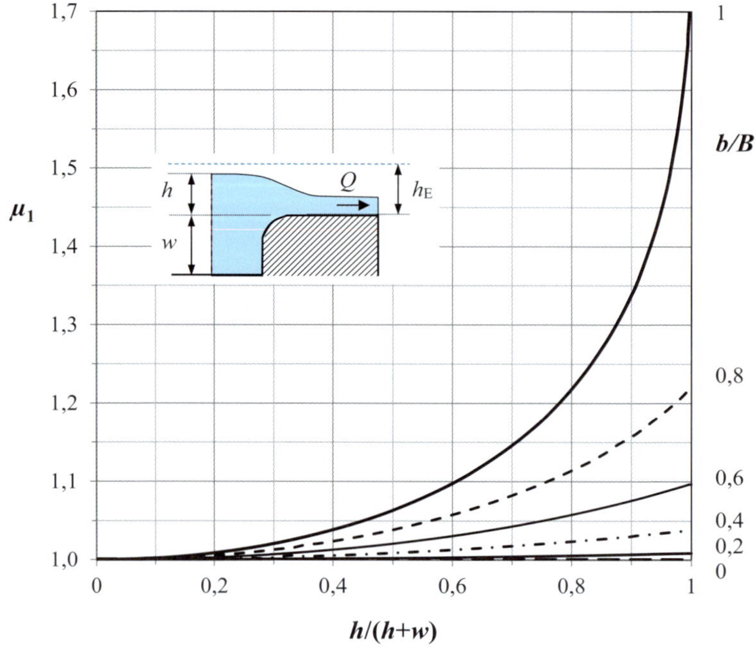

Bild 8.7 Einfluss der Zulaufgeschwindigkeit auf den Überfallbeiwert für den Rechteckquerschnitt nach Gleichung (8.8) mit Iteration

Der Einfluss der Zulaufgeschwindigkeit für den Rechteckquerschnitt bestimmt sich also aus der implizit zu lösenden Gleichung (8.8), die für mittlere Abflussbedingungen in guter Näherung in Gleichung (8.9) übergeht, wenn der Überfallbeiwert etwa mit $\mu = 0{,}6$ angenommen wird.

$$\mu_1 \approx \left(1 + 0{,}16 \cdot \left(\frac{b}{B}\right)^2 \cdot \left(\frac{h}{h+w}\right)^2\right)^{1{,}5} \qquad \text{gilt für } \mu \approx 0{,}6 \qquad (8.9)$$

Bei großen Schwankungen von μ wie z. B. beim Standardüberfall oder wenn μ stark von der Überfallhöhe abhängt, sollte Gleichung (8.8) durch eine Iteration zur Bestimmung von μ_1 gelöst werden (Bild 8.7 und Tabelle 8.2).

Tabelle 8.2 Überfallformel und Überfallbeiwerte unterschiedlicher Profile von Überfällen

Überfallansicht	Überfallformel	μ_0	μ_1	μ_2
Rechteck	$Q=\frac{2}{3}\cdot\mu\cdot\sqrt{2g}\cdot b\cdot h^{1,5}$	0,577	$\left(1+\mu^2\cdot\frac{4}{9}\cdot\left(\frac{b}{B}\right)^2\cdot\left(\frac{h}{h+w}\right)^2\right)^{1,5}$	$\varepsilon^{1,5}$
Trapez	$Q=\frac{2}{3}\cdot\mu\cdot\sqrt{2g}\cdot b_s\cdot h^{1,5}\cdot\left(1+\frac{4}{5}\frac{h}{b'}\right)$ $b'=\frac{b_s}{n} \quad n=\frac{n_1+n_2}{2}$	0,537 bis 0,577	$\left(1+\mu^2\cdot\frac{4}{9}\cdot\left(\frac{b_s+0,8\cdot n\cdot h}{B}\right)^2\cdot\left(\frac{h}{h+w}\right)^2\right)^{1,5}$	$\varepsilon^{1,5}$
Kreis	$Q=\mu\cdot\sqrt{g}\cdot d^{\frac{2}{3}}\cdot h^{\frac{11}{6}}$	0,529	$\left(1+\frac{\mu^2}{2}\cdot\left(\frac{h}{d}\right)^{2/3}\cdot\left(\frac{d}{B}\right)^2\cdot\left(\frac{h}{h+w}\right)^2\right)^2$	ε^2
Parabel	$Q=\mu\cdot\sqrt{\frac{g}{c}}\cdot h^2 \quad c=\frac{4\cdot h}{b_w^2}$	0,612	$\left(1+\frac{\mu^2}{2}\cdot\left(\frac{b_w}{2\cdot B}\right)^2\cdot\left(\frac{h}{h+w}\right)^2\right)^2$	ε^2
Dreieck	$Q=\frac{8}{15}\mu\cdot\sqrt{2g}\cdot n\cdot h^{2,5}$	0,537	$\left(1+\mu^2\cdot\left(\frac{8}{15}\right)^2\cdot\left(\frac{b_w}{2\cdot B}\right)^2\cdot\left(\frac{h}{h+w}\right)^2\right)^{2,5}$	$\varepsilon^{2,5}$

Analog können diese Betrachtungen für die anderen Überfallquerschnitte durchgeführt und Einflussgleichungen auf den Überfallbeiwert für die Zulaufgeschwindigkeit aus den theoretischen Ansätzen gefunden werden (siehe Tabelle 8.2).

8.3.3 Beiwert μ_2 der Verluste durch Strahleinschnürung und Ablösung

Strahleinschnürungen bzw. Ablösungen mit anschließendem Wiederanlegen des Strahles am breitkronigen Überfall führen zu einem Verlust und damit zur Verringerung des Überfallbeiwertes.

$\mu_2 = f(\text{Form der Anströmkante}, b/B, h/w) < 1$

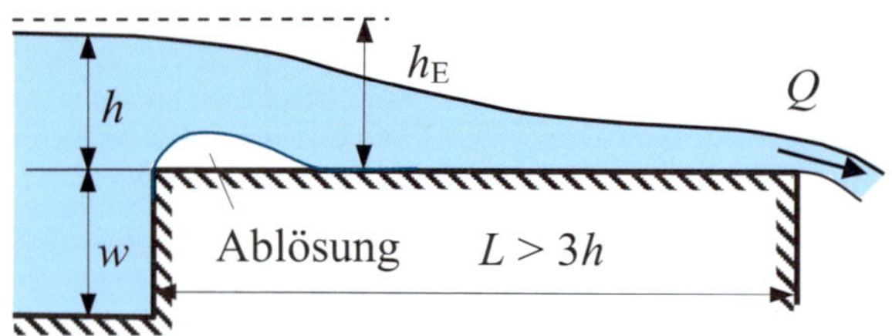

Bild 8.8 Breitkroniger Überfall mit Strahlablösung und Einschnürung ($\mu_2 < 1$)

Die Einschnürung selbst ist abhängig von der Form des Überfalles im Längsschnitt, also der Form der Anströmkante und der Anströmrichtung. Scharfe Kanten erzeugen eine große Strahleinschnürung, wogegen abgeschrägte oder abgerundete einen geringeren Einfluss haben. Außerdem hat die Wehrhöhe w und die Zuströmbreite B einen Einfluss auf die Ablösung und die Einschnürung, da die Stromlinienführung den Winkel der Strahlablösung an der Sohle bzw. der Strahleinschnürung in der Breite bestimmt. Scharfkantige Überfälle beeinflussen diesen Beiwert durch ihre Neigung (bewegliche Wehre) und Ausrundung. Nimmt man an, dass die für den Überfall zur Verfügung stehende Energiehöhe nur noch $h_E^* = \varepsilon \cdot h_E$ beträgt, dann wird $\mu_2 = \varepsilon^x$ mit dem Exponenten x der Überfallhöhen aus den Überfallformeln. Da ε sicher nur gering von 1 abweicht, wird auch μ_2 nur wenig kleiner als 1, so dass dieser Beiwert in der Regel nicht extra aufgeführt wird. Energieverluste können sich eigentlich nur am breitkronigen Wehr ausbilden, wenn es bei der Zuströmung zu turbulenten Ablösungen kommt, die anschließend die Möglichkeit haben, sich wieder zu beruhigen. Bei scharfkantigen oder ausgerundeten Überfällen sind Energieverluste nicht von Strahlwirkungen zu trennen und zu unterscheiden.

Jambor-Wehrschwelle

Eine Möglichkeit, die Verluste der Anströmung zu minimieren, ist die von *Jambor* (*Gebhardt, et al.*, 2011) entwickelte Wehrschwelle. Für kleine Wehrhöhen w und damit große Anströmgeschwindigkeiten wird die Strömung verlustfrei, ohne Ablösung und Totraumzonen, geführt. *Jambor* empfiehlt dafür die in Bild 8.9 angegebenen Radien als Übergänge. Damit wird der Wert $\mu_2 = 1$.

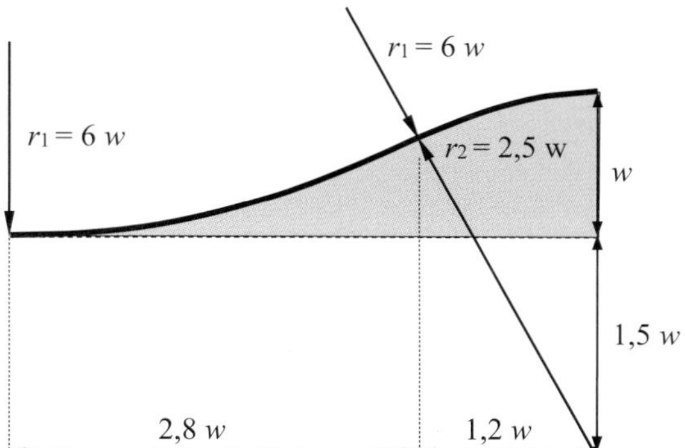

Bild 8.9 Konstruktion der Jambor-Schwelle

8.3.4 Einfluss des Strahldruckes – Beiwert μ_3

Der Einfluss des Druckes an der Unterseite des Überfallstrahles ist schwer bestimmbar. Aus Modellmessungen ist bekannt, dass bei der Überströmung eines überlasteten Standardwehres der Überfallbeiwert um fast 80 % ansteigen kann. In Modellversuchen wurde dieser Einfluss nie getrennt bestimmt und wie man in Abschnitt 8.3.2 sehen kann, steigt neben μ_3 auch μ_1 bei ansteigender Überfallhöhe h.

Deshalb kann der Form- bzw. Druckbeiwert μ_3 nur abgeschätzt oder aus dem Gesamtwert μ rückgerechnet werden. In Verbindung mit Bild 8.5 ergibt sich:

$p = \rho \cdot g \cdot h_{gr}$	breitkroniges Wehr, Freispiegelabfluss	$\mu_3 = 1$
$p = p_{amb}$	scharfkantiges Wehr, abgelöster Strahl	$\mu_3 = 1$ bis 1,125
$p < p_{amb}$	scharfkantiges Wehr, anliegender Strahl	$\mu_3 = 1$ bis 1,5
$p > p_{amb}$	aufliegender Strahl, Standardüberfall	$\mu_3 < 1$
$p << p_{amb}$	Standard- und rundkroniges Wehr	$\mu_3 = 1$ bis 1,8

8.3.5 Der unvollkommene Überfall – Beiwert μ_4

Ein Sonderfall ist die Berücksichtigung der Beeinflussung des Abflusses aus dem Unterwasser. Dieser Rückstau beginnt, wenn der Wasserstand im Unterwasser über die Höhe der Überfallkante ansteigt. Dieser Einfluss ist von der Wehrform abhängig. Bei runden Überfällen lässt sich der Abfluss erst bei höheren Unterwasserständen stören, bei scharfkantigen beginnt er sofort. Näherungsweise kann der Einfluss mit folgender Gleichung (8.10) abgeschätzt werden.

$$\mu_4 = \left(1 - \left(\frac{h_u}{h}\right)^x\right)^y = f\left(\text{Form}, \frac{h_u}{h}\right) \tag{8.10}$$

Form	x	y	h_u/h
1	1,15	0,37	0 bis 1
2	3,7	0,5	0,75 bis 1
2a	6,5	0,5	0 bis 0,75
2b	5	0,5	0 bis 0,75
3	10	0,5	0 bis 1
4	17	0,5	0 bis 1

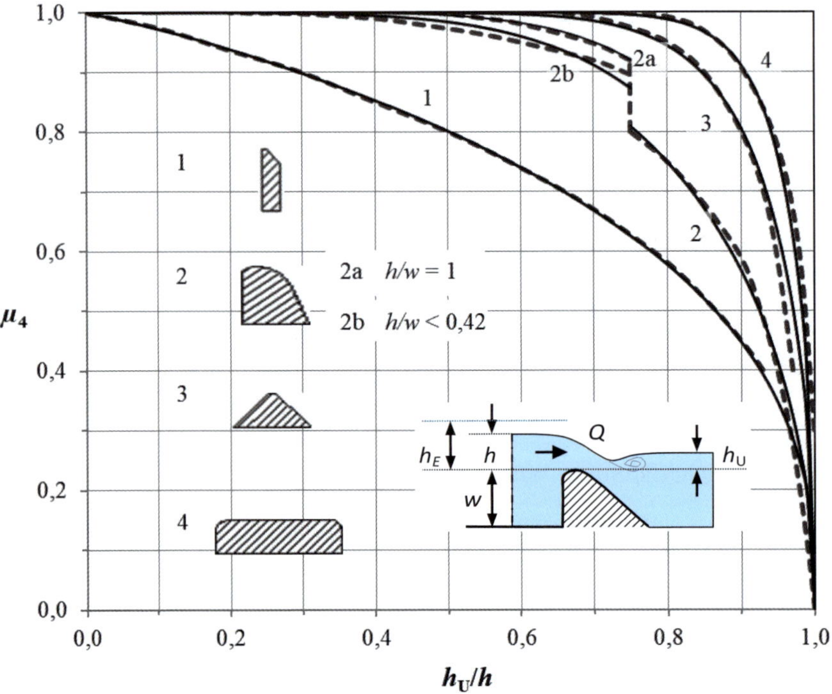

Bild 8.10 Unvollkommener Überfall – Näherungen für Beiwert μ_4 aus *Bollrich* (2019)
1 – scharfkantiges, 2 – strömungsgünstiges, 3 – dachförmiges und 4 – breitkroniges Wehr

8.3.6 Einfluss der schrägen Anströmung – Beiwert μ_5

Die schräge Anordnung der Überfallkante zur Anströmrichtung führt zur Vergrößerung der Überfallbreite.

$$b = \frac{B}{\sin\alpha} \tag{8.11}$$

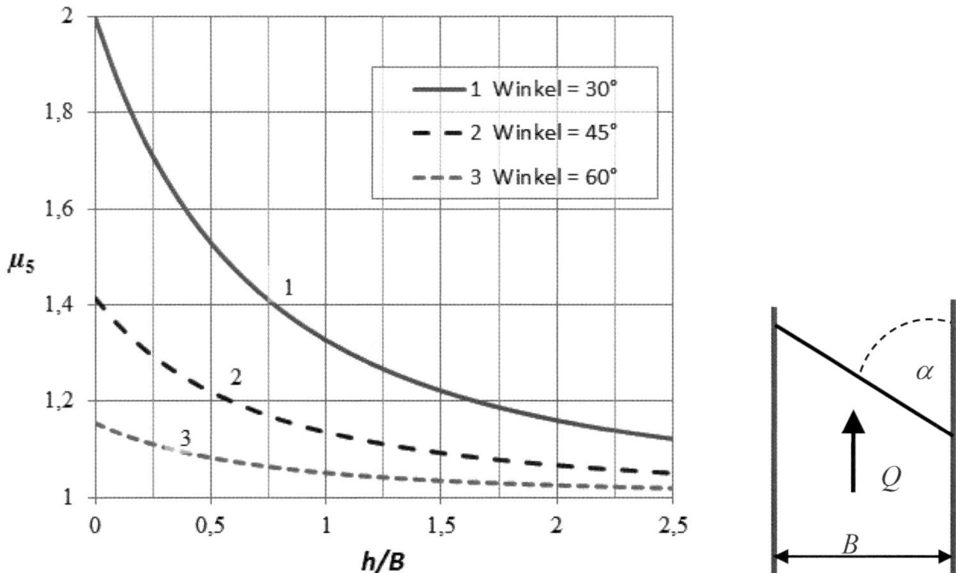

Bild 8.11 Einfluss auf den Überfallbeiwert bei schiefen Wehren nach *Gentilini* (in *Schmidt,* 1957)

$$\mu_5 = f(\text{Winkel } \alpha, h/B) \geq 1$$

$$\mu_5 = 1 + \left(\frac{1}{\sin\alpha} - 1 \right) \cdot \frac{1}{\left(1 + 0,75 \cdot \frac{h}{B} \right)^2} \tag{8.12}$$

Diese vergrößerte Breite wird allerdings nur bei geringeren Zulaufgeschwindigkeiten voll wirksam. Wird die Zulaufgeschwindigkeit größer, kommt es wegen der Trägheit der Wasserströmung zur Einschnürung und zur Reduzierung der schrägen Überfallbreite *b*. Untersuchungen dazu hat *Gentilini* (in *Schmidt*, 1957) durchgeführt (Bild 8.11).

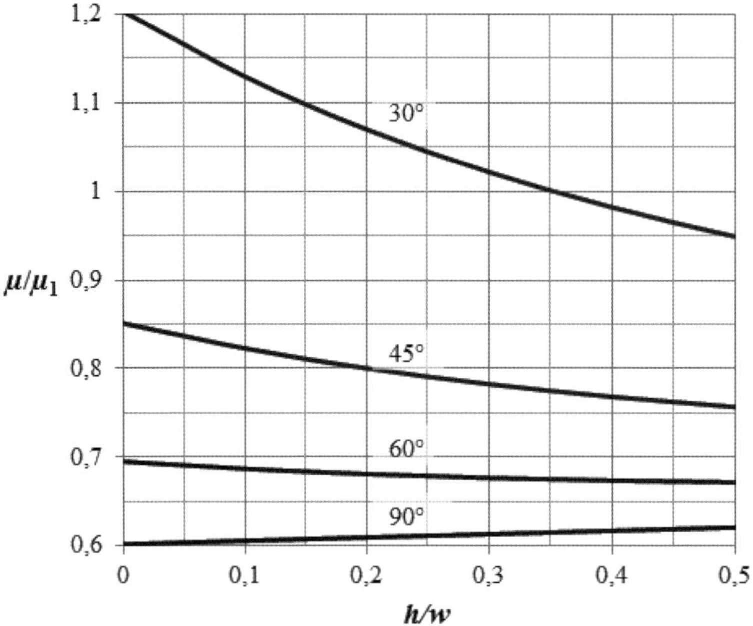

Bild 8.12 Beispiel für den Überfallbeiwert $\mu_E = \mu/\mu_1$ eines scharfkantigen, schräg angeströmten Wehres für $B = w$

$$\mu_E = \frac{\mu}{\mu_1} = \left(1 + \left(\frac{1}{\sin\alpha} - 1\right) \cdot \frac{1}{\left(1 + 0{,}75 \cdot \dfrac{h}{B}\right)^2}\right) \cdot \left(0{,}6018 + 0{,}0381 \cdot \frac{h}{w}\right) \tag{8.13}$$

8.3.7 Einfluss von Pfeilern und Seiteneinschnürung – Beiwert μ_6

Die Anordnung von Pfeilern auf dem Überfallrücken führt zur Verringerung der Überfallbreite, mindestens um die Pfeilerbreite, meistens aber etwas mehr, da Ablösungen und Einschnürungen zu einer weiteren Verringerung der effektiven Abflussbreite und des Abflussquerschnittes führen. Ragen die Pfeiler vor dem Wehr weit in das Becken hinein, dann kann jeder Bereich zwischen den Pfeilern als ein einzelnes Wehrfeld ohne weitere seitliche Einschnürung betrachtet werden. Wird der Pfeiler aber erst auf der Wehrkrone angeordnet, wird die bereits beschleunigte Strömung besonders stark beeinflusst und der Überfallstrahl zusätzlich eingeschnürt. Analoge Betrachtungen können für den Fall der seitlichen Einschnürung für $b < B$ durchgeführt werden. Diese Einschnürung kann in μ_6 Berücksichtigung finden. In einigen Überfallbeiwerten, so z. B. für Messwehre, ist dieser Einfluss bereits im Überfallbeiwert enthalten.

$\mu_6 = f$(Pfeilerform und Anordnung des Pfeilers, h_E/b)

$\mu_6 \leq 1$

b_w – wirksame Wehrbreite

n_L – Einschnürungsbeiwert des linken Pfeilers

n_R – Einschnürungsbeiwert des rechten Pfeilers

$$\mu_6 = \frac{b_w}{b} = 1 - \frac{h_E}{b} \cdot (n_L + n_R) = 1 - \mu_1^{2/3} \cdot \frac{h}{b} \cdot (n_L + n_R) \quad (8.14)$$

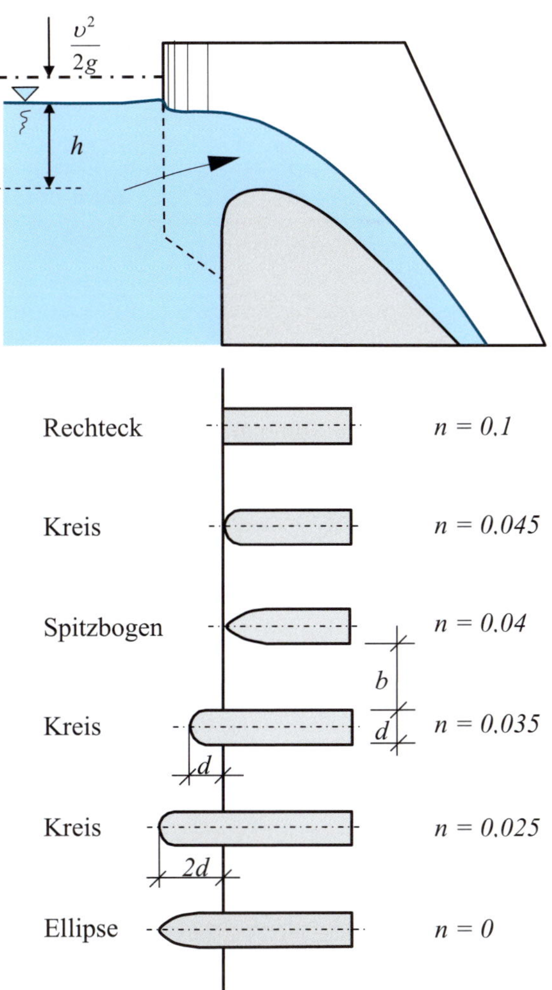

Bild 8.13 Pfeilerformen und deren Beiwerte zur Ermittlung der wirksamen Überfallbreite b_w

8.4 Rechtecküberfall

Am häufigsten sind im Wasserbau und der Wasserwirtschaft Rechtecküberfälle im Einsatz. Wird die Überfallbreite b sehr groß gegenüber der Überfallhöhe h, dann kann die Berechnung mit dem spezifischen Abfluss erfolgen. Der spezifische Abfluss q ist der Abfluss pro Meter Überfallbreite.

Es gilt: $b >> h$ und $q = Q/b$.

Überfallformel, spezifischer Abfluss:

Poleni-Formel: $$q = \frac{Q}{b} = \frac{2}{3} \cdot \mu \cdot \sqrt{2g} \cdot h^{1,5} = C \cdot h^{1,5} \tag{8.15}$$

Überfallbeiwert:

$$\mu = \mu_0 \cdot \mu_1 \cdot \mu_2 \cdot \mu_3 \qquad C = C_0 \cdot \mu_1 \cdot \mu_2 \cdot \mu_3$$

Basiswerte:

$$\mu_0 = 0{,}577 \qquad C_0 = 1{,}705\ \mathrm{m}^{1/2}/\mathrm{s} \qquad C = \mu \cdot 2{,}953\ \mathrm{m}^{1/2}/\mathrm{s}$$

Tabelle 8.3 Beiwerte μ_2 und μ_3 Rechtecküberfall (Maxima und Minima):

	breitkronig $L/h > 3$	breitkronig $L/h > 3$	scharfkantig, abgelöst		ausgerundet, anliegend
	rechtwinklig (Min)	ausgerundet (Max)	(Min) $h/w = 0$	(Max) $h/w = 2{,}5$	(Max) $h/w = 3$
μ_0	0,577	0,577	0,577	0,577	0,577
μ_1	1	1,25	1	1,13	1,14
μ_2	0,833	1	1	1	1
μ_3	1	1	1,044	1,21	1,5
$\boldsymbol{\mu}$	**0,48**	**0,72**	**0,60**	**0,79**	**0,99**

8.4.1 Breitkroniger Überfall

Die Abflussbeiwerte von breitkronigen Überfällen werden beeinflusst von der Ausbildung ihrer Anströmkante und der Länge der Überfallrückens. Diese Einflüsse wurden intensiv von *Kumin* (in *Kiselew*, 1972) untersucht und von *Bollrich* (2019) grafisch ausgewertet. In Anlehnung an diese Messwerte erfolgt in den folgenden Anwendungsfällen die Zerlegung in die einzelnen Einflussfaktoren des Überfallbeiwertes. Diese Zerlegung hat bereits *Bazin* (in *Bollrich*, 2019) mit einem Einflussbeiwert für die Länge des Überfallrückens und einen Beiwert für die Ausrundung der Anströmkante vorgeschlagen.

Eine **ausgerundete Ausströmkante** bei breitkronigen Überfällen ermöglicht eine hydraulisch günstige Zuströmung und erhöht den Überfallbeiwert. Es erfolgt keine Berücksichtigung der Seitenkontraktion. Der Beiwert der Zulaufenergie μ_1 ergibt sich aus den allgemeinen Zulaufbedingungen nach Bild 8.7 für einen rechteckigen Zulaufquerschnitt mit der Breite B.

$$\mu_2 = 1 - \frac{0{,}167}{(1+r/w)^2} \cdot \left(1 - \left(\frac{h}{h+w}\right)^2\right) \tag{8.16}$$

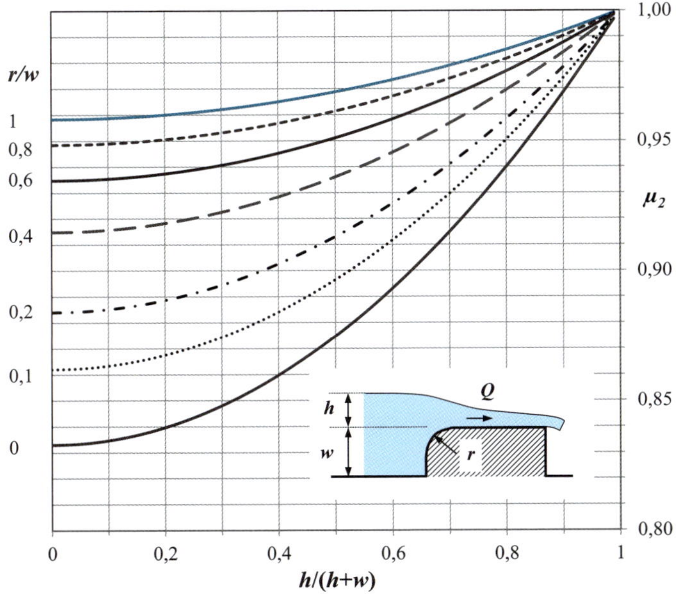

Bild 8.14 Rechtecküberfall, Verlustbeiwert der Zuströmung μ_2

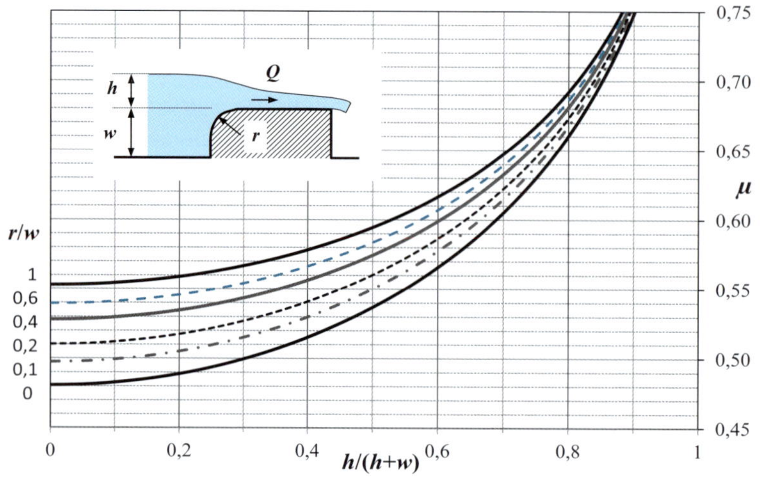

Bild 8.15 Rechtecküberfall, breitkronig, Gesamtverlustbeiwert μ

$$\mu = 0{,}577 \cdot \left[1 + \mu^2 \cdot \frac{4}{9} \cdot \left(\frac{h}{h+w}\right)^2\right]^{1{,}5} \cdot \left[1 - \frac{0{,}167}{(1 + r/w)^2} \cdot \left(1 - \left(\frac{h}{h+w}\right)^2\right)\right] \tag{8.17}$$

Eine gefaste Anströmkante ist definiert durch ihren Winkel (45°) und die Höhe a der Kante. Die Anströmung verbessert sich gegenüber einer scharfen Kante.

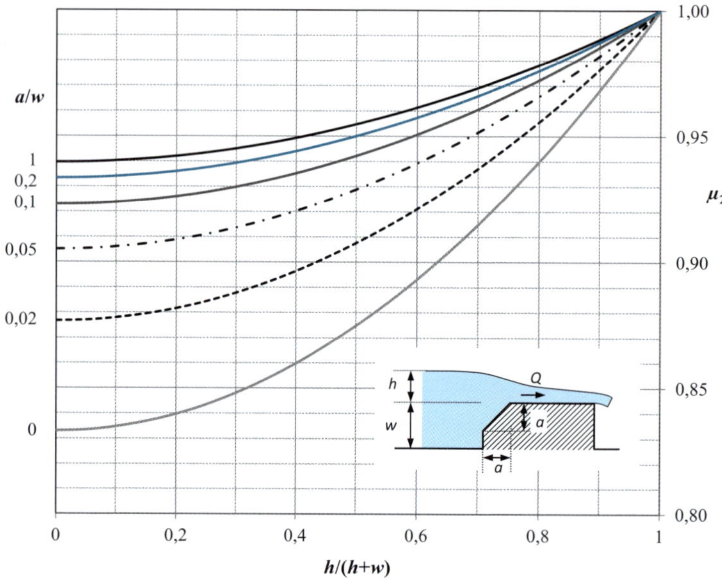

Bild 8.16 Gefaste Anströmkante, Verlustbeiwert μ_2

$$\mu = \mu_0 \cdot \mu_1 \cdot \mu_2 = \mu_0 \cdot \mu_1 \cdot \left[0{,}94 - 0{,}107 \cdot \frac{1}{\left(1+15 \cdot \frac{a}{w}\right)^2} \cdot \left(1 - \left(\frac{h}{h+w}\right)^2\right) + 0{,}06 \cdot \left(\frac{h}{h+w}\right)^2 \right] \quad (8.18)$$

Analog kann dieses Diagramm für einen breitkronigen, im Zulauf abgeschrägten Überfall mit unterschiedlichen Neigungen $n = a/w$ verwendet werden. Dabei gilt $n = 0$ für $a/w = 0$ und $n = 1$ für $a/w = 1$. Wird die Neigung n der Schräge größer 1 (Winkel < 45°), steigt der Überfallbeiwert nur noch unwesentlich bis etwa $n = 2$ an (*Peter*, 2005).

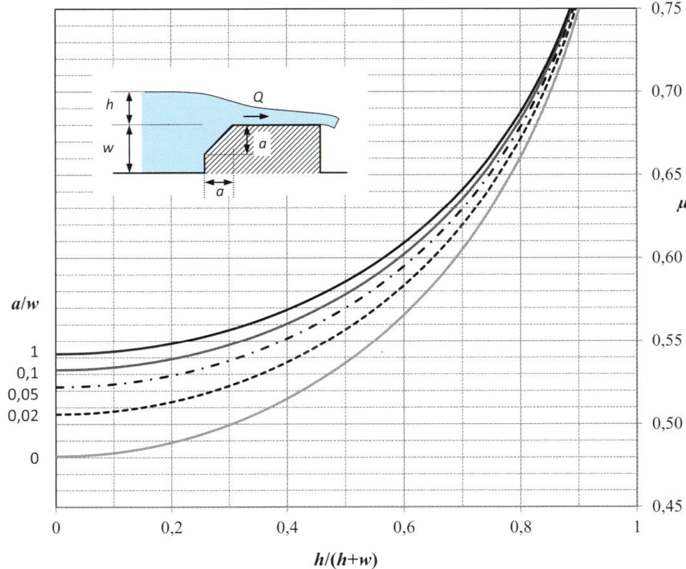

Bild 8.17 Gefaste Anströmkante, Gesamtverlustbeiwert

8.4.2 Scharfkantiger Überfall

Scharfkantige Überfälle werden wegen der eindeutigen Druckbedingungen an der Unterseite des Strahls (belüfteter Strahl) und des damit verbundenen ungestörten Abflusses als Messwehre eingesetzt.

In der Rechteckform sind das meist Messkästen mit einer zusätzlichen seitlichen Einschnürung, die die Belüftung der Strahlunterseite ermöglicht, oder Messblenden ohne seitliche Begrenzung ($B = b$), bei denen der Luftdruck an der Unterseite des Strahles durch Belüftungsöffnungen garantiert wird.

Als scharfkantig werden Wehre mit einer Überfalllänge L bezeichnet, die die Bedingung L/h < 2/3 erfüllen. Messwehre haben Überfalllängen als scharfe Abrisskante von etwa 2 mm.

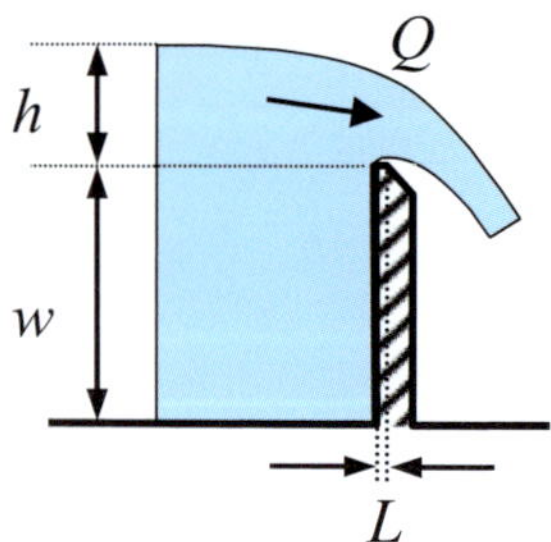

Bild 8.18 Scharfkantiges Wehr

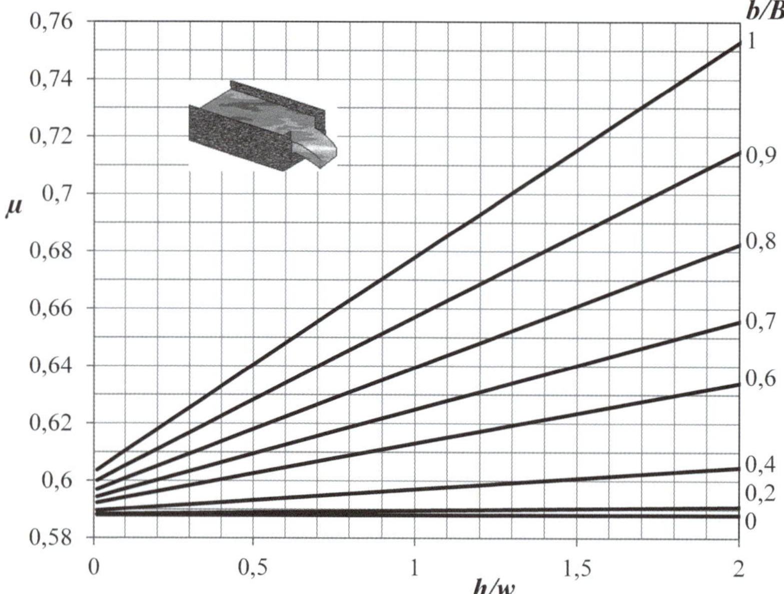

Bild 8.19 Überfallbeiwerte am scharfkantigen Rechteckwehr nach *Hager* (1995)

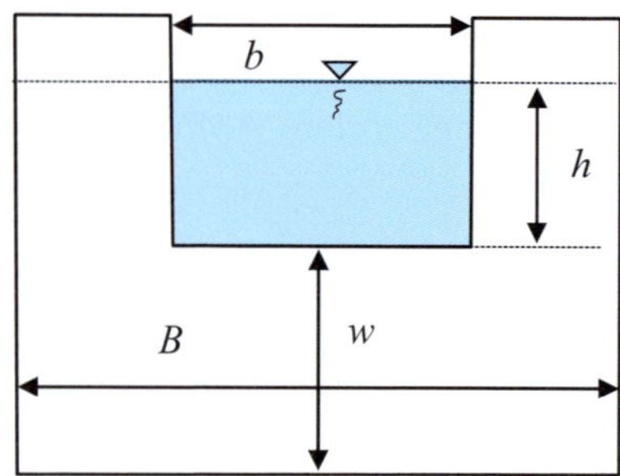

Bild 8.20 Ansicht des Wehres

Die Bilder 8.18, 8.19 und 8.20 zeigen das scharfkantige Messwehr als Rechteckwehr.

Der Überfallbeiwert kann nach *Hager* (1995) mit folgender Gleichung ermittelt werden:

$$\mu = \frac{3}{2} \cdot \left(0,392 + 0,05 \cdot \left(\frac{h}{w} + 0,02 \right) \cdot \left(\frac{b}{B} \right)^{2,5} \right) \tag{8.19}$$

Der Einfluss des Strahldruckes unter Vernachlässigung der Anströmverluste wird damit:

$$\mu_3 = \frac{\mu}{\mu_0 \cdot \mu_1} \cong 1,02 + \left(0,03 + 0,06 \cdot \frac{h}{h+w} + 0,05 \cdot \left(\frac{h}{h+w} \right)^2 \right) \cdot \left(\frac{b}{B} \right)^2 \tag{8.20}$$

$\mu_3 = 1,02$ bis $1,12$

8.4.3 Beweglicher Überfall

Bewegliche Wehre werden zur Regelung des Wasserstandes z. B. an Stauanlagen eingesetzt. Ein absenkbares Wehr verändert mit jeder Bewegung die Anströmrichtung, seine umströmte Form und damit den Überfallbeiwert, die Überfallhöhe und den Abfluss. Bei großen Stauanlagen ändert sich der Wasserstand sehr langsam, so dass für die Bewegung des Wehres ein konstanter Wasserstand angenommen werden kann. Mit der damit ermittelbaren Überfallhöhe und dem neuen Überfallbeiwert kann der Durchfluss bestimmt werden.

Bewegliche Stauwand, scharfkantig

$$\mu_2 = \frac{\mu_\alpha}{\mu_{\alpha=0°}}$$

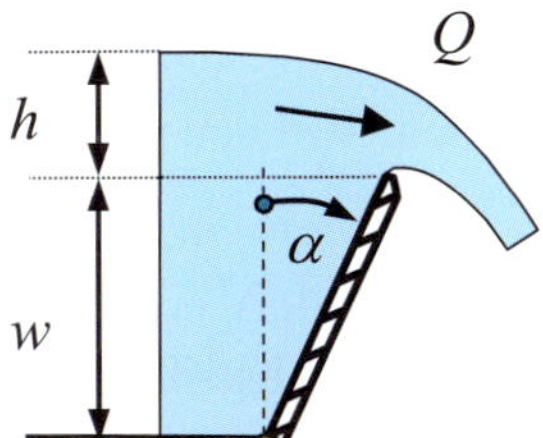

Bild 8.21 Bewegliche Stauwand als scharfkantiger Überfall

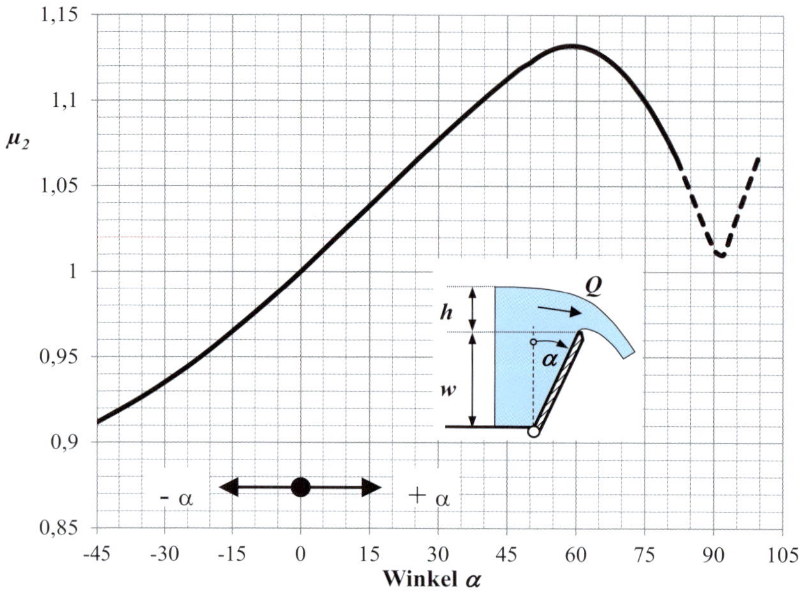

Bild 8.22 Einfluss der Anströmung einer beweglichen, scharfkantigen Stauwand nach *Schmidt* (1957) und *Castro-Delgado* (1983)

Für einen scharfkantigen Überfall mit abgelöstem und belüftetem Strahl können die Angaben von *Schmidt* (1957) aus Bild 8.22 mit folgenden zwei Gleichungen angenähert werden:

$$\mu_2 = 1 + 0{,}142 \cdot \sin(\alpha) + 0{,}0245 \cdot \sin(\alpha)^2 \qquad \text{für } -45° \leq \alpha \leq 45° \qquad (8.21)$$

$$\mu_2 = 1{,}132 \cdot \sin(0{,}85 \cdot (\alpha + 47°)) \qquad \text{für } 45° \leq \alpha \leq 90°$$

Der Einfluss der Neigung der Klappe gegenüber einem senkrechten Wehr wird hier durch den Beiwert μ_2 ausgedrückt. Die Werte aus Gleichung (8.21) entsprechen etwa denen nach *Schmidt* (1957).

Die Ergebnisse werden durch die Untersuchungen von *Castro-Delgado* (1983) in seiner Dissertation (in *Naudascher*, 1992) bestätigt. Er konnte zeigen, dass beim Absenken der Klappe unter den Drehpunkt (> 90°) der Überfallbeiwert wieder ansteigt, was etwa der gestrichelten Linie in Bild 8.22 entspricht.

Bewegliche Klappe als Kreisbogen

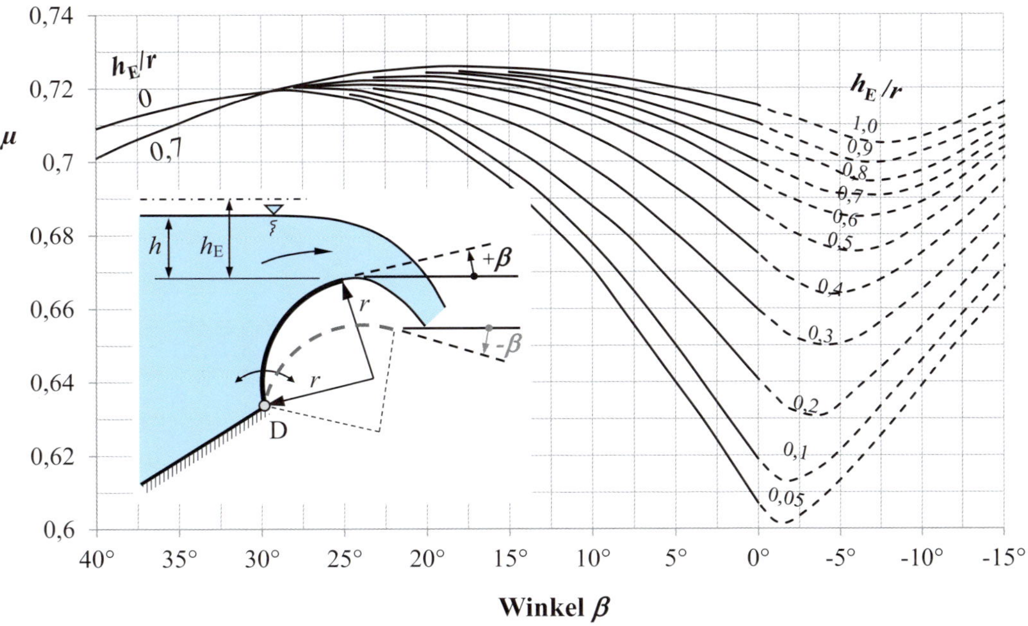

Bild 8.23 Überfallbeiwert eines Wehres als beweglicher Kreisbogen

Die Angaben für den Überfallbeiwert μ für den Kreisbogen von *Bradley* (1954) (in *Chow*, 1959) wurden in Bild 8.23 nach den Untersuchungen von *Häusler* (1987) (in *Strobl, et al.*, 2006), und *Castro-Delgado* (in *Naudascher*, 1992) im unsicheren gestrichelten Bereich vom Autor angepasst. Dieser Verlauf ist logisch, da der Überfallbeiwert nach der Absenkung des Kreissektors in den negativen Winkelbereich wieder größer werden muss.

Beweglicher Kreissektor

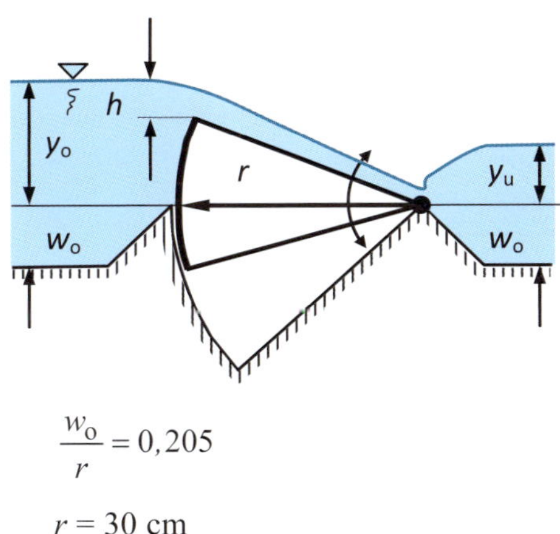

$$\frac{w_o}{r} = 0,205$$

$$r = 30 \text{ cm}$$

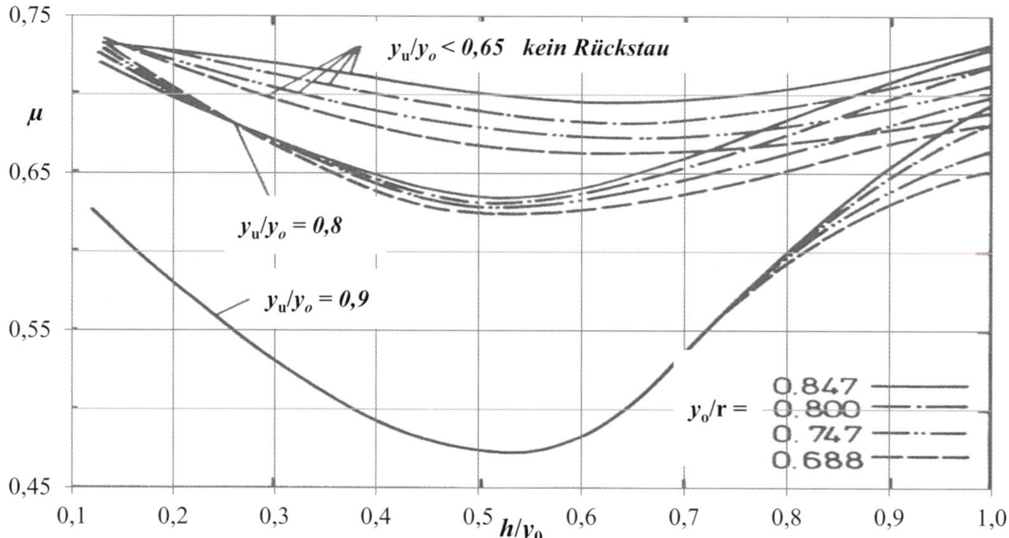

Bild 8.24 Überfallbeiwert des Sektorwehres nach *Böss* (in *Naudascher*, 1992)

Für den versenkbaren Kreissektor gibt es Untersuchen von *Böss* (1958) (in *Naudascher,* 1992) die den Überfallbeiwert für freien und rückgestauten Abfluss betreffen. Diese Messungen wurden an einem Modell eines Kreissektors mit einem Radius von 30 cm, bei einer festen Wehrschwelle w_0 von 6,15 cm mit einer Rampe von 1:1,5 durchgeführt.

8.4.4 Zylinderwehr

Das Zylinderwehr, das Walzenwehr oder kreisförmig ausgerundete Überfälle haben gleiche oder fast gleiche Überfallbeiwerte. Sie werden bei vielen Anlagen der Hochwasserentlastung (z. B. Sammelrinnen), an Überläufen von Abwasserbecken oder festen Wehren eingesetzt. Sie sind einfach herstellbar und erzeugen hohe Überfallbeiwerte.

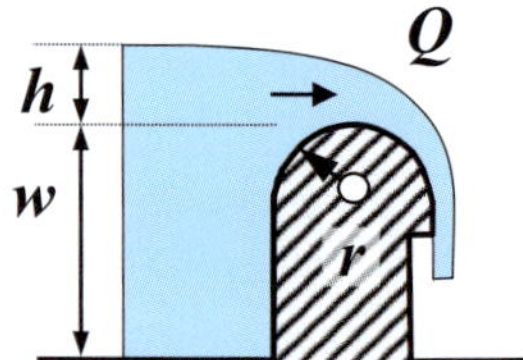

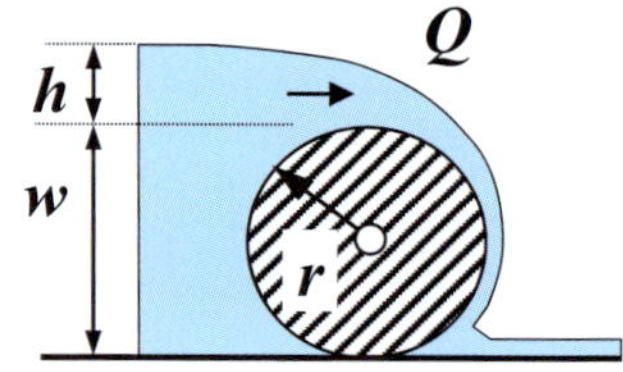

Bild 8.25 Zylinderwehr mit Abrisskante und Walze

Bedingungen:

abgerundete halbkreisförmige Ausbildung der Überfallkrone.
Halbkreis: $r/w \leq 1$
Vollkreis: $r/w \leq 0,5$

$B = b$	$h << r$ (Min)	$h = 2,5\ r$ (Max)
$\mu_3 =$	0,97	1,24
$\mu =$	0,56	0,80
$C =$	1,65	2,38

In Bild 8.26 wird Gleichung (8.22) für den Strahleinfluss μ_3 in Anlehnung an *Hager* (1993) und *Indlekofer, et al.* (1974) dargestellt und in Bild 8.27 der Überfallbeiwert μ_E ohne Einfluss der Zulaufbedingungen gezeigt. In beiden Quellen sind die Gleichungen als Funktion von h_E dargestellt bzw. gelten für $w >> r$. Als wichtigen Einfluss definiert *Hager* (1993) die Krümmung der Stromlinien bei der Überströmung und den damit verbundenen Unterdruck auf das Kreiswehr. Er empfiehlt deshalb als Grenze $h/r \leq 1{,}5$ und ein unterdruckfreies Überströmen. In anderen Quellen wird von einem Abfluss ohne Strömungsabriss bis $h/r \leq 4$ bzw. 5 gesprochen. *Peter* (2005) zeigt Messungen in Abhängigkeit von r/w. Die Ergebnisse unterscheiden sich in ihrem Geltungsbereich kaum voneinander. Für $h/r \rightarrow 0$ geht der Zylinderüberfall in einen breitkronigen bis ausgerundeten Überfall über und für $r/w \rightarrow 0$ und $r/h \rightarrow 0$ in einen scharfkantigen.

$\mu = \mu_0 \cdot \mu_1 \cdot \mu_3 = 0{,}56$ bis $0{,}8$ $\qquad$ $C = C_0 \cdot \mu_1 \cdot \mu_3 = 1{,}65$ bis $2{,}36$

$$\mu_3 = 0{,}97 \cdot \left(1 + \frac{3 \cdot h/r}{11 + 1{,}5 \cdot (h/r)^{1{,}5}}\right) \tag{8.22}$$

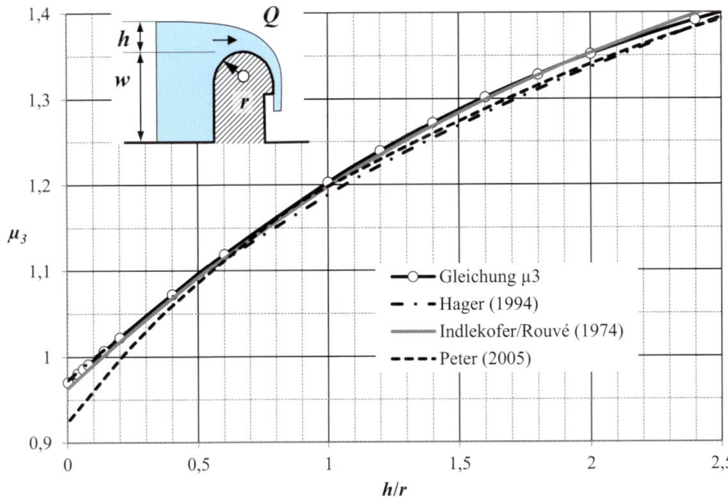

Bild 8.26 Verlustbeiwert μ_3 aus dem Einfluss des Strahldruckes

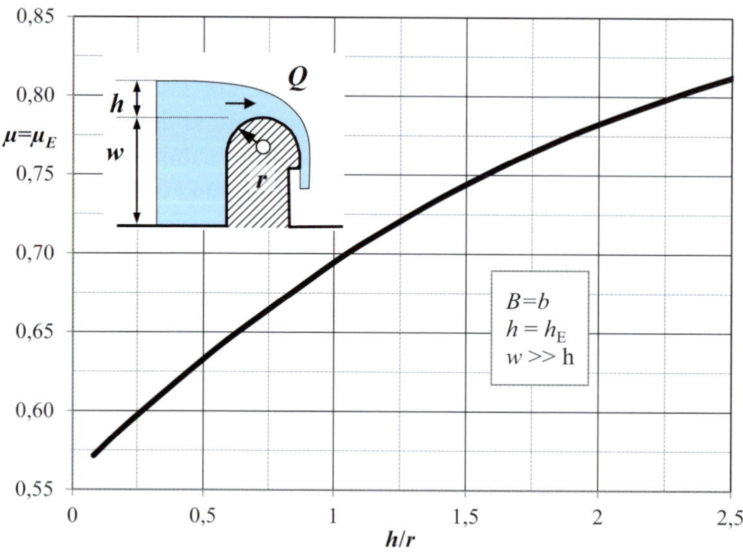

Bild 8.27 Abflussbeiwert des Zylinderwehres ohne Zuströmeinfluss

8.4.5 Schmalkroniger Überfall

Für den schmalkronigen Überfall gilt $0{,}5 < L/h < 3$ und als Randbedingung wird von $b/B = 1$ ausgegangen.

Für $L \geq 3\,h$ geht der Überfall in einen breitkronigen über und ab $L \leq 0{,}5\,h$ kann man von einem scharfkantigen Überfall sprechen und es gelten die entsprechenden Gleichungen.

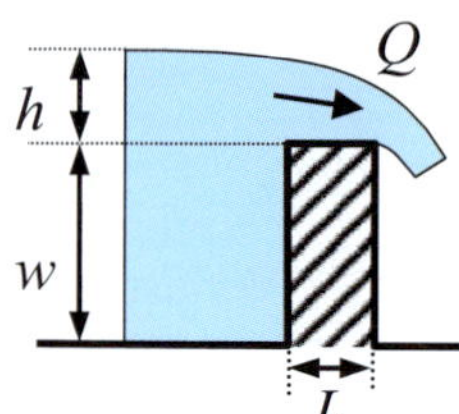

Bild 8.28 Schmalkroniger, eckiger Überfall

Der Übergang ist nach *Schmidt* (1957) von L/h abhängig und wechselt im angegebenen Bereich zwischen den beiden Funktionen. Dieser Wechsel zwischen den Überfallbedingungen kann als Übergangsfunktion definiert werden. Wird die Gleichung für den eckigen, breitkronigen Überfall als Basisgleichung verwendet, dann gilt μ_3 ab $L \geq h/2$ bis $L = 3h$.

Tabelle 8.4 Grenzwerte des breit-, schmalkronigen und scharfkantigen Überfalls

	breitkronig $L/h \geq 3$	**schmalkronig** $0{,}5 < L/h < 3$		**scharfkantig** $L/h \leq 0{,}5$
	rechtwinklig (Min) $h << w$	(Min) $h<<w$	(Max) $h = w$	**belüftet** (Max) $h >> w$
$\mu_3 =$	1	1,044	1,21	1,25
$\mu =$	0,48	0,5	0,70	0,9

$$\mu = \mu_0 \cdot \mu_1 \cdot \mu_2 \cdot \mu_3$$

Sprungfunktion: $\mu_3 = 1 + 0{,}3 \cdot e^{-(h/L+0{,}2)^{-2}}$

$$\mu = 0{,}577 \cdot \left(1 + \mu^2 \cdot \frac{4}{9} \cdot \left(\frac{h}{h+w}\right)^2\right)^{1{,}5} \cdot \left(0{,}833 + 0{,}167 \cdot \left(\frac{h}{h+w}\right)^2\right) \cdot \left(1 + 0{,}3 \cdot e^{-(h/L+0{,}2)^{-2}}\right) \tag{8.23}$$

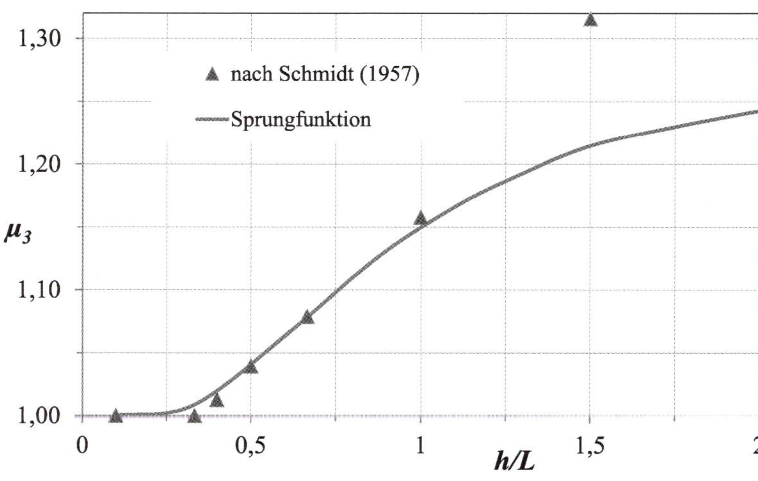

Bild 8.29 Sprungfunktion zwischen breitkronigem und scharfkantigem Überfall

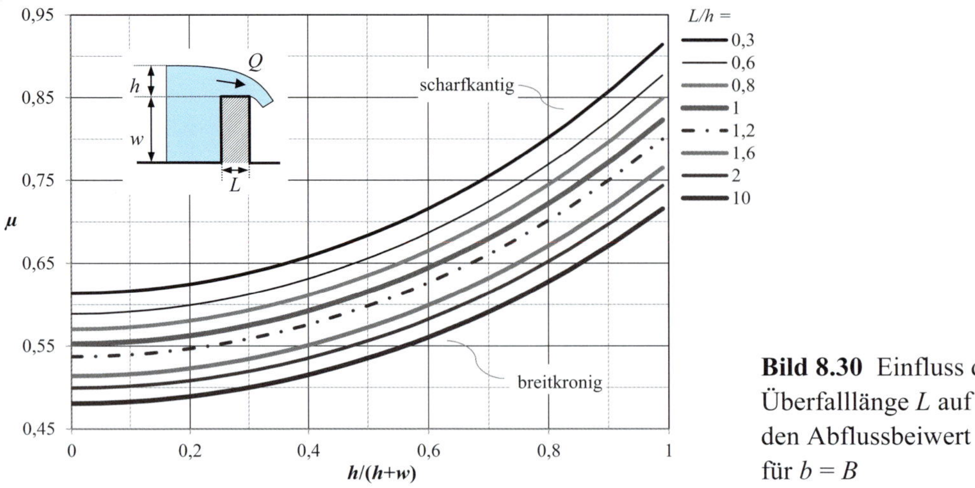

Bild 8.30 Einfluss der Überfalllänge L auf den Abflussbeiwert μ für $b = B$

8.4.6 Standardüberfall

Die Form des Standardüberfalls ist der Strahlunterkante eines Überfallstrahles über ein scharfkantiges Wehr für die Bemessungsenergieüberfallhöhe h_B nachempfunden.

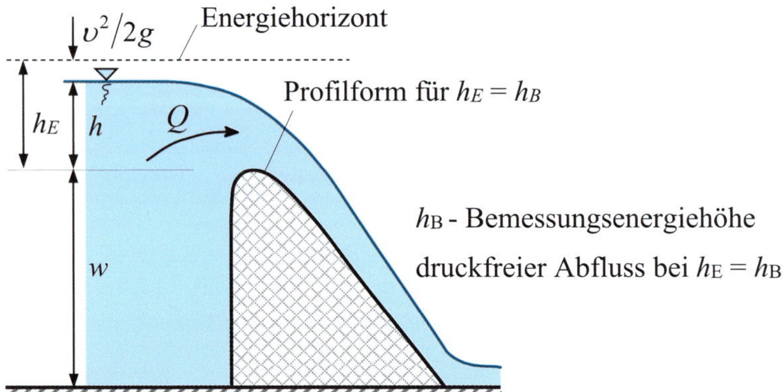

Bild 8.31 Standardprofil, der Strahlunterkante eines scharfkantigen Überfalls nachempfunden

Beim Standardprofil wird in der Regel der dimensionsbehaftete Überfallbeiwert C_E angegeben. Der auf die Energieüberfallhöhe bezogene Wert beinhaltet bereits die Zuströmbedingungen, die sich aus der Wehrhöhe w und der Zuströmbreite B ergeben. Bei großen Wehrhöhen w kann der Einfluss der Zuströmung vernachlässigt werden, d. h. es wird $h = h_E$ gesetzt sowie die Überfallformel für den spezifischen Durchfluss q verwendet.

$$q = C_E \cdot h_E^{1,5} = C \cdot h^{1,5} \tag{8.24}$$

$$C = \frac{2}{3} \cdot \sqrt{2g} \cdot \mu = \frac{2}{3} \cdot \sqrt{2g} \cdot \mu_0 \cdot \mu_1 \cdot \mu_3 = C_0 \cdot \mu_1 \cdot \mu_3 = C_\mathrm{E} \cdot \mu_1$$

$\mu_0 = 0{,}577$ bzw. $C_0 = 1{,}705\ \mathrm{m^{1/2}/s}$

Das Verhältnis der beiden Überfallbeiwerte C und C_E entspricht der Zuströmbedingung μ_1 für ein Rechteckwehr. Da der Überfallbeiwert μ bei starker Überlastung des Standardprofiles $h > h_\mathrm{B}$ stark ansteigt und größer als 1 werden kann, ist für den Standardüberfall die Verwendung der Überschlagsformel für μ_1 nicht möglich. Der Beiwert muss iterativ aus der folgenden Gleichung (8.25) berechnet werden. Mit $b = B$ für den spezifischen Abfluss ergibt sich μ_1 zu (siehe Tabelle 8.2):

$$\mu_1 = \frac{C}{C_\mathrm{E}} = \left(\frac{h_\mathrm{E}}{h}\right)^{1,5} = \left(1 + \mu^2 \cdot \frac{4}{9} \cdot \left(\frac{h}{h+w}\right)^2 \cdot \left(\frac{b}{B}\right)^2\right)^{1,5} \tag{8.25}$$

Der Einfluss des Strahldruckes auf den Abfluss wird mit μ_3 ermittelt. Den Überfallbeiwert C_E untersuchten u.a. *Knapp* und *Schirmer* für den Überdruckbereich $h/h_\mathrm{B} \leq 1$ bzw. den Unterdruckbereich $h/h_\mathrm{B} > 1$. Für den Bemessungsfall $h_\mathrm{E} = h_\mathrm{B}$ ergibt sich der Strahleinfluss als Funktion von h_B/w nach *Knapp* zu:

$$\mu_{3\mathrm{B}} = \frac{C_\mathrm{EB}}{C_0} = 1{,}355 \cdot \left(0{,}9674 - 0{,}015 \cdot \left(\frac{h_\mathrm{B}}{w}\right)^{0,9742}\right)^{1,5} \tag{8.26}$$

Für ein mit h_B konstruiertes Profil wird dann der Strahleinfluss μ_3 mit Hilfe von $\mu_{3\mathrm{B}}$ (Gleichung (8.26)) für den Überdruckbereich $h/h_\mathrm{B} \leqq 1$ nach *Knapp* (1960) berechnet zu:

$$\mu_3 = \frac{C_\mathrm{E}}{C_0} = \left(1 + \frac{h_\mathrm{E}}{h_\mathrm{B}}\right)^{3,3219 \cdot \log(\mu_{3\mathrm{B}})} \qquad \text{für} \qquad h \leq h_\mathrm{B} \tag{8.27}$$

Für den Unterdruckbereich $h/h_\mathrm{B} > 1$ wurde die Gleichung von *Schirmer* (1976) zur Bestimmung von μ_3 umgestellt zu:

$$\mu_3 = \frac{C_\mathrm{E}}{C_0} = \mu_{3\mathrm{B}} \cdot \left(0{,}8003 + 0{,}0814 \cdot \frac{h_\mathrm{B}}{w} - 0{,}00646 \cdot \left(\frac{h_\mathrm{B}}{w}\right)^2 - 0{,}0822 \cdot \frac{h_\mathrm{E}}{w}\right.$$

$$\left. + 0{,}2566 \cdot \frac{h_\mathrm{E}}{h_\mathrm{B}} - 0{,}0619 \cdot \left(\frac{h_\mathrm{E}}{h_\mathrm{B}}\right)^2 + 0{,}00598 \cdot \left(\frac{h_\mathrm{E}}{h_\mathrm{B}}\right)^3\right) \quad \text{für} \quad h > h_\mathrm{B} \tag{8.28}$$

Mit den Gleichungen (8.26), (8.27) und (8.28) kann nun der Überfallbeiwert $C_\mathrm{E} = C_0 \cdot \mu_3$ des Standardwehres berechnet werde. Eine Iteration zur Ermittlung von Q ist allerdings nicht zu umgehen. Entweder man sucht die Lösung über h_E oder iteriert μ_1 mit Hilfe der Gleichung (8.25) und berechnet Q aus der Überfallformel mit μ bzw. C.

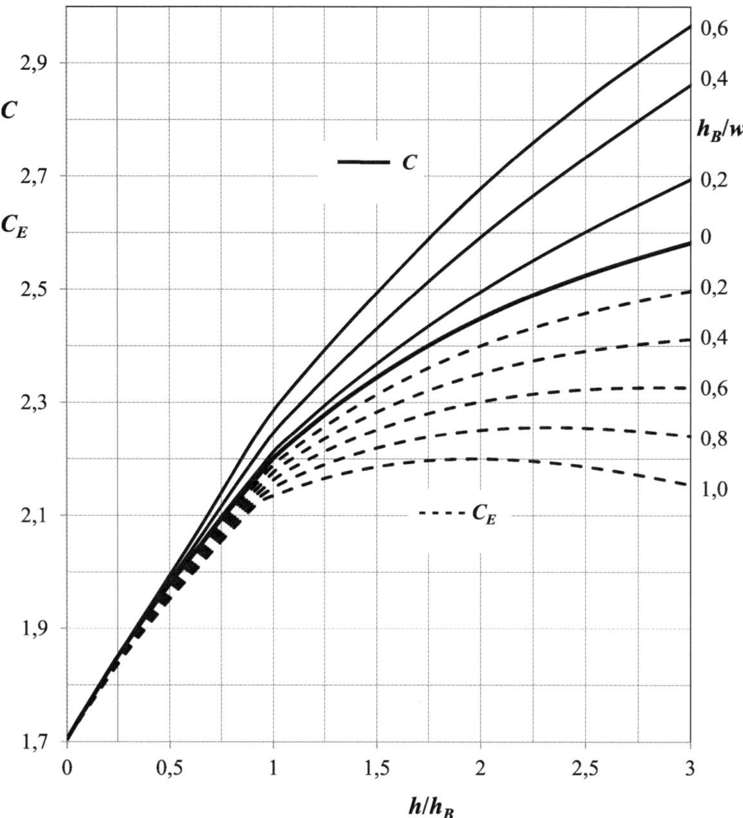

Bild 8.32 Überfallbeiwerte C bzw. C_E als Funktion von h/h_B und h_B/w

Die Profilform des Standardprofiles wird von *Oficerov* (*Aristowski, et al.*, 1955) der Unterkante eines Wasserstrahles nachempfunden. Die von ihm empfohlene Form, die von der Strahlform etwas abweicht und in den Strahl hineinragt, kann mit folgender Gleichung berechnet werden:

$$\frac{z}{h_B} = 0{,}477 \cdot \left(\frac{x}{h_B} \right)^{1{,}79} \tag{8.29}$$

Die Bemessungsüberfallhöhe h_B stellt die Überfallhöhe des Strahles dar, für dessen Form das Wehr bemessen wird. Der Koordinatenursprung befindet sich am höchsten Punkt des Wehres. Anströmbereich und Wehrkopf werden für die praktische Ausführung Kreis- oder Elipsenformen nachempfunden und damit der Strahlform angenähert. Koordinaten der Strahlformen siehe *Bollrich* (2019).

8.4.7 Dachwehr

Dachwehre (Bild 8.10, Form 3) besitzen sowohl eine strömungsgünstige Anströmung als auch eine abflussfördernde Überfallform. Damit minimieren sich die Anströmverluste und gleichzeitig entsteht bei der Überströmung in Abhängigkeit von der Überfallhöhe ein Sogeffekt, der den Überfallbeiwert ansteigen lässt. Die Überfallbeiwerte für Dachwehre können ähnlich wie beim Standardwehr sehr hoch werden. In vielen Literaturquellen wird der Wert mit $\mu = 0{,}79$ angegeben, ist aber von den Anströmbedingungen, der Form und der Überfallhöhe abhängig.

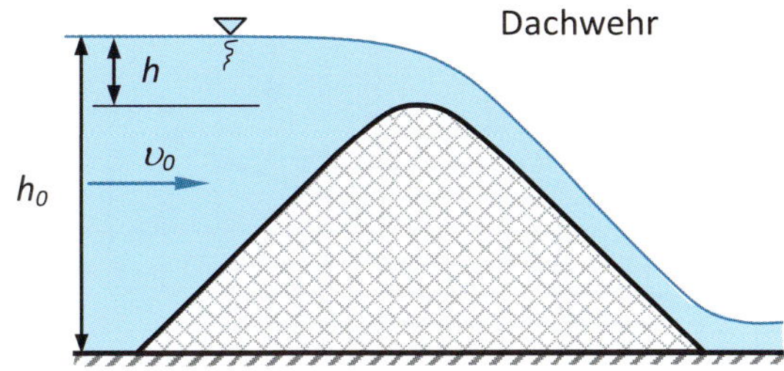

Bild 8.33 Überströmen eines Dachwehres

8.4.8 Schlauchwehr

Schlauchwehre besitzen eine ganz eigene Überfallcharakteristik, da sie mit wechselndem Wasserstand bzw. bei verändertem Innendruck ihre Form ändern. Im Querschnitt sind sie rechteckig und im Längsschnitt ausgerundet, so dass einerseits der in der Anströmung ausgerundete breitkronige Überfall bzw. der kreisförmige Überfall als Vergleich in Frage kommt (siehe Bild 8.35). In der Abbildung sind die Messwerte von *Gebhardt* (2006) mit den Werten des breitkronigen bzw. Halbkreiswehres verglichen. Mit entsprechenden Konstruktionen zur Strahlbelüftung sind die Messwerte mit den Werten eines Halbkreiswehres vergleichbar. Die großen Überfallbeiwerte nach *Gebhardt* bei kleineren Überfallhöhen sind unrealistisch. Als Überfallgleichung gilt die *Poleni*-Formel (Gleichung 8.1). Die Schwierigkeit bei Schlauchwehren besteht darin, die Oberkante des Wehres genau zu definieren, um die Überfallhöhe zu ermitteln. Durch Verformungen entlang des Wehrrückens kann es zu unterschiedlichen Überfallhöhen und damit zu unterschiedlichen Abflüssen kommen (Einbeulen).

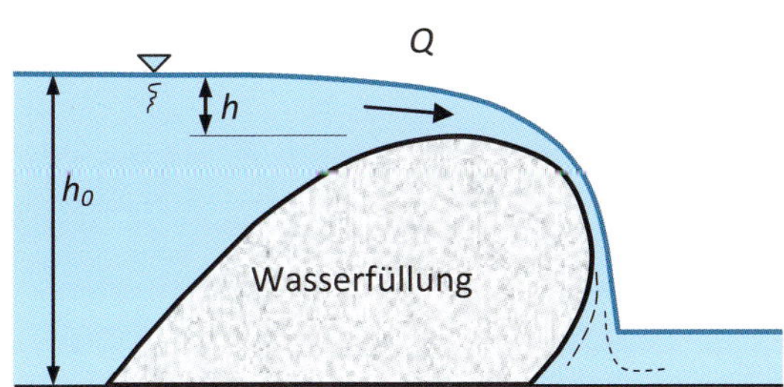

Bild 8.34 Definitionsskizze eines Schlauchwehres

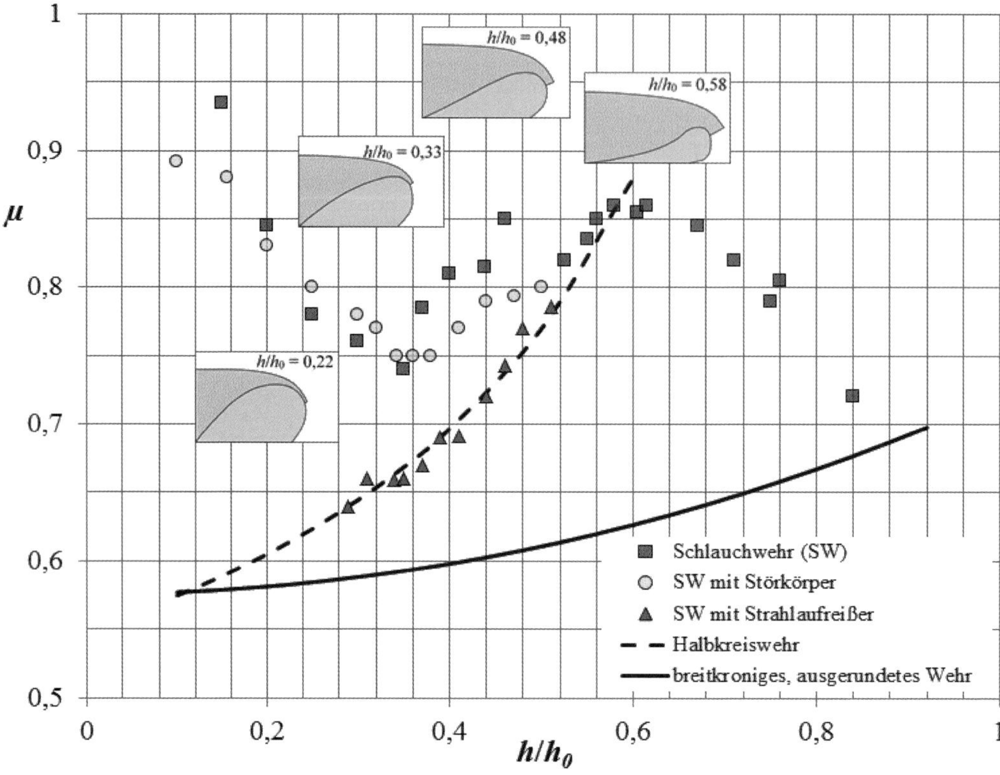

Bild 8.35 Überfallbeiwerte aus Messungen von *Gebhardt* (2006), verglichen mit Funktionen des breitkronigen Überfalls und des Halbkreisüberfalls

8.5 Dreiecküberfall

Der scharfkantige dreieckförmige Überfall garantiert durch den Abriss der Strömung und die eindeutige Belüftung des Strahles bei jeder Überfallhöhe gleichmäßige, nur durch die Geometrie bestimmte Abflussbedingungen. Gleichzeitig passen sich die Änderungen des Wasserspiegels den Durchflussänderungen an, so dass eine genaue Wasserstandsmessung für den gesamten Abflussbereich eine hohe Genauigkeit der Durchflussermittlung garantiert. Deshalb werden Dreiecküberfälle oft im hydraulischen Versuchswesen als Mess- und Eichwehre eingesetzt.

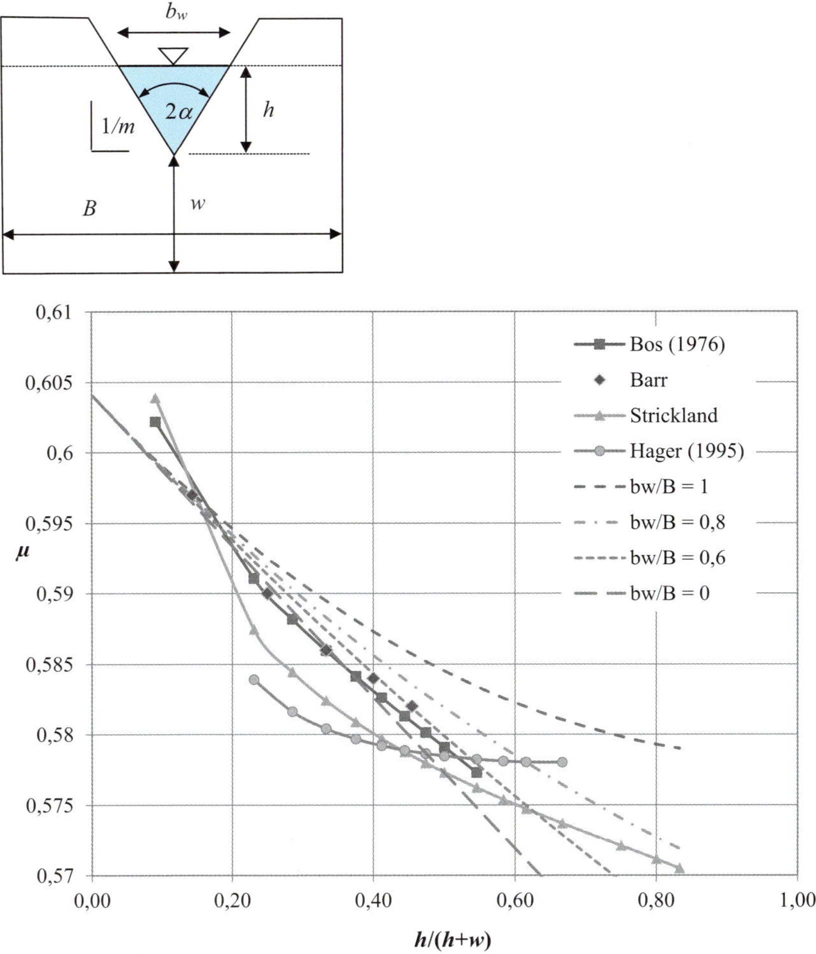

Bild 8.36 Scharfkantiges Dreieckwehr mit Vergleich der Überfallbeiwerte für das $2\alpha = 90°$-Wehr nach Gleichung (8.31)

Das Beispiel im Bild 8.36 zeigt einen **Thomson-Überfall** ($\alpha = 90°$, $m = 1$) mit Messwerten bzw. Analysen von Messwerten von *Bos*, *Barr*, *Mostkow/Kiselev*, *Hager* (1986) und *Strickland*, die in den Skripten von *Loiskandl* (2003), *Valentin* (2003) bzw. in *Rössert* (1999) zu finden sind.

In Bild 8.36 wurde mit Hilfe der Gleichung (8.31), der Aufteilung des Überfallbeiwertes in einzelne Einflussfaktoren, der Einfluss der Zulaufbedingungen erkennbar dargestellt. Durch den Vergleich mit den Messwerten bzw. den aus Messwerten gewonnenen Gleichungen der anderen Autoren ergeben sich folgende Beiwerte.

$$\mu = \mu_0 \cdot \mu_1 \cdot \mu_3$$

$$\mu_0 = 0{,}537$$

$$\mu_1 = \left(1 + \mu^2 \cdot \frac{4^2}{15^2} \cdot \left(\frac{b_W}{B}\right)^2 \cdot \left(\frac{h}{h+w}\right)^2\right)^{2,5} \cong \left(1 + 0,021 \cdot \left(\frac{b_W}{B}\right)^2 \cdot \left(\frac{h}{h+w}\right)^2\right)^{2,5} \qquad (8.30)$$

$$\mu_3 = 1,125 - 0,1 \cdot \frac{h}{h+w}$$

$$\mu = 0,537 \cdot \left(1 + 0,021 \cdot \left(\frac{b_W}{B}\right)^2 \cdot \left(\frac{h}{h+w}\right)^2\right)^{2,5} \cdot \left(1,125 - 0,1 \cdot \frac{h}{h+w}\right)$$

$$Q = \frac{8}{15} \mu \cdot \sqrt{2g} \cdot \tan\alpha \cdot h^{2,5} = C \cdot \tan\alpha \cdot h^{2,5} \qquad (8.31)$$

Eine einfache aber unter den Randbedingungen recht genaue Formel für das 90°-Wehr (Thomson-Wehr) ermittelten *Mostkow* (1956) und *Kiselev* (1972) für die Randbedingungen $h + w > 3 \cdot h$ und $0,06 \text{ m} \leq h \leq 0,65 \text{ m}$ zu:

$$Q = 1,343 \cdot h^{2,47} \left[\text{m}^{0,53}/\text{s}\right] \qquad (8.32)$$

Für die Durchflussmessung werden von *Bollrich* (1989) weitere Dreieckwehre mit Winkeln von $2 \cdot \alpha = 53,13°$ und $2 \cdot \alpha = 28,07°$ empfohlen und eine Höhenkorrektur für den Einfluss der Oberflächenspannung angegeben.

Die allgemeine Gleichung für dreieckförmige Messwehre mit Empfehlungen für Überfallbeiwerte ist ISO 1438 (2008) und bei *Herschy* (2009) zu finden.

8.6 Parabelüberfall

Überfallformeln für Parabel-Wehre sind in der Literatur kaum zu finden, da sie aufwendig herzustellen und keine praktischen Anwendungen bekannt sind. Die theoretische Ableitung dieser Formel kann aus Tabelle 8.2 entnommen werden, wobei sich der theoretische Überfallbeiwert zu $\mu = 0,627$ ergibt. Als scharfkantiger Überfall wirken die Beiwerte aus dem Druckeinfluss ähnlich wie beim folgenden Kreisüberfall.

8.7 Kreisüberfall

Der Kreisüberfall ist als **scharfkantiger Überfall** nach Bild 8.37, links, als **Bogenüberfall** nach Bild 8.37, rechts, oder als **Endüberfall** bekannt. Basisüberfallformel ist die nach Tabelle 8.2 mit dem Überfallbeiwert $\mu_0 = 0,529$. Die Darstellung der Abhängigkeit zwischen Durchfluss und Wasserstand erfolgt meist als dimensionsloser Überfall und relativer Wasserstand nach folgender Gleichung:

$$\frac{Q}{\sqrt{g} \cdot d^{2,5}} = f\left(\frac{h}{d}\right) \qquad (8.33)$$

Den scharfkantigen Überfall untersuchte *Greve* (1924) mit folgendem Ergebnis:

$$\frac{Q}{\sqrt{g}\cdot d^{2,5}}=\left(0{,}509 \text{ bis } 0{,}527\right)\cdot\left(\frac{h}{d}\right)^{1,88} \tag{8.34}$$

Weitere Untersuchungen sind in *Staus* (1939) mit folgender Formel als Ergebnis für den scharfkantigen Überfall zu finden:

$$\frac{Q}{\sqrt{g}\cdot d^{2,5}}=\mu\cdot\left(1{,}022\cdot\left(\frac{h}{d}\right)^{1,975}-0{,}269\cdot\left(\frac{h}{d}\right)^{3,78}\right) \tag{8.35}$$

mit $\mu=0{,}555+\dfrac{1}{110\cdot\dfrac{h}{d}}+0{,}041\cdot\dfrac{h}{d}$

Den Bogenüberfall untersuchte *Cherubim* (in *Aigner et al.*, 1999) und ermittelte bei einem Krümmungsradius von $r_B/d = 1{,}5$ eine Überfallfunktion in dimensionsloser Darstellung zu:

$$\frac{Q}{\sqrt{g}\cdot d^{2,5}}=0{,}516\cdot\left(\frac{h_E}{d}\right)^{1,82} \tag{8.36}$$

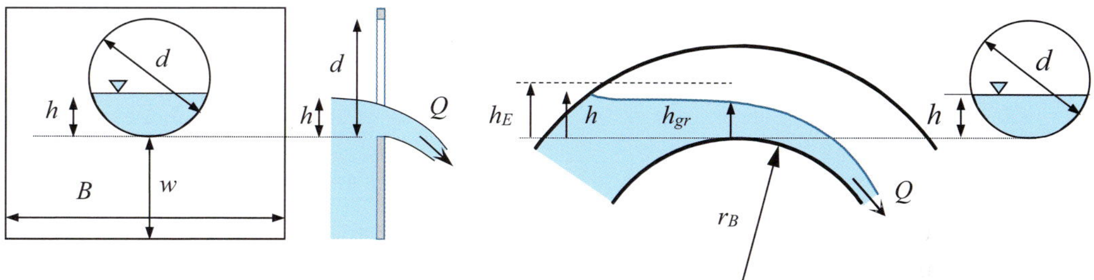

Bild 8.37 Kreisüberfall, links: scharfkantig, rechts: Bogenüberfall

Für den Endüberfall (Ausfluss aus einem horizontalen offenen Rohr) ergeben sich nach *Aigner et al.* (1999) theoretische Abhängigkeiten für den Endwasserstand h_e, den Grenzwasserstand h_{gr} und die minimale Energiehöhe h_{EMin}. Der daraus ermittelte Abfluss liegt etwa 15 % bis 19 % unter den empirischen Werten aus verschiedenen zitierten Literaturquellen (*Aigner et al.*,1999).

$$\frac{Q}{\sqrt{g}\cdot d^{2,5}}=1{,}371\cdot\left(\frac{h_e}{d}\right)^{\frac{11}{6}}=0{,}794\cdot\left(\frac{h_{gr}}{d}\right)^{\frac{11}{6}}=0{,}443\cdot\left(\frac{h_{EMin}}{d}\right)^{\frac{11}{6}} \tag{8.37}$$

Weitere Hinweise zum Teilfüllungsabfluss im Kreisprofil befinden sich in den Abschnitten 7.3.1 und 7.4.1.

8.8 Proportionalüberfall

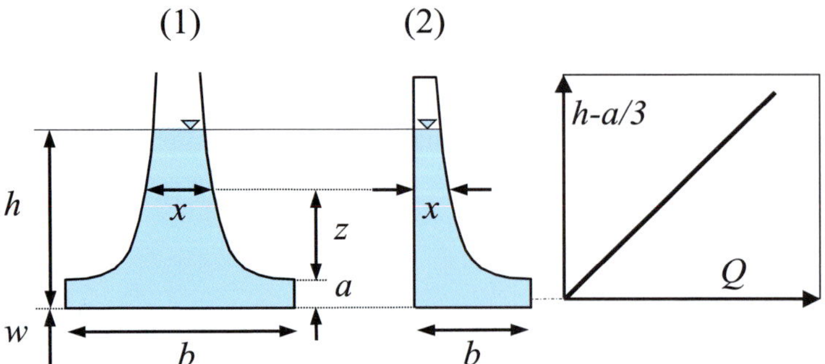

Bild 8.38 Symmetrisches (1) und unsymmetrisches (2) Proportionalwehr (*Sutro*-Wehr)

Der Proportionalüberfall setzt eine lineare Abhängigkeit zwischen gemessenem Wasserstand und Durchfluss voraus. Aus dieser Bedingung ergibt sich aus der Überfallformel der funktionelle Zusammenhang der Geometrie des Querschnittes eines sogenannten Sutro-Wehres.

$$\frac{x}{b} = 1 - \frac{2}{\pi} \cdot \tan^{-1}\sqrt{\frac{z}{a}} \tag{8.38}$$

Die Breite b des Proportionalüberfalles wird dabei so begrenzt, dass die Fläche aus den sonst ins Unendliche auslaufenden Funktionswerten für x einer Rechteckfläche $b \cdot a/3$ entspricht. Die sich dann daraus ergebende Überfallformel lautet:

$$Q = \mu \cdot b \cdot \sqrt{2g \cdot a} \cdot (h - a/3) \tag{8.39}$$

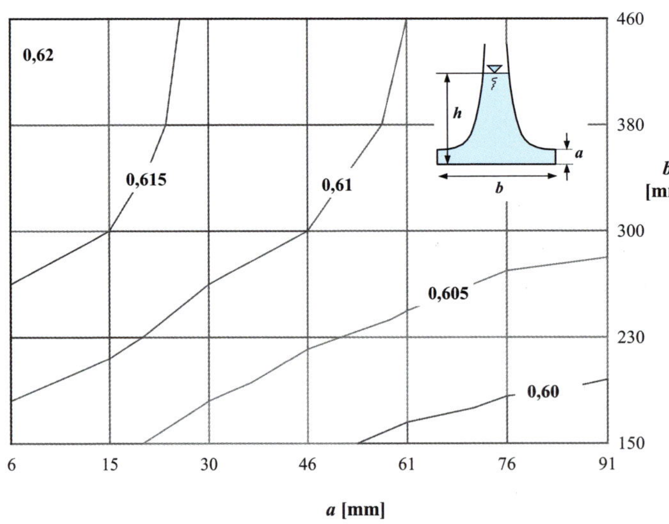

Bild 8.39 Überfallbeiwerte μ am symmetrischen *Sutro*-Wehr

Die von *Soucek*, *Howe* und *Mavis* (*Soucek, et al.*, 1936) in den Grenzen von a = 6 bis 91 mm (0,02 bis 0,3 ft) und b = 150 bis 460 mm (0,5 bis 1,5 ft) ermittelten Überfallbeiwerte sind im Bild 8.39 für das symmetrische Wehr und im Bild 8.40 für das unsymmetrische Wehr dargestellt. Da die Abweichungen des Überfallbeiwertes sehr gering sind, kann allgemein mit einem Beiwert von μ = 0,61 gerechnet werden.

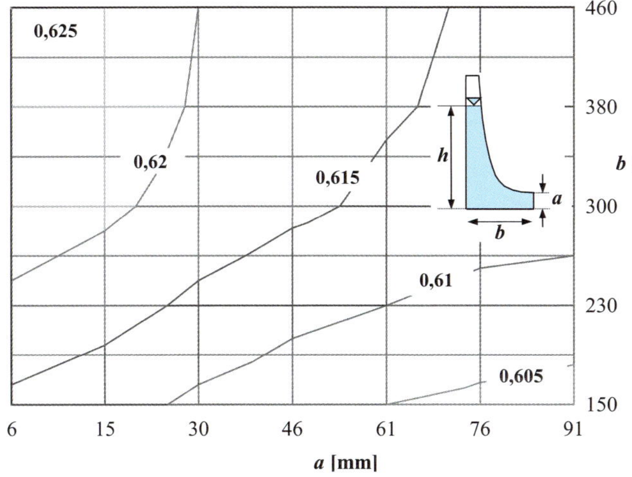

Bild 8.40 Überfallbeiwerte μ am unsymmetrischen *Sutro*-Wehr (*Soucek, et al.*, 1936)

8.9 Exponentialüberfall

Der Exponentialüberfall ist als scharfkantiger Überfall von *Murthy et al.* (1993) untersucht worden.

Für einen scharfkantigen Überfall kann aus der Integration des Geschwindigkeitsprofils am Überfall über die Fläche nachfolgende allgemeine dimensionslose Abflussformel ermittelt werden. Die Gleichung berücksichtigt nicht die Zulaufbedingungen, also gilt $w >> h$ bzw. $\mu_1 = 1$ oder $h_E = h$.

Der dimensionslose Abfluss Q' wird zu:

$$Q' = \frac{Q}{2 \cdot \mu \cdot \sqrt{2g} \cdot r^{2,5}} = \frac{2}{3} \cdot \left(\frac{b}{r} + 1\right) \cdot \left(\frac{h}{r}\right)^{1,5} - \frac{1}{r} \cdot \int_0^h \sqrt{\left(\frac{h}{r} - \frac{z}{r}\right) \cdot \left(1 - \frac{z^2}{r^2}\right)} dz \qquad (8.40)$$

Diese Gleichung korreliert in einem Bereich von $0,1 < b/r < 0,18$ und $0,55 < h/r < 1$ gut mit der folgender Exponentialfunktion.

$$Q' = \frac{Q}{2 \cdot \mu \cdot \sqrt{2g} \cdot r^{2,5}} = 0,09 \cdot \left(\frac{b}{r}\right)^{1,15} \cdot e^n \qquad (8.41)$$

mit $n = 1,97 \cdot \left(\frac{h}{r}\right) \cdot \left(\frac{b}{r}\right)^{-0,215}$ und $\mu = 0,623$

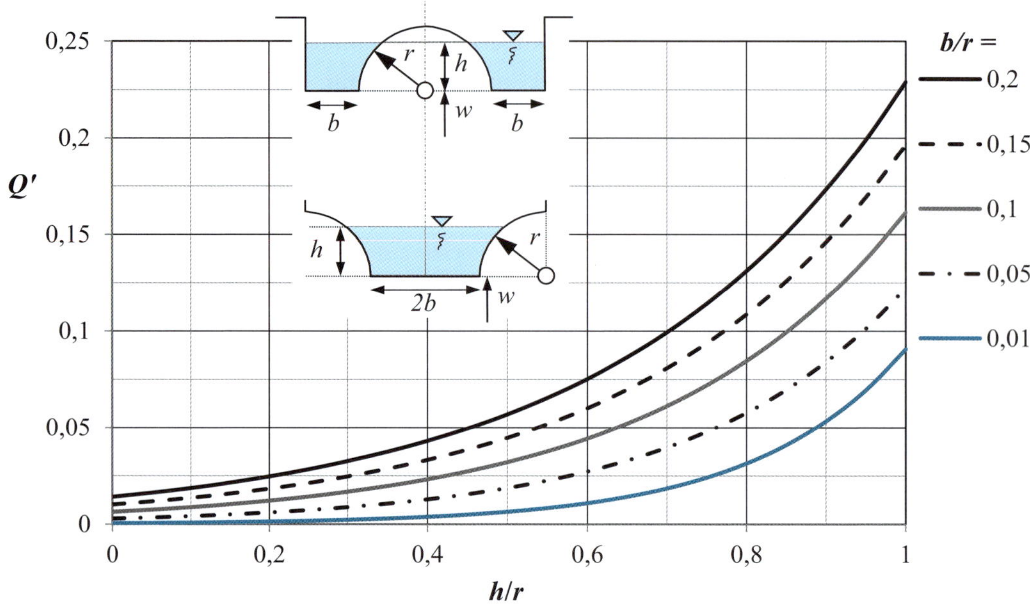

Bild 8.41 Dimensionsloser Abfluss Q' des Exponentialüberfalles bei konstantem μ

8.10 Zusammengesetzte Messwehre

Die Zusammensetzung verschiedener Formen von Überfällen ermöglicht eine Anpassung an besondere Erfordernisse, wie sie z. B. zur Abflussbestimmung an Hochwasserentlastungsanlagen an Talsperren auftreten. Dazu werden insbesondere Dreiecküberfälle mit Rechteck- oder Trapezformen kombiniert und als scharfkantige Blenden in ein Messprofil eingebaut. Mit Hilfe eines Pegels erfolgt die Wasserstandsmessung und aus einer Eichkurve, die z. B. an einem Modellversuch oder einer Modellfamilie bestimmt wurde, die Durchflussermittlung. An einem Beispiel soll die Vorgehensweise demonstriert werden. Für die Talsperre Schmalwasser in Thüringen wurde das Profil in Bild 8.42 als Modellfamilie untersucht *Mehl et al.* (1998). Die Summenfunktion nach Gleichung (8.42), bestehend aus den Teilüberfällen (1), (2) und (3), kann für diese Messblende folgendermaßen ermittelt werden:

Abflussprofil 1 – Dreieck 1: $$Q_1 = \frac{8}{15} \cdot \sqrt{2g} \cdot \mu_1 \cdot \tan\alpha \left(h_2^{2,5} - h_1^{2,5} \right)$$

Abflussprofil 2 – Rechteck: $$Q_2 = \frac{2}{3} \cdot \sqrt{2g} \cdot \mu_2 \cdot 2 \cdot b \cdot h_1^{1,5}$$

Abflussprofil 3 – Dreieck 3: $$Q_3 = \frac{8}{15} \cdot \sqrt{2g} \cdot \mu_3 \cdot \tan\beta \cdot h_1^{2,5}$$

Für den Dreiecküberfall für den Winkel $\alpha = 65°$ ergibt sich die Überfallformel bis h_∇ zu:

$$Q = \frac{8}{15} \cdot \sqrt{2g} \cdot \mu_\nabla \cdot \tan\alpha \cdot h \cdot \left(h + 1{,}1\ \text{mm}\right)^{1,5} \tag{8.42}$$

mit $\mu_\nabla = 0{,}606 + 0{,}317 \cdot \frac{A}{A_0} - 0{,}07 \cdot \left(\frac{h}{w}\right)^{0,466}$

Zur Vereinfachung und da eine Eichung der Messblende erfolgte, wurde ab h_∇ der Überfallbeiwert für die Summe der Abflussprofile 1 bis 3 gleichgesetzt und in einer Modellfamilie mit folgenden Gleichungen ermittelt. Die Zuflussfläche wurde hier zu A_0 definiert.

$$Q = \frac{2}{3} \cdot \sqrt{2g} \cdot \mu \cdot \left[\frac{4}{5} \cdot \tan\alpha\left(h_2^{2,5} - h_1^{2,5}\right) + 2 \cdot b \cdot h_1^{1,5} + \frac{4}{5} \cdot \tan\beta \cdot h_1^{2,5}\right] \tag{8.43}$$

mit $\mu = 0{,}540 + 0{,}219 \cdot A/A_0$ für $0{,}09 \le \frac{A}{A_0} \le 0{,}55$ bzw.

$$\mu = \frac{0{,}540 + 0{,}219 \cdot A/A_0}{2{,}819 - 0{,}6491 \cdot A/A_0 + 5{,}791 \cdot A/A_0} \quad \text{für } \frac{A}{A_0} > 0{,}55$$

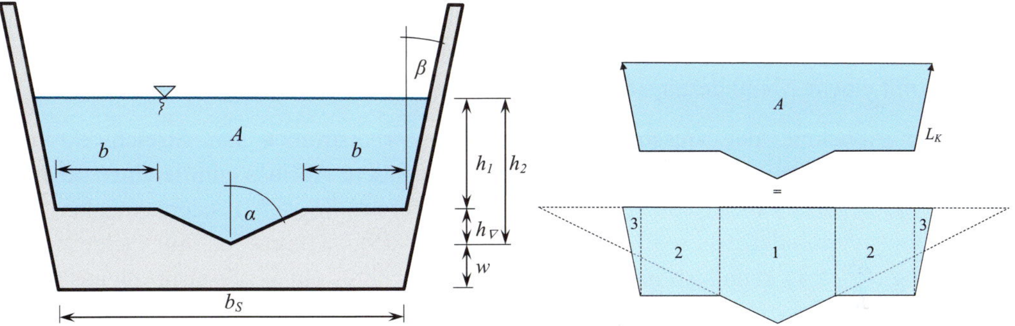

Bild 8.42 Messblendenform und Aufteilung zur Berechnung

8.11 Streichwehr

Streichwehre stellen eine besondere Art von Überfällen dar, da die Anströmung parallel zur Überfallkante erfolgt und das meiste Wasser an dieser vorbeiströmt und nur ein Teil abgeschlagen wird. Für den strömenden Abfluss ($Fr < 0{,}5$) und einen scharfkantigen Überfall findet man Messwerte z. B. bei *Naudascher* (1992). Der Überfallbeiwert ist abhängig von der Froude-Zahl der Anströmung, aber auch von der Überfalllänge, der Überfallform der Breitenveränderung oder Sohlanhebung.

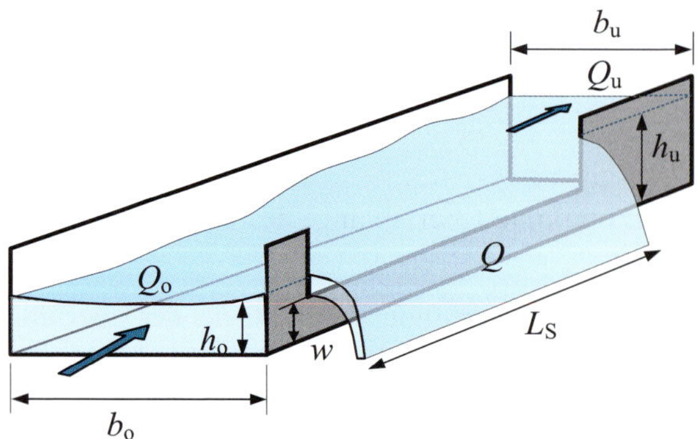

Bild 8.43 Streichwehr bei strömendem Abfluss

$$Q = \frac{2}{3} \cdot \mu \cdot L_S \cdot \sqrt{2g} \cdot h_m^{3/2} = Q_o - Q_u \tag{8.44}$$

mit $h_m = \frac{1}{L_S} \cdot \int_{x=0}^{x=L_S} h_ü \cdot dx \cong \frac{h_o + h_u}{2} - w$

$\mu = 0{,}81 - 0{,}6 \cdot Fr_o$ und $Fr_o < 0{,}5$

Giesecke et al. (2009) berechnet den Abfluss über ein Streichwehr mit der normalen Überfallformel für eine senkrechte Anströmung und berücksichtigt den Effekt der Queranströmung mit einem Abminderungsfaktor von $\leq 0{,}95$.

Durch die Abnahme der Geschwindigkeit beim Vorbeiströmen am Streichwehr mit konstanter Gerinnebreite ($b_o = b_u$) kommt es bei strömendem Abfluss zum leichten Anstieg des Wasserspiegels. Eine Reduzierung der Gerinnebreite ($b_o > b_u$) oder Anheben der Gerinnesohle vermindert diesen Anstieg (*Hager,* 1995). Kommt es zur schießenden Anströmung ($Fr_o > 1$) kann sich im Bereich des Streichwehres ein Wechselsprung ausbilden und der Abfluss ist wegen der starken Schwankungen schwer bestimmbar. Für den Fall der schießenden Zuströmung ermittelte *Stopsack* bzw. *Subramanya* (in *Bollrich*, 2019) folgenden Überfallbeiwert für Gleichung (8.44):

$$\mu = 0{,}36 - 0{,}008 \cdot Fr_o \text{ und } Fr_o > 1{,}5 \tag{8.45}$$

Ist die Froude-Zahl sowohl am Beginn als auch am Ende des Streichwehres größer als 1, also herrscht durchgängig schießender Abfluss, nimmt der Wasserspiegel entlang des Streichwehres ab. Je nach Größe der Anströmgeschwindigkeit kommt es bei der Umlenkung des Strahles über dem Streichwehr an der vorderen oberwasserseitigen Ecke zur Ablösung der Strömung bzw. zur Strahleinschnürung. Der Überfallbeiwert am Streichwehr kann sich bei größeren Anströmgeschwindigkeiten (großer Froude-Zahlen) in Abhängigkeit von der Streichlänge L_S stark verringern (*Naudascher*, 1992). Zum strömenden Abfluss über Streichwehre ermittelten *Castro-Orgaz* und *Hager* mit Hilfe des Impulssatzes quer zur Strömungsrichtung den Kontraktionsbeiwert und die Einflüsse aus Druck- und Geschwindigkeitsverteilung (*Castro-Orgaz, et al.*, 2012).

8.12 Piano-Wehr

Beispielhaft zu den vielen Formen und Konstruktionen von Labyrinth-Überfällen (*Schleiss*, 2011a und 2011b) soll hier das Piano-Wehr behandelt werden. Es stellt eine Kombination aus Streichwehr und Sammelrinne dar. Es verlängert durch die in Strömungsrichtung wechselseitig angeordneten Überfallkanten die effektive Überfalllänge des Wehres und führt dadurch zu einem erhöhten spezifischen Abfluss, der auf die reine in Strömungsrichtung definierte Anströmbreite b bezogen wird. Deshalb spielt das Verhältnis aus effektiver Überfalllänge L und Anströmbreite b des Wehres eine wichtige Rolle. Durch diese Verlängerung der Überfallkante kann der Abfluss bezogen auf die Wehrbereite b vervielfacht werden.

Ein Segment eines Piano-Wehres hat die effektive Überfalllänge von $L = 2 \cdot L_{ü} + b$ (siehe Bild 8.44).

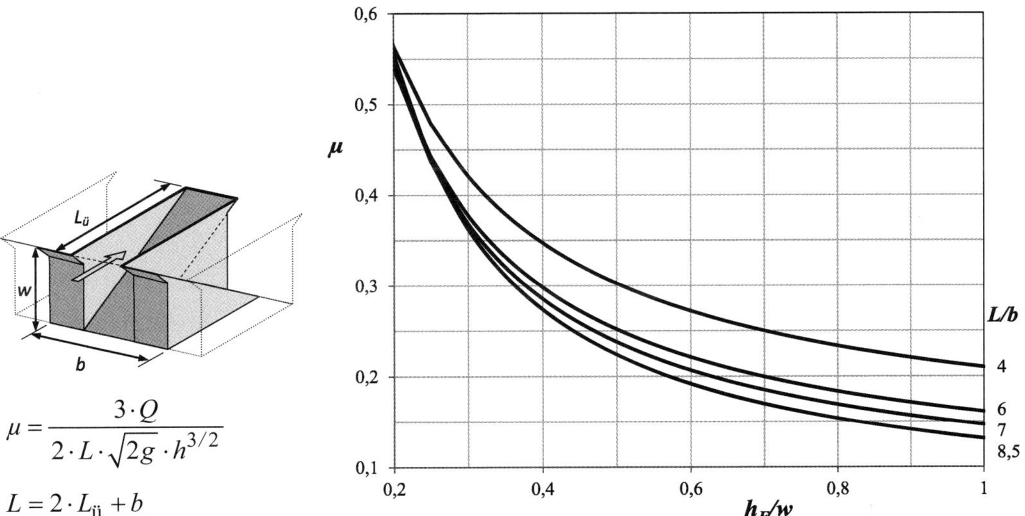

Bild 8.44 Segment eines Piano-Wehres (nach *Ouamane, et al.*, 2006) und Überfallbeiwerte

Aus der Verwendung der Poleni-Formel mit Bezug auf die Wehrbreite b eines Segmentes des Wehres ergibt sich der Überfallbeiwert angenähert aus den Untersuchungen von *Ouamane, et al.* (2006) zu:

$$\mu_P = \mu \cdot \frac{L}{b} = \frac{3 \cdot Q}{2 \cdot b \cdot \sqrt{2g} \cdot h^{3/2}} = 0{,}45 \cdot \left(1 + \frac{w}{h_E}\right)^{0{,}45 \cdot \sqrt{\frac{L}{b}}} \tag{8.46}$$

Gleichung (8.42) gilt für $0{,}2 < h_E/w < 1$ sowie ein Verhältnis von $L/b = 6$, 7 und 8,5 bei $b/w = 0{,}8$ sowie $L/b = 4$ bei $b/w = 1{,}1$. Zwischen $0{,}1 < h_E/w < 0{,}2$ stellt sich ein Wendepunkt für den Überfallbeiwert μ ein und ab $h_E/w < 0{,}1$ wird der Beiwert wieder kleiner. Piano-Wehre gibt es in unterschiedlichen Ausführungen und Grundrissformen. Die Wasserstands-Abfluss-Funktion dieser Wehre muss im physikalischen oder numerischen Modell ermittelt werden.

8.13 Tiroler Wehr

Das Tiroler Wehr leitet das Wasser durch einen an der Sohle angebrachten Rechen nach unten ab und hält dabei das mitgeführte Geschiebe zurück. Bei starker Neigung ($\beta \geq 20°$) rollt das Geschiebe über das Wehr und wird mittels Spülöffnungen weitertransportiert. Das Tiroler Wehr wird in Gebirgsbächen zur Wasserentnahme z. B. für die Wasserkraftnutzung eingesetzt.

Die Berechnung erfolgt auf der Grundlage der Schwerkraftwirkung aus der statischen Druckhöhe über dem Rechen wie beim Zufluss in eine Öffnung. Die Eintrittsgeschwindigkeit ist eine Funktion der Anfangswassertiefe h bzw. ihres senkrechten Anteiles. Sie wird von *Frank* (1956) aus der Grenztiefe mit Hilfe eines vom Winkel β abhängigen κ-Wertes nach Bild 8.45 zu $h = \kappa \cdot h_{gr}$ ermittelt. Die effektive in die Horizontale projizierte Durchlassfläche beträgt $\mu \cdot a/d \cdot b \cdot L \cdot \cos\beta$. Dabei ist a/d das Verbauungsverhältnis, b die Breite und L die Länge der vergitterten Öffnungsfläche. Der Beiwert μ definiert abhängig von der Form der Gitterstäbe ähnlich wie beim Rechen die relative effektive Öffnungsfläche. Die Abnahme der Fließtiefe über die Fließlänge wird als Mittelwert über einen Beiwert berücksichtigt, so dass die Formel für das Tiroler Wehr für das vollständige Ableiten des Wassers folgendermaßen geschrieben werden kann:

$$Q = 0{,}4 \cdot \mu \cdot \frac{a}{d} \cdot b \cdot L \cdot \cos\beta \cdot \sqrt{2g \cdot \kappa \cdot h_{gr} \cdot \cos\beta} \tag{8.47}$$

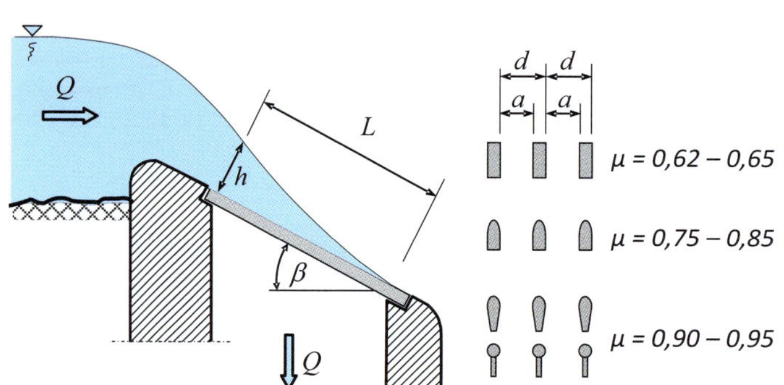

β	κ	β	κ
0°	1	14°	0,879
2°	0,980	16°	0,865
4°	0,961	18°	0,851
6°	0,944	20°	0,837
8°	0,927	22°	0,825
10°	0,910	24°	0,812
12°	0,894	28°	0,788

Bild 8.45 Schnitt durch ein Tiroler Wehr mit möglichen Stabformen und ihren Beiwerten zur Berechnung der Anfangswassertiefe h nach *Frank* (1956)

8.14 Heberüberfall

8.14.1 Vergleich Heberüberfall – normaler Überfall

Der Heberüberfall ist hydraulisch nur beim beginnenden Abfluss ein Überfall. Wird die Luftzufuhr vom Oberwasser (Eintauchen des Hebereinlaufes ins Oberwasser), aber auch vom Unterwasser (Evakuierung durch Zuschlagen des Abflussquerschnittes) verhindert, geht der Freispiegelabfluss im geschlossenen Heberquerschnitt (Heberschlauch) in einen Druckabfluss mit entsprechender Sogwirkung über. Damit gelten die Gesetze der Druckrohrströmung und die für den Überfall verantwortliche Überfallhöhe $h_Ü$ wird durch die für die Druckrohrströmung maßgebliche Fallhöhe h_H abgelöst. Der Abfluss in einem Heber errechnet sich wie eine Rohrströmung allgemein zu:

$$Q_H = A \cdot \sqrt{\frac{2g \cdot h_H}{\lambda \cdot \frac{l}{d_{hy}} + \sum \zeta}} \qquad \text{z. B. mit } A = a \cdot b \tag{8.48}$$

Die Abflusskapazität eines Hebers ist bedeutend größer als die Abflusskapazität eines Überfalles bei gleicher Überfallbreite. Das Verhältnis aus Heberabfluss zu Überfallabfluss mit der Annahme, dass die Überfallhöhe gleich der Durchlasshöhe a ist ($h_Ü = a$), ergibt sich zu:

$$\frac{Q_H}{Q_Ü} = \frac{a \cdot b \cdot \mu_H \cdot \sqrt{2g \cdot h_H}}{a \cdot b \cdot 2/3 \cdot \mu_Ü \cdot \sqrt{2g \cdot a}} \approx \frac{3}{2} \cdot \sqrt{\frac{h_H}{a}} \tag{8.49}$$

mit $h_Ü = a$, $\mu_Ü$ - Überfallbeiwert und $\mu_H = \left(\lambda \cdot (l_1 + l_2)/d_{hy} + \sum \zeta\right)^{-0,5}$

Mit einer Heberscheitelhöhe von $a = 1\,\text{m}$ und einer Fallhöhe von $h_H = 9$ m ergibt sich ein etwa 4,5-facher Abfluss im Heber gegenüber einem freien Überfall. Ein normaler Überfall müsste also etwa 4,5-mal breiter sein, um die gleiche Abflussmenge zu erreichen. Da der Heberscheitel über dem Oberwasserstand liegt, entsteht in ihm beim Druckabfluss ein Unterdruck. Durch eine dosierte Belüftung des Scheitels ist der Abfluss steuerbar bzw. die Sogwirkung wird unterbrochen.

8.14.2 Grenzbedingung Unterdruck im Heberscheitel

Der im Heberscheitel auftretende Unterdruck sollte die zulässige Unterdruckhöhe von

$$\frac{p_{S,zul}}{\rho \cdot g} = -(7 \text{ bis } 8) \text{ mWS} \tag{8.50}$$

nicht unterschreiten, da sonst die Gefahr für einen Strömungsabriss besteht. Unter Berücksichtigung der Druck- und Geschwindigkeitsverteilung im Kreisbogen eines Heberscheitels stellt sich am Innenrand mit dem Innenradius r der geringere Druck ein und aus der Bilanz der Druckverteilung im Scheitelquerschnitt lässt sich der maximal zulässige Durchfluss aus folgender Gleichung unter Vernachlässigung der Energieverluste für das Heberwehr ermitteln.

$$Q_{max} = b \cdot r \cdot \ln\left(1 + \frac{a}{r}\right) \cdot \sqrt{2g \cdot h_Ü + 2 \cdot \frac{p_{S,zul}}{\rho}} \tag{8.51}$$

mit $h_{\ddot{U}} = a - z$ bei $a > z$

und Potentialströmung im Heber $\upsilon_r \cdot r = \upsilon_{r+a} \cdot (r + a) = \text{const}$ nach *Lauffer* (1936)

Mit diesem maximal zulässigen Durchfluss lässt sich aus Gleichung (8.45) die maximal mögliche Fallhöhe h_H des Heberwehres ermitteln oder mit einer vorgegebenen größeren Fallhöhe kann man die erforderliche Einengung des Heber-Endquerschnittes berechnen, mit der es möglich ist, den Druck im Scheitel auf den zulässigen Druck anzuheben.

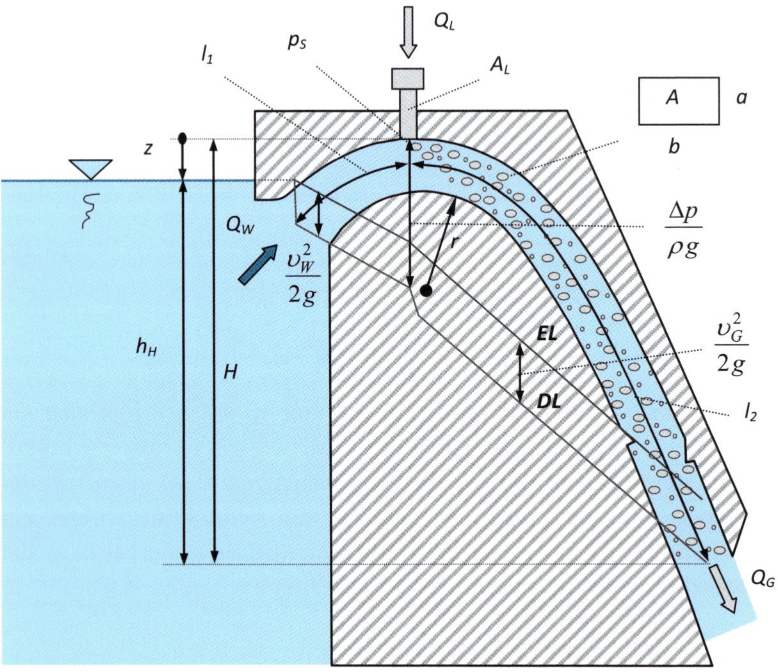

Bild 8.46 Prinzip-Skizze eines belüfteten Heberüberfalls

8.14.3 Arbeitszyklus eines und mehrerer Heber

Der Arbeitszyklus eines einzelnen Hebers mit selbstständigem Anspringen und automatischer Belüftung ist aus Bild 8.47 zu entnehmen. Der Heberbetrieb beginnt mit dem Überstau der Herberkrone (1), der Überfallströmung und der selbstständigen Entlüftung des Heberschlauches (4). Danach stellt sich die volle Kapazität des Hebers ein, die nur gering durch einen schwankenden Wasserstand beeinflusst wird (2). Der Heberabfluss ist nun größer als der Zufluss ins Staubecken und der Wasserstand sinkt. Erreicht der Wasserstand den Rand des Einlauftrichters (3) oder erfolgt eine separate Belüftung, reißt die Strömung ab und der Vorgang beginnt von vorn. Zur Begrenzung der Abflussspitze im Unterwasser oder zur gestaffelten Hochwasserentlastung kann eine Heberbatterie geplant werden. Die in unterschiedlichen Höhen angeordneten Heber, z. B. an der Okertalsperre im Harz, ermöglichen eine bessere Dosierung des Hochwasserabflusses.

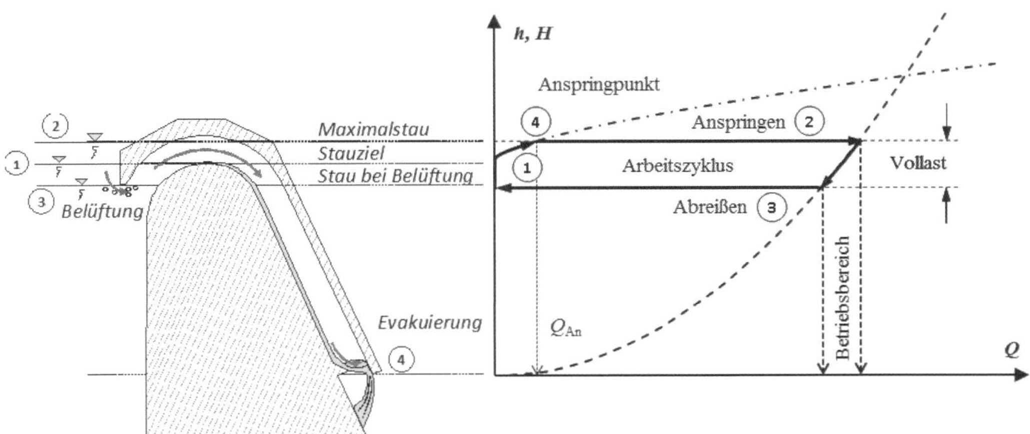

Bild 8.47 Abflussregime eines Heberüberfalls

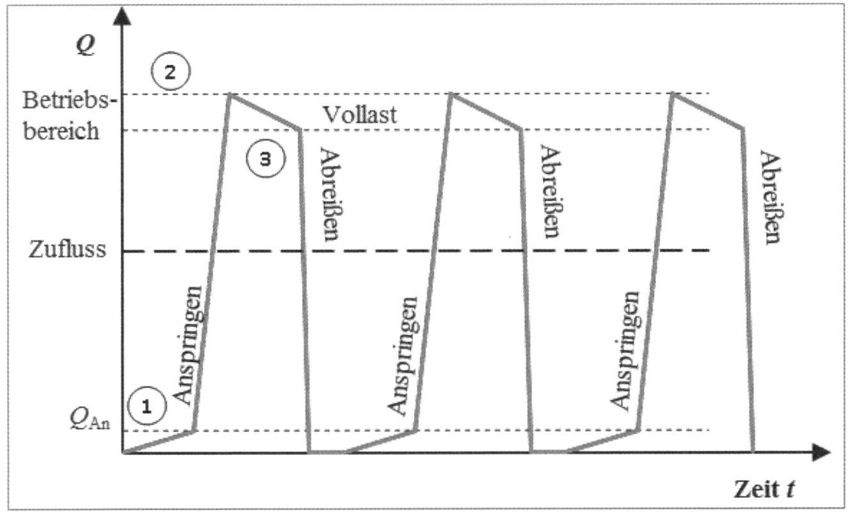

Bild 8.48 Abflussganglinie bei Heberbetrieb

Bei mehreren Hebern, die in unterschiedlichen Höhen angeordnet sind und damit nacheinander anspringen, addieren sich die Wasserstands-Abflusskurven in Bild 8.48.

8.14.4 Abflusssteuerung durch gestaffelte Heber

Die Möglichkeit der Staffelung des Durchflusses zeigte *Bollrich* (1994) am Beispiel der Heberüberfälle des Ausgleichsbeckens Burgkhammer. Durch eine gestaffelte Anordnung der 6 Heberschläuche in 3 Stufen mit jeweils 10 cm höher gelegenen Einlauflippen wird in Abhängigkeit vom Zufluss eine zeitliche Staffelung des Abflusses und damit eine Abflusssteuerung erreicht. Jeder der sechs Heber mit einer Breite von $b = 3$ m und einer Schlauchhöhe von $a = 1{,}8$ m wurde auf einen Abfluss von 42 m^3/s durch die Verjüngung des Heberschlauches auf $a = 1{,}2$ m und $b = 2{,}8$ m am Ende eingestellt. Im Bild 8.49 ist der Vorgang des gestaffelten Anspringens und Abreißens dargestellt. Der Anspringvorgang kann allerdings nicht genau in der Stauhöhe festgelegt werden, da er von Überfallhöhe und Zeit und damit auch vom Zufluss abhängig ist. Ebenso kann der Moment, bei dem das Abreißen erfolgt, nicht genau vorhergesagt werden. *Bollrich* (1994) schätzt ein, dass der Wasserspiegel bis 5 cm oberhalb der jeweiligen Einlauflippe fallen muss, bis Luft angesaugt wird und der Heber abreißt.

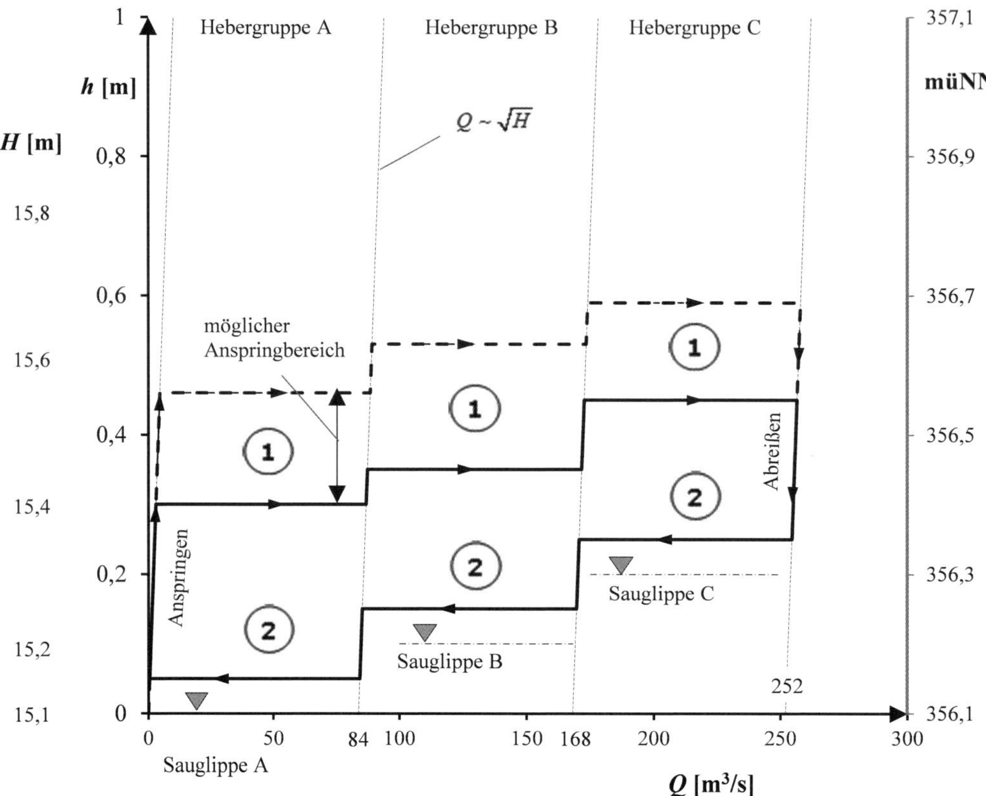

Bild 8.49 Abflussregime und Abflusszyklus des gestaffelten Hebers Burgkhammer nach *Bollrich* (1994), (1) Anspringbereich, (2) Abreißen des Hebers

8.14.5 Abflusssteuerung durch Belüftung des Hebers

Eine auf den Heberscheitel installierte Belüftungsleitung, die sowohl zur Abflussregulierung als auch zum planmäßigen Abreißen des Hebers verwendet werden kann, muss nach *Bollrich* (1976) mindestens folgenden Querschnitt haben:

$$A_{\mathrm{Bel}} = 0{,}008 \cdot Q_{\mathrm{W}} \cdot \sqrt{\frac{1+\sum \zeta_{\mathrm{Bel}}}{h_{\mathrm{U}}}} \quad \text{in m}^2 \tag{8.51a}$$

mit Q_W – Wasserdurchfluss im Heber in m³/s

h_U – Unterdruckhöhe im Heberscheitel in m

$\sum\zeta_{Bel}$ – hydraulische Verluste in der Belüftungsleitung

Durch die Belüftung des Hebers über eine Belüftungsöffnung wird der Abriss der Strömung erzwungen oder eine Abflusssteuerung erreicht. Zur Ermittlung der dafür notwendigen Öffnungsfläche der Belüftungsöffnung sind folgende iterative Berechnungsschritte erforderlich.

Der Arbeitspunkt eines belüfteten Hebers (Luftbedarf = Luftangebot) ergibt sich aus dem Schnittpunkt zwischen der Belüftungskennlinie (BKL) der Belüftungsöffnung $Q_L = f(\Delta p, A_L)$ und der Heberkennlinie (HKL) $\Delta p = f(Q_L, Q_W)$. Die Berechnung dieses Schnittpunktes erfolgt iterativ in folgenden 4 Schritten (*Aigner, et al.*, 2007):

1. Annahme des Durchflusses Q_W (bzw. υ_W) durch den Heber und Berechnung des Druckverlaufes vom Einlauf bis zum Scheitelpunkt/Belüftungspunkt.

$$\Delta p = p_L - p_S = \rho \cdot g \cdot (z + h_{V1}) + \rho \cdot \frac{\upsilon_{WS}^2}{2} = \rho \cdot g \cdot z + \rho \cdot \frac{\upsilon_W^2}{2} \cdot \left(R_1 + K\right) \tag{8.52}$$

mit $K = \frac{\upsilon_{WS}^2}{\upsilon_W^2} = \left(\frac{1}{(r/a+1)\cdot \ln(1+a/r)}\right)^2$ und

$$R_1 = \frac{h_{V1}}{\upsilon_W^2/2g}$$

2. Ermittlung des Luftvolumenstromes der Belüftungsöffnung aus der ermittelten Druckdifferenz und den geometrischen und hydraulischen Randbedingungen der Belüftungsöffnung für den adiabatischen Zustand nach *Will, et al.* (1990).

$$Q_L = \frac{\dot{m}_L}{\rho_L} = \mu \cdot A_L \cdot \Psi \cdot \sqrt{2 \cdot \frac{p_L}{\rho_L}} \tag{8.53}$$

mit $\Psi = \sqrt{3{,}5 \cdot \left[\left(\frac{p_S}{p_L}\right)^{\frac{10}{7}} - \left(\frac{p_S}{p_L}\right)^{\frac{12}{7}}\right]}$

3. Berechnung der Wasser-Luft-Gemischströmung für den 2. Heberabschnitt von der Belüftungsöffnung bis zum Heberende.

$$\upsilon_W - \sqrt{\frac{2g \cdot \left(\frac{H}{\beta_m + 1} - z\right)}{R_1 + (\beta_m + 1) \cdot R_2 + \beta + 1}} \tag{8.54}$$

mit $\beta = \frac{Q_L}{Q_W}$, $\beta_m = \frac{\beta}{2} \cdot \left(1 + \frac{p_L}{p_S}\right)$ und $R_2 = \frac{h_{V2}}{\upsilon_G^2/2g}$

4. Überprüfung der angenommenen Strömungsgeschwindigkeit υ_W im Punkt 1 und Korrektur.

Schwierigkeiten bereiten hier die Berechnungen der hydraulischen Verluste R_2 der Gemischströmung, die durch die Einmischung der Luft, Reibung zwischen Wand und Gemisch, der Turbulenz oder durch den Schlupf zwischen Luft und Wasser entstehen. Hier helfen nur Variationsrechnungen.

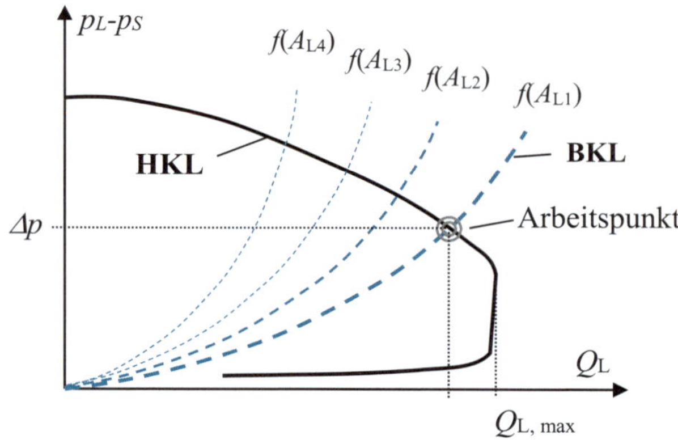

Bild 8.50 Heberkennlinie (HKL) und Belüftungskennlinien (BKL), Arbeitspunkt für Funktion der Belüftungsöffnung A_{L1}

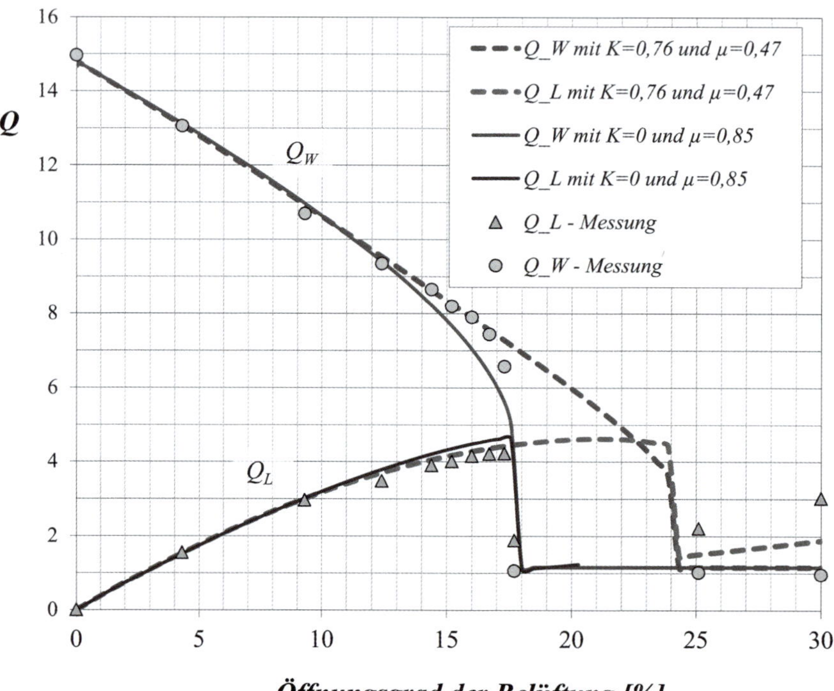

Bild 8.51 Volumenströme der Luft und des Wassers am Heber der Oker-Talsperre

Als Anspringhilfen für Heber werden vor allem Konstruktionen genutzt, die den Heberschlauch schließen und damit möglichst schnell entlüften. Beispiele dafür sind Sprungnasen, die einseitig oder beidseitig angeordnet sind (Bild 8.47), statische Absperrung durch Eintauchen des Heberauslaufes in das Unterwasser oder dynamische Absperrung durch Hilfsheber sowie umlaufende oder rückwärtige Rinnen.

8.15 Ringförmige Überfälle

Wenn Wasser große Höhendifferenzen in vertikalen Fallrohrleitungen überwinden soll, werden z. B. im Bergwerksbau Versturzleitungen angewendet, im Talsperrenbau kommt der Schachtüberfall als Hochwasserentlastung und in der Kanalisationstechnik der sogenannte Wirbelfallschacht zur Anwendung. Bei der Technischen Gebäudeausrüstung werden lotrechte Regenwasserabflussleitungen eingesetzt.

Hydraulisch treten hier drei Abflusszustände auf:

- der getrennte Abfluss von Wasser und Luft,
- der Wasser-Luft-Gemisch-Abfluss und
- der reine Wasserabfluss.

Nebenerscheinungen sind ein starker Lufttransport und Pulsationen beim Absturz des Wassers sowie Unterdruckbereiche und Kavitation beim reinen Wasserabfluss. Hydraulisch wird in zwei Abflusszustände unterschieden (siehe Bild 8.52), die Überfallströmung (1) mit dem funktionellen Zusammenhang $Q = f(h^{3/2})$ und der Strömung im vollen Rohr (2) mit dem funktionellen Zusammenhang $Q = f(H^{1/2})$. Der Schnittpunkt (Übergang) beider Funktionen (4) wird als Überdeckungsabfluss bezeichnet und definiert das Zuschlagen der Rohrleitung. Dieser Übergang kann einen größeren Abflussbereich einnehmen, wenn sich der Einlauftrichter füllt und einen Rückstau erzeugt. Man spricht dann vom verschluckten Überfall. Die durchgezogene Linie im Bild 8.52 stellt die typische qualitative Abflussfunktion einer überströmten senkrechten Rohrleitung dar. Vorausgesetzt die Strömung reißt nicht durch Unterschreitung des Dampfdruckes ab.

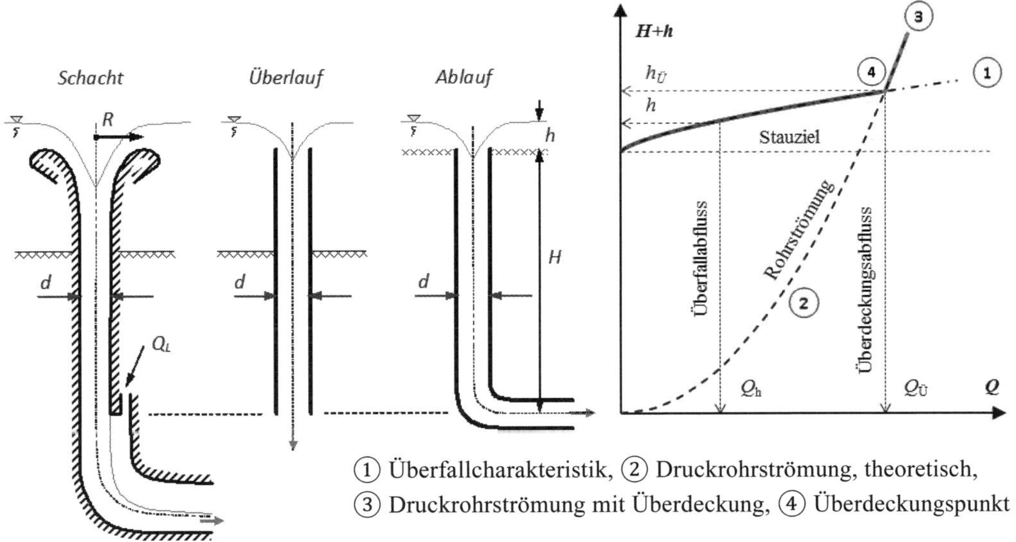

Bild 8.52 Funktionelle Darstellung der Überfall-Ausflussfunktion für senkrechte Schächte und Rohre

8.15.1 Schachtüberfall

Schachtüberfälle sind rundkronige, im Grundriss meist kreisförmige Überfälle, deren Durchmesser sich allmählich verengt, so dass diese eine Trichter- bzw. Kelchform ähnlich der einer Trompetenöffnung einnimmt. Dieser Einlauftrichter geht in einen Fallschacht über, der entweder als senkrechter Schacht in den Hang einer Stauanlage oder als turmartiges Bauwerk errichtet wird. An den senkrechten Schacht schließt sich ein Krümmer und ein Ableitungsgerinne als Stollen oder Gewölbe an. Die Energieumwandlung findet meist in einem Tosbecken statt. Schachtüberfälle benötigen stabile geologische Verhältnisse, erlauben keine extreme Überschreitung des Bemessungshochwassers und sind anfällig gegen Geschwemmsel. Deshalb erfordert der vertikale Schacht einen Durchmesser, der in den meisten Anwendungen bei mindestens 3 m liegt. Die Ermittlung des Maximalabflusses bzw. kritischen Abflusses ist bei Schachtüberfällen besonders wichtig, weil durch den Übergang von der Überfallströmung zur Rohrströmung eine stille Reserve für eine Überlastung nicht wirklich existiert. Die infolge der Zunahme von Extremereignissen steigenden Bemessungsabflüsse für Hochwasserentlastungsanlagen sind deshalb nur durch eine großzügige Auslegung dieser Bauwerke abzuführen.

Schachteinlauf

Die Überfallfunktion des Schachteinlaufes entspricht der Poleni-Formel (Gleichung 8.1) mit der Überfallbreite des Kreisumfanges $b = \pi \cdot D$.

$$Q = \frac{2}{3} \cdot \mu \cdot \pi \cdot D \cdot \sqrt{2g} \cdot h^{3/2} \tag{8.55}$$

Da die Einlauftulpe eines Schachtüberfalles im Schnitt eine ausgerundete Form besitzt und oft einem Standardprofil gleicht, nimmt der Überfallbeiwert bei kleineren Überfallhöhen ähnliche Werte an. Bei ansteigenden Überfallhöhen verlagert sich der Punkt des kritischen Abflusses mehr ins Zentrum, wodurch die maßgebliche Überfallbreite $\pi \cdot D$ eigentlich geringer wird. Übertragen auf den Überfallbeiwert des Schachteinlaufes sinkt dieser mit steigender Überfallhöhe. Diese Abnahme ist von der Form der Einlauftulpe und ihrem Durchmesser abhängig.

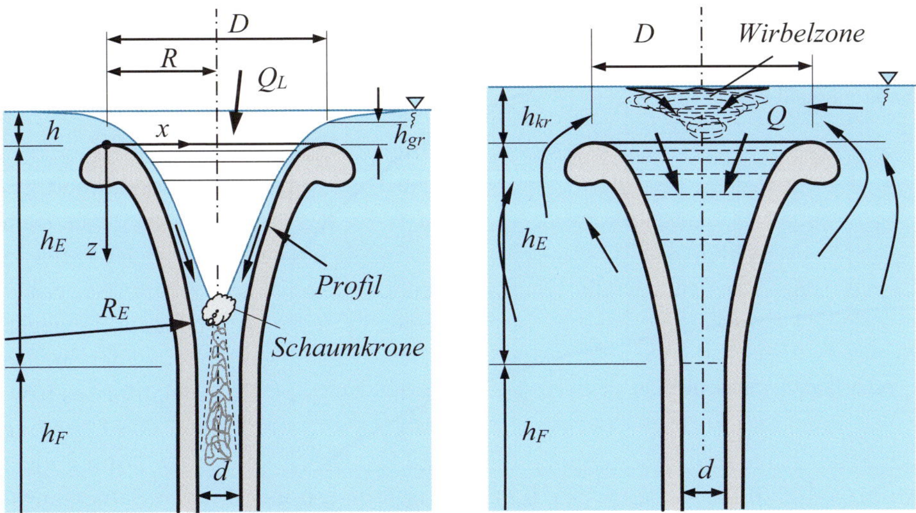

Bild 8.53 Einlauftulpe eines Schachtüberfalles bei Überfallströmung (links) und bei Überdeckungsabfluss mit Verwirbelung im Einlauf (rechts)

Im Schnitt kann die Form der Einlauftulpe, analog zum Standardprofil, der Unterkante eines Überfallstrahles über einen scharfkantigen, im Grundriss kreisförmigen Überfall nachgebildet werden. Nach dem x-z-Koordinatensystem im Bild 8.53 kann die Form mittels der Gleichung (8.56) nach *Lazzari* (in *Bollrich*, 1966)

$$\frac{z}{h_B} = 0{,}608 \cdot \left(\frac{x}{h_B} \right)^{1{,}87} \tag{8.56}$$

gefunden werden, wobei h_B die Bemessungsüberfallhöhe für den Schachtüberfall bedeutet. Eine weitere Möglichkeit sind relative Koordinatenwerte für z/h für verschiedene h/R-Werte in Relation zu x/h nach *Skrjaga* oder *Wagner* (siehe *Bollrich,* 2019). Der Übergang vom Einlaufprofil zur senkrechten Wand des Fallschachtes kann durch einen relativ großen Kreisbogenabschnitt realisiert werden. Die Überfallbeiwerte für die so gestaltete Einlauftulpe lassen sich aus den Beiwerten für den scharfkantigen Kreisüberfall ableiten, die in Bild 8.53 eingetragen sind. Für den kelchförmigen rundkronigen Schachteinlauf stimmen diese gut mit der Formel von *Indlekofer* (1978) überein:

$$\mu = 0{,}77 \cdot \left(1 - 0{,}2 \cdot h/R\right) \qquad \text{für } 0{,}2 < h/R < 0{,}5 \tag{8.57}$$

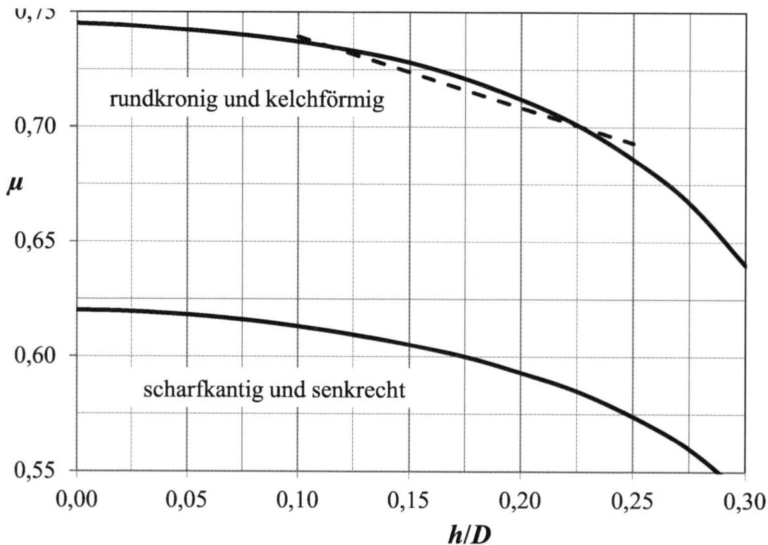

Bild 8.54 Überfallbeiwerte des Schachtüberfalles, unten: Überfallbeiwert für scharfkantige Zylinderüberfälle nach *Bollrich* (2019), oben: Überfallbeiwert für rundkronige Kelcheinläufe nach *Bollrich* (2019) und *Indlekofer* (1978) nach Gleichung (8.57) (gestrichelt)

Die Wehrhöhe w bzw. die Differenzierung zwischen Überfallhöhe und Energieüberfallhöhe spielt wegen der radialen Zuströmung zum Schachtüberfall und der damit verbundenen geringeren Zuströmgeschwindigkeit kaum eine Rolle.

Pfeiler

Ab Überfallhöhen von $h \geq 0{,}1 \cdot D$ können leistungsmindernde Drallströmungen im Einlaufbereich des Schachtüberfalles, hervorgerufen z. B. durch die Corioliskraft, auftreten (s. Abschnitt 3.2). Als Gegenmaßnahmen werden im Einlauftrichter Pfeiler angeordnet, die oft auch konstruktive Funktionen haben. Diese Pfeiler verringern die wirksame Überfallbreite und machen einen Zuschlag zum Durchmesser der Einlauftulpe erforderlich. So wie bei den im Abschnitt 8.3.7 behandelten Pfeilern auf einem Wehr, kann der erforderliche Durchmesser D_{erf} einer Einlauftrompete inklusive Pfeiler analog Bild 8.13 ermittelt werden.

$$D_{\text{erf}} = D + \frac{i \cdot \left(b + 2 \cdot n \cdot h\right)}{\pi} \tag{8.58}$$

mit i = Anzahl der Pfeiler

b = Pfeilerbreite

n = Einschnürungsbeiwert der Pfeiler analog Bild 8.13

D = Ausgangsdurchmesser ohne Pfeiler

D_{erf} = erforderlicher Durchmesser mit Pfeilern

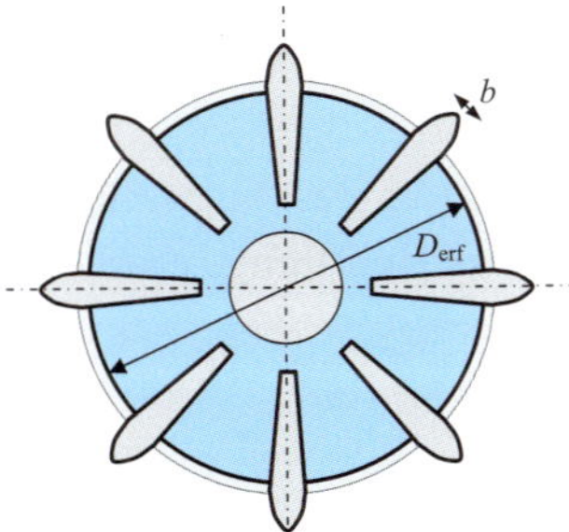

Bild 8.55 Pfeiler auf einer Einlauftrompete, Draufsicht

Fallschacht, Maximalabfluss

Zur konstruktiven Auslegung des Schachtüberfalles und der Festlegung des Einlaufdurchmessers D und des Schachtdurchmessers d wird der Maximalabfluss aus den hydrologischen Daten zur Bemessung der Talsperre verwendet. Da Schachtüberfälle nur begrenzt überlastbar sind, sollte die Bemessung mit einem Sicherheitsfaktor erfolgen. Dieser kann sowohl auf den Durchfluss als auch auf die Überfallhöhen angewendet werden.

In der Regel erfolgt die Bemessung der Hochwasserentlastungsanlage für den Hochwasserbemessungsfall 1 (BHQ1) für ein HQ_{1000}. Nach der Überarbeitung der DIN 19700-11: 2004-07 muss zusätzlich der Nachweis der Anlagensicherheit für ein BHQ2 (HQ_{10000}) erfolgen. Die Tatsache, dass Schachtüberfälle über Q_{Krit} und $Q_ü$ nicht überlastbar sind, erfordert besondere Vorsichtsmaßnahmen beim Entwurf. Vergleiche vieler Schachteinläufe zeigen, dass eine reichlich anzunehmende Abflusssicherheit angebracht ist, wobei ein Sicherheitsbetrag z. B. von

$$\eta = HQ_{extrem}/HQ_{1000} > 2$$

angebracht erscheint. Die Zunahme an Überfallhöhe lässt sich mit $h_{extrem} \approx \eta^{2/3} \cdot h_B$ abschätzen.

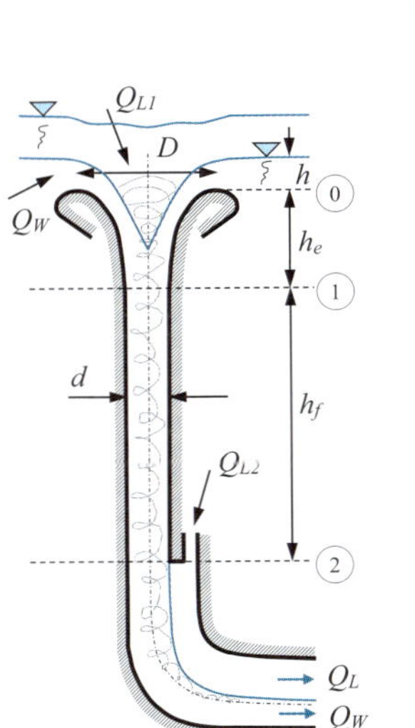

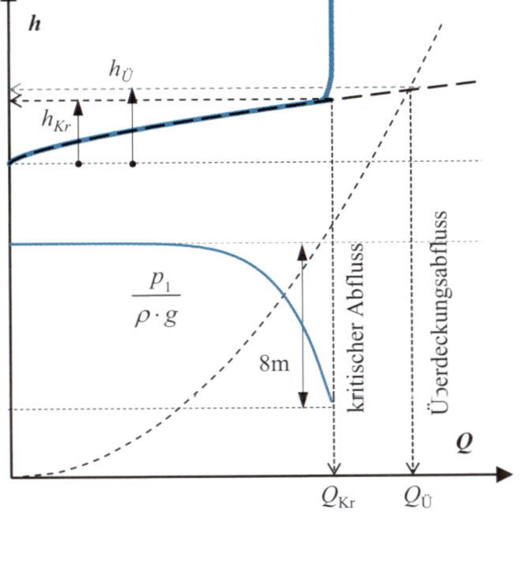

(0) Überfallkante
(1) Übergang Einlauftulpe-Schacht
(2) Abrisskante-Belüftung

Bild 8.56 Leistungsfähigkeit des Schachtüberfalles

Die Bestimmung des maximalen Abflussvermögens eines Schachtüberfalles erfolgt in zwei Schritten.

Erstens wird der Überdeckungsabfluss $Q_Ü$ aus der Durchflussfunktion des vollgefüllten vertikalen Schachtes bis zur Abrisskante, in der Regel der Punkt der Belüftung, ermittelt. Hier wird angenommen, dass sich Umgebungsdruck einstellt.

$$Q_Ü = A \cdot v = \frac{\pi}{4} \cdot d^2 \cdot \sqrt{\frac{2g \cdot (h_Ü + h_E + h_F)}{\alpha + \zeta_Z + \lambda \cdot \frac{L}{d}}} \tag{8.59}$$

mit $h_Ü$ – Überfallhöhe bei Überdeckung des Schachteinlaufes, s. u. bei h_{Kr}

h_E – Höhe bzw. Länge des Einlauftrichters

h_F – Länge des vertikalen Schachtes bis zur Abrisskante (Belüftung)

L – Länge des an der Reibung beteiligten vertikalen Schachtes bis zur Abrisskante (Belüftung) bzw. Schacht, Krümmer und Stollen (ohne Belüftung)

α – Ausgleichsbeiwert der Geschwindigkeitshöhe $\alpha = 1$ bis 1,1

λ – Reibungsbeiwert für rauen Beton; $\lambda = 0{,}02$ für hydraulisch rau, $k/d = 10^{-3}$

ζ_Z – Verlustbeiwert für die Zuströmung zur Einlauftulpe bei Überdeckung infolge heftiger Verwirbelung (siehe Bild 8.53 rechts), aus Modellversuchen mit Überdeckung: $\zeta_Z \approx 0{,}3$ (Genauere Werte sind nicht bekannt. Der Beiwert kann in Abhängigkeit von Form und Standort der Einlauftulpe leicht abweichen!)

Die Überfallhöhe $h_Ü$ für den Überdeckungsabfluss ergibt sich aus dem Schnittpunkt mit der Überfallfunktion des Schachteinlaufes nach Bild 8.52 rechts als Beispiel, Näheres siehe unten.

Zweitens wird der kritische Überdeckungsabfluss Q_{Kr} ermittelt, der sich aus dem Energiegleichgewicht im Schnitt 1 (siehe Bild 8.56) mit der Grenzbedingung eines gerade noch kavitationsfreien Abflusses ergibt:

$$Q_{Kr} = A \cdot v_{Kr} = \frac{\pi \cdot d^2}{4} \cdot \sqrt{2g \cdot \frac{(h_{Kr} + h_E + h_U)}{\alpha + \zeta_Z}} \tag{8.60}$$

mit h_{Kr} – kritische Überfallhöhe,

wird abgeschätzt mit: $h_{Kr} \approx h_B \cdot (Q_{Kr}/Q_B)^{2/3}$ mit geschätztem Q_{Kr} und dann iterativ aus Überfallfunktion mit μ-Werten nach Bild 8.54 berechnet.

h_U – Unterdruckhöhe bis maximal 8 m, bei welcher die Strömung abreißt.

Wählt man h_u zwischen 0 bis 2 m ($h_u = 2$ m ist die etwa zulässige, noch schadlose Unterdruckhöhe), erhält man kritische Abflusswerte nahe der tatsächlichen maximalen Leistungsfähigkeit des Schachtüberfalles. Bei langen Fallschächten $h_F > 10$ m kann die Saugwirkung in den Einlauf hineinwirken und die Leistungsfähigkeit leicht erhöhen ($h_U > 0$ m). In Tabelle 8.5 sind für einige Schachtüberfälle die auf diese Weise mit Gleichung (8.60) mit $\zeta_Z = 0{,}3$ und $h_U = 0$ berechneten angenäherten Werte für $Q_{Kr} = Q_{max}$ eingetragen.

Wird $Q_{Kr} < Q_Ü$, dann ist $Q_{Ümax} = Q_{Kr}$ der maximal mögliche Überdeckungsabfluss, und ergibt sich $Q_Ü < Q_{Kr}$ dann stellt $Q_{Ümax} = Q_Ü$ den maximal möglichen Überdeckungsabfluss des Schachtüberfalles dar. Ab $h_f \geq 8$ m ist bei Schachtüberfällen meist der kritische Überdeckungsabfluss maßgeblich.

Unterdruckfreie Fallschächte

Da ein Schachtüberfall mit konstantem Fallschachtdurchmesser d ab dem „Vereinigungsabfluss“, d. h. dem Überschneiden der Wassermassen am Einlaufende stets zu Unterdruck im Fallschacht führt, sind bei der Bemessung verschiedene Konstruktionen entwickelt worden, bei denen der Fallschacht unterdruckfrei bleibt. Dazu zählen z. B. der kontinuierlich verengte Fallschacht, der Fallschacht mit Spiralströmung oder der Wirbelfallschacht als spezielle Form (siehe Abschnitt 8.15.3).

– **Kontinuierlich verengter Fallschacht**

Mit dem Bemessungsabfluss $Q_{Ümax}$ wird zunächst ein fiktiver Durchmesser mit dem Gefälle $I = 1$ (senkrecht) von

$$d_0 = 1{,}55 \cdot \left(Q_{Ümax} / k_{St}\right)^{3/8} \tag{8.61}$$

mit k_{St} = Strickler-Beiwert für Beton (z. B. $k_{St} = 60$ m$^{1/3}$/s) und Q in m^3/s berechnet, bei welchem mit großer Fallhöhe h_f eine stationär gleichförmige Strömung erreicht wird. Dann werden, am Ende des Fallschachtes beginnend, mit einem Durchmesser d_E (z. B. $d_E = d_0$) weitere Durchmesser d_i gewählt und deren Höhenintervalle Δz ermittelt, für die gerade noch druckfreier Abfluss vorliegt, bis die Höhe des Fallschachtes bzw. der Durchmesser am Ende der Einlauftulpe erreicht ist.

Das Verfahren wurde von *Sokolowski* (1959) entwickelt und ist für große Abflusswerte angewendet worden (*Bollrich*, 1966 und *Slisskij*, 1989). In Russland und den USA sind mehrere Schachtüberfälle mit kontinuierlicher Fallschachtverengung errichtet worden, so z. B. in Oache, Hungry Horse, Owyhee und Gibson.

– **Fallschacht mit Spiralströmung**

Entgegen der bewussten Verhinderung von Einlaufwirbeln mittels Pfeiler auf der Einlauftulpe gemäß Bild 8.55 werden innerhalb der Einlauftulpe gekrümmte Leitwände eingebaut, die im Fallschacht eine Spiralströmung analog zu Wirbelfallschächten (siehe Abschnitt 8.15.3) erzeugen. Somit bleibt in Schachtmitte ein Luftkern frei, und im Fallschacht kann kein Unterdruck entstehen. Der erforderliche Fallschachtdurchmesser ist etwas größer als bei Fallschächten mit Unterdruck bei Q_{max}.

Beispielsweise sind in der Tschechischen Republik mehrere Schachtüberfälle mit Spiralregime errichtet worden. Von *Haindl* et al. (1962) ist die Wirkungsweise untersucht und beschrieben worden.

Bild 8.57 zeigt die Anordnung von Spiralleitwänden (links) und deren Auswirkung auf die Abflusscharakteristik eines Fallschachtes im Vergleich mit der eines Schachtes mit Pfeilern und dadurch erzwungener Radialströmung am Beispiel des Schachtüberfalles Hracholusky (rechts). Der Überdeckungsabfluss verringert sich auf ca. 75 %, so dass eine Durchmesservergrößerung von 15 % empfohlen wird, $d_{spiral} = 1,15 \cdot d_{radial}$, um den gleichen Überdeckungsabfluss zu gewährleiten. Dafür bleibt der Fallschacht unterdruckfrei, außerdem wird von geringeren Schwingungen und besserem Durchgang von Schwimmstoffen berichtet.

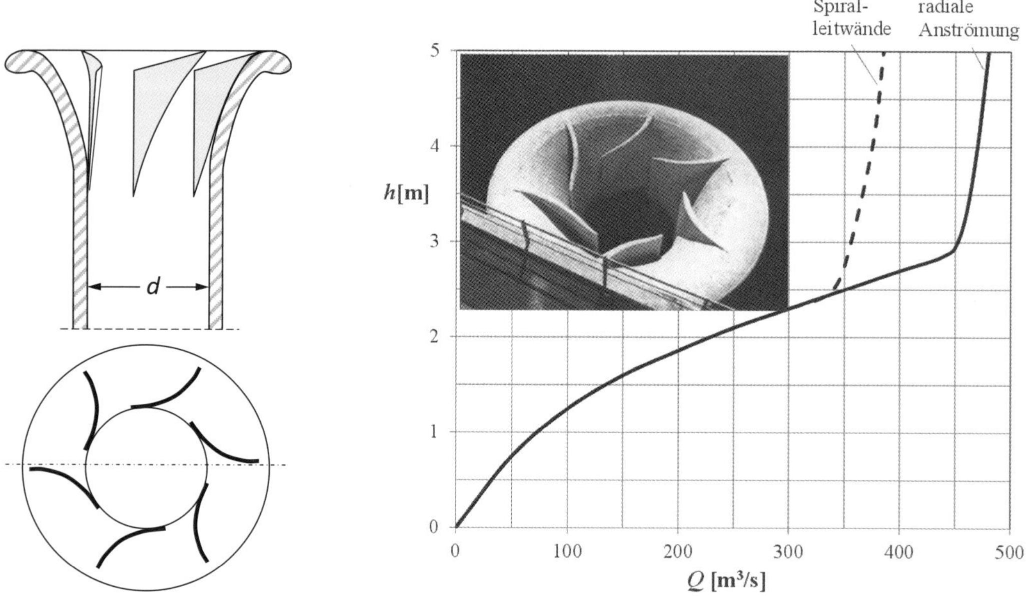

Bild 8.57 Links: Spiralleitwände im Fallschachteinlauf, rechts: Abflusscharakteristik eines Fallschachtes mit Spiralleitwänden und durch Pfeiler erzwungene radiale Anströmung (*Haindl, Dolezal* und *Kral*, 1962)

Ablaufstollen

Am Schachtende schließt sich als Übergang in den Ablaufstollen ein Krümmer an. Hier trennt sich aufgrund der Fliehkraft das Wasser-Luft-Gemisch. Für den Krümmerradius wird $r \geq 2 \cdot d$ empfohlen.

Im Ablaufstollen wird das schnell fließende Wasser zusammen mit der Luft abgeführt. Bei relativ flachem Gefälle stellt sich eine verzögerte schießende Bewegung ein, die mit Hilfe der Wasserspiegellagenberechnung ermittelt werden kann. Sehr hohe Fließgeschwindigkeiten führen zur Vermischung von Wasser und Luft und zum Anstieg des Wasserspiegels des Wasser-Luft-Gemisches. Am Ende des Ableitungsstollens besteht die Gefahr des Rückstaus, der Verlagerung des Wechselsprunges in den Stollen und damit des Zuschlagens des Stollens. Die damit verbundene Verhinderung des Luftaustrittes kann zum Druckaufbau und zu ungewollten explosionsartigen Luftaustritten führen. Dieser Zustand sollte verhindert werden.

Im folgenden Bild 8.58 sowie in Tabelle 8.5 sind Beispiele von Schachtüberfällen an Talsperren Deutschlands mit einigen technischen Angaben zusammengestellt.

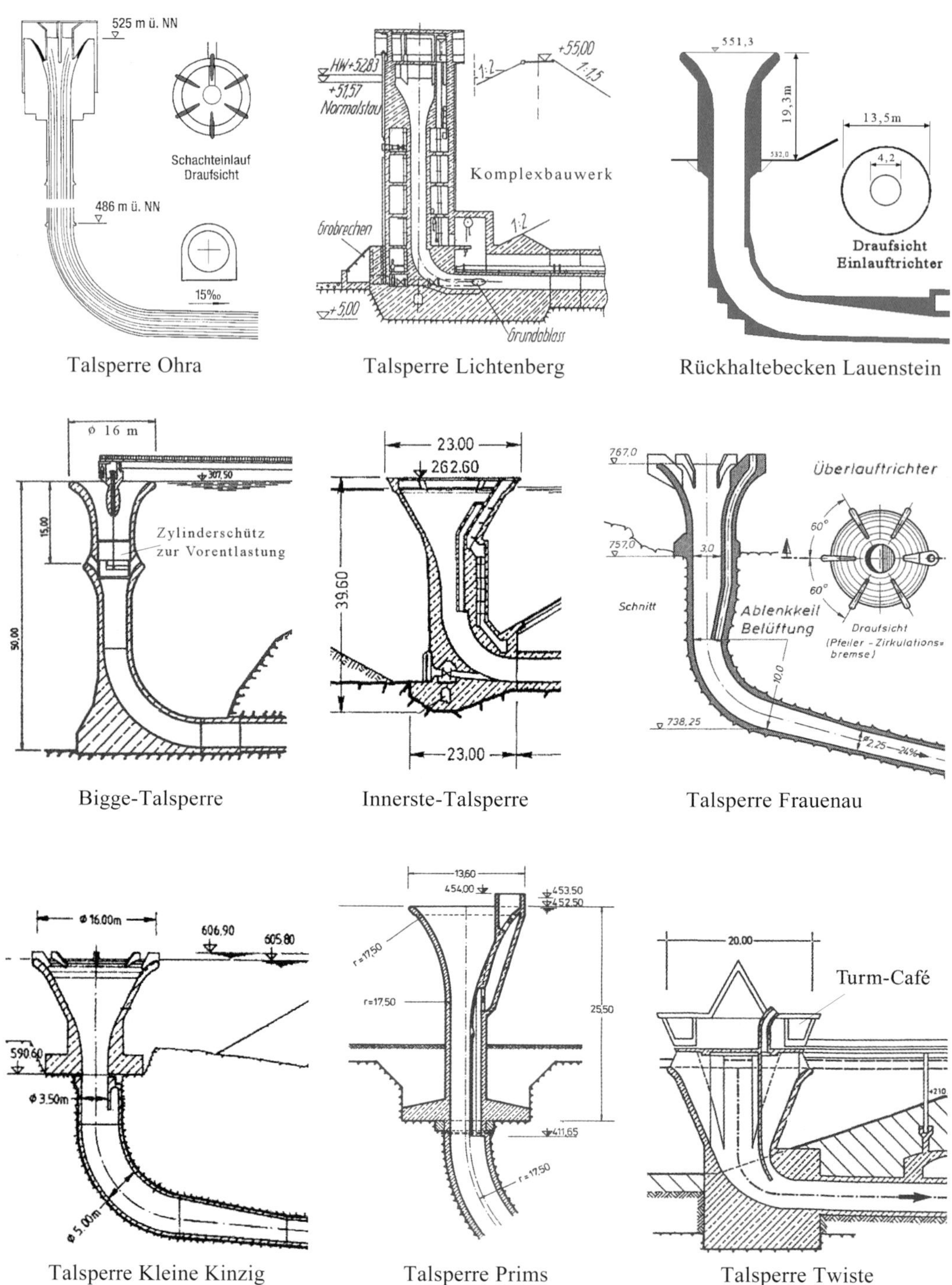

Bild 8.58 Beispiele von Schachtüberfällen an Talsperren in Deutschland

Tabelle 8.5 Technische Daten von Schachtüberfällen an deutschen Talsperren

Talsperre bzw. RHB (Rückhalte-becken)	Höhe der TS über Gründung	Bemessungszufluss BHQ_1 [1)]	Abfluss-Vermögen nach		Einlauf-durch-messer	Fall-schacht-durch-messer	Besonderheit
	m	m^3/s	2) m^3/s	3) m^3/s	m	m	
Aabach	47,5	82	75	96	11,4	3	keine Pfeiler
Aar	15	75	51		2 × 9,5	2 × 2,5	zwei Trompeten-einläufe
Bigge	57	541	347		16	4,8	Vorentlastung durch Zylinderschlitz
Falkenstein	28,8	24	18		ca. 6	3	Überlaufturm über Brücke begehbar
Frauenau	84,7	52	58	80	10	3	freistehender Trichter mit 6 Pfeilern
Große Dhünn	63	70	115	142	20	4	Einlauftrichter
Hohenleuben	32,8	58	58		8,9	3,6	
Innerste	40	96	74		20,2	4	aufgesetzter runder Kontrollweg, Pfeiler
Kleine Kinzig	71	62	113		16	3,5	freistehender Trichter mit 7 Pfeilern
Lauenstein (RHB)	41,6	127	200		13,5	4,2	freistehender Einlauftrichter, keine Pfeiler
Lichtenberg	46	58	94	87	13,5	3	Komplexbauwerk
Marbach (RHB)	18	50	50		9,7	3,5	BHQ_{200}
Ohra	58,5	35	75	84,5	10,5	3	ohne Abrisskante und Belüftung
Prims	62	80	80	125	13,6	3,5	keine Pfeiler
Steinbach	43,5	20	20		5,56	2,2	(Rheinland-Pfalz)
Twiste	22	160	200		20	4?	Turm-Café
Zeulenroda	41,6	123	90	273	25,6	5	flachkroniger Schachteinlauf

Quelle: Talsperren in Deutschland (2013): [1)]BHQ_1 hier BHQ_{1000}, [2)]Abflusskapazität für HW_1-Stauziel im HW-Rückhalteraum infolge BHQ_1, [3)]Abflussvermögen nach Gleichung (8.60) mit $\zeta_Z = 0{,}3$ und $h_U = 0$

Luftmitnahme

Die Luftmitnahme in Fallschächten kann nicht vernachlässigt werden, da insbesondere bei kleinen Abflüssen erhebliche Luftmengen transportiert werden. Die Bestimmung der Luftanteile ist im Modellversuch möglich, spiegelt aber nicht die Realität wieder. Messungen am Schachtüberfall der Talsperre Ohra an einem extra für die Luftableitung gebauten zweiten Ableitungsstollen (*Mehlhorn*, 1998) haben gezeigt, dass bei kleinen Abflüssen der Luftabfluss das 40-Fache des Wasserabflusses betragen kann. Der Belüftungsgrad β wird berechnet mit:

$$\beta = \frac{Q_L}{Q_W} \tag{8.62}$$

mit: Q_L – Luftvolumenstrom in den Einlauftrichter

Q_W – Wasservolumenstrom

Bei sehr geringen Abflüssen „kriecht" das Wasser die Schachtwand entlang, eine Luftmitnahme erfolgt zunächst nicht. Wird der Abfluss größer, kommt es ähnlich wie bei einer Schussrinne zum Aufreißen der Strömung und innerhalb des Einlauftrichters zur Einmischung von Luft. Beim Abfluss von wenigen m³/s stürzt das Wasser ähnlich wie bei einem Wasserfall druckfrei in den Fallschacht, wobei die Wassertropfen und -ballen die umgebende Luft mitreißen. Wassertropfen und Luft können sich dabei mit etwas unterschiedlicher Geschwindigkeit bewegen (Schlupf). Lässt man den Schlupf zwischen der Fallgeschwindigkeit υ_{Tr} der Wassertropfen und der Luftbewegung außer Acht, so erhält man mit der verbleibenden Querschnittsfläche für den Luftabfluss im Fallschacht

$$A_L = A - Q_W / \upsilon_{Tr}$$

und den Belüftungsgrad β bei geringem Wasserabfluss zu

$$\beta_1 = \frac{Q_L}{Q_W} = \frac{\upsilon_{Tr} \cdot A_L}{Q_W} = \frac{\upsilon_{Tr} \cdot A}{Q_W} - 1 = \frac{10\ \text{m/s} \cdot A}{Q_W} - 1 \tag{8.63}$$

mit der größten Fallgeschwindigkeit $\upsilon_{Tr} = 10$ m/s gemäß Abschnitt 3.7.3.

In der Regel tritt bei Fallschächten mit konstantem Durchmesser im Bereich kleiner Wasserabflüsse der größte Belüftungsgrad β auf.

Nach der Strahlvereinigung bei ca. (0,3 bis 0,4) $Q_W/Q_Ü$ erfolgt die weitere Luftmitführung durch das Einsaugen der Luft infolge Unterdruck im Fallschacht, deutlich durch schlürfende Geräusche hörbar. Der Belüftungsgrad β_2 kann dann wie folgt ermittelt werden (*Bollrich*, 1966 und 1967):

$$\beta_2 = c \cdot \frac{Q_Ü}{Q_W} - 1 \tag{8.64}$$

wobei $c = 0{,}6$ bis 1,0 ein Abminderungsfaktor ist, der mit $Q_W/Q_Ü$ ansteigt.

Mit der vereinfachten Annahme, dass für das Dichteverhältnis $\rho_W / \rho_G \cong \beta + 1$ geschrieben werden kann und das Wasser-Luft-Gemisch als homogenes Fluid betrachtet wird, ergibt sich aus der Abflussberechnung des Gemischabflusses Q_G im Schachtüberfall der Belüftungsgrad β_2 zu:

$$\beta_2 = \left(\frac{A}{Q_W}\right)^{\frac{2}{3}} \cdot \sqrt[3]{\frac{2g \cdot \sum h}{\alpha + \zeta_Z + \lambda \cdot \frac{L}{d}}} - 1 \tag{8.64a}$$

mit: $\sum h \geq h_f$ – für geringe Abflüsse mit offenem Einlauftrichter bis

$\sum h \leq h_ü + h_e + h_f$ – für den kritischen bzw. Überdeckungs-Abfluss

Mit Gleichung (8.59) wird daraus:

$$\beta_2 = \left(\frac{Q_Ü}{Q_W}\right)^{\frac{2}{3}} - 1 \quad \text{und damit nach Gleichung (8.64)} \quad c = \left(\frac{Q_W}{Q_Ü}\right)^{\frac{1}{3}} \tag{8.64b}$$

Diese Gleichung gilt erst bei Abflüssen Q_W, bei denen sich ein homogenes Wasser-Luft-Gemisch im Schacht ausbildet.

Für den Schachtüberfall der Talsperre Ohra, der als Modell an der TU Dresden untersucht wurde (*Mehlhorn,* 1998), soll die Berechnung im Folgenden beispielhaft durchgeführt werden.

Beispiel:

Der Schachtüberfall der Talsperre Ohra in Thüringen ist im Hangbereich der Talsperre angeordnet, besitzt eine kreisrunde Einlaufkrone mit 6 aufgesetzten Pfeilern. Der Einlaufbereich ist als Standardprofil nach *Oficierov* ausgebildet und verengt sich mit $h_E = 9$ m von $D = 10{,}5$ m auf $d = 3$ m. Der im Durchmesser d konstante Fallschacht mit einer Länge von 30,56 m geht in einen anschließenden Krümmer ($r = 15$ m) über ($h_F = 45{,}56$ m) und mündet anschließend in einen Stollen mit dem gleichen Durchmesser. Die Reibungslänge L aus Fallschacht, Krümmer und Stollen beträgt etwa 200 m. Der Schachtüberfall wurde ohne Abrisskante und Belüftung errichtet, was zu Problemen mit der Luftabführung führte. Im Modell wurden annähernd konstante Abflussbeiwerte mit $C = 2/3 \cdot \sqrt{2g} \cdot \mu = 1{,}9$ ermittelt. Die Be- und Entlüftung wurde erst nachträglich als Entlüftungsstollen über dem letzten Abschnitt des Ableitungsstollens eingebaut, wodurch eine Naturmessung möglich war.

Überdeckungsabfluss: $$Q_ü = \frac{\pi}{4} \cdot 3^2 \cdot \sqrt{\frac{2g \cdot (1{,}2 + 9 + 45{,}56)}{1{,}1 + 0{,}3 + 0{,}02 \cdot \frac{200}{3}}} = 141 \text{ m}^3/\text{s}$$

Kritischer Abfluss: $$Q_{Kr} = \frac{\pi}{4} \cdot 3^2 \cdot \sqrt{\frac{2g \cdot (1{,}2 + 9)}{1{,}1 + 0{,}3}} = 84{,}5 \text{ m}^3/\text{s}$$

Der maßgebliche Überdeckungsabfluss beträgt also $Q_{\ddot{U}max} = Q_{Krit} = 84{,}5\ m^3/s$ und ist größer als in Tabelle 8.5 mit 75 m³/s angegeben.

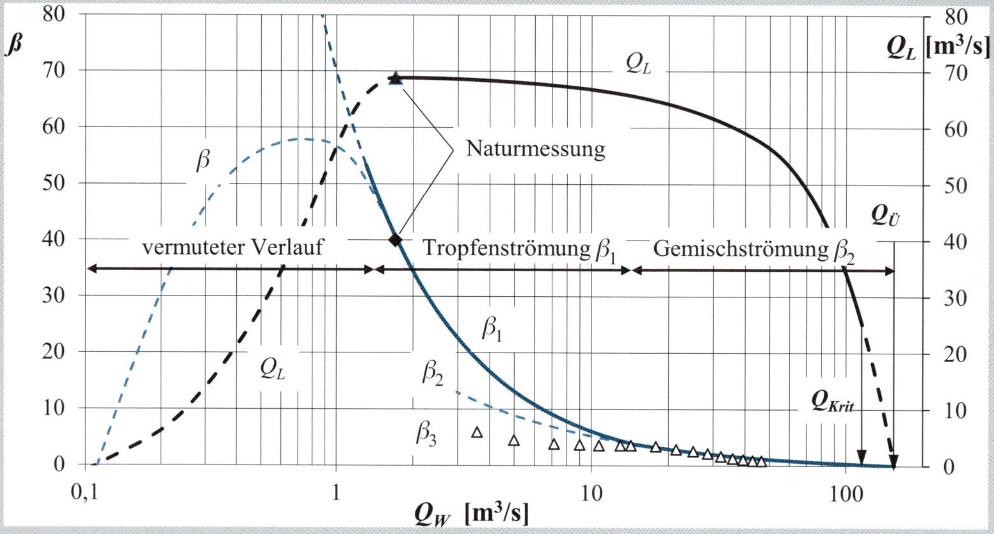

Bild 8.59 Belüftungsgrad und Luftvolumenstrom für das Rechenmodell der TS Ohra nach Gleichung (8.63) Kurve (β_1), nach Gleichung (8.64) Kurve (β_2) und Modellmesswerte (β_3).

Für den Durchflussbereich zwischen 15 m³/s und 141 m³/s liegen Modellmessungen und Berechnungen des β-Wertes auf der Grundlage einer Gemischströmung eng beieinander. Unterhalb von 15 m³/s tritt eine Tropfenströmung auf, die mit Gleichung (8.63) mit einer angenommenen konstanten Fallgeschwindigkeit des zerstäubten Wassers und auch der Luft von etwa 10 m/s beschrieben werden kann und besser mit dem in der Natur gemessenen Wert übereinstimmt. Bei noch kleiner werdenden Abflüssen wird der Schlupf zwischen der Fallgeschwindigkeit der Wassertropfen und der Luft immer größer, bis das Wasser schließlich nicht mehr in der Lage ist, die Luft in den Schacht hineinzuziehen.

8.15.2 Versturzleitung

Versturzleitungen sind sehr lange senkrechte Leitungen, die der Verfüllung von Hohlräumen mit Wasser im Bergbau dienen. Wegen der Dominanz der Reibung gegenüber örtlichen Verlusten vereinfacht sich das hydraulische Gleichgewicht zwischen Gewichtskraft und Reibungskraft zu:

$$\upsilon = \frac{1}{\sqrt{\lambda}} \cdot \sqrt{2g \cdot d} \qquad \text{wegen } h_V = L \tag{8.65}$$

Da die Geschwindigkeiten und damit die Reynolds-Zahlen sehr groß werden, kann der Reibungsbeiwert für hydraulisch raue Strömung verwendet werden und damit wird die Fließgeschwindigkeit:

$$\upsilon = 2 \cdot \log\left(\frac{3{,}71 \cdot d}{k}\right) \cdot \sqrt{2g \cdot d} \tag{8.66}$$

Wird die senkrechte Leitung durchgängig mit einheitlichem Durchmesser ausgeführt, kann die Unterduckhöhe im Einlauf die Größe der Geschwindigkeitshöhe annehmen, die sich aus Gleichung (8.65) zu d/λ ergibt. Um die Gefahr des Strömungsabrisses zu vermeiden, wurde von *Aigner, et al.* (1996) empfohlen, gestaffelte Leitungen einzusetzen, deren Durchmesser von oben nach unten immer kleiner werden. Dadurch kann der erste Leitungsdurchmesser so gewählt werden, dass der Unterdruck relativ gering bleibt (Bild 8.60).

Der Durchfluss durch die Versturzleitung wird nach Bild 8.60 ermittelt zu:

$$Q = A_3 \cdot \upsilon_3 = A_3 \cdot \sqrt{\frac{2g \cdot H}{1 + \sum\left[\left(\zeta_\mathrm{i} + \lambda_\mathrm{i} \cdot \frac{L_\mathrm{i}}{d_\mathrm{i}}\right) \cdot \frac{d_3^4}{d_\mathrm{i}^4}\right]}} \tag{8.67}$$

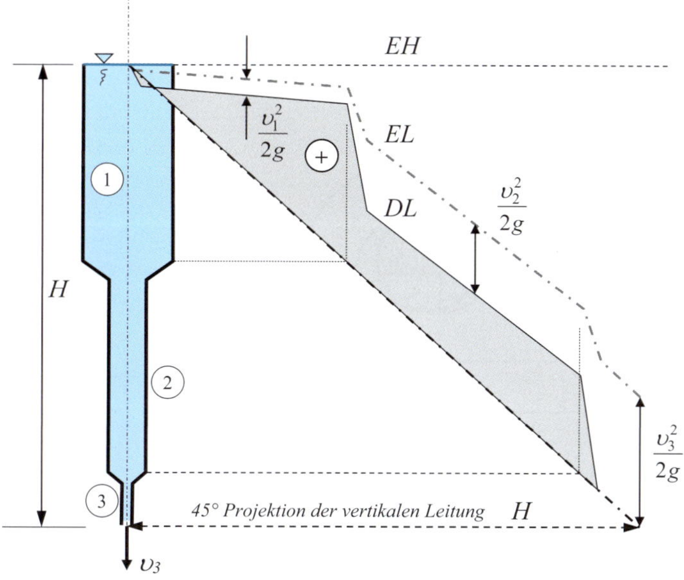

Bild 8.60 Energie- und Drucklinie einer gestaffelten Versturzleitung

8.15.3 Wirbelfallschacht

Zur Erreichung einer eindeutigen Trennung zwischen Wasser und Luft bei der Überwindung großer Höhendifferenzen werden im Wasserbau und in der Kanalisationstechnik sowie bei Wasserkraftanlagen sogenannte Wirbelfallschächte angewendet. Das Prinzip besteht darin, dass am Einlauf in die Fallrohrleitung das Wasser durch ein spezielles Bauwerk tangential zuströmt und einen Einlaufwirbel erzeugt, der über die gesamte Fallstrecke erhalten bleibt und das Wasser durch die Fliehkraft an die Schachtwand drückt, während im Kern der Fallleitung ein durchgehender Luftschlauch frei bleibt und damit überall nahezu Atmosphärendruck herrscht. Der Durchmesser des Fallschachtes muss bedeutend größer als der

Durchmesser einer vollgefüllten Leitung sein. Die Geschwindigkeit erreicht die Größe υ und setzt sich aus den Anteilen der Vertikalbewegung υ_z und Rotationsgeschwindigkeit υ_t zusammen. Der Abfluss erfolgt damit gleichsam in einer vertikalen Freispiegelströmung, die nach einer kurzen vertikalen Fließstrecke die „Normalwassertiefe“ t_0 der gleichförmigen Strömung erreicht. Bild 8.61 zeigt die Gestaltung des Einlaufes bei strömendem Zulauf (links) bzw. bei schießender Zuströmung (rechts), wenn der Zulauf in einem flachen bzw. steilen Rechteckgerinne der Breite b bzw. c erfolgt. Für einen Wirbelfallschacht liegt der günstigste Durchmesser vor, wenn etwa 60 % bis 70 % der Querschnittsfläche für den axialen Luftschlauch frei bleiben. Die Vertikalkomponente der Fließgeschwindigkeit ist dabei wesentlich kleiner als bei einem vollgefüllten, engeren Rohr und somit die Beanspruchung der Rohrwand geringer. Nach *Kellenberger* (1988) und *Vischer* (2002) kann der Durchmesser eines Wirbelfallschachtes mit folgender Formel abgeschätzt werden:

$$d \geq \eta \cdot \sqrt[5]{\frac{Q^2}{g}} \tag{8.68}$$

mit $\eta = 1{,}0$ – strömender Zufluss

$\eta = 1{,}25$– schießender Zufluss

$\eta = 1{,}7$ – mehrere schießende Zuflüsse

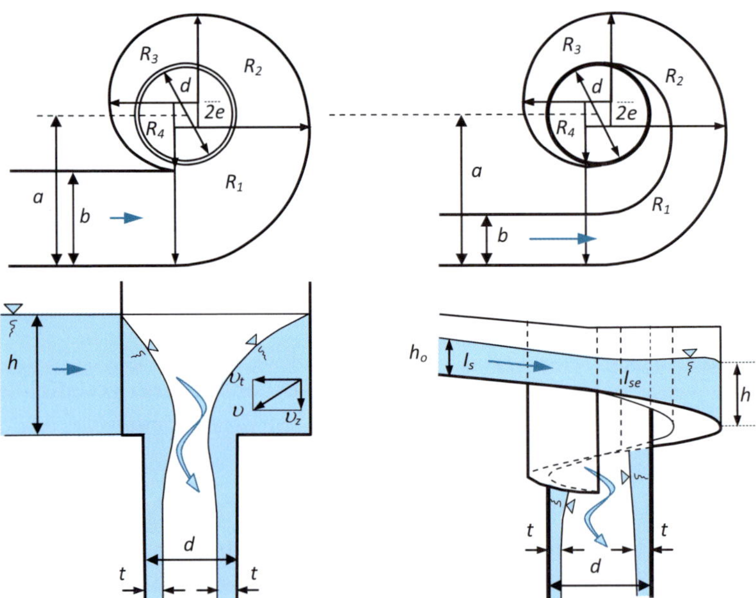

Bild 8.61 Geometrie des Wirbelfallschachtes für strömenden (links) und schießenden Zufluss (rechts)

Für einen gewählten Durchmesser d und den Bemessungsabfluss Q erhält man nach DWA-A112 (2007) eine maximale Wassertiefe h der Einlaufspirale für den strömenden Zufluss nach folgender Gleichung:

$$h = \frac{Q}{\sqrt{2g} \cdot r^2} \cdot \sqrt{\left(a - \frac{b}{2}\right) \cdot \frac{r}{b}} \qquad \text{mit } r = d/2 \tag{8.69}$$

Für den schießenden Zufluss mit der gegebenen Froude-Zahl Fr_0 der Zuströmung gilt:

$$h = R_1 \cdot \left(Fr_0 \cdot \sqrt{\frac{2 \cdot b \cdot h_0^2}{R_1^3}} - \frac{I_{se}}{2} \right) \cdot (1{,}1 + 0{,}15 \cdot Fr_0) \tag{8.70}$$

$$\text{mit } Fr_0 = \frac{v_0}{\sqrt{g \cdot h_0}} = \frac{Q}{\sqrt{g \cdot h_0} \cdot b \cdot h_0}$$

Der Radius R_1 gibt hier den ersten Radius der Drallkammer der Konstruktion an. Im DWA-Arbeitsblatt 112 (DWA-A112, 2007) wird dieser abweichend zu Bild 8.61 als halbe Gesamtbreite der Konstruktion definiert und es wird empfohlen, das Längsgefälle der Drallkammer I_{se} größer als das Zulaufgefälle I_0 und zwischen 10 % und 20 % auszuführen.

Auf der Basis von Veröffentlichungen von *Hager* und *Kleinschroth/Wirth* in DWA-A112 (2007) erfolgt die Abschätzung der Endgeschwindigkeit im Vertikalschacht mit:

$$\upsilon_{\max} = \sqrt[3]{\frac{8 \cdot g \cdot Q}{\lambda \cdot \pi \cdot d}} \qquad \text{empfohlen wird } \lambda = 0{,}02 \tag{8.71}$$

Die Endgeschwindigkeit wird nur gering durch die Rauheit der Schachtwand beeinflusst, aber maßgeblich durch den Durchmesser. Die maximale Geschwindigkeit sollte 20 m/s nicht überschreiten.

Der mitgeführte Luftvolumenstrom wird von *Hager* (1995) näherungsweise mit folgender Formel ermittelt, wobei L die Länge und d den Durchmesser des Schachtes darstellen:

$$\beta_L = \frac{Q_L}{Q_W} = \sqrt{\frac{0{,}018 \cdot \sqrt[3]{\frac{L}{d}}}{Q_W} \cdot k_{St} \cdot \pi \cdot d^{8/3} - 1} \tag{8.72}$$

8.16 Sammelrinne

Bild 8.62 Sammelrinne und Übergangsrinne HRB Reinhardtsgrimma

Sammelrinnen sind Freispiegelgerinne, in denen der Abfluss durch den seitlichen linienförmigen Zufluss q in Fließrichtung zunimmt.

$$q = \frac{dQ}{dx} \qquad Q = Q_0 + x \cdot q \tag{8.73}$$

Sammelrinnen findet man an Talsperren zur Hochwasserentlastung z. B. als Hangentlastung, aber auch in der Wasser- oder Abwasseraufbereitung zur Wasserableitung. Das Wasser strömt der Sammelrinne einseitig oder beidseitig zu. Sie ist meist als Rechteck- oder Trapezquerschnitt, seltener mit Parabelquerschnitt, mit konstanter Breite oder in Strömungsrichtung zunehmender Breite (divergierend) ausgebildet. Bei einseitig angeströmten Sammelrinnen drückt der Überfallstrahl das Wasser in der Sammelrinne an die gegenüberliegende Seite und das Wasser fließt in einer großen Walze ab.

Stirnzuläufe zu Beginn der Sammelrinnen beschleunigen den Abfluss und führen somit zu kleineren Abflussquerschnitten.

In Sammelrinnen wird strömender Abfluss angestrebt. Bei größeren Gefällen ohne Rückstau kann sich teilweise schießender Abfluss einstellen. Strömender Abfluss wird erreicht, wenn das Gefälle nicht größer als ein kritisches Gefälle I_{gr} gewählt wird. Das kritische Gefälle wird aus dem Minimum der Stützkräfte am Ende der Sammelrinne ermittelt. Strömender Abfluss kann durch das Anheben des Wasserstandes mit Hilfe einer Endschwelle am Ende der Sammelrinne bzw. am Ende der Übergangsrinne erzwungen werden.

$$I_S \leq I_{gr} \tag{8.74}$$

Allgemein gilt:

$$I_{gr} = \frac{h_{gr}}{Q_u \cdot (b_u + 2 \cdot n \cdot h_{gr})} \cdot (2 \cdot q \cdot (b_u + n \cdot h_{gr}) - m \cdot Q_u) \tag{8.75}$$

Mit b = konstant ($b_o = b_u$ bzw. $m = 0$) wird:

$$I_{gr} = \frac{h_{gr}}{Q_u \cdot (b_u + 2 \cdot n \cdot h_{gr})} \cdot 2 \cdot q \cdot (b_u + n \cdot h_{gr}) \tag{8.76}$$

Für das Rechteckprofil ($b = B$ bzw. $n = 0$) wird:

$$I_{gr} = \frac{h_{gr} \cdot 2 \cdot q}{Q_u} = \frac{2 \cdot h_{gr}}{L \cdot \cos\beta} \cdot \left(1 - \frac{Q_o}{Q_u}\right) \tag{8.77}$$

mit $Q_u = Q_o + L \cdot \cos\beta \cdot q$

Ohne einen stirnseitigen Zufluss ($Q_o = 0$) wird das kritische Gefälle eines Rechteckquerschnittes mit konstanter Breite b:

$$I_{gr} = \frac{2 \cdot h_{gr}}{L \cdot \cos\beta} \tag{8.78}$$

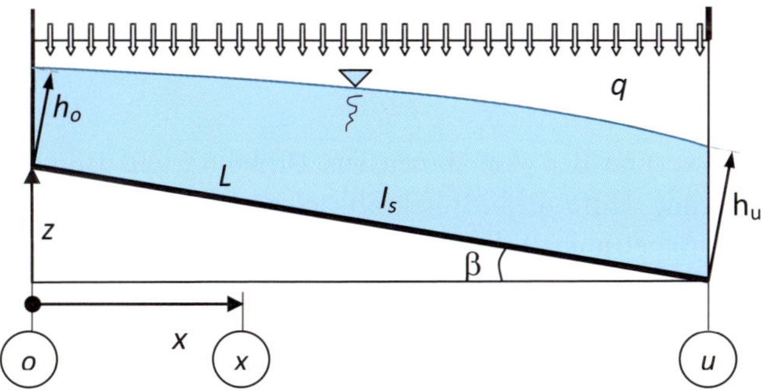

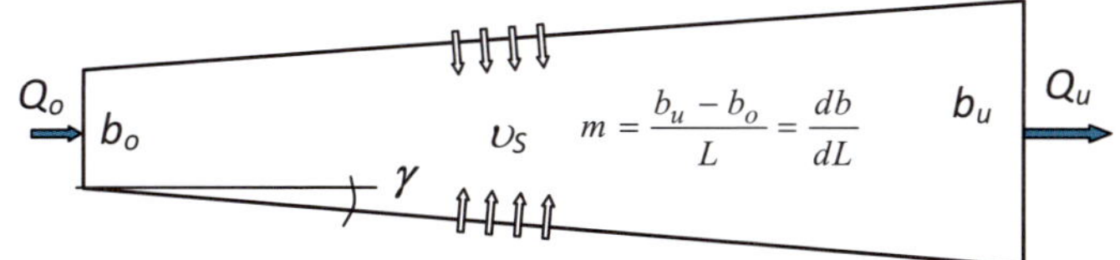

Bild 8.63 Längsschnitt und Draufsicht einer Sammelrinne

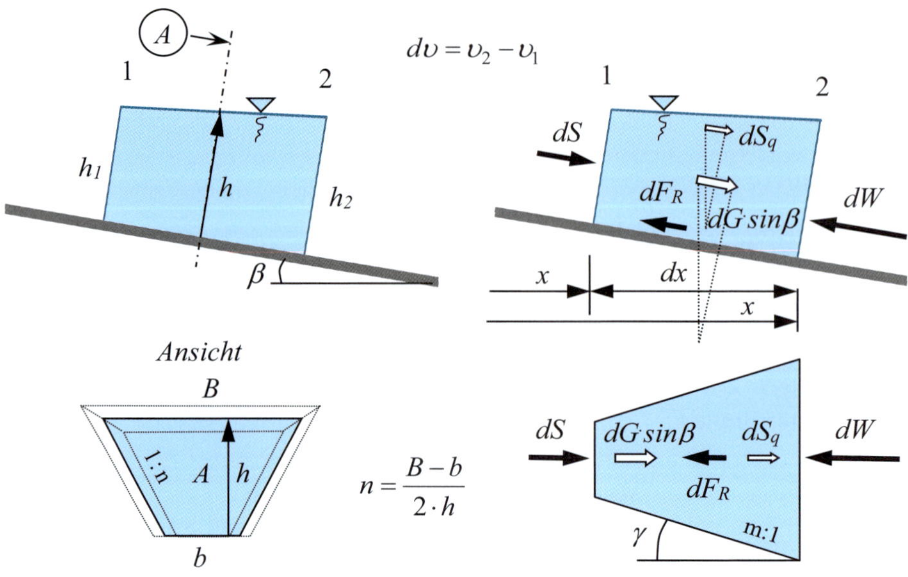

Bild 8.64 Kontrollvolumen eines Sammelrinnenabschnittes (Längs-, Querschnitt und Draufsicht)

Mit der Differenzenbildung $dx = x_2 - x_1$ und den Annahmen aus Bild 8.63 und Bild 8.64 sowie folgenden Definitionen wird mit Hilfe des Stützkraftsatzes die Gleichung zur Ermittlung der Wasserspiegellage in Sammelrinnen bestimmt.

$$I_S = \sin\beta \qquad \gamma = \arctan\left(\frac{m}{2}\right) \qquad I_E = \frac{dh_E}{dL} = \frac{\lambda \cdot}{4 \cdot r_{hy}} \cdot \frac{\upsilon^2}{2g} = \frac{\upsilon^2}{k_{St}^2 \cdot r_{hy}^{4/3}}$$

Gewichtskraft: $dG \cdot \sin\beta = \rho \cdot g \cdot A \cdot dL \cdot I_S$

Hydrostatische Druckkraft: $dW = \rho \cdot g \cdot A \cdot dh \cdot \cos\beta$

Impulskraft: $dS = -\rho \cdot (Q \cdot d\upsilon + \upsilon \cdot dQ)$

Reibungskraft: $dF_R = \rho \cdot g \cdot A \cdot dL \cdot I_E$

Kraft aus seitlicher Zuströmung: $dS_q = 2 \cdot \rho \cdot dQ \cdot \upsilon_S \cdot \sin\gamma$

Die Zuströmungsgeschwindigkeit der Sammelrinne kann aus der Fallhöhe des Überfallstrahles ermittelt werden. Zusätzlich können die Umlenkeffekte bei der Zuströmung in eine Sammelrinne mit Trapezquerschnitt eine Rolle spielen. Dazu hat *Wagner* (1969) Ansätze von *Mirza* verwendet.

Aus der Summe aller oben genannten Kräfte in Strömungsrichtung positiv ergibt sich die allgemeine Gleichung zur Berechnung der vertikalen Wasserstandsänderungen *dz* entlang einer Sammelrinne.

$$\frac{dz}{dL} = \frac{dh}{dL} \cdot \cos\beta = I_S - I_E - \frac{Q \cdot dv + \upsilon \cdot dQ - 2 \cdot dQ \cdot \upsilon_S \cdot \sin\gamma}{g \cdot A \cdot dL} \tag{8.79}$$

Aus dieser allgemeinen Gleichung kann eine Lösung zur schrittweisen Berechnung der senkrechten Wasserspiegellage in einer Sammelrinne abgeleitet werden:

$$z_1 = z_2 - dL \cdot (I_S - I_E) + \frac{\upsilon^2}{g} \cdot \left(\frac{d\upsilon}{\upsilon} + \frac{dQ}{Q} \cdot \left(1 - \frac{2 \cdot \upsilon_S \cdot \sin\gamma}{\upsilon} \right) \right) \tag{8.80}$$

Die integrale Lösung dieser Gleichung führt mit:

$$\frac{d\upsilon}{dx} = \frac{q}{A} - \frac{\upsilon}{A} \cdot \left(m \cdot h + \frac{dh}{dx} \cdot b_W \right)$$

zu:

$$\frac{dh}{dx} = \frac{\dfrac{I_S - I_E}{\cos\beta} - \dfrac{2 \cdot \upsilon \cdot q}{A \cdot g} \cdot \left(1 - \dfrac{\upsilon_S \cdot \sin\gamma}{\upsilon} - \dfrac{\upsilon \cdot m \cdot h}{2 \cdot q} \right)}{\cos\beta - \dfrac{\upsilon^2}{g \cdot A} \cdot b_W} \tag{8.81}$$

Vereinfachungen ergeben sich für nicht divergierende Sammelrinnen ($\sin\gamma = 0$ bzw. $m = 0$), für horizontale Sammelrinnen ($I_S = 0$ und $\cos\beta = 1$) und für Rechteckgerinne ($b_W = b$). Außerdem kann durch Vernachlässigung der Reibungskraft ($I_E = 0$), die sich teilweise mit der Impulskraft des einstürzenden Wassers aufhebt, eine vollständige Vereinfachung erreicht werden.

$$\frac{dz}{dx} = \frac{dh}{dx} = \frac{-\dfrac{2 \cdot \upsilon \cdot q}{b \cdot h \cdot g}}{1 - \dfrac{\upsilon^2}{g \cdot h}} \tag{8.82}$$

Für den horizontalen Rechteckkanal lautet die Lösung dieser Differentialgleichung:

$$\frac{h}{h_u} = 2 \cdot \sqrt{\frac{1}{3} \cdot (1 + 2 \cdot Fr_u^2)} \cdot \cos\left(60° - \frac{\phi}{3} \right) \tag{8.83}$$

mit $Fr_u^2 = \dfrac{\upsilon_u^2}{g \cdot h_u}$ und $\phi = \arccos\left(\dfrac{3 \cdot \sqrt{3} \cdot Fr_u^2 \cdot \left(\dfrac{x}{L} \right)^2}{2 \cdot \sqrt{2} \left(Fr_u^2 + 0{,}5 \right)^{1,5}} \right)$

Wichtig für die Planung einer Sammelrinne ist die Wassertiefe h_0 an ihrem Anfang.

Dieser Wert ergibt sich aus der o. g. Gleichung mit $x = 0$, $\cos\phi = 0$, $\phi = 90°$ zu:

$$h_o = h_u \cdot \sqrt{1 + 2 \cdot Fr_u^2} \tag{8.84}$$

Stellt sich am Auslauf der Sammelrinne der kritische Abfluss h_{gr} ein, z. B. wenn die Schussrinne unmittelbar anschließt, dann wird

$$h_o = \sqrt{3} \cdot h_{gr} = \sqrt{3} \cdot \sqrt[3]{\frac{Q^2}{g \cdot b^2}} \qquad (8.85)$$

Überfallkronen von Sammelrinnen sind meist als Kreis- oder Standardüberfall ausgebildet. Die Neigung der Seitenwand wird damit zu $n \leq 0{,}5$ empfohlen. Um das Ablaufen des Wassers garantieren zu können, beträgt das Sohlgefälle von Sammelrinnen normalerweise nur wenige Prozent (2 % bis 5 %). Sohlschwellen am Ende einer Sammelrinne bzw. am Beginn der Schussrinne werden angeordnet, um strömenden Abfluss in der Sammelrinne zu erzwingen. Richtungsänderungen der Strömung sollten nur im strömenden Bereich durchgeführt werden.

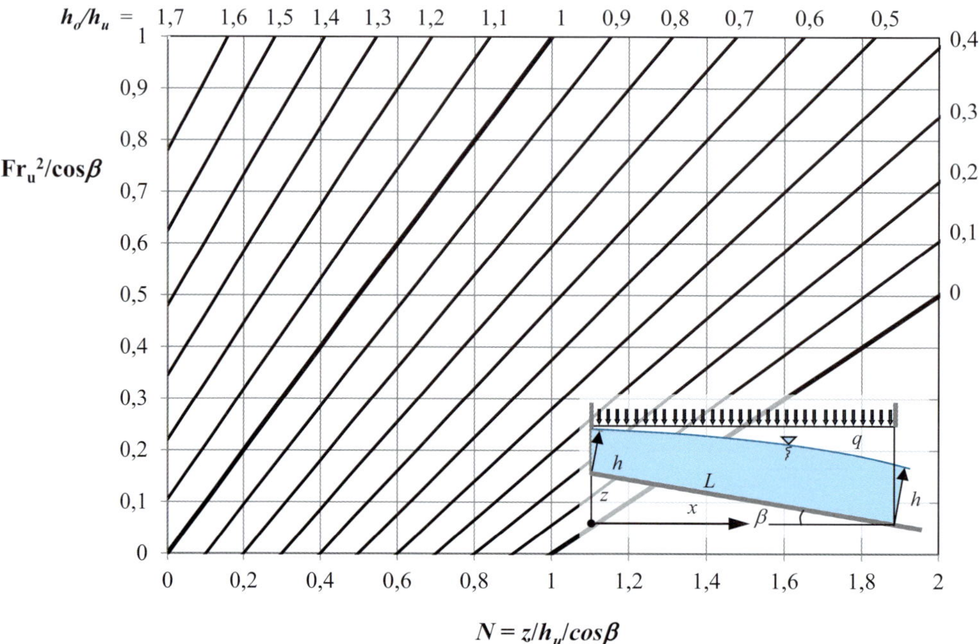

Bild 8.65 Verhältnis von Anfangs- zu End-Tiefe in Abhängigkeit vom Neigungsverhältnis und der Froudezahl am Ende einer rechteckigen und konstant breiten Sammelrinne (b = const) ohne Energieverluste für $Fr_u \leq 1$

Mit der Annahme, dass die Wasserspiegellage einer rechteckigen Sammelrinne mit geringem Gefälle für $h_o/h_u \geq 1$ als Parabeln und für starkes Gefälle und $h_o/h_u < 1$ als Gerade angenommen werden kann, hat *Wagner* (1969) zwei vereinfachte Berechnungsansätze zur Ermittlung des Anfangswasserstandes von Sammelrinnen als geschlossene Lösungen veröffentlicht.

Für $h_\text{o}/h_\text{u} \geq 1$ gilt:

$$\frac{h_\text{o}}{h_\text{u}} = \sqrt{\frac{4}{9} \cdot N^2 - \frac{2}{3} \cdot N + \frac{2 \cdot Fr_\text{u}^2}{\cos\beta} + 1} - \frac{2}{3} \cdot N \tag{8.86}$$

und für $h_\text{o}/h_\text{u} < 1$ gilt:

$$\frac{h_\text{o}}{h_\text{u}} = \sqrt{\frac{N^2}{4} - N + \frac{2 \cdot Fr_\text{u}^2}{\cos\beta} + 1} - \frac{N}{2} \tag{8.87}$$

mit $N = \dfrac{z}{h_\text{u} \cdot \cos\beta}$ und $Fr_\text{u}^2 = \dfrac{\upsilon_\text{u}}{g \cdot h_\text{u}}$

Wagner definierte 5 Strömungszustände, die in Tabelle 8.6 dargestellt sind und von denen sich die ersten drei im Bild 8.65 widerspiegeln.

Tabelle 8.6 Schematische Darstellung der Strömungsbereiche mit den Bedingungen für eine rechteckige Sammelrinne nach *Wagner* (1969)

Fall	Skizze	Bedingungen		
I	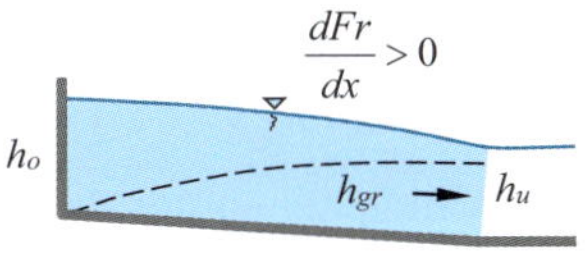 $\frac{dFr}{dx} > 0$; h_o; h_{gr}; h_u	$I_\text{S} < I_\text{Krit}$ $Fr_\text{u} \leq 1$	$h_\text{o} \geq h_\text{u}$	$N \leq \dfrac{Fr_\text{u}^2}{\cos\beta}$
II	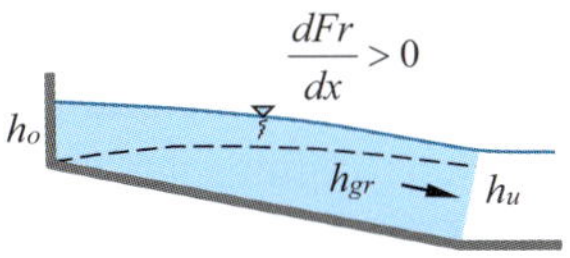 $\frac{dFr}{dx} > 0$; h_o; h_{gr}; h_u	$I_\text{S} < I_\text{Krit}$ $Fr_\text{u} \leq 1$	$h_\text{o} \leq h_\text{u}$	$\dfrac{Fr_\text{u}^2}{\cos\beta} \leq N \leq \dfrac{2}{3} + \dfrac{4 \cdot Fr_\text{u}^2}{3 \cdot \cos\beta}$
III	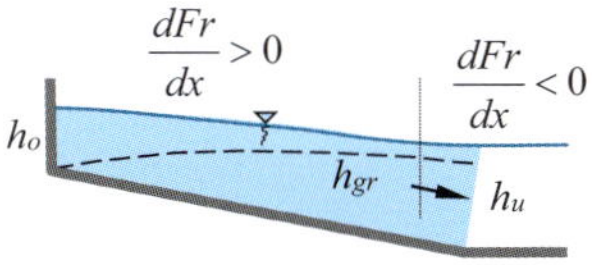 $\frac{dFr}{dx} > 0$; $\frac{dFr}{dx} < 0$; h_o; h_{gr}; h_u	$I_\text{S} < I_\text{Krit}$ $Fr_\text{u} \leq 1$	$h_\text{o} < h_\text{u}$	$\dfrac{2}{3} + \dfrac{4 \cdot Fr_\text{u}^2}{3 \cdot \cos\beta} \leq N \leq 1 + Fr_\text{u}$
IV	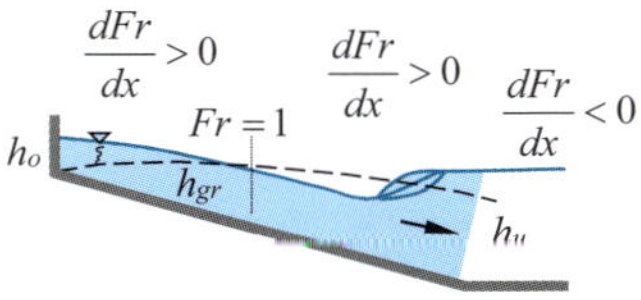 $\frac{dFr}{dx} > 0$; $\frac{dFr}{dx} > 0$; $\frac{dFr}{dx} < 0$; $Fr = 1$; h_o; h_{gr}; h_u	$I_\text{S} > I_\text{Krit}$ $Fr_\text{u} \leq 1$	$h_\text{o} < h_\text{u}$	$1 + Fr_\text{u} \leq N$
V	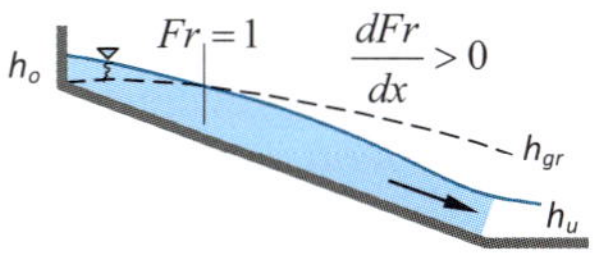 $Fr = 1$; $\frac{dFr}{dx} > 0$; h_o; h_{gr}; h_u	$I_\text{S} > I_\text{Krit}$ $Fr_\text{u} > 1$	$h_\text{o} < h_\text{u}$	$1 + Fr_\text{u} \leq N$

8.17 Übergangsrinnen und Schussrinnen

8.17.1 Wasserspiegellagenberechnung

Nach der Sammelrinne einer Hochwasserentlastungsanlage schließt sich in der Regel eine Übergangsrinne an. Sie leitet das meist strömende Wasser aus der Sammelrinne in die Schussrinne. Sie überbrückt den oberen Teil des Dammes und wird oft durch eine Brücke überspannt. Die Übergangsrinne entspricht einem wasserführenden Kanal, der einen konstanten Abfluss Q meist strömend ableitet. Am Übergang zur Schussrinne stellt sich bei einem strömenden Abfluss in der Übergangsrinne die Grenztiefe ein. Die Berechnung der Übergangsrinne entspricht der Berechnung einer Wasserspiegellage für ein Gerinne im meist strömenden Bereich, beginnend bei der Randbedingung (z. B. Grenztiefe am Übergang zur Schussrinne) bis zur Sammelrinne, also gegen die Strömungsrichtung. Die schrittweise Berechnung der Schussrinne beginnt ebenfalls am Gefälleknickpunkt. Berechnungsgrundlage ist die Energiegleichung (Bernoulli-Gleichung) (siehe Abschnitt 7.5 ff.). Für die Berechnung des anschließenden Tosbeckens ist die Kenntnis der Fließgeschwindigkeit am Ende der Schussrinne wichtig.

Die Wasserspiegellagenberechnung ist ausführlich im Abschnitt 7.7 beschrieben. Die schrittweise Auflösung der Energiegleichung geht von einem bekannten Wasserstand aus und berechnet unter Annahme des neuen Wasserstandes direkt die Entfernung dL zum betrachteten Abschnitt. Dieses sogenannte dL-Verfahren ist sehr empfindlich bei falschen Annahmen des Wasserstandes (siehe Bild 7.43 und 7.44 sowie Gleichung (7.84)).

Das dh-Verfahren ist stabiler in der Berechnung, erfordert allerdings neben der Annahme der Schrittweite dL auch eine Annahme des unbekannten Wasserstandes an dieser Stelle und damit eine iterative Berechnung. In der Berechnungsschleife werden parallel die Geschwindigkeit in diesem Schnitt und das mittlere Energiegefälle I_E für den Berechnungsabschnitt z. B. aus der Manning-Strickler-Formel ermittelt. Durch Berücksichtigung der Höhenveränderung der Sohle $dz = I_S \cdot dL$ und des Wasserstandes kann die Gleichung als Piezometerhöhendifferenz aufgestellt werden. Wichtig ist es, die genaue Vorzeichendefinition aus der Differenzenbildung z. B. mit $dh = h_2 - h_1$ zu beachten (siehe Gleichung (7.81)).

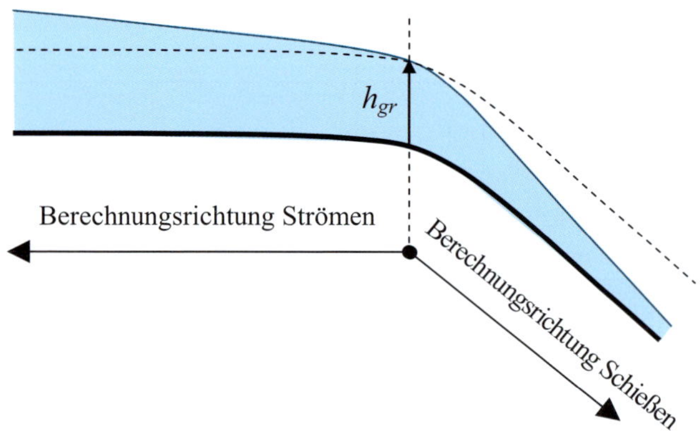

Bild 8.66 Randbedingung zur Wasserspiegellagenberechnung

Eine vereinfachte analytische Wasserspiegellagenberechnung für Rechteckgerinne mit Hilfe von Funktionswerten, wie im Abschnitt 7.7 beschrieben, findet man bei *Bollrich* (2019).

Auf die Berechnung der Grenztiefe als Randbedingung für den Beginn der Wasserspiegellagenberechnung für verschiedene Querschnitte wird in Abschnitt 7.4.1 eingegangen.

8.17.2 Luftaufnahme in Schussrinnen

Die Luftmitnahme tritt nicht nur an Schussrinnen, sondern auch bei Schachtüberfällen, an Kaskaden oder an Steilgerinnen auf. Der Wasser-Luft-Gemisch-Abfluss bedeutet größere Wassertiefen gegenüber einem reinen Wasserabfluss und die Schussrinne erfordert damit höhere Seitenwände. Die Berechnung des Luftanteiles als Belüftungsgrad $\beta = Q_L / Q_W$ oder als Konzentration $c = Q_L / (Q_L + Q_W)$ beruht auf empirischen Untersuchungen. Der Lufteintrag in das Wasser wird maßgeblich von der absoluten Geschwindigkeit und der Turbulenz der Strömung, vom Druck und von der Oberflächenspannung beeinflusst. Messergebnisse von Luftanteilen oder Luftkonzentrationen sind deshalb nicht einfach über Maßstabsumrechnungen auf die Natur übertragbar.

Belüftungsbeginn

Am Beginn einer Schussrinne bildet sich mit der Beschleunigung der Strömung zwischen dem Schnitt 1 und 2 (Bild 8.67) eine turbulente Grenzschicht aus, die in Abhängigkeit von der Geschwindigkeit und der Rauheit der Schussrinne ansteigt. Erreicht diese die Oberfläche, kommt es durch die Turbulenz zur Überwindung der Oberflächenspannung und zum Eintrag von Luftblasen in das Wasser. Zwischen den Schnitten 2 und 3 wandert die eingemischte Luft Richtung Sohle und das Wasser wird in der gesamten Tiefe mit Luft durchmischt. Im Schnitt 3 ist der gesamte Querschnitt ein Wasser-Luft-Gemisch.

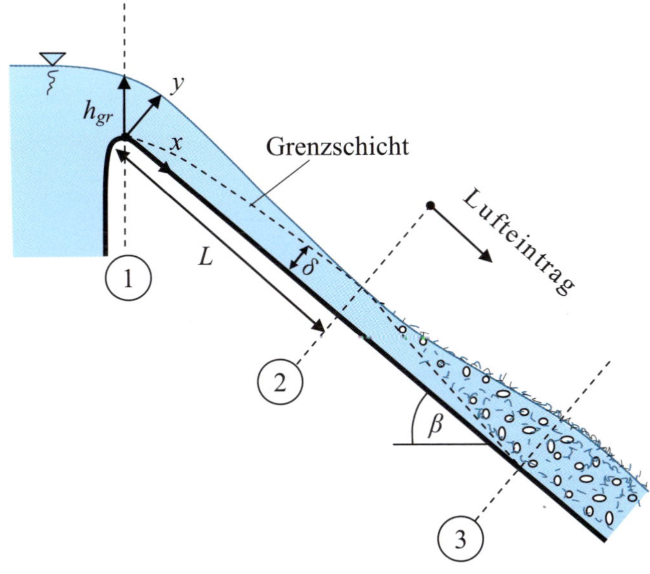

Bild 8.67 Beginn des Lufteintrages an einer Schussrinne

Die Dicke der turbulenten Grenzschicht δ wird nach *Schlichting* (1958) zu:

$$\delta = \frac{0{,}37 \cdot x}{\sqrt[5]{Re_x}} \qquad \text{mit } Re_x = \frac{\upsilon \cdot x}{\nu} \tag{8.88}$$

Re_x ist dabei die Reynolds-Zahl des zurückgelegten Weges.

Nach *Wood* (1983) berechnet sich die Dicke der turbulenten Grenzschicht an der Stelle x zu:

$$\delta = x \cdot 0{,}0212 \cdot \left(\frac{x}{H_x}\right)^{0{,}11} \cdot \left(\frac{x}{k}\right)^{-0{,}1} \tag{8.89}$$

H_x ist darin der vertikale Abstand des Wasserspiegels zum Energiehorizont und k die absolute Rauheit der Schussrinne.

Die Entwicklungen der Grenzschichtdicke δ, der Geschwindigkeit υ, des Widerstandsbeiwertes λ und der Wassertiefe y vom Schnitt 1 zum Schnitt 2 können iterativ mit dem Verfahren nach *Bormann* (1968) ermittelt werden. *Bormann* berücksichtigt den Einfluss der Rauheit der Schussrinne auf den Belüftungsbeginn. Für eine Schussrinne aus Beton mit einer Rauheit von $k = 1{,}5$ mm wurde von *Bormann* ein Bemessungsdiagramm (Bild 8.68) aufgestellt, das mit folgender Gleichung angenähert werden kann.

$$L = 7 \cdot \frac{q^{0{,}76}}{I_S^{0{,}45}} \tag{8.90}$$

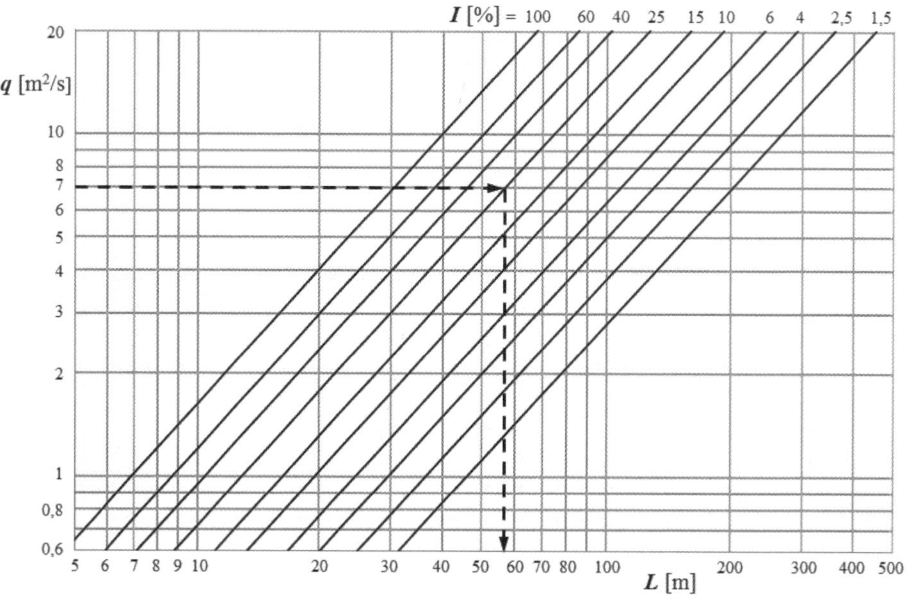

Bild 8.68 Bemessungsdiagramm nach *Bormann* (1968) für die Lage des Belüftungsbeginns, L – Abstand des kritischen Punktes von der Überfallkante, q – spezifischer Abfluss, I – Neigung der Schussrinne

Die Luftaufnahme (Bild 8.67) beginnt am Schnitt 2 in der Entfernung $x = L$ mit der Bedingung $h = h_\delta = \delta$. Nach *Chow* (1959) setzt die Belüftung bei einer Geschwindigkeit von etwa 7 m/s ein. Nach *Gangadharaiah* (in *Naudascher*, 1992) beginnt die Belüftung, wenn:

$$\upsilon > \sqrt{56 \cdot \frac{\sigma}{h \cdot \rho} \cdot \sqrt{Re^*}} \qquad \text{mit } Re^* = \frac{\upsilon^* \cdot h}{\nu} \tag{8.91}$$

Die Schubspannungsgeschwindigkeit wird berechnet aus $\upsilon^* = \sqrt{\tau/\rho}$

Nach *Hager* und *Blaser* (1997) setzt die Belüftung ein, sobald

$$\frac{L}{h_{gr}} = \frac{16}{(\sin\beta)^{0,6}} \cdot \left(\frac{h_{gr}}{k}\right)^{0,08} \tag{8.92}$$

Volkart (1978) untersuchte steile Abwasserkanäle hinsichtlich der Luftmitnahme. Nach *Volkart* beginnt die Belüftung, wenn die Boussinesq-Zahl (*Bou*) 6 überschreitet.

$$Bou = \frac{\upsilon}{\sqrt{g \cdot r_{hy}}} \geq 6 \tag{8.93}$$

Die Entfernung L bis zum Beginn der Belüftung in Schussrinnen wird von vielen Autoren aus empirischen Untersuchungen abgeschätzt. So ermittelte *Wood* aus Messergebnissen von *Keller* und *Rastogi* (in *Naudascher,* 1992) die zur absoluten Rauheit k ins Verhältnis gesetzte Länge bis zum Lufteintrag zu:

$$\frac{L}{k} = 13{,}6 \cdot (\sin\beta)^{0,0796} \cdot \left(\frac{q}{\sqrt{g \cdot \sin\beta \cdot k^3}}\right)^{0,713} \cong \frac{13{,}6}{(\sin\beta)^{0,28}} \cdot \left(\frac{h_{gr}}{k}\right)^{1,07} \tag{8.94}$$

Luftkonzentration

Rao und *Kobus* (1972) ermittelten die Luftkonzentration aus der Froude-Zahl der reinen Wasserströmung Fr_W zu:

$$c = 1 - \frac{1}{\frac{a}{k_{St}} \cdot Fr_W^{1,5} + 1} \tag{8.95}$$

Dabei ist a ein Formbeiwert, der für ein Rechteckgerinne zu 1,35 und für ein Trapezgerinne 2,16 wird und k_{St} der Strickler-Beiwert.

Volkart (1978) berechnet die Luftkonzentration aus der Boussinesq-Zahl (*Bou*) mit folgender Gleichung, wobei die Belüftung erst bei $Bou = 6$ beginnt:

$$c = 1 - \frac{1}{0{,}02 \cdot (Bou - 6)^{1,5} + 1} \qquad \text{mit } Bou = \frac{\upsilon}{\sqrt{g \cdot r_{hy}}} \tag{8.96}$$

Nach *Vischer* und *Hager* (1998) ist die Luftkonzentration nur abhängig von der Neigung der Schussrinne und wird ermittelt zu:

$$c = 0{,}75 \cdot \sin\left(I_\mathrm{S}\right)^{0{,}75} \tag{8.97}$$

Wassertiefe des Wasser-Luft-Gemisches

Die Wassertiefe des Wasser-Luft-Gemisches kann für Rechteckgerinne mit der Annahme, dass $\upsilon_\mathrm{G} = \upsilon_\mathrm{W}$ gilt, also schlupffreies Fließen vorherrscht, berechnet werden mit:

$$h_\mathrm{G} = \frac{h_\mathrm{W}}{1-c} = h_\mathrm{W} \cdot (1+\beta) \tag{8.98}$$

Allerdings stellte *Volkart* fest, dass es zu einer Verzögerung der Geschwindigkeit des Wasser-Luft-Gemisches kommt und ermittelte dafür etwa:

$$\upsilon_\mathrm{G} \approx \upsilon_\mathrm{W} \cdot \left(1-c^2\right) \tag{8.99}$$

Mit dieser Annahme erhöht sich die erforderliche Wassertiefe der rechteckigen Sammelrinnen zu:

$$h_\mathrm{G} \cong \frac{h_\mathrm{W}}{(1-c)\cdot\left(1-c^2\right)} \tag{8.100}$$

Slisskij (1986) und andere Autoren stellten fest, dass die Luftkonzentration nicht gleichmäßig über die Tiefe des Wasser-Luft-Gemisches verteilt ist, sie vergleichmäßigt sich erst bei steileren Gerinnen mit größeren Geschwindigkeiten und größerer Turbulenz.

Reibungsbeiwert bei Wasser-Luft-Gemischen

Wood (1991) zeigte, dass der Reibungsbeiwert eines Wasser-Luft-Gemisches etwas geringer ist als der für reines Wasser. Oft wird aber von der Annahme ausgegangen, dass sich bei einer Wasser-Luft-Gemisch-Strömung an der Wand ein Wasserfilm ausbildet, der ein gleiches Reibungsverhalten wie eine Strömung mit reinem Wasser aufweist. Das scheint nach *Wood* für einen mittleren Luftanteil bis 20 % bzw. einen sohlnahen Luftanteil bis etwa 1,7 % auch zuzutreffen.

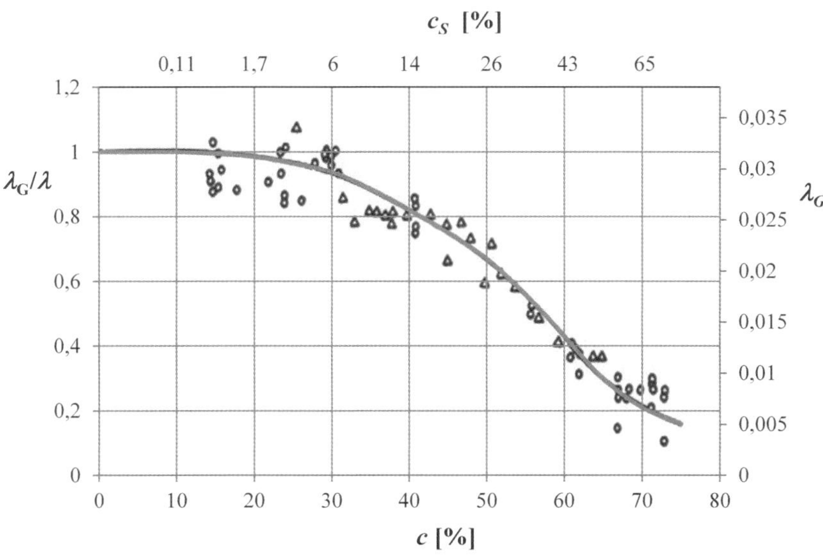

Bild 8.69 Minderung des Reibungsbeiwertes in Abhängigkeit von der Luftkonzentration nach *Wood* (1991), c – mittlere Luftkonzentration, c_S – Konzentration in Sohlnähe, λ – Reibungsbeiwert ohne Luft, λ_G – Reibungsbeiwert des Gemisches

8.17.3 Stoßwellen

Neben der Vergrößerung des Wasserstandes durch Lufteinmischung kann es örtlich zu einem Wasserspiegelanstieg infolge Stoßwellen kommen. Diese entstehen durch Störungen des gleichförmigen, schießenden Fließzustandes. Die Störungen werden insbesondere durch Querschnittsänderungen, Krümmungen und Wechsel der Sohlneigung hervorgerufen.

Die grundlegenden Ansätze für die Erfassung der stehenden Wellen in einem Gerinne mit schießender Strömung sind die Gesetze der Wellenausbreitung und des Stützkraftsatzes.

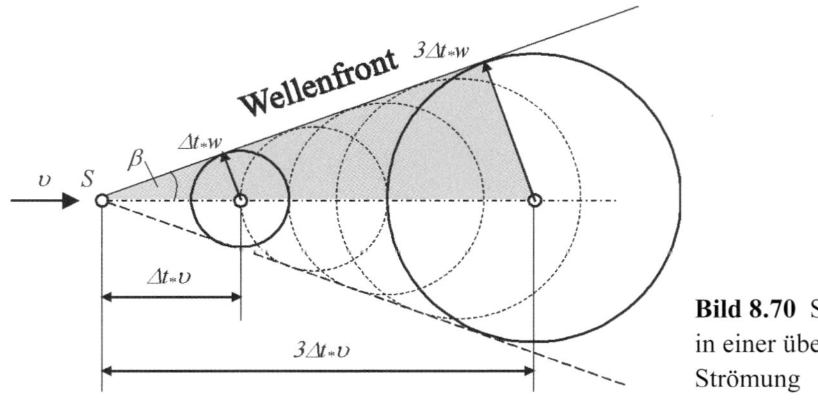

Bild 8.70 Störungsausbreitung in einer überkritischen Strömung

Der Winkel β der Störungsausbreitung berechnet sich nach Bild 8.70 zu:

$$\sin\beta = \frac{w}{\upsilon} = \frac{\sqrt{g \cdot h}}{\upsilon} = \frac{1}{Fr} \tag{8.101}$$

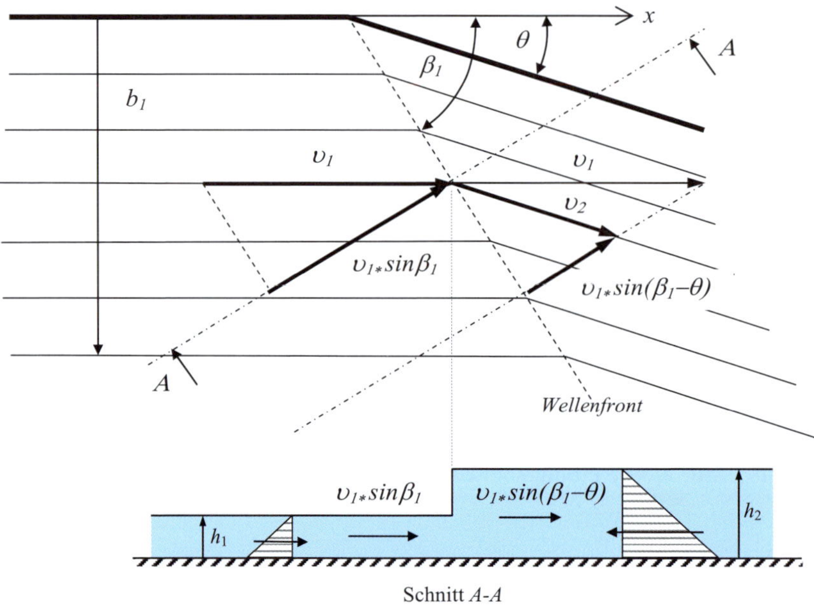

Bild 8.71 Typisches Stromlinienfeld einer Störung mit stehender Wellenfront infolge Richtungsänderung einer Gerinnebegrenzung

Aus den hydrodynamischen Grundgleichungen lassen sich die folgenden Gleichungen ableiten, mit denen die Erhöhung der Wasserspiegellage h_2 ermittelt werden kann. In der folgenden Darstellung (Bild 8.72) nach *Ippen* (1951) sind diese Gleichungen ausgewertet.

Diese Gleichungen definieren den Zusammenhang zwischen Wellenhöhe $(h_2 - h_1)$, Störungswinkel β_1 der Wellenfront zur Strömungsrichtung im Oberwasser, die Froudezahl Fr_1 der ankommenden Strömung und den Winkel θ der Richtungsänderung.

– Froude-Zahl der ankommenden Strömung: $$Fr_1 = \frac{\upsilon_1}{\sqrt{g \cdot h_1}} \tag{8.102}$$

– Wasserspiegelanstieg: $$\frac{h_2}{h_1} = \frac{1}{2} \cdot \left(\sqrt{1 + 8 \cdot \left(Fr_1 \cdot \sin\beta_1 \right)^2} - 1 \right) \tag{8.103}$$

– Winkel-Beziehung: $$\tan\Theta = \frac{\tan\beta_1 \left(\sqrt{1 + 8 \cdot \left(Fr_1 \cdot \sin\beta_1 \right)^2} - 3 \right)}{2 \cdot \tan^2\beta_1 - 1 + \sqrt{1 + 8 \cdot \left(Fr_1 \cdot \sin\beta_1 \right)^2}} \tag{8.104}$$

Aus empirischen Untersuchungen zur Gestaltung einer optimalen, störungsfreien Gerinneerweiterung empfiehlt *Rouse et al.* (1951) folgende Breitenentwicklung:

$$\frac{b}{b_1} = \left(\frac{x}{b_1 \cdot Fr_1}\right)^{\frac{3}{2}} + 1 \tag{8.105}$$

Störwellen können sich gegenseitig beeinflussen und teilweise auslöschen. Eine Art der Verhinderung von großen Störwellen ist die künstliche Erzeugung vieler kleiner sich überlagernder Störungen.

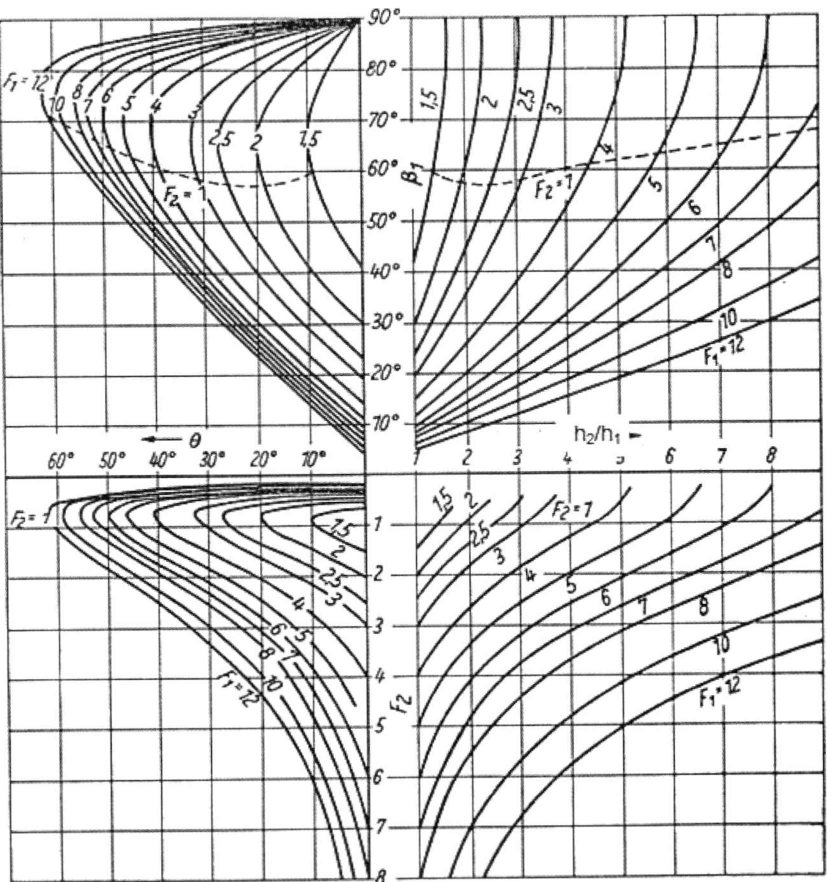

Bild 8.72 Beziehungen zwischen den Wasserständen, Winkel und Froude-Zahl zur Ermittlung des Wasserspiegelanstieges für Stoßwellen (*Ippen*, 1951)

8.17.4 Krümmungseinfluss

Neben einem Wasserspiegelanstieg bei Stoßwellen bei schießendem Abfluss kommt es in Krümmungen von Schussrinnen infolge der großen Geschwindigkeiten zum erheblichen Wasserspiegelanstieg an der Außenwand. Die Wasserspiegeldifferenz zwischen Außenwand und Innenwand erhält man aus Gleichung (7.61) im Abschnitt 7.6.1.

Dieser Anstieg wird überlagert von Störwellen, die an den Krümmungswinkeln von θ, $3 \cdot \theta$, $5 \cdot \theta$ usw. einen Maximalwert ergeben und durch Superposition bestimmt werden können. Nach *Naudascher* (1992) wird dieser Winkel für den Krümmungsabschnitt ermittelt mit

$$\tan\theta = \frac{b}{\left(r_{\mathrm{m}} + b/2\right) \cdot \tan\beta_1} \tag{8.106}$$

8.17.5 Kavitation in Schussrinnen

Bei extremen Fließgeschwindigkeiten in Schussrinnen ab 12 bis 14 m/s können bei langen Betriebszeiten an der Sohle Kavitationsschäden auftreten. Es bilden sich hinter Unregelmäßigkeiten in der Sohle, wie z. B. an Übergängen, Graten oder anderen Unebenheiten kleine Ablösewirbel, die in ihrem Zentrum annähernd Vakuum erzeugen und damit Kavitation auslösen. Allgemein wird das Kavitationspotential einer Strömung durch die Kavitationszahl σ angegeben.

$$\sigma = \frac{p_{\mathrm{S}} + p_{\mathrm{amb}} - p_{\mathrm{D}}}{\frac{1}{2} \cdot \rho \cdot \upsilon^2} \tag{8.107}$$

Pfister (2008) gibt durch Auswertungen verschiedener Veröffentlichungen den Grenzwert für die beginnende Kavitation mit $\sigma \leq 0{,}2$ an. Bei Unebenheiten und Ablösezonen kann örtlich Kavitation bis $\sigma \leq 1{,}8$ auftreten. Bei $\sigma > 1{,}8$ sind keine Maßnahmen zur Vermeidung der Kavitation erforderlich.

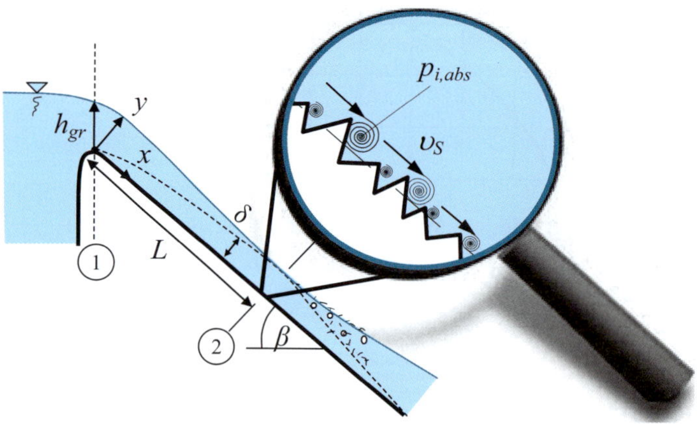

Bild 8.73 Beginnende Kavitation an der Sohle der Schussrinne durch Mikrowirbel

Mit dem Kavitationsmodell von *Martin* (1996) kann der absolute Druck in den Zentren der Ablösungswirbel kurzzeitig sogar unter absolut null abfallen. Er wird bestimmt zu:

$$p_{\mathrm{i,abs}} = p_{\mathrm{amb}} + p_{\mathrm{S}} - k_{\mathrm{T}}^2 \cdot \frac{\rho \cdot \upsilon_{\mathrm{S}}^2}{2} \tag{8.108}$$

mit $p_{\mathrm{i,abs}}$ – absoluter Druck im Zentrum des Ablösungswirbels

p_{amb} – Luftdruck

p_{S} – relativer Druck an der Sohle der Schussrinne

$k_{\mathrm{T}} = 1 + 1{,}64 \cdot Tu$ – Beiwert für den Schwankungsbereich der Geschwindigkeit unter Berücksichtigung der Turbulenz (*Tu*) in der Schussrinne (*Martin*, 2014)

υ_{S} – Geschwindigkeit in der Nähe der Sohle bzw. mittlere Geschwindigkeit

ρ – Dichte des Wassers

Unterschreitet dieser absolute Druck den Dampfdruck p_{D}, dann bilden sich die ersten Dampfbläschen, und damit ist die Voraussetzung für den Kavitationsbeginn gegeben. Kritischer Punkt einer Schussrinne ist der erste Abschnitt des unbelüfteten Abflusses mit hoher Turbulenz kurz vor Belüftungsbeginn. Diesen Einfluss der Turbulenz berücksichtigt *Martin* mit dem Beiwert k_{T}. Eine Luftaufnahme wirkt der Kavitation entgegen. Aus Erfahrungen ist bekannt, dass ab Luftkonzentrationen von 6 % bis 8 % keine Kavitationsgefahr mehr besteht. Zur Verhinderung der Kavitation werden in Schussrinnen mit sehr großen Fließgeschwindigkeiten deshalb sogenannte Schussrinnenbelüfter eingebaut.

8.17.6 Schussrinnenbelüfter

Zur Erzeugung einer ausreichenden Belüftung an Schussrinnen schlagen *Vischer* und *Hager* (1998) den Einbau von Schussrinnenbelüftern vor, eine Art Rampe zur Strahlablösung und anschließender allseitiger Belüftung des Strahls. Die Abmessungen dieser Rampen wurden aus empirischen Untersuchungen von *Rutschmann* und *Hager* (1970) ermittelt. Schussrinnenbelüfter können Nute im Boden der Schussrinne sein, aber auch kleine Sprungschanzen, Rampen oder Stufen dienen der Strahlablösung. Die Wurflänge des abgelösten Strahls sollte dabei möglichst die Länge der Kernzone erreichen, damit der Strahl allseitig turbulent vermischt und belüftet wird. Die Luftzufuhr in der Nute bzw. Stufe erfolgt von der Seite durch Belüftungsschächte.

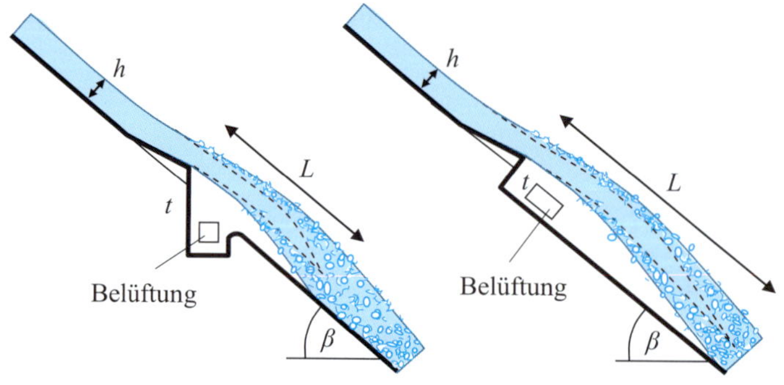

Bild 8.74 Schussrinnenbelüfter, links: Nute und rechts: Stufe

8.17.7 Beispiel Schussrinne

Für eine kleine Talsperre ist zur Hochwasserentlastung eine Schussrinne mit folgenden hydraulischen und geometrischen Randbedingungen geplant:

Bemessungsabfluss $Q = 21\ \mathrm{m^3/s}$

Stauhöhe $H = 25$ m

Rechteckgerinne mit einer Abflussbreite von $b = 3$ m, einem Gefälle von $I = 25\ \%$ ($\beta = 14{,}5°$) und einer absoluten Rauheit von $k = 1{,}5$ mm ($k_{\mathrm{St}} \cong 77\ \mathrm{m^{1/3}/s}$).

Zu Beginn der Schussrinne findet ein Fließwechsel vom strömenden zum schießenden Abfluss statt, so dass als Randbedingung die Grenztiefe angenommen werden kann. Die Energiehöhe und die Grenztiefe können mit Gleichung (8.6) berechnet werden.

$$h_{\mathrm{gr}} = \sqrt[3]{\frac{Q^2}{b^2 \cdot g}} = \sqrt[3]{\frac{21^2}{3^2 \cdot 9{,}81}} = 1{,}71\ \mathrm{m} \qquad h_{\mathrm{EMin}} = \frac{3}{2} \cdot h_{\mathrm{gr}} = \frac{3}{2} \cdot 1{,}71\ \mathrm{m} = 2{,}56\ \mathrm{m}$$

Die Normalabflusstiefe h_{N} wird aus einer Fließformel, z. B. nach Manning-Strickler (Gleichung 5.49), für ein unendlich langes Gerinne ermittelt (Gleichgewichtszustand der Strömung). Sie kann aber auch nach der Formel von Darcy und Weisbach berechnet werden. Für Lufteinmischungen kann ab dem Belüftungspunkt der Reibungsbeiwert nach *Wood* (1991) (Bild 8.69) reduziert werden. Oft liegt diese Reduzierung aber im Toleranzbereich der angenommenen Rauheit.

$$Q = A_{\mathrm{N}} \cdot v = A \cdot k_{\mathrm{St}} \cdot r_{\mathrm{hy,N}}^{2/3} \cdot I_{\mathrm{E}}^{1/2} = \frac{(b \cdot h_{\mathrm{N}})^{5/3}}{(b + 2 \cdot h_{\mathrm{N}})^{2/3}} \cdot k_{\mathrm{St}} \cdot I^{1/2}$$

$$\frac{h_{\mathrm{N}}^{5/3}}{(3\ \mathrm{m} + 2 \cdot h_{\mathrm{N}})^{2/3}} = \frac{Q}{b^{5/3} \cdot k_{\mathrm{St}} \cdot I^{1/2}} = \frac{21}{3^{5/3} \cdot 77 \cdot 0{,}25^{1/2}}\,\mathrm{m}$$

Die Normalabflusstiefe muss aus dieser impliziten Gleichung iterativ oder grafisch (Schlüsselkurve) gelöst werden und ergibt den Wert $h_N = 0{,}395$ m. Da das Gefälle größer als das kritische Gefälle ist, die Froude-Zahl größer 1 bzw. die Normalabflusstiefe kleiner als die Grenztiefe ($h_N < h_{gr}$), fließt das Wasser in der Schussrinne schießend ab und die Wasserspiegellagenberechnung erfolgt mit der Fließrichtung, beginnend an der Randbedingung Grenztiefe zu Beginn der Schussrinne. Die Berechnung erfolgt schrittweise z. B. mit Gleichung (7.81) oder (7.84).

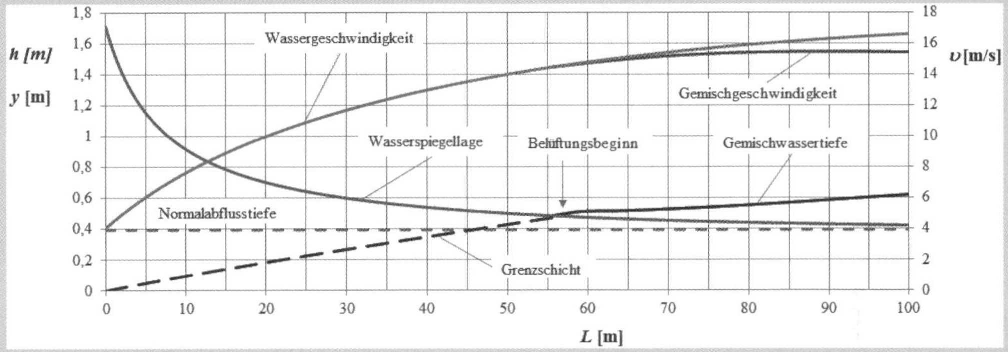

Bild 8.75 Wasserspiegellagen und Geschwindigkeit in der Schussrinne

Es ergibt sich eine beschleunigte Strömung, die Normalabflusstiefe wird bis zum Ende der Rinne nicht erreicht. Der Punkt des Belüftungsbeginns kann mit den oben angegebenen Gleichungen, z. B. mit der Grenzschichtdiche Gleichung (8.91) nach *Wood* (1983) oder nach *Bormann* Gleichung (8.92) abgeschätzt werden ($h = \sigma$).

$$L = 7 \cdot \frac{q^{0,76}}{I_S^{0,45}} = 7 \cdot \frac{7^{0,76}}{0{,}25^{0,45}} = 57{,}3 \text{ m}$$

Aus der mittleren Luftkonzentration c der Strömung ergibt sich die Gemischabflusstiefe h_G und damit die notwendige Wandhöhe der Schussrinne. Die hier mit der Gleichung (8.99) nach *Volkart* berechnete Luftkonzentration ergibt am Ende der Schussrinne einen Wert von $c = 25$ %. Mit diesem Wert kann eine Erhöhung des Wasserspiegels für das Wasser-Luft-Gemisch ermittelt werden. Dabei wird der Wasserspiegel nicht nur durch den Luftanteil, sondern auch durch den Schlupf, also die unterschiedliche Geschwindigkeit zwischen reiner Wasserströmung und Gemischströmung, erhöht. Für Recheckgerinne gilt nach *Volkart* (1978) Gleichung (8.102), die für den Endquerschnitt folgende Gemischwassertiefe h_G ergibt:

$$h_G \cong \frac{h_W}{(1-c)\cdot\left(1-c^2\right)} = \frac{0{,}42 \text{ m}}{(1-0{,}25)\cdot\left(1-0{,}25^2\right)} = 1{,}422 \cdot 0{,}42 \text{ m} \approx 0{,}6 \text{ m}$$

Wird die Gemischabflusstiefe für den Normalabfluss ermittelt, die hier etwa 0,8 m ergibt, dann kann sie bei Nichterreichen der Normalabflusstiefe auch durch Interpolation für den Endquerschnitt berechnet werden.

Neben dem Wasserspiegelanstieg durch Lufteinmischung kommt es in Gerinnekrümmungen zum Wasserspiegelanstieg infolge Fliehkraft und Störwellen. Wird angenommen, dass die Schussrinne ab 50 m als Krümmung mit einem Krümmungsradius von $r_m = 75$ m und einen Winkel von 30° ausgeführt wird, dann steigt der Außenwasserspiegel in der Krümmung um:

$$\frac{\Delta h}{2} = \frac{3}{75} \cdot \frac{14^2}{2g} = 0{,}4 \text{ m}$$

Dieser Anstieg wird überlagert von Störwellen, die an den Krümmungswinkeln von θ, $3 \cdot \theta$, $5 \cdot \theta$ usw. einen Maximalwert ergeben. Nach Gleichung (8.109) wird dieser Winkel für den Krümmungsabschnitt mit:

$$\beta_1 = \arcsin\left(\frac{1}{Fr_1}\right) = \arcsin\left(\frac{1}{6{,}32}\right) = 9{,}1° \quad \text{mit } Fr_1 = \frac{14}{\sqrt{9{,}81 \cdot 0{,}5}} = 6{,}32$$

$$\text{zu} \quad \theta = \arctan\left(\frac{3}{(75 + 3/2) \cdot 0{,}16}\right) = 13{,}8°$$

Aus Gleichung (8.105) und Bild 8.72 ist erkennbar, dass es unter diesen Bedingungen zu keinem Wasserspiegelanstieg infolge Richtungsänderung kommt.

8.18 Treppen und Kaskaden

Bild 8.76 Kaskade an der Talsperre Pilchowice (Polen)

Hochwasserentlastungen als Kaskaden wurden vor etwa einem Jahrhundert als größere treppenförmige Abstürze gebaut. Vorteil war eine stufenförmige Energieumwandlung entsprechend der Treppenhöhen von etwa 1 m und höher. Dazu wurden die Treppen teilweise als Bassin (Pool) ausgebaut, um den Gegendruck für einen ordentlichen Wechselsprung zu erzeugen. Mit der Einführung der Technologie des RCC-Dammbaus (Roller Compacted Concrete) vor über 30 Jahren entstanden an der Luftseite der aus gewalztem Beton hergestellten Talsperren treppenartige Stufen in den Höhen der technologischen Absätze von etwa 30 cm. Diese etwa 1:1 geneigte luftseitige Böschung konnte gleichzeitig als getreppte Hochwasserentlastungsanlage (stepped spillway) genutzt werden. Der Vorteil der stufenartigen Energieumwandlung funktioniert auch hier bei kleineren Abflüssen (nappe flow). Bei größeren Abflüssen wirken die Stufen wie große Rauheitselemente und werden von dem Wasser-Luft-Gemisch überströmt (skimming flow). Die starke Vermischung mit Luft führt zu einem optimalen Energieabbau. Die drei Strömungszustände sind in Bild 8.77 dargestellt. Geht man von einer erforderlichen Länge l der Treppenstufe aus, die notwendig ist, um einen ausgeprägten Wechselsprung zu erzeugen, dann ergeben sich die Bedingungen nach Bild 8.78 als Anwendungsgrenze und Bild 8.79 stellt eine Grundlage für die grobe Dimensionierung dar.

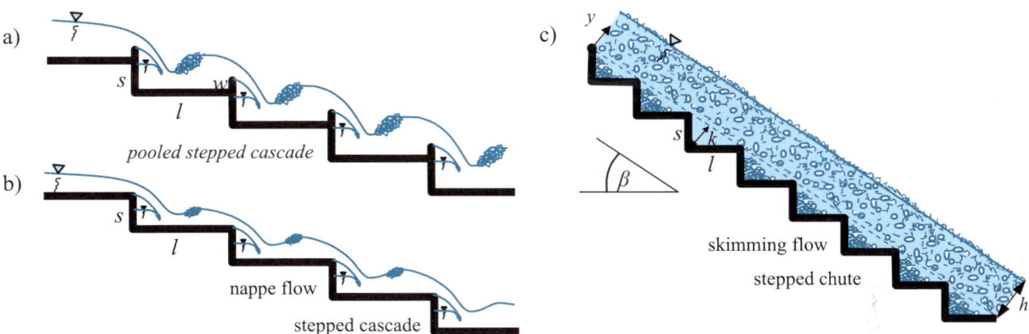

Bild 8.77 Strömungszustände auf einer getreppten Schussrinne (Kaskade)
a) in einzelnen Becken aufgelöste Kaskade
b) stufenförmiger Abfluss auf einer Treppe
c) Schwebender Abfluss auf Treppe als Rauheitselement der Tiefe k

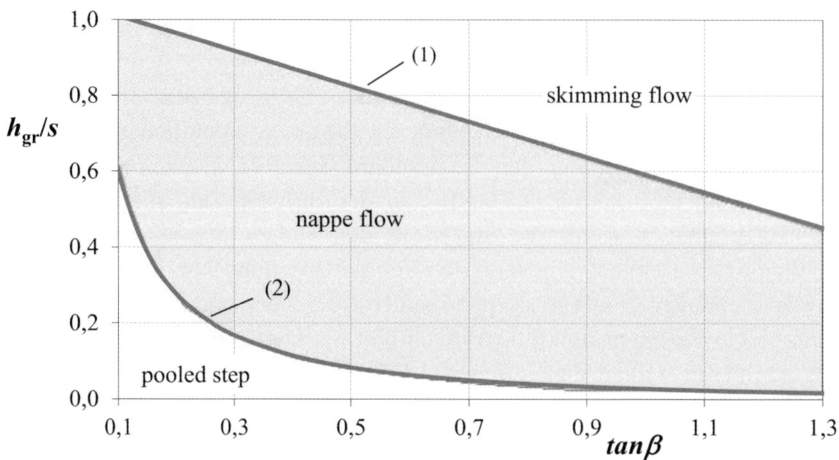

Bild 8.78 Grenzen verschiedener Abflussbedingungen für die getreppte HWE (stepped spillway)

Die Grenze (1) zwischen dem schwebendem Abfluss (skimming flow) und dem stufenförmigen Abfluss (nappe flow) in Bild 8.78 gibt *Chanson* (1994) an mit:

$$\frac{h_{gr}}{s} = 1{,}057 - 0{,}465 \cdot \frac{s}{L} \tag{8.109}$$

Man erkennt, dass die Neigung der Schussrinne sehr flach und/oder der Abfluss sehr gering sein müssen, um den stufenförmigen Abfluss zu erreichen. Noch extremere Bedingungen braucht die in Becken ausgeführte Kaskade, hier liegt die Grenze nach *Aigner* (2001) bei:

$$\frac{h_{gr}}{s} = \left[0{,}55 - 0{,}16 \cdot \ln\left(\frac{s}{L}\right)\right]^6 \tag{8.110}$$

Den Abfluss auf getreppten Schussrinnen (stepped chute) untersuchten in den letzten Jahren viele Autoren. Beispielhaft soll hier die Dissertation von *Gonzalez* (2005) genannt werden, die eine gute Zusammenfassung vor allem der Untersuchungen von *Chanson* darstellt. Die von ihm dargestellten Gleichungen sind hier vereinfacht dargestellt und definieren den Belüftungsbeginn L als relative Größe zur Rauheit k des Gerinnes (Vertiefung der Treppen) mit:

$$\frac{L}{k} = 9{,}7 \cdot (\sin\beta)^{-0{,}28} \cdot \left(\frac{h_{gr}}{k}\right)^{1{,}07} \tag{8.111}$$

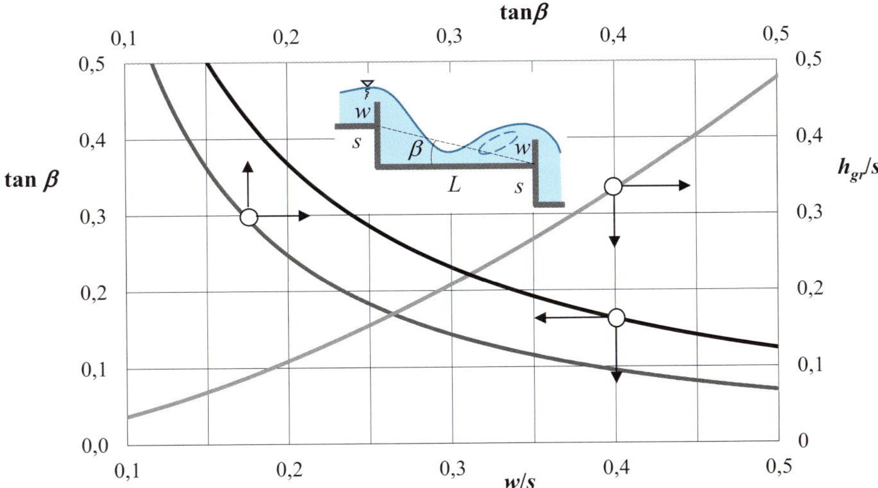

Bild 8.79 Dimensionierung von Kaskaden mit Becken für einen ausgebildeten Wechselsprung

Die Wassertiefe zu Belüftungsbeginn ($h = \delta$) wird zu:

$$\frac{h_\delta}{k} = \frac{0,4}{\sqrt[3]{\sin\beta}} \cdot \left(\frac{h_{gr}}{k}\right)^{0,89} \tag{8.112}$$

Das Verhältnis von Länge bis Belüftungsbeginn zur Dicke der Wasserschicht bei Belüftungsbeginn kann aus dem Verhältnis beider Gleichungen ermittelt werden, ist fast unabhängig von der Neigung des Gerinnes und steigt mit dem Abfluss leicht an.

$$\frac{L}{h_\delta} = 24 \cdot (\sin\beta)^{0,053} \cdot \left(\frac{h_{gr}}{k}\right)^{0,18} \tag{8.113}$$

Die vertikalen Luftverteilungen in einer Schussrinne und einer getreppten Hochwasserentlastung verlaufen ähnlich und entsprechen etwa dem Verlauf in Bild 8.80.

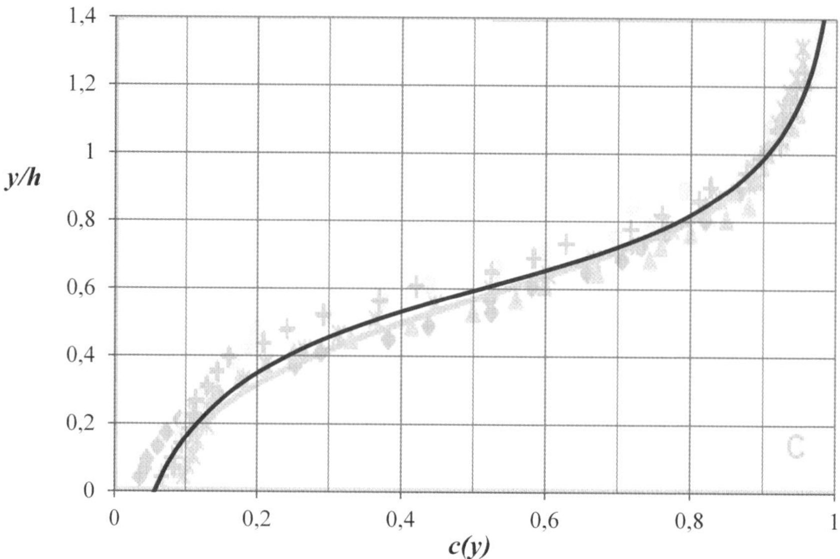

Bild 8.80 Tendenz der Luftkonzentration im Längsschnitt einer getreppten Schussrinne, mit Messungen von *Gonzalez* (2005) hinterlegt

Die Verteilung der Luftkonzentration $c_y = f(y/h)$ über die relative Wassertiefe y/h kann aus Messungen von *Gonzalez* mit folgender Gleichung angenähert werden:

$$\frac{y}{h} = 0{,}72 + 0{,}26 \cdot \left(1 - c_y\right) \cdot \ln(c_y) - 0{,}23 \cdot c_y \cdot \left(1 + \ln(1 - c_y)\right) \qquad (8.114)$$

Die mittlere Konzentration $\overline{c}$ ergibt sich aus dem Integral über den Abflussquerschnitt, in der Regel wird bis zu einer Konzentrationsgrenze von 90 % integriert.

$$\overline{c} = \frac{1}{h_{90}} \cdot \int_{y=0}^{y_{90}} c_y \, dy \qquad (8.115)$$

Der Wasserstand des Wasser-Luft-Gemisches ergibt sich dann aus der mittleren Konzentration zu:

$$h_G = \frac{h_W}{\left(1 - \overline{c}\right)} \qquad (8.116)$$

8.19 Wurfstrahl und Kolkbildung

Bild 8.81 Wurfstrahl einer Sprungschanze an einem Modellversuch

Der Wurfstrahl entsteht an Sprungschanzen, bei freien Überfällen oder an Druckauslässen an Talsperren und dient der Energieumwandlung. Wegen der schnellen und sehr starken Vermischung mit Luft findet ein Energieabbau statt und der aufgelöste Strahl verliert an Kraft. Nachteile sind die starke Vernebelung der Bauwerke, die dadurch in Mitleidenschaft gezogen werden können und die Eisbildung im Winter und damit verbundenen Frostschäden. Wurfstrahlen beanspruchen beim Auftreffen stark den Untergrund und können bei unzureichendem Wasserpolster zu erheblichen Auskolkungen führen und damit das Bauwerk gefährden.

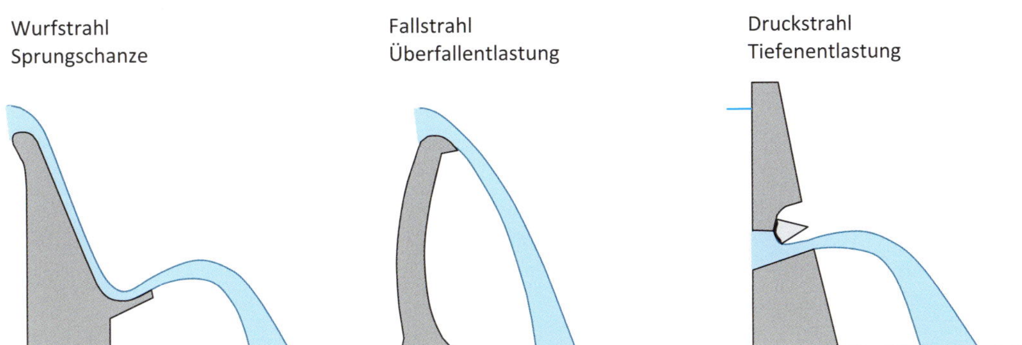

Bild 8.82 Wichtigste Arten von Wurfstrahlen an Staubauwerken

Mit der theoretischen Gleichung der Wurfparabel (siehe Kapitel 9) errechnen sich die Wurfweite W und die Steighöhe S aus der Anfangsenergiehöhe $H = v_0^2/2g$, der Absprunghöhe z_0 und dem Absprungwinkel α mit folgenden Gleichungen:

$$\frac{W}{H} = \sin(2\alpha) + 2 \cdot \cos\alpha \cdot \sqrt{\sin^2\alpha + \frac{z_0}{H}} \tag{8.117}$$

$$\frac{S}{H} = \frac{z_0}{H} + \sin^2\alpha \tag{8.118}$$

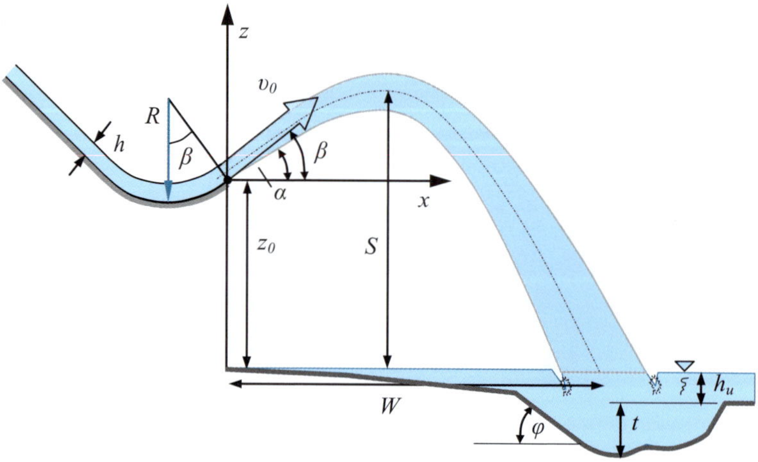

Bild 8.83 Systemskizze zur Wurfparabel über einer Sprungschanze

Der Einfluss des Abstrahlwinkels und des Energieverlustes infolge Lufteinmischung ist im Kapitel 9 beschrieben. Gegenüber der theoretischen Gleichung zur Ermittlung der Wurfweite existieren in der Praxis unterschiedliche Einflussfaktoren, die diese theoretisch ermittelte Wurfweite abmindern. Dazu zählt die Verringerung des Absprungwinkels β in den realen Absprungwinkel α, die Lufteinmischung in den Strahl und die damit verbundenen hydraulischen Verluste. Theoretisch stellt sich bei einem Abstrahlwinkel von 45° die maximale Wurfweite ein, allerdings stellte *Kraatz* (1989) fest, dass für die praktische Anwendung der Winkel 30° für die maximale Wurfweite angesetzt werden kann.

Die Verringerung des Absprungwinkels β hat ihre Ursache vor allem in der hydrostatischen Druckverteilung im freien Überfallstrahl mit der Wassertiefe h und dem Radius R der Sprungschanze. Einige Messwerte aus den Untersuchungen von *Heller et al.* (2005) sind in folgender Abbildung dargestellt und mit Gleichung (8.121) angenähert.

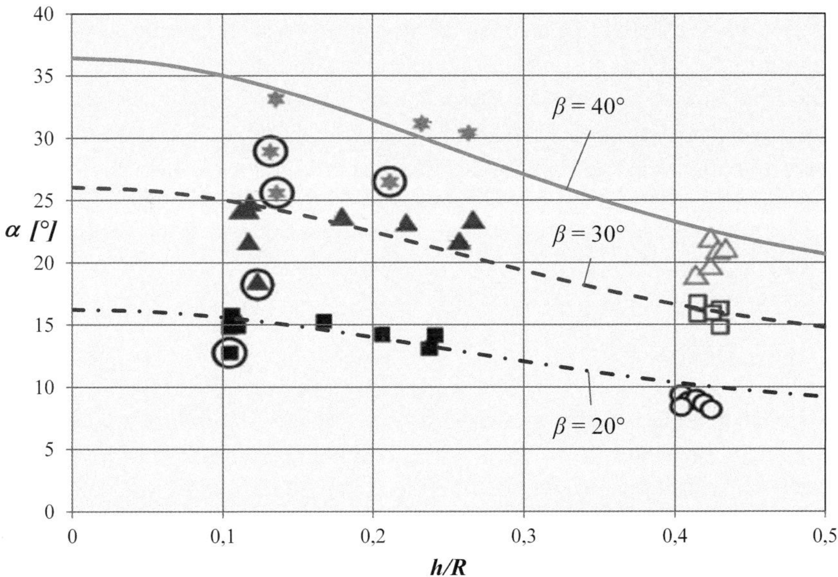

Bild 8.84 Abmindern des Absprungwinkels α, Messwerte aus *Heller et al.* (2005)

$$\alpha = \beta \cdot \frac{1 + e^{-8 \cdot \left(\frac{h}{R}\right)^2}}{2 \cdot \left(\frac{70°}{\beta}\right)^{\frac{1}{6}}} \tag{8.119}$$

Orlov (1974) leitete den abgeminderten Absprungwinkel α aus der Krümmung der Stromlinien (Stromfadentheorie) her und veröffentlichte diese Ergebnisse 1974 als Diagramm zur Bestimmung des Strahlsteigwinkels.

Die Lufteinmischung in den Strahl untersuchten u. a. *Schmocker* und *Pfister* (2008). Sie ermittelten die mittlere Luftkonzentration c_m bzw. eine normierte mittlere Luftkonzentration $\overline{c}$ aus:

$$\overline{c} = \frac{c_m - c_0}{1 - c_0} = \tanh\left(0{,}02 \cdot \frac{x}{h} \cdot \frac{R}{h} \cdot \frac{1}{Fr_0}\right) \tag{8.120}$$

mit Froude-Zahl an der Sprungschanze bei $x = 0$ $\quad Fr_0 = \frac{\upsilon}{\sqrt{g \cdot h}}$

Allgemein kann festgestellt werden, dass sich der Wasserstrahl an einer Sprungschanze ähnlich dem theoretischen Wasserstrahl in Luft verhält. Die Lufteinmischung ist von der Turbulenz und damit von der Geschwindigkeit des Strahles abhängig. Diese wird durch die Froude-Zahl ausgedrückt.

Da die maximalen Werte des Wasserstrahls aus den theoretischen Ansätzen ermittelt werden, ist eine Abminderung durch Verluste und Lufteintrag unbedingt erforderlich, wenn es um die minimale Entfernung zum Bauwerk geht. Die Berechnung der kürzesten Wurfweite kann unter Berücksichtigung von hydraulischen Verlusten mit der Gleichung nach *Heinemann* und *Paul* (1998) durch eine Verringerung der Energie des Strahles erfolgen:

$$z = x \cdot \tan\alpha - \frac{x^2}{4 \cdot \cos^2\alpha} \cdot \frac{1}{K \cdot h_E} \tag{8.121}$$

mit $h_E = h + \frac{\upsilon_0^2}{2g}$

Die zur Verfügung stehende Energiehöhe h_E wird hier mit einem Abminderungsfaktor K (z. B. $K = 0{,}9$) multipliziert. Im Unterwasser kann sich in Abhängigkeit von der Geschwindigkeit, dem spezifischen Durchfluss, dem Auftreffwinkel, dem Untergrund/Felsmaterial und dem Kolkwinkel φ mit der Zeit ein **Kolk** ausbilden. Für die Bestimmung der interessierenden Kolktiefe gibt es nur empirische Schätzwerte. *Schoklitsch* (in *Eggenberger*, 1943) gibt hier folgende Formel zur Abschätzung der Kolktiefe t an:

$$t = \frac{4{,}75}{d_{90}^{0{,}32}} \cdot H^{0{,}2} \cdot q^{0{,}57} - h_u \tag{8.122}$$

mit d_{90} = maßgebender Korndurchmesser bei 90 % Siebdurchgang in mm

H = Absturzhöhe in m

q = spezifischer Abfluss in m^2/s

h_u = Unterwassertiefe in m

Ähnliche Formeln lieferten *Veronese* und *Jaeger* (in *Eggenberger*, 1943). *Stein et al.* (1993) bestimmten für die Berechnung der Kolktiefe t folgende Formel:

$$t = \frac{C_D \cdot \lambda \cdot \rho \cdot \upsilon_0^2 \cdot h}{\tau_c} \cdot \sin\varphi \tag{8.123}$$

mit C_D = 2,6 Diffusionskoeffizient

λ = 0,02 Reibungsbeiwert

ρ = Dichte des Wassers in kg/m^3

υ_0 = Geschwindigkeit des Strahles in m/s

h = Dicke des Strahles in m

τ_c = kritische Schubspannung des Untergrundes in Pa

φ = Kolkwinkel

Naturmessungen, z. B. an der Kariba-Bogenstaumauer am Sambesi, haben gezeigt, dass die Kolkbildung ein zeitabhängiger Prozess bzw. von der Einwirkzeit der Wasserstrahlen abhängig ist. Die lang andauernde Einwirkzeit der Strahlen an der Kariba-Mauer hat in 40 Jahren eine Kolktiefe im resistenten Gneis von 70 m hinterlassen (*De Cesare*, 2012).

8.20 Tosbecken

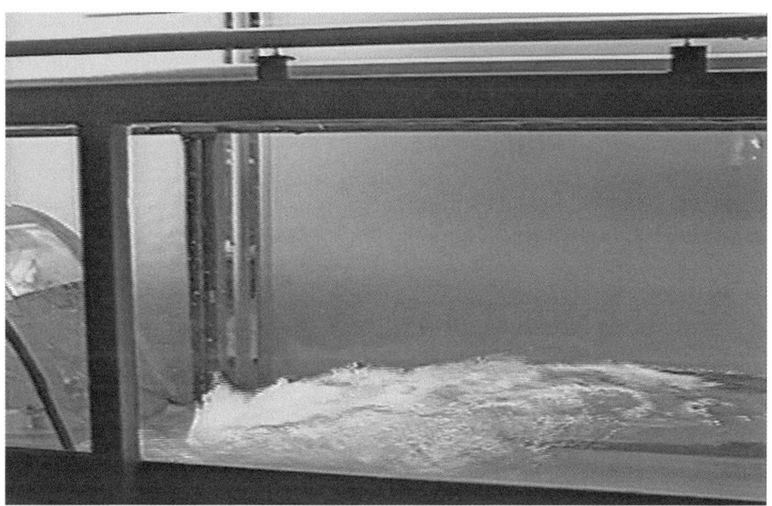

Bild 8.85 Wechselsprung im Hubert-Engels-Labor

8.20.1 Formen des Wechselsprunges

Tosbecken dienen der Umwandlung der kinetischen Energie der Strömung, wie sie z. B. an Hochwasserentlastungsanlagen, wie Überfällen, Schussrinnen oder Auslässen entsteht. An Stauanlagen wird die Energie der Strömung als potentielle Energie gesammelt und bei der Überströmung eines Wehres, bei der Ausströmung aus einem Grundablass, bei der Unterströmung eines Schützes, bei der Durchströmung einer Schussrinne oder beim herabstürzenden Wasserstrahl in kinetische Energie umgewandelt. Die Rückgewinnung der kinetischen Energie in potentielle Energie erfolgt danach in einem hochturbulenten Prozess, der im Flusslauf zu Zerstörungen, Auskolkungen und damit zur Gefährdung der Stauanlage oder des Flusslaufes führen kann. Die Beruhigung der Strömung zur Überführung in den strömenden Abfluss benötigt einen befestigten Bereich, das sogenannte Tosbecken. Die erforderliche Größe des Tosbeckens kann durch die Tosbeckenberechnung, eine Kombination aus theoretischen und empirischen Ansätzen, bestimmt werden. Basis dieser Berechnungen sind der Stützkraftansatz und die Strahlausbreitung. Der Prozess der Umwandlung der kinetischen Energie in potentielle Energie wird stark beeinflusst von der Froude-Zahl des schießenden Abflusses.

$$Fr_1 = \frac{v_1}{\sqrt{g \cdot h_1}} \qquad (8.124)$$

Dieser plötzliche Fließwechsel vom schießenden zum strömenden Abfluss wird als Wechselsprung (hydraulic jump) bezeichnet (siehe Abschnitt 7.4.4). Die Form des Wechselsprunges ist abhängig von Fr_1 und kann nach *Naudascher* (1992) in 5 charakteristische Bereiche unterteilt werden (siehe Bild 8.86). Nach *Bollrich* (2019) bildet sich eine ausgeprägte Deckwalze ab einer Froude-Zahl $Fr_1 > 1{,}71$ aus.

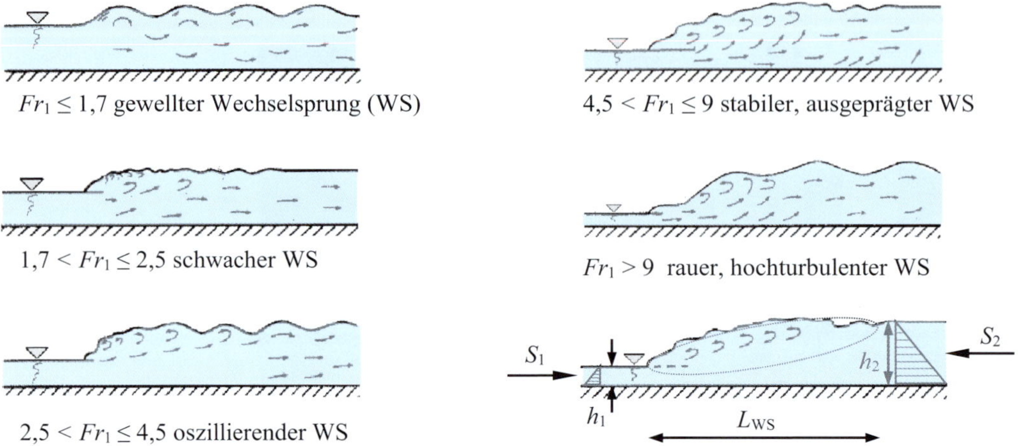

Bild 8.86 Wechselsprung-Formen in Abhängigkeit von der Froude-Zahl nach *Naudascher* (1992)

8.20.2 Die konjugierten Wassertiefen

Als konjugierte Wassertiefen werden die Wassertiefen direkt vor (h_1) und nach (h_2) dem Wechselsprung bezeichnet.

Für den ebenen Wechselsprung leitet sich aus dem Stützkraftsatz zwischen den Schnitten (1) und (2) folgende Abhängigkeit ab:

$$n = \frac{h_2}{h_1} = \frac{1}{2} \cdot \left(\sqrt{1 + 8 \cdot Fr_1^2} - 1 \right) \tag{8.125}$$

bzw.

$$n^{-1} = \frac{h_1}{h_2} = \frac{1}{2} \cdot \left(\sqrt{1 + 8 \cdot Fr_2^2} - 1 \right) \tag{8.126}$$

Dabei definiert das Verhältnis $n = \upsilon_1 / \upsilon_2 = h_2 / h_1$ die Kontinuität bei konstanter Breite b.

Das Verhältnis der konjugierten Wassertiefen h_1 und h_2 hängt dabei von der Froude-Zahl ab.

8.20.3 Der Energieverlust des einfachen Wechselsprunges

Aus dem Energiegleichgewicht zwischen Schnitt (1) vor und Schnitt (2) nach dem horizontalen, konstant breiten Wechselsprung lässt sich die Energieverlusthöhe h_{WS} ableiten zu:

$$\frac{h_{WS}}{h_1} = \frac{(n-1)^3}{4 \cdot n} \tag{8.127}$$

bzw.

$$\zeta_{WS} = \frac{h_{WS}}{v_1^2/2g} = \frac{(n-1)^3}{Fr_1^2 \cdot n} \tag{8.128}$$

8.20.4 Tosbecken

Die erforderliche Tosbeckenvertiefung δ zum Erreichen eines ausreichenden Gegendruckes im Tosbecken wird aus den Unterwasserbedingungen und der berechneten konjugierten Wassertiefe h_2 plus eines Sicherheitsaufschlags von z. B. 5 % der konjugierten Wassertiefe h_2 mit Hilfe der Energiegleichung ermittelt.

$$\delta = 1{,}05 \cdot h_2 + \frac{v_2^2}{2g} - h_u - \frac{v_u^2}{2g} \tag{8.129}$$

Zur Bemessung des Tosbeckens ist neben der Tiefe auch eine Festlegung der Länge erforderlich. Die nur empirisch bestimmbare Wechselsprunglänge wird dabei als Grundlage verwendet. Die Ergebnisse der empirischen Untersuchungen verschiedener Autoren sind in (*Bollrich*, 2019) enthalten und weisen alle eine nahezu lineare Abhängigkeit von der Froude-Zahl aus. Empfohlen wird die Anwendung der einfachen Formel des USBR (United Burea of Reclamation) mit:

$$\frac{L_{WS}}{h_1} = k \cdot \frac{h_2}{h_1} = \frac{k}{2} \cdot \left(\sqrt{1 + 8 \cdot Fr_1^2} - 1 \right) \tag{8.130}$$

Der Wert k der Gleichung wird dabei mit 6 empfohlen, obwohl er in Abhängigkeit von der Froude-Zahl etwas abweichend ermittelt wurde.

Tabelle 8.7 Empfohlene k-Werte des USBR für Gleichung (8.130)

Fr_1	2,4	4	5	6	11	14
k	4,8	5,8	6	6,13	6,13	6

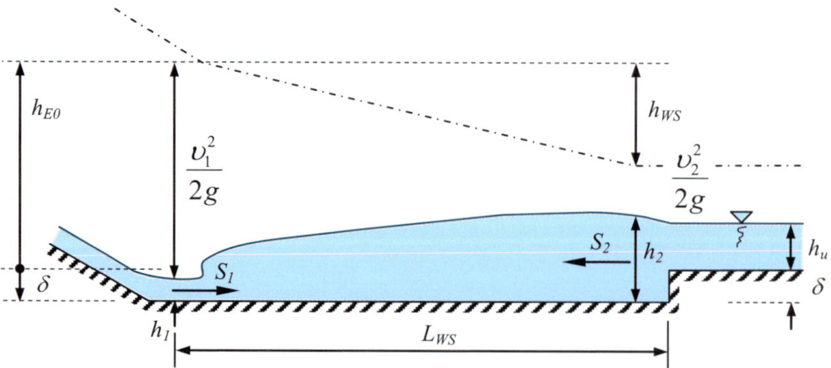

Bild 8.87 Tosbecken mit Vertiefung

8.20.5 Tosbeckenformen

Zur Verbesserung der Energieumwandlung und zur Verkürzung der Tosbeckenkonstruktion gibt es verschiedene Möglichkeiten. So kann der räumliche Effekt durch eine Vergrößerung der Tosbeckenbreite oder Tiefe genutzt, Störkörper wie z. B. Zahnschwellen eingebaut oder eine Strahlumlenkung, wie z. B. beim Gegenstromtosbecken, angewendet werden. Dabei sollte immer daran gedacht werden, dass der ankommende Wasserstrahl den Gesetzen der Strahlausbreitung folgt, sofern er nicht zur Richtungsänderung z. B. durch Störkörper oder Umlenkungen gezwungen wird.

Die Energieumwandlung in räumlichen Tosbecken untersuchten u. a. *Herbrand* (1971), *Blair* und *Rhone* (1987) und *Sharma* (1965). Die Verbreiterung des Tosbeckens hat auch verschiedenen Nachteile, u. a. verringert sich der Unterwasserstand gegenüber einem schmaleren Abflussprofil und damit der Gegendruck für einen ausgeprägten Wechselsprung, es können Stoßwellen bzw. stehende Wellen auftreten und es können sich starke Horizontalwirbel im Tosbecken ausbilden. Allerdings reduziert sich nach *Naudascher* (1992) auch die erforderliche konjugierte Wassertiefe.

Eine durchgehende oder unterbrochene Schwelle zu Beginn des Tosbeckens verhindert, dass der Strahl an der Tosbeckensohle entlangläuft und ermöglicht eine bessere turbulente Vermischung. Dabei darf die Schwelle nicht so groß sein, weil der Strahl sonst an der Wasseroberfläche des Tosbeckens durchschießt. Ähnliches kann bei abfallenden Einleitungen in das Tosbecken auftreten.

Störkörper reißen den Strahl auf und ermöglichen eine schnellere und intensivere Energieumwandlung. Ähnliches Verhalten weisen sehr raue Sohlen auf, wie sie z. B. bei Tosmulden angewandt werden.

Eine Umlenkung des Strahles an Prallwänden oder eine fast vollständige Umlenkung an halbreisförmigen Ausrundungen (Gegenstromtosbecken) soll eine Aufhebung der kinetischen Energie gegenläufiger Strahlen der Strömung bzw. eine Verlängerung des Fließweges erreichen.

Sowohl einfache als auch den örtlichen Gegebenheiten angepasste räumliche Tosbecken erfordern eine individuelle Behandlung und sind nur in Verbindung mit physikalischen Modellversuchen konstruktiv auszulegen.

Vorschläge für unterschiedliche Tosbeckentypen aus dem Werkstandard der ehemaligen VEB Projektierung Wasserwirtschaft WAPRO 4.09 Blatt 6 (1971) sind in folgender Tabelle 8.8 zusammengestellt. Die Dicke der Tosbeckensohle kann mit $d = 0{,}47 \cdot Fr_1 \cdot h_1$ abgeschätzt werden (*Aristowski* und *Beger,* 1955).

Tabelle 8.8 Tosbeckentypen und Endschwellentypen nach Werkstandard WAPRO 4.09 (1971)

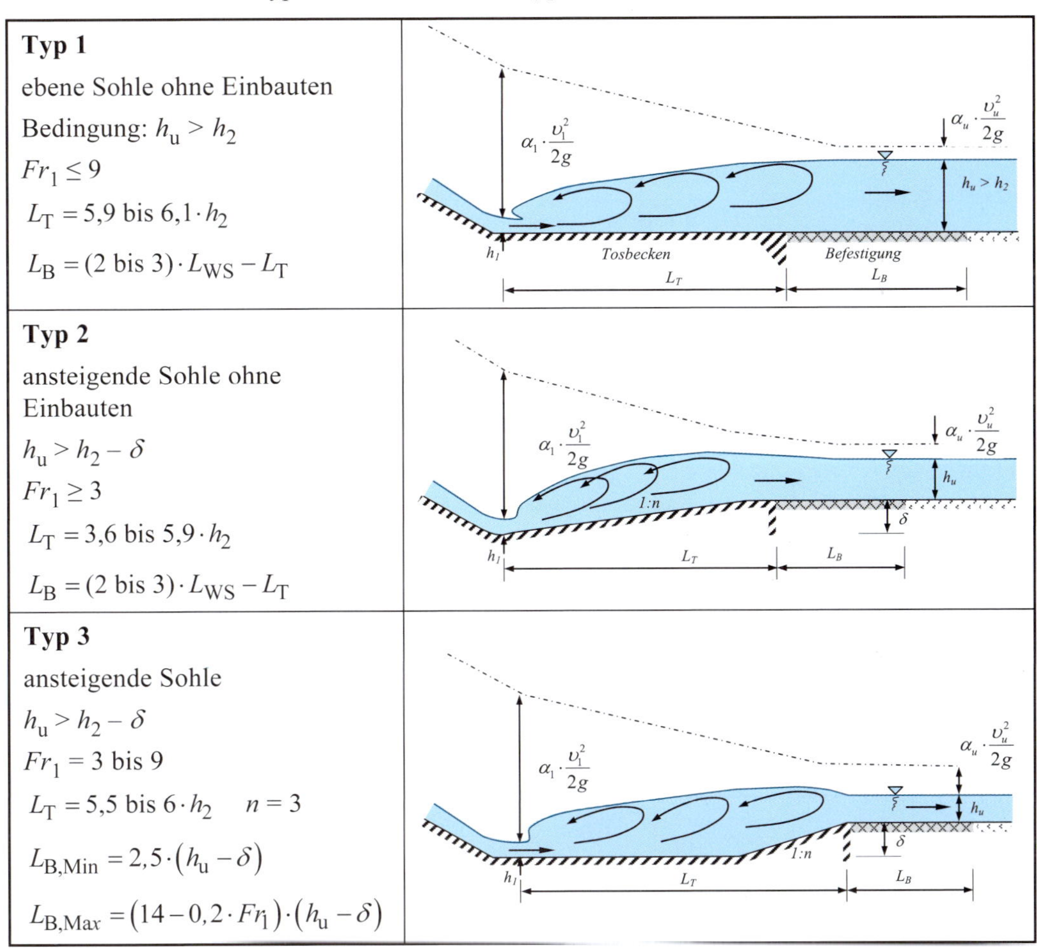

Typ	Skizze
Typ 1 ebene Sohle ohne Einbauten Bedingung: $h_u > h_2$ $Fr_1 \leq 9$ $L_T = 5{,}9$ bis $6{,}1 \cdot h_2$ $L_B = (2$ bis $3) \cdot L_{WS} - L_T$	$\alpha_1 \cdot \frac{v_1^2}{2g}$; $\alpha_u \cdot \frac{v_u^2}{2g}$; $h_u > h_2$; h_1; Tosbecken; Befestigung; L_T; L_B
Typ 2 ansteigende Sohle ohne Einbauten $h_u > h_2 - \delta$ $Fr_1 \geq 3$ $L_T = 3{,}6$ bis $5{,}9 \cdot h_2$ $L_B = (2$ bis $3) \cdot L_{WS} - L_T$	$\alpha_1 \cdot \frac{v_1^2}{2g}$; $\alpha_u \cdot \frac{v_u^2}{2g}$; h_u; 1:n; δ; h_1; L_T; L_B
Typ 3 ansteigende Sohle $h_u > h_2 - \delta$ $Fr_1 = 3$ bis 9 $L_T = 5{,}5$ bis $6 \cdot h_2 \quad n = 3$ $L_{B,Min} = 2{,}5 \cdot (h_u - \delta)$ $L_{B,Max} = (14 - 0{,}2 \cdot Fr_1) \cdot (h_u - \delta)$	$\alpha_1 \cdot \frac{v_1^2}{2g}$; $\alpha_u \cdot \frac{v_u^2}{2g}$; h_u; 1:n; δ; h_1; L_T; L_B

Fortsetzung Tabelle 8.8

Typ 4 Vertiefung mit lotrechter Endschwelle bzw. kurze Schräge $h_u > h_2 - \delta$ $Fr_1 \geq 4{,}5$ $L_T = 3{,}3 \text{ bis } 5{,}4 \cdot h_2$ $L_{B,Min} = 2{,}5 \cdot (h_u - \delta)$ $L_{B,Max} = (14 - 0{,}2 \cdot Fr_1) \cdot (h_u - \delta)$	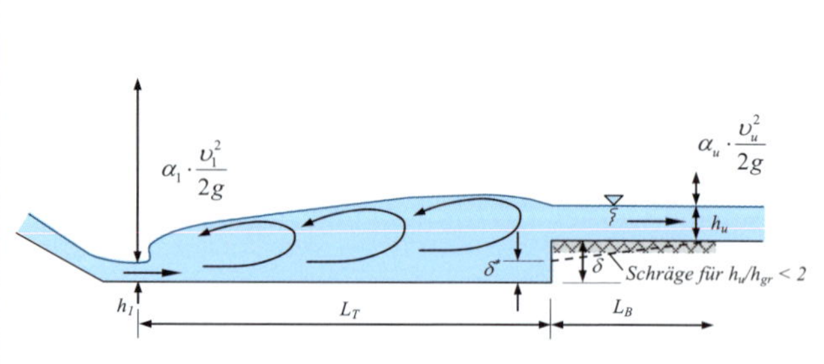
Typ 5 Ebene Sohle mit Endschwelle $Fr_1 = 3 \text{ bis } 10$ $L_T = 11 \text{ bis } 16 \cdot s$ $s = 1 \text{ bis } 2{,}5 \cdot h_1$ $h_u \geq 1{,}3 \cdot h_{gr} + s$ $L_B \approx 2 \text{ bis } 3 \cdot L_T$	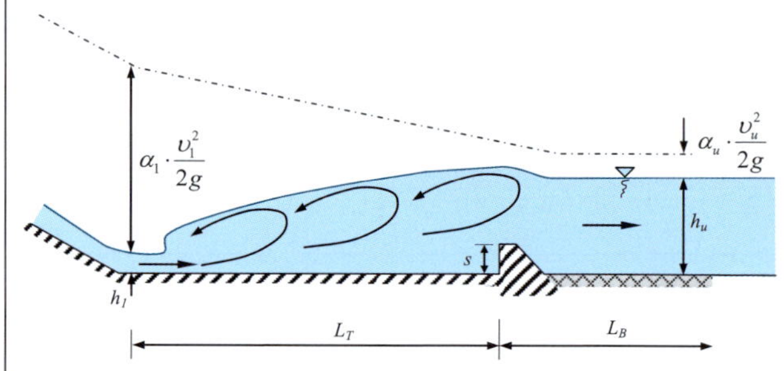
Typen von Endschwellen	

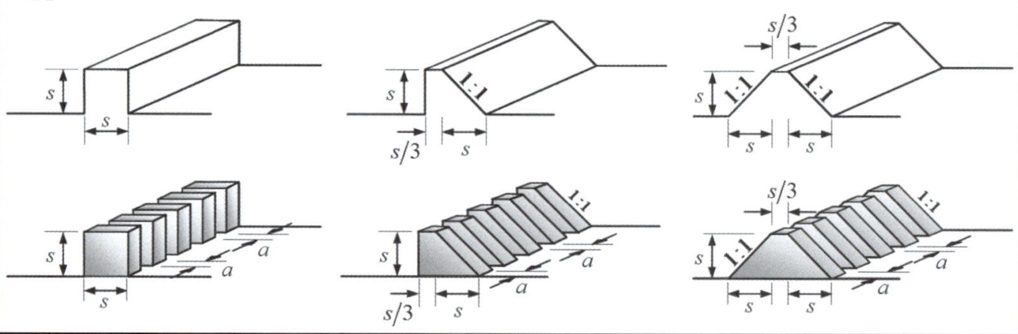

8.20.6 Beispiel Tosbeckenberechnung

An einem einfachen Beispiel (siehe Bild 8.87) soll gezeigt werden, dass die Ermittlung der Tosbeckenvertiefung eine Optimierungsaufgabe sein kann. Auf der Basis folgender Gleichungen wurde iterativ die notwendige Vertiefung des Tosbeckens in Abhängigkeit vom Durchfluss ermittelt.

Die zur Verfügung stehende Energiehöhe wurde für ein $w = 4$ m hohes festes Wehr mit einem Überfallbeiwert von $\mu = 0{,}7$ und einem Energieverlust von 10 % bis zum Tosbeckenbeginn ermittelt:

$$h_{\mathrm{E0}} = 0{,}9 \cdot \left(w + h_{\mathrm{ü}} + \frac{\upsilon_0^2}{2g} \right)$$

Unter Annahme der Tosbeckenvertiefung δ wird die Wassertiefe h_1 zu Beginn des Tosbeckens für einen nicht anliegenden Wechselsprung iterativ mit folgender Gleichung ermittelt:

$$h_1 = h_{\mathrm{E0}} + \delta - \frac{\upsilon_1^2}{2g} = h_{\mathrm{E0}} + \delta - \frac{q^2}{2g \cdot h_1^2}$$

Die konjugierte Wassertiefe h_2 des Wechselsprunges ergibt sich zu:

$$h_2 = \frac{h_1}{2} \cdot \left(\sqrt{1 + 8 \cdot Fr_1^2} - 1 \right) \text{ mit } Fr_1^2 = \frac{\upsilon_1^2}{g \cdot h_1}$$

Der sogenannte Einstaugrad η als Sicherheitsaufschlag wurde hier auf die konjugierte Wassertiefe h_2 bezogen, kann aber auch mit der Energiehöhe an dieser Stelle multipliziert werden. Die notwendige Tosbeckenvertiefung ergibt sich damit zu:

$$\delta = \eta \cdot h_2 + \frac{\upsilon_2^2}{2g} - h_{\mathrm{u}} - \frac{\upsilon_{\mathrm{u}}^2}{2g}$$

Die Unterwasserbedingungen ergeben sich aus der Schlüsselkurve des Unterwasserprofils und wurden hier für ein etwa doppelt so breites Unterwassergerinne berechnet.

Mit dem Vergleich der angenommenen und berechneten Tosbeckenvertiefung wird der zweite Iterationsschritt durchgeführt und so lange wiederholt, bis die Werte übereinstimmen. Bild 8.88 zeigt die Ergebnisse der iterativen Berechnungen für verschiedene Einstaugrade. Als optimale Tosbeckenvertiefung mit einem Sicherheitsaufschlag von $\eta = 1{,}05$ wurde $\delta = 0{,}63$ m ermittelt.

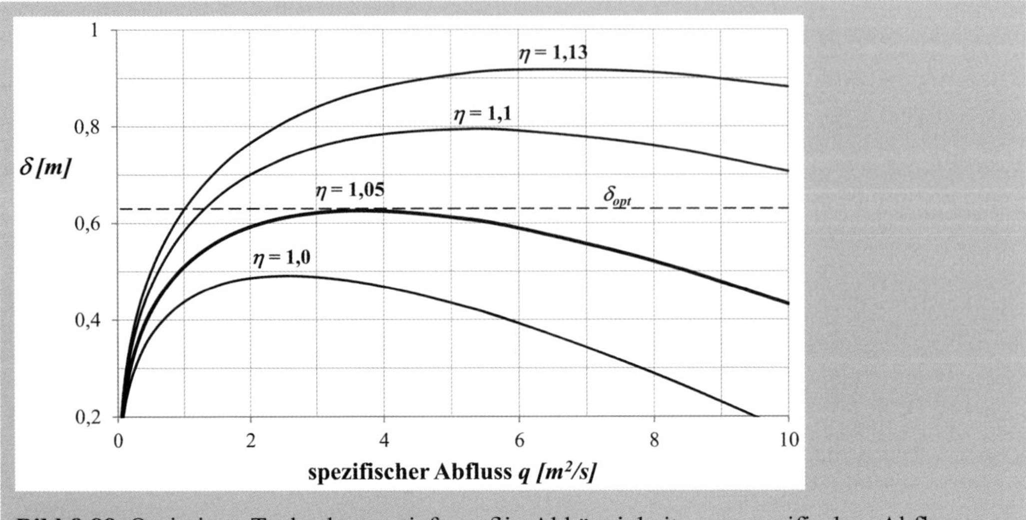

Bild 8.88 Optimierte Tosbeckenvertiefung δ in Abhängigkeit vom spezifischen Abfluss q und vom Einstaugrad η

8.21 Grundablass und Entnahmeeinrichtung

Grundablässe und Entnahmeeinrichtungen dienen der Entleerung oder Steuerung von Talsperren, der Einstellung der Mindestabgabe in die Vorflut, der Unterstützung der Hochwasserentlastung (Vorabsenkung), der bauzeitlichen Wasserumleitung, der Energiegewinnung und der Brauch- oder Trinkwasserentnahme. Meist sind diese Einrichtungen als Rohrleitungen ausgeführt, münden aber auch in Kombination mit Hochwasserentlastungsanlagen in ein Stollenbauwerk. Der Austritt kann in ein Tosbecken erfolgen oder als Wurfstrahl in ein natürliches Wasserpolster einmünden. Grundablässe werden wegen der Sicherheit ((n–1)-Regel) mindestens 2-fach als voneinander unabhängig funktionierende Verschlüsse ausgeführt. Zu den Grundablässen und Entnahmeeinrichtungen gehört in der Regel ein Notverschluss auf der Wasserseite als unabhängiges Verschlussorgan für Havarien oder Reparaturen. Neben einem wasserseitigen Schnellschlussorgan, z. B. Rollschütz, Drosselklappe, Keilschieber, wird ein Regelorgan luftseitig angeordnet, z. B. Ringkolbenschieber, Kegelstrahlschieber oder Düsenringschieber. Dazu kommen Durchflussmesseinrichtungen, meist magnetisch induktive Durchflussmesser (MID), und entsprechende Absperrschieber und Ausbaustücke für die Reparatur und das Auswechseln von Messtechnik und Armaturen.

Für die Berechnung von Grundablässen können die Grundlagen der Rohrhydraulik im Kapitel 6 verwendet werden. Wegen der möglichen hohen Drücke gelten für die Armaturen einige Besonderheiten. So werden die Regelarmaturen an das Ende der Grundablassleitung gelegt und es werden vor allem Ringkolbenventile, Kegelstrahlventile oder Hohlstrahlventile eingesetzt. Sie gestatten eine bessere Regelung, sind besonders gut für hohe Regeldrücke geeignet und haben spezielle konstruktive Details für die Belüftung und die Verhinderung von Kavitation. Als Notverschlüsse und Absperrarmaturen für den Beginn der Grundablassleitung eignen sich Keilschieber, Klappen oder Kugelhahn und für sehr hohe Drücke Segmentverschluss (bis 150 m), Rollschütz (bis 100 m) oder Gleitschütz (bis über 200 m). Grundablässe können als Rohrleitung durch die Talsperre hindurchgehen oder wie bei kombinierten Bauwerken in einem Grundablassstollen einmünden.

Das hydraulische Verhalten der Armaturen unterscheidet sich erheblich zwischen einer Regelung innerhalb einer unbelüfteten oder belüfteten Rohrleitung und einem Austritt am Ende der Rohrleitung. Wegen der hohen Drücke an Talsperren kommt es zu hohen Geschwindigkeiten bei gedrosseltem Zustand und damit besteht Kavitationsgefahr. Vermieden werden solche Zustände z. B. durch die Zuführung von Luft. Das erfolgt sowohl bei einem Entleerungsschütz, das in einen Stollen mündet, als auch an einem Ringkolbenventil am Ende der Grundablassleitung.

Die Berechnung des Wasseraustrittes erfolgt mit Hilfe der Bernoulli-Gleichung nach Kapitel 6. So ergibt sich der Durchfluss Q nach Bild 8.89 beispielhaft zu:

$$Q = A \cdot \upsilon = A \cdot \sqrt{\frac{2g \cdot h_{\mathrm{E}}}{\lambda \cdot L/d + \sum \zeta}} \tag{8.131}$$

Zu den örtlichen Verlusten zählen die auf die Geschwindigkeit υ im Grundablass bezogenen Verlustbeiwerte der Rechen, des Einlaufes und des Einlaufkonfusors sowie der Armaturen innerhalb und am Ende der Rohrleitung.

So ergibt sich der Verlustbeiwert ζ_{S} aus der örtlichen Verlusthöhe der Armatur $h_{\mathrm{vö}}$ zu:

$$\zeta_{\mathrm{S}} = \frac{h_{\mathrm{vö}}}{\upsilon^2/2g} \tag{8.132}$$

Diese Beiwerte werden vom Armaturenhersteller bereitgestellt.

Aus der Geschwindigkeit υ_{s} innerhalb der Armatur, die aus der Kontinuität ermittelt wird, ergibt sich dann der Druck bzw. die Druckhöhe am Schieber.

$$\upsilon_{\mathrm{s}} = \frac{Q}{A'} = \frac{Q}{\psi \cdot A} \qquad \text{mit } \psi \text{ – Einschnürungsbeiwert} \tag{8.133}$$

$$\frac{p_{\mathrm{s}}}{\rho g} = h_{\mathrm{E}} - \left(\zeta_{\mathrm{Re}} + (\zeta_{\mathrm{E}}) + \zeta_{\mathrm{Ko}} + \lambda \cdot \frac{L_1}{d} \right) \cdot \frac{\upsilon^2}{2g} - \frac{\upsilon_s^2}{2g} \tag{8.134}$$

Analog kann der Druck am Regelschieber am Ende der Leitung ermittelt werden, der direkt in der Armatur etwas geringer als der atmosphärische Druck ist, da für das Ansaugen der Luft eine Druckdifferenz erforderlich ist. Diese Berechnung ist nur iterativ möglich. Aus dieser Druckdifferenz und der Geometrie der Belüftungsleitung kann auch die angesaugte Luftmenge ermittelt werden.

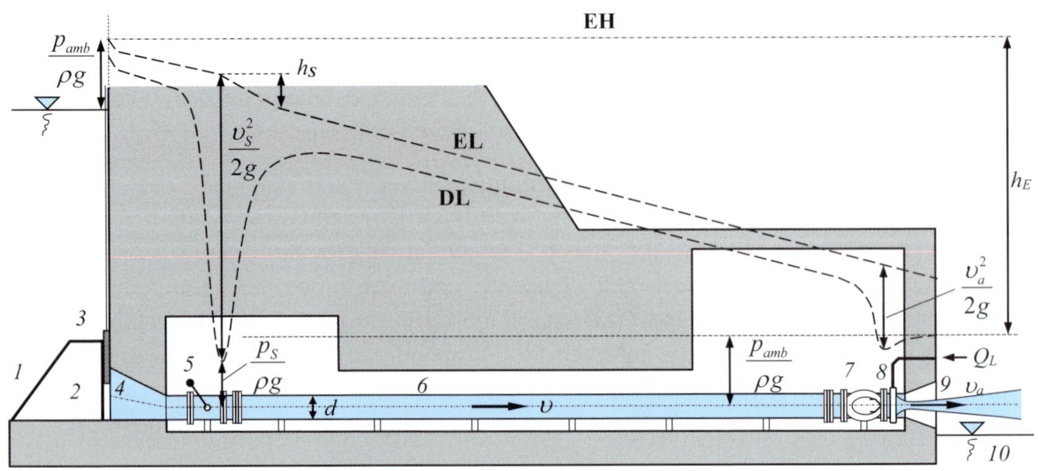

Bild 8.89 Allgemeiner Aufbau einer Grundablassleitung mit
1 Grobrechen, 2 Feinrechen, 3 Notverschluss, 4 Einlaufkonfusor, 5 Drosselklappe als Schnellverschluss im teilgeschlossenen Zustand, 6 Grundablassleitung, 7 Ringkolbenventil als Regelarmatur in geöffnetem Zustand, 8 Belüftungseinrichtung, 9 Auslaufdiffusor, 10 Tosbecken oder Toskammer

Bei Grundablässen mit Ringkolbenschiebern (RKV) am Ende der Grundablassleitung wird der Durchfluss berechnet mit:

$$Q = A \cdot \sqrt{\frac{2g \cdot h_E}{\lambda \cdot L/d + \sum \zeta + \left(A/\left(A_S \cdot \mu\right)\right)^2}} \tag{8.135}$$

mit:
- A – Querschnittsfläche der Rohrleitung
- h_E – zur Verfügung stehende Energiehöhe, Höhendifferenz zwischen Stauspiegel und Unterwasserstand, bei freiem Auslass zwischen Stauspiegel und Achse Austrittsquerschnitt
- d – Rohrdurchmesser des Grundablasses
- $\lambda \cdot L/d$ – Reibungsverlust der Rohrleitung
- $\sum \zeta$ – Summe der Einzelverluste der Grundablassleitung (Rechen, Einlauf, Klappe)
- A_S – Austrittsquerschnitt = engste Fläche am Sitz der Dichtung
- μ – Austrittsbeiwert bezogen auf A_S
- $\mu' = \mu \cdot \frac{A_S}{A}$ – Austrittsbeiwert des Regelorgans bezogen auf A

Bild 8.90 Grundablassleitung mit Ringkolbenventil und Belüftungsrohr der TS Leibis/Lichte (siehe auch Bild 9.1)

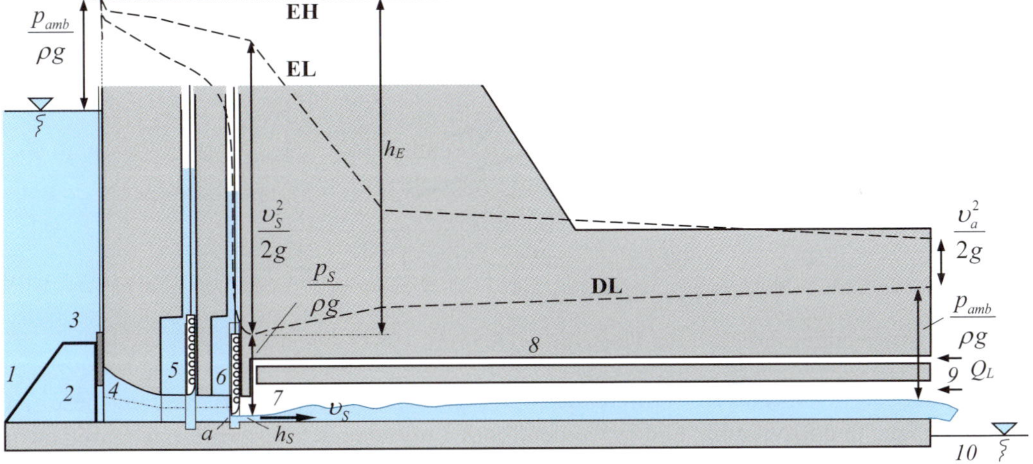

Bild 8.91 Allgemeiner Aufbau eines in einen Stollen mündenden Grundablasses mit: 1 Grobrechen, 2 Feinrechen, 3 Notverschluss, 4 Einlaufkonfusor, 5 Verschluss als Schütz mit Schützkammer, 6 Verschluss teilweise geöffnet, 7 Stollen, 8 Belüftungsstollen, 9 Lufteintritt, 10 Tosbecken oder Toskammer

Analog kann die Berechnung für einen in einen Stollen einmündenden Grundablass erfolgen. Hier herrscht im Inneren des Stollens annähernd atmosphärischer Druck. Durch die Einströmung der Luft muss p_S etwas unter p_{amb} liegen, kann aber in erster Näherung gleichgesetzt werden. Erst aus der Berechnung der Luftmenge und der dafür erforderlichen Strömung ergibt sich der reale Druck p_S am Schützauslauf. Reibungsverlust und örtliche Verluste sind wegen der ständigen Übergänge und Nischen schwer einzuschätzen und aufgrund der kurzen Rohrlänge L und der großen Fließquerschnitte vernachlässigbar.

$$Q = \psi \cdot A_S \cdot v_S = \psi \cdot A_S \cdot \sqrt{\frac{2g \cdot h_E + (p_{amb} - p_S) \cdot 2/\rho}{\lambda \cdot L/d + \sum \zeta}} \cong \mu \cdot A_S \cdot \sqrt{2g \cdot h_E} \tag{8.136}$$

Als Regel- oder Notverschluss für große Drücke bei einem Auslauf in einen Stollen werden Schütze oder Segmentverschlüsse eingesetzt. *Erbiste* (1981) veröffentlichte die Anwendungsgrenzen verschiedener Schütztypen in Abhängigkeit von Stauhöhe und Verschlussfläche.

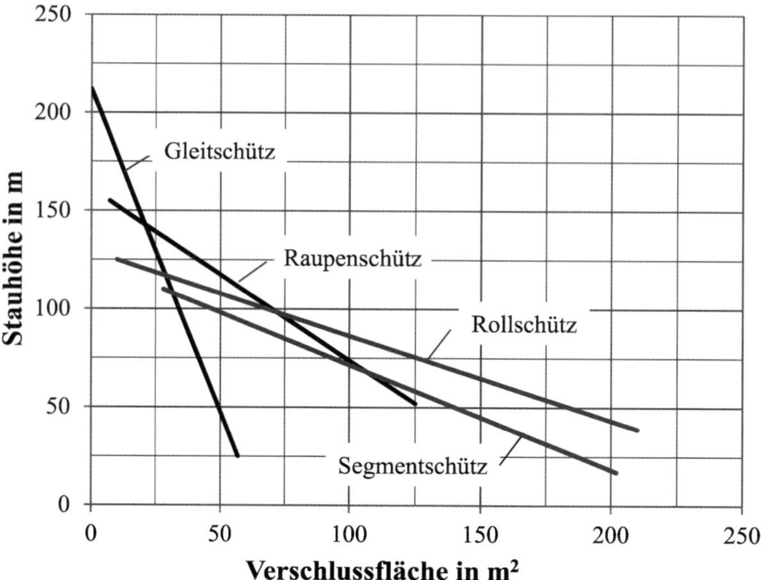

Bild 8.92 Anwendungsgrenzen für Tiefschütze (*Erbiste*, 1981)

Wegen der an Tiefschützen auftretenden großen Geschwindigkeiten neigen diese zu Schwingungen und Kavitation, und es werden große Luftmengen transportiert, wodurch es in geschlossenen Leitungen und Stollen zu Unterdruck kommen kann. Der Belüftungsgrad β wird aus dem Verhältnis von Luft- zu Wasservolumenstrom ermittelt und kann aus Messungen verschiedener Autoren zu folgender Gleichung zusammengefasst werden:

$$\beta = \frac{Q_L}{Q_W} = k \cdot \left(Fr - 1\right)^n \qquad \text{mit } Fr = \frac{v_S}{g \cdot h_S} \qquad (8.137)$$

Die maximale Luftmenge ist abhängig vom Öffnungsgrad des Schützes und stellt sich erfahrungsgemäß bei einem Öffnungsgrad von 75 % bis 85 % ein.

Tabelle 8.9 Belüftungsgrad von Hochdruckverschlüssen

Quelle	*Fr*	**Bedingungen**	*k*	*n*
Campbell/Guyton (1953)	≤ 6	Naturmessung	0,04	0,85
	> 6	Wechselsprung	0,014	1,4
		Schussstrahl	0,024	1,4
	> 20	seltener Fall	0,033	1,4
Kalinske/Robertson (1960)		Modellversuche	0,0066	1,4
USACE (1964)		Modellversuche	0,03	1,06

Bollrich (1963) hat in einem Beitrag zur Belüftung von Grundablassverschlüssen die Untersuchungen von *Le Mehaute* und *Wunderlich* zusammengefasst und dabei eine gute Übereinstimmung der theoretischen Ansätze nach *Le Mehaute* mit *Wunderlich*s Modellversuchsergebnissen gefunden.

9 Wasserstrahlen

Bild 9.1 Strahlaustritt am Grundablass der Talsperre Leibis-Lichte

Wasserstrahlen oder Flüssigkeitsstrahlen sind in der praktischen Anwendung turbulente Freistrahlen. Die Grenze zwischen laminarer und turbulenter Strömung kann mit Hilfe der kritischen Reynolds-Zahl ermittelt werden.

$$Re_{\text{Krit}} = \frac{\upsilon_0 \cdot d_{\text{hy}}}{\nu} = 2320 \tag{9.1}$$

Die Ausbreitung von Wasserstrahlen wird durch die Strahlgeometrie, die freie Turbulenz, die Wandturbulenz, den Dichteunterschied zwischen Strahl und umgebenem Medium und der Bewegung des umgebenen Mediums selbst bestimmt. Die Intensität der Austauschvorgänge in der turbulenten Grenzschicht beeinflusst die Ausbreitung und Umlenkung eines Strahls. Bewegt sich ein Strahl beliebiger Dichte in Wasser, wird er als Tauchstrahl bezeichnet, ein Wasserstrahl in Luft ist ein freier Flüssigkeitsstrahl. Einen maßgeblichen Beitrag zur Zusammenstellung der Erkenntnisse der Strahltheorie leistete *Kraatz* (1989). Ein Expertensystem zur Analyse von Vermischungszonen findet man in der Software CORMIX (*Doneker*, 2011).

9.1 Wasserstrahlen in der Luft

In Luft austretende Wasserstrahlen zeigen in Bewegungsrichtung folgende Erscheinungsformen:

- kompakter Wasserstrahl dicht hinter der Austrittsöffnung (z. B. Düse)
- Auflösung und Luftdurchmischung
- Strahlzerfall in einzelne Wasserballen und -tropfen

Mit zunehmender Entfernung von der Austrittsöffnung vermischt sich der Wasserstrahl immer mehr mit Luft und reißt diese gleichzeitig in Strahlrichtung mit.

Der durch diese Erscheinung verursachte Energieverlust h_V, verglichen mit der Anfangsenergiehöhe H an der Austrittsöffnung, Wurfweite und Wurfhöhe sind Gegenstand der folgenden Betrachtungen.

9.1.1 Senkrechter Wasserstrahl in der Luft

Senkrecht nach oben gerichtete Wasserstrahlen sind **Fontänen** bzw. künstliche Springbrunnen. Zu den oben erwähnten Erscheinungen kommt hier noch hinzu, dass der sich in der Luft auflösende und schließlich zurückfallende Strahl auf den aufsteigenden auftrifft und somit die Steighöhe S zusätzlich vermindert.

Der Bewegungsvorgang senkrecht aufsteigender Wasserstrahlen (Fontänen) lässt sich anhand folgender schematischer Skizze (Bild 9.1) darstellen.

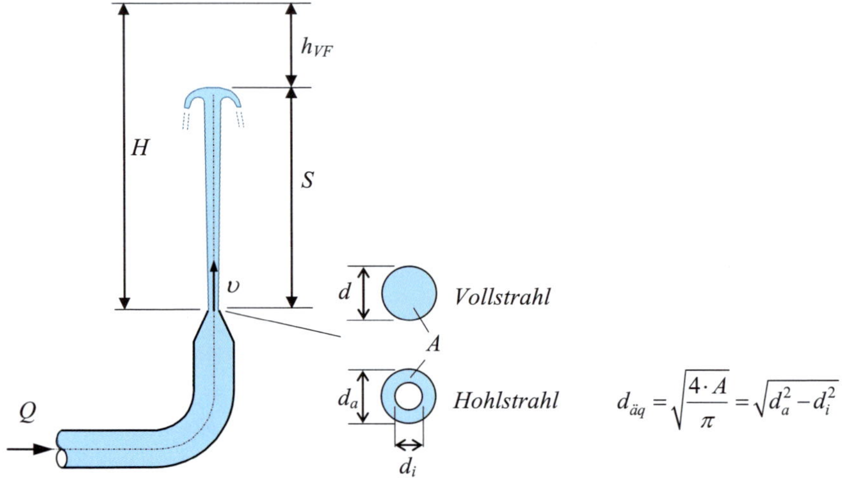

Bild 9.2 Fontäne, Bezeichnungen

Im Einzelnen bedeuten dabei:

H – Anfangsenergiehöhe, $H = \frac{\upsilon^2}{2g}$

υ – Austrittsgeschwindigkeit aus der Düse, $\upsilon = Q/A$

d – Düsendurchmesser bei Vollstrahldüsen; bei Hohlstrahldüsen, $d = d_{\text{äq}} = \sqrt{d_\text{a}^2 - d_\text{i}^2}$

S – Steighöhe des Strahles, $S = \eta \cdot H$

η – Wirkungsgrad der Fontäne, $\eta = S/H$

ζ_F – Verlustbeiwert der Fontäne, $\zeta_\text{F} = 1 - \eta$

h_{VF} – Verlusthöhe der Fontäne, $h_{VF} = \zeta_F \cdot H = H - S$

A – Düsenaustrittsfläche

Q – Durchfluss

Der Wirkungsgrad des senkrechten Wasserstrahles einer Fontäne ergibt sich aus dem Verhältnis von Steighöhe S zur Anfangsenergiehöhe H.

$$\eta = \frac{S}{H} < 1 \tag{9.2}$$

Die Bestimmung von η lässt damit eine Aussage über die Effektivität einer Fontäne zu.

In einer der ersten Arbeiten dazu, der Arbeit von *Box* (1905), sind auch die Versuche von *Weisbach* bis etwa $H = 20$ m dokumentiert. Weitere Untersuchungen finden sich in der Arbeit von *Arato et al.* (1970). Zahlreiche hydraulische Versuche für kleinere Steighöhen bis etwa $S = 100$ m sind in der Vergangenheit durchgeführt und dokumentiert worden. Tendenziell zeigt sich dabei, dass sich die Verlusthöhe h_{VF} mit der absoluten Steighöhe S vergrößert, während sie sich mit der Zunahme des Düsendurchmessers d bei somit gleicher Steighöhe S verringert.

Tabelle 9.1 Technische Daten der derzeit größten Fontänen (ohne Anspruch auf Vollständigkeit)[1] nach WIKIPEDIA (HTTP://DE.WIKIPEDIA.ORG)[2], z. T. durch Einzelbefragungen erhalten

Nr.	Name, Ort, Land, Jahr der Inbetriebnahme[1]	Angaben[2], teilweise berechnet mit den Gleichungen der Energie und Leistung, der Kontinuität und der Geometrie							
		S	υ	H	Q	d	S/d	η	**Bemerkung**
		m	m/s	m	l/s	mm	–	%	–
1	King Fahd's, Dschidda Saudi-Arabien, 1983	312	104,17	553	1250	126	2476	56	Hohlstrahl
2	Gateway Geyser, St. Louis Missuri, USA, 2005	200	76,2	296	504,7	91,8	2179	68	Hohlstrahl
3	Port Fountain, Karachi Pakistan, 2006	190	70	250	2000	190,7	996	76	Hohlstrahl
4	The Fountain, Fountain Hills Arizona, USA, 1970	171	70	250	441,6	100	1710	68	Hohlstrahl
5	Capt Cook Memorial Water Jet, Canbera, Australien, 1970	147	72,22	183	500	103	1427	80	Hohlstrahl
6	Jet d'eau, Genf Schweiz, 1948	140	56,83	164,7	500	105,8	1323	85	Hohlstrahl
7	Richterswil-Fontäne, Richterswil, Schweiz, neu 2007	101	52	135	176	66	1530	75	Schwerkraft Vollstrahl
8	Große Fontäne, Hannover, Deutschland, 1958	80	38,89	112	139	67,4	1187	71	Hohlstrahl
9	Ziegelwiese, Halle/S. Deuschland, 1968	60	40,63	84	111	59	1017	71	Vollstrahl

Eine Auswahl der Messergebnisse von *Arato et al.* (1970) ist im folgenden Diagramm (Bild 9.3) eingetragen.

Nach *Kiseljew* (1972) lässt sich der Verlustbeiwert der Fontäne mit

$$\zeta_F = \frac{0,00025}{d + 1000 \cdot d^3} \quad \text{mit } d \text{ in [m]} \qquad (9.3)$$

berechnen. Für einen Durchmesser von $d = 2,54$ cm = 1" stimmen die Werte mit denen von *Arato* bei gleicher Steighöhe S noch relativ gut überein, während für $d = 5$ cm die eingetragene Kurve der η = 100%-Linie bei geringerer Steighöhe sehr nahe kommt.

Interessant wird der Vergleich mit den größten derzeit in der Welt vorhandenen Fontänen. Als Prestigeobjekte oder touristische Sehenswürdigkeit wurden in den letzten Jahrzehnten z. T. gewaltige Fontänen mit bis zu 312 m Steighöhe errichtet. Eine Auswahl ist in Tabelle 9.1 mit den wichtigsten technischen Daten eingetragen (*Bollrich*, 2010).

Die meisten Fontänen sind mit Hohldüsen ausgestattet, was einen attraktiven Strahl ergibt. Für diese wurde der äquivalente Durchmesser

$$d = d_{\text{äq}} = \sqrt{d_a^2 - d_i^2} \tag{9.4}$$

errechnet. Zusammen mit der Ausgleichskurve von *Arato* (1970) und den Gleichungen von *Kiseljew* (1972) sind die Einzelwerte der großen Fontänen in Bild 9.3 eingetragen.

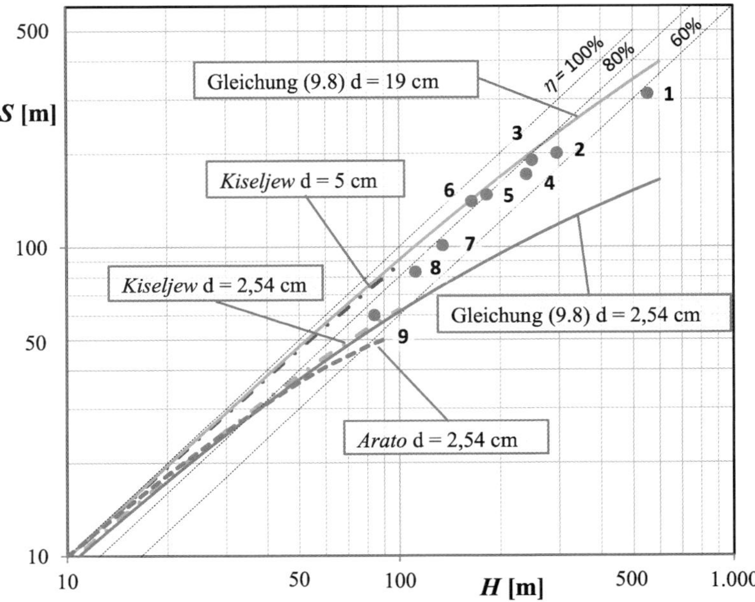

Bild 9.3 Fontänen: Vergleich von Steighöhe *S* und Anfangsenergiehöhe *H* nach Tabelle 9.1 und Näherungsgleichungen

Da, wie oben genannt, die Steighöhe *S* direkt proportional und *d* indirekt proportional zur Verlusthöhe h_F sind, wird eine Abhängigkeit des Wirkungsgrades einer Fontäne vom Verhältnis *S*/*d* bzw. *H*/*d* angenommen, was die Näherungsformeln vieler Autoren betätigen. Das Verhältnis *H*/*d* als dimensionslose Zahl kann auch als Boussinesq-Zahl definiert werden.

$$Bou = \frac{\upsilon}{\sqrt{g \cdot r_{hy}}} = \sqrt{\frac{8 \cdot H}{d}} \tag{9.5}$$

Im Bild 9.3 sind diese Näherungsgleichungen dargestellt und zeigen, dass für relativ kleine Durchmesser d zwischen 0,95 cm (3/8 Zoll) und 6,35 cm (2,5 Zoll) Gleichung (9.6) nach *Box* (1905) bis maximal H_{max} = 365 ft = 111 m gilt:

$$\eta = \frac{S}{H} = 1 - 0{,}00013 \cdot \frac{H}{d} \tag{9.6}$$

Die Angaben von *Kiseljew* ergeben für d = 1 Zoll = 2,54 cm einen sehr ähnlichen Verlauf. Beim doppelten Durchmesser erkennt man bereits erhebliche Abweichungen zur Gleichung von *Box*. Die Auswertung der Versuche von *Arato* mit relativ geringen Durchmessern und Steighöhen bis etwa 100 m lässt sich durch Gleichung (9.7) annähern:

$$\eta = \frac{S}{H} = 1{,}23 - 0{,}008 \cdot \sqrt{\frac{2 \cdot H}{d}} \tag{9.7}$$

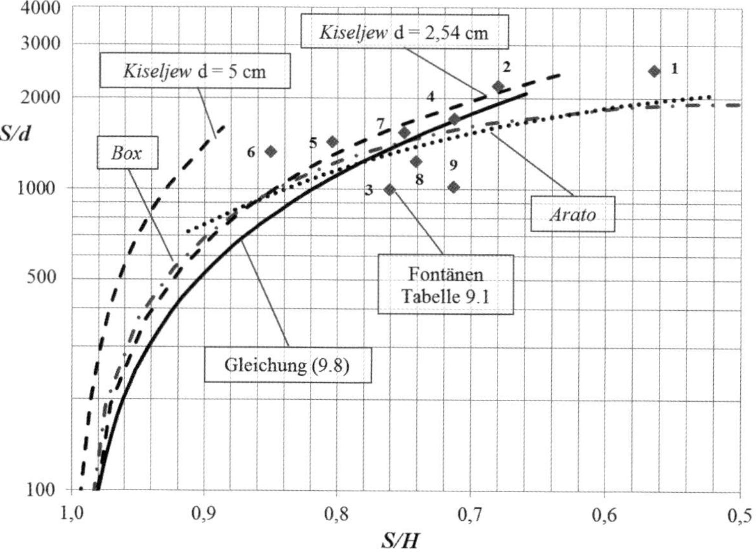

Bild 9.4 Wirkungsgrad von Fontänen in Abhängigkeit von S/d

Diese Kurve ähnelt bis zu einem Wirkungsgrad von 92 % den übrigen Kurven. Für große Fontänen wurde Gleichung (9.8) als Näherungslösung gefunden, welche auch mit dem Kurvenverlauf für kleinere Steighöhen gut übereinstimmt und deshalb zur Abschätzung des Wirkungsgrades von Fontänen generell empfohlen wird.

$$\eta = \frac{S}{H} = e^{-0{,}0002 \cdot \frac{S}{d}} \tag{9.8}$$

9.1.2 Schräger Wasserstrahl in der Luft – Wurfstrahl

Theorie

Ein unter dem Winkel α schräg nach oben gerichteter Wasserstrahl bewegt sich unter Vernachlässigung der Luftreibung und des Strahlzerfalles entlang der Wurfparabel, welche sich aus der Weg-Zeit-Beziehung in vertikaler Richtung z und in horizontaler Richtung x entsprechend Bild 9.5 berechnen lässt.

$$z = t \cdot \upsilon \cdot \sin\alpha + t^2 \cdot \frac{g}{2} \qquad x = t \cdot \upsilon \cdot \cos\alpha \tag{9.9}$$

Eliminiert man die Zeit t durch das Einsetzen einer Gleichung in die andere, dann erhält man daraus die Bahngleichung der Wurfparabel im Koordinatensystem x-z.

Mit der Definition der Anfangsenergiehöhe H als Geschwindigkeitshöhe $\upsilon^2/2g$ ergibt sich daraus die allgemeine Wurfgleichung für die auf H bezogene Wurfweite x.

$$\frac{x}{H} = \sin 2\alpha + 2 \cdot \cos\alpha \cdot \sqrt{\sin^2\alpha - \frac{z}{H}} \tag{9.10}$$

und die Wurfhöhe z:

$$\frac{z}{H} = \frac{x}{H} \cdot \tan\alpha - \left(\frac{x}{H} \cdot \frac{1}{2 \cdot \cos\alpha}\right)^2 \tag{9.11}$$

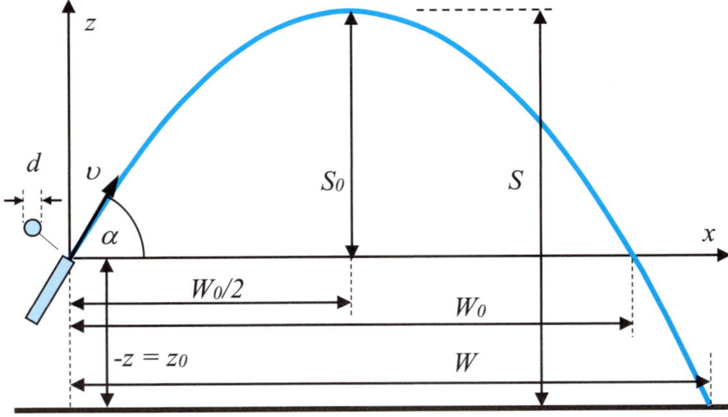

Bild 9.5 Theoretische Wurfweite W und Steighöhe S von Wurfstrahlen

Aus der Wurfgleichung lassen sich nun die maximalen Werte der Wurfweite W und der Steighöhe $S = z_0 + S_0$ ermitteln.

$$\frac{W}{H} = \sin 2\alpha + 2 \cdot \cos\alpha \cdot \sqrt{\sin^2\alpha + \frac{z_0}{H}} \tag{9.12}$$

$$\frac{S}{H} = \frac{z_0}{H} + \sin^2\alpha \tag{9.13}$$

Die Steighöhe S wird bei halber Wurfweite W_0 $(z = 0)$ erreicht. Die maximale Wurfweite W_{Max} stellt sich für die Wurfparabel theoretisch (ohne Verluste) bei einem Winkel $\alpha = 45°$ ein.

$$\frac{W_{Max}}{H} = 1 + 1{,}414 \cdot \sqrt{0{,}5 + \frac{z_0}{H}}$$

Bei horizontal austretendem Strahl ($\alpha = 0°$) ist die relative Wurfweite nur von der Höhe z_0 abhängig und errechnet sich zu:

$$\frac{W}{H} = 2 \cdot \sqrt{\frac{z_0}{H}} \tag{9.14}$$

Ohne Basishöhe ($z_0 = 0$) ergeben sich die Wurfweite und die Steighöhe zu:

$$\frac{W_0}{H} = 2 \cdot \sin 2\alpha \qquad \frac{S_0}{H} = \sin^2\alpha \tag{9.15}$$

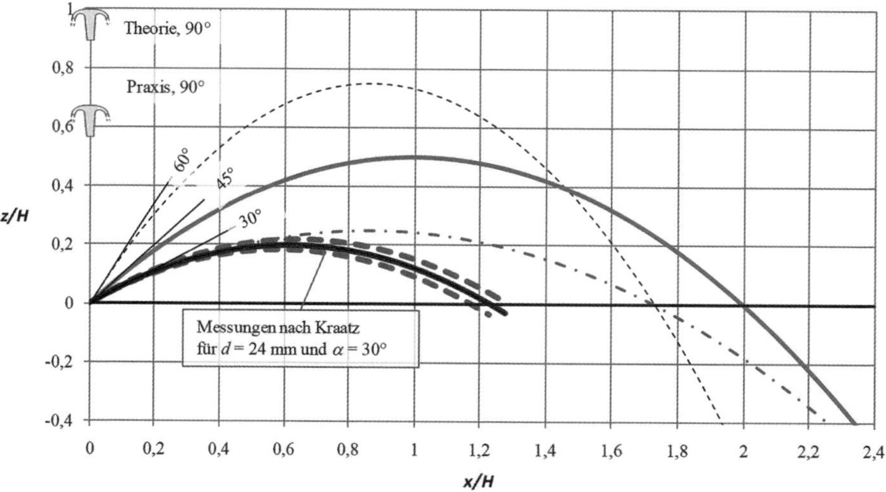

Bild 9.6 Relative Steighöhe und Wurfweite im Vergleich zu Messungen aus *Kraatz* (1989)

Messungen

Tatsächlich sind bei schräg nach oben gerichteten Wasserstrahlen infolge von Luftreibung und Strahlzerfall die Wurfweite W und die Steighöhe S geringer als die theoretisch berechneten. Beim Austritt aus der Düse bleibt der Wasserstrahl zunächst über eine gewisse Strecke kompakt, beginnt sich danach aufzulösen, um schließlich in einzelne Wasserballen und -tropfen zu zerfallen, wobei die umgebende Luft mitgerissen wird. Dies wirkt sich bremsend auf seine Bewegung aus. Wurfweite W und Steighöhe S verringern sich gegenüber den theoretischen Werten.

Nach der Analyse von Untersuchungen in *Kraatz* (1989), bei denen zahlreiche Versuchswerte insbesondere von Löschfahrzeugen der Feuerwehr aus Düsendurchmessern zwischen $d = 8$ mm bis 50 mm ausgewertet wurden, lässt sich die tatsächliche Wurfweite $W_0 = W_{real}$ ermitteln, wobei festgestellt wird, dass die größten Wurfweiten nicht bei $\alpha = 45°$, sondern bei $\alpha = 30°$ bis $32°$ erzielt wurden.

In folgendem Diagramm ist die maximale Wurfweite, bezogen auf die Ausgangsenergiehöhe H, in Abhängigkeit von H/d für folgende Randbedingungen aufgetragen:

1) Wurfweite der äußeren Tropfen bei Windstille,
2) gewöhnliche Wurfweite des sichtbaren Strahles,
3) Wurfweite des kompakten, noch löschfähigen Strahles und
4) Wurfweite des noch gut zusammengehaltenen Strahles bei frischem Wind.

Die relative Wurfweite W/H wird umso kleiner, je größer H/d ist.

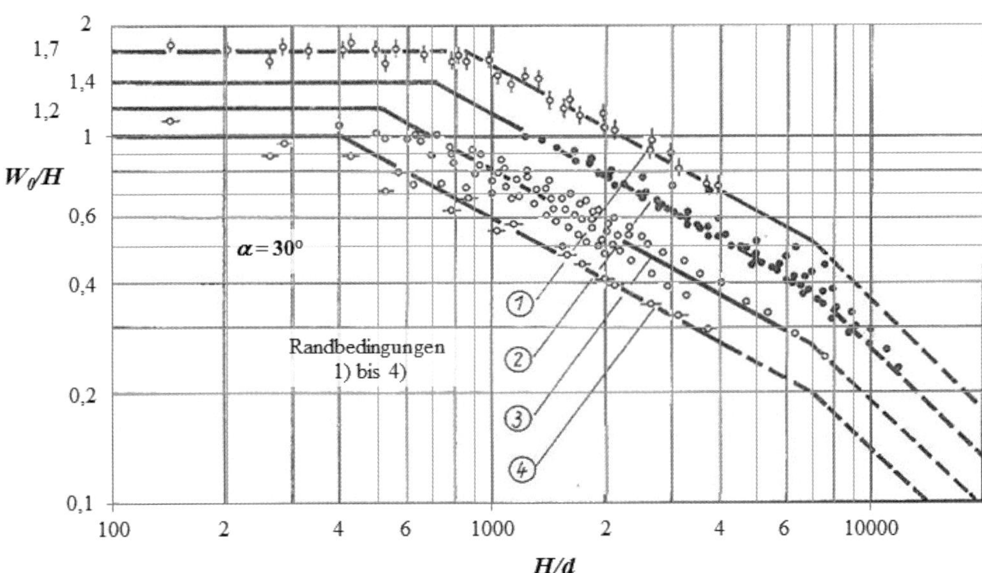

Bild 9.7 Wurfweiten W_0 eines kreisrunden Wasserstrahles ($\alpha = 30°$) nach *Kraatz* (1976, 1989)

Die Messungen in Bild 9.7 und die Randbedingungen hat *Kraatz* in folgenden Formeln angenähert (Tabelle 9.2):

Tabelle 9.2 Relative Wurfweiten W_0/H eines Strahles ($\alpha = 30°$) unter unterschiedlichen Randbedingungen in Abhängigkeit von H/d nach Bild 9.7

Randbedingung		Relative Wurfweite	
1) äußere Tropfen	$d = 20$ bis 48,5 mm	$100 < H/d < 850$ $W_0/H = 1{,}7$	$850 < H/d < 7000$ $\frac{W_0}{H} = \frac{80}{(H/d)^{0{,}577}}$
2) gewöhnliche Wurfweite	$d = 8$ bis 24 mm	$100 < H/d < 700$ $W_0/H = 1{,}4$	$700 < H/d < 7000$ $\frac{W_0}{H} = \frac{60}{(H/d)^{0{,}577}}$
3) kompakter Strahl	$d = 13$ bis 50 mm	$100 < H/d < 500$ $W_0/H = 1{,}2$	$500 < H/d < 7000$ $\frac{W_0}{H} = \frac{42}{(H/d)^{0{,}577}}$
4) wie 3) bei frischem Wind	$d = 18$ bis 35 mm	$100 < H/d < 400$ $W_0/H = 1{,}0$	$400 < H/d < 7000$ $\frac{W_0}{H} = \frac{31}{(H/d)^{0{,}577}}$

Beispiel:

Berechnung und Vergleich der Steighöhen und Wurfweiten eines Wasserstrahles in Luft.

Gegeben:

$$\upsilon = 20 \text{ m/s} \qquad H = \frac{\upsilon^2}{2g} = 20{,}4 \text{ m} \qquad d = 20 \text{ mm} \qquad \frac{H}{d} = \frac{20{,}4}{0{,}02} = 1020$$

$$\alpha = 30° \qquad z_0 = 0$$

Theoretische Wurfweite und Steighöhe:

$$\frac{W_0}{H} = 2 \cdot \sin 60° = 1{,}732 \qquad W_0 = 1{,}732 \cdot 20{,}4 \text{ m} = 35{,}34 \text{ m}$$

$$\frac{S_0}{H} = \sin^2 30° = 0{,}25 \qquad S_0 = 0{,}25 \cdot 20{,}4 \text{ m} = 5{,}1 \text{ m}$$

Befindet sich die Düse in $z_0 = 4$ m Höhe, dann werden:

$$\frac{W}{H} = \sin 60° + 2 \cdot \cos 30° \cdot \sqrt{\sin^2 30° + \frac{4}{H}} = 2{,}023 \qquad W = 2{,}023 \cdot 20{,}4 \text{ m} = 41{,}27 \text{ m}$$

$$S = 5{,}1 \text{ m} + 4 \text{ m} = 9{,}1 \text{ m}$$

Für die praktische Anwendung ergeben sich aus Bild 9.7 bzw. aus den Gleichungen in Tabelle 9.2 für die gewöhnliche Wurfweite des sichtbaren Strahles

mit Randbedingung 2): $\frac{W_0}{H} = \frac{60}{1020^{0,577}} = 1{,}102 \qquad W = 1{,}102 \cdot 20{,}4\ \text{m} = 22{,}48\ \text{m}$

mit Randbedingung 1): $\frac{W_0}{H} = \frac{80}{1020^{0,577}} = 1{,}47 \qquad W = 1{,}47 \cdot 20{,}4\ \text{m} = 30\ \text{m}$

Die Wurfweite des sichtbaren Strahles liegt auf Grund der Luftreibung und des Strahlzerfalles durch Turbulenz wesentlich unter der theoretischen Wurfweite, äußere Tropfen können diese bei großen Düsendurchmessern fast erreichen. Die Steighöhe S verringert sich ebenfalls gegenüber der theoretischen Steighöhe auf etwa 85 % bis $H/d = 10^3$ für Randbedingung 2). Bei größeren Werten ist mit einem stärkeren Abfall der theoretischen Steighöhe zu rechnen.

9.1.3 Wurfstrahl bei Hochwasserentlastungsanlagen

Die Wurfweite W eines Wasserstrahles in Luft spielt in der Praxis bei Hochwasserentlastungsanlagen eine wichtige Rolle (siehe auch Abschnitt 8.19). Sie treten an frei ausblasenden Grundablässen, an Hochwasserentlastungen als Überfallstrahlen, an frei ausmündenden unterströmten Schützen oder als Wurfstrahlen an Skisprungschanzen auf. Wurfstrahlen haben eine kompakte Form und vermischen sich intensiv mit Luft. Die Wurfweiten werden nach den o. g. theoretischen Ansätzen unter Berücksichtigung von praktischen Einflüssen, wie Ablösewinkel, Lufteinmischung und Energieabbau ermittelt. Ziel ist es, den Strahl möglichst weit weg vom Staubauwerk und mit möglichst geringer kinetischer Energie auftreffen zu lassen. Diese Einflüsse sind meist empirisch bestimmt und werden in Abschnitt 8.19 behandelt.

9.2 Wasserstrahlen im Wasser

Turbulente Wasserstrahlen im Wasser sind durch die intensive Umwandlung der kinetischen Energie des Strahles an der Strahlgrenze charakterisiert. Diese freie Turbulenz führt zu Austauschvorgängen, zur turbulenten Diffusion, zur Ausbildung von Mischungs- und Diffusionszonen und zur Ausbreitung des Strahles, verbunden mit der Verformung des Geschwindigkeitsprofiles und Ausbildung von Sekundärströmungen. Wasserstrahlen können als Oberflächenstrahl, als Tauchstrahl oder als Wandstrahl auftreten. Ihre Ausbreitung kann als freier Strahl oder in einem begrenzten Raum erfolgen. Die Strahlen haben meist die gleiche Dichte wie das sie umgebene Wasser. Manchmal unterscheidet sich die Dichte des Strahles von seiner Umgebung z. B. durch Dichtedifferenzen infolge Temperaturunterschiede und/oder Beimengungen. Eine ausführliche Beschreibung und Zusammenstellung von charakteristischen Strahlen findet sich im Band 2 der Technischen Hydromechanik (*Kraatz*, 1989).

9.2.1 Freistrahl in unbegrenztem Raum

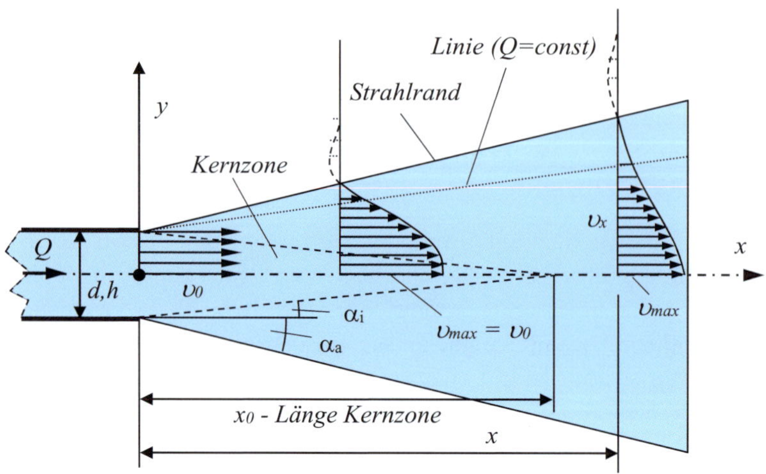

Bild 9.8 Definition eines Freistrahles

Unter Vernachlässigung der Einmischung von Flüssigkeit der Umgebung in den Strahl und umgekehrt, kann die Geschwindigkeitsentwicklung im Strahl $\upsilon_x(x,y)$ mit einer Gauß-Funktion definiert werden.

$$\upsilon_x = \upsilon(x,y) = \upsilon_{max} e^{-\frac{1}{2}\cdot\left(\frac{y}{C\cdot x}\right)^2} \tag{9.16}$$

mit $\upsilon_{max} = f(\upsilon_0, x)$ in der Strahlachse

$C = f(\alpha_i)$ empirische Konstante

Die Entwicklung der maximalen Geschwindigkeit in der Strahlachse entlang des Weges x ist abhängig von der Form des Strahles.

Für den runden Freistrahl mit dem Durchmesser d und der Ausdehnung $y = r$ wird die Geschwindigkeit:

$$\upsilon_{x,y} = \upsilon_0 \cdot 6{,}2 \cdot \frac{d}{x} \cdot e^{-76{,}88\cdot\frac{y^2}{x^2}} \tag{9.17}$$

Für den ebenen Strahl mit der Strahlhöhe h und einer unendlichen Breite wird die Geschwindigkeit:

$$\upsilon_{x,y} = \upsilon_0 \cdot 2{,}28 \cdot \sqrt{\frac{h}{x}} \cdot e^{-42{,}45\cdot\frac{y^2}{x^2}} \tag{9.18}$$

Die Diffusionswinkel α_i und α_a schwanken sehr stark und wurden für ebene und runde Strahlen ermittelt zu:

Innerer Diffusionswinkel: $\alpha_i = 4°$ bis $5{,}5°$ und

äußerer Diffusionswinkel: $\alpha_a = 12°$ bis $16°$

Der innere Diffusionswinkel bestimmt die Kernzonenlänge, die sich bei kreisrunden Strahlen zu:

$x_0 = 6{,}2 \cdot D_0$ runder Freistrahl: $\alpha_i = 5°\ 30'$

und bei ebenen Strahlen zu:

$x_0 = 5{,}2 \cdot h$ ebener Freistrahl: $\alpha_i = 4°\ 36'$ ergibt.

Tabelle 9.3 Geschwindigkeitsentwicklung am runden, ebenen und ebenen wandnahen Freistrahl für $x > x_0$

Strahlform	Skizze	$\frac{\upsilon_{x,max}}{\upsilon_0} =$	$\frac{\upsilon_{x,y}}{\upsilon_{x,max}} =$
rund	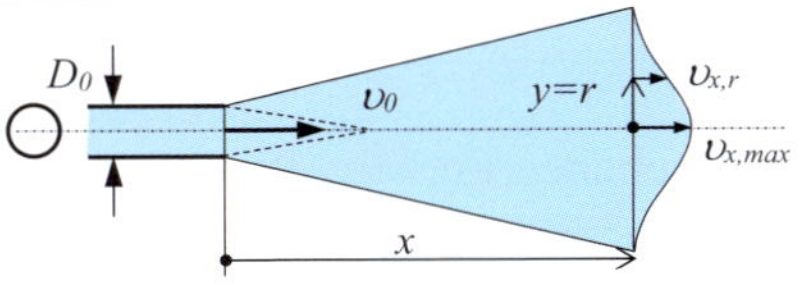 D_0, υ_0, $y=r$, $\upsilon_{x,r}$, $\upsilon_{x,max}$, x	$= 6{,}2 \cdot \frac{D_0}{x}$	$= e^{-76{,}88 \cdot \left(\frac{y}{x}\right)^2}$
eben	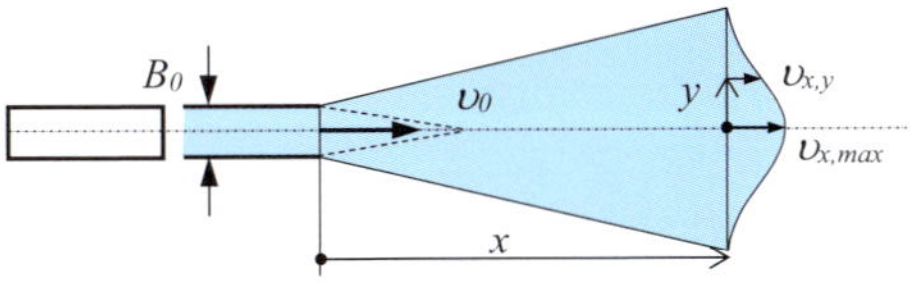 B_0, υ_0, y, $\upsilon_{x,y}$, $\upsilon_{x,max}$, x	$= 2{,}28 \cdot \sqrt{\frac{B_0}{x}}$	$= e^{-42{,}45 \cdot \left(\frac{y}{x}\right)^2}$
eben, wandnah	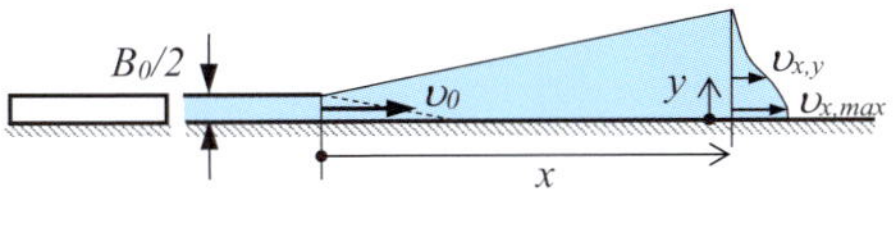 $B_0/2$, υ_0, y, $\upsilon_{x,y}$, $\upsilon_{x,max}$, x	$= 2{,}41 \cdot \left(\frac{B_0}{2 \cdot x}\right)^{\frac{3}{8}}$	$= e^{-170 \cdot \left(\frac{y}{x}\right)^2}$

9.2.2 Umgelenkter Freistrahl

Für die Berechnung der Impulsentwicklung, z. B. zur Strömungsberuhigung in einem Absetzbecken, sind die Informationen zur Strahlausbreitung bei der Einleitung und Umlenkung des Strahles wichtig. Für diesen Fall können folgende empirische Gleichungen weiterhelfen.

Tabelle 9.4 Geschwindigkeitsentwicklung am umgelenkten runden, ebenen und ebenen wandnahen Freistrahl

Form	rund	eben	eben, wandnah
Skizze			
$\frac{v_{m1}}{v_0} =$	$=1{,}66 \cdot \left(\frac{D_0}{r_1}\right)^{1{,}15}$	$=1{,}43 \cdot \left(\frac{B_0}{x_1}\right)^{\frac{3}{8}}$	$=10{,}4 \cdot \frac{B_0}{2 \cdot x_1}$

Für den auf eine schräge Wand treffenden ebenen Freistrahl gelten nach dem Impulssatz die Gleichungen der Strömungsaufteilung bei einem Winkel $\beta > 30°$:

$$\frac{Q_1}{Q} = \frac{b_1}{b} = \frac{1+\cos\beta}{2} \quad \text{und} \quad \frac{Q_2}{Q} = \frac{b_2}{b} = \frac{1-\cos\beta}{2} \tag{9.19}$$

Für die praktische Anwendung ist die Rückströmung Q_2 bei einem Auftreffwinkel des Strahles $\beta < 30°$ auf die Wand praktisch null. Dieser theoretische Ansatz gilt für den druckfreien Strahl in Luft, aber auch bei Vernachlässigung der Reibung im Wasser.

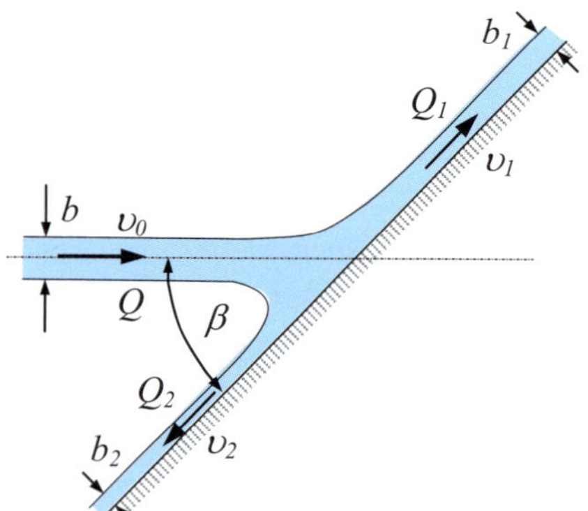

Bild 9.9 Aufteilung des ebenen Strahles auf schiefer Wand

Die Berechnung der Geschwindigkeitsentwicklung eines schräg auf eine Wand auftreffenden runden Freistrahles (Bild 9.10) ist nach Gleichung (9.20) möglich:

$$\frac{v_{\mathrm{r,max}}}{v_0} = k \cdot \left(\frac{D_0}{r}\right)^{1{,}15} \tag{9.20}$$

$\beta = 15°$, $k = 7{,}0$ $\quad$ $\beta = 30°$, $k = 4{,}8$ $\quad$ $\beta = 45°$, $k = 3{,}8$ $\quad$ $\beta = 90°$, $k = 1{,}66$

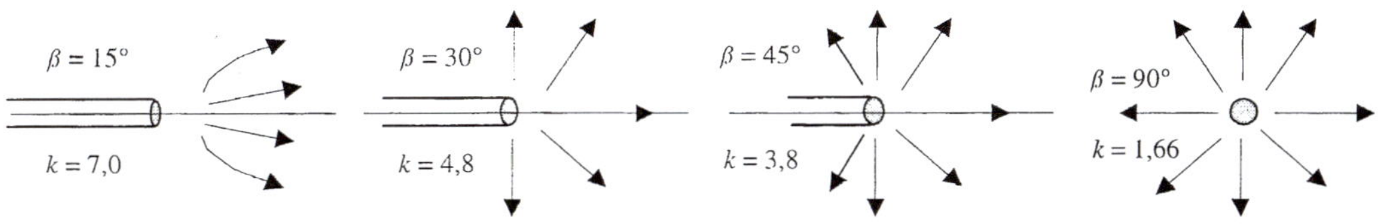

Bild 9.10 Beiwert der Geschwindigkeitsfunktion für runden Freistrahl auf schräger Wand

Die Geschwindigkeitsentwicklung eines radialen ebenen Freistrahles nach Verlassen eines Pralltellers hat *Kranawettreiser* (1992) aus Versuchen von *Lindemann* ermittelt. Das Geschwindigkeitsprofil von Freistrahlen lässt sich als Gauß-Verteilung ermitteln. Für eine hydraulische Beurteilung genügt meist die Ermittlung der maximalen Geschwindigkeit.

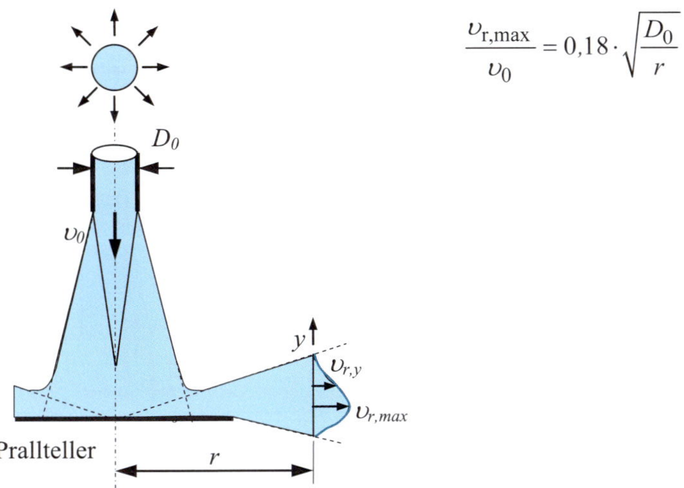

$$\frac{v_{\mathrm{r,max}}}{v_0} = 0{,}18 \cdot \sqrt{\frac{D_0}{r}}$$

Bild 9.11 Strahlentwicklung beim Verlassen eines Prallteller zur Strömungsberuhigung

Zur Abschätzung der Geschwindigkeitsentwicklung bei mehrfach umgelenkten Strahlen ist es oft schwer, die dominierende Funktion herauszufinden. Hier hilft die sogenannte Strahlabwicklung, die in Etappen entweder die verschiedenen Strahlgesetze oder das für die Ermittlung der Endgeschwindigkeit ausschlaggebende Strahlgesetz anwendet.

9.2.3 Freistrahl in begrenztem Raum mit freiem Wasserspiegel

Bei Freistrahlen in begrenzten Räumen (z. B. in Becken) wird die Ausbreitung des Strahles durch eine Wand oder durch eine freie Wasseroberfläche begrenzt. An den Begrenzungen erfolgt eine Strahlumlenkung und der Strahl breitet sich entlang dieser Begrenzungen als Wandstrahl aus. Wird der Strahl gegen eine freie Oberfläche gerichtet, kommt es zur Ausbildung einer Schwallhöhe a über den Ruhewasserspiegel. Die Schwallhöhen für die folgenden drei Strahlformen gelten für $x > x_0$ (Tabelle 9.5 und Tabelle 9.6).

Wird der Strahl gegen eine Wand gerichtet, bildet sich ein Stoßdruck p_S aus, der auch als Staudruck bekannt ist. Die Integration des Stoßdruckes über die Belastungsfläche ergibt die Impulskraft des Strahles auf die Wand.

$$F_S = \rho \cdot Q \cdot \upsilon \tag{9.21}$$

Tabelle 9.5 Schwallhöhen senkrechter Strahlen gegen den Wasserspiegel

Ebener Strahl senkrecht	Runder Strahl senkrecht	Wandstrahl eben und senkrecht
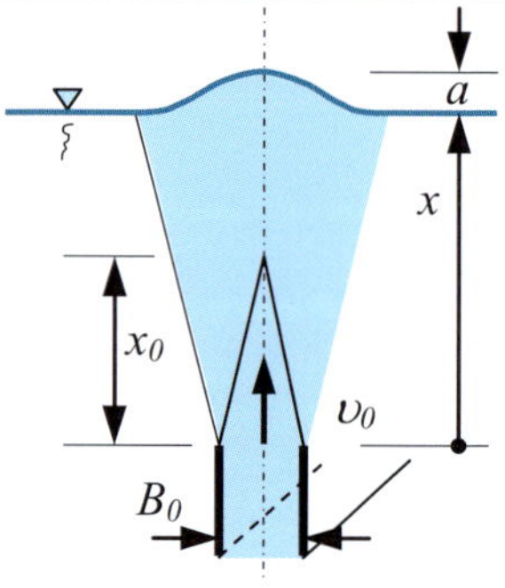 a, x, x_0, υ_0, B_0	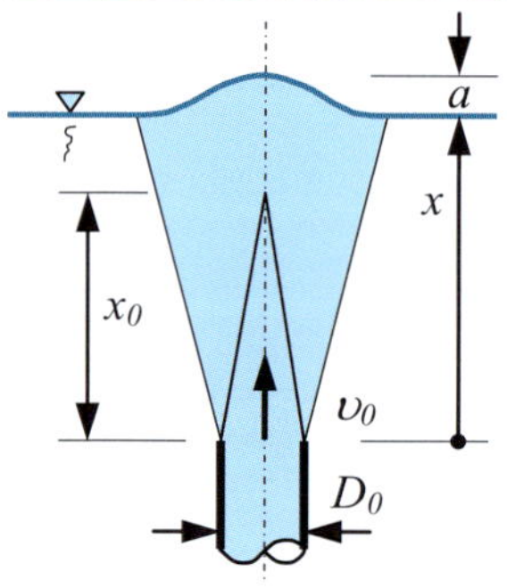 a, x, x_0, υ_0, D_0	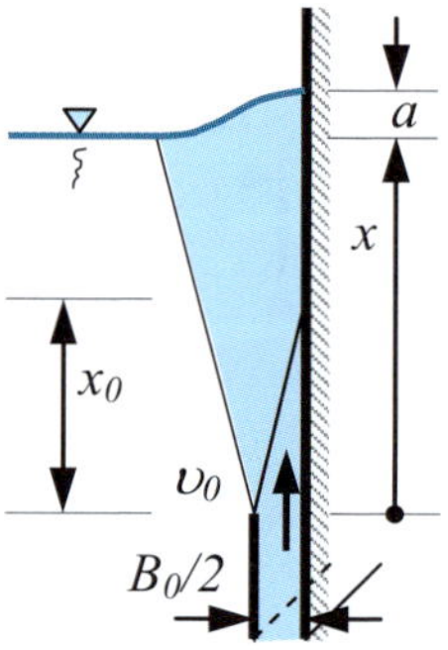 a, x, x_0, υ_0, $B_0/2$
$x_0 = 5{,}2 \cdot B_0$	$x_0 = 6{,}2 \cdot D_0$	$x_0 = 10{,}4 \cdot B_0/2$
$a = \frac{x_0}{x} \cdot \frac{\upsilon_0^2}{2g}$	$a = \left(\frac{x_0}{x}\right)^2 \cdot \frac{\upsilon_0^2}{2g}$	$a = \left(\frac{x_0}{x}\right)^{3/4} \cdot \frac{\upsilon_0^2}{2g}$

Tabelle 9.6 Schwallhöhen von Strahlen nach Umlenkung

Ebener Strahl senkrecht	**Runder Strahl senkrecht**	**Wandstrahl eben und senkrecht**
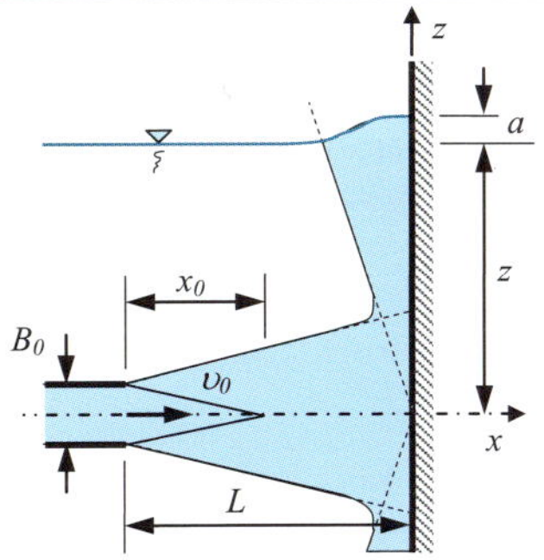	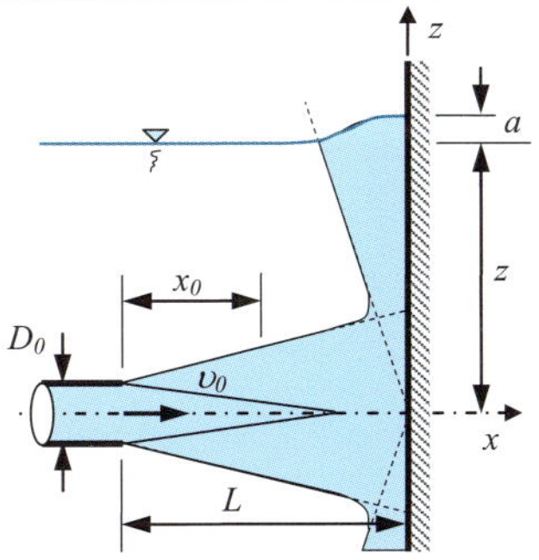	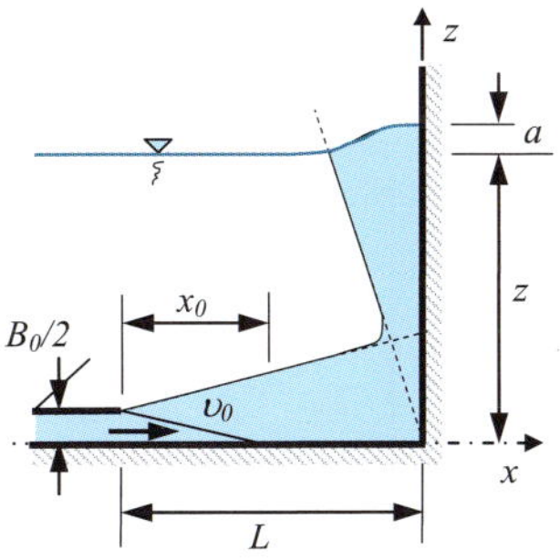
$x_0 = 5{,}2 \cdot B_0$	$x_0 = 6{,}2 \cdot D_0$	$x_0 = 10{,}4 \cdot B_0/2$
$z \geq 0{,}54 \cdot L$	$z \geq 0{,}3 \cdot L$	$z \geq 0{,}7 \cdot L$
$a = 0{,}6 \cdot \left(\frac{x_0}{z}\right)^{3/4} \cdot \frac{v_0^2}{2g}$	$a = 0{,}04 \cdot \left(\frac{x_0}{z}\right)^{2{,}3} \cdot \frac{v_0^2}{2g}$	$a = \left(\frac{x_0}{z}\right)^{2} \cdot \frac{v_0^2}{2g}$

Weitere umfangreiche Zusammenstellungen von Untersuchungsergebnissen zur Strahlausbreitung finden sich bei *Kraatz* (1989).

9.3 Strahlausbreitung in einer Querströmung

Ein in eine Querströmung eingeleiteter Freistrahl wird durch diese abgelenkt und mit der Querströmung abgedrängt und dabei verformt (Bild 9.12). Der Freistrahl wird dabei umströmt und es bildet sich im Querschnitt eine Hufeisenform aus. In der turbulenten Luftströmung zerfällt z. B. der Rauch eines Schornsteines in einzelne Strömungsballen. Die Einleitung in einen Fluss ist eine typische Strahlausbreitung in einer Querströmung. Oft handelt es sich um thermisch oder stofflich belastete Ströme, bei denen die Art und Weise der Einmischung, die Schnelligkeit der Vermischung und der Strömungsaustausch interessant sind. Solche Strömungsvorgänge sind sehr komplex und können heute sehr gut mit Hilfe numerischer Strömungsprogramme nachgebildet werden. Ein Expertensystem zur Analyse von Strömungsausbreitungen mit Querströmung ist das System CORMIX-Mischzonen-Analyse (Cormix, 2014). Durch die Kombination von empirischen Ansätzen der Strahlausbreitung und Vermischung, kombiniert und unterstützt durch numerische Strömungssimulationsprogramme, hat sich eine Expertengruppe von internationalen Anwendern zusammengefunden, die sich zum Beispiel mit Themen wie die Einleitungsvermischung zur Abwasserentsorgung im Meer, die thermischen Analysen der Schadstoffausbreitung für Umweltverträglichkeitsprüfungen, der Analyse von Lockströmungen für Fischpassagen, der Untersuchung von Quellstärken für die Grundwasserneubildung, der Analyse von Schiffsentladungen und Havarien im Meer oder der Kohlendioxid-Sequestrierung, also der Lagerung von verflüssigten Gasen und deren Umweltauswirkungen im Meer beschäftigen.

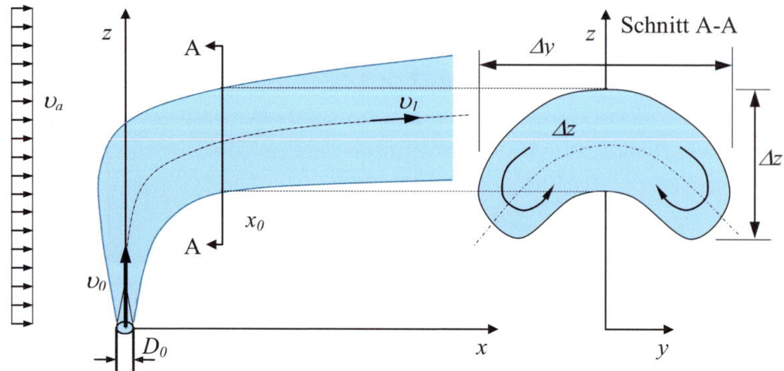

Bild 9.12 Strahlverbreiterung infolge einer Querströmung nach *Pratte et. al.* (1967)

Die beiden folgenden Gleichungen (9.22) und (9.23) schätzen die Ausdehnung eines in eine Querströmung eingeleiteten Strahles in Abhängigkeit von der relativen Entfernung zum Einleitepunkt ab (*Pratte et al.,* 1967).

$$\frac{\Delta y}{D_0} = \left(\frac{\upsilon_0}{\upsilon_a}\right)^{0,6} \cdot 1{,}25 \cdot \left(\frac{x}{D_0}\right)^{0,4} \tag{9.22}$$

$$\frac{\Delta z}{D_0} = \left(\frac{\upsilon_0}{\upsilon_a}\right)^{0,6} \cdot 0{,}92 \cdot \left(\frac{x}{D_0}\right)^{0,4} \tag{9.23}$$

Der Strahl erreicht dabei eine maximale relative Höhe (obere Begrenzung) von:

$$\frac{z}{D_0} = \left(\frac{\upsilon_0}{\upsilon_a}\right)^{0,72} \cdot 2{,}63 \cdot \left(\frac{x}{D_0}\right)^{0,28} \tag{9.24}$$

10 Sicker- und Grundwasserströmungen

Strömungen in porösen Medien, wie z. B. in natürlichen Erdschichten der oberen Erdkruste, in künstlichen Baustoffen im Deichbau, in Drainagen oder Filtern, werden als Grundwasser- bzw. Sickerwasserströmungen bezeichnet. Die Informationen über den Wasserstand und die Strömungsvorgänge im Untergrund sind wichtig, da sie nicht nur eine Wirkung auf Bauwerke z. B. als Auftrieb und Sohlwasserdruck haben, sondern auch mit ihrer Durchströmung z. B. von Deichen, Dämmen und Filtern ihre Stabilität oder Standfestigkeit beeinflussen. Die Bewegung von Wasser im Boden und der damit verbundene Transport von Materialien (Suffosion, Erosion) kann die Stabilität der Bauwerke verringern oder durch das Aufweichen von Gleitflächen kann ein hydraulischer Grundbruch eintreten. Grundwasser selbst ist eine wichtige Ressource für die Trinkwasserversorgung und seine Förderung über Brunnen beeinflusst den Grundwasserstand.

10.1 Begriffe und Definitionen

10.1.1 Porosität

Erdreich oder Baustoffe im Deich- und Filterbau bestehen aus Materialien, die mehr oder weniger durchlässig sind. Diese Durchlässigkeit wird vom Hohlraumanteil, also der Porosität, bestimmt.

Totale Porosität: $$n = \frac{V_P}{V} = 1 - \frac{m_S}{V \cdot \rho_S} \tag{10.1}$$

Die totale Porosität kann im Laborversuch aus der Masse des getrockneten Materials m_S, der Materialdichte ρ_S und dem Volumen V der Probe bestimmt werden. V_P ist das Porenvolumen.

In Abhängigkeit von der Lagerungsdichte, der Zusammensetzung und der Eigenschaft des Materials wird dieser Hohlraum für die Durchströmung genutzt. Bei gröberen Materialien, wie z. B. Kies, steht fast der gesamte Hohlraum für die Wasserbewegung zur Verfügung. Bei feineren Stoffen blockieren die Adhäsionskräfte zwischen Wasser und Feststoff die Bewegung (adhäsive Porosität), so dass nur ein Teil der Hohlräume durchströmt werden kann (effektive Porosität, strömungswirksamer Hohlraumanteil). Mit V_f als effektivem Porenvolumen ist die

effektive Porosität: $$n_f = \frac{V_f}{V} = e \cdot n \tag{10.2}$$

Der Hohlraumdurchmesser bestimmt außerdem die kapillare Steighöhe des Wassers, die für die Durchnässung der ungesättigten Zone des Erdreiches verantwortlich ist. Die gesättigte (wasserführende) Zone, der Grundwasserleiter, wird als Aquifer bezeichnet und kann als ungespannter oder als gespannter Aquifer das Wasser transportieren (*Busch et al.*, 1993).

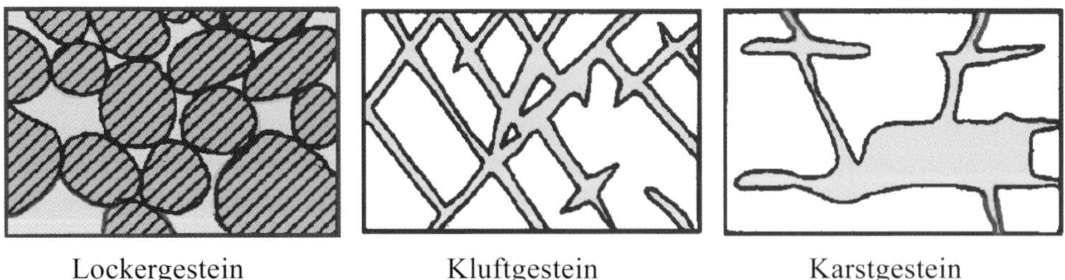

Bild 10.1 Poröse Medien als Grundwasserleiter

In einem gespannten Aquifer wird die darüberliegende undurchlässige Schicht als Aquifertop und die darunterliegende als Aquiferbasis bezeichnet. Die Dicke der Grundwasserschicht dazwischen ist die **Mächtigkeit** M des Grundwasserleiters.

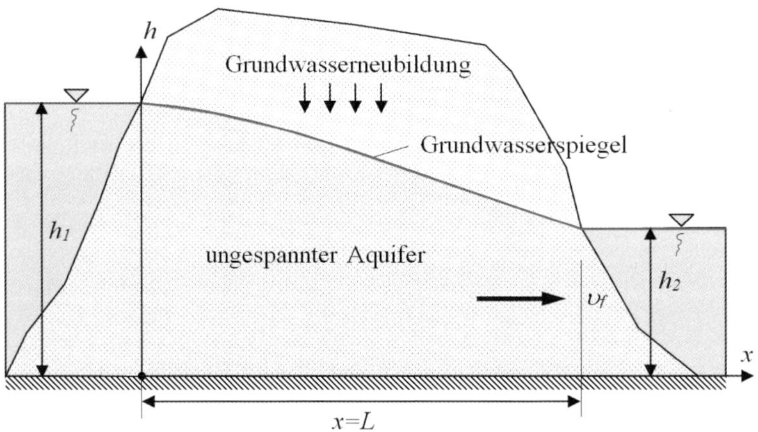

Bild 10.2 Ungespannter Aquifer (Grundwasserleiter)

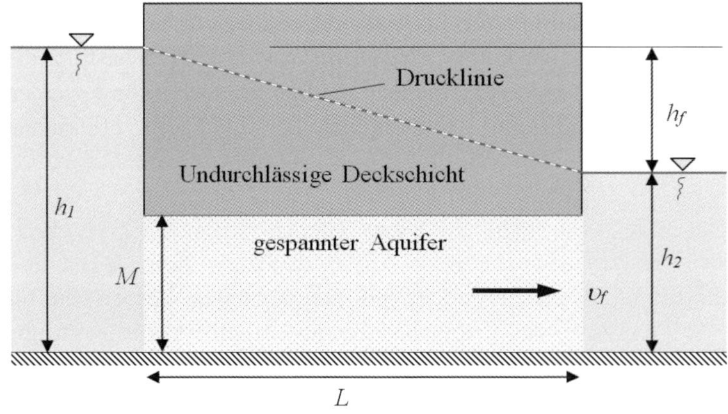

Bild 10.3 Gespannter Aquifer (M – Mächtigkeit des Grundwasserleiters)

Wird ein unter Druck stehender gespannter Aquifer angebohrt und liegt die Drucklinie über der Geländeoberkante, bildet sich eine selbstständig sprudelnde artesische Quelle bzw. ein artesischer Brunnen aus.

10.1.2 Suffosion, Erosion und Kolmation

Neben dem Transport von Wasser kann im Erdreich oder in Filtern auch ein Transport von Materialien stattfindet. Als **Suffosion** werden die Umlagerung und der Transport von feineren Materialien durch das Wasser unter Beibehaltung der Boden- oder Filterstruktur bezeichnet. Diese Verlagerung der feineren Bestandteile führt zur Erhöhung der Durchlässigkeit des Bodens (n und k_f werden größer). Man spricht von der **inneren Suffosion**, wenn dies im Innern des Bodens stattfindet. Findet der Prozess der Umlagerung an der freien Oberfläche des Materials statt, dann spricht man von der **äußeren Suffosion**, durch die eine innere Suffosion erst angeregt oder beschleunigt werden kann. Als **Kontaktsuffosion** wird der Austausch feiner Teilchen zwischen zwei Filterschichten bezeichnet.

Kommt es auch zu einer Umlagerung und einem Transport größerer Teilchen und Materialien durch das Wasser, dann spricht man von **Erosion**. Sie verändert die Gesamtstruktur des Bodens und kann die Stabilität der Erd- oder Filterschicht beeinträchtigen. Die durch den Materialabtrag gebildeten Hohlräume können dabei zusammenbrechen. Findet die Erosion im Inneren des Erdreiches statt, spricht man von einer **inneren Erosion**. An der Oberfläche des Erdreiches kommt es z. B. durch den Wasserabfluss bei Starkniederschlägen zur sogenannten Rillenerosion (**äußere Erosion**). Bei der **Kontakterosion** kommt es zum Transport von Materialien zwischen zwei Erdstoffen, was zum Zusetzen der Porenräume und damit zur Verstopfung führen kann.

Unter **Kolmation** versteht man die Anlagerung von feinen Teilchen (0,002 bis 0,1 mm) die an das Material transportiert werden, so dass es zur Verringerung der Porenkanäle und damit der Durchlässigkeit kommt. Es setzt eine Selbstdichtung ein.

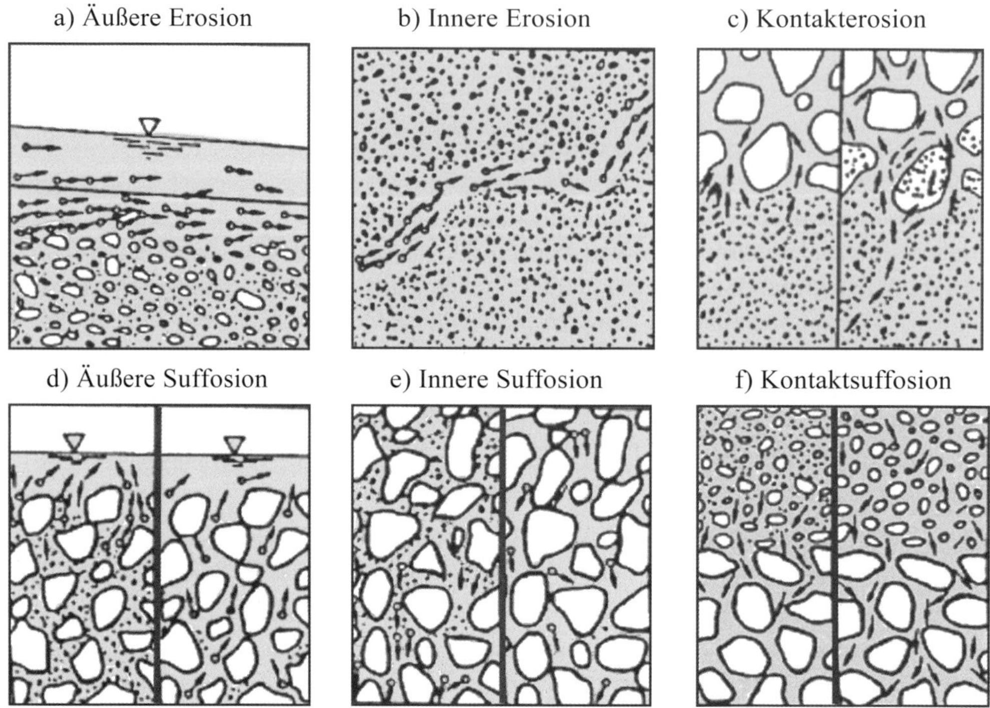

Bild 10.4 Suffosion und Erosion nach *Busch* u. a. (1993)

Die Sicherheit gegen Erosion und die Beständigkeit gegen Suffosion sind von der Ungleichmäßigkeit der Körnung, der Lagerungsdichte und dem Porengehalt abhängig. Dazu sind die Materialien durch umfangreiche Untersuchungen zu analysieren. Weitere Informationen dazu findet man in der Literatur (*Lattermann*, 1997).

10.1.3 Durchlässigkeitsbeiwert

Die Strömungsgeschwindigkeit im Aquifer wird vom Druckgefälle und der Porosität des durchströmten Mediums beeinflusst. Diesen linearen Zusammenhang hat Darcy 1856 erstmals erkannt (Filtergesetz nach *Darcy*, siehe Abschnitt 5.13).

Ermittlung des Darcy-Beiwertes: $$k_\mathrm{f} = \frac{v_\mathrm{f}}{I} = \frac{Q \cdot L}{A \cdot h_\mathrm{f}} \qquad (10.3)$$

Den Proportionalitätsfaktor, einen aus der Durchlässigkeit des Materials ermittelten Beiwert k_f bestimmt man in Filterversuchen (Bild 10.5). Neben den Versuchswerten gibt es einen in vielen Literaturquellen aufgezeigten und experimentell gesicherten funktionellen Zusammenhang zwischen dem Durchlässigkeitsbeiwert k_f, dem wirksamen Durchmesser d_W und der Porosität n. So geben *Dyck* und *Peschke* (1995) folgende Gleichungen an:

$$k_f = C \cdot d_W^2 \cdot \frac{n^3}{(1-n)^2} \cdot \frac{g}{\nu} \tag{10.4}$$

bzw.

$$k_f = C_{10} \cdot d_{10}^2 \tag{10.5}$$

Für Sande mit einer Ungleichförmigkeit $U < 5$ ergibt sich nach *Hazen* (in *Dyck & Peschke*, 1995) die Konstante zu $C_{10} = 11.600\ \mathrm{m}^{-1} \cdot \mathrm{s}^{-1}$ mit einem Geltungsbereich von 0,1 mm < d_{10} < 3 mm bei einer Ungleichförmigkeit kleiner 5. Im Merkblatt der BAW (2013) werden weitere Verfahren zur Bestimmung des Durchlässigkeitsbeiwertes u. a. von *Beyer* (1964) vorgestellt.

Das Darcy-Gesetz ist gültig für laminare Strömung. Diese gilt bis zu einer kritischen Filter-Reynolds-Zahl von 1, wird aber auch in einigen Quellen bis 10 angegeben.

$$Re_f = \frac{\upsilon_f \cdot d_{50\%}}{\nu} < 1 \text{ bis } 10 \tag{10.6}$$

Die mit Hilfe des Darcy-Beiwertes ermittelte Filtergeschwindigkeit υ_f ist eine auf den Gesamtquerschnitt bezogene theoretische Größe; die wirkliche Fließgeschwindigkeit in den Hohlräumen υ_P ist bedeutend größer und kann feinste Bestandteile des Erdstoffes mechanisch herauslösen und transportieren (Suffosion). Werden auch größere Partikel und Körner bewegt, so dass der Verbund des Materials nachgeben kann, spricht man von Erosion. Der Hohlraumanteil als Verhältnis des Hohlraumvolumens zum Gesamtvolumen ist ein maßgebender Faktor für die Durchlässigkeit. Für die Porengeschwindigkeit ist allerdings nur der durchflusswirksame Hohlraumanteil maßgebend, da ein Teil des Wassers durch die Haftspannung gebunden ist. Dieser entspricht auch etwa dem speicherwirksamen Hohlraumanteil.

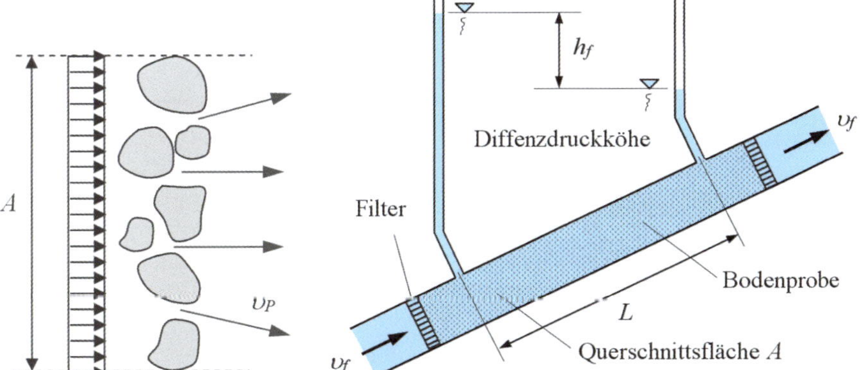

Bild 10.5 Filtergeschwindigkeiten υ_f im Filterausschnitt und wahre Geschwindigkeit υ_P in den Poren, rechts: Bestimmung des Durchlässigkeits-Beiwertes k_f im Laborversuch nach DIN EN ISO 17892-11:2021-03

Die wahre Abstandsgeschwindigkeit in den Poren kann aus der mittleren Filtergeschwindigkeit berechnet werden:

Filtergeschwindigkeit: $$\upsilon_f = k_f \cdot \frac{h_f}{L} = \frac{Q}{A} \quad (10.7)$$

Abstandsgeschwindigkeit: $$\upsilon_P = \frac{\upsilon_f}{n_f} \quad (10.8)$$

Tabelle 10.1 Wichtigste Boden-Kennzahlen aus verschiedenen Quellen (*Bollrich*, 2019; *Langguth & Voigt*, 2004; *Prinz & Strauß*, 2011; *Hölting*, 1996)

Material	**Durchlässigkeitsbeiwert** k_f [m/s]	**Korndurchmesser** d_S [mm]	**Kapillar-Durchmesser** d_{kap} [mm]	**kapillare Steighöhe** h_{kap} [m]	**Porosität** n [%]	**effektive Porosität** n_f [%]
Grobkies	$> 5 \cdot 10^{-1}$	20 – 60	6	0,01	28	13 – 23
Mittelkies	$10^{-1} - 5 \cdot 10^{-1}$	6 – 20	3	0,01	29	14 – 24
Feinkies	$10^{-2} - 10^{-1}$	2 – 6	1,5	0,02	30	15 – 25
Kiesiger Sand	$10^{-3} - 10^{-2}$	0,6 – 3	0,3	0,10	33	16 – 28
Grobsand	$5 \cdot 10^{-3} - 10^{-4}$	0,6 – 2	0,3	0,10	40	15 – 30
Mittelsand	$10^{-5} - 5 \cdot 10^{-3}$	0,2 – 0,6	0,2	0,15	43	12 – 25
Feinsand	$10^{-5} - 10^{-4}$	0,063 – 0,2	0,03	1,00	48	10 – 20
lehmiger Sand	$2 \cdot 10^{-5}$	0,02 – 0,06	0,02	1,50	50	10 – 15
sandiger Lehm	$8 \cdot 10^{-6}$	0,006 – 0,02	0,015	2	51	5 – 12
Schluff	$4 \cdot 10^{-6}$	0,002 – 0,063	0,01	3	52	5 – 10
Lehm (Gemisch)	$10^{-9} - 2 \cdot 10^{-6}$	< 0,002	0,005	6	53	4 – 7
Ton	$10^{-12} - 2 \cdot 10^{-9}$	< 0,002	0,003	bis 10	54	< 5

Tabelle 10.2 Kornformen und Ungleichmäßigkeitsfaktoren

Kornform			$U = d_{60}/d_{10}$	d_W/d_{10}
a)	kugelig, abgerundet		1,0 – 1,9	1,0 – 1,6
b)	plattig, abgerundet		2,0 – 2,9	1,6 – 1,9
c)	nadelförmig, abgerundet		3,0 – 4,9	1,9 – 2,2
d)	plattig, kantig		5,0 – 9,9	2,2 – 2,5
e)	nadelförmig, scharfkantig		> 10	> 1,5

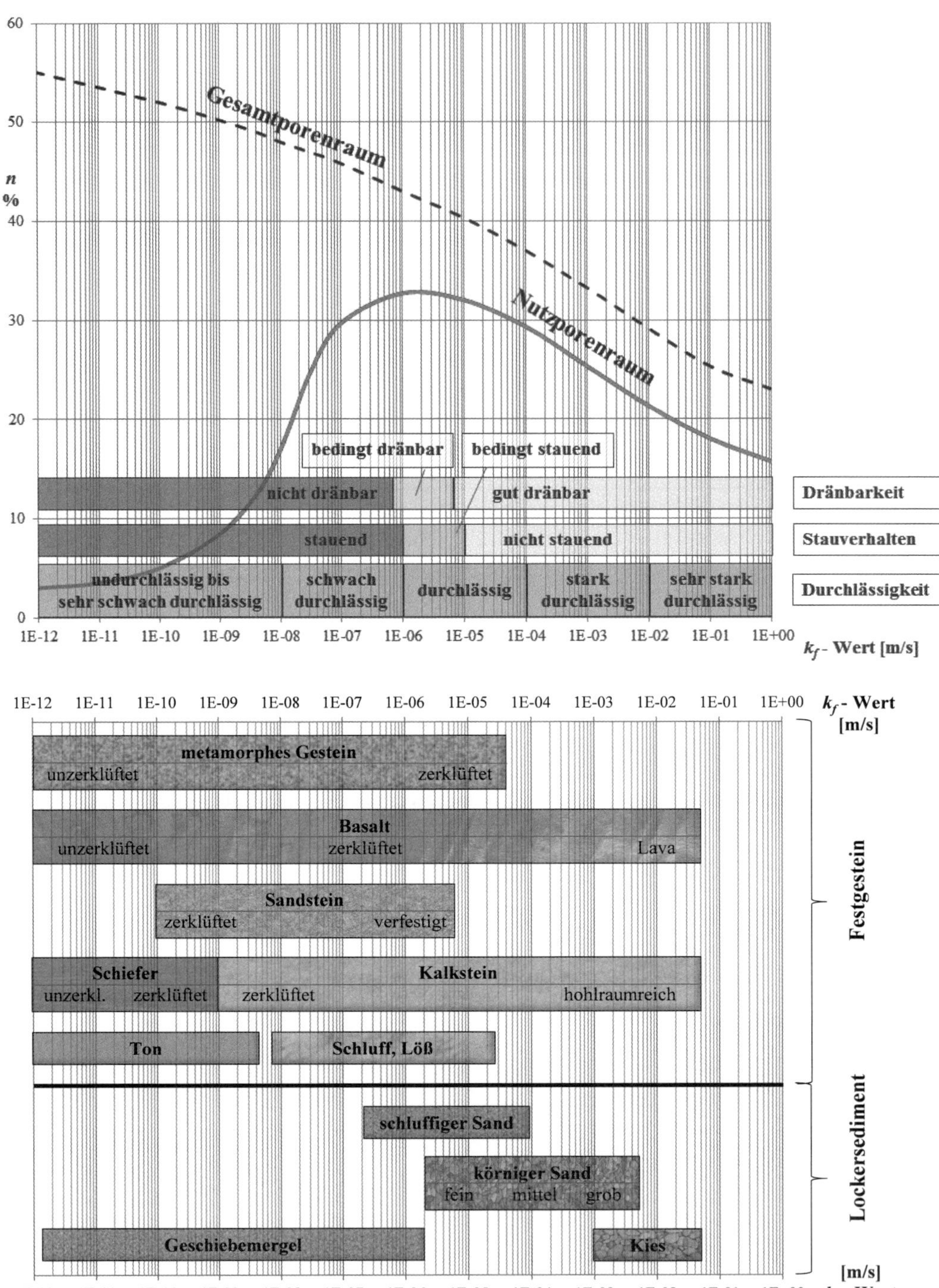

Bild 10.6 Porenraum und Materialeigenschaften in Abhängigkeit vom k_f-Wert des Materials in Anlehnung an *Davis* und *De Wiest* (1966)

Der Durchlässigkeitsbeiwert kann außerdem in der direkten Naturmessung an zwei Beobachtungsbrunnen mit dem Abstand L bestimmt werden. Dazu wird das Gefälle I ermittelt, der Porengehalt n_f im Labor bestimmt und die reale Porenfließgeschwindigkeit υ_P z. B. mit Hilfe eines Tracers gemessen. Der Beiwert ergibt sich dann zu:

$$k_f = \frac{\upsilon_f}{I} = \frac{\upsilon_P \cdot n_f}{I} = \frac{L^2 \cdot n_f}{t \cdot h_f} \tag{10.9}$$

Die Bestimmung des Beiwertes ist außerdem im Pumpenversuch möglich, was im Abschnitt 10.2 erläutert wird.

Der Ungleichförmigkeitsgrad U einer Sieblinie ist das Verhältnis der Korndurchmesser bei einem bestimmten Siebdurchgang. Zur Bewertung der Durchlässigkeit eines Materials und der Gleichförmigkeit wird das Verhältnis der Korndurchmesser bei 60 % Siebdurchgang zu 10 % Siebdurchgang verwendet.

Ungleichförmigkeit:
$$U = \frac{d_{60\%}}{d_{10\%}} \tag{10.10}$$

Man unterscheidet zwischen:

$U < 5$	gleichförmiges Material
$5 \leq U \leq 15$	ungleichförmiges Material
$U > 15$	sehr ungleichförmiges Material

Beyer (1963) untersuchte zahlreiche Materialien hinsichtlich ihrer Ungleichförmigkeit und ermittelte eine Formel für den Durchlässigkeitsbeiwert in Abhängigkeit vom maßgebenden Korndurchmesser $d_{10\%}$ und der Ungleichförmigkeit U sowie der Lagerungsdichte. Aus seinen Messwerten wurde folgende Näherungsgleichung definiert:

$$k_f = 1000\ [1/(\mathrm{m \cdot s})] \cdot C \cdot U^{-2{,}35/C} \cdot d_{10\%}^2 \qquad k_f \text{ in [m/s] mit } d_{10\%} \text{ in [m]} \tag{10.11}$$

Der Beiwert C ergibt sich in Abhängigkeit von der Lagerungsdichte zu:

$C = 10$	dichte Lagerung des Materials
$C = 12$	mittlere, natürliche Lagerung
$C = 15$	lockere Lagerung des Materials

10.1.4 Filter und Filteraufbau

Filter dienen im Wasserbau, aber auch in anderen Bereichen der Wasserwirtschaft dem Zurückhalten von Stoffen und Materialien bei guter Wasserdurchlässigkeit. Insbesondere wo Lockergesteine mit sehr unterschiedlichen Korngrößen zusammentreffen, muss der Übergang der Körnung so abgestuft werden, dass ein Transport von Wasser möglich ist, von Material aber verhindert wird. Diese Anforderung erfüllen sowohl natürliche Lockersedimente wie Sand und Kiese, gebrochene Materialien wie Splitt und Schotter, aber auch Geokunststoffe wie Gewebe, Matten oder Fliese. Bei mineralischen Filtern verwendet man Stufenfilter, also eine stufenartige Erhöhung der Körnung, oder Mischfilter mit einer geeigneten Zusammensetzung einer Körnung. Eine Filterwirkung wird dann erreicht, wenn das Verhältnis des mittleren Korndurchmessers von maximal 4 bis 5 erreicht und ein Rückstau verhindert oder wenn ein Verhältnis der Darcy-Beiwerte zwischen Filter (F) und Basisstoff (B) von etwa 15 eingehalten wird (*Sichardt* und *Cistin*, siehe in *Lattermann*, 1999).

$$\frac{\text{Durchmesser Filtermaterial}}{\text{Durchmesser Basismaterial}} = \frac{d_{50,\mathrm{F}}}{d_{50,\mathrm{B}}} \leq 4 \text{ bis } 5 \qquad (10.12)$$

$$\frac{\text{Durchlässigkeitsbeiwert Filtermaterial}}{\text{Durchlässigkeitsbeiwert Basismaterial}} = \frac{k_{\mathrm{f,F}}}{k_{\mathrm{f,B}}} \geq 15 \qquad (10.13)$$

Die Filterregel nach *Terzagi* und *Pech* lautet:

$$\frac{d_{15,\mathrm{F}}}{d_{85,\mathrm{B}}} < 4 \qquad (10.14)$$

Die hydraulische Wirksamkeit muss dabei zwischen 4 und 20 liegen und der Ungleichmäßigkeitsfaktor $U = d_{60}/d_{10}$ sollte kleiner als 2 sein:

$$4 < \frac{d_{15,\mathrm{F}}}{d_{15,\mathrm{B}}} < 20 \qquad \text{und} \qquad U = \frac{d_{60}}{d_{10}} < 2 \qquad (10.15)$$

Die Mindestdicke eines Filters sollte $25 \cdot d_{50,\mathrm{F}}$ betragen.

Bei Nichteinhaltung der Filterregeln kann es zur Suffosion oder Erosion kommen.

Bei der Verwendung von körnigen Materialien oder Erdstoffen als Baustoff, z. B. im Deichbau oder Staudammbau, ist vor allem die innere Erosion interessant. Erosion tritt vor allem in Hohlräumen auf, die von Wühltieren oder abgestorbenen Wurzeln stammen sowie in Grenzflächen zu Bauwerken (Fugenerosion) oder in Kontaktflächen unterschiedlicher Materialien (Kontakterosion).

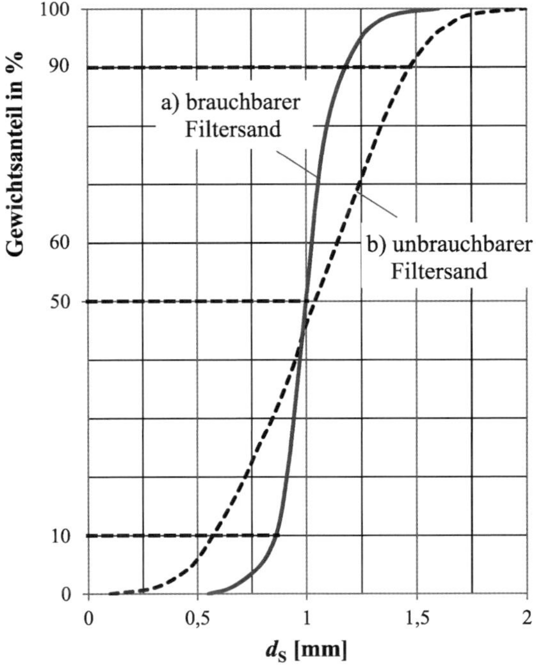

Bild 10.7 Ungleichförmigkeit zweier Siebkurven von Filtern

Für die **Filtration** bei der Wasserversorgung o. Ä. spielen der Ungleichmäßigkeitsfaktor U und der wirksame Korndurchmesser d_W eine wichtige Rolle. Bild 10.7 zeigt zwei Siebkurven, bei denen der Ungleichförmigkeitsgrad U für Kurve a) unter 1,5 liegt (*Kittner et al.*, 1985).

a) Brauchbarer Filtersand:

$$U = \frac{d_{60}}{d_{10}} = \frac{1{,}026}{0{,}86} = 1{,}19 < 1{,}5 \tag{10.16}$$

b) unbrauchbarer Filtersand:

$$U = \frac{d_{60}}{d_{10}} = \frac{1{,}14}{0{,}57} = 2 > 1{,}5 \tag{10.17}$$

Der wirksame Durchmesser wird ermittelt zu:

$$d_W = \frac{d_{10} + d_{90}}{2} \tag{10.18}$$

Die Mindestdicke von Kornfiltern wird im Merkblatt der BAW (2013) mit mindestens 15 cm bis 30 cm angegeben.

10.1.5 Kapillare Steighöhe

Wie aus Tabelle 10.1 ersichtlich, ist die kapillare Steighöhe von der Größe bzw. dem Durchmesser der Porenkanäle abhängig. Nach Kapitel 3, Gleichung (3.35) berechnet sich die kapillare Steighöhe zu:

$$h_{\text{Kap}} = \frac{4 \cdot \sigma}{\rho_{\text{F}} \cdot g \cdot d_{\text{Kap}}} \qquad (3.35)$$

Mit der Oberflächenspannung von $\sigma = 0{,}073\ \text{N/m}$ bei einer Wassertemperatur von 10 °C ergibt sie sich aus Tabelle 10.1. Die Grenze des Grundwassers ist mit dem Grundwasserspiegel definiert. Diese Grenze bedeutet aber nicht die Grenze des Wassers im Boden. Diese wird durch die kapillare Steighöhe und das Sickerwasser bestimmt. Das Sickerwasser trägt zur Grundwasserneubildung bei. Im Damm- und Deichbau bestimmt die kapillare Steighöhe die Durchfeuchtung des Bauwerkes, die weit oberhalb der Sickerlinie liegen kann. Diese Durchfeuchtung hat Einfluss auf die Böschungsstabilität und das Bauwerk selbst.

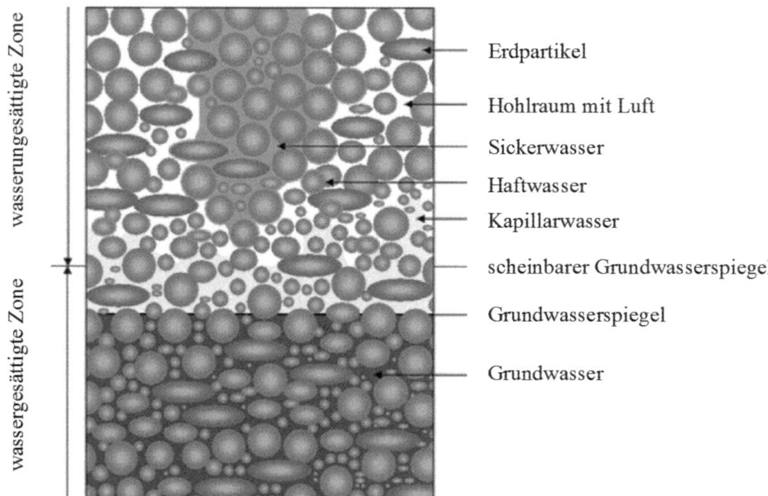

Bild 10.8 Übergang von gesättigter zu ungesättigter Zone im Untergrund nach *Hölting* (1996)

10.2 Grundwasser-Strömungsgleichungen

Die Grundwasserströmung entspricht einer rotationsfreien laminaren Strömung, bei der die Geschwindigkeit als Potentialfunktion Φ definiert werden kann ($\vec{\upsilon} = \text{grad}\,\Phi$). Als Potentialfunktion wird hier die Funktion der Potentialhöhe h verwendet. Aus der Kontinuitätsbedingung entsteht die schon im Abschnitt 5.4 genannte Laplace-Gleichung (siehe Gleichung (5.30)).

Die Massenbilanz in einem Strömungselement im Grundwasser wird gebildet aus:

Massenfluss:

$$\text{div}\,\vec{\upsilon} \cdot dm = \left(\frac{\partial \upsilon_{\text{x}}}{\partial x} + \frac{\partial \upsilon_{\text{y}}}{\partial y} + \frac{\partial \upsilon_{\text{z}}}{\partial z} \right) \cdot dm$$

mit den Elementen der Darcy-Gleichung:

$$\upsilon_{\text{x}} = k_{\text{fx}} \cdot \frac{\partial h}{\partial x},\ \upsilon_{\text{y}} = k_{\text{fy}} \cdot \frac{\partial h}{\partial y},\ \upsilon_{\text{z}} = k_{\text{fz}} \cdot \frac{\partial h}{\partial z}$$

Speicherterm: $\frac{\partial h}{\partial t} \cdot S_0 \cdot dm$ mit S_0 als spezifischem Speicherkoeffizienten

Quell- oder Senkterm: $W_0 \cdot dm$ mit W_0 spezifischer Zu- oder Abfluss

Die Kontinuitätsbedingung (Massenbilanz bezogen auf die differentiale Masse) in der Grundwasserströmung bedeutet, dass die Divergenz der Geschwindigkeit an einem Element gleich seiner Speicherfähigkeit plus einem eventuellen Zu- oder Abgang durch eine Quelle oder Senke sein muss.

Die Strömungsgleichung für eine instationäre, anisotrope, heterogene, dreidimensionale Grundwasserströmung unter Berücksichtigung einer Quelle oder Senke lautet damit:

$$\frac{\partial}{\partial x}\left(k_{\mathrm{fx}} \cdot \frac{\partial h}{\partial x}\right)+\frac{\partial}{\partial y}\left(k_{\mathrm{fy}} \cdot \frac{\partial h}{\partial y}\right)+\frac{\partial}{\partial z}\left(k_{\mathrm{fz}} \cdot \frac{\partial h}{\partial z}\right)=\frac{\partial h}{\partial t} \cdot S_0+W_0 \qquad (10.19)$$

Der Anisotropiefaktor zwischen horizontaler und vertikaler Durchlässigkeit $k_{\mathrm{fx}} / k_{\mathrm{fz}}$ kann für Lockergesteins-Aquifere bis zu 10 betragen.
Meist werden Grundwasserströmungen in einem homogenen Untergrund betrachtet, so dass der Durchlässigkeitsbeiwert k_{f} als isotrop angenommen wird. Für eine stationäre Strömung wird damit aus Gleichung (10.19) die Poisson-Gleichung:

$$\frac{\partial^2 h}{\partial x^2}+\frac{\partial^2 h}{\partial y^2}+\frac{\partial^2 h}{\partial z^2}=\frac{W_0}{k_{\mathrm{f}}} \qquad (10.20)$$

Ohne Quellen und Senken wird die Poisson-Gleichung zur Laplace-Gleichung:

$$\frac{\partial^2 h}{\partial x^2}+\frac{\partial^2 h}{\partial y^2}+\frac{\partial^2 h}{\partial z^2}=0 \qquad (10.21)$$

Da die Grundwasserströmung in der Regel als ebener Fall betrachtet wird, gelten in einem Koordinatensystem mit der vertikalen Orientierung z folgende Gleichungen:

vertikal eben: $$\frac{\partial}{\partial x}\left(k_{\mathrm{fx}} \cdot \frac{\partial h}{\partial x}\right)+\frac{\partial}{\partial z}\left(k_{\mathrm{fz}} \cdot \frac{\partial h}{\partial z}\right)=\frac{\partial h}{\partial t} \cdot S_0+W_0 \qquad (10.22)$$

horizontal eben: $$\frac{\partial}{\partial x}\left(k_{\mathrm{fx}} \cdot \frac{\partial h}{\partial x}\right)+\frac{\partial}{\partial y}\left(k_{\mathrm{fy}} \cdot \frac{\partial h}{\partial y}\right)=\frac{\partial h}{\partial t} \cdot S_0+W_0 \qquad (10.23)$$

radialsymmetrisch: $$\frac{\partial}{\partial r}\left(k_{\mathrm{fr}} \cdot \frac{\partial h}{\partial r}\right)+\frac{k_{\mathrm{fr}}}{r} \cdot \frac{\partial h}{\partial r}+\frac{\partial}{\partial z}\left(k_{\mathrm{fz}} \cdot \frac{\partial h}{\partial z}\right)=\frac{\partial h}{\partial t} \cdot S_0+W_0 \qquad (10.24)$$

Die Grundwasserströmungsgleichungen sind Grundlage für die Berechnung der Wasserspiegelabsenkung, der zeitlichen Veränderung des Grundwasserspiegels bei Wasserentnahmen oder Wassereinspeisungen, der Ergiebigkeit von Grundwasserspeichern und damit der Bestimmung von maximalen Entnahmewerten und der Berechnung der Belastungsgrößen, wie Sickergeschwindigkeit und Sickergefälle zur Einschätzung von Suffosion und Erosion. Sie dienen der Berechnung des Sickerwasserströmungsdruckes bei der Unterströmung von

Bauwerken und sie kommen bei der Ermittlung der Durchströmung von Deich- und Dammbauwerken zur Anwendung.

10.3 Brunnenentnahme

Brunnen dienen der Entnahme von Rohwasser für die Wasseraufbereitung, der Grundwasserabsenkung z. B. im Tagebau oder für Baugruben oder der Zugabe von Wasser (Schluckbrunnen) für die Grundwasseranreicherung oder Verbesserung der Grundwasserqualität. Brunnen werden meist als Vertikalbrunnen gebaut, sind aber für die Wasserfassung auch als Horizontalbrunnen möglich. Der Aufbau und die Beschaffenheit von Brunnen sind von den hydrogeologischen Gegebenheiten, dem Verwendungszweck, dem Bohrverfahren oder der zu fördernden Wassermenge abhängig. Weitere Informationen zu Bohrbrunnen findet man bei *Bieske* (1998). Vollkommene Vertikalbrunnen enden in einer undurchlässigen Schicht, wogegen unvollkommene Brunnen bereits im Aquifer enden und auch von unten angeströmt werden können.

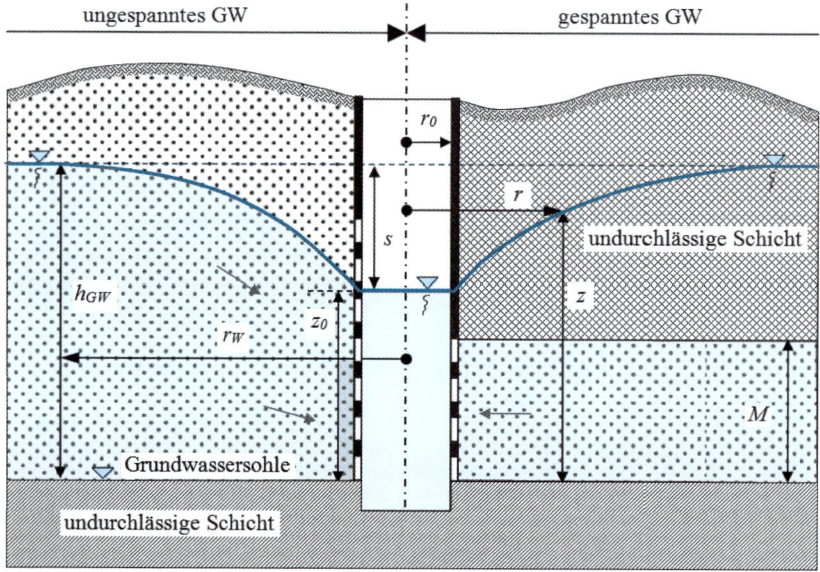

Bild 10.9 Vollkommener Brunnen im ungespannten (links) und gespannten Aquifer (rechts)

Die Reichweite r_W für den Beginn der Absenkung des GW-Spiegels kann in Abhängigkeit von der Absenkung s und dem Durchlässigkeitsbeiwert k_f geschätzt werden zu:

$$r_W = 3000\ [\mathrm{m}^{-1/2} \cdot \mathrm{s}^{1/2}] \cdot s \cdot \sqrt{k_f} \qquad (10.25)$$

10.3.1 Ungespanntes Grundwasser

Die Ergiebigkeit des vollkommenen Brunnens im ungespannten Grundwasser wird ermittelt zu:

$$Q_E = \frac{\pi \cdot k_f \cdot \left(h_{GW}^2 - z_0^2\right)}{\ln\left(\frac{r_W}{r_0}\right)} \tag{10.26}$$

Das Fassungsvermögen eines vollkommenen Brunnens im ungespannten Grundwasser ergibt sich zu:

$$Q_F = \frac{2}{15} \cdot \pi \cdot r_0 \cdot z_0 \cdot \sqrt{k_f} \tag{10.27}$$

Setzt man in die Gleichung (10.26) für einen entfernten Messpegel $h_{GW} = z_2$ und $r_W = r_2$ und für einen nahen Messpegel $z_0 = z_1$ und $r_0 = r_1$, kann man aus der Gleichung den Durchlässigkeitsbeiwert des Aquifers berechnen:

$$k_f = \frac{Q \cdot \ln\left(\frac{r_2}{r_1}\right)}{\pi \cdot \left(z_2^2 - z_1^2\right)} \tag{10.28}$$

Die Grenze des möglichen, gewinnbaren Zuflusses zum Brunnen ergibt sich durch Gleichsetzen der Gleichungen (10.26) für die Ergiebigkeit und (10.27) für das Fassungsvermögen und ist mit folgender Gleichung dargestellt, die in folgendem Bild 10.10 ausgewertet wurde. Die Brunnenentnahme sollte kleiner als dieser Grenzwert sein.

Maximale relative Absenkung: $$\frac{s}{z_0} \leq \frac{2}{15} \cdot \ln\left(\frac{r_W}{r_0}\right) \cdot \frac{r_0}{s} \cdot k_f^{-1/2} - 2 \tag{10.29}$$

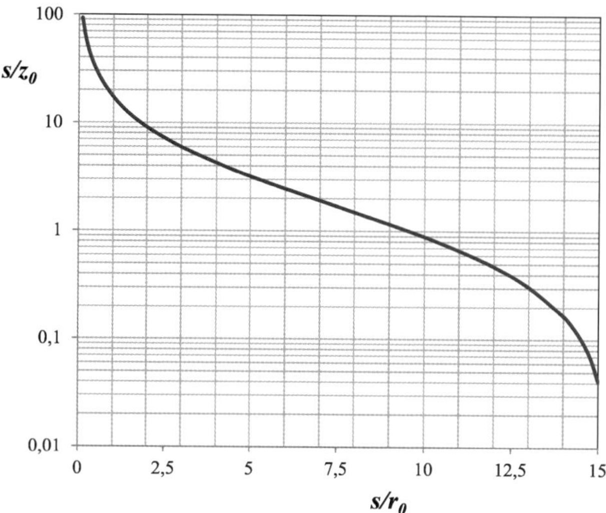

Bild 10.10 Abhängigkeit zwischen relativer Absenkung s/z_0 und dem Verhältnis zwischen Absenkung s und Brunnenradius r_0 für den vollkommenen Brunnen im ungespannten Grundwasser

10.3.2 Gespanntes Grundwasser

Die Ergiebigkeit Q_E des vollkommenen Brunnens im gespannten Grundwasser (Bild 10.9, rechts) mit der Mächtigkeit M ergibt sich zu:

$$Q_E = \frac{2 \cdot \pi \cdot k_f \cdot M \cdot (h_{GW} - z_0)}{\ln\left(\frac{r_W}{r_0}\right)} \tag{10.30}$$

Das Fassungsvermögen Q_F eines vollkommenen Brunnens im gespannten Grundwasser ergibt sich zu:

$$Q_F = \frac{2}{15} \cdot \pi \cdot r_0 \cdot M \cdot \sqrt{k_f} \tag{10.31}$$

Mit der Ergiebigkeit des gespannten Grundwassers kann der Durchlässigkeitsbeiwert k_f des Aquifers berechnet werden zu:

$$k_f = \frac{Q \cdot \ln\left(\frac{r_2}{r_1}\right)}{2 \cdot \pi \cdot M \cdot \left(z_2^2 - z_1^2\right)} \tag{10.32}$$

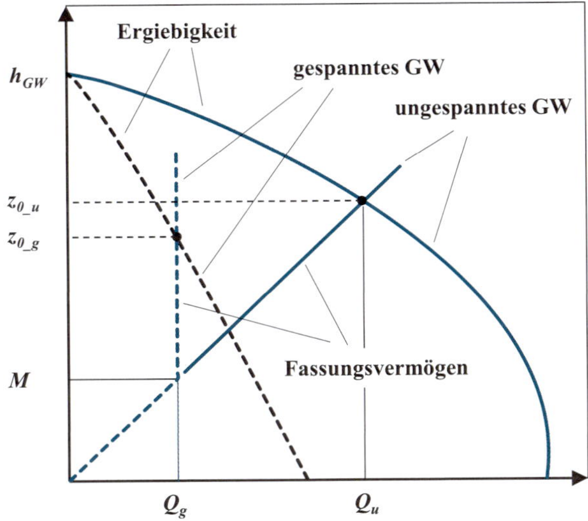

Bild 10.11 Ermittlung des möglichen Fördervolumenstromes und der Brunnenabsenkung für gespanntes und ungespanntes Grundwasser nach Bild 10.9

10.3.3 Beispiel Brunnen

In einem ungespannten Grundwasserleiter (u) beträgt die Höhe der Grundwasser führenden Schicht $h_{\mathrm{GW}} = 20$ m. Ein Brunnen mit einem Innenradius von $r_0 = 0{,}4$ m konnte bis in die undurchlässige Schicht (siehe Bild 10.9) gebohrt werden. Mit einem Pumpversuch wurde über längere Zeit 2 l/s gefördert und dabei an zwei Stellen $r_1 = 10$ m und $r_2 = 100$ m der Grundwasserspiegel $z_1 = 16$ m und $z_2 = 20$ m gemessen.

Mit Gleichung (10.28) kann daraus der Durchlässigkeitsbeiwert des Erdreiches ermittelt werden:

$$k_{\mathrm{f}} = \frac{Q \cdot \ln\left(\frac{r_2}{r_1}\right)}{\pi \cdot \left(z_2^2 - z_1^2\right)} = \frac{0{,}001 \cdot \ln\left(\frac{100}{10}\right)}{\pi \cdot \left(20^2 - 16^2\right)} = 1{,}02 \cdot 10^{-5}$$

Die Ergiebigkeit des Brunnens bei einer Absenkung von $s = 5$ m, also $z_0 = 15$ m beträgt damit nach Gleichung (10.26):

$$Q_{\mathrm{E}} = \frac{\pi \cdot k_{\mathrm{f}} \cdot \left(h_{\mathrm{GW}}^2 - z_0^2\right)}{\ln\left(\frac{r_{\mathrm{W}}}{r_0}\right)} = \frac{\pi \cdot 1{,}02 \cdot 10^{-5} \cdot \left(20^2 - 15^2\right)}{\ln\left(\frac{100}{0{,}1}\right)} = 1{,}02 \text{ l/s}$$

Das Fassungsvermögen des Brunnens errechnet sich nach Gleichung (10.27) zu 8 l/s und ist damit größer als die Ergiebigkeit. Die maximale Absenkung des Brunnens s (minimaler Wasserstand im Brunnen $z_{0\mathrm{Min}} = z_{0\_\mathrm{u}}$) und damit das maximale Fördervermögen $Q_{\mathrm{Max}} = Q_{\mathrm{u}}$) ergibt sich aus dem Schnittpunkt beider Funktionen, der Ergiebigkeit und des Fassungsvermögens, zu $z_{0\_\mathrm{u}} = 5{,}2$ m und $Q_{\mathrm{u}} = 2{,}16$ l/s (siehe Bild 10.11).

10.4 Strom- und Potentialliniennetz

Grundwasserströmungen sind rotationsfreie Strömungen (rot $\vec{\upsilon}=0$) und das Geschwindigkeitsfeld kann als Potentialströmung definiert werden:

$$\vec{\upsilon} = -\text{grad}\ \phi$$

Die Funktion ϕ wird dabei als Potentialfunktion bezeichnet. Setzt man diese Definition des Geschwindigkeitsvektors in die Kontinuitätsgleichung ein, erhält man die schon in Abschnitt 5.4 beschriebene Laplace-Gleichung:

$$\text{div}\ \vec{\upsilon} = \text{div grad}\ \phi = \frac{\partial^2 \phi}{\partial x^2} + \frac{\partial^2 \phi}{\partial y^2} + \frac{\partial^2 \phi}{\partial z^2} = 0 \tag{5.30}$$

Der von Flüssigkeit durchströmte Raum ist von Linien durchzogen, den **Stromlinien**, deren Tangentenrichtung mit den Richtungen der Geschwindigkeitsvektoren übereinstimmen, d. h. an jedem Punkt wird die Stromlinie durch einen Geschwindigkeitsvektor tangiert. Stationäre Strömungen sind Stromlinien gleicher Teilchenbahnen. Bei instationären Strömungen sind die Bahnlinien von der Zeit abhängig und können sich von den Stromlinien unterscheiden. Das Stromlinienbild zeigt das Strömungsbild in der Momentaufnahme. **Stromröhren** sind von Stromlinien umhüllt und erlauben keinen Flüssigkeitsaustausch aus der Röhre. In einer Stromröhre gilt Kontinuität, das bedeutet, dass in sich verengenden Stromröhren die Geschwindigkeit größer wird. Die Differentialgleichung der Stromlinie erhält man aus dem Kreuzprodukt des Geschwindigkeitsvektors mit dem Ortsvektor, das für die Stromlinien zu null wird.

$$\vec{\upsilon} \times d\vec{s} = 0$$

mit: $$\upsilon_x \cdot dy - \upsilon_y \cdot dx = 0,\ \upsilon_y \cdot dz - \upsilon_z \cdot dy = 0,\ \upsilon_z \cdot dx - \upsilon_x \cdot dz = 0 \tag{10.33}$$

Die **Stromfunktion** ψ ist nun so beschaffen, dass sie in die oberen Gleichungen eingesetzt die Kontinuitätsbedingung erfüllt und entlang der Stromlinie konstant bleibt ($d\psi = 0$) und somit jede Stromlinie als ein bestimmter Wert der Stromfunktion dargestellt werden kann. Kennt man die Stromfunktion, ist es also möglich, die Stromlinien zu zeichnen.

In den meisten Anwendungen können Grundwasserströmungen als ebene kartesische oder radialsymmetrische Strömungen beschrieben werden.

Für die Ebene x,y soll für den ersten Teil der Gleichung (10.23) diese Funktion bestimmt werden. Das totale Differential der Stromfunktion $\psi(x,y)$ lautet:

$$\frac{\partial \psi}{\partial y} \cdot dy + \frac{\partial \psi}{\partial x} \cdot dx = 0 \tag{10.34}$$

damit wird: $\frac{\partial \psi}{\partial y} = \upsilon_x$ und $\frac{\partial \psi}{\partial x} = -\upsilon_y$ bzw. $\frac{\partial \psi}{\partial n} = \upsilon_s$ und $\frac{\partial \psi}{\partial s} = \upsilon_n = 0$

Die Stromlinien werden nun so konstruiert, dass die Stromfunktion ihren Wert nicht verändert.

Potentiallinien sind nun so definiert, dass entlang dieser Linie die Potentialfunktion eine Konstante ist. Strom- und Potentiallinien stehen senkrecht aufeinander und bilden ein orthogonales Netz.

Der spezifische Durchfluss zwischen zwei Stromlinien ist genau die Differenz der Werte der Stromfunktionen.

$$q_{12} = \int_1^2 d\psi = \psi_2 - \psi_1 = \upsilon_s \cdot \Delta n = k_f \cdot I \cdot \Delta n \qquad (10.35)$$

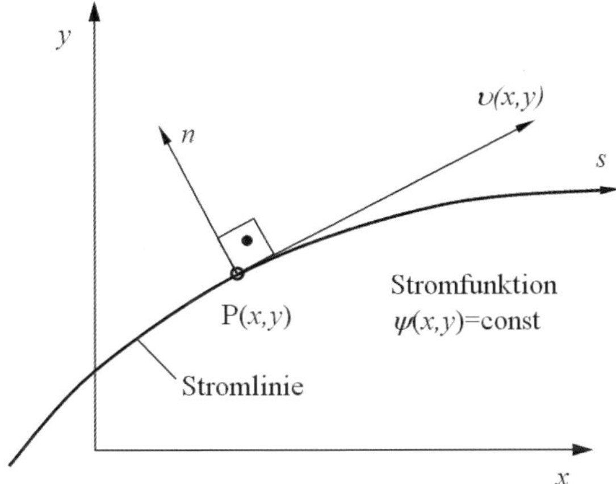

Bild 10.12 Stromlinie und Stromfunktion im x-y-Koordinaten- und s-n-Koordinaten-System

Aus den partiellen Differentialen des s-n-Systems ergibt sich das Verhältnis der Elemente des orthogonalen Netzes zu:

$$\frac{\Delta\psi}{\Delta n} = \frac{\Delta\phi}{\Delta s} = \upsilon_s \quad \Rightarrow \quad \frac{\Delta\psi}{\Delta\phi} = \frac{\Delta n}{\Delta s} = \text{const} \qquad (10.36)$$

Das Verhältnis der Netzelemente $\Delta n/\Delta s$ wird in der Regel zu 1 gewählt, so dass sich ein Netz mit annähernd quadratischen Elementen ergibt. Die Konstruktion des Netzes ist mit Hilfe von Kreisen (siehe Bild 10.13) möglich. Mit der Methode nach *Prašil* werden Winkelhalbierende in den Kreuzungspunkten gezeichnet, die Schnittpunkte benachbarter Kreuzungspunkte ergeben die Punkte der neuen Stromlinie, so dass ein Netzverhältnis von 1:2 entsteht, oder eine neue halbe Stromlinie, so dass wieder ein 1:1-Netz entsteht.

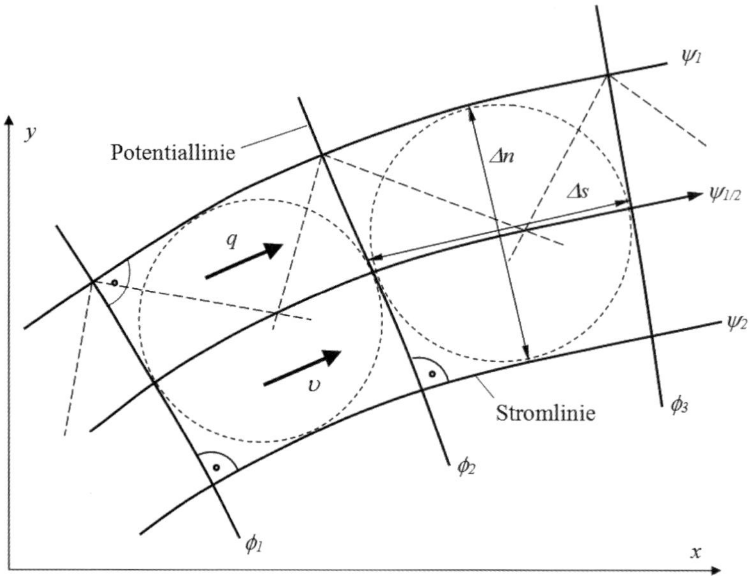

Bild 10.13 Konstruktion des Strom- und Potentialliniennetzes mit Kreiselementen oder Winkelhalbierenden

Strömungslinien und Potentiallinien, die beide gekrümmt sein können, schneiden sich immer im rechten Winkel zueinander. Das auch Stromliniennetz oder Potentialliniennetz genannte Netz besteht aus kleinen rechtwinkligen, krummlinig berandeten quadratähnlichen Maschen, die allmählich ihre Größe ändern können. Eine abnehmende Maschengröße zeigt eine Zunahme der Sickergeschwindigkeit und einen schnelleren Potentialabbau an. In den folgenden Abschnitten kommt die Potentialströmung bei der Unterströmung von Bauwerken und der Durchströmung von Deichen und Dämmen zur Anwendung.

10.5 Sohlwasserdruck

Alle im ruhenden Grundwasser stehenden Bauwerke stehen unter Auftrieb. Horizontal angreifende Kräfte belasten zwar das Bauwerk, heben sich aber in der Kräftebilanz auf und nur die senkrecht nach oben gerichteten werden als äußere Belastung auf das Bauwerk, als Sohlwasserdruck, wirksam. Man spricht hier auch von einer statischen Belastung.

Unterströmte Bauwerke, wie z. B. Wehre, Dämme oder Talsperren, werden zusätzlich durch den Druck des fließenden Wassers im Erdreich belastet. Neben den vertikalen müssen hier auch die nun unterschiedlichen horizontalen Kräfte überprüft und in der Standsicherheitsberechnung berücksichtigt werden. Der Sohlwasserdruck ergibt sich hier aus dem statischen und dem dynamischen Anteil. Der statische Anteil entspricht der Belastung im ruhenden Grundwasser (Unterwasserstand) und der dynamische Anteil entsteht durch den Potentialabbau der Wasserspiegeldifferenz bei der Umströmung bzw. Unterströmung des Bauwerkes. Der Potentialabbau wird dazu aus dem Strom- und Potentialliniennetz (siehe Bild 10.14) ermittelt. Dieses Netz wird mit Hilfe eines Strömungsprogrammes, mit grafischen Methoden oder Analogie-Modellen bestimmt.

Typisches Beispiel für die Berechnung der Druckverteilung aus dem Strom- und Potentialliniennetz ist die Kraftermittlung auf die unterströmte Spundwand. Ein Beispiel einer Spundwand z. B. zur Begrenzung einer Baugrube mit unterschiedlichem Baugrundniveau (Punkte B und E) und Wasserspiegeldifferenz H ist im Bild 10.14 dargestellt. Die hier gezeigte grafische Methode kann auch einfach in ein Berechnungsprogramm implementiert werden. Die oberwasserseitige Belastungsfläche $\overline{AC}$ und die unterwasserseitige Belastungsfläche $\overline{CE}$ werden jeweils in einer Neigung 1:1 (45°) projiziert. Dadurch sind vertikale und horizontale Abstände gleich. Aus dem Ergebnis der Strom- und Potentiallinienberechnung werden nun die Abstände der Potentiallinien auf die geneigte Spundwand in ihren realen vertikalen Abständen aufgetragen. Es handelt sich in diesem Beispiel um 10 Potentialstufen. Der Potentialunterschied H zwischen den Punkten A und E wird in 10 gleiche Stufen à $H/10$ eingeteilt. Die Kreuzungspunkte zwischen den vertikalen Verlängerungen der Potentialpunkte 0 bis 10 mit den horizontalen Einteilungen des Potentialunterschiedes H ergeben vertikal die Druckverteilung auf die Spundwand. Diese können nun als horizontale Belastungen auf die vertikale Spundwand übertragen werden. Der statische Anteil entspricht hier dem Belastungsdreieck unterhalb der Höhe des Unterwasserspiegels Punkt E (gestrichelte horizontale Linie). Oberhalb dieser gestrichelten Linie wird der dynamische Anteil dargestellt. Die Vertikale durch den Punkt C trennt die Unterwasserbelastung rechts und die Oberwasserbelastung links aus dem Wasserdruck. Spiegelt man den rechten Belastungsteil und zieht ihn vom linken Teil ab, erhält man die resultierende Belastungsfläche auf die Spundwand. Die Integration dieser Fläche bildet die resultierende Kraft mit dem Angriffspunkt durch den Flächenschwerpunkt.

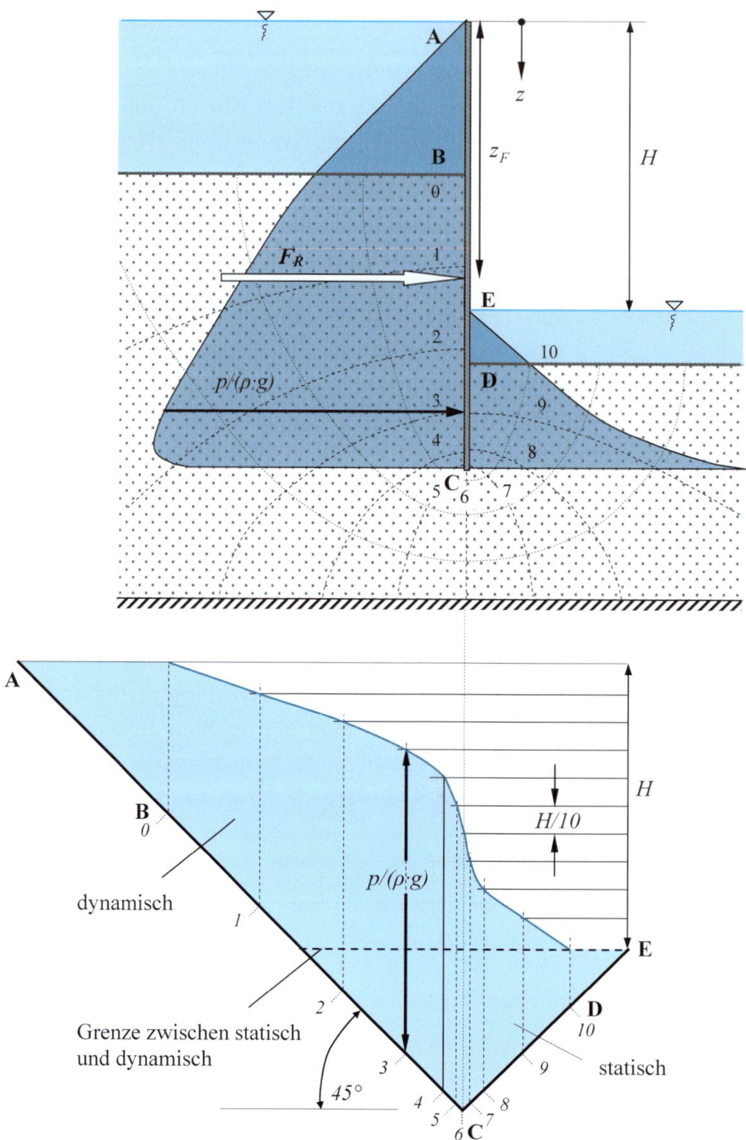

Bild 10.14 Ermittlung der Druckverteilung an der unterströmten Spundwand

Beispiel (siehe Bild 10.14 und Tabelle 10.3):

Das Beispiel richtet sich nach der Skizze im Bild 10.14 mit folgenden Zahlenwerten:

Potential $H = 10$ m

Potentialstufen 10 mit einem Potentialabbau von $\Delta P = 1$ m

Abstände $\overline{AB} = 5$ m, $\overline{BC} = 10$ m, $\overline{CE} = 5$ m

Aus dem berechneten/konstruierten Strom- und Potentialliniennetz ergeben sich die Abstände der Potentiallinien $\Delta s = \Delta z$ entlang der Randstromlinie $\overline{BCD}$.

Potentialgefälle: $I = \dfrac{\Delta P}{\Delta s}$

Die erste Druckhöhe an der ersten Potentiallinie 10 ist 5 m.

Die nachfolgenden Druckhöhen ergeben sich zu:

$$\frac{p_{i+1}}{\rho \cdot g} = \frac{p_i}{\rho \cdot g} + \Delta z - \Delta P$$

Die Kraft je m Spundwandbreite ergibt sich aus dem Integral der Drücke über die Druckflächen bzw. den Druckflächen multipliziert mit $(\rho \cdot g)$.

$$\Delta F_i = \frac{p_i + p_{i+1}}{2} \cdot \Delta s \cdot 1\ \text{m} = \left(p_i + \rho \cdot g \cdot \frac{\Delta z - \Delta P}{2} \right) \cdot \Delta z \cdot 1\ \text{m}$$

Den Angriffspunkt des Druckes erhält man durch die Summe aller Teilmomente um den Punkt A dividiert durch die Gesamtkraft.

$$z_F = \frac{\sum M_A}{\sum \Delta F_i} = \frac{\rho \cdot g \cdot 666{,}74\ \text{m}^4}{\rho \cdot g \cdot 77{,}28\ \text{m}^3} = 8{,}63\ \text{m}$$

Tabelle 10.3 Beispiel Spundwandberechnung nach Bild 10.14

Punkte	A	0	1	2	3	4	5	6	7	8	9	10	E
$\Delta s = \Delta z$ in [m]	5	3,13	2,9	2,1	1,26	0,42	0,19	-0,19	-0,42	-1,2	-1,39	-1,8	
Potential [m]	10	10	9	8	7	6	5	4	3	2	1	0	0
Potentialgefälle I	0	0,32	0,34	0,48	0,79	2,38	5,26	-5,26	-2,38	-0,83	-0,72	0	
z [m]	0	5	8,13	11,03	13,13	14,39	14,81	15	14,81	14,39	13,19	11,8	10
Druckhöhe [m]	0	5	7,13	9,03	10,13	10,39	9,81	9	7,81	6,39	4,19	1,8	0
Druckfläche [m²]	12,50	18,98	23,43	20,12	12,93	4,24	1,79	-1,60	-2,98	-6,35	-4,16	-1,62	
Moment um A	20,83	126,3	225,8	243,4	177,9	61,92	26,63	-23,81	-43,56	-87,80	-52,40	-8,60	

Als zweites Beispiel (Bild 10.15) sei hier das unterströmte Wehr genannt. Hier interessiert vor allem der vertikale Sohlwasserdruck, der zur Reduzierung des Bauwerkgewichtes führt, wodurch es zu Standsicherheitsproblemen kommen kann. Die Reduzierung der horizontalen Wasserdruckbelastung durch den dynamischen Druckabbau wird in diesem Fall meist vernachlässigt. Die Berücksichtigung des vollen Wasserdruckdreieckes stellt den ungünstigsten Fall dar und weicht vom realen Wasserdruck nur gering ab.

Da der Potentialabbau unterhalb des Wehres fast linear verläuft, wird ein linearer Abbau entlang des Sickerweges s, also entlang des Weges $\overline{BCDEFGH}$, angenommen. Dieser lineare Abbau ist als Dreieck im Bild 10.15 dargestellt. Für den vertikalen dynamischen Sohlwasserdruck wirksam sind nur die Anteile, die auf den Betonkörper des Wehres wirken, hier die Abschnitte $\overline{CD}$ und $\overline{FG}$.

Das geschickte Platzieren von Dichtungselementen kann zu einem erheblichen Potentialabbau und damit zu einer Reduzierung des Sohlwasserdruckes führen. Je näher der Dichtungsschleier in Richtung Oberwasser liegt, aber auch je länger der Dichtungsschleier und damit der Sickerweg s wird, umso geringer wird der anrechenbare Sohlwasserdruck. Die gesamt Kraft aus dem vertikalen Sohlwasserdruck ergibt sich dann aus dem statischen Anteil S_0, die dem Auftrieb ohne Stau ($H = 0$) entspricht, und dem dynamischen Anteil bestehend aus S_1 und S_2.

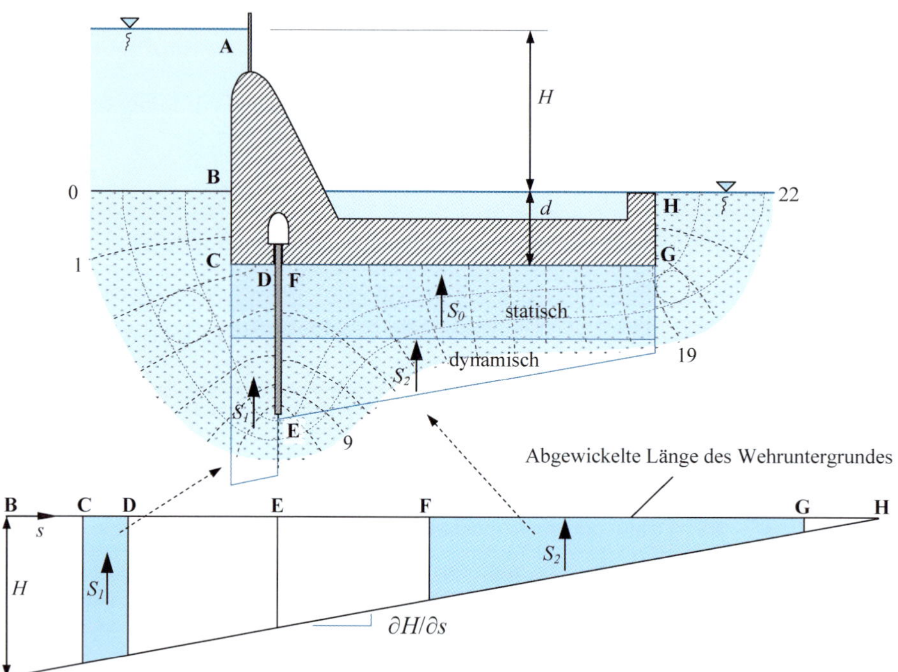

Bild 10.15 Reduzierung des dynamischen Sohlwasserdruckes durch einen Dichtungsschleier oder eine Spundwand unter einem Wehr

Die Reduzierung des dynamischen Sohlwasserdruckes wird nicht nur durch die Verlängerung des Sickerweges mit Hilfe von Dichtungsschleier, Dichtungsteppiche oder Dichtungswände möglichst nah zum Oberwasser erreicht, sondern auch mit Hilfe von Filtern und aktiver Entwässerung im Unterwasser, wodurch die Sickerlinie abgesenkt wird.

10.6 Durchströmung eines Erddammes

Als Sickerlinie wird die obere Randstromlinie des Strömungsfeldes im Dammkörper bezeichnet, sie stellt den Wasserspiegel im Grundwasser dar. In Abhängigkeit von der kapillaren Steighöhe liegt die Durchfeuchtung des Deiches weit über dieser Linie (Bild 10.8).

Da die Sickerlinie bei homogenen Dämmen an der Luftseite austritt (Punkt A′, Bild 10.16), ist es erforderlich, am luftseitigen Dammfuß einen Filter vorzusehen, in dem die Sickerlinie einmündet. Bei Deichen, die nur über die Zeit der Hochwasserwelle belastet werden, und diese Zeit meist nicht ausreicht, um die Sickerlinie voll auszubilden, ist das in der Regel nicht erforderlich.

Die Berechnung der Durchströmung eines Dammes erfolgt heute mit Grundwasserströmungsprogrammen. Dabei wird die Durchfeuchtung infolge der kapillaren Steighöhe in einigen Programmen mit berücksichtigt, da sie einen großen Einfluss auf die Böschungsstabilität hat. Die Software PCSiWaPro® wurde im Rahmen eines Projektes der TU Dresden entwickelt (PCSiWaPro, 2014).

Ein analytisches Näherungsverfahren zur Bestimmung der Lage der Sickerwasserlinie durch einen Damm stellt die Annäherung mit der Parabelgleichung nach *Kozeny* (in *Wiegleb* 1991) dar. Diese Vorgehensweise wird hier kurz angerissen und für die weitere Vertiefung auf die Literatur verwiesen.

Ausgangspunkt ist die Parabelgleichung (Gleichung 10.37) bezogen auf das Koordinatensystem x-z beginnend am luftseitigen Fuß des Dammes ohne Filter im Bild 10.16 bzw. an der luftseitigen Grenze Damm – Filter.

$$x^2 + z^2 = \left(x + z_0\right)^2 \tag{10.37}$$

Die Punkte N($x = 0$, $z = z_0$), A(x_a, z_a) und W(x_w, H) sind Punkte dieser Parabel. Mit dem bekannten Randpunkt W mit den Werten H (Stauhöhe) und b (Sohlbreite) des Dammes ergibt sich der Nullwert z_0:

$$z_0 = \sqrt{H^2 + x_W^2} - x_W = \sqrt{H^2 + \left(b - 0{,}7 \cdot s\right)^2} - \left(b - 0{,}7 \cdot s\right) \tag{10.38}$$

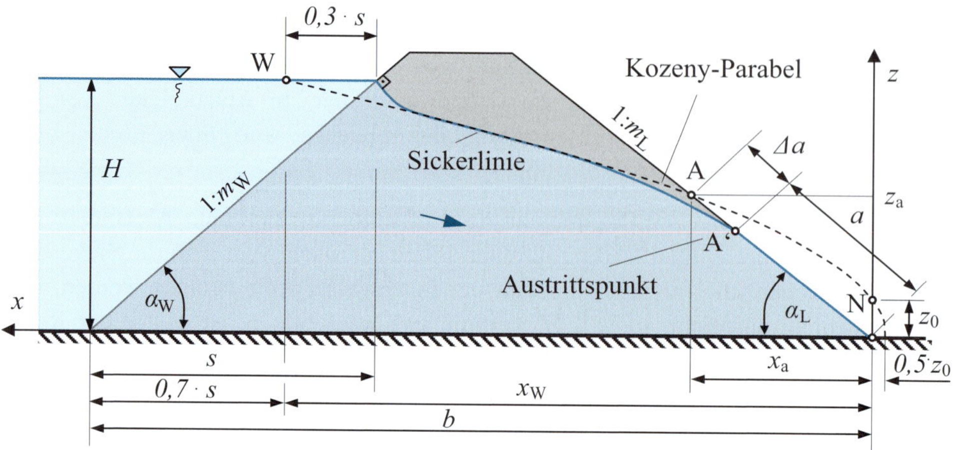

Bild 10.16 Ermittlung der Sickerlinie im Querschnitt eines Dammes

Casagrande (in *Lattermann*, 1997) hat festgestellt, dass der Schnittpunkt der Kozeny-Parabel mit dem Wasserspiegel etwa 0,3 s vom oberen Eintrittspunkt des Wassers in den Damm entfernt liegt. An diesem Eintrittspunkt beginnt die wahre Sickerlinie senkrecht zur Böschung. Mit dem Nullwert z_0 kann die Parabel ermittelt und auch der Schnittpunkt A mit der luftseitigen Böschung bestimmt werden zu:

$$\Delta a + a = \frac{z_0}{1 - \cos\alpha_L} \tag{10.39}$$

Zur Ermittlung des wahren Wasseraustrittes A' an der luftseitigen Böschung ist die Entfernung Δa zum Schnittpunkt A der Kozeny-Parabel mit der luftseitigen Böschung zu bestimmen.

Der Abstand $\overline{AA'}$, also der Korrekturwert Δa zum wahren Austrittspunkt der Sickerlinie, kann mit den Angaben aus Bild 10.17 und Gleichung (10.39) ermittelt werden zu:

$$\Delta a = \frac{z_0}{4} \cdot \frac{\sqrt{1 + \cos\alpha}}{1 - \cos\alpha} \tag{10.40}$$

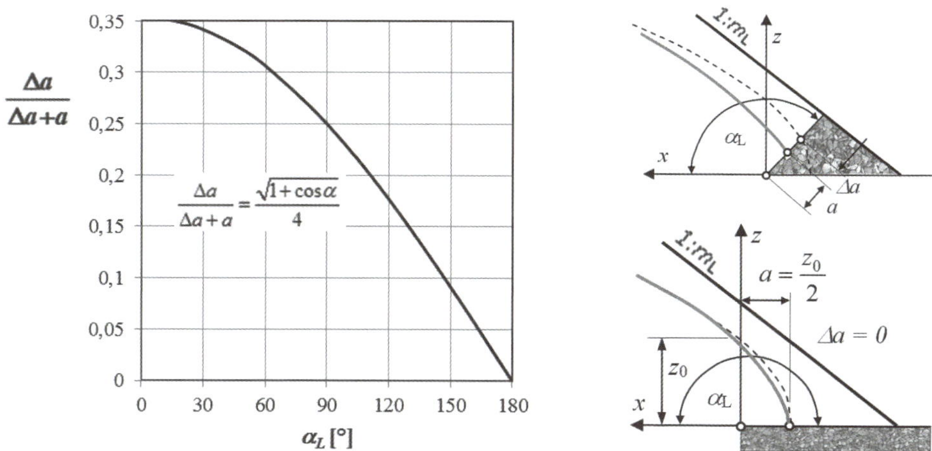

Bild 10.17 Relativer Korrekturwert Δa zum realen Austrittspunkt A′ der Sickerlinie

Mit dieser Randstromlinie ist es nun möglich, das Strom- und Potentialliniennetz im Dammquerschnitt zu konstruieren und daraus die Sickerwassermenge zu ermitteln.

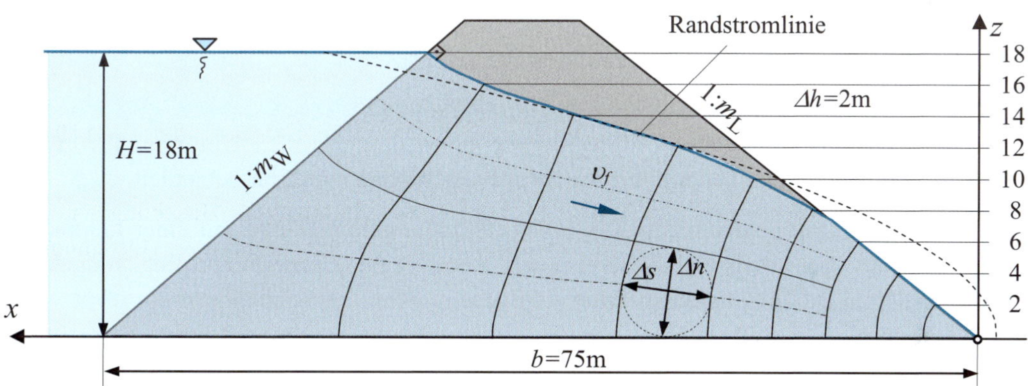

Bild 10.18 Strom- und Potentialliniennetz des Beispieldammes

Die Sickerwassermenge je m Breite durch eine ebene Stromröhre ergibt sich zu:

$$\Delta q = v_\mathrm{f} \cdot \Delta n = k_\mathrm{f} \cdot I \cdot \Delta n = k_\mathrm{f} \cdot \Delta h \cdot \frac{\Delta n}{\Delta s} \tag{10.41}$$

Näherungsweise wird die Sickerwassermenge eines Dammquerschnittes von einem Meter Breite aus den Randwerten der Kozeny-Parabel ermittelt zu:

$$q = k_\mathrm{f} \cdot \frac{H^2 - z_0^2}{2 \cdot d} = k_\mathrm{f} \cdot z_0 \tag{10.42}$$

Beispiel: Dammdurchströmung

Gegeben: Homogener Damm nach Bild 10.16 mit $k_f = 10^{-5}$ m/s

$H = 18$ m, $b = 75$ m, $m_W = m_L = 2$, dichter Untergrund,

Lösung: $s = 2 \cdot H = 36\text{ m}$, $x_W = b - 0{,}7 \cdot s = 75 - 0{,}7 \cdot 36 = 49{,}8\text{ m}$

$$z_0 = \sqrt{H^2 + x_W^2} - x_W = \sqrt{18^2 + 49{,}8^2} - 49{,}8 = 3{,}15\text{ m}$$

$$\alpha_L = \arctan(1/2) = 26{,}56°$$

$$\Delta a = \frac{z_0}{4} \cdot \frac{\sqrt{1+\cos\alpha_L}}{1-\cos\alpha_L} = \frac{3{,}15}{4} \cdot \frac{\sqrt{1+0{,}894}}{1-0{,}894} = 13{,}04\text{ m}$$

$$\Delta a + a = \frac{z_0}{1-\cos\alpha_L} = \frac{3{,}15}{1-0{,}894} = 29{,}85\text{ m}$$

$$q = k_f \cdot z_0 = 10^{-5} \cdot 3{,}15\text{ m}^2/\text{s} = 0{,}0315\ 1/(\text{s} \cdot \text{m})$$

Auf einer Böschungslänge von etwa $a = 17$ m treten ca. 0,03 Liter je Sekunde und Meter am Dammfuß aus. Es ist unbedingt eine Dränage am Böschungsfuß erforderlich. Dazu können eine Filterschüttung, ein Entwässerungsdreieck oder ein Filterteppich eingebaut werden.

Die analytische Ermittlung der Durchströmung eines durchlässigen Untergrundes erfolgt getrennt voneinander. Der Untergrund wird wie ein gespannter Aquifer behandelt.

Bei einem Damm mit unterschiedlichen Erdstoffen oder einem Damm mit einer Lehmkerndichtung kann eine analytische Berechnung durch eine Breitenverzerrung umgekehrt proportional zum Durchlässigkeitsbeiwert erfolgen.

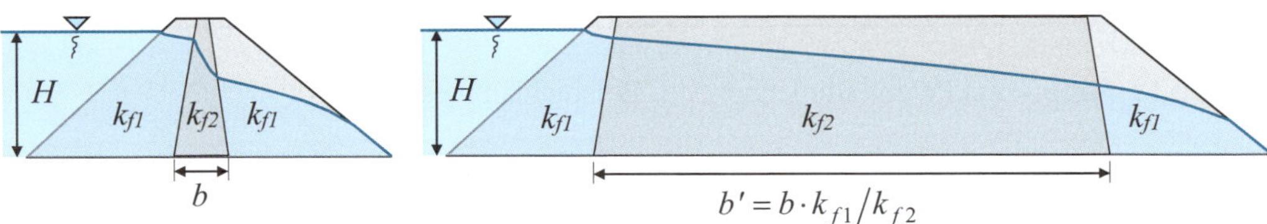

Bild 10.19 Breitenverzerrung zur Berechnung eines Dammes mit unterschiedlichen Erdstoffen

10.7 Hydraulischer Grundbruch

Der hydraulische Grundbruch ist das Versagen des Erdreiches aus Lockergestein gegenüber den hydrodynamischen Strömungskräften. Diese bestehen aus dem Strömungsdruck der nach oben gerichteten Grundwasserströmung. Die infolge der starken Strömung ausgelösten Transportvorgänge im Lockergestein, wie Suffusion oder Erosion, können diesen Vorgang des hydraulischen Grundbruchs durch einen Erosionsgrundbruch verstärken. Der Materialtransport kann den hydraulischen Gradienten erhöhen und die Verbundwirkung des Lockergesteins verringern. Deshalb werden Widerstandskräfte aus Reibung oder Einspannung im Kräftegleichgewicht nicht berücksichtigt. Der maximale hydraulische Gradient wird aus dem Strom- und Potentialliniennetz ermittelt, welches mit Hilfe numerischer Berechnungen, grafischer Verfahren oder der Elektroanalogie bestimmt wird. Hydraulischer Grundbruch kann hinter einer gestauten und unterströmten Spundwand, bei Grundwasserhaltungen in Baugruben, am luftseitigen Fuß unter- und durchströmter Deiche oder am Ende eines Wehres nach der Grenze Beton-Lockergestein auftreten.

Als klassisches Beispiel wird hier die unterströmte Spundwand gezeigt (Bild 10.20), an dessen Fuß sich ein hydraulisches Potential aufbaut, was zum Grundbruch führen kann. Nach DIN 1054:2021-04 muss die Strömungskraft S multipliziert mit einem Sicherheitsbeiwert η_H zur Berücksichtigung aller ungünstigen Einflüsse kleiner als die unter Auftrieb stehende Gewichtskraft G' multipliziert mit einem Sicherheitsbeiwert η_G aller günstigen Einflüsse sein. Ungünstige Einflüsse sind Bodenschichtungen, aufbruchgefährdete Bodenarten sowie räumliche Einflüsse.

$$S \cdot \eta_H \leq G' \cdot \eta_G \tag{10.43}$$

mit $S = \rho \cdot g \cdot A \cdot dh$, $G' = \rho'_E \cdot g \cdot A \cdot d$ und $\rho'_E = \rho_E - \rho = (1-n) \cdot \rho_S - \rho$ wird:

$$\frac{\Delta h}{d} = I_{hy} \leq \frac{\rho'_E}{\rho} \cdot \frac{\eta_G}{\eta_H} = \left(\frac{(1-n) \cdot \rho_S}{\rho} - 1 \right) \cdot \frac{\eta_G}{\eta_H} \tag{10.44}$$

Aus der Berechnung der Dichte des Erdreiches ρ_E ist ersichtlich, dass bei großem Porenanteil n die Dichte des Erdreiches kleiner und damit die Gefahr des hydraulischen Grundbruches größer wird.

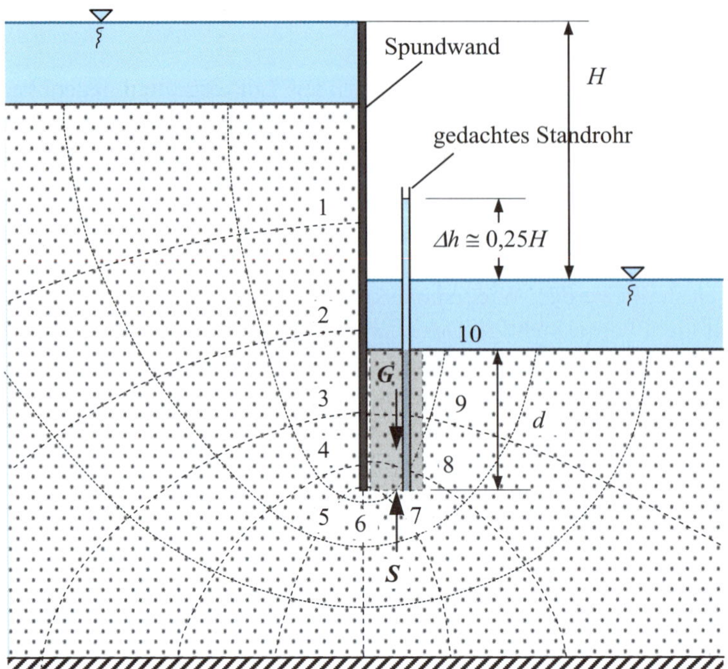

Bild 10.20 Hydraulischer Grundbruch an einer unterströmten Spundwand

Der größte hydraulische Gradient I_{hy} wiederum tritt dort auf, wo die Dichte der Stromlinien sehr eng ist, also am Fuß der Spundwand. Die Belastungsfläche hingegen spielt in dieser Formel keine Rolle, der hydraulische Grundbruch kann also auch in kleineren Bereichen auftreten oder als Schlauch entlang einer Stromlinie ausgebildet sein. Trotzdem werden räumliche Effekte auftreten, deren Unsicherheiten in den Sicherheitsbeiwerten berücksichtigt sind.

Die Sicherheitsbeiwerte werden in der DIN 1054:2021-04 in Abhängigkeit von 3 Lastfällen angegeben, dem Lastfall 1 (LF1), der ständigen Bemessungssituation, dem LF2, der vorübergehenden Bemessungssituation und dem LF3 der außergewöhnlichen Bemessungssituation.

Für den Lastfall 1 gilt $\eta_G = 0{,}9$ und $\eta_H = 1{,}35$ für günstigen Untergrund sowie $\eta_H = 1{,}8$ für einen ungünstigen Untergrund.

Widerstandskräfte aus Reibung oder Einspannung werden meist nicht berücksichtigt, da diese infolge der Grundwasserströmung aufgehoben werden.

Beispiel hydraulischer Grundbruch:

Die Wasserspiegeldifferenz an der Spundwand soll $H = 10$ m betragen und die Rammtiefe der Spundwand $d = 5$ m. Das Erdmaterial soll Feinsand mit einem Porenanteil von 48 % sein. Daraus ergibt sich eine Auftriebsdichte des Erdmaterials (mit einer Quarzsanddichte von 2650 kg/m³) von:

$$\rho_E' = (1 - 0{,}48) \cdot 2650 - 1000 = 378$$

und

$$\frac{\rho_E'}{\rho} \cdot \frac{\eta_G}{\eta_H} = \frac{378}{1000} \cdot \frac{0{,}9}{1{,}35} = 0{,}252$$

Das hydraulische Gefälle beträgt $I_{hy} = \frac{\Delta h}{d} = \frac{0{,}25 \cdot 10}{5} = 0{,}5$ und ist damit größer als das Dichteverhältnis. Es tritt hydraulischer Grundbruch auf.

Wird anstelle von Feinsand Grobkies verwendet, ändert sich die Auftriebsdichte zu $\rho_E' = (1 - 0{,}28) \cdot 2650 - 1000 = 908 \text{ kg/m}^3$ und es wird:

$$\frac{\rho_E'}{\rho} \cdot \frac{\eta_G}{\eta_H} = \frac{908}{1000} \cdot \frac{0{,}9}{1{,}35} = 0{,}605 > I_{hy} = 0{,}5$$

Dieser Wert ist größer als das hydraulische Gefälle, es tritt kein hydraulischer Grundbruch auf.

10.8 Geotextile Filter

Geotextile Filter sind wasserdurchlässige textile Baustoffe, z. B. Vliesstoff, Gewebe oder Verbundstoffe, die als mechanische Filter Boden unter hydraulischen Einwirkungen zurückhalten und als hydraulische Filter wasserdurchlässig bleiben, um ein Anstieg der Sickerlinie zu vermeiden. Geotextile Filter können auch als Trennlage eingesetzt werden, bei der die mechanische Trennung der Stoffe im Vordergrund steht. Beim geotextilen Filter werden zwei hydraulische Belastungen unterschieden, die dynamische und die statische. Neben der hydraulischen ist die mechanische Belastung in Abhängigkeit von den Anforderungen (Einbaubelastung z. B. Befahrung, Schüttung und Betriebsbelastung z. B. Wellen oder Wurzelwerk) eine wichtige Bemessungsgröße.

Die Notwendigkeit für den Einsatz eines textilen Filters ergibt sich, wenn das Abstandsverhältnis A_{50} als das Verhältnis der mittleren Korndurchmesser $d_{50,F}$ der Deckschicht und $d_{50,B}$ des zu schützenden Bodens in Bild 10.21 überschritten wird (BAW_MAG, 1993).

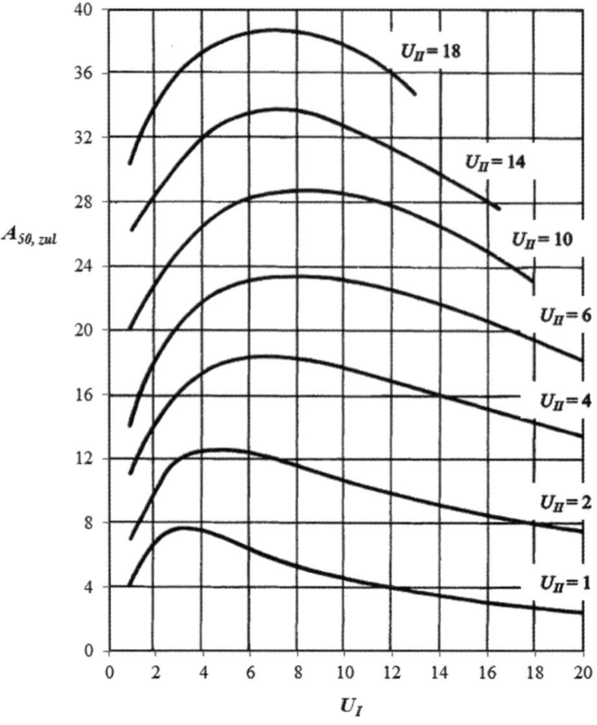

Bild 10.21 Zulässiges Abstandsverhältnis A_{50} nach *Čistin* und *Ziems* (aus *Busch et al.*, 1993) für $d_B = 0{,}1$ bis 30 mm und $d_F = 4$ bis 100 mm

$$A_{50} = \frac{d_{50,F}}{d_{50,B}} \leq A_{50,zul.}$$

A_{50} = Verhältnis des mittleren Korndurchmessers (50 %) der Deckschicht (F-Filter) zum Boden (B)

U_I = Ungleichförmigkeitszahl des Bodens

U_{II} = Ungleichförmigkeitszahl der Deckschicht (F-Filter)

Tabelle 10.4 Filterbauweisen nach (BAW_MAG, 1993)

Standardbauweise direkt auf Baugrund	auf mineralischer Ausgleichsschicht	mit ungebundenem Kornfilter	mit mineralischer Zwischenlage
1, 3, 4	1, 3, 6, 4	1, 3, 5, 4	1, 2, 3, 4
1 – durchlässige mineralische Schutzschicht aus großen bis sehr großen Wasserbausteinen			
2 – mineralische Zwischenlage, filterstabil zur Schutzschicht			
3 – Geotextil			
4 – Erdreich, Baugrund			
5 – ungebundener Kornfilter			
6 – mineralische Ausgleichsschicht			

10.9 Stofftransport im Grundwasser

Der Stofftransport im Grundwasser wird mit Hilfe numerischer Verfahren ermittelt. Die Transportgleichung für den Stofftransport lautet allgemein:

$$\frac{\partial c}{\partial t} + \nabla(\upsilon \cdot c) = \nabla \cdot (D \cdot \nabla h) + W_0 + R$$

mit c = Konzentration

$\upsilon = \upsilon_P$ Abstandsgeschwindigkeit

$D = \alpha \cdot \upsilon$ – Dispersionskoeffizient

α = Dispersivität

W_0 = Quelle/Senke

R = Reaktion ($R = 0$, nicht reaktiver Transport)

Dabei entscheidet die Abstandsgeschwindigkeit und nicht die Filtergeschwindigkeit über die Schnelligkeit der Ausbreitung.

Die Modellierung von reaktiven und nicht reaktiven Stoffen im Grundwasser ist heute ein verbreitetes Werkzeug bei der Bearbeitung von Fragestellungen der Grundwassergüte, der Ausbreitung von Kontaminationen im Grundwasser, der Entwicklung und Vorhersage der Grundwasserqualität, der Bestimmung von Qualitätsveränderungen und der Festlegung von Sanierungsstrategien. MODFLOW ist das zurzeit weltweit meist verwendete Programm zur Simulation von Grundwasserströmungen. Es wurde von der US Behörde USGS entwickelt und wird ständig aktualisiert und erweitert. Das Programm ist modular aufgebaut und kann mit der Fragestellung des Stofftransportes ergänzt werden (MODFLOW, 2014).

Literaturverzeichnis

Literatur

Aigner, D. (1985); Die theoretische Ermittlung des hydraulischen Verlustes eines Übergangsdiffusors. Acta Hydrophysica, Bd. XXIX (Heft 4, S. 225–234).

Aigner, D. (1994); Hydraulische Berechnung von offenen Gerinnen. Wasserwirtschaft-Wassertechnik, 6/94, S. 32–33, Verlag für Bauwesen Berlin 1994.

Aigner, D. (2001); Hydraulic design of pooled step cascades. Proceeding of XXIX IAHR – Congress (S. 635–643).

Aigner, D. (2003); Hydraulische Bemessung von Freigefälledruckleitungen. Merkblatt des Sächsischen Landesamtes für Umwelt und Geologie.

Aigner, D. (2008); Berechnung der hydraulischen Verluste der Rohrvereinigung. Zeitschrift 3R-International, Heft 1/2008.

Aigner, D. (2009); Hydraulik der Wasserbehandlungsanlagen und industrieller Prozesse. In: *Martin, H., Pohl, R. et al.*; Technische Hydromechanik 4 – Hydraulische und numerische Modelle (S. 169–236). Berlin: HUSS-MEDIEN GmbH.

Aigner, D. (2016). Der Schlitzpass – Ausfluss- oder Überfallströmung. Wasserbauliche Mitteilungen Heft 57, TU Dresden, 2016, ISBN 978-3-86780-475-2. Siehe: https://izw.baw.de

Aigner, D. und *Horlacher, H.-B.* (2007); Investigation of aerated siphon. 32nd Congress of IAHR. Venedig: IAHR-Proceedings.

Aigner, D. und *Carstensen, D.* (2015); Technische Hydromechanik – Spezialfälle (Band 2). Berlin: Beuth Verlag 2015.

Aigner, D. und *Cherubim, C.* (1999); Overflow in a cylindrical pipe bend. VII-th. Conference Problems of Hydro Engineering. p. 136–141. Wroclaw: Wroclaw-Szklarska Poreba.

Aigner, D., Bollrich, G., Loll, J. und *Rakowski, M.* (1996); Flutung der Schachtanlage Niederröblingen durch senkrechten Versturz. Erzmetall – Zeitschrift für Erzbergbau und Metallhüttenwesen, 49, S. 595–603.

Aigner, D. und *Horlacher, H.-B.* (1997); Optimum design of self-regulating spring steel throttles for sewer overflow tanks. XXVII-th IAHR – Congress.

Aigner, D. und *Thumernicht, S.* (2002); Geregelte Freigefälledruckleitungen zur Abwasserüberleitung. Wasserbauliche Mitteilungen Heft 21, TU Dresden, 2002, ISBN 3-86005-297-7.

Arato, E., Crow, D. A., Miller, D. S. (1970); Investigation of a height performance water nozzle. Crabfield: BHRA – The British Hydromechanics Research Association.

Aristowski, W. und *Berger, K.* (1955); Entwurfsgrundlagen zum Wehrbau. Berlin: Verlag Technik.

Barr, J. (1910); Experiments upon the flow of water over triangular notches. Engineering Apr.

Baumhackl, G. (1992); Schwallversuch am Oberwasserkanal des Draukraftwerkes Rosegg-St. Jakob. Obernach/München: Bericht Nr. 73 der Versuchsanstalt Obernach der TU München.

Bettin, H. und Spieweck, F. (1990). Die Dichte des Wassers als Funktion der Temperatur nach Einführung der internationalen Temperaturskala von 1990. PTB-Mitteilungen 100 (1990), S. 195–196

Behringer, H. (1930); Die Flüssigkeitsförderung nach dem Prinzip der Mammutpumpe. Dissertation: Technische Universität Karlsruhe.

Beyer, W. (1963); Beitrag zur Ermittlung maßgebender Fließgeschwindigkeiten. Dresden: Dissertation TU Dresden.

Beyer, W. (1964); Zur Bestimmung der Wasserdurchlässigkeit von Kiesen und Sanden aus der Kornverteilungskurve. Wasserwirtschaft-Wassertechnik, Heft 14, S. 165–168.

Bieske, E. (1998); Bohrbrunnen. München: R. Oldenbourg-Verlag.

Bignell, N. (1983); The effect of dissolved air on the density of water. Sèvres Cedex: BIPM.

Blair, H., Rhone, T. (1987); Spillways. In: Design of small dams, 4. Edtn. Bureau of Reclamation, Washington DC: United States Department of the Interior. S. 339–434.

Bohl, W., Elmendorf, W. (2008); Technische Strömungslehre, 14. Auflage. Würzburg: Vogel Buchverlag.

Bollrich, G. (1963); Zur Belüftung von Grundablassverschlüssen. Wiss. Zeitschr. TU Dresden, 12, H. 6.

Bollrich, G. (1966); Gestaltung und hydraulische Berechnung von Schachtüberfällen. Dissertation TU Dresden (http://www.qucosa.de/urnnbn/urn:nbn:de:bsz:14-qucosa-112797).

Bollrich, G. (1967); Beitrag zur Konstruktion und hydraulischen Berechnung von Schachtüberfällen. Besondere Mitteilungen zum IX. Internationalen Talsperrenkongress. S. 283–289. Berlin: Verlag für Bauwesen.

Bollrich, G. (1976); Pumpstationen mit Heberauslässen. Habilitationsschrift (Dissertation B), TU Dresden (http://www.qucosa.de/urnnbn/urn:nbn:de:bsz:14-qucosa-112806).

Bollrich, G. (1994); Hydraulic investigations of the high-head siphon spillway of Burgkhammer. ICOLD Kongress Durban (R2).

Bollrich, G. (2008); Hydraulische Leistungsfähigkeit kurzer Durchlässe. Wasserwirtschaft-Wassertechnik, H. 10.

Bollrich, G. (2010); Zur Hydraulik großer Fontänen. Wasserwirtschaft-Wassertechnik, H. 6, S. 25–27.

Bollrich, G. (2019); Technische Hydromechanik, Band 1: Grundlagen. 7. Aufl., Berlin/Wien/Zürich: Beuth Verlag.

Bollrich, G. et al. (1989); Technische Hydromechanik, Band 2 – Spezielle Probleme, 1. Auflage. Berlin: VEB Verlag für Bauwesen.

Bollrich, G. und *Prüfer, S.* (1987); Bypass und Krümmer zur Durchflussmessung. Wiss. Zeitschr. der TU Dresden, 36, H. 6.

Bormann, K. (1968); Der Abfluss in Schussrinnen unter Berücksichtigung der Luftmitnahme. Obernach/München: Bericht Nr. 13 der Versuchsanstalt für Wasserbau in Obernach.

Bornschein, A. (2006); Die Ausbreitung von Schwallwellen auf trockener Sohle unter besonderer Berücksichtigung der Wellenfront. Dissertation. Dresdner Wasserbauliche Mitteilungen der TU Dresden, Heft 33.

Bos, M. (1976); Discharge measurement structures. Publ. No. 161. Delft Hydraulic Laboratory.

Böss, P. (1958); Systematische Modellversuche an einem Sektorwehr. Institutsbericht Nr. 254. Institut für Hydromechanik der Universität Karlsruhe.

Box, T. (1905); Practical Hydraulics. London, 14th. ed.: E. & F.N. Spon.

Bradley, N. (1954); Rating curves for flow over drum gates. Proc. ASCE vol. 119, p. 403–420.

Brussig, P. und *Aigner, D.* (1998); Hydraulische Bewertung älterer Druckwasserleitungen zur Vorbereitung von Rehabilitationsmaßnahmen. 3R International, 37, H. 12, S. 784–790.

Burke, H., Kecke, H., Richter, H. (1989); Strömungsförderer. Hydraulischer und pneumatischer Transport in Rohrleitungen. Braunschweig-Wiesbaden: Vieweg.

Busch, K., Luckner, L., Tiemer, K. (1993); Geohydraulik – Lehrbuch der Hydrogeologie. 3. Aufl. Stuttgart: Bornträger-Verl.

Castro-Delgado, M. (1983); Abfluss- und Auflastbeiwerte für den Entwurf von Stauklappen. Dissertation. Universität Karlsruhe.

Castro-Orgaz, O. und *Hager, W.* (2012); Subcritical side-weir flow at high lateral discharge. Journal of Hydraulic Engineering.

Chanson, H. (1994); Comparison of the energy dissipation between nappe and skimming flow regimes on stepped chutes and hydraulics of skimming flow over stepped channels and spillways. Journal of Hydraulic research 32, S. 213–218 und S. 445–460.

Chow, V. T. (1959); Open-channel hydraulics. New York-London: Mc. Graw-Hill Book Company.

Colebrook, C. F. and *White, C. M.* (1937); Experiments with fluid friction in roughened pipes. 161 (906) (Series A).

Cross, H. (1936); Analysis of flow in networks of conduits or conductors. Engineering Experiment Station, No. 286, Urbana III: Bulletin University of Illinois.

Dauerlein, J. (2002); Zum hydraulischen System von Wasserversorgungsnetzen. Mitteilungen des Instituts für Wasserwirtschaft und Kulturtechnik der Universität Karlsruhe (TH). Heft 214 (Dissertation).

Davis, S. and *De Wiest, R.* (1966); Hydrogeology. New York, London: Wiley and Sons.

De Cesare, G., Pfister, M., Daneshvari, M., und *Bieri, M.* (2012); Herausforderungen des heutigen wasserbaulichen Versuchswesens mit drei Beispielen. Wasserwirtschaft, H. 7 und 8.

Doneker, R. L. (2014); Cormix-Mixing-Zone. Abgerufen am 18. April 2014 von http://www.cormix.com.

Dyck, S. und *Peschke, G.* (1995); Grundlagen der Hydrologie. 3. Aufl., Berlin: Verlag für Bauwesen GmbH.

Eck, B. (1957); Technische Strömungslehre. 5. Auflage. Berlin: Springer-Verlag.

Eggenberger, W. (1943); Kolkbildung bei Überfall und Unterströmen. Zürich: A.-G. Gebr. Lehmann & Co.

Einstein, H. A. (1934); Der hydraulische oder Profil-Radius. Schweizerische Bauzeitung, 103, H. 8.

Einstein, H. A. (1950); The bed-load function for sediment transportation in open channel flows. Washington DC: U.S. Department of Agriculture, Technical Bulletin No. 1026.

Erbiste, P. (1981); Hydraulic gates: the-state-of-the art. Water Power & Dam Construction, p. 43–48.

Frank, J. (1956); Hydraulische Untersuchungen für das Tiroler Wehr. Der Bauingenieur, Heft 3 (S. 96–101).

Frank, J. (1957); Nichtstationäre Vorgänge in den Zuleitungs- und Ableitungskanälen von Wasserkraftwerken. Berlin/Göttingen/Heidelberg: Springer-Verlag.

Freimann, R. (2009); Hydraulik für Bauingenieure. München: Carl-Hanser-Verlag.

Garbrecht, G. (1961); Abflussberechnung für Flüsse und Kanäle. Die Wasserwirtschaft 51, Heft 2 und 3.

Gebhardt, M. (2006); Hydraulische und statische Bemessung von Schlauchwehren. Mitteilungen des Instituts für Wasser und Gewässerentwicklung, Bereich Wasserwirtschaft und Kulturtechnik der Universität Karlsruhe (TH). Heft 235. Karlsruhe: Universität Karlsruhe (TH).

Gebhardt, M., Pfrommer, U., Belzner, F., Eisenhauer, N. (2011); 68 Jahre nach Jambor: Untersuchungen zum Einfluss einer Wehrschwelle. Wasserwirtschaft, S. 14–19.

Geisendörfer, M. (1992); Beitrag zur Steuerung von Wasserverteilungssystemen (Dissertation). Dresdner Berichte Nr. 6, Dresden: TU Dresden, Institut für Siedlungs- und Industriewasserwirtschaft.

Gellert, W. (1968); Kleine Enzyklopädie Mathematik. Leipzig: VEB Bibliographisches Inst.

Gentilini, B. (1942); Effluso dalle luci soggiacenti alle paratoie piane inclinate e a settore. L'Energia Elettrica, 1941 Heft 6 und Wasserkraft-Wasserwirtschaft, Heft 6 und 7, 37. Jg.

Giesecke, J., Mosonyi, E. (2009); Wasserkraftanlagen – Planung, Bau und Betrieb. 5. Aufl. Heidelberg: Springer.

Gilli, S. (2010); Die Wirkung von Flussaufweitungen auf Hochwasserwellen. Dresden: Dissertation TU Dresden.

Glazik, G. (1989); Geschiebe- und Schwebstoffbewegung in offenen Gerinnen. In: *Bollrich G. et al*; Technische Hydromechanik, Band 2. Berlin: VEB Verlag für Bauwesen.

Gonzalez, C. A. (2005); An experimental study of free-surface aeration on embankment stepped chutes. Dissertation. Brisbane: University of Queensland.

Gordon, J. L. (1970). Vortices at intake structures. Water Power, 22(4) April 1970, S. 137–138.

Grabow, G. (1978); Jetlift-Verfahren zur Förderung von Manganknollen aus großer Meerestiefe. Pumpen- und Verdichter-Information, Halle/S.

Greve, F. (1924); Semi-circular weirs calibrated at Purdue University. Engineering News-Record, Vol. 93, Nr. 5.

Günther, H.-P. (2011); Talsperre Zeulenroda: Entnahmeleitung saniert – Schwingungen an der Entnahmeleitung und am Entnahmeturm bedrohten die Betriebssicherheit der Versorgungsanlage. Wasserwirtschaft-Wassertechnik, 1–2 (S. 26–28).

Hager, W. (1993); Abfluß über Zylinderwehr. Wasser und Boden, H. 1.

Hager, W. (2003); Hydraulicians in Europe, 1800–2000. Delft: International Association of Hydraulic Enginnering and Research.

Hager, W. H. (1986); Discharge measurement structures. (Communication 1). Lausanne: Ecole Polytechnique Fédérale de Lausanne.

Hager, W. H. (1995); Abwasserhydraulik – Theorie und Praxis. Berlin/Heidelberg/New York: Springer Verl.

Hager, W.H., and *Blaser, F.* (1997); Drawdown curve and incipient aeration for chute flow. Canadian Journal of Civil Engineering 25, p. 467–473.

Haindl, K., Dolezal, L., Kral, J. (1962); Přispěvek k hydraulice šachtoveho přepadu. Praha: Vodohospodarski Časopis, Nr. 3.

Hartung, F. und *Häusler, E.* (1962); Energieumwandlung bei einem frei fallenden kreisrunden Strahl in einem Wasserpolster. München: Versuchsanstalt für Wasserbau.

Hassinger, R. (2009); Verlustbeiwerte von Feinrechenprofilen – Prüfbericht. Kassel: Universität Kassel.

Häusler, E. (1966); Dynamische Wasserdrücke auf Tosbeckenplatten infolge freier Überfallstrahlen bei Talsperren. Die Wasserwirtschaft, H. 2.

Häusler, E. (1987); Wehre. In: *Blind, H.*: Wasserbauten aus Beton. Berlin: Wilhelm Ernst & Sohn.

Heggen, R. (1983); Thermal dependent physical properties of water. In: Journal of Hydraulic Engineering.

Heiler, R. (1994); Armaturen in der Wasserversorgung und in der Abwasserentsorgung. VAG-Armaturen GmbH, 1994.

Heinemann, E. und *Feldhaus, R.* (2003); Hydraulik für Bauingenieure. 2. Aufl., Wiesbaden: Teubner-Verl.

Helbig, U., Aigner, D., Stamm, J. (2016). Hydraulik der Schlitzöffnungen bei beckenartigen Fischaufstiegsanlagen. Bautechnik 93, (2016) Heft 5, Seite 295–303.

Heller, V., Hager, W. H., Minor, H.-E. (2005); Hydraulics of ski jumps. Reston: ASCE Journal of Hydraulic Engineering.

Herbrand, K. (1971); Das Tosbecken mit seitlicher Aufweitung. Obernach/München: Versuchsanstalt für Wasserbau der TU München, Bericht Nr. 21.

Herschy, R. (2009); Streamflow measurements. Third Edition. New York: Taylor & Francis.

Hilge, P. (1995); Informator Pumpen und Prozeßtechnik. Bodenheim: Philipp Hilge GmbH.

Hjulström, F. (1935); The morphological activity of rivers as illustrated by river Fyris. Bulletin vol. 25, ch. 3. Uppsala: Geological Institut.

Hölting, B. (1996); Hydrogeologie – Einführung in die allgemeine und angewandte Hydrogeologie. 5. Aufl., Stuttgart: F. Enke Verl.

Horlacher, H.-B. und *Lüdecke, H.-J.* (2006); Strömungsberechnung für Rohrsysteme. 2. Aufl. Renningen: Expert Verlag.

Horlacher, H.-B. (2009): Rohrnetze, Druckstoß in Rohrleitungen. In: *Martin, H., Pohl, R. et al.*; (2014) Technische Hydromechanik 4 – Hydraulische und numerische Modelle. 3. Auflage Berlin: Beuth Verlag.

Hörnig, G. und *Richter, H.* (1989); Hydraulischer Feststofftransport in Druckrohrleitungen. In: *Bollrich, G. et al.*; Technische Hydromechanik, Band 2. Berlin: VEB Verlag für Bauwesen.

Idelchik, I. E. (2006); Handbook of hydraulic resistance. Mumbai: Jaico Publishing House.

Idelčik, I. E. (1975); Spravočnik po gidravličeskim soprotivlenijam (Handbuch der hydraulischen Widerstände). 2. Aufl. Moskau: Izd. Mašinostrojenie.

Indlekofer, H. (1978); Zur Berechnung der Überfallprofile von kelchförmigen Hochwasserentlastungsanlagen. Bautechnik 55, H. 11.

Indlekofer, H. und *Rouvé, G.* (1974); Abfluß über geradlinige Wehre mit halbkreisförmigem Überfallprofil. Der Bauingenieur, 49(7), S. 250–256.

Ingerle, K. (2006); Berechnung und Optimierung von Drucklufthebern. KA-Abwasser Abfall 50, H. 1, S. 42–47.

Ippen, A. (1951); Mechanics of supercritical flow. Transact. ASCE, Vol. 116.

Jansen, O. und *Schröder, T.* (2011); Pumpspeicherwerke – Vergleich unterschiedlicher Konzepte den Regelbedarf der Zukunft zu sichern. Dresdner Wasserbauliche Mitteilungen. Heft 45. Dresden: TU Dresden.

Jirka, G. H. und *Lang, C.* (2009); Einführung in die Gerinnehydraulik. Karlsruhe: KIT Universitätsverlag.

Kaczynski, J. (1991); Stauanlagen – Wasserkraftanlagen. Köln: Werner-Verl.

Kellenberger, M. H. (1988); Wirbelfallschächte in der Kanalisationstechnik. Mitteilungen Nr. 98 der Versuchsanstalt für Wasserbau, Hydrologie und Glaziologie der ETH Zürich.

Kirschmer, O. (1926); Untersuchungen über den Verlust an Rechen. München: Mitteilungen des hydraulischen Institutes München.

Kiseljew, P. (1972); Spravočnik po gidravličeskim rasčetam (Handbuch der hydraulischen Berechnungen). 4. Aufl., Moskau: Energija.

Kittner, H., Starke, W., Wissel, D. (1985); Wasserversorgung. 5. Aufl., Berlin: VEB Verlag für Bauwesen.

Knapp, F. H. (1960); Ausfluß, Überfall und Durchfluß im Wasserbau. Karlsruhe: Verlag G. Braun.

Knauss, J. (1983); Wirbelbildung an Einlaufbauwerken – Luft- und Dralleintrag. DVWK-Schrift Nr. 63. Hamburg/Berlin: Verl. Paul Parey.

Kohlrausch, F. (1996); Praktische Physik, Band 1. 24. Auflage. Stuttgart, Teubner-Verlag.

Kraatz, W. (1976); Ausbreitungs- und Mischvorgänge in Strömungen. Habilitation (Dissertation B), TU Dresden. (http://nbn-resolving.de/urn:nbn:de:bsz:14-qucosa-133145).

Kraatz, W. (1989). Flüssigkeitsstrahlen. In: *Bollrich, G. et al.*: Technische Hydromechanik. Band 2. Berlin: VEB Verlag für Bauwesen und neu in: *Aigner, D., Carstensen, D.* (2015). Technische Hydromechanik, Band 2, 2. Auflage. Beuth-Verlag.

Kranawettreiser, J. (1973); Probleme der Dichteschichtung. Dresden: TU Dresden, Dissertation.

Kranawettreiser, J. (1989); Dichteströmungen. In: *Bollrich, G. et al.*; Technische Hydromechanik, Band 2. Berlin: VEB Verlag für Bauwesen.

Kranawettreiser, J. (1992); Hydraulische Grundlagen für eine verbesserte Bemessung von Sedimentationsanlagen. Wiss. Zeitschr. der Hochschule für Architektur und Bauwesen Weimar, 38, H.1/2.

Krüger, F. (1988); Fließgesetze in offenen Gerinnen. Dresden: Dissertation, Technische Universität Dresden.

Langguth, H.-R., Voigt, R. (2004); Hydrogeologische Methoden. 2. Aufl., Heidelberg: Springer-Verl.

Lattermann, E. (1997); Wasserbau in Beispielen. Düsseldorf: Werner-Verl.

Lattermann, E. (1999); Wasserbau-Praxis, Band 1. Berlin: Bauwerk Verl.

Lauffer, H. (1936); Grenzleistung von Heberüberfällen mit großem Gefälle. Die Bautechnik, H. 30.

Lautrich, R. (1976); Tabellen und Tafeln zur hydraulischen Berechnung von Druckrohrleitungen, Abwasserkanälen und Rinnen. Hamburg, Berlin: Verlag Paul Parey.

Leske, W. (1970); Neue hydraulische Berechnungsverfahren und Gestaltungsgrundsätze für Hochwasserentlastungsanlagen. Habilitationsschrift TU Dresden.

Leske, W. (1992); Wasserkraftausbau. In: *Wiegleb, K.*; Verkehrs- und Tiefbau, Band 4 – Wassertechnik. Berlin: Verlag für Bauwesen.

Lindner, E. (1992); Hydraulische Maschinen. In: *Bollrich, G. et al.*; Technische Hydromechanik, Band 2. Berlin: Verlag für Bauwesen.

Linsley, R. and *Franzini, J.* (1964); Water-resources engineering. New York: McGraw-Hill Book Company, Inc.

Loiskandl, W. (2003); Hydraulik I – Vorlesungsskript des Instituts für Hydraulik und landeskulturelle Wasserwirtschaft, TU Wien.

Ludewig, D. (1989); Druckrohrnetzberechnung. In: *Bollrich, G.*; Technische Hydromechanik, Band 2, S. 124–179. Berlin: VEB Verlag für Bauwesen.

Ludewig, M., Pohl, R. (1990); Stauanlagen (Kap. 4.3). In: *Wiegleb, K.*; Taschenbuch Verkehrs- und Tiefbau, Bd. 4 – Wassertechnik (S. 474–551). Berlin: Verlag für Bauwesen GmbH.

Malcherek, A. (2008); Hydromechanik für Bauingenieure. München: Eigenverlag der Universität der Bundeswehr München, Vorlesungsskript.

Martin, H. (1983); Dam-break waves in horizontal channels with parallel and divergent side walls. XX. IAHR-Kongress Moskau, Paper Ad 7.

Martin, H. (1989). Plötzlich veränderliche instationäre Strömungen in offenen Gerinnen. In: *Bollrich, G. et al.*: Technische Hydromechanik, Band 2. Berlin: VEB Verlag für Bauwesen und neu in: *Aigner, D., Carstensen, D.* (2015). Technische Hydromechanik, Band 2, 2. Auflage. Beuth-Verlag.

Martin, H. (1996); Kavitation in Ablösewirbeln. Wasser-Energie-Luft, 88, H. 1 und 2, Baden.

Martin, H. (2012); Energieverlustbeiwerte von Rohrverzweigungen. Wasser-Energie-Luft, 104, H. 1, Baden.

Martin, H. (2014); Spezielle hydraulische Probleme an ausgewählten Betriebseinrichtungen. In *Martin, H., Pohl, R. et al.*; Technische Hydromechanik, Band 4 – Hydraulische und numerische Modelle. 3. Aufl. Berlin: Beuth Verlag.

Martin, H., Pohl, R. et al. (2014); Technische Hydromechanik, Band 4 – Hydraulische und numerische Modelle. 4. Aufl., Berlin: Beuth Verlag.

Martin, H., Pohl, R., Elze, R. (2014); Technische Hydromechanik, Band 3 – Aufgabensammlung. 4. überarb. und erw. Aufl., Berlin: Beuth Verlag.

Martin, H. und *Bollrich, G.* (1989); Berechnungsgrundlagen für Schwall- und Sunkwellen sowie Dammbruchprobleme. Wiener Mitteilungen der TU Wien, Band 79.

Mehl, J. und *Elze, R.* (1998); Die Ermittlung der Wasserstands-Abfluss-Beziehung von Pegeln des gewässerkundlichen Messnetzes der Talsperren Ohra, Schmalwasser und Tambach-Dietharz. Dresdner Wasserbauliche Mitteilungen. Heft 13. TU Dresden.

Mehlhorn, Q. (1998); Modellversuche zur Lösung hydraulischer Probleme an der Hochwasserentlastungsanlage der Talsperre Ohra. Dresdner Wasserbauliche Mittelungen. Heft 13. Dresden: TU Dresden.

Mertens, W. (1989); Zur Frage hydraulischer Berechnungen naturnaher Fließgewässer. Wasserwirtschaft, H. 4.

Meusburger, H. (2002); Energieverluste an Einlaufrechen von Flusskraftwerken. Zürich: Mitteilungen der VAW der ETH Zürich, Nr. 179.

Miller, D. (1994); Discharge characteristics. Rotterdam: Balkema Verlag.

Mock, F.-J. (1958); Nomografische Behandlung der Druckrohrberechnung. Die Bautechnik 35, H. 5.

Mock, F.-J. (1959); Der Anspringvorgang bei Hebern. Mitteilungen Nr. 50 des Institutes für Wasserbau und Wasserwirtschaft der TU Berlin.

Mosonyi, E. (1966); Wasserkraftwerke. Band 1 – Niederdruckanlagen. Düsseldorf: VDI-Verl.

Mostkow, M. (1956); Handbuch der Hydraulik. Berlin: VEB Verlag Technik.

Müller, D. R. (1995); Auflaufen und Überschwappen von Impulswellen an Talsperren. Zürich: Mitteilungen der VAW Nr. 137.

Munson, B., Young, D., Okiishi, T. (2002); Fundamentals of fluid mechanics. Ames: John Wiley & Sons, Inc.

Mutschmann, J. und *Stimmelmayer, F.* (2007); Taschenbuch der Wasserversorgung. 14. Aufl., Wiesbaden: Vieweg-Verl.

Naudascher, E. (1992); Hydraulik der Gerinne und Gerinnebauwerke. 2. Aufl., Wien: Springer Verl.

Nestmann, F. und *Lehmann, B.* (2000); Anlagen zur Herstellung der Durchgängigkeit von Fließgewässern – Raue Rampen und Verbindungsgewässer. (Bd. 63). Karlsruhe: Landesanstalt für Umweltschutz Baden-Württemberg.

Nikuradse, J. (1933); Strömungsgesetze in rauen Rohren. VDI Forschungsheft 361.

Orlov, V. (1974); Die Bestimmung des Strahlwinkels beim Abfluß über einen Sprungschanzenüberfall. Wasserwirtschaft-Wassertechnik 24, H. 9, S. 320 ff.

Ouamane, A. und *Lempérière, F.* (2006); Design of a new economic shape of weir. Dams and Reservoirs, Society and Environment in the 21st Century, p. 463–470. London: L. Berga eds., Taylor & Francis Group.

Pasche, E., Arnold, U., Rouvé, G. (1987); Die mathematische Erfassung turbulenter Austauschvorgänge in querschnitts- und rauheitsgegliederten Gerinnen. In: *Rouvé, G.*; Hydraulische Probleme beim naturnahen Gewässerausbau. Weinheim: VCH-Verlag.

Patt, H. und *Gonsowski, P.* (2011); Wasserbau – Grundlagen, Gestaltung von wasserbaulichen Anlagen. 7. Aufl., Heidelberg: Springer Verl.

Pecher, R., Schmidt, H., Pecher, D. (1991); Hydraulik der Abwasserkanäle in der Praxis. Hamburg/Berlin: Verlag Paul Parey.

Peter, G. (2005); Überfälle und Wehre. Wiesbaden: Vieweg-Verlag.

Peterka, A. J. (1978); Hydraulic design of stilling basins and energy dissipators. Denver (Colorado): U.S. Dept. of the Interior, Bureau of Reclamation (U.S.B.R.).

Pfister, M. (2008); Schussrinnenbelüfter – Lufttransport, ausgelöst durch interne Abflussstruktur. Band 203. Zürich: Mitteilungen der Versuchsanstalt für Wasserbau, Hydrologie und Glaziologie der ETH Zürich.

Pörschmann, H. (1987); Bautechnische Berechnungstafeln für Ingenieure. Leipzig: Teubner Verlagsgesellschaft.

Pothof, I. (2011); Co-current air-water flow in downward sloping pipes. Delft: TU Delft.

Prandtl, L. (1984); Führer durch die Strömungslehre. Braunschweig: Vieweg-Verlag.

Pratte, B. D. & Baines, W. D. (1967); Profiles of the round turbulent jet in a cross flow. Proceedings ASCE, Journal of Hydraulic Division, No. 6, p. 53–64.

Preß, H. und *Bretschneider, H.* (1981); Hilfstafeln zur Lösung wasserwirtschaftlicher und wasserbaulicher Aufgaben. 11. Aufl., Hamburg/Berlin: Verlag Paul Parey.

Preß, H. und *Schröder, R.* (1966); Hydromechanik im Wasserbau. Berlin/München: Verlag Ernst & Sohn.

Prinz, H. und *Strauß, R.* (2011); Ingenieurgeologie. 5. Aufl., Heidelberg: Springer – Spektrum Akademischer Verlag.

Rao, N. & Kobus, H. (1972); Characteristics of self-aerated flows. Water and Waste Water, No. 10.

Rautenberg, J. (1972); Theoretische und experimentelle Untersuchungen zur Wasserförderung nach dem Lufthebeverfahren. Karlsruhe: Dissertation Universität Karlsruhe.

Richter, H. (1957); Rohrhydraulik, 2. Aufl., Berlin: Springer-Verl.

Robertson, J., Classidy, J., Chaudhry, M. (1989); Hydraulic engineering, 2. Aufl., New York: Wiley and Sons.

Roscher, H. (2000); Sanierung städtischer Wasserversorgungsnetze. Berlin: Verlag Bauwesen.

Rössert, R. (1999); Hydraulik im Wasserbau. München Wien: R. Oldenbourg Verlag.

Rouse, H., and *Ince, S.* (1980); History of hydraulics. Iowa City: Iowa Institute of Hydraulic Research.

Rouse, H., Bhootha, B. V., Hsu, E.-Y. (1951); Design of channel expansions. Transactions ASCE, p. 347–363.

Rutschmann, P., Hager, W. (1970); Design and performance of spillway chute aerators. Water Power & Dam Construction, p. 36–42.

Schirmer, A. (1996); Wirkungsweise und Leistungsgrenzen rundkroniger Überfälle an Talsperren bei Überlastung. Dissertation TU Dresden.

Schleiss, A. J. (2011a); From labyrinth to piano key weirs – A historical review. Proc. of International Conference on Labyrinth and Piano Key Weirs in Liège. p. 3–15. London: CRC Press, Taylor & Francis Group.

Schleiss, A. J. (2011b); Vom Labyrinth zum Klaviertastenwehr. VAW Mitteilungen der ETH Zürich.

Schlichting, H. (1958); Grenzschicht-Theorie. Karlsruhe: Verlag G. Braun.

Schmidt, F. H. (1957); On the diffusion of heated jets. Sartoyck ur Tellus, vol. 9, No. 3, p. 378–383.

Schmidt, M. (1957); Gerinnehydraulik. Verlag Technik Berlin und Bauverlag GmbH Wiesbaden.

Schmocker, L., Pfister, M. (2008); Belüftungscharakteristik von Wurfstrahlen nach Skisprüngen. Wasserwirtschaft, Heft 5, S. 34–39.

Schröder, R. (1990); Hydraulische Methoden zur Erfassung von Rauheiten. Singhofen: Schriftenreihe des DVWK, Band 92, Verl. Parey.

Schröder, R. (1994); Technische Hydraulik. Berlin/NewYork: Springer-Verl.

Schröder, R., und *Zanke, U.* (2003); Technische Hydraulik – Kompendium für den Wasserbau, 2. Aufl. Berlin: Springer-Verl.

Schröder, W. (1998); Wasserbau und Wasserwirtschaft, Abschnitt 3.6. In *Schneider, K.*; Bautabellen, 13. Aufl. Düsseldorf: Werner-Verl.

Sharma, H. R. (1965); Der geknickte Wechselsprung. Wiss. Zeitschr. der TU Dresden, 14.

Shields, A. (1936); Anwendung der Ähnlichkeitsmechanik und der Turbulenzforschung auf die Geschiebebewegung. Berlin: Mitt. der Preußischen Versuchsanstalt für Wasserbau und Schiffbau, Heft 26.

Slissky, C. (1986); Gidravlitčeskie rasčety vysokonapornych gidrotechničeskich sooruženij. (Hydraulische Berechnungen von Hochdruckanlagen). Moskau: Energoatomistat.

Sokolowskij, S. (1959); O gidravličeskom rasčete šachtnovo vodosliva (Zur hydraulischen Berechnung von Schachtüberfällen). Odessa: Odesskij inženerno-stroitjelnych institut: Sbornik trudov, vyp. VIII.

Soucek, E., Howe, H., Mavis, F. (1936); Sutro Weir Investigation Furnish Discharge Coefficients. Engineering News Record (p. 679–680).

Staus, A. (1939); Der Kreisüberfall und sein Beiwert. (Bd. 32. Jahrgang). München: Oldenburg Verlag.

Stein, O., Yulien, P., Alonso, C. (1993); Mechanics of jet scour downstream of a headcut. Journal of Hydraulics Research, Vol. 31, No. 6, p. 723–737.

Stenning, A. H. and *Martin, C. B.* (1968); An analytical and experimental study of airlift pump performance. Journal of Engineering for Power.

Stöhr, M. (1998); Entwicklung dreidimensionaler Particle Tracking Velocity zur Messung der Zweiphasenströmung in Gas-Flüssig-Reaktoren. Heidelberg: Universität Heidelberg.

Strobl, T. und *Zunic, F.* (2006); Wasserbau, Aktuelle Grundlagen – Neue Entwicklungen. Berlin/Heidelberg: Springer Verl.

Sturm, M. (1985); Beitrag zur Prozessführung der Wasserverteilung. Dissertation. Dresden: Fakultät Bau-, Wasser- und Forstwesen der TU Dresden.

Swamee, P. K. and *Jain, A. K.* (1976); Explicit Equations for Pipe-Flow Problems. Journal of the Hydraulic Division., ASCE 102(5) p. 657–664.

Terzaghi, K. und *Peck, R.* (1961); Die Bodenmechanik in der Baupraxis. Berlin: Springer-Verl.

Tholen, M. (2001); Das Mammutpumpenprinzip – Anwendungsmöglichkeiten in der Bohrtechnik und im Brunnenbau. bbr Fachmagazin für Wasser und Leitungstiefbau.

Trianel-GmbH (2011); Standortscreening für Wasserkraftwerke in Deutschland. Bearbeitung: Björnsen Beratende Ingenieure GmbH, Koblenz.

UiO (2004); Studienmaterial der Universität Oslo. Pipeflow. http://www.uio.no/studier/emner/matnat/math/MEK4450/h11/undervisningsmateriale/modul-5/Pipeflow_intro.pdf. Oslo: University of Oslo.

Unger, P. (2009); Tabellen zur hydraulischen Berechnung von Kanälen und Leitungen aus Beton- und Stahlbetonrohren. 4. Aufl. Lich: Ingwis-Verl.

Valentin, F. (2003); Hydraulik II – angewandte Hydromechanik. München: Eigenverlag der TU München.

Vischer, D. (1993); Das Zu- und Aufschlagen eines geschlossenen Kanals. Wasser/Abwasser 134, Heft 8.

Vischer, D. L. und *Hager, W. H.* (1998); Dam hydraulics. New York: John Wiley & Sons.

Vischer, D. und *Huber, A.* (2002); Wasserbau. 6. Aufl., Berlin/Heidelberg/New York: Springer-Verl.

Volkart, P. (1978); Hydraulische Bemessung steiler Kanalisationsleitungen mit Berücksichtigung der Luftmitnahme. Zürich: VAW Mitteilungen der ETH Zürich, Heft Nr. 30.

Wagner, H. (1969); Vereinfachte Berechnungsansätze für Sammelrinnen. Wiss. Zeitschr. der TU Dresden, Heft 1.

Wagner, H., und *Carstensen, D.* (1999); Maßnahmen zur Vermeidung von Lufteinzug bei Entnahmebauwerken. Wasserbauliche Mitteilungen, TU Dresden, Institut für Wasserbau und Technische Hydromechanik, Heft 17.

Wagner, W. (1997); Strömung und Druckverlust. 4. Aufl., Würzburg: Vogel Buchverl.

Wagner, W. und Kretzschmar, H.-J. (2019). International Steam Tables – Properties of Water and Steam based on the Industriel Formulation IAPWS-IF97. Springer-Verlag, 3rd ed., Berlin.

Walther, G., Günthert, F. (1998); Neue Untersuchungen zur Selbstentlüftungsgeschwindigkeit in Trinkwasserleitungen. gwf Wasser-Abwasser 139, Nr. 8, S. 475–481.

Weber, M. (1974); Strömungs-Fördertechnik. Mainz: Otto Krausskopf-Verl.

Weisbach, J. (1855); Die Experimental-Hydraulik. Freiberg: Verlag v. J. G. Engelhardt.

Wiedenroth, W. (1967); Förderung von Sand-Wasser-Gemischen durch Rohrleitungen und Kreiselpumpen. Dissertation TH Hannover.

Wiegleb, K. et al. (1991); Verkehrs- und Tiefbau, Band 4 – Wassertechnik. Berlin: Verlag für Bauwesen.

Wikipedia (2012); Vom Sättigungsdampfdruck. Abgerufen am 20.8.2012 auf http://de.wikipedia.org/wiki.

Wikipedia (2012-2); Springbrunnen. Abgerufen am 20.9.2012 auf http://de.wikipedia.org.

Wikipedia (2013); Liste der größten Wasserkraftwerke der Erde. Abgerufen am 25. 2 2013 auf http://de.wikipedia.org.

Will, D. W. und *Ströhl, H.* (1990); Einführung in die Hydraulik und Pneumatik. 5. Aufl., Berlin: VEB Verlag für Technik.

Wood, I. (1991); Free surface air entrainment on spillways – air entrainment in free-surface flows. IAHR Monograph: A.A. Balkema.

Wood, I., Ackers, P., Loveless, J. (1983); General method for critical point on spillways. Journal of Hydraulic Engineering, 109. Reston: ASCE.

WSPWIN-8.0 (2006); Anwenderbeschreibung – Programmsystem zur Spiegellagenberechnung. Koblenz: Björnsen Beratende Ingenieure GmbH.

Zanke, U. (1993); Zur Berechnung von Strömungs- und Widerstandsbeiwerten. Wasser und Boden, Heft 1, S. 14–16.

Zanke, U. (2001); Zum Einfluss der Turbulenz auf den Beginn der Sedimentbewegung. Darmstadt: Mitteilung des Institutes für Wasserbau und Wasserwirtschaft der TU Darmstadt, Heft 120.

Zanke, U. (2013); Hydraulik für den Wasserbau. 3. Aufl., Berlin/Heidelberg: Springer-Verlag

DIN-Normen (Bezug über Beuth Verlag, Berlin)

DIN 1054:2021-04; Baugrund – Sicherheitsnachweise im Erd- und Grundbau – Ergänzende Regelungen zu DIN EN 1997-1.

DIN 1080-7:1979-3; Begriffe, Formelzeichen und Einheiten im Bauingenieurwesen; Wasserwesen, (2008 zurückgezogen).

DIN 1460:2019-12; Umschrift kyrillischer Alphabete – Umschrift kyrillischer Alphabete slawischer Sprachen.

DIN 1986-100:2016-12; Entwässerungsanlagen für Gebäude und Grundstücke – Teil 100: Bestimmungen in Verbindung mit DIN EN 752 und DIN EN 12056.

DIN 2413:2020-04 Nahtlose Stahlrohre für öl- und wasserhydraulische Anlagen – Berechnungsgrundlage für Rohre und Rohrbögen bei schwellender Beanspruchung.

DIN 2460:2006-06; Stahlrohre und Formstücke für Wasserleitungen.

DIN 2880:1999-01; Zementmörtelauskleidungen für Gußrohre, Stahlrohre und Formstücke; Verfahren, Anforderungen, Prüfungen.

DIN 4044:1980-07; Hydromechanik im Wasserbau; Begriffe.

DIN 4263:2011-06; Kennzahlen von Abwasserkanälen und -leitungen für die hydraulische Berechnung im Wasserwesen.

DIN 8062:2009-10; Rohre aus weichmacherfreiem Polyvinylchlorid (PVC-U) – Maße.

DIN 8074:2011-12; Rohre aus Polyethylen (PE) – PE 80, PE 100 – Maße.

DIN 16869 Rohre aus glasfaserverstärktem Polyesterharz (UP-GF), geschleudert, gefüllt – Teil 1: Maße / Teil 2 Allgemeine Güteanforderungen, Prüfung (beide 2014-12).

DIN 16893:2019-10; Rohre aus vernetztem Polyethylen hoher Dichte (PE-X) – Maße.

DIN 19534:2000-07 (zurückgezogen 2019-01); Rohre und Formstücke aus weichmacherfreiem Polyvinylchlorid (PVC-U) mit Steckmuffe für Abwasserkanäle und -leitungen – Teil 3: Güteüberwachung und Bauausführung.

DIN 19558:2002-12; Kläranlagen – Ablaufeinrichtungen, Überfallwehr und Tauchwand, getauchte Ablaufrohre in Becken – Baugrundsätze, Hauptmaße, Anordnungsbeispiele.

DIN 19661-1:1998-07; Wasserbauwerke – Teil 1, Kreuzungsbauwerke; Durchleitungs- und Mündungsbauwerke.

DIN 19700-11:2004-07; Stauanlagen – Teil 11: Talsperren.

DIN 19700–13 :2019-06; Stauanlagen – Teil 13: Staustufen.

DIN 19850:1996-11 (zurückgezogen 2015-12); Faserzement-Rohre und -Formstücke für Abwasserkanäle – Teil 1: Maße von Rohren, Abzweigen und Bogen.

DIN EN 545:2011-09; Rohre, Formstücke, Zubehörteile aus duktilem Gusseisen und ihre Verbindungen für Wasserleitungen – Anforderungen und Prüfverfahren.

DIN EN 10224:2005-12; Rohre und Fittings aus unlegiertem Stahl für den Transport von Wasser und anderen wässrigen Flüssigkeiten – Technische Lieferbedingungen.

DIN EN 12201-2:2013-12; Kunststoff-Rohrleitungssysteme für die Wasserversorgung und für Entwässerungs- und Abwasserdruckleitungen – Polyethylen (PE) – Teil 2: Rohre.

DIN EN 14364:2013-05; Kunststoff-Rohrleitungssysteme für Abwasserleitungen und -kanäle mit oder ohne Druck – Glasfaserverstärkte duroplastische Kunststoffe (GFK) auf der Basis von ungesättigtem Polyesterharz (UP) – Festlegungen für Rohre, Formstücke und Verbindungen.

DIN EN ISO 1452-2:2010-04; Kunststoff-Rohrleitungssysteme für die Wasserversorgung und für erdverlegte und nicht erdverlegte Entwässerungs- und Abwasserdruckleitungen – Weichmacherfreies Polyvinylchlorid (PVC–U) – Teil 2: Rohre (ISO 1452–2:2009).

DIN EN 1519-1:2019-07; Kunststoff-Rohrleitungssysteme zum Ableiten von Abwasser (niedriger und Hoher Temperatur) innerhalb der Gebäudestruktur – Polyethylen (PE) – Teil 1: Anforderungen an Rohre, Formstücke und das Rohrleitungssystem.

DIN EN 1796:2013-05; Kunststoff-Rohrleitungssysteme für die Wasserversorgung mit oder ohne Druck – Glasfaserverstärkte duroplastische Kunststoffe (GFK) auf der Basis von ungesättigtem Polyesterharz (UP).

DIN EN 1916:2003; Rohre und Formstücke aus Beton, Stahlfaserbeton und Stahlbeton.

DIN EN 295-6:2013-05; Steinzeugrohrsysteme für Abwasserleitungen und -känale – Teil 6: Anforderungen an Bauteile für Einsteig- und Inspektionsschächte.

DIN EN 512:1994-11; Faserzementprodukte – Druckrohre und Verbindungen.

DIN EN 545:2011-09; Rohre, Formstücke, Zubehörteile aus duktilem Gusseisen und ihre Verbindungen für Wasserleitungen – Anforderungen und Prüfverfahren.

DIN EN 588-1:1996-11; Faserzementrohre für Abwasserleitungen und -kanäle – Teil 1: Rohre, Rohrverbindungen und Formstücke für Freispiegelleitungen.

DIN EN ISO 17892-11:2021-03; Geotechnische Erkundung und Untersuchung – Laborversuche an Bodenproben – Teil 11: Bestimmung der Wasserdurchlässigkeit.

DIN EN ISO 12162:2010-04; Thermoplastische Werkstoffe für Rohre und Formstücke für Anwendungen unter Druck – Klassifizierung, Werkstoffkennzeichnung und Gesamtbetriebs-(berechnungs-)Koeffizient (ISO 12162:2009-11).

DIN EN ISO 5814:2013-02; Wasserbeschaffenheit – Bestimmung des gelösten Sauerstoffs – Elektrochemisches Verfahren.

DIN EN ISO 772:2011-11; Hydrometrie – Begriffe und Symbole.

DIN ISO 2533:1979-12; Normatmosphäre.

DIN V 1201:2004-08; Rohre und Formstücke aus Beton, Stahlfaserbeton und Stahlbeton für Abwasserleitungen und -kanäle – Typ 1 und Typ 2 – Anforderungen, Prüfung und Bewertung der Konformität.

DIN-Taschenbuch 13/2 (2017) (zurückgezogen 2020-08); DIN-Taschenbuch – Abwassertechnik 2 – Rohre und Formstücke für die Gebäudeentwässerung.

ISO 161-1:2018-01; Thermoplastische Rohre für den Transport von Flüssigkeiten – Nenn-Außendurchmesser und Nenndrücke – Teil 1: Metrische Reihe.

ISO 1438:2017-04; Hydrometry – open channel flow measurement using thin-plate weirs. Genf: Internationale Organisation für Normung.

ISO 4065:2018-01; Rohre aus Thermoplasten – Universelle Wanddickentabelle.

Standards, Arbeits- und Merkblätter

ANSI/HI (1998); American National Standard for Pump Intake Design. New Jersey, Parsippany: Hydraulic Institute 9.8.1998.

BAW (1993); Merkblatt – Anwendung von geotextilen Filtern an Wasserstraßen (MAG). Karlsruhe: Bundesanstalt für Wasserbau.

BAW (2013); Merkblatt: Anwendung von Kornfiltern an Bundeswasserstraßen (MAK). Karlsruhe: Bundesanstalt für Wasserbau.

BWK (2000); Hydraulische Berechnung von naturnahen Fließgewässern – Grundlage der eindimensionalen Wasserspiegellagenberechnung, Berichte 1/2000. Düsseldorf: Bund der Ingenieure für Wasserwirtschaft, Abfallwirtschaft und Kulturbau.

DVGW W 400–1 (2004); Technische Regeln Wasserverteilungsanlagen. Teil 1: Planung. Bonn: DVGW-Verlag.

DVWK (1991); Hydraulische Berechnung von Fließgewässern. Merkblätter zur Wasserwirtschaft. (Heft 220). Deutscher Verband für Wasserwirtschaft und Kulturbau.

DVGW GW 303–1 (2006); Berechnung von Gas- und Wasserrohrnetzen. Teil 1: Physikalische Grundlagen, Netzmodellierung und Berechnung. Bonn: DVGW-Verlag.

DVGW GW 335–A2 (2010); Beiblatt 1 zu DVGW-Arbeitsblatt GW 335–A2:2005-11 Kunststoff-Rohrleitungssysteme in der Gas- und Wasserverteilung; Anforderungen und Prüfungen – Teil A2: Rohre aus PE 80 und PE 100. Bonn: DVGW-Verlag.

DWA-A110 (2006); Hydraulische Dimensionierung und Leistungsnachweis von Abwasserleitungen und -kanälen. Hennef: DWA.

DWA-A112 (2007); Hydraulische Dimensionierung und Leistungsnachweis von Sonderbauwerken in Abwasserleitungen. Hennef: DWA-Arbeitsblatt.

DWA-A116-3 (2012); Besondere Entwässerungsverfahren, Teil 3: Druckluftgespülte Abwassertransportleitungen. Hennef: DWA.

DWA-M524 (2020); Hydraulische Berechnung von Fließgewässern mit Vegetation. Hennef: DWA-Merkblatt 9-2020

KSB (2005); Selection Centrifugal Pumps (Bd. V51, 4. Auflage). Frankenthal: KSB Aktiengesellschaft.

LfUW-BW (2003); Hydraulik naturnaher Gewässer – Teil 3: Rauheits- und Widerstandsbeiwerte für Fließgewässer in Baden-Württemberg. Karlsruhe: Landesanstalt für Umweltschutz Baden-Württemberg.

ÖNORM EN 12763 (2001); Faserzementrohre und -formstücke für Hausentwässerungssysteme – Maße und technische Lieferbedingungen. Wien: Austrian Standards plus GmbH.

WAPRO 4.09.6 (1971); Hydraulische Bemessung von Hochwasserentlastungsanlagen und Grundablässen – Ebene Tosbecken. PROWA Halle (Saale): VEB Projektierung Wasserwirtschaft.

WAPRO 4.09.8 (1971); Hydraulische Bemessung von Hochwasserentlastungsanlagen und Grundablässen – Toskammern. PROWA Halle (Saale): VEB Projektierung Wasserwirtschaft.

VDI/VDE 2173 (2007); Strömungstechnische Kenngrößen von Stellventilen und deren Bestimmung. (Bd. 2173). Düsseldorf: Verein Deutscher Ingenieure e.V.

VEAG (2001); Pumpspeicherwerk Goldisthal-1060-MW-Kavernenkraftwerk. Berlin: VEAG.

Talsperrenbücher

Dams in Germany (2001); Editor: *Franke, P.*, German Committee on Large Dams. Essen: Verl. Glückauf GmbH.

Talsperren in Deutschland (2013); Hrsg.: Deutsches Talsperrenkomitee e.V., Wiesbaden: Springer Fachmedien-Verl.

Talsperren in der Bundesrepublik Deutschland (1987); Hrsg.: Nationales Komitee für Große Talsperren in der Bundesrepublik Deutschland. Bearb.: *Franke, P.*, *Frey, W.*, Berlin: Systemdruck GmbH.

Talsperren in Sachsen (1992); Hrsg.: Landestalsperrenverwaltung des Freistaates Sachsen, Bearb.: *Sieber, H.-U.*, Plauen: Sebald Sachsendruck GmbH.

Talsperren in Thüringen (1993); Hrsg.: Thüringer Landestalsperrenverwaltung. Bearb.: Autorenkollegium. Weimar: Weimardruck.

Stichwortverzeichnis

C

D

E

F

G

H

I

J

K

L

M

N

O

P

T

Z